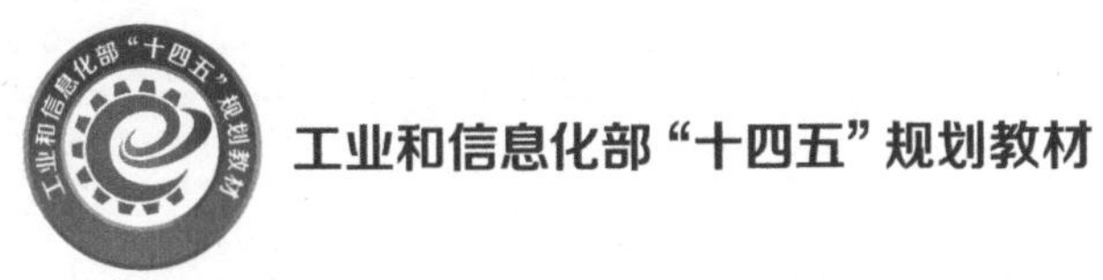

阵列信号处理及MATLAB实现

（第3版）

◆ 张小飞　李建峰　徐大专　陈华伟　时晨光　汪 飞　王 刚　张 弓　著

電子工業出版社
Publishing House of Electronics Industry
北京 · BEIJING

内 容 简 介

阵列信号处理是信号处理领域的一个重要分支，它采用传感器阵列来接收空间信号。与传统的单个定向传感器相比，传感器阵列具有灵活的波束控制、较高的信号增益、极强的干扰抑制能力以及更高的空间分辨能力等优点，因而具有重要的军事、民事应用价值和广阔的应用前景。具体来说，阵列信号处理已涉及雷达、声呐、通信、地震勘探、射电天文以及医学诊断等多个国民经济和军事应用领域。本书分为 11 章，主要内容涵盖阵列信号处理基础、波束形成、DOA 估计、二维 DOA 估计、宽带阵列信号处理、分布式信源空间谱估计、阵列近场信源定位、互质阵列信号处理、嵌套阵列信号处理和阵列信号处理的 MATLAB 编程等。

本书的读者对象为通信与信息系统、信号与信息处理、电磁场与微波技术、水声工程等专业的高年级本科生和研究生。

图书在版编目（CIP）数据

阵列信号处理及 MATLAB 实现 / 张小飞等著. —3 版. —北京：电子工业出版社，2023.7

ISBN 978-7-121-46070-8

Ⅰ. ①阵… Ⅱ. ①张… Ⅲ. ①Matlab 软件－应用－信号处理 Ⅳ. ①TN911.7

中国国家版本馆 CIP 数据核字（2023）第 142350 号

责任编辑：张　楠
印　　刷：三河市君旺印务有限公司
装　　订：三河市君旺印务有限公司
出版发行：电子工业出版社
　　　　　北京市海淀区万寿路 173 信箱　　　　邮编：100036
开　　本：787×1 092　　1/16　　印张：28.5　　字数：593 千字
版　　次：2015 年 1 月第 1 版
　　　　　2023 年 7 月第 3 版
印　　次：2025 年 2 月第 4 次印刷
定　　价：119.00 元

凡所购买电子工业出版社图书有缺损问题，请向购买书店调换。若书店售缺，请与本社发行部联系，联系及邮购电话：（010）88254888，88258888。

质量投诉请发邮件至 zlts@phei.com.cn，盗版侵权举报请发邮件至 dbqq@phei.com.cn。

本书咨询联系方式：（010）88254579。

前言

众所周知，信号处理的基本原则是尽可能地利用、提取和恢复包含在信号特征中的有用信息。随着电信技术的日益发展，在复杂的电磁环境中对信号的参数进行有效的检测和精确的估计就显得尤为重要。信号处理技术最初是从一维时域信号处理中得到发展的，长期以来人们在一维信号的检测和分析方面已取得了许多重要的成果。进入 20 世纪 60 年代，研究人员开始将一维信号处理逐渐延伸到多维信号处理领域中。通过传感器阵列或者天线阵列把时域采样变成时空采样，将时间频率扩展为空间频率（角度），从而将时域信号处理的许多理论成果推广到空域中，开辟了阵列信号处理这一新的研究领域。近年来，阵列信号处理逐渐成为信号处理领域的一个重要分支，它采用传感器阵列来接收空间信号。与传统的单个定向传感器相比，传感器阵列具有灵活的波束控制、较高的信号增益、极强的干扰抑制能力以及更高的空间分辨能力等优点，因而具有重要的军事、民事应用价值和广阔的应用前景。具体来说，阵列信号处理已涉及雷达、声呐、通信、地震勘探、射电天文以及医学诊断等多个国民经济和军事应用领域。

本书是关于阵列信号处理的著作，以阵列天线为研究对象，主要研究了波束形成、波达方向估计、稀疏阵列信号处理及其应用。本书具有以下 3 个特色。

（1）结构完整。近年来国内外虽然已经出版了几本涉及空间谱估计内容的优秀著作，但各有侧重。本书不仅包括空间谱估计，还覆盖了波束形成、DOA 估计、二维 DOA 估计、宽带阵列信号处理、分布式信源空间谱估计、阵列近场信源定位、稀疏阵列信号处理、阵列信号处理的 MATLAB 编程。

（2）内容选材广。阵列信号处理理论丰富、应用广泛，为了写好本书，我们收集了大量国内外文献资料，并做了精心组织，以期尽可能地反映出这一学科中的精华内容。本书对阵列信号处理中的一些传统方法进行了详细的介绍，同时对一些新方法，如四元数、平行因子方法、压缩感知等进行了研究。此外，本书还对近年来发展较快的互质阵列信号处理和嵌套阵列信号处理进行了介绍。

（3）可读性强。对于许多读者来说，阵列信号处理所涉及的内容难学、难懂，尤其是专业论文不易读懂。本书注意了这一问题，尽量做到由浅入深，特别注重表达的清晰性、易懂性和可读性。为了便于读者阅读，本书还增加了阵列信号处理的 MATLAB 编程章节。

《阵列信号处理及 MATLAB 实现》（第 3 版）获批“工业和信息化部‘十四五’规划教材”。本书的编写从 2021 年开始动笔，到 2023 年完成，历时 2 年。本书在编写过程中参考了大量的文献，在此向这些文献的作者表示感谢。本书得到了国家自然科学基金（61971217）、国家重点研发计划（2020YFB1807602）和南京航空航天大学教务处教改基金资助。

本书由南京航空航天大学张小飞教授、徐大专教授、张弓教授、陈华伟教授、王刚研究员、汪飞博士、李建峰博士、时晨光博士执笔。李建峰博士编写了第 11 章，陈华伟教授编写了第 6 章部分内容，其他内容由张小飞教授、徐大专教授、张弓教授、王刚研究员、汪飞博士和时晨光博士编写。本书在编写过程中还得到了冯宝、王大元、余俊、是莺、冯高鹏、孙中伟、陈未央、吴海浪、陈晨、黄殷杰、王方秋、陈翰、杨刚、曹仁政、余骅欣、周明、李小宇、蒋驰、张立岑、李书、汪云飞、何浪、葛超、林新平、叶长波、朱倍佐、郑汪、何益、孙宇欣、史鑫磊、韩盛欣来等历届硕士研究生和博士研究生的帮助。由于时间仓促及作者水平有限，加上这一领域仍然处于迅速发展阶段，书中不当之处在所难免，敬请读者批评指正。

作　者

2023 年 2 月

目录

第1章 绪 论

1.1 研究背景

阵列信号处理作为信号处理领域的一个重要分支，在雷达、声呐、通信、地震勘探、射电天文以及医学诊断等领域获得了广泛应用和迅速发展[1-4]。阵列信号处理是指将一组传感器按一定方式布置在空间中不同位置上，形成传感器阵列，用传感器阵列来接收空间信号，相当于对空间分布的场信号采样，得到信源的空间离散观测数据。阵列信号处理的目的是通过对传感器阵列接收的信号进行处理，增强所需的有用信号，抑制无用的干扰和噪声，并提取有用的信号特征以及信号所包含的信息。与传统的单个定向传感器相比，传感器阵列具有灵活的波束控制、较高的信号增益、极强的干扰抑制能力以及更高的空间分辨能力等优点，这也是近几十年来阵列信号处理理论得以蓬勃发展的根本原因。阵列信号处理研究的主要问题包括以下几个方面[1-4]。

波束形成技术——使阵列天线方向图的主瓣指向所需的方向，将干扰置零。

空间谱估计——对空间信号波达方向的分布进行超分辨估计。

信源定位——确定传感器阵列到信源的仰角和方位角，甚至频率、时延和距离等。

信源分离——确定各个信源发射的信号波形。各个信源从不同方向到达传感器阵列，这一事实使这些信号波形得以分离，即使它们在时域和频域是叠加的。

1.2 阵列信号处理的发展

阵列信号处理的发展最早可追溯到20世纪40年代的自适应天线组合技术，它使用锁相环进行天线跟踪。阵列信号处理的重要开端是 Howells 于 1965 年提出了自适应陷波的旁瓣对消器[5]。1976年，Applebaum 提出了使信号干扰噪声比（Signal to Interference plus Noise Ratio，SINR）最大化的反馈控制算法[6]。另一个显著的进展是 Widrow 等于 1967 年提出了最小均方（Least Mean Square，LMS）算法[7]。其他几个里程碑式的进展是 Capon 于 1969 年提出了恒定增益指向最小方差波束形成器[8]，Schmidt 于 1979 年提出了多重信号分类（MUltiple SIgnal Classification，MUSIC）方法[9]，Roy 等于 1986 年提出了基于旋转不变性技术的信号参数估计（Estimation of Signal Parameters via Rotational Invariance Techniques，ESPRIT）方法[10]。Gabriel[11]是对自适应波束形成提出智能阵列（Smart Array）术语的第一人。1978 年开始在军用通信系统中使用自适应天线[12]，在民用蜂窝式通信系统中使用天线阵列则是从 1990 年开始的[13]。

1.2.1 波束形成技术

波束形成（Beam Forming，BF）亦称空域滤波，是阵列信号处理的一个主要方面，并逐步成为阵列信号处理的标志之一。波束形成的实质是通过对各阵元加权进行空域滤波，以达到增强期望信号、抑制干扰的目的，而且可以根据信号环境的变化自适应地改变各阵元的加权因子。从提出自适应天线这个术语算起，自适应天线的发展已有 50 多年的历史。自适应研究的重点一直是自适应波束形成算法，经过前人的努力，现已经总结出许多好的算法。自适应阵列的优良性能是通过自适应算法来实现的，有多种准则可用来确定自适应权，它们主要包括：①最小均方误差（Minimum Mean Square Error，MMSE）准则；②最大 SINR（MSINR）准则；③最大似然（Maximum Likelihood，ML）准则；④最小噪声方差准则。在理想情况下，通过这 4 种准则得到的自适应权是等价的。因此，在自适应算法中选用哪种准则度量并不重要，而选择什么样的算法来调整阵列波束方向图进行自适应控制才是非常重要的。自适应算法分为闭环算法和开环算法，早期主要注重闭环算法的研究，常用的闭环算法有 LMS 算法、差分最陡下降（DSD）算法、加速梯度（AG）算法，以及它们的改进算法。

广义旁瓣相消器（Generalized Sidelobe Canceller，GSC）是线性约束最小方差（Linearly Constraint Minimum Variance，LCMV）准则的一种等效实现结构，GSC 将自适应波束形成的约束优化问题转换为无约束优化问题，分为自适应和非自适应两条支路，这两条支路分别称为辅助支路和主支路，要求期望信号只能从非自适应的主支路中通过，而自适应的辅助支路中仅含有干扰和噪声分量，其自适应过程可以克服传统方法中期望信号含于协方差矩阵引起的信号对消问题。但是正如文献[14]中所指出的，由于阵列天线误差的存在，所以 GSC 的阻塞矩阵并不能很好地将期望信号阻塞掉，而会使一部分能量泄露到辅助支路中。当信噪比（Signal to Noise Ratio，SNR）较高时，辅助支路中含有与噪声相当的期望信号能量，会出现严重的主辅支路期望信号抵消的现象，文献[14]将泄露的期望信号功率作为罚函数，提出了人工注入噪声的方法，使 GSC 具有稳健性，其中人工注入的噪声必须具有合适的功率。文献[15]表明当自适应权向量的范数小于一定的值时，同样可以提高 GSC 的稳健性。文献[16]提出了信号子空间投影的 GSC 改进算法，可以提高 GSC 的稳健性，但会在低 SNR 下发生波束畸变。本书将提出一种改进的 GSC 波束形成算法，即基于特征结构的 GSC 算法，该算法不仅可以克服传统 GSC 算法在高 SNR 下波束形成效果变差的缺点，而且可以克服文献[16]中提出的 GSC 改进算法在低 SNR 下性能差的缺点。

对角线加载方法。常用的 LCMV 算法也是一种采样矩阵求逆（Sample Matrix Inversion，SMI）算法。但是在 SMI 算法的实际运用中，各种误差的影响会导致副瓣电平升高，主瓣偏移，波束畸变较严重，输出 SINR 减小。文献[17]提出了对角线加载的波束形成算法，来抑制方向图畸变。文献[18]分析了加载量对自适应阵列 SINR 的影响。对角线加载方法减弱了小特征值对应的噪声波束的影响，改善了方向图畸变，但是加载量的确定一直以来是一个比较困难的问题。文献[19]提出了一种自适应的对角线加载的波束形成算法。

投影方法。为了克服 LCMV 算法对指向误差的敏感性，诸多研究提出了基于特征空间（Eigen Space Based，ESB）自适应波束形成算法（以下简称 ESB 算法），其权向量是由 LCMV 算法的最优权向量向信号相关矩阵特征空间投影得到的[20-23]。该算法与 LCMV 算法相比有较好的性能，具有较快的收敛速度和较强的稳健性。虽然 ESB 算法不像 LCMV 算法那样对指向误差敏感，但当指向误差较大时，ESB 算法的性能也会急剧变差，尤其是当阵列孔径较大时，很小的指向误差也会使 ESB 算法性能下降。文献[24]提出了一种改进的 ESB 算法，在指向误差较大时，该算法仍能有较好的性能。该算法主要利用阵列接收数据来校正 ESB 算法的约束导向向量，使该导向向量尽可能地接近期望信号的导向向量，从而提高算法的性能。ESB 算法的前提是必须知道信源的数目[23]。另外，ESB 算法一般处理的都是信号不相干的情况，当信号相干时，ESB 算法和空间平滑或 Toeplitz 化等相关技术结合起来，同样可以达到很好的效果。此外，在这些基本算法的基础上，文献[25]提出了一种基于广义特征空间的波束形成算法。文献[26]提出了正交投影方法。文献[27-28]提出了基于酉变换的谱估计方法，已成功应用于波达方向估计。文献[29]提出了利用投影算子对阵列数据进行降维处理，在一定程度上减小了计算量，同时提高了自适应波束形成的稳健性，其投影算子是根据目标和干扰的粗略估计，以及不完全的阵列流形知识得到的。当相关矩阵中含有期望信号时，输出 SINR 减小，波束畸变较严重。另外，当存在系统误差和背景噪声为色噪声时，该方法虽然能够减小协方差中的扰动量，但副瓣电平还会出现一定程度的升高，主瓣会发生偏离现象。文献[30-31]提出的 ESB 算法，其权向量是由 LCMV 准则下的最优权向量向信号相关矩阵的特征空间投影得到的。文献[32]提出了一种改进的基于投影预变换自适应波束形成算法，该算法根据期望信号输入的大小进行不同的处理，同时在存在相关或者相干干扰时仍具有较好的抑制性能和波束保形能力，从而大大提高了自适应波束形成的稳健性。文献[33-34]利用投影算子改善了波束形成的稳健性，但投影方法在相干信源情况下性能下降，而且投影算子需要知道期望信号和干扰信号的方向向量，这在实际系统中很难满足。

斜投影算子是投影算子的扩展，文献[35]研究了基于斜投影的波束形成算法。对接收信号进行斜投影可有效消除干扰，进而提高波束形成的稳健性。

变换域的自适应滤波方法。LMS 算法是一种较简单、实用的自适应波束形成算法。LMS 算法的优点是结构简单，复杂度低，易于实现，稳定性高；缺点主要是收敛速度较慢，因而其应用也受到一定的限制。分析表明，影响 LMS 算法收敛速度的主要因素是输入信号的最大、最小特征值之比，该比值越小收敛速度就越快[36]。为了提高算法的收敛速度和性能，研究变换域的自适应滤波方法成为热点。文献[37-39]研究了频域的波束形成技术；文献[40]研究了基于余弦变换的波束形成技术；张小飞等改进了频域自适应波束形成算法，并提出了小波域的自适应波束形成算法[41-44]。

稳健自适应波束形成技术。目前，人们普遍关注在阵列响应向量未知情况下，自适应波束形成问题，即稳健自适应波束形成技术[3, 45-47]。造成阵列响应向量未知的原因是期望信源的波束方向未知、天线阵列特性不确定、不恰当的模型及信源与天线阵列之间传播媒介的变化。为了提高未知阵列响应向量的稳健性，一些学者提出许多方法，如对角线加载波束形成[45]、基于测向技术的波束形成[46]和基于贝叶斯方法的稳健自适应波束形成[47]等，这些方法在一定程度都能够提高算法的稳健性。

盲自适应波束形成技术。近年来人们提出了许多盲自适应波束形成算法，它们的共同特点在于不需要阵列校验、波达方向、训练序列、干扰和噪声的空间自相关矩阵等先验知识。目前，盲自适应波束形成算法主要有三类：基于常模量（Constant Modulus，CM）的算法，基于高阶累积量的算法，以及基于周期平稳性的算法。基于常模量的算法利用信号的常模量特性提取有用信号，但是它采用的代价函数不能保证算法收敛到全局最小点。基于高阶累积量的算法由于利用信号的高阶统计特性，所以能够去除所有高斯噪声，但是它对于非高斯干扰信号的处理却比较困难，同时该算法的收敛速度过慢且运算复杂。基于周期平稳性的算法有许多优点，因为绝大多数通信信号是周期平稳的，并且很容易找出它们之间不同的周期平稳频率，所以基于周期平稳性的盲自适应波束形成算法是当前国际上阵列信号处理领域研究的热点，其新算法层出不穷[48]。

阵列天线误差分析。阵列天线自适应波束形成技术理论上具有十分优良的性能，但是在实际应用中却不尽如人意。其原因是阵列天线不可避免地存在各种误差（如阵元响应误差、通道频率响应误差、阵元位置扰动误差、互耦等），各种误差可以综合用阵元幅相误差来表示。近年来，许多文章从不同侧面分析了阵列误差对自适应阵性能的影响。文献[49]对各种误差的影响进行了综述分析。

1.2.2 空间谱估计方法

阵列信号处理的另一个基本问题是空间信号到达方向（Direction of Arrival，DOA）

估计的问题，这也是雷达、声呐等许多领域的重要问题之一。DOA 估计的基本问题是确定同时处在空间中某一区域内多个感兴趣的信号的空间位置，即各个信号到达阵列参考阵元的方向角，简称波达方向。估计的分辨率取决于阵列长度，阵列长度确定后，其分辨率也就确定了，称为瑞利限。超瑞利限的方法称为超分辨方法。

最早的超分辨 DOA 估计方法是著名的 MUSIC 算法（以及其改进算法[50-54]）和 ESPRIT 算法，它们同属特征结构的子空间方法。子空间方法建立在这样一个基本观察之上：若传感器数比信源数多，则阵列数据的信号分量一定位于一个低秩的子空间，在一定条件下，这个子空间将唯一确定信号的波达方向，并且可以使用数值稳定的奇异值分解精确地确定波达方向。由于把线性空间的概念引入到了 DOA 估计中，因此子空间方法实现了波达方向估计分辨率的突破。近年来，科技人员从各个方面发展和完善了子空间方法。一些学者提出加权子空间拟合方法[55-59]，该方法根据一些准则构造子空间的加权矩阵，并重新拟合子空间，以达到某种性能指标的最优。但是，加权子空间拟合方法在构造加权矩阵时，需要参数寻优，因此计算复杂、通用性差。殷勤业等提出了波达方向矩阵法[60]，此方法先根据阵列输出的协方差矩阵的性质构造波达方向矩阵，然后对波达方向矩阵进行特性分解，可以直接获得空间谱的全部信息，从而完全避免了多项式搜索，减小了计算量。另外，此方法属于二维参数估计方法，可以同时估计信号的二维方向角。波达方向矩阵法由于具有计算量小、参数能够自动匹配等特点，引起了人们的重视。文献[61-62]利用波达方向矩阵法，实现了信号频率和波达方向的同时估计。但是，波达方向矩阵法也存在一些缺点，如不允许任意两个信源有相同的二维方向角，否则算法将出现病态，该问题被称为“角度兼并”问题。因此，金梁和殷勤业提出了时空 DOA 矩阵方法[63-64]，该方法在保持原波达方向矩阵法无须搜索二维谱峰和参数自动配对等优点的基础上，利用阵元输出之间的互相关关系将空域的阵列观测数据变换到时空域，解决了“角度兼并”问题，并且适用于阵元排列不规则的阵列。

基于高阶累积量的空间谱估计方法。由于高阶累积量对高斯噪声不敏感，因此有一些学者利用阵列输出的高阶累积量（通常是四阶累积量）代替二阶累积量进行空间谱估计[65-66]。利用高阶累积量估计空间谱的好处是合成阵列的阵元数较实际阵元数多，即具有阵列扩展特性。但是，高阶累积量对非高斯噪声无能为力，并且计算量较大。

基于周期平稳性的空间谱估计方法。大部分人造信号具有周期平稳性，具有相同循环频率的信号有可能循环相关，具有不同循环频率的信号循环互相关为零。Gardner 首先用循环互相关矩阵代替互相关矩阵，通过信号子空间拟合进行波达方向估计[67]，此方法的主要优点是抑制干扰信号和噪声能力强，具有信号选择能力，并可增加阵列容量。目前，在雷达系统中，随着反隐身要求及对目标高分辨率要求的不断提高，窄带信号的假设已经不符合实际情况。谱相关空间拟合方法[68]较好地解决了宽带问题。SC-SSF 方法先通过对阵列各阵元输出信号进行循环自相关运算，得到一个基于循环自相关的信号模型，然后利用 MUSIC 算法实现对信源的波达方向估计。文献[69]在此基础上将该方法扩展到相干源的波达方向估计中。文献[70]将循环谱进行加权处理，得到了基于循环平稳特性的源信号到达角估计方法。文献[71]提出了基于循环互相关的非相干源信号方向估计方法。这些方法都是对谱相关空间拟合方法的改进。金梁等经过进一步研究，提出了广义谱相关子空间拟合 DOA 估计方法[72]，此方法将主要的循环平稳 DOA 估计方法统一起来，并揭示它们之间的内在联系。循环平稳 DOA 估计方面的新研究成果仍在不断出现[73-74]。

基于空时频三维子空间的空间谱估计方法。随着阵列信号处理理论研究的不断深入，非平稳信号的波达方向估计成为阵列信号处理领域研究的重点内容。在实际应用中，许多典型信号是非平稳的或谱时变的，而传统的子空间波达方向估计方法是针对平稳信号的。因此，利用传统的子空间波达方向估计方法对非平稳信号进行 DOA 估计，显然存在先天性不足。在许多场合中，信号的一些先验知识是可以利用的。那么，如何利用信号的一些先验知识在空时频三维子空间内对信号进行处理是国内外阵列信号处理领域研究的热点问题[75-80]。将一维时域信号映射到二维时频域中，能够在空时频三维空间中更精细、更准确地刻画和反映非平稳信号的特征和细节。利用时变滤波等方法，将一些在低维空间中难以区分，但具有不同时频特征的信号加以分离，同时有效地抑制干扰，可使得 DOA 估计方法具有信号选择性及更高的分辨率、更强的抑制干扰信号和噪声的能力。此方法适用于平稳信号和非平稳信号的 DOA 估计。

分布式信源的空间谱估计方法。在阵列成像、声源定位、海下回波探测、对流层和电离层无线电传播、低仰角雷达目标跟踪、移动通信等领域，目标信源具有分布特性。例如，在移动通信中，移动信源周围的局部散射使得同一个信源发出的信号可以通过不同的途径和角度到达接收阵列。这时，信源已不是点信源，它通常被认为是具有分布特性的角度扩展信源。基于点信源假设的高分辨 DOA 估计方法，由于未能考虑信源的空间分布信息，所以当点信源假设不再成立时，其 DOA 估计性能急剧下降。因此，扩展信源的波达方向估计也是国内外阵列信号处理领域的研究热点[81-82]。文献[83-85]基于局部角度扩展信源的协方差矩阵模型，提出了最大似然估计方法及其简化方法。也有研究人员基于子空间思想，提出了适用于局部角度扩展信源的伪子空间加权算法[86]和单次快拍的局部散射源参数估计算法[87]。对多个扩展信源的情况，一些学者也提出一些方法，如基于 ESPRIT 的方法[88]和基于协方差匹配的方法[89]。

二维 DOA 估计。二维 DOA 估计一般采用 L 型阵列、交叉十字阵列和面阵等实现二维参数的估计。二维 DOA 估计方法包括最大似然法[90]、二维 MUSIC 算法[91-92]、二维 ESPRIT 算法[93]、传播算子方法[94-95]、高阶累积量方法[96]和波达方向矩阵法[60]等。

Clark 和 Scharf 于 1991 年提出了二维最大似然法[90]，依据最大似然准则对阵列的输出数据进行时空二维处理，以实现二维参数的估计。Wax 等[91]提出了二维 MUSIC 算法；Hua 等[92]提出了基于 L 型阵列的二维 MUSIC 算法。二维 MUSIC 算法是二维 DOA 估计的典型算法，该算法可以产生渐近无偏估计，但要在二维参数空间搜索谱峰，计算量相当大，限制了其在实际中的应用。Zoltowski 等[93]提出的二维 Unitary ESPRIT 算法和二维 beamspace ESPRIT 算法将复矩阵运算转化为实矩阵运算，降低了运算复杂度。文献[94]将传播算子方法和 ESPRIT 算法结合，给出了一种快速的空间二维参数估计算法，该算法无须进行任何搜索，直接给出闭式解。文献[95]提出了基于传播算子的低复杂度二维角度估计算法，该算法无须进行特征值分解，具有线性复杂度。文献[96]提出了一种利用高阶累积量来实现方位角和仰角估计的方法，该方法适用于一般的阵列几何结构，复杂度高。殷勤业等[60]提出了一种波达方向矩阵法，该方法通过对波达方向矩阵进行特征值分解，直接得到信源的方位角与仰角，无须进行任何谱峰搜索，计算量小，参数自动配对。波达方向矩阵法的缺点是需要通过双平行线阵等特殊的、规则的阵列才能实现二维 DOA 估计，并存在“角度兼并”问题。在波达方向矩阵法的基础上，金梁和殷勤业提出了时空 DOA 矩阵方法[63-64]，该方法在保持原波达方向矩阵方法优点的前提下，不需要双平行线阵，解决了“角度兼并”等问题。MIMO 雷达目标定位问题也可表征为二维 DOA 估计问题[97]。

阵列近场信源定位。空间信源定位根据空间中信源到阵列的距离不同可分为远场信源定位和近场信源定位。远场信源，即信源位于阵列的远场或弗朗霍法（Fraunhofer）区域，$r \gg 2D^2/\lambda$，其中 r 为信源到阵列参考阵元的距离，D 为阵列孔径，λ 为信号波长。由电波传播理论可知，信源的波前曲率可忽略不计，信源信号在空间中传播时可以看作平行波。因此，远场信源定位是指信源的 DOA 估计。对于近场信源而言，当信源到阵列的距离满足 $0.62(D^3/\lambda)^{1/2} \leqslant r \leqslant 2D^2/\lambda$ 时，信源位于阵列的菲涅耳（Fresnel）区域，信源信号到达阵列的波前时呈现球面式波形，不能再近似为平面波，故将其称为近场信源。当信源处于阵列的 Fresnel 区域，即近场区域时，空间信源定位问题不仅与信源的 DOA 有关，还与信源到阵列的距离有关。近场信源模型既包括信源的 DOA 信息又包括距离信息，能够更加准确地描述信源在空间中的具体位置。Swindlehurst 和 Kailath 提出了基于最大似然的近场信源参数估计方法[98]，该方法具有优异的统计特性，参数估计精度高，但该方法需要对一个高度非线性的代价函数进行高维度搜索，因此计算量巨大。Huang 和 Barkat 证明了信号子空间和噪声子空间的正交性在近场信源定位问题中依然成立[99]，并且将远场的 MUSIC 算法推广至近场，提出了近场信源参数估计中经典的二维 MUSIC（2D-MUSIC）算法，该算法需要在角度和距离两个维度中对全局空域空间谱进行搜索，从而可以得到近场信源的角度和距离参数的估计，参数估计精度高，但由于需要对二维全局空域空间谱进行搜索，因此计算量巨大。近年来，很多近场信源参数估计的算法被提出，如 Root-MUISC 算法、路径跟踪法、加权线性预测法、改进型路径跟踪算法[100-103]，它们对路径搜索法进一步进行了优化，利用已知的代数路径来替代路径搜索，进一步减小了计算量。基于二阶统计量的算法[104]，计算复杂度低，但通常需要进行多次矩阵分解操作，因此一般需要进行参数配对处理。

1.2.3 稀疏阵列信号处理

稀疏阵列[105-114]是近几年提出的一种新型阵列，其中包括最小冗余阵列[110]、互质阵列[111-112]和嵌套阵列[114]等。相比传统的均匀线阵，稀疏阵列能够增大自由度（Degree of Freedom，DOF），同时提高算法的角度估计性能，并且能够解决欠定情况下的信源角度估计问题[115]。在这几种稀疏阵列中，最小冗余阵列拥有较大的 DOF，但其阵元位置没有一个固定闭式解。

关于互质阵列，国内外的学者们提出了多种适用于互质阵列的 DOA 估计算法，可将其大致分为解模糊方法[116]和虚拟化方法[117]两大类。解模糊方法分别对两个子阵进行 DOA 估计，并利用子阵阵元数的互质特性对比估计结果，从而得到唯一的 DOA 估计值。解模糊方法虽易于实现，但对两个子阵分别进行 DOA 估计的方法使得 DOF 大幅度减小。相比之下，虚拟化方法通过对接收信号协方差矩阵进行数据重构，获得一个由虚拟阵列接收到的单快拍信号，该虚拟阵列的长度远大于实际阵列的长度，因此虚拟化方法能获得较大的 DOF。由于获得的虚拟信号是完全相关的，因此虚拟化后还需要对信号进行一定的处理。文献[117]根据压缩感知理论对稀疏信号进行重构，以实现空间谱估计。互质阵列的思想和嵌套阵列的思想类似，也是将一个阵列划分为多个子阵，不过子阵之间需要满足互质的关系。互质线阵由阵元数分别为 M 和 N 的两个均匀线阵组成，其中 M 和 N 为互质数，子阵的阵元间距分别为 $N\lambda/2$ 和 $M\lambda/2$，其中 λ 为信号波长。特别地，文献[118]提出了一种稀疏采样的互质阵列，其可以通过 $M+N-1$ 个阵元获得 $O(MN)$ 的 DOF，因此可以提供更高的分辨率。文献[119]提出了一种基于互质阵列且无须进行谱峰搜索的算法，其主要思想就是通过子空间投影来消除角度模糊，实现较低的复杂度。文献[120]提出了一种交叉互质稀疏阵列，用来进行 DOA 估计。目前常见的处理算法有空间平滑（Spatial Smoothing，SS）算法[19]、压缩感知（Compressive Sensing，CS）算法[121]、离散傅里叶变换（Discrete Fourier Transform，DFT）算法[122]等，将这些算法与虚拟化方法结合，即可获得互质阵列的 DOA 估计算法。

嵌套阵列自 2010 年由 Pal 等提出以来，由于具有简单的阵列结构和大 DOF 特征而取得了巨大发展。为提高二阶嵌套阵列虚拟阵元数，Yang 等通过引入附加阵元建立了改进嵌套阵列结构，并推导出了 DOF 闭式解[123]。文献[124-125]通过设计特定系统程序确定了物理阵元位置，进而建立了超级嵌套阵列（Super Nested Array，SNA）结构，该结构具有传统嵌套阵列的所有优势，同时由于邻近阵元更少而具有较低的阵元互耦，最后系统推导了高阶扩展结构。为进一步降低嵌套阵列互耦和增大 DOF，Liu 等在超级嵌套阵列的基础上建立了增广嵌套阵列结构[126]，该结构将第一个子阵分为两部分并分置于第二个子阵两端。文献[127-128]分别研究了宽带高斯信源和分布式信源条件下的嵌套阵列 DOA 估计方法。Yang 等基于嵌套阵列（Augmented Nested Array，ANA）结构，采用稀疏 Bayesian 学习方法研究了非栅格目标角度估计问题[129]。针对 L 型嵌套阵列，Dong 等利用嵌套特征和信号自协方差函数的对称性，提出了一种联合增广空时互相关矩阵方法，该方法能够克服角度模糊并实现角度自动配对[130]。文献[131]利用两个二阶嵌套阵列构建了 L 型嵌套阵列用于二维 DOA 估计，并提出了一种子空间扩展算法用于估计仰角和方位角，因而具有较低的复杂度。文献[132-133]根据 Smith 结构设计了二维嵌套阵列，系统研究了不同结构下的虚拟阵元分布情况，并采用二维空间平滑算法进行 DOA 估计。文献[134]从降低互耦影响的角度进一步提出了半开盒型阵列、半开盒型双层阵列和沙漏型阵列，并通过仿真说明了上述阵列具有较好的估计性能等。

1.3 本书的安排

本书的体系结构如图 1.1 所示。

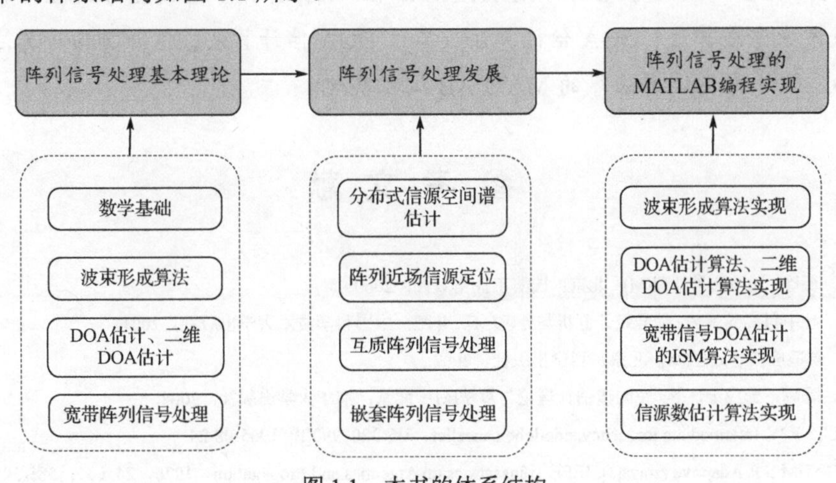

图 1.1 本书的体系结构

本书章节安排如下。

第 2 章介绍相关数学知识和阵列信号的基础知识，是阵列信号处理问题研究的基础。

第 3 章介绍多种波束形成算法，包括基于 LCMV、GSC、投影分析、高阶累积量、周期平稳性的波束形成算法，以及基于恒模的盲波束形成算法和稳健的自适应波束形成算法等。

第 4 章主要研究 DOA 估计问题，介绍了 Capon 算法、MUSIC 算法、最大似然法、WSF 算法、ESPRIT 算法、四阶累积量方法、传播算子、广义 ESPRIT 算法、压缩感知方法、DFT 类方法等，同时研究相干信源 DOA 估计算法。

第 5 章对均匀面阵、双平行线阵和均匀圆阵进行二维 DOA 估计，介绍了二维 MUSIC 算法、二维 ESPRIT 算法、二维传播算子、PARAFAC 算法、降维 MUSIC 算法、DOA 矩阵法和扩展 DOA 矩阵法等。

第 6 章研究宽带阵列信号处理问题，重点研究两种宽带信源的 DOA 估计方法，提出了稳健的麦克风阵列近场宽带波束形成方法。

第 7 章重点开展分布式信源空间谱估计算法研究，介绍了基于 ESPRIT、DSPE、级联 DSPE、广义 ESPRIT 及快速 PARAFAC 的分布式信源空间谱估计算法。

第 8 章研究阵列近场信源定位问题，其中信源定位需要角度和距离参数，介绍了基于二阶统计量、二维 MUSIC、降秩 MUSIC、降维 MUSIC 的近场信源定位算法。

第 9 章研究互质阵列信号处理问题，介绍了基于互质子阵分解思想、虚拟阵元扩展思想的 DOA 估计算法，提出了多种互质阵列结构和相应的 DOA 估计算法。

第 10 章研究嵌套阵列信号处理问题，对二级嵌套线阵提出了两类算法，还提出了多种嵌套阵列结构和相应的 DOA 估计算法。

第 11 章给出阵列信号处理的 MATLAB 编程实现，介绍了阵列信号处理中的常用函数，以及波束形成算法、DOA 估计算法、二维 DOA 估计算法、信源数估计算法、宽带信号 DOA 估计的 ISM 算法等的 MATLAB 编程实现。

参考文献

[1] 张贤达，保铮. 通信信号处理[M]. 北京：国防工业出版社，2000.

[2] 沈风麟，叶中付，钱玉美. 信号统计分析与处理[M]. 合肥：中国科学技术大学出版社，2001.

[3] 何振亚. 自适应信号处理[M]. 北京：科学出版社，2002.

[4] 王永良，陈辉，彭应宁，等. 空间谱估计理论与算法[M]. 北京：清华大学出版社，2004.

[5] HOWELLS P W. Intermediate frequency side-lobe canceller：US 3202990[P]. 1965-08-24.

[6] APPLEBAUM S P. Adaptive arrays[J]. IEEE Transactions on Antennas and Propagation，1976，24（5）：585-598.

[7] WIDROW B，MANTEY P E，GRIFFITHS L J，et al. Adaptive antenna systems[J]. Proceedings of the IEEE，1967，55（12）：2143-2159.

[8] CAPON J. High resolution frequency wave number spectrum analysis[J]. Proceedings of the IEEE，1969，57（8）：1408-1418.

[9] SCHMIDT R O. Multiple emitter location and signal parameter estimation[C]//Proc.RADC Spectral Estimation Workshop，1979：243-258.

[10] ROY R，PAULRAJ A，KAILATH T. ESPRIT-A subspace rotation approach to estimation of parameter of cissoids in noise[J]. IEEE Transactions on Acoustics，Speech，and Signal Processing，1986，34（5）：1340-1342.

[11] GABRIEL W F. Adaptive arrays-an introduction[J]. Proceedings of the IEEE，1976，64（2）：239-272.

[12] COMPTON R T. An adaptive antenna in a spread-spectrum communication system[J]. Proceedings of the IEEE，1978，66：289-298.

[13] SWALES S C，BEACH M A，EDWARDS D J，et al. The performance enhancement of multibeam adaptive base-station antennas for cellular land mobile radio systems[J]. IEEE Transactions Vehicular Technology，1990，39（1）：56-67.

[14] JABLON N K. Adaptive beamforming with the generalized sidelobe canceller in the presence of array imperfections[J]. IEEE Transactions on Antennas and Propagation，1986，34（8）：996-1012.

[15] COX H，ZESKIND R M，OWEN M M. Robust adaptive beamforming[J]. IEEE Transactions on Acoustics，Speech，and Signal Processing，1987，35（10）：1365-1376.

[16] 郭庆华，廖桂生. 一种稳健的自适应波束形成器[J]. 电子与信息学报，2004，26（1）：146-150.

[17] 陈晓初. 自适应阵对角线加载研究[J]. 电子学报，1998，26（4）：29-35.

[18] CARLSON B D. Covariance matrix estimation errors and diagonal loading in adaptive arrays[J]. IEEE Transactions on Aerospace and Electronic Systems，1988，24（1）：397-401.

[19] 张小飞，张胜男，徐大专. 自适应的对角线加载的波束形成算法[J]. 中国空间科学技术，2007，27（2）：66-71.

[20] LEE C C，LEE J H. Eigenspace based adaptive array beamforming with robust capabilities[J]. IEEE Transactions on Antennas and Propagation，1997，45（12）：1711-1716.

[21] 廖桂生，保铮，张林让. 基于特征结构的自适应波束形成新算法[J]. 电子学报，1998，26（3）：23-26.

[22] CHANG L，YEH C C. Effect of pointing errors on the performance of the projection beamformer[J]. IEEE Transactions on Antennas and Propagation，1993，41（8）：1045-1055.

[23] 赵永波，刘茂仓，张守宏. 一种改进的基于特征空间自适应波束形成算法[J]. 电子学报，2000（6）：16.

[24] 张林让. 自适应阵列处理稳健方法研究[D]. 西安：西安电子科技大学，1998.

[25] YU J L，YEH C C. Generalined eigenspace-based beamforment[J]. IEEE Transactions on Signal Processing，1995，43（1）：2453-2461.

[26] SUBBARAM H，ABEND K. Interference suppression via orthogonal projections：A performance analysis[J]. IEEE Transactions on Antennas and Propagation，1993，41（9）：1187-1193.

[27] HUARNG K C，YEH C C. A unitary transformation method for angle of arrival estimation[J]. IEEE Transactions on Acoustics，Speech，and Signal Processing，1991，39（4）：975-977.

[28] PESAVENTO M，GERSHMAN A B，HAARDT M. Unitary root MUSIC with a real-valued eigendecompostion：A theoretical and experimental performance study[J]. IEEE Transactions on Signal Processing，2000，48（5）：1306-1313.

[29] FELDMAN D D，GRIFFITHS L J. A projection apporach for robust adaptive beamforming[J]. IEEE Transactions on Signal Processing，1994，4（4）：867-876.

[30] YU J L，YEH C C. Generalized eigenspace based beamformers[J]. IEEE Transactions on Signal Processing，1995，43（1）：2453-2461.

[31] LEE C C，LEE J H. Eigenspace based adaptive array beamforming with robust capabilities[J]. IEEE Transactions Antennas and Propagation，1997，45（12）：1711-1716.

[32] 毛志杰，范达，吴瑛. 一种改进的基于投影预变换自适应波束形成器[J]. 信息工程大学学报，2003（6）：58-59.

[33] 张林让，廖桂生，保铮. 用投影预变换提高自适应波束形成的稳健性[J]. 通信学报，1998，19（11）：12-17.

[34] ZHENG Y R，GOUBRAN R A. Adaptive beamforming using affine projection algorithms[C]//The 5th International Conference on Signal Processing Proceedings，2000，3：1929-1932.

[35] 张小飞，徐大专. 基于斜投影的波束形成算法[J]. 电子与信息学报，2008，30（3）：585-588.

[36] HOSOUR S，TEWFIK A H. Wavelet transform domain adaptive filtering[J]. IEEE Transactions on Signal Processing，1997，45（3）：617-630.

[37] CHEN Y H，FANG H D. Frequency-domain implementation of Griffiths-Jim adaptive beamforming[J]. The Journal of the Acoustial Society of America，1992，91（6）：3354-3366.

[38] JOHO M，MOSCHYTZ G S. Adaptive beamforming with partitioned frequency-domain filters[C]//Proceedings of IEEE Workshop on Applications of Signal Processing to Audio and Acoustics，1997.

[39] SIMMER K U，WASILJEFF A. Adaptive microphone arrays for noise suppression in the frequency domain[C]//2nd Cost 229 Workshop on Adaptive Algorithms in Communications，1992.

[40] AN J，CHAMPAGNE B. Adaptive beamforming via two-dimensional cosine transform[C]//IEEE Pacific Rim Conference on Communications，Computers and Signal Processing，1993.

[41] ZHANG X F，XU D Z. A novel adaptive beamforming algorithm based on wavelet packet transform[J]. Journal of SouthWest Jiaotong University，2005（1）：28-34.

[42] 张小飞，徐大专. 小波域的自适应波束形成算法[J]. 航空学报，2005，26（1）：98-102.

[43] ZHANG X，WANG Z，XU D. Wavelet packet transform-based least mean square beamformer with low complexity[J]. Progress In Electromagnetics Research-Pier，2008，86：291-304.

[44] ZHANG X F，XU D Z. Improved adaptive beamforming algorithm based on wavelet transform[C]//The 4th International Conference on Communications，Circuits and Systems（ICCCAS 2006），2006.

[45] GILBERT E N，MORGAN S P. Optimum design of directive antenna arrays subject to random variations[J]. Bell System Technical Journal，1995，34（5）：637-663.

[46] YANG J，SWINDLEHURST A L. The effects of array calibration errors on DF-based signal copy performance[J]. IEEE Transactions on Signal Processing，1995，43（4）：938-947.

[47] BELL K L，EPHRAIM Y，VAN TREES H L. A bayesian approach to robust adaptive beam-forming[J]. IEEE Transactions on Signal Processing，2000，48（2）：386-398.

[48] WU Q，WONG K M. Blind adaptive beamforming for cyclostationary signals[J]. IEEE Transactions on Signal Processing，1996，44（11）：2757-2767.

[49] GODARA L G. Error analysis of the optimal antenna array processors[J]. IEEE Transactions on Aerospace and Electronic Systems，1986，22（3）：395-409.

[50] KUNDA D. Modified MUSIC algorithm for estimating DOA of signal[J]. Signal Processing，1996，48（1）：85-90.

[51] 何子述，黄振兴，向敬成. 修正 MUSIC 算法对相关信号源的 DOA 估计性能[J]. 通信学报，2000，21（10）：14-17.

[52] 石新智，王高峰，文必洋. 修正 MUSIC 算法对非线性阵列适用性的讨论[J]. 电子学报，2004，32（1）：147-149.

[53] 康春梅，袁业术. 用 MUSIC 算法解决海杂波背景下相干源探测问题[J]. 电子学报，2004，32（3）：502-504.

[54] ZHANG X F，XU D Z. A novel DOA estimation algorithm based on Eigen space[C]//IEEE 2007 International Symposium on Microwave，Antenna，Propagation，and EMC Technologies for Wireless Communications，2007.

[55] BENGTSSON M，OTTERSTEN B. A generalization of weighted subspace fitting to full-rank models[J]. IEEE Transactions on Signal Processing，2001，49（5）：1002-1012.

[56] VISURI S，OJA H，KOIVUNEN V. Subspace-based direction-of-arrival estimation using nonparametric statistics[J]. IEEE Transactions on Signal Processing，2001，49（9）：2060-2073.

[57] CLAUDIO E D D，PARISI R. WAVES：weighted average of signal subspaces for robust wideband direction finding[J]. IEEE Transactions on Signal Processing，2001，49（10）：2179-2191.

[58] PELIN P. A fast minimization technique for subspace fitting with arbitrary array manifolds[J]. IEEE Transactions on Signal Processing，2001，49（12）：2935-2939.

[59] KRISTENSSON M，JANSSON M，OTTERSTEN B. Further results and insights on subspace based sinusoidal frequency estimation[J]. IEEE Transactions on Signal Processing，2001，49（12）：2962-2974.

[60] 殷勤业，邹理和，Newcomb R W. 一种高分辨二维信号参量估计方法——波达方向矩阵法[J]. 通信学报，1991，12(4)：1-7.

[61] 王曙，周希朗. 阵列信号波达方向——频率的同时估计方向[J]. 上海交通大学学报，1999，33（1）：40-42.

[62] 徐友根，刘志文. 空间相干源信号频率和波达方向的同时估计方向[J]. 电子学报，2001，29（9）：1179-1182.

[63] 金梁，殷勤业. 时空 DOA 矩阵方法[J]. 电子学报，2000，28（6）：8-12.

[64] 金梁，殷勤业. 时空 DOA 矩阵方法的分析与推广[J]. 电子学报，2001，29（3）：300-303.

[65] 丁齐，魏平，肖先赐. 基于四阶累积量的 DOA 估计方法及其分析[J]. 电子学报，1999，27（3）：25-28.

[66] 刘全. 一种新的二维快速波达方向估计方法——虚拟累量域波达方向矩阵法[J]. 电子学报，2002，30（3）：351-353.

[67] GARDNER W A. Simplification of MUSIC and ESPRIT by exploitation of cyclostationarity[J]. Proceedings of the IEEE，1998，76（7）：845-847.

[68] XU G，KAILATH T. Direction-of-arrival estimation via exploitation of cyclostationarity-A combination of temporal and spatial processing[J]. IEEE Transactions on Signal Processing，1992，40（7）：1775-1785.

[69] 汪仪林，殷勤业，金梁. 利用信号的循环平稳特性进行相干源的波达方向估计[J]. 电子学报，1999，27（9）：86-89.

[70] 黄知涛，周一宇，姜文利. 基于循环平稳特性的源信号到达角估计方法[J]. 电子学报，2002，30（3）：372-375.

[71] 黄知涛，王炜华，姜文利. 基于循环互相关的非相干源信号方向估计方法[J]. 通信学报，2003，24（2）：108-113.

[72] 金梁，殷勤业，汪仪林. 广义谱相关子空间拟合 DOA 估计原理[J]. 电子学报，2000，28（1）：60-63.

[73] XIN J，SANO A. Linear prediction approach to direction estimation of cyclostationary signals in multipath environment[J]. IEEE Transactions on Signal Processing，2001，49（4）：710-720.

[74] LEE J H，TUNG C H. Estimating the bearings of near-field cyclosationary signals[J]. IEEE Transactions on Signal Processing，2002，50（1）：110-118.

[75] BELOUCHRANI A，AMIN M. Blind source separation based on time-frequency signal representation[J]. IEEE Transactions on Signal Processing，1998，46（11）：2888-2898.

[76] AWIN M G. Spatial time-frequency distributions for direction finding and blind source separation[J]. Proceedings of the SPIE：The International Society for Optical Engineering，1999，3723：62-70.

[77] BELOUCHRAIN A，AMIN M. Time-frequency MUSIC[J]. IEEE Signal Processing Letters，1999，6（5）：109-110.

[78] ZHANG Y，MU W，AMIN M G. Time-frequency maximum likelihood methods for direction finding[J]. Journal of the Franklin Institute，2000，337（4）：483-497.

[79] 金梁，殷勤业，李盈. 时频子空间拟合波达方向估计[J]. 电子学报，2001，29（1）：71-74.

[80] ZHANG Y，MU W，AMIN M G. Subspace analysis of spatial time-frequency distribution matrices[J]. IEEE Transactions on Signal Processing，2001，49（4）：747-759.

[81] 万群，杨万麟. 基于盲波束形成的分布式目标波达方向估计方法[J]. 电子学报，2000，28（12）：90-93.

[82] GHOGHO M，SWAMI A，SDURRANI T. Frequency estimation in the presence of doppler spread：performance analysis[J]. IEEE Transactions on Signal Processing，2001，49（4）：777-789.

[83] BENSSON O，VINCENT F，STOICA P，et al. Approximate maximum likelihood estimator for array processing in multiplicative noise environments[J]. IEEE Transactions on Signal Processing，2000，48（9）：2506-2518.

[84] BESSON O，STOICA P. Decoupled estimation of DOA and angular spread for a spatially distributed sources[J]. IEEE Transactions on Signal Processing，2000，48（7）：1872-1882.

[85] BESSON O，STOICA P，GERSHMAN A B. Simple and accurate direction of arrival estimation in the case of imperfect spatial coherence[J]. IEEE Transactions on Signal Processing，2001，49（4）：730-737.

[86] BENGTSON M，OTTERSTEN B. Low-complexity estimation for distributed sources[J]. IEEE Transactions on Signal Processing，2000，48（8）：2185-2194.

[87] 袁静，万群，彭应宁. 局部散射源参数估计的非线性算子方法[J]. 通信学报，2003，24（2）：102-107.

[88] SHAHBAZPANAHI S，VALAEE S，BASTANI M H. Distributed source localization using ESPRIT algorithm[J]. IEEE Transactions on Signal Processing，2001，49（10）：2169-2178.

[89] GHOGHO M，BESSON O，SWAMI A. Estimation of directions of arrival of multiple scattered sources[J]. IEEE Transactions on Signal Processing，2001，49（11）：2467-2480.

[90] CLARK M P，SCHARF L. Two-dimensional model analysis based on maximum likelihood[J]. IEEE Transactions on Signal Processing，1994，42（6）：1443-1456.

[91] WAX M，SHAN T J，KAILATH T. Spatio-temporal spectral analysis by eigenstructure methods[J]. IEEE Transactions on Acoustics，and Signal Processing，1984，32（4）：817-827.

[92] HUA Y B，SARKAR T K，WEINER D D. An L-shaped array for estimating 2-D directions of arrival[J]. IEEE Transactions on Antennas and Propagation，1991，39（2）：143-146.

[93] ZOLTOWSKI M D，HAARDT M，MATHEWS C P. Closed-form 2D angle estimation with rectangular arrays in element space or beamspace via unitary ESPRIT[J]. IEEE Transactions on Signal Processing，1996，44（1）：326-328.

[94] TAYEM N，KWON H M. L-shape 2-dimensional arrival angle estimation with propagator method[J]. IEEE Transactions on Antennas and Propagation，2005，53（1）：1622-1630.

[95] WU Y T，LIAO G S，SO H C. A fast algorithm for 2-D direction-of-arrival estimation[J]. Signal Processing，2003，83（8）：1827-1831.

[96] LIU T H，MENDEL J M. Azimuth and elevation direction finding using arbitrary array geometries[J]. IEEE Transactions on Signal Processing，1998，46（7）：2061-2065.

[97] 张小飞，张弓，李建峰. MIMO 雷达目标定位[M]. 北京：国防工业出版社，2014.

[98] SWINDLEHURST A L，KAILATH T. Passive direction-of-arrival and range estimation for near-field sources[C]//The Workshop on Spectrum Estimation and Modeling，1988：123-128.

[99] HUANG Y D，BARKAT M. Near-field multiple source localization by passive sensor array[J]. IEEE Transactions on Antennas and Propagation，1991，39（7）：968-975.

[100] WEISS A J，FRIEDLANDER B. Range and bearing estimation using polynomial rooting[J]. IEEE Journal of Oceanic Engineering，1993，18（2）：130-137.

[101] STARER D，NEHORAI A. Passive localization of near-field sources by path following[J]. IEEE Transactions on Signal Processing，1994，42（3）：677-680.

[102] GROSICKI E，ABED-MERAIM K，HUA Y. A weighted linear pre-diction method for near-field source localization[J]. IEEE Transactions on Signal Processing，2005，53：3651-3660.

[103] LEE J H，LEE C M，LEE K K. A modified path-following algorithm using a known algebraic path[J]. IEEE Transactions on Signal Processing，1999，47（5）：1407-1409.

[104] ABED-MERAIM K，HUA Y，BELOUCHRANI A. Second-Order Near-Field Source Localization：Algorithm And Performance Analysis[C]//11th Asilomar Conference on Circuits，Systems and Computers，1996.

[105] PAL P，VAIDYANATHAN P P. Multiple level nested array：an efficient geometry for 2qth order cumulant based array processing [J]. IEEE Transactions on Signal Processing，2012，6（3）：1253-1269.

[106] PAL P，VAIDYANATHAN P P. Nested arrays in two dimensions，part I：geometrical considerations[J]. IEEE Transactions on Signal Processing，2012，9（60）：4694-4705.

[107] SHAKERI S，ARIANANDA D D，LEUS G. Direction of arrival estimation using sparse ruler array design[C]//IEEE 13th International Workshop on Signal Processing Advances in Wireless Communications，2012.

[108] VAIDYANATHAN P P，PAL P. Direct-MUSIC on sparse arrays[C]//International Conference on Signal Processing and Communications，2012.

[109] RUBSAMEN M，GERSHMAN A B. Sparse array design for azimuthal direction-of-arrival estimation[J]. IEEE Transactions on Signal Processing，2011，59（12）：5957-5969.

[110] MOFFET A T. Minimum-redundancy linear arrays[J]. IEEE Transactions on Antennas and Propagation，1968，16（2）：172-175.

[111] VAIDYANATHAN P P，PAL P. Sparse sensing with co-prime samplers and arrays[J]. IEEE Transactions on Signal Processing，2011，59（2）：573-586.

[112] PAL P，VAIDYANATHAN P P. Coprime sampling and the MUSIC algorithm[A]//Digital Signal Processing Workshop and IEEE Signal Processing Education Workshop，2011：289-294.

[113] QIN S，ZHANG Y D，AMIN M G. Generalized coprime array configurations for direction-of-arrival estimation[J]. IEEE Transactions on Signal Processing，2015，63（6）：1377-1390.

[114] PAL P，VAIDYANATHAN P P. Nested arrays：a novel approach to array processing with enhanced degrees of freedom[J]. IEEE Transactions on Signal Processing，2010，58（8）：4167-4181.

[115] MA W K，HSIEH T H，CHI C Y. DOA Estimation of Quasi-Stationary Signals With Less Sensors Than Sources and Unknown Spatial Noise Covariance：A Khatri－Rao Subspace Approach[J]. IEEE Transactions on Signal Processing，2010，58（4）：2168-2180.

[116] ZHOU C，SHI Z，GU Y，et al. DECOM：DOA estimation with combined MUSIC for coprime array[A]//International Conference on Wireless Communication and Signal Processing，2013：1-5.

[117] HU N，YE Z F，XU X，et al. DOA estimation for sparse array via sparse signal reconstruction[J]. IEEE Transactions on Aerospace and Electronic Systems，2013，49（2）：760-773.

[118] VAIDYANATHAN P P，PAL P. Theory of sparse coprime sensing in multiple dimensions[J]. IEEE Transactions on Signal Processing，2011，6（59）：3592-3608.

[119] WENG Z，DJURIĆ P M. A search-free doa estimation algorithm for coprime arrays[J]. Digital Signal Processing，2014，24（1），27-33.

[120] LIU S，YANG L S，WU D C，et al. Two-dimensional doa estimation using a co-prime symmetric cross array[J]. Progress in Electromagnetics Research C，2014，54：67-74.

[121] ZHANG Y D，AMIN M G，HIMED B. Sparsity-based DOA estimation using co-prime arrays[A]//International Conference on Acoustics，Speech and Signal Processing，2013，32（3）：3967-3971.

[122] CAO R，LIU B，GAO F，et al. A low-complex one-snapshot DOA estimation algorithm with massive ULA[J]. IEEE Communications Letters，2017，21（5）：1071-1074.

[123] YANG M，SUN L YUAN X，et al. Improved nested array with hole-free DCA and more degrees of freedom[J]. Electronics Letters，2016，52（25）：2068-2070.

[124] LIU C，VAIDYANATHAN P. Super nested arrays：Linear sparse arrays with reduced mutual coupling-Part I：Fundamentals[J]. IEEE Transactions on Signal Processing，2016，64（15）：3997-4012.

[125] LIU C，VAIDYANATHAN P. Super nested arrays：Linear sparse arrays with reduced mutual coupling-Part II：High-order extensions[J]. IEEE Transactions on Signal Processing，2016，64（16）：4203-4217.

[126] LIU J，ZHANG Y，LU Y，et al. Augmented nested arrays with enhanced DOF and reduced mutual coupling[J]. IEEE Transactions on Signal Processing，2017，65（21）：5549-5553.

[127] HAN K，NEHORAI A. Wideband Gaussian source processing using a linear nested array[J]. IEEE Signal Processing Letters，2013，20（11）：1110-1113.

[128] HAN K，NEHORAI A. Nested array processing for distributed sources[J]. IEEE Signal Processing Letters，2014，21（9）：1111-1114.

[129] YANG J，LIAO G，LI J. An efficient off-grid DOA estimation approach for nested array signal processing by using sparse Bayesian learning strategies[J]. Signal Processing，2016，128：110-122.

[130] DONG Y，DONG C，ZHU Y，et al. Two-dimensional DOA estimation for L-shaped array with nested subarrays without pair matching[J]. IET Signal Processing，2016，10（9）：1112-1117.

[131] LIU S，YANG L，LI D，et al. Subspace extension algorithm for 2D DOA estimation with L-shaped sparse array[J]. Multidimensional System Signal Processing，2017，28：315-327.

[132] PAL P，VAIDYANATHAN P P. Nested arrays in two dimensions，Part I：Geometrical considerations[J]. IEEE Transactions on Signal Processing，2012，60（9）：4694-4705.

[133] PAL P，VAIDYANATHAN P P. Nested arrays in two dimensions，Part I：Application in two dimensional array processing[J]. IEEE Transactions on Signal Processing，2012，60（9）：4706-4718.

[134] LIU C，VAIDYANATHAN P P. Hourglass arrays and other novel 2-D sparse arrays with reduced mutual coupling[J]. IEEE Transactions on Signal Processing，2017，65（13）：3369-3383.

第2章 阵列信号处理基础

本章介绍阵列信号处理中矩阵代数、高阶统计量、四元数和 PARAFAC 理论的相关知识，给出阵列天线的统计模型、阵列协方差矩阵的特征值分解。对于常用的阵列形式（均匀线阵、均匀圆阵、L 型阵列、面阵和任意阵列），给出阵列响应向量/矩阵。同时研究信源数估计算法。

2.1 矩阵代数的相关知识

2.1.1 特征值与特征向量

令 $\boldsymbol{A}\in\mathbf{C}^{n\times n}$，$\boldsymbol{e}\in\mathbf{C}^{n}$，若标量 λ 和非零向量 $\boldsymbol{e}$ 满足方程

$$\boldsymbol{A}\boldsymbol{e}=\lambda\boldsymbol{e},\ \ \boldsymbol{e}\neq\boldsymbol{O} \tag{2.1}$$

则称 λ 是矩阵 $\boldsymbol{A}$ 的特征值，$\boldsymbol{e}$ 是与 λ 对应的特征向量。特征值与特征向量总是成对出现，称 $(\lambda,\boldsymbol{e})$ 为矩阵 $\boldsymbol{A}$ 的特征对，特征值可能为零，但是特征向量一定非零。

2.1.2 广义特征值与广义特征向量

令 $\boldsymbol{A},\boldsymbol{B}\in\mathbf{C}^{n\times n}$，$\boldsymbol{e}\in\mathbf{C}^{n}$，若标量 λ 和非零向量 $\boldsymbol{e}$ 满足方程

$$\boldsymbol{A}\boldsymbol{e}=\lambda\boldsymbol{B}\boldsymbol{e},\ \ \boldsymbol{e}\neq\boldsymbol{O} \tag{2.2}$$

则称 λ 是矩阵 $\boldsymbol{A}$ 相对于矩阵 $\boldsymbol{B}$ 的广义特征值，$\boldsymbol{e}$ 是与 λ 对应的广义特征向量。如果矩阵 $\boldsymbol{B}$ 非满秩，那么 λ 可以是任意值（包括零）。当矩阵 $\boldsymbol{B}$ 为单位矩阵时，式（2.2）对应的就是普通特征值问题，因此式（2.2）可以看作对普通特征值问题的推广。

2.1.3 矩阵的奇异值分解

对于矩阵 $\boldsymbol{A}\in\mathbf{C}^{m\times n}$，称 $\boldsymbol{A}^{\mathrm{H}}\boldsymbol{A}$ 的 n 个特征根 λ_i 的算术根 $\sigma_i=\sqrt{\lambda_i}$（$i=1,2,\cdots,n$）为 $\boldsymbol{A}$ 的奇异值。若记 $\boldsymbol{\Sigma}_1=\mathrm{diag}\{\sigma_1,\sigma_2,\cdots,\sigma_r\}$，其中 $\sigma_1,\sigma_2,\cdots,\sigma_r$ 是 $\boldsymbol{A}$ 的全部非零奇异值，则称

$m\times n$ 矩阵 $\boldsymbol{\Sigma}$ 为 $\boldsymbol{A}$ 的奇异值矩阵：

$$\boldsymbol{\Sigma}=\begin{bmatrix}\boldsymbol{\Sigma}_1 & \boldsymbol{O}\\ \boldsymbol{O} & \boldsymbol{O}\end{bmatrix} \tag{2.3}$$

奇异值分解定理：对于 $m\times n$ 矩阵 $\boldsymbol{A}$，分别存在一个 $m\times m$ 酉矩阵 $\boldsymbol{U}$ 和一个 $n\times n$ 酉矩阵 $\boldsymbol{V}$，使得

$$\boldsymbol{A}=\boldsymbol{U\Sigma V}^{\mathrm{H}} \tag{2.4}$$

式中，上标 H 表示矩阵的共轭转置。

2.1.4 Toeplitz 矩阵

定义 2.1.1 具有 $2n-1$ 个元素的 n 阶矩阵

$$\boldsymbol{A}=\begin{bmatrix}a_0 & a_{-1} & a_{-2} & \cdots & a_{-n+1}\\ a_1 & a_0 & a_{-1} & \cdots & a_{-n+2}\\ a_2 & a_1 & a_0 & \cdots & a_{-n+3}\\ \vdots & \vdots & \vdots & & \vdots\\ a_{n-1} & a_{n-2} & a_{n-3} & \cdots & a_0\end{bmatrix} \tag{2.5}$$

称为 Toeplitz 矩阵，该矩阵也可简记为

$$\boldsymbol{A}=(a_{-j+i})_{i,j=0}^{n} \tag{2.6}$$

式中，记号 $(a_{-j+i})_{i,j=0}^{n}$ 中的“i”和“j”表示矩阵 $\boldsymbol{A}$ 元素的下标。

由此可见，Toeplitz 矩阵完全由第 1 行和第 1 列的 $2n-1$ 个元素确定，其中位于任意一条平行于主对角线的直线上的元素全都是相等的，且关于副对角线对称。

2.1.5 Hankel 矩阵

定义 2.1.2 具有以下形式的 $n+1$ 阶矩阵：

$$\boldsymbol{H}=\begin{bmatrix}a_0 & a_1 & a_2 & \cdots & a_n\\ a_1 & a_2 & a_3 & \cdots & a_{n+1}\\ a_2 & a_3 & a_4 & \cdots & a_{n+2}\\ \vdots & \vdots & \vdots & & \vdots\\ a_n & a_{n+1} & a_{n+2} & \cdots & a_{2n}\end{bmatrix} \tag{2.7}$$

称为 Hankel 矩阵或正交对称矩阵（Ortho-Symmetric Matrix）。

由此可见，Hankel 矩阵完全由第 1 行和第 n 列的 $2n+1$ 个元素确定，其中所有垂直于主对角线的直线上有相同的元素。

2.1.6　Vandermonde 矩阵

定义 2.1.3　具有以下形式的 $m\times n$ 矩阵：

$$\boldsymbol{V}(a_1,a_2,\cdots,a_n)=\begin{bmatrix}1 & 1 & 1 & \cdots & 1\\ a_1 & a_2 & a_3 & \cdots & a_n\\ a_1^2 & a_2^2 & a_3^2 & \cdots & a_n^2\\ \vdots & \vdots & \vdots & & \vdots\\ a_1^{m-1} & a_2^{m-1} & a_3^{m-1} & \cdots & a_n^{m-1}\end{bmatrix} \tag{2.8}$$

称为 Vandermonde 矩阵。如果 $a_i\neq a_j$，那么 $\boldsymbol{V}(a_1,a_2,\cdots,a_n)$ 是非奇异的。

2.1.7　Hermitian 矩阵

定义 2.1.4　如果矩阵 $\boldsymbol{A}\in\mathbf{C}^{n\times n}$ 满足

$$\boldsymbol{A}=\boldsymbol{A}^{\mathrm{H}} \tag{2.9}$$

则 $\boldsymbol{A}$ 称为 Hermitian 矩阵。Hermitian 矩阵主要具有以下性质。

（1）所有特征值都是实的。

（2）对应于不同特征值的特征向量相互正交。

（3）Hermitian 矩阵可分解为 $\boldsymbol{A}=\boldsymbol{E}\boldsymbol{\Lambda}\boldsymbol{E}^{\mathrm{H}}=\sum_{i=1}^{n}\xi_i\boldsymbol{e}_i\boldsymbol{e}_i^{\mathrm{H}}$ 的形式，这一分解称作谱定理，也就是矩阵 $\boldsymbol{A}$ 的特征值分解定理，其中 $\boldsymbol{\Lambda}=\mathrm{diag}(\xi_1,\xi_2,\cdots,\xi_n)$，$\boldsymbol{E}=[\boldsymbol{e}_1,\boldsymbol{e}_2,\cdots,\boldsymbol{e}_n]$ 是由特征向量构成的酉矩阵[1]。

2.1.8　Kronecker 积

定义 2.1.5　$p\times q$ 矩阵 $\boldsymbol{A}$ 和 $m\times n$ 矩阵 $\boldsymbol{B}$ 的 Kronecker 积记作 $\boldsymbol{A}\otimes\boldsymbol{B}$，它是一个 $pm\times qn$ 矩阵，定义为

$$\boldsymbol{A}\otimes\boldsymbol{B}=\begin{bmatrix}a_{11}\boldsymbol{B} & a_{12}\boldsymbol{B} & \cdots & a_{1q}\boldsymbol{B}\\ a_{21}\boldsymbol{B} & a_{22}\boldsymbol{B} & \cdots & a_{2q}\boldsymbol{B}\\ \vdots & \vdots & & \vdots\\ a_{p1}\boldsymbol{B} & a_{p2}\boldsymbol{B} & \cdots & a_{pq}\boldsymbol{B}\end{bmatrix} \tag{2.10}$$

Kronecker 积有一个重要的性质，即若 $\boldsymbol{U}\in\mathbf{C}^{m\times n}$，$\boldsymbol{V}\in\mathbf{C}^{n\times p}$，$\boldsymbol{W}\in\mathbf{C}^{p\times q}$，则以下等式成立：

$$\mathrm{vec}(\boldsymbol{UVW}) = (\boldsymbol{W}^{\mathrm{T}} \otimes \boldsymbol{U})\,\mathrm{vec}(\boldsymbol{V}) \tag{2.11}$$

式中，vec(•) 为向量化算子；$\boldsymbol{A} \in \mathbf{C}^{I\times R}$，且 vec($\boldsymbol{A}$) 具有以下形式：

$$\boldsymbol{a} = \mathrm{vec}(\boldsymbol{A}) = \begin{bmatrix} a_{1,1} \\ \vdots \\ a_{I,1} \\ \vdots \\ a_{1,R} \\ \vdots \\ a_{I,R} \end{bmatrix} \in \mathbf{C}^{IR\times 1} \tag{2.12}$$

Kronecker 积具有以下性质：

$$\boldsymbol{A} \otimes (a\boldsymbol{B}) = a(\boldsymbol{A} \otimes \boldsymbol{B})$$

$$(\boldsymbol{A} \otimes \boldsymbol{B})^{\mathrm{T}} = \boldsymbol{A}^{\mathrm{T}} \otimes \boldsymbol{B}^{\mathrm{T}}$$

$$(\boldsymbol{A}+\boldsymbol{B}) \otimes \boldsymbol{C} = \boldsymbol{A} \otimes \boldsymbol{C} + \boldsymbol{B} \otimes \boldsymbol{C}$$

$$\boldsymbol{A} \otimes (\boldsymbol{B}+\boldsymbol{C}) = \boldsymbol{A} \otimes \boldsymbol{B} + \boldsymbol{A} \otimes \boldsymbol{C}$$

$$\boldsymbol{A} \otimes (\boldsymbol{B} \otimes \boldsymbol{C}) = (\boldsymbol{A} \otimes \boldsymbol{B}) \otimes \boldsymbol{C}$$

$$(\boldsymbol{A} \otimes \boldsymbol{B})(\boldsymbol{C} \otimes \boldsymbol{D}) = \boldsymbol{AC} \otimes \boldsymbol{BD}$$

2.1.9 Khatri-Rao 积

考虑两个矩阵 $\boldsymbol{A}$（$I\times F$）和 $\boldsymbol{B}$（$J\times F$），它们的 Khatri-Rao 积 $\boldsymbol{A} \odot \boldsymbol{B}$ 为一个 $IJ\times F$ 矩阵，其定义为

$$\boldsymbol{A} \odot \boldsymbol{B} = \left[\boldsymbol{a}_1 \otimes \boldsymbol{b}_1, \cdots, \boldsymbol{a}_F \otimes \boldsymbol{b}_F\right] = \left[\mathrm{vec}(\boldsymbol{b}_1\boldsymbol{a}_1^{\mathrm{T}}), \cdots, \mathrm{vec}(\boldsymbol{b}_F\boldsymbol{a}_F^{\mathrm{T}})\right] \tag{2.13}$$

式中，$\boldsymbol{a}_f$ 为 $\boldsymbol{A}$ 的第 f 列；$\boldsymbol{b}_f$ 为 $\boldsymbol{B}$ 的第 f 列。也就是说，Khatri-Rao 积是列向量的 Kronecker 积。

Khatri-Rao 积具有以下性质：

$$\boldsymbol{A} \odot (\boldsymbol{B} \odot \boldsymbol{C}) = (\boldsymbol{A} \odot \boldsymbol{B}) \odot \boldsymbol{C}$$

$$(\boldsymbol{A}+\boldsymbol{B}) \odot \boldsymbol{C} = \boldsymbol{A} \odot \boldsymbol{C} + \boldsymbol{B} \odot \boldsymbol{C}$$

令 $\boldsymbol{x} \in \mathbf{C}^{R}$，Khatri-Rao 积具有以下性质：

$$\mathrm{unvec}((\boldsymbol{A} \odot \boldsymbol{B})\boldsymbol{x}, J, I) = \boldsymbol{B}\,\mathrm{diag}(\boldsymbol{x})\boldsymbol{A}^{\mathrm{T}} \tag{2.14}$$

式中，unvec(•)为矩阵化算子，它是 vec(•)的逆运算，具有以下形式：

$$\operatorname{unvec}(\boldsymbol{a}, I, R)=\begin{bmatrix} a_{1,1} & a_{1,2} & \cdots & a_{1,R} \\ a_{2,1} & a_{2,2} & \cdots & a_{2,R} \\ \vdots & \vdots & & \vdots \\ a_{I,1} & a_{I,2} & \cdots & a_{I,R} \end{bmatrix}=\boldsymbol{A} \tag{2.15}$$

diag($\boldsymbol{x}$)表示一个对角矩阵，其元素为向量 $\boldsymbol{x}$ 中的元素。

2.1.10　Hadamard 积

矩阵 $\boldsymbol{A}\in\mathbf{C}^{I\times J}$ 和 $\boldsymbol{B}\in\mathbf{C}^{I\times J}$ 的 Hadamard 积定义为

$$\boldsymbol{A}\oplus\boldsymbol{B}=\begin{bmatrix} a_{11}b_{11} & a_{12}b_{12} & \cdots & a_{1J}b_{1J} \\ a_{21}b_{21} & a_{22}b_{22} & \cdots & a_{2J}b_{2J} \\ \vdots & \vdots & & \vdots \\ a_{I1}b_{I1} & a_{I2}b_{I2} & \cdots & a_{IJ}b_{IJ} \end{bmatrix} \tag{2.16}$$

2.1.11　向量化

通常，张量和矩阵比较方便用向量来表示，定义矩阵 $\boldsymbol{Y}=[\boldsymbol{y}_1, \boldsymbol{y}_2, \cdots, \boldsymbol{y}_T]\in\mathbf{R}^{I\times T}$ 的向量化为[1-2]

$$\boldsymbol{y}=\operatorname{vec}(\boldsymbol{Y})=\left[\boldsymbol{y}_1^{\mathrm{T}}, \boldsymbol{y}_2^{\mathrm{T}}, \cdots, \boldsymbol{y}_T^{\mathrm{T}}\right]^{\mathrm{T}}\in\mathbf{R}^{I\times T} \tag{2.17}$$

式中，vec(•)算子用于将矩阵 $\boldsymbol{Y}$ 的所有列堆积成一个向量。重塑（reshape）函数是向量化的逆函数，用于将一个向量转化成一个矩阵。例如，reshape$(\boldsymbol{y},I,T)\in\mathbf{R}^{I\times T}$ 可定义为（使用 MATLAB 表示法并类似于 MATLAB 中的 reshape 函数）

$$\operatorname{reshape}(\boldsymbol{y},I,T)=[\boldsymbol{y}(1:I), \boldsymbol{y}(I+1:2I), \cdots, \boldsymbol{y}((T-1)I:IT)]\in\mathbf{R}^{I\times T} \tag{2.18}$$

类似地，定义张量 $\underline{\boldsymbol{Y}}$ 的向量化为相应的模-1 展开矩阵 $\boldsymbol{Y}_{(1)}$。例如，三阶张量 $\underline{\boldsymbol{Y}}\in\mathbf{R}^{I\times T\times Q}$ 的向量化可表示为

$$\operatorname{vec}(\underline{\boldsymbol{Y}})=\operatorname{vec}(\boldsymbol{Y}_{(1)})=\left[\operatorname{vec}(\boldsymbol{Y}_{::1})^{\mathrm{T}}, \operatorname{vec}(\boldsymbol{Y}_{::2})^{\mathrm{T}}, \cdots, \operatorname{vec}(\boldsymbol{Y}_{::Q})^{\mathrm{T}}\right]^{\mathrm{T}}\in\mathbf{R}^{I\times T\times Q} \tag{2.19}$$

vec(•)算子具有以下性质：

$$\operatorname{vec}(c\boldsymbol{A})=c\operatorname{vec}(\boldsymbol{A}) \tag{2.20}$$

$$\operatorname{vec}(\boldsymbol{A}+\boldsymbol{B})=\operatorname{vec}(\boldsymbol{A})+\operatorname{vec}(\boldsymbol{B}) \tag{2.21}$$

$$\mathrm{vec}(\boldsymbol{A})^{\mathrm{T}}\mathrm{vec}(\boldsymbol{B})=\mathrm{tr}(\boldsymbol{A}^{\mathrm{T}}\boldsymbol{B}) \tag{2.22}$$

$$\mathrm{vec}(\boldsymbol{ABC})=(\boldsymbol{C}^{\mathrm{T}}\otimes\boldsymbol{A})\mathrm{vec}(\boldsymbol{B}) \tag{2.23}$$

2.2 高阶统计量

2.2.1 高阶累积量、高阶矩和高阶谱

高阶统计量通常包括高阶累积量和高阶矩，以及它们相应的谱——高阶累积量谱和高阶矩谱。它们都描述了随机过程的数字特征[1]。

对于 n 维随机变量 $\boldsymbol{x}=[x_1,x_2,\cdots,x_n]^{\mathrm{T}}$，定义其第一特征函数为

$$\Phi(\omega_1,\omega_2,\cdots,\omega_n)=E\{\exp[-\mathrm{j}(\omega_1x_1+\omega_2x_2+\cdots+\omega_nx_n)]\} \tag{2.24}$$

其第二特征函数为

$$\Psi(\omega_1,\omega_2,\cdots,\omega_n)=\ln[\Phi(\omega_1,\omega_2,\cdots,\omega_n)] \tag{2.25}$$

定义 2.2.1 和定义 2.2.2 对式（2.24）和式（2.25）分别进行泰勒展开，则随机变量 $\boldsymbol{x}=[x_1,x_2,\cdots,x_n]^{\mathrm{T}}$ 的 $r=k_1+k_2+\cdots+k_n$ 阶累积量 $c_{k_1,k_2,\cdots,k_n}$ 和 $r=k_1+k_2+\cdots+k_n$ 阶矩 $m_{k_1,k_2,\cdots,k_n}$ 分别定义为

$$c_{k_1,k_2,\cdots,k_n}=(-\mathrm{j})^r\left.\frac{\partial^r\Psi(\omega_1,\omega_2,\cdots,\omega_n)}{\partial\omega_1^{k_1}\partial\omega_2^{k_2}\cdots\partial\omega_n^{k_n}}\right|_{\omega_1=\omega_2=\cdots=\omega_n=0} \tag{2.26}$$

$$m_{k_1,k_2,\cdots,k_n}=(-\mathrm{j})^r\left.\frac{\partial^r\Phi(\omega_1,\omega_2,\cdots,\omega_n)}{\partial\omega_1^{k_1}\partial\omega_2^{k_2}\cdots\partial\omega_n^{k_n}}\right|_{\omega_1=\omega_2=\cdots=\omega_n=0} \tag{2.27}$$

累积量和矩之间可以相互转化。假设随机变量的一次实现为 $\boldsymbol{x}=\{x_1,x_2,\cdots,x_k\}$，$I_x=\{1,2,\cdots,k\}$ 表示 x 的下标的集合。若 $I\subseteq I_x$，则 x_I 表示下标为 I 的子向量 $\boldsymbol{x}_I=\{x_{i1},x_{i2},\cdots,x_{iI}\}$，其中，$I\leqslant k$，$i=1,2,\cdots,q$，$q\leqslant k$。若 I 的一种分割的集合中的元素数量为 q 个，则 $U_{p=1}^{q}I_p=I$ 表示非相交、非空 I_p 的无序集合，$\sum\limits_{U_{p=1}^{q}I_p=I}$ 表示对 I 所有可能的分割求和。用 $\mathrm{mom}(x_I)=E[x_{i1}x_{i2}\cdots x_{iI}]$ 表示 x_I 的矩，用 $\mathrm{cum}(x_I)$ 表示 x_I 的累积量，则累积量和矩之间的转换公式为

$$\mathrm{cum}\{x_1,x_2,\cdots,x_k\}=\sum_{U_{p=1}^{q}I_p=I}(-1)^{q-1}(q-1)!\prod_{p=1}^{q}\mathrm{mom}(I_p) \tag{2.28}$$

$$\mathrm{mom}\{x_1,x_2,\cdots,x_k\}=\sum_{U_{p=1}^{q}I_p=I}\left\{\prod_{p=1}^{q}\mathrm{cum}(I_p)\right\} \tag{2.29}$$

由此可知，零均值随机过程$\{x(n)\}$的二阶、三阶、四阶累积量分别为

$$\mathrm{cum}\{x_{i_1},x_{i_2}\}=E\{x_{i_1}x_{i_2}\} \tag{2.30}$$

$$\mathrm{cum}\{x_{i_1},x_{i_2},x_{i_3}\}=E\{x_{i_1}x_{i_2}x_{i_3}\} \tag{2.31}$$

$$\begin{aligned}\mathrm{cum}\{x_{i_1},x_{i_2},x_{i_3},x_{i_4}\}=&E\{x_{i_1}x_{i_2}x_{i_3}x_{i_4}\}-E\{x_{i_1}x_{i_2}\}E\{x_{i_3}x_{i_4}\}-\\&E\{x_{i_1}x_{i_3}\}E\{x_{i_2}x_{i_4}\}-E\{x_{i_1}x_{i_4}\}E\{x_{i_2}x_{i_3}\}\end{aligned} \tag{2.32}$$

若零均值随机过程$\{x(n)\}$是平稳的，则有

$$c_{2,x}(\tau)=E\{x(n)x(n+\tau)\} \tag{2.33}$$

$$c_{3,x}(\tau_1,\tau_2)=E\{x(n)x(n+\tau_1)x(n+\tau_2)\} \tag{2.34}$$

$$\begin{aligned}c_{4,x}(\tau_1,\tau_2,\tau_3)=&E\{x(n)x(n+\tau_1)x(n+\tau_2)x(n+\tau_3)\}-\\&c_{2,x}(\tau_1)c_{2,x}(\tau_2-\tau_3)-c_{2,x}(\tau_2)c_{2,x}(\tau_3-\tau_1)-\\&c_{2,x}(\tau_3)c_{2,x}(\tau_1-\tau_2)\end{aligned} \tag{2.35}$$

定义 2.2.3 设高阶累积量$c_{k,x}(\tau_1,\tau_2,\cdots,\tau_{k-1})$是绝对可和的，即

$$\sum_{\tau_1=-\infty}^{\infty}\cdots\sum_{\tau_{k-1}=-\infty}^{\infty}\left|c_{k,x}(\tau_1,\tau_2,\cdots,\tau_{k-1})\right|<\infty \tag{2.36}$$

则k阶累积量谱定义为k阶累积量的$k-1$维 Fourier 变换，即

$$S_{k,x}(\omega_1,\omega_2,\cdots,\omega_{k-1})=\sum_{\tau_1=-\infty}^{\infty}\cdots\sum_{\tau_{k-1}=-\infty}^{\infty}c_{k,x}(\tau_1,\tau_2,\cdots,\tau_{k-1})\exp\left[-\mathrm{j}\sum_{i=1}^{k-1}\omega_i\tau_i\right] \tag{2.37}$$

高阶累积量谱常简称高阶谱或多谱。最常用的高阶谱是三阶谱$S_{3,x}(\omega_1,\omega_2)$和四阶谱$S_{4,x}(\omega_1,\omega_2,\omega_3)$。我们又把三阶谱称作双谱，把四阶谱称作三谱。

定义 2.2.4 设高阶矩$m_{k,x}(\tau_1,\tau_2,\cdots,\tau_{k-1})$是绝对可和的，即

$$\sum_{\tau_1=-\infty}^{\infty}\cdots\sum_{\tau_{k-1}=-\infty}^{\infty}\left|m_{k,x}(\tau_1,\tau_2,\cdots,\tau_{k-1})\right|<\infty \tag{2.38}$$

则k阶矩谱定义为k阶矩的$k-1$维 Fourier 变换，即

$$m_{k,x}(\omega_1,\omega_2,\cdots,\omega_{k-1})=\sum_{\tau_1=-\infty}^{\infty}\cdots\sum_{\tau_{k-1}=-\infty}^{\infty}m_{k,x}(\tau_1,\tau_2,\cdots,\tau_{k-1})\exp\left[-\mathrm{j}\sum_{i=1}^{k-1}\omega_i\tau_i\right] \tag{2.39}$$

2.2.2 累积量性质

性质 2.2.1 设 n 个常数 λ_i（$i=1,2,\cdots,n$）与 n 维随机变量$(x_1,x_2,\cdots,x_n)$对应，则有

$$\operatorname{cum}\{\lambda_1 x_1,\lambda_2 x_2,\cdots,\lambda_n x_n\}=\prod_{i=1}^{n}\lambda_i \operatorname{cum}\{x_1,x_2,\cdots,x_n\} \tag{2.40}$$

性质 2.2.2 累积量关于它们的变量对称，即

$$\operatorname{cum}\{x_1,x_2,\cdots,x_n\}=\operatorname{cum}\{x_{i_1},x_{i_2},\cdots,x_{i_n}\} \tag{2.41}$$

式中，$(i_1,i_2,\cdots,i_n)$是$(1,2,\cdots,n)$的任意一种组合。

性质 2.2.3 累积量关于它们的变量具有可加性，即

$$\operatorname{cum}\{y_0+z_0,x_1,x_2,\cdots,x_n\}=\operatorname{cum}\{y_0,x_1,x_2,\cdots,x_n\}+\operatorname{cum}\{z_0,x_1,x_2,\cdots,x_n\} \tag{2.42}$$

性质 2.2.4 如果α为常数，则有

$$\operatorname{cum}\{\alpha+x_1,x_2,\cdots,x_n\}=\operatorname{cum}\{x_1,x_2,\cdots,x_n\} \tag{2.43}$$

性质 2.2.5 如果 n 维随机变量$(x_1,x_2,\cdots,x_n)$和$(y_1,y_2,\cdots,y_n)$相互独立，则有

$$\operatorname{cum}\{y_1+x_1,y_2+x_2,\cdots,y_n+x_n\}=\operatorname{cum}\{x_1,x_2,\cdots,x_n\}+\operatorname{cum}\{y_1,y_2,\cdots,y_n\} \tag{2.44}$$

性质 2.2.6 如果 n 维随机变量$(x_1,x_2,\cdots,x_n)$中某个子集与其补集相互独立，则有

$$\operatorname{cum}\{x_1,x_2,\cdots,x_n\}=0 \tag{2.45}$$

2.2.3 高斯随机过程的高阶累积量

有 n 维高斯随机变量$\boldsymbol{x}=[x_1,x_2,\cdots,x_n]^{\mathrm{T}}$，设其均值向量为$\boldsymbol{a}=[a_1,a_2,\cdots,a_n]^{\mathrm{T}}$，协方差矩阵为

$$\boldsymbol{R}=\begin{bmatrix} r_{11} & r_{12} & \cdots & r_{1n} \\ r_{21} & r_{22} & \cdots & r_{2n} \\ \vdots & \vdots & & \vdots \\ r_{n1} & r_{n2} & \cdots & r_{nn} \end{bmatrix} \tag{2.46}$$

$|a_i|<\infty$，且$r_{ij}=E\{(x_i-a_i)(x_j-a_j)\}$，$i,j=1,2,\cdots,n$。

n 维高斯随机变量 $\boldsymbol{x}$ 的联合概率密度函数为

$$p(\boldsymbol{x})=\frac{1}{(2\pi)^{n/2}|\boldsymbol{R}|^{1/2}}\exp\left[-\frac{1}{2}(\boldsymbol{x}-\boldsymbol{a})^{\mathrm{T}}\boldsymbol{R}^{-1}(\boldsymbol{x}-\boldsymbol{a})\right] \tag{2.47}$$

$\boldsymbol{x}$ 的联合特征函数为

$$\Phi(\boldsymbol{\omega})=\exp\left(\mathrm{j}\boldsymbol{a}^{\mathrm{T}}\boldsymbol{\omega}-\frac{1}{2}\boldsymbol{\omega}^{\mathrm{T}}\boldsymbol{R}\boldsymbol{\omega}\right) \tag{2.48}$$

式中，$\boldsymbol{\omega}=[\omega_1,\omega_2,\cdots,\omega_n]^{\mathrm{T}}$。

$\boldsymbol{x}$ 的第二联合特征函数为

$$\Psi(\boldsymbol{\omega})=\ln\Phi(\boldsymbol{\omega})=\mathrm{j}\boldsymbol{a}^{\mathrm{T}}\boldsymbol{\omega}-\frac{1}{2}\boldsymbol{\omega}^{\mathrm{T}}\boldsymbol{R}\boldsymbol{\omega}=\mathrm{j}\sum_{i=1}^{n}a_i\omega_i-\frac{1}{2}\sum_{i=1}^{n}\sum_{j=1}^{n}r_{ij}\omega_i\omega_j \tag{2.49}$$

于是，根据累积量定义式，随机变量 $\boldsymbol{x}$ 的 $r=k_1+k_2+\cdots+k_n$ 阶累积量为

$$c_{k_1,k_2,\cdots,k_n}=(-\mathrm{j})^r\left.\frac{\partial^r\Psi(\boldsymbol{\omega})}{\partial\omega_1^{k_1}\partial\omega_2^{k_2}\cdots\partial\omega_n^{k_n}}\right|_{\omega_1=\omega_2=\cdots=\omega_n=0} \tag{2.50}$$

由于 $\Psi(\boldsymbol{\omega})$ 是关于自变量 ω_i（$i=1,2,\cdots,n$）的二次多项式，$\Psi(\boldsymbol{\omega})$ 关于自变量的三阶及更高阶偏导数等于零，因此 $\boldsymbol{x}$ 的三阶及三阶以上累积量等于零，即

$$c_{k_1,k_2,\cdots,k_n}=0\text{，}\quad k_1+k_2+\cdots+k_n\geqslant 3 \tag{2.51}$$

由 $\boldsymbol{x}$ 的联合特征函数可得出 $r=k_1+k_2+\cdots+k_n$ 阶矩 $m_{k_1,k_2,\cdots,k_n}$，并可证明：

$$m_{k_1,k_2,\cdots,k_n}=E[x_1^{k_1}x_2^{k_2}\cdots x_n^{kn}]=\begin{cases}0\text{，} & r\text{为奇数}\\ \text{非零，} & r\text{为偶数}\end{cases} \tag{2.52}$$

由此可得以下结论。

（1）高斯随机过程大于二阶的矩不会比二阶矩提供更多的信息。

（2）高斯随机过程大于二阶的累积量全部为零。

（3）非高斯随机过程至少存在某个大于二阶的累积量不为零。

因此，高阶累积量可以抑制高斯分布的噪声，建立高斯噪声中的非高斯信号模型，提取高斯噪声中的非高斯信号。

2.2.4 随机场的累积量与多谱

引入向量符号：

$$\boldsymbol{v}=[v_1,v_2,\cdots,v_k]^{\mathrm{T}}$$

$$\boldsymbol{y}=\left[y(m,n),y(m+i_1,n+j_1),\cdots,y(m+i_{k-1},n+j_{k-1})\right]^{\mathrm{T}} \tag{2.53}$$

定义 2.2.5 随机场 $y(m,n)$ 的 k 阶累积量定义为第二特征函数（累积量生成函数）$K(\boldsymbol{v})=\ln E\left[\exp(\mathrm{j}\boldsymbol{v}^{\mathrm{T}}\boldsymbol{y})\right]$ 的泰勒展开中的 $(v_1,v_2,\cdots,v_k)$ 项的系数。

因此，$y(m,n)$ 的 k 阶累积量是用 k 阶及以下各阶的联合矩定义的，是 $2(k-1)$ 个滞后变量的函数。更高维数的随机过程的累积量也可以类似定义，而且 d 维随机场的 k 阶累积量是 $d(k-1)$ 个滞后变量的函数。

为了简化符号，我们用 $\boldsymbol{m}=(m_1,m_2,\cdots,m_d)$ 表示 d 个元素的行向量，记 $\boldsymbol{0}=(0,0,\cdots,0)$，$\boldsymbol{1}=(1,1,\cdots,1)$，用 $\boldsymbol{m}\leqslant\boldsymbol{n}$ 表示 $m_i\leqslant n_i$（$i=1,2,\cdots,d$），并且定义 $i\boldsymbol{m}=(im_1,im_2,\cdots,im_d)$ 以及 $\boldsymbol{m}+\boldsymbol{i}=(m_1+i_1,m_2+i_2,\cdots,m_d+i_d)$。

利用以上符号，零均值随机过程的二阶、三阶、四阶累积量分别为

$$c_{2,y}(\boldsymbol{i})=E\left[y(\boldsymbol{m})y(\boldsymbol{m}+\boldsymbol{i})\right] \tag{2.54}$$

$$c_{3,y}(\boldsymbol{i},\boldsymbol{j})=E\left[y(\boldsymbol{m})y(\boldsymbol{m}+\boldsymbol{i})y(\boldsymbol{m}+\boldsymbol{j})\right] \tag{2.55}$$

$$\begin{aligned}c_{4,y}(\boldsymbol{i},\boldsymbol{j},\boldsymbol{k})=&E\left[y(\boldsymbol{m})y(\boldsymbol{m}+\boldsymbol{i})y(\boldsymbol{m}+\boldsymbol{j})y(\boldsymbol{m}+\boldsymbol{k})\right]-c_{2,y}(\boldsymbol{i})c_{2,y}(\boldsymbol{j}-\boldsymbol{k})-\\&c_{2,y}(\boldsymbol{j})c_{2,y}(\boldsymbol{k}-\boldsymbol{i})-c_{2,y}(\boldsymbol{k})c_{2,y}(\boldsymbol{i}-\boldsymbol{j})\end{aligned} \tag{2.56}$$

若零均值随机过程是平稳的，则有

$$c_{3,y}(\boldsymbol{i},\boldsymbol{j})=c_{3,y}(\boldsymbol{j},\boldsymbol{i})=c_{3,y}(-\boldsymbol{j},\boldsymbol{i}-\boldsymbol{j})c_{3,y}(\boldsymbol{i}-\boldsymbol{j},-\boldsymbol{j})=c_{3,y}(-\boldsymbol{i},\boldsymbol{j}-\boldsymbol{i})=c_{3,y}(\boldsymbol{j}-\boldsymbol{i},-\boldsymbol{i}) \tag{2.57}$$

这说明，对于二维平稳随机过程 $y(m,n)$ 的三阶累积量，只要计算出 $\{(\boldsymbol{i},\boldsymbol{j}):0\leqslant i_1\leqslant j_1,\ -\infty<i_2,j_2<\infty\}$ 区域内的累积量，就能够推算出所有滞后的累积量。这一区域就是三阶累积量的无冗余支撑区域。更一般地，对于 d 维随机场，其 k 阶累积量共有 $k!$ 个对称关系：

$$\begin{aligned}&c_{k,y}(\boldsymbol{i}_1,\boldsymbol{i}_2,\cdots,\boldsymbol{i}_{k-1})=c_{k,y}(\boldsymbol{i}_2,\boldsymbol{i}_1,\cdots,\boldsymbol{i}_{k-1})=\cdots=c_{k,y}(\boldsymbol{i}_{k-1},\cdots,\boldsymbol{i}_2,\boldsymbol{i}_1)\\&=c_{k,y}(-\boldsymbol{i}_1,\boldsymbol{i}_2-\boldsymbol{i}_1,\cdots,\boldsymbol{i}_{k-1}-\boldsymbol{i}_1)=c_{k,y}(\boldsymbol{i}_1-\boldsymbol{i}_2,-\boldsymbol{i}_2,\cdots,\boldsymbol{i}_{k-1}-\boldsymbol{i}_2)=\cdots\end{aligned} \tag{2.58}$$

将上述讨论结果推而广之，将标量变元换成向量变元后，一阶累积量的定义、对称性以及其他性质就变成了多阶累积量的定义和各种性质。同样，高斯随机过程的定义及性质也可进行相应的推广。

d 维随机过程 $y(\boldsymbol{m})$ 的 k 阶多谱定义为其 k 阶累积量的 $d(k-1)$ 维 Fourier 变换。和一维情况类似，累积量的绝对可和性是对应的多谱存在的充分条件。进一步地，若 $y(\boldsymbol{m})$ 是一个可表示为 $y(\boldsymbol{m})=h(\boldsymbol{m})*w(\boldsymbol{m})$ 的线性过程，则 $y(\boldsymbol{m})$ 的多谱存在的条件是 $w(\boldsymbol{m})$ 的（相同阶数）多谱存在，并且 $h(\boldsymbol{m})$ 是绝对可和的。

特别地，$2d$ 阶双谱是式（2.55）的 $2d$ 维 Fourier 变换：

$$S_{3,y}(\boldsymbol{u},\boldsymbol{v})=\sum_{\boldsymbol{m},\boldsymbol{n}}c_{3,y}(\boldsymbol{m},\boldsymbol{n})\exp\left[-\mathrm{j}(\boldsymbol{u}\boldsymbol{m}^{\mathrm{T}}+\boldsymbol{v}\boldsymbol{n}^{\mathrm{T}})\right] \tag{2.59}$$

注意，d 维随机过程 $y(\boldsymbol{m})$ 的 k 阶多谱 $S_{k,y}(\boldsymbol{u}_1,\boldsymbol{u}_2,\cdots,\boldsymbol{u}_{k-1})$ 是 $d(k-1)$ 个频率变量的函数，因为 $\boldsymbol{u}_i$ 是 d 个元素的行向量。双谱具有以下对称性质：

$$\begin{aligned}S_{3,y}(\boldsymbol{u},\boldsymbol{v}) &= S_{3,y}(\boldsymbol{v},\boldsymbol{u}) = S_{3,y}(-\boldsymbol{v},\boldsymbol{v}-\boldsymbol{u}) = S_{3,y}(\boldsymbol{v}-\boldsymbol{u},\boldsymbol{u})\\ &= S_{3,y}(-\boldsymbol{v},\boldsymbol{u}-\boldsymbol{v}) = S_{3,y}(\boldsymbol{u}-\boldsymbol{v},-\boldsymbol{u})\end{aligned} \tag{2.60}$$

若 $y(\boldsymbol{m})$ 为实值过程，则

$$S_{3,y}(\boldsymbol{u},\boldsymbol{v}) = S_{3,y}(-\boldsymbol{u},-\boldsymbol{v}) \tag{2.61}$$

更一般地，k 阶多谱相对于它们的变元是对称的，并满足下列关系：

$$S_{k,y}(\boldsymbol{u}_1,\boldsymbol{u}_2,\cdots,\boldsymbol{u}_{k-1}) = S_{k,y}(\boldsymbol{u}_2,\boldsymbol{u}_1,\cdots,\boldsymbol{u}_{k-1}) = \cdots = S_{k,y}\left(\boldsymbol{u}_1,\cdots,\boldsymbol{u}_{k-2},-\sum_{i=1}^{k-1}\boldsymbol{u}_i\right) \tag{2.62}$$

2.3 四元数理论

四元数是 1843 年由英国数学家 Hamilton 提出的，至今已有一个多世纪。但在相当长的一段时间里，它没有为人们所重视，更没有得到实际的应用。直到 20 世纪后期，随着刚体力学理论的发展，人们发现利用四元数和四元数矩阵可以较好地处理刚体运动学问题，特别是刚体运动分析的理论问题和运动控制的实际问题，从而使四元数在理论力学中开始得到应用。随之而来的是，四元数及四元数矩阵理论在其他应用领域的研究也渐渐活跃起来，如计算机动画、图像处理、阵列信号处理和谱分析等领域[1]。

2.3.1 四元数

定义 2.3.1 设

$$q = a + \mathrm{i}b + \mathrm{j}c + \mathrm{k}d,\quad a,b,c,d \in \mathbf{R} \tag{2.63}$$

式中，i, j, k 代表虚部符号；**R** 代表实数域。若 i, j, k 满足乘法规则，即

$$\mathrm{ij} = -\mathrm{ji} = \mathrm{k} \tag{2.64}$$

$$\mathrm{i}^2 = \mathrm{j}^2 = \mathrm{k}^2 = -1 \tag{2.65}$$

$$\mathrm{jk} = -\mathrm{kj} = \mathrm{i} \tag{2.66}$$

$$\mathrm{ki} = -\mathrm{ik} = \mathrm{j} \tag{2.67}$$

则称 q 为 Hamilton 四元数（在一些文献中，存在不同于 Hamilton 四元数的运算规则，因为 Hamilton 四元数是研究最为广泛和深入的一种四元数，并且一般文献中所说的四元

数皆是指 Hamilton 四元数，所以本书中若不加特殊声明，所说的四元数均指 Hamilton 四元数），称 a 为四元数 q 的实部，称 $\mathrm{i}b+\mathrm{j}c+\mathrm{k}d$ 为 q 的虚部。特别地，当 $c=d=0$ 时，q 就是复数；当 $b=c=d=0$ 时，q 就是实数。因此，四元数是实数和复数的扩展。

q 的共轭定义为 $\bar{q}=a-\mathrm{i}b-\mathrm{j}c-\mathrm{k}d$，幅值定义为 $|q|=\sqrt{q\bar{q}}=\sqrt{a^2+b^2+c^2+d^2}$，倒数定义为 $q^{-1}=\bar{q}/|q|^2$。有时为了适应研究内容，也会定义 $q_{\mathrm{i}}=a-\mathrm{i}b+\mathrm{j}c+\mathrm{k}d$，相应地，还有 q_{j}，q_{k}，$\bar{q}_{\mathrm{i}}$，$\bar{q}_{\mathrm{j}}$，$\bar{q}_{\mathrm{k}}$ 等。另外，q 也可以用幅值和相位的关系来表示，其定义为 $q=|q|\mathrm{e}^{\mathrm{i}\varphi}\mathrm{e}^{\mathrm{k}\psi}\mathrm{e}^{\mathrm{j}\theta}$。

由 Hamilton 四元数的定义可以看出，如果改变 i, j, k 之间的运算规则，就可以出现其他不同于 Hamilton 四元数的定义。本书的主要研究对象是 Hamilton 四元数，次要研究对象是在国内被称为“超复数”的一种四元数，因为马全中先生在 20 世纪 80 年代就对它进行了深入的研究，所以也称其为马氏四元数。

马氏四元数的乘法规则定义为 $\mathrm{ij}=\mathrm{ji}=\mathrm{k}$，$\mathrm{i}^2=\mathrm{j}^2=-\mathrm{k}^2=-1$，$\mathrm{jk}=\mathrm{kj}=-\mathrm{i}$，$\mathrm{ki}=\mathrm{ik}=-\mathrm{j}$。很显然，马氏四元数满足乘法交换律。

此外，还有一种不同于马氏四元数，但同样满足乘法交换律的四元数，即由屈鹏展先生定义的新四元数。新四元数的乘法规则定义为 $\mathrm{ik}=\mathrm{ki}=-1$，$\mathrm{jj}=-1$，$\mathrm{jk}=\mathrm{kj}=-\mathrm{i}$，$\mathrm{kk}=-\mathrm{j}$，$\mathrm{ii}=\mathrm{j}$，$\mathrm{ij}=\mathrm{ji}=\mathrm{k}$。

2.3.2 Hamilton 四元数矩阵

设矩阵 $\boldsymbol{X}=(a_{ij})_{m\times n}$，$a_{ij}\in\boldsymbol{Q}$（$\boldsymbol{Q}$为四元数域），则称 $\boldsymbol{X}$ 为 $m\times n$ 四元数矩阵。本书中主要用到的是四元数矩阵的复分解，因此本节仅重点介绍四元数矩阵的复分解式与导出阵。

定义 2.3.2 设 $\boldsymbol{X}$ 为 $m\times n$ 四元数矩阵，则 $\boldsymbol{X}$ 可唯一地表示为

$$\boldsymbol{X}=\boldsymbol{X}_1+\boldsymbol{X}_2\mathrm{j},\ \boldsymbol{X}_1,\boldsymbol{X}_2\in\mathbf{C}^{m\times n}\ （\mathbf{C}为复数域）$$

称 $\boldsymbol{X}_1+\boldsymbol{X}_2\mathrm{j}$ 为 $\boldsymbol{X}$ 在复数域 $\mathbf{C}$ 上的分解式。也就是说，任意一个四元数矩阵都可以唯一地由两个复数矩阵的组合表示。

定义 2.3.3 设 $\boldsymbol{X}$ 为 $m\times n$ 四元数矩阵，$\boldsymbol{X}=\boldsymbol{X}_1+\boldsymbol{X}_2\mathrm{j}$ 是 $\boldsymbol{X}$ 在复数域 $\mathbf{C}$ 上的分解式，则称

$$\boldsymbol{X}^{\sigma}=\begin{pmatrix}\boldsymbol{X}_1 & -\boldsymbol{X}_2\\ \overline{\boldsymbol{X}_2} & \overline{\boldsymbol{X}_1}\end{pmatrix}\in\mathbf{C}^{2m\times 2n} \tag{2.68}$$

或

$$\boldsymbol{X}^{\sigma}=\begin{pmatrix} \boldsymbol{X}_1 & \boldsymbol{X}_2 \\ -\overline{\boldsymbol{X}_2} & \overline{\boldsymbol{X}_1} \end{pmatrix} \in \mathbf{C}^{2m\times 2n} \tag{2.69}$$

为 $\boldsymbol{X}$ 的复表示矩阵或 $\boldsymbol{X}$ 在复数域 $\mathbf{C}$ 上的导出阵。

对于四元数矩阵 $\boldsymbol{X}$ 的复表示矩阵的性质，本节仅列出主要用到的两个重要性质。

（1）设 $\boldsymbol{X}\in \boldsymbol{Q}^{m\times n}$，则 $\text{rank}(\boldsymbol{X}^{\sigma})=2\text{rank}(\boldsymbol{X})$，即四元数矩阵的秩是其复数域上导出阵的秩的二分之一。

（2）设 $\boldsymbol{X}\in \boldsymbol{Q}^{m\times n}$，$f(x)$ 为 $\mathbf{R}$（$\mathbf{R}$为实数域）上的多项式，则 $f(\boldsymbol{X}^{\sigma})=[f(\boldsymbol{X})]^{\sigma}$

需要特别注意的是，四元数矩阵的复表示矩阵在形式上种类较多，虽然它们具有同样的性质，但在实际计算中，不同的复表示方法的中间计算结果会稍有区别。

2.3.3 Hamilton 四元数矩阵的奇异值分解

设四元数矩阵 $\boldsymbol{X}\in \boldsymbol{Q}^{M\times N}$，且秩为 r，则四元数矩阵 $\boldsymbol{X}$ 的奇异值分解可以表示为

$$\boldsymbol{X}=\boldsymbol{USV}^{\mathrm{H}}=\boldsymbol{U}\begin{pmatrix} \boldsymbol{\Sigma}_r & \boldsymbol{O} \\ \boldsymbol{O} & \boldsymbol{O} \end{pmatrix}\boldsymbol{V}^{\mathrm{H}} \tag{2.70}$$

式中，$\boldsymbol{U}$ 代表左四元数奇异矩阵；$\boldsymbol{V}$ 代表右四元数奇异矩阵；$\boldsymbol{\Sigma}_r$ 代表非零的实对角矩阵。

四元数矩阵 $\boldsymbol{X}$ 的奇异值分解还可以表示为

$$\boldsymbol{X}=\sum_{n=1}^{r}\boldsymbol{u}_n\sigma_n\boldsymbol{v}_n^{\mathrm{H}} \tag{2.71}$$

式中，$\boldsymbol{u}_n$ 代表左四元数奇异矩阵 $\boldsymbol{U}$ 的第 n 个列向量；$\boldsymbol{v}_n$ 代表右四元数奇异矩阵 $\boldsymbol{V}$ 的第 n 个列向量；σ_n 代表实奇异值。

实际上，四元数矩阵的奇异值分解与实数域或复数域的矩阵的奇异值分解类似，都可以通过奇异值中的非零实奇异值的个数反映矩阵的秩。在信号处理中，常常可以利用奇异值分解所得秩的大小来确定原始信号的个数，从而进一步利用奇异值区分左四元数奇异矩阵中的左信号子空间和左噪声子空间，以及右四元数奇异矩阵中的右信号子空间和右噪声子空间，再利用信号子空间或噪声子空间求解原始信号参量。

假设四元数矩阵 $\boldsymbol{X}\in \boldsymbol{Q}^{M\times N}$ 为含 r 个信号的数据矩阵且不含噪声，则 $\boldsymbol{X}$ 可以写为

$$\boldsymbol{X}=[\boldsymbol{U}_1 \quad \boldsymbol{U}_2]\begin{pmatrix} \boldsymbol{\Sigma}_r & \boldsymbol{O} \\ \boldsymbol{O} & \boldsymbol{O} \end{pmatrix}\begin{bmatrix} \boldsymbol{V}_1^{\mathrm{H}} \\ \boldsymbol{V}_2^{\mathrm{H}} \end{bmatrix} \tag{2.72}$$

式中，$\boldsymbol{U}_1=[\boldsymbol{u}_1 \quad \boldsymbol{u}_2 \quad \cdots \quad \boldsymbol{u}_r]$ 为对应于 $\boldsymbol{\Sigma}_r$ 的左四元数奇异矩阵，且向量之间两两正交，由它可以构造左信号子空间；$\boldsymbol{U}_2=[\boldsymbol{u}_{r+1} \quad \boldsymbol{u}_{r+2} \quad \cdots \quad \boldsymbol{u}_M]$ 为对应于 $\boldsymbol{O}$ 的左奇异矩阵，且

向量之间两两正交，由它可以构造左噪声子空间，且$\boldsymbol{U}_1 \perp \boldsymbol{U}_2$；$\boldsymbol{V}_1 = [\boldsymbol{v}_1 \quad \boldsymbol{v}_2 \quad \cdots \quad \boldsymbol{v}_r]^{\mathrm{H}}$为对应于$\boldsymbol{\Sigma}_r$的右四元数奇异矩阵，且向量之间两两正交，由它可以构造右信号子空间；$\boldsymbol{V}_2 = [\boldsymbol{v}_{r+1} \quad \boldsymbol{v}_{r+2} \quad \cdots \quad \boldsymbol{v}_N]^{\mathrm{H}}$为对应于$\boldsymbol{O}$的右奇异矩阵，且向量之间两两正交，由它可以构造右噪声子空间，且$\boldsymbol{V}_1 \perp \boldsymbol{V}_2$。

四元数矩阵的奇异值分解一般是通过计算对应的复表示矩阵的奇异值分解后构成的。首先，对$\boldsymbol{X}^{\sigma}$进行奇异值分解，即

$$\boldsymbol{X}^{\sigma} = \boldsymbol{U}^{X^{\sigma}} \begin{pmatrix} \boldsymbol{\Sigma}_{2r} & \boldsymbol{O} \\ \boldsymbol{O} & \boldsymbol{O} \end{pmatrix} (\boldsymbol{V}^{X^{\sigma}})^{\mathrm{H}} = \sum_{n'=1}^{2r} \boldsymbol{u}_{n'}^{X^{\sigma}} \sigma_{n'} (\boldsymbol{v}_{n'}^{X^{\sigma}})^{\mathrm{H}} \tag{2.73}$$

式中，$\boldsymbol{u}_{n'}^{X^{\sigma}}$，$\boldsymbol{v}_{n'}^{X^{\sigma}}$和$\boldsymbol{\Sigma}_{2r}$可以写为

$$\boldsymbol{u}_{n'}^{X^{\sigma}} = \begin{bmatrix} \dot{\boldsymbol{u}}_{n'}^{X^{\sigma}} \\ -\ddot{\boldsymbol{u}}_{n'}^{X^{\sigma}} \end{bmatrix}, \quad \boldsymbol{v}_{n'}^{X^{\sigma}} = \begin{bmatrix} \dot{\boldsymbol{v}}_{n'}^{X^{\sigma}} \\ -\ddot{\boldsymbol{v}}_{n'}^{X^{\sigma}} \end{bmatrix} \tag{2.74}$$

$$\boldsymbol{\Sigma}_{2r} = \mathrm{diag}(\sigma_1, \sigma_1, \sigma_2, \sigma_2, \cdots, \sigma_r, \sigma_r) \tag{2.75}$$

之后，就可以利用四元数矩阵的复表示矩阵计算四元数矩阵的奇异值分解，步骤如下。

（1）对$\boldsymbol{X}^{\sigma}$进行奇异值分解。

（2）$\boldsymbol{X}$的左四元数奇异矩阵$\boldsymbol{U}$的第n个列向量是由$\boldsymbol{X}^{\sigma}$的第$n' = 2n-1$个左奇异向量按下式构成的：

$$u_n = \dot{u}_{n'}^{X^{\sigma}} + \ddot{u}_{n'}^{X^{\sigma}} \mathrm{j} \tag{2.76}$$

同理，$\boldsymbol{X}$的右四元数奇异矩阵$\boldsymbol{V}$的第n个列向量是由$\boldsymbol{X}^{\sigma}$的第$\boldsymbol{n}' = 2n-1$个右奇异向量按下式构成的：

$$v_n = \dot{v}_{n'}^{X^{\sigma}} + \ddot{v}_{n'}^{X^{\sigma}} \mathrm{j} \tag{2.77}$$

（3）$\boldsymbol{\Sigma}_r$中第n个对角线元素是$\boldsymbol{\Sigma}_{2r}$中第$n' = 2n-1$个对角线元素。

2.3.4 Hamilton 四元数矩阵的右特征值分解

由于四元数矩阵不满足乘法交换律，因此四元数矩阵的特征值分解比实数域或复数域的矩阵的奇异值分解复杂得多。

定义 2.3.4 设四元数矩阵$\boldsymbol{X} \in \boldsymbol{Q}^{n \times n}$，若存在$\lambda \in \boldsymbol{Q}$及$\boldsymbol{O} \neq \boldsymbol{\alpha} \in \boldsymbol{Q}^{n \times 1}$，使得

$$\boldsymbol{X\alpha} = \boldsymbol{\alpha}\lambda \quad （或\ \boldsymbol{X\alpha} = \lambda\boldsymbol{\alpha}） \tag{2.78}$$

则称λ为$\boldsymbol{X}$的右（或左）特征值，称$\boldsymbol{\alpha}$为$\boldsymbol{X}$的属于右（或左）特征值λ的特征向量。

如果λ既是$\boldsymbol{X}$的右特征值，又是$\boldsymbol{X}$的左特征值，则称λ为$\boldsymbol{X}$的特征值。需要注意的是，四元数矩阵$\boldsymbol{X}$的右特征值不一定是左特征值，左特征值也不一定是右特征值。

四元数矩阵$\boldsymbol{X}$的右特征值一定存在，并且如果$\lambda = a + b\text{i} \in \mathbf{C}$（$b \neq 0$）是四元数矩阵$\boldsymbol{X}$的右特征值，其对应的右特征向量为$\boldsymbol{\alpha} = \boldsymbol{a}_1 + \boldsymbol{a}_2\text{j}$（$\boldsymbol{a}_1, \boldsymbol{a}_2 \in \mathbf{C}^{n\times 1}$），则$\bar{\lambda} = a - b\text{i} \in \mathbf{C}$也一定是四元数矩阵$\boldsymbol{X}$的右特征值，而其对应的右特征向量为$\boldsymbol{\beta} = \boldsymbol{a}_2 - \boldsymbol{a}_1\text{j}$（$\boldsymbol{a}_1, \boldsymbol{a}_2 \in \mathbf{C}^{n\times 1}$）。

对于一个$n \times n$四元数矩阵，如果它的右特征值全为复数（虚部不为零），则它有$2n$个不同的右特征值，对应的右特征向量也有$2n$个，且都为n维向量，即所有右特征向量构成的四元数矩阵为$n \times 2n$矩阵。根据四元数矩阵极大右（左）线性无关组和秩的定义，$m \times n$四元数矩阵的秩一定不大于$\min(m,n)$，所以四元数域与复数域或实数域中不同的是，不同右特征值之间的右特征向量并不能保证是线性无关的。

本书中主要用到的是四元数矩阵的右特征值分解，并且要通过四元数矩阵的右特征向量构造信号子空间与噪声子空间。因此，必须要求四元数矩阵的右特征向量是两两正交的。根据四元数矩阵的谱分解定理，当四元数矩阵$\boldsymbol{X} \in \text{SC}(\boldsymbol{Q}^{n\times n})$时，存在$\boldsymbol{U} \in \boldsymbol{Q}^{n\times n}$，使得

$$\boldsymbol{U}^{\text{H}}\boldsymbol{X}\boldsymbol{U} = \begin{bmatrix} \lambda_1 & & & \\ & \lambda_2 & & \\ & & \ddots & \\ & & & \lambda_n \end{bmatrix} \tag{2.79}$$

式中，$\boldsymbol{X} \in \text{SC}(\boldsymbol{Q}^{n\times n})$是指$\boldsymbol{X}$是一个自共轭矩阵，即$\boldsymbol{X}^{\text{H}} = \boldsymbol{X}$；$\boldsymbol{U}$代表四元数酉矩阵，四元数酉矩阵的定义与复数酉矩阵的定义相同，因此$\boldsymbol{U}$中的向量是两两正交的；$\lambda_1, \lambda_2, \cdots, \lambda_n$为四元数矩阵$\boldsymbol{X}$的右特征值，且皆为实数。

谱分解定理可以这样理解：如果四元数矩阵$\boldsymbol{X}$为自共轭矩阵，那么$\boldsymbol{X}$一定有且只有n个实数右特征值，并且这n个实数右特征值对应的右特征向量一定是两两正交的。

四元数矩阵的右特征值分解一般是通过计算对应的复表示矩阵的特征值分解后构成的。

假设

$$\boldsymbol{X}^{\sigma}\boldsymbol{a} = \boldsymbol{a}\lambda \tag{2.80}$$

式中，$\boldsymbol{a}$是$\boldsymbol{X}^{\sigma}$属于特征值λ的特征向量。如果$\lambda \in \mathbf{C}$（虚部不为零），则$\bar{\lambda}$也一定是$\boldsymbol{X}^{\sigma}$的特征值。

由于$\boldsymbol{X} \in \boldsymbol{Q}^{n\times n}$，所以$\boldsymbol{X}^{\sigma} \in \mathbf{C}^{2n\times 2n}$，$\boldsymbol{X}^{\sigma}$对应于特征值$\lambda \in \mathbf{C}$（虚部不为零）的特征向量$\boldsymbol{a} \in \mathbf{C}^{2n\times 1}$，同时$\bar{\lambda}$也是$\boldsymbol{X}^{\sigma}$的特征值。$\lambda$是$\boldsymbol{X}$的右特征值，设其对应的右特征向量为$\boldsymbol{\alpha}$；$\bar{\lambda}$也是$\boldsymbol{X}$的右特征值，设其对应的右特征向量为$\boldsymbol{\beta}$。设$\boldsymbol{X}^{\sigma}$对应于特征值$\lambda \in \mathbf{C}$（虚

部不为零）的特征向量$\boldsymbol{a}=\begin{bmatrix}\dot{\boldsymbol{a}}\\ -\overline{\ddot{\boldsymbol{a}}}\end{bmatrix}$，其中$\dot{\boldsymbol{a}}\in\mathbf{C}^{n\times 1}$，$\ddot{\boldsymbol{a}}\in\mathbf{C}^{n\times 1}$，四元数矩阵$\boldsymbol{X}$属于右特征值$\lambda$的特征向量为$\boldsymbol{\alpha}=\dot{\boldsymbol{a}}+\ddot{\boldsymbol{a}}\mathrm{j}$，属于右特征值$\overline{\lambda}$的特征向量$\boldsymbol{\beta}=\ddot{\boldsymbol{a}}-\dot{\boldsymbol{a}}\mathrm{j}$。

2.4 PARAFAC 理论

2.4.1 PARAFAC 模型

三线性分解又称规范分解、三倍数积分解或平行因子（PARAllel FACtor，PARAFAC）分解。$I\times J\times K$的三维矩阵$\underline{\boldsymbol{X}}$（其元素为$x_{i,j,k}$）以及$F$元的 PARAFAC 分解[2]为

$$x_{i,j,k}=\sum_{f=1}^{F}a_{i,f}b_{j,f}c_{k,f} \tag{2.81}$$

式中，$i=1,2,\cdots,I$；$j=1,2,\cdots,J$；$k=1,2,\cdots,K$。定义下列矩阵：$I\times F$矩阵$\boldsymbol{A}$，其元素为$\boldsymbol{A}(i,f)=a_{i,f}$；$J\times F$矩阵$\boldsymbol{B}$，其元素为$\boldsymbol{B}(j,f)=b_{j,f}$；$K\times F$矩阵$\boldsymbol{C}$，其元素为$\boldsymbol{C}(k,f)=c_{k,f}$。因此，式（2.81）中的模型可以写成沿三个不同维度的联立方程，每个方程都可以解释成沿三个不同维度去“切”三维矩阵$\underline{\boldsymbol{X}}$的结果，即

$$\boldsymbol{Z}_j=\boldsymbol{A}\boldsymbol{D}_j(\boldsymbol{B})\boldsymbol{C}^{\mathrm{T}},\ j=1,2,\cdots,J \tag{2.82}$$

$$\boldsymbol{X}_k=\boldsymbol{B}\boldsymbol{D}_k(\boldsymbol{C})\boldsymbol{A}^{\mathrm{T}},\ k=1,2,\cdots,K \tag{2.83}$$

$$\boldsymbol{Y}_i=\boldsymbol{C}\boldsymbol{D}_i(\boldsymbol{A})\boldsymbol{B}^{\mathrm{T}},\ i=1,2,\cdots,I \tag{2.84}$$

式中，$D_i(\boldsymbol{A})$为由矩阵$\boldsymbol{A}$的第i行元素构成的对角矩阵。

PARAFAC 模型是一个三维模型，属于多维阵列的代数，也称多维分析模型。PARAFAC 模型可以看作三维矩阵的低秩分解，就像奇异值分解可以看作矩阵的低秩分解一样。但是，从二维矩阵（二维阵列）到三维矩阵，其中有很大的不同，即低秩矩阵分解不是唯一的（奇异值分解之所以是唯一的，是因为施加了正交性约束），但在适当的假设条件下，PARAFAC 模型是唯一的，不需要正交性或其他的约束条件。

2.4.2 可辨识性

与矩阵秩的概念一样，k-秩（kruskal-秩）的概念在多线性代数里起着非常重要的作用[2]。

定义 2.4.1 对于给定的矩阵$\boldsymbol{A}\in\mathbf{C}^{I\times F}$，当且仅当$\boldsymbol{A}$包含至少$r+1$个独立的列时，$\boldsymbol{A}$

的秩为 $r_A = \mathrm{rank}(\boldsymbol{A}) = r$。如果矩阵 $\boldsymbol{A}$ 的任意 k 列独立，则 $\boldsymbol{A}$ 的 k-秩 $k_A = k$。此时，$k = F$，或者 $\boldsymbol{A}$ 包含 k+1 个独立的列，即 $k_A \leqslant r_A \leqslant \min(I,F)$，$\forall \boldsymbol{A}$。

性质 2.4.1　一个随机矩阵 $\boldsymbol{A} \in \mathbf{C}^{I \times F}$，其列是从绝对连续分布中独立提出的，则它以概率 1 具有满秩，并具有满 k-秩，即 $k_A = r_A = \min(I,F)$。

性质 2.4.2　Vandermonde 矩阵的 k-秩。一个由非零序列 $\alpha_1,\alpha_2,\cdots,\alpha_n \in \mathbf{C}$ 构成的 Vandermonde 矩阵，不仅具有满秩，而且具有满 k-秩。

性质 2.4.3　Khatri-Rao 积的 k-秩。考虑 Khatri-Rao（列 Kronecker）积，即

$$\boldsymbol{B} \odot \boldsymbol{A} = \begin{bmatrix} \boldsymbol{A}\boldsymbol{D}_1(\boldsymbol{B}) \\ \boldsymbol{A}\boldsymbol{D}_2(\boldsymbol{B}) \\ \vdots \\ \boldsymbol{A}\boldsymbol{D}_J(\boldsymbol{B}) \end{bmatrix}$$

式中，$\boldsymbol{A}$ 的大小为 $I \times F$；$\boldsymbol{B}$ 的大小为 $J \times F$。如果 $\boldsymbol{A}$ 和 $\boldsymbol{B}$ 均不含有全零列（因此 $k_A \geqslant 1$，$k_B \geqslant 1$），则 $k_{B \odot A} \geqslant \min(k_A + k_B - 1, F)$。

PARAFAC 模型的本质特征就是其唯一性。在合适的条件下，PARAFAC 模型本质上是唯一的，即在没有阵模糊的情况下，$\boldsymbol{A}$、$\boldsymbol{B}$ 和 $\boldsymbol{C}$ 是可辨识的。下面就介绍这几个结论。

定理 2.4.1　给定 $\boldsymbol{Y}_i = \boldsymbol{C}\boldsymbol{D}_i(\boldsymbol{A})\boldsymbol{B}^{\mathrm{T}}$，其中 $i = 1,2,\cdots,I$，$\boldsymbol{A} \in \mathbf{C}^{I \times F}$，$\boldsymbol{B} \in \mathbf{C}^{J \times F}$，$\boldsymbol{C} \in \mathbf{C}^{K \times F}$，如果

$$k_A + k_B + k_C \geqslant 2F + 2$$

则 $\boldsymbol{A}$、$\boldsymbol{B}$ 和 $\boldsymbol{C}$ 对于列交换和（复数）尺度变换是唯一的。

从绝对连续分布中取出的相对独立的列组成的矩阵以概率 1 具有满 k-秩。如果三个矩阵都满足该条件，则可辨识的充分条件为

$$\min(I,F) + \min(J,F) + \min(K,F) \geqslant 2F + 2$$

如果对 $\boldsymbol{A}$、$\boldsymbol{B}$ 和 $\boldsymbol{C}$ 可以有其他的结构约束，则有望获得更佳的可辨识性结果，将 $\boldsymbol{A}$、$\boldsymbol{B}$ 和 $\boldsymbol{C}$ 中的一个或几个限制为 Vandermonde 矩阵。

定理 2.4.2　$\boldsymbol{Y}_i = \boldsymbol{C}\boldsymbol{D}_i(\boldsymbol{A})\boldsymbol{B}^{\mathrm{T}}$，其中 $i = 1,2,\cdots,I$，$\boldsymbol{A} \in \mathbf{C}^{I \times F}$，$\boldsymbol{B} \in \mathbf{C}^{J \times F}$，$\boldsymbol{C} \in \mathbf{C}^{K \times F}$，是由非零序列构成的 Vandermonde 矩阵，如果

$$k_B + \min(I + k_C, 2F) \geqslant 2F + 2$$

则 $\boldsymbol{A}$、$\boldsymbol{B}$ 和 $\boldsymbol{C}$ 是可辨识的（列的模交换和尺度变换）。

如果三个矩阵中有两个以上为 Vandermonde 矩阵，则结果会进一步增强。

定理 2.4.3 给定 $\boldsymbol{Y}_i=\boldsymbol{C}\boldsymbol{D}_i(\boldsymbol{A})\boldsymbol{B}^{\mathrm{T}}$，其中 $i=1,2,\cdots,I$，$\boldsymbol{A}\in\mathbf{C}^{I\times F}$，$\boldsymbol{B}\in\mathbf{C}^{J\times F}$，$\boldsymbol{C}\in\mathbf{C}^{K\times F}$，设 $\boldsymbol{A}$ 和 $\boldsymbol{B}$ 是由非零序列构成的 Vandermonde 矩阵，如果

$$I+J+k_C\geqslant 2F+2$$

则 $\boldsymbol{A}$、$\boldsymbol{B}$ 和 $\boldsymbol{C}$ 是可辨识的（列的模交换和尺度变换）。

如果三个矩阵全是 Vandermonde 矩阵，则可得到下述结论。

定理 2.4.4 给定 $\boldsymbol{Y}_i=\boldsymbol{C}\boldsymbol{D}_i(\boldsymbol{A})\boldsymbol{B}^{\mathrm{T}}$，其中 $i=1,2,\cdots,I$，$\boldsymbol{A}\in\mathbf{C}^{I\times F}$，$\boldsymbol{B}\in\mathbf{C}^{J\times F}$，$\boldsymbol{C}\in\mathbf{C}^{K\times F}$，设 $\boldsymbol{A}$、$\boldsymbol{B}$ 和 $\boldsymbol{C}$ 是由非零序列构成的 Vandermonde 矩阵，如果

$$I+J+K\geqslant 2F+2$$

则 $\boldsymbol{A}$、$\boldsymbol{B}$ 和 $\boldsymbol{C}$ 是可辨识的（列的模交换和尺度变换）。

定理 2.4.5 多线性分解的唯一性。考虑一个 d-线性模型[2]，即

$$x_{i_1,i_2,\cdots,i_d}=\sum_{f=1}^{F}\prod_{\delta=1}^{d}a_{i_\delta f}^{(\delta)}$$

式中，$i_\delta=1,2,\cdots,I_\delta$；$\delta=1,2,\cdots,d$；$a_{i_\delta f}^{(\delta)}\in\mathbf{C}$。设模型在 $x_{i_1,i_2,\cdots,i_d}$ 不能用少于 F 个元表示的意义上是不可约的（等价地说，具有典型元素 $x_{i_1,i_2,\cdots,i_d}$ 的 d 维阵列的秩为 F）。给定 $x_{i_1,i_2,\cdots,i_d}$，$i_\delta=1,2,\cdots,I_\delta$，$\delta=1,2,\cdots,d$，则 $\boldsymbol{A}^{(\delta)}$（$\delta=1,2,\cdots,d$）对于列的模交换和尺度变换是唯一的，只要满足：

$$\sum_{\delta=1}^{d}k_{A^{(\delta)}}\geqslant 2F+(d-1)$$

2.4.3 PARAFAC 分解

本节介绍较为常用的三线性交替最小二乘（Trilinear Alternating Least Square，TALS）算法，用于 PARAFAC 分解。TALS 算法是 PARAFAC 模型进行数据检测的一种常用方法。TALS 算法的基本思想是每一步更新一个矩阵，更新的办法：对余下的矩阵，依据前一次估计的结果，利用最小二乘（Least Square，LS）进行更新，接着对其他矩阵进行更新，重复以上步骤直到算法收敛[2]。具体步骤如下。

（1）根据式（2.83），可得

$$\begin{bmatrix}\tilde{\boldsymbol{X}}_1\\ \tilde{\boldsymbol{X}}_2\\ \vdots\\ \tilde{\boldsymbol{X}}_K\end{bmatrix}=\begin{bmatrix}\boldsymbol{B}\boldsymbol{D}_1(\boldsymbol{C})\\ \boldsymbol{B}\boldsymbol{D}_2(\boldsymbol{C})\\ \vdots\\ \boldsymbol{B}\boldsymbol{D}_K(\boldsymbol{C})\end{bmatrix}\boldsymbol{A}^{\mathrm{T}}+\begin{bmatrix}\boldsymbol{E}_1\\ \boldsymbol{E}_2\\ \vdots\\ \boldsymbol{E}_K\end{bmatrix}$$

式中，$\tilde{\boldsymbol{X}}_k$ 为含噪信号。$\boldsymbol{A}^{\mathrm{T}}$ 的 LS 估计为

$$\hat{\boldsymbol{A}}^{\mathrm{T}}=\begin{bmatrix}\boldsymbol{B}\boldsymbol{D}_1(\boldsymbol{C})\\ \boldsymbol{B}\boldsymbol{D}_2(\boldsymbol{C})\\ \vdots\\ \boldsymbol{B}\boldsymbol{D}_K(\boldsymbol{C})\end{bmatrix}^{+}\begin{bmatrix}\tilde{\boldsymbol{X}}_1\\ \tilde{\boldsymbol{X}}_2\\ \vdots\\ \tilde{\boldsymbol{X}}_K\end{bmatrix}$$

式中，$[\ ]^{+}$ 为矩阵广义逆。

（2）根据式（2.84），可得

$$\begin{bmatrix}\tilde{\boldsymbol{Y}}_1\\ \tilde{\boldsymbol{Y}}_2\\ \vdots\\ \tilde{\boldsymbol{Y}}_I\end{bmatrix}=\begin{bmatrix}\boldsymbol{C}\boldsymbol{D}_1(\boldsymbol{A})\\ \boldsymbol{C}\boldsymbol{D}_2(\boldsymbol{A})\\ \vdots\\ \boldsymbol{C}\boldsymbol{D}_I(\boldsymbol{A})\end{bmatrix}\boldsymbol{B}^{\mathrm{T}}+\begin{bmatrix}\boldsymbol{E}_1\\ \boldsymbol{E}_2\\ \vdots\\ \boldsymbol{E}_I\end{bmatrix}$$

式中，$\tilde{\boldsymbol{Y}}_i$ 为含噪信号。$\boldsymbol{B}^{\mathrm{T}}$ 的 LS 估计为

$$\hat{\boldsymbol{B}}^{\mathrm{T}}=\begin{bmatrix}\boldsymbol{C}\boldsymbol{D}_1(\boldsymbol{A})\\ \boldsymbol{C}\boldsymbol{D}_2(\boldsymbol{A})\\ \vdots\\ \boldsymbol{C}\boldsymbol{D}_I(\boldsymbol{A})\end{bmatrix}^{+}\begin{bmatrix}\tilde{\boldsymbol{Y}}_1\\ \tilde{\boldsymbol{Y}}_2\\ \vdots\\ \tilde{\boldsymbol{Y}}_I\end{bmatrix}$$

（3）根据式（2.82），可得

$$\begin{bmatrix}\tilde{\boldsymbol{Z}}_1\\ \tilde{\boldsymbol{Z}}_2\\ \vdots\\ \tilde{\boldsymbol{Z}}_J\end{bmatrix}=\begin{bmatrix}\boldsymbol{A}\boldsymbol{D}_1(\boldsymbol{B})\\ \boldsymbol{A}\boldsymbol{D}_2(\boldsymbol{B})\\ \vdots\\ \boldsymbol{A}\boldsymbol{D}_J(\boldsymbol{B})\end{bmatrix}\boldsymbol{C}^{\mathrm{T}}+\begin{bmatrix}\boldsymbol{E}_1\\ \boldsymbol{E}_2\\ \vdots\\ \boldsymbol{E}_J\end{bmatrix}$$

式中，$\tilde{\boldsymbol{Z}}_j$ 为含噪信号。$\boldsymbol{C}^{\mathrm{T}}$ 的 LS 估计为

$$\hat{\boldsymbol{C}}^{\mathrm{T}}=\begin{bmatrix}\boldsymbol{A}\boldsymbol{D}_1(\boldsymbol{B})\\ \boldsymbol{A}\boldsymbol{D}_2(\boldsymbol{B})\\ \vdots\\ \boldsymbol{A}\boldsymbol{D}_J(\boldsymbol{B})\end{bmatrix}^{+}\begin{bmatrix}\tilde{\boldsymbol{Z}}_1\\ \tilde{\boldsymbol{Z}}_2\\ \vdots\\ \tilde{\boldsymbol{Z}}_J\end{bmatrix}$$

（4）循环更新矩阵，直到算法收敛。

2.5 信源和噪声模型

2.5.1 窄带信号

如果信号带宽远小于其中心频率，则称该信号为窄带信号，即

$$W_{\mathrm{B}} / f_0 < 1/10 \tag{2.85}$$

式中，W_{B}为信号带宽；f_0为中心频率。通常将正弦信号和余弦信号统称为正弦型信号，正弦型信号是典型的窄带信号。若无特殊说明，则本书中所提及的窄带信号表示为

$$s(t) = a(t)\mathrm{e}^{\mathrm{j}[w_0 t + \theta(t)]} \tag{2.86}$$

式中，$a(t)$为慢变幅度调制函数（或称为实包络）；$\theta(t)$为慢变相位调制函数；$\omega_0 = 2\pi f_0$为载频。一般情况下，$a(t)$和$\theta(t)$包含全部有用信息。

2.5.2 相关系数

对于接收到的多个信号，一般可利用相关系数（或称为互相关系数）来衡量信号之间的关联程度。对于两个平稳信号$s_i(t)$和$s_j(t)$，其相关系数定义为

$$\rho_{ij} = \frac{E\{(s_i(t) - E[s_i(t)])(s_j(t) - E[s_j(t)])\}}{\sqrt{E\{s_i(t) - E[s_i(t)]\}^2 E\{s_j(t) - E[s_j(t)]\}^2}} \tag{2.87}$$

显然相关系数满足$\left|\rho_{ij}\right| \leqslant 1$。

当$\rho_{ij} = 0$时，称$s_i(t)$和$s_j(t)$不相关（或不相干）；当$0 < \left|\rho_{ij}\right| < 1$时，称$s_i(t)$和$s_j(t)$部分相关；当$\left|\rho_{ij}\right| = 1$时，称$s_i(t)$和$s_j(t)$完全相关（或相干）。

2.5.3 噪声模型

在本书中，若无特殊说明，则阵元接收到的噪声均假设为平稳零均值高斯白噪声，方差为σ^2。各阵元间的噪声互不相关，且与目标源不相关。这样，噪声向量$\boldsymbol{n}(t)$的二阶矩就满足：

$$E\{\boldsymbol{n}(t_1)\boldsymbol{n}^{\mathrm{H}}(t_2)\} = \sigma^2 \boldsymbol{I} \delta_{t_1, t_2} \tag{2.88}$$

$$E\{\boldsymbol{n}(t_1)\boldsymbol{n}^{\mathrm{T}}(t_2)\} = \boldsymbol{O} \tag{2.89}$$

2.6 阵列天线的统计模型

2.6.1 前提及假设

信号通过无线信道的传输情况是极其复杂的，其严格数字模型的建立需要有物理环境的完整描述，这种做法往往很复杂。为了得到一个比较有用的参数化模型，必须简化有关波形传输的假设[3]。

关于接收阵列的假设：接收阵列由位于空间中已知坐标处的无源阵元按一定的形式排列而成。假设阵元的接收特性仅与其位置有关而与其尺寸无关（认为其是一个点），并且阵元都是全向阵元，增益均相等，其互耦可忽略不计。当阵元接收信号时将产生噪声，假设产生的噪声为加性高斯白噪声，各阵元上的噪声相互统计独立，且噪声与信号是统计独立的。

关于信源信号的假设：假设空间信号的传播介质是均匀且各向同性的，这时空间信号在介质中将按直线传播。同时阵列处于空间信号辐射的远场中，所以空间信号到达阵列时可被看作一束平行的平面波，空间信号到达阵列各阵元的不同时延可由阵列的几何结构和空间波的来向所决定。空间波的来向在三维空间中常用仰角θ和方位角ϕ来表征。

此外，在建立阵列信号模型时，还常常要区分信源信号是窄带信号还是宽带信号。本书中讨论的信源信号大多是窄带信号。所谓窄带信号，是指相对信号（复信号）的载频而言，信号包络的带宽很窄（包络是慢变的）。因此，在同一时刻该类信号对阵列各阵元的不同影响仅在于因到达各阵元的波程不同导致的相位差异。

2.6.2 阵列的基本概念

令信号的载波为$\mathrm{e}^{\mathrm{j}\omega t}$，并以平面波形式在空间中沿波数向量$\boldsymbol{k}$的方向传播，设基准点处的信号为$s(t)\mathrm{e}^{\mathrm{j}\omega t}$，则距离基准点$\boldsymbol{r}$处的阵元的接收信号为

$$s_{\boldsymbol{r}}(t)=s\left(t-\frac{1}{c}\boldsymbol{r}^{\mathrm{T}}\boldsymbol{\alpha}\right)\mathrm{e}^{\mathrm{j}(\omega t-\boldsymbol{r}^{\mathrm{T}}\boldsymbol{k})} \tag{2.90}$$

式中，$\boldsymbol{k}$为波数向量；$\boldsymbol{\alpha}=\boldsymbol{k}/|\boldsymbol{k}|$，为电波传播方向的单位向量；$|\boldsymbol{k}|=\omega/c=2\pi/\lambda$，为波数（弧度/长度），其中$c$为光速，$\lambda$为电磁波的波长；$(1/c)\boldsymbol{r}^{\mathrm{T}}\boldsymbol{\alpha}$为信号相对于基准点的时延；$\boldsymbol{r}^{\mathrm{T}}\boldsymbol{k}$为电波传播到距离基准点$\boldsymbol{r}$处的阵元相对电波传播到基准点的滞后相位。$\theta$为波传播方向角，它是相对$x$轴的逆时针旋转方向定义的，显然波数向量可表示为

$$\boldsymbol{k}=k[\cos\theta,\sin\theta]^{\mathrm{T}} \tag{2.91}$$

电磁波从点辐射源以球面波向外传播，只要离辐射源足够远，在接收的局部区域球面波就可以近似为平面波。雷达和通信信号的传播一般都满足这一远场条件。

设在空间中有 M 个阵元组成阵列，将阵元从 1 到 M 编号，并以阵元 1（也可选择其他阵元）作为基准点或参考点。设各阵元无方向性（全向），相对基准点的位置向量分别为 $\boldsymbol{r}_i$（$i=1,2,\cdots,M$，$\boldsymbol{r}_1=\boldsymbol{0}$）。若基准点处的接收信号为 $s(t)\mathrm{e}^{\mathrm{j}\omega t}$，则各阵元的接收信号分别为

$$s_i(t)=s\left(t-\frac{1}{c}\boldsymbol{r}_i^{\mathrm{T}}\boldsymbol{\alpha}\right)\mathrm{e}^{\mathrm{j}(\omega t-\boldsymbol{r}_i^{\mathrm{T}}\boldsymbol{k})} \tag{2.92}$$

在通信中，信号的频带 B 比载波 ω 小得多，所以 $s(t)$ 的变化相对缓慢，时延 $(1/c)\cdot\boldsymbol{r}^{\mathrm{T}}\boldsymbol{\alpha}\ll(1/B)$，故有 $s[t-(1/c)\cdot\boldsymbol{r}_i^{\mathrm{T}}\boldsymbol{\alpha}]\approx s(t)$，即信号包络在各阵元上的差异可忽略，称这种信号为窄带信号。

此外，阵列信号总是先变换到基带再进行处理，因而可将阵列信号用向量形式表示为

$$\boldsymbol{s}(t)\triangleq[s_1(t),s_2(t),\cdots,s_M(t)]^{\mathrm{T}}=s(t)[\mathrm{e}^{-\mathrm{j}\boldsymbol{r}_1^{\mathrm{T}}\boldsymbol{k}},\mathrm{e}^{-\mathrm{j}\boldsymbol{r}_2^{\mathrm{T}}\boldsymbol{k}},\cdots,\mathrm{e}^{-\mathrm{j}\boldsymbol{r}_M^{\mathrm{T}}\boldsymbol{k}}]^{\mathrm{T}} \tag{2.93}$$

式（2.93）中的向量部分称为方向向量，因为当信号波长和阵列的几何结构确定时，该向量只与到达波的仰角 θ 有关。方向向量记作 $\boldsymbol{a}(\theta)$，它与基准点的位置无关。例如，若选第一个阵元为基准点，则方向向量为

$$\boldsymbol{a}(\theta)=[1,\mathrm{e}^{-\mathrm{j}\bar{\boldsymbol{r}}_2^{\mathrm{T}}\boldsymbol{k}},\cdots,\mathrm{e}^{-\mathrm{j}\bar{\boldsymbol{r}}_M^{\mathrm{T}}\boldsymbol{k}}]^{\mathrm{T}} \tag{2.94}$$

式中，$\bar{\boldsymbol{r}}_i=\boldsymbol{r}_i-\boldsymbol{r}_1$，$i=2,3,\cdots,M$。

实际使用的阵列结构要求方向向量 $\boldsymbol{a}(\theta)$ 必须与仰角 θ 一一对应，不能出现模糊现象。当有多个（如 K 个）信源时，到达波的方向向量可分别用 $\boldsymbol{a}(\theta_i)$（$i=1,2,\cdots,K$）表示。这 K 个方向向量组成的矩阵 $\boldsymbol{A}=[\boldsymbol{a}(\theta_1),\boldsymbol{a}(\theta_2),\cdots,\boldsymbol{a}(\theta_K)]$ 称为阵列的方向矩阵或响应矩阵，它表示所有信源的方向。改变仰角 θ，使方向向量 $\boldsymbol{a}(\theta)$ 在 M 维空间内扫描，所形成的曲面称为阵列流形。

阵列流形常用符号 $\boldsymbol{A}$ 表示，即

$$\boldsymbol{A}=\{\boldsymbol{a}(\theta)\mid\theta\in\Theta\} \tag{2.95}$$

式中，$\Theta=[0,2\pi)$ 是 θ 所有可能取值的集合。因此，阵列流形 $\boldsymbol{A}$ 就是阵列方向向量（或阵列响应向量）的集合。阵列流形 $\boldsymbol{A}$ 包含阵列几何结构、阵元模式、阵元间的耦合、频率等信息。

2.6.3 天线阵列模型

设有一个天线阵列，它由 M 个具有任意方向性的阵元按任意排列形式构成，同时有 K 个具有相同中心频率 ω_0、波长为 λ 的空间窄带平面波（$M>K$），分别以来向角 $\Theta_1,\Theta_2,\cdots,\Theta_K$ 入射到该阵列，如图 2.1 所示。其中，$\Theta_i=(\theta_i,\phi_i)$，$i=1,2,\cdots,K$，$\theta_i$ 和 ϕ_i 分

别为第 i 个入射信号的仰角和方位角，$0\leqslant\theta_i<90°$，$0\leqslant\phi_i<360°$，则阵列第 m 个阵元的输出可表示为

$$x_m(t)=\sum_{i=1}^{K}s_i(t)\mathrm{e}^{\mathrm{j}\omega_0\tau_m(\Theta_i)}+n_m(t) \tag{2.96}$$

式中，$s_i(t)$ 为入射到阵列的第 i 个源信号；$n_m(t)$ 为第 m 个阵元的加性噪声；$\tau_m(\Theta_i)$ 为来自 Θ_i 方向的源信号投射到第 m 个阵元时，相对选定基准点的时延。记

$$\boldsymbol{x}(t)=[x_1(t),x_2(t),\cdots,x_M(t)]^{\mathrm{T}} \tag{2.97}$$

$$\boldsymbol{n}(t)=[n_1(t),n_2(t),\cdots,n_M(t)]^{\mathrm{T}} \tag{2.98}$$

另外，$\boldsymbol{s}(t)$为 $K\times1$ 维列向量，即

$$\boldsymbol{s}(t)=[s_1(t),s_2(t),\cdots,s_K(t)]^{\mathrm{T}} \tag{2.99}$$

$\boldsymbol{A}(\Theta)$ 为 $M\times K$ 矩阵的方向矩阵，即

$$\boldsymbol{A}(\Theta)=[\boldsymbol{a}(\Theta_1),\boldsymbol{a}(\Theta_2),\cdots,\boldsymbol{a}(\Theta_K)] \tag{2.100}$$

矩阵 $\boldsymbol{A}(\Theta)$ 中任意一个列向量 $\boldsymbol{a}(\Theta_i)$ 是阵列在信源信号中一个来向为 Θ_i 的方向向量，并且是 $M\times1$ 维列向量，即

$$\boldsymbol{a}(\Theta_i)=[\mathrm{e}^{\mathrm{j}\omega_0\tau_1(\Theta_i)},\mathrm{e}^{\mathrm{j}\omega_0\tau_2(\Theta_i)},\cdots,\mathrm{e}^{\mathrm{j}\omega_0\tau_M(\Theta_i)}]^{\mathrm{T}} \tag{2.101}$$

因此，若用矩阵描述，则在最一般化的情况下，阵列信号模型可简练地表示为

$$\boldsymbol{x}(t)=\boldsymbol{A}(\Theta)\boldsymbol{s}(t)+\boldsymbol{n}(t) \tag{2.102}$$

显然，矩阵 $\boldsymbol{A}(\Theta)$ 与阵列的形状、信源信号的来向有关。一般在实际应用中，天线阵列的形状一旦固定了就不会改变，所以矩阵 $\boldsymbol{A}(\Theta)$ 中任意一列总是和某个信源信号的来向紧密联系着的。

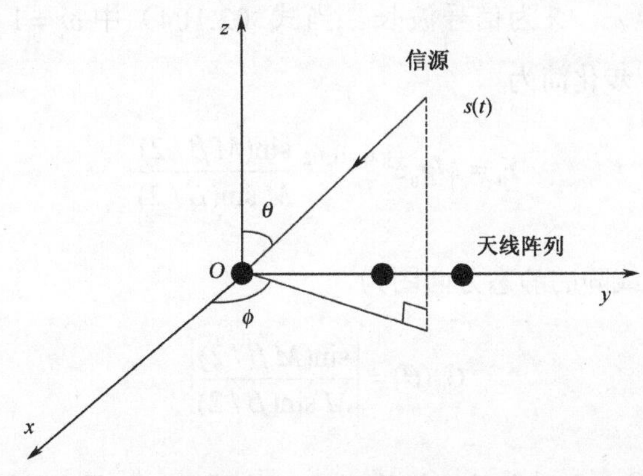

图 2.1 波达方向示意图

2.6.4 阵列的方向图

阵列输出的绝对值与波达方向之间的关系称为阵列的方向图。方向图一般有两类：一类是阵列输出的直接相加（不考虑信号及其来向），即静态方向图；另一类是带指向的方向图（考虑信号指向），信号指向是通过控制加权的相位来实现的。由前面的天线阵列模型可知，对于某一确定的 M 元空间阵列，在忽略噪声的条件下，第 l 个阵元的复振幅为[4]

$$x_l = g_0 \mathrm{e}^{-\mathrm{j}\omega\tau_l}, \quad l = 1,2,\cdots,M$$

式中，g_0 为来波的复振幅；τ_l 为第 l 个阵元与基准点之间的时延。设第 l 个阵元的权值为 ω_l，将所有阵元加权的输出相加，得到阵列的输出为

$$Y_0 = \sum_{l=1}^{M} \omega_l g_0 \mathrm{e}^{-\mathrm{j}\omega\tau_l}, \quad l = 1,2,\cdots,M$$

对上式取绝对值并进行归一化后可得到空间阵列的方向图 $G(\theta)$，即

$$G(\theta) = \frac{|Y_0|}{\max\{|Y_0|\}} \tag{2.103}$$

如果 $\omega_l = 1$，$l = 1,2,\cdots,M$，则式（2.103）为静态方向图 $G(\theta)$。

下面考虑均匀线阵的方向图。假设均匀线阵的间距为 d，且以最左边的阵元为基准点，另假设信号入射方位角为 θ，其中方位角表示信号入射方向与均匀线阵法线方向的夹角，与基准点的波程差 $\tau_l = (x_k \sin\theta)/c = (l-1)d\sin\theta/c$，则阵列的输出为

$$Y_0 = \sum_{l=1}^{M} \omega_l g_0 \mathrm{e}^{-\mathrm{j}\omega\tau_l} = \sum_{l=1}^{M} \omega_l g_0 \mathrm{e}^{-\mathrm{j}\frac{2\pi}{\lambda}(l-1)d\sin\theta} = \sum_{l=1}^{M} \omega_l g_0 \mathrm{e}^{-\mathrm{j}(l-1)\beta} \tag{2.104}$$

式中，$\beta = 2\pi d\sin\theta/\lambda$，$\lambda$ 为信号波长。当式（2.104）中 $\omega_l = 1$，$l = 1,2,\cdots,M$ 时，式（2.104）可以进一步化简为

$$Y_0 = M g_0 \mathrm{e}^{\mathrm{j}(M-l)\beta/2} \frac{\sin(M\beta/2)}{M\sin(\beta/2)} \tag{2.105}$$

由此可得，均匀线阵的静态方向图为

$$G_0(\theta) = \left|\frac{\sin(M\beta/2)}{M\sin(\beta/2)}\right| \tag{2.106}$$

当 $\omega_l = \mathrm{e}^{\mathrm{j}(l-1)\beta_d}$，$\beta_d = 2\pi d\sin\theta_d/\lambda$，$l = 1,2,\cdots,M$ 时，式（2.104）可简化为

$$Y_0 = Mg_0 \mathrm{e}^{\mathrm{j}(M-1)(\beta-\beta_d)/2} \frac{\sin[M(\beta-\beta_d)/2]}{M\sin[(\beta-\beta_d)/2]} \tag{2.107}$$

于是可得，信号指向为θ_d的阵列方向图为

$$G(\theta) = \left|\frac{\sin[M(\beta-\beta_d)/2]}{M\sin[(\beta-\beta_d)/2]}\right| \tag{2.108}$$

另外，一些其他阵列的方向图详见文献[4]。

2.6.5 波束宽度

一般情况下线阵的测向范围为−90° ～90°，而一般面阵（如圆阵）的测向范围为−180° ～180°。为了说明波束宽度，下面只考虑线阵。由式（2.106）可知，M个阵元的均匀线阵的静态方向图为

$$G_0(\theta) = \left|\frac{\sin(M\beta/2)}{M\sin(\beta/2)}\right| \tag{2.109}$$

式中，β为空间频率，有

$$\beta = (2\pi d\sin\theta)/\lambda \tag{2.110}$$

因此，对于均匀线阵的静态方向图主瓣的零点，由$|G_0(\theta)|^2=0$可得，零点波束宽度BW_0为

$$\mathrm{BW}_0 = 2\sin^{-1}(\lambda/Md) \tag{2.111}$$

而由$|G_0(\theta)|^2=1/2$可得到半功率点波束宽度$\mathrm{BW}_{0.5}$，在$Md \gg \lambda$的条件下有

$$\mathrm{BW}_{0.5} \approx 0.886\lambda/Md \tag{2.112}$$

在本书中，一般考虑的是静态方向图的半功率点波束宽度，对于均匀线阵而言，其半功率点波束宽度为

$$\mathrm{BW}_{0.5} \approx \frac{51^\circ}{D/\lambda} = \frac{0.89}{D/\lambda}\ (\mathrm{rad}) \tag{2.113}$$

式中，D为天线的有效孔径；λ为信号波长；rad 表示弧度单位。因为对于M个阵元的等距均匀线阵，若阵元间距为$\lambda/2$，则天线的有效孔径为$D=(M-1)\lambda/2$，所以对于均匀线阵，波束宽度的近似计算公式为

$$\mathrm{BW} \approx 102^\circ/M \tag{2.114}$$

关于波束宽度，有以下几点需要注意。

（1）波束宽度与天线的有效孔径成反比，一般情况下半功率点波束宽度与天线的有效孔径之间的关系为

$$\mathrm{BW}_{0.5} \approx (40 \sim 60)\frac{\lambda}{D} \tag{2.115}$$

（2）对于某些阵列（如线阵），波束宽度与信号指向有关系，如当信号指向为 θ_d 时，均匀线阵的零点波束宽度和半功率点波束宽度分别为

$$\mathrm{BW}_0 = 2\sin^{-1}\left(\frac{\lambda}{Md} + \sin\theta_d\right) \tag{2.116}$$

$$\mathrm{BW}_{0.5} \approx 0.886\frac{\lambda}{Md}\frac{1}{\cos\theta_d} \tag{2.117}$$

（3）波束宽度越窄，阵列的指向性越好，阵列分辨空间信号的能力越强。

2.6.6 分辨率

在阵列测向中，在某方向上对信源的分辨率与在该方向附近阵列方向向量的变化率直接相关。在阵列方向向量变化较快的方向附近，随信源角度变化阵列快拍数变化越大，相应的分辨率越高。定义一个表征分辨率 $D(\theta)$：

$$D(\theta) = \left\|\frac{\mathrm{d}\boldsymbol{a}(\theta)}{\mathrm{d}\theta}\right\| \propto \left\|\frac{\mathrm{d}\tau}{\mathrm{d}\theta}\right\| \tag{2.118}$$

$D(\theta)$ 越大表明在该方向上对信源的分辨率越高。

对于均匀线阵，有

$$D(\theta) \propto \cos\theta \tag{2.119}$$

说明在 0° 方向分辨率最高，而在 60° 方向分辨率已降了一半，所以一般线阵的有效测向范围为-60° ～60° 。一些其他阵列的分辨率详见文献[4]。

2.7 阵列响应向量/矩阵

常用的阵列包括均匀线阵（ULA）、均匀圆阵（UCA）、L 型阵列、面阵和任意阵列等。

1. 均匀线阵

假设接收信号满足窄带条件，即信号经过阵列长度所需要的时间应远远小于信号的相干时间，信号包络在天线阵列传播时间内变化不大。为简化运算，假定信源和天线阵列在同一平面内，并且入射到天线阵列的为平面波。以来波方向为θ_k（$k=1,2,\cdots,K$），入射到M根天线组成的阵列，如图 2.2 所示，阵元间距为d的均匀线阵的阵列响应向量为

$$\boldsymbol{a}(\theta_k)=\left[1,\mathrm{e}^{-\mathrm{j}2\pi\frac{d}{\lambda}\sin\theta_k},\cdots,\mathrm{e}^{-\mathrm{j}2\pi(M-1)\frac{d}{\lambda}\sin\theta_k}\right]^{\mathrm{T}} \tag{2.120}$$

定义方向矩阵为

$$\begin{aligned}\boldsymbol{A}&=[\boldsymbol{a}(\theta_1),\boldsymbol{a}(\theta_2),\cdots,\boldsymbol{a}(\theta_K)]\\&=\begin{bmatrix}1 & 1 & \cdots & 1\\ \mathrm{e}^{-\mathrm{j}\frac{2\pi}{\lambda}d\sin\theta_1} & \mathrm{e}^{-\mathrm{j}\frac{2\pi}{\lambda}d\sin\theta_2} & \cdots & \mathrm{e}^{-\mathrm{j}\frac{2\pi}{\lambda}d\sin\theta_K}\\ \vdots & \vdots & & \vdots\\ \mathrm{e}^{-\mathrm{j}\frac{2\pi}{\lambda}(M-1)d\sin\theta_1} & \mathrm{e}^{-\mathrm{j}\frac{2\pi}{\lambda}(M-1)d\sin\theta_2} & \cdots & \mathrm{e}^{-\mathrm{j}\frac{2\pi}{\lambda}(M-1)d\sin\theta_K}\end{bmatrix}\end{aligned} \tag{2.121}$$

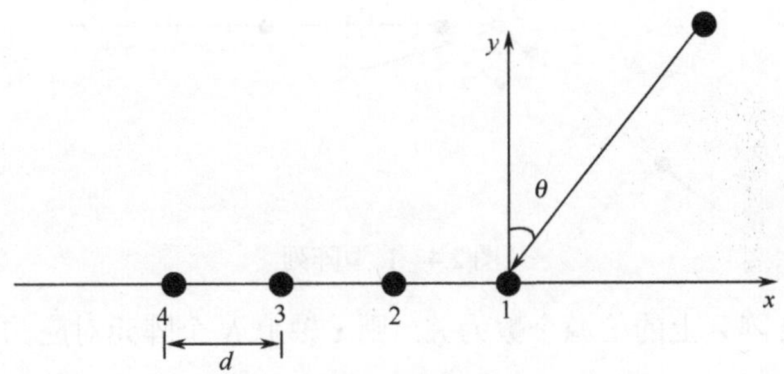

图 2.2 均匀线阵

2. 均匀圆阵

均匀圆形阵列简称均匀圆阵，其由M个相同的全向阵列均匀分布在xOy平面中一个半径为R的圆周上构成，如图 2.3 所示。采用球面坐标系表示入射平面波的波达方向，坐标系的原点O在阵列的中心，即圆点处。信源的仰角θ是原点到信源的连线与z轴之间的夹角，方位角ϕ则是原点到信源的连线在xOy平面上的投影与x轴之间的夹角。

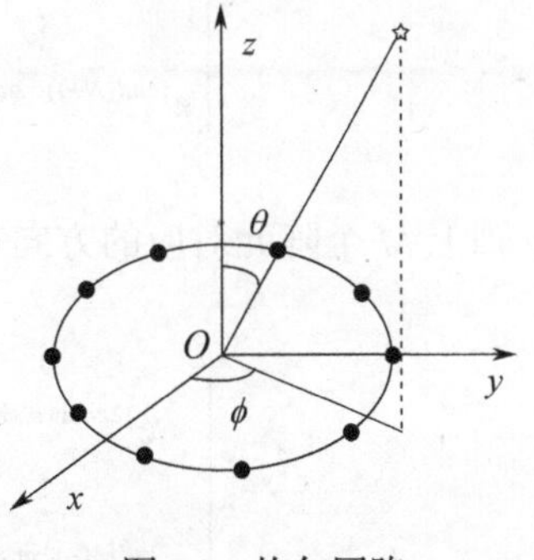

图 2.3 均匀圆阵

方向向量$\boldsymbol{a}(\theta,\phi)$是波达方向为$(\theta,\phi)$的阵列响应，$\boldsymbol{a}(\theta,\phi)$可表示为

$$a(\theta,\phi)=\begin{bmatrix} e^{j2\pi R\sin\theta\cos(\phi-\gamma_0)/\lambda} \\ e^{j2\pi R\sin\theta\cos(\phi-\gamma_1)/\lambda} \\ \vdots \\ e^{j2\pi R\sin\theta\cos(\phi-\gamma_{M-1})/\lambda} \end{bmatrix} \tag{2.122}$$

式中，$\gamma_m = 2\pi m/M$，$m=0,1,\cdots,M-1$；R 为半径。

3．L 型阵列

图 2.4 所示为 L 型阵列，该阵列有 $M+N-1$ 个阵元。L 型阵列由 x 轴上阵元个数为 N 的均匀线阵和 y 轴上阵元个数为 M 的均匀线阵所构成，阵元间距为 d。假设空间中有 K 个信源信号入射到此阵列上，其二维波达方向为(θ_k,ϕ_k)，$k=1,2,\cdots,K$，其中 θ_k 和 ϕ_k 分别代表第 k 个信源的仰角和方位角。

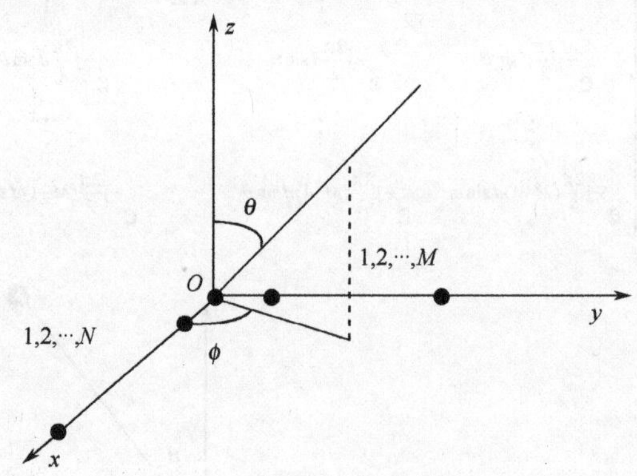

图 2.4　L 型阵列

假设入射到此阵列上的信源个数为 K，则 x 轴上 N 个阵元对应的方向矩阵为

$$A_x=\begin{bmatrix} 1 & 1 & \cdots & 1 \\ e^{j2\pi d\cos\phi_1\sin\theta_1/\lambda} & e^{j2\pi d\cos\phi_2\sin\theta_2/\lambda} & \cdots & e^{j2\pi d\cos\phi_K\sin\theta_K/\lambda} \\ \vdots & \vdots & & \vdots \\ e^{j2\pi d(N-1)\cos\phi_1\sin\theta_1/\lambda} & e^{j2\pi d(N-1)\cos\phi_2\sin\theta_2/\lambda} & \cdots & e^{j2\pi d(N-1)\cos\phi_K\sin\theta_K/\lambda} \end{bmatrix} \tag{2.123}$$

y 轴上 M 个阵元对应的方向矩阵为

$$A_y=\begin{bmatrix} 1 & 1 & \cdots & 1 \\ e^{j2\pi d\sin\theta_1\sin\phi_1/\lambda} & e^{j2\pi d\sin\theta_2\sin\phi_2/\lambda} & \cdots & e^{j2\pi d\sin\theta_K\sin\phi_K/\lambda} \\ \vdots & \vdots & & \vdots \\ e^{j2\pi d(M-1)\sin\theta_1\sin\phi_1/\lambda} & e^{j2\pi d(M-1)\sin\theta_2\sin\phi_2/\lambda} & \cdots & e^{j2\pi d(M-1)\sin\theta_K\sin\phi_K/\lambda} \end{bmatrix} \tag{2.124}$$

A_x 和 A_y 都是 Vandermonde 矩阵。

4．面阵

如图 2.5 所示，设面阵阵元个数为 $M\times N$，信源个数为 K。θ_k 和 ϕ_k 分别代表第 k 个信源的仰角和方位角，则空间中第 i 个阵元与参考阵元之间的波程差为

$$\beta = 2\pi(x_i\cos\phi\sin\theta + y_i\sin\phi\sin\theta + z_i\cos\theta)/\lambda \tag{2.125}$$

式中，x_i, y_i 为第 i 个阵元的坐标；因为面阵一般在 xOy 平面内，所以 z_i 一般为 0。

由上述 L 型阵列的分析可知，x 轴上的 N 个阵元的方向矩阵为 $\boldsymbol{A}_x$，如式（2.123）所示；y 轴上的 M 个阵元的方向矩阵为 $\boldsymbol{A}_y$，如式（2.124）所示。因此，图 2.5 中的子阵 1 的方向矩阵为 $\boldsymbol{A}_x$，而子阵 2 的方向矩阵需要考虑沿 y 轴的偏移，每个阵元相对参考阵元的波程差等于子阵 1 的阵元的波程差加上 $2\pi d\sin\phi\sin\theta/\lambda$，所以可得

$$\begin{gathered}
\text{子阵 1：}\boldsymbol{A}_1 = \boldsymbol{A}_x D_1(\boldsymbol{A}_y)\\
\text{子阵 2：}\boldsymbol{A}_2 = \boldsymbol{A}_x D_2(\boldsymbol{A}_y)\\
\vdots\\
\text{子阵 } M\text{：}\boldsymbol{A}_M = \boldsymbol{A}_x D_M(\boldsymbol{A}_y)
\end{gathered} \tag{2.126}$$

式中，$D_m(\cdot)$ 是由矩阵的第 m 行元素构造的一个对角矩阵。

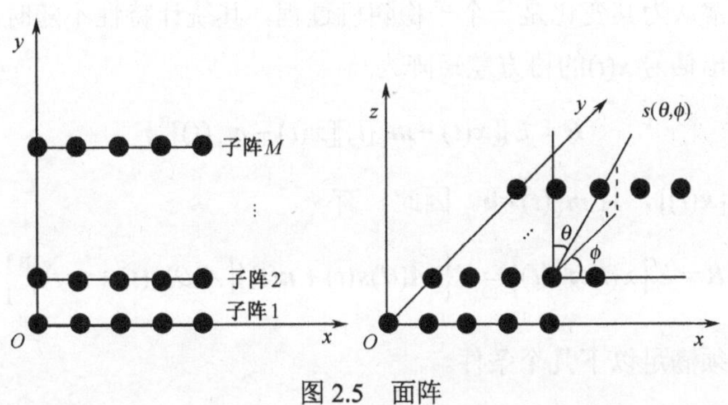

图 2.5　面阵

5．任意阵列

假设 M 元阵列位于任意三维空间中，如图 2.6 所示。定义阵列中第 m 个传感器为 $\boldsymbol{r}_m = (x_m, y_m, z_m)$，则方向矩阵为

$$\boldsymbol{A} = [\boldsymbol{a}(\theta_1,\phi_1), \boldsymbol{a}(\theta_2,\phi_2), \cdots, \boldsymbol{a}(\theta_K,\phi_K)] \in \mathbf{C}^{M\times K} \tag{2.127}$$

式中，$\boldsymbol{a}(\theta_k,\phi_k)$ 是第 k 个信源的方向向量，可以表示为

$$\boldsymbol{a}(\theta_k,\phi_k) = \begin{bmatrix} 1 \\ \mathrm{e}^{\mathrm{j}2\pi(x_2\sin\theta_k\cos\phi_k + y_2\sin\theta_k\sin\phi_k + z_2\cos\theta_k)/\lambda} \\ \vdots \\ \mathrm{e}^{\mathrm{j}2\pi(x_M\sin\theta_k\cos\phi_k + y_M\sin\theta_k\sin\phi_k + z_M\cos\theta_k)/\lambda} \end{bmatrix} \in \mathbf{C}^{M\times 1} \tag{2.128}$$

式中，λ为信号波长。

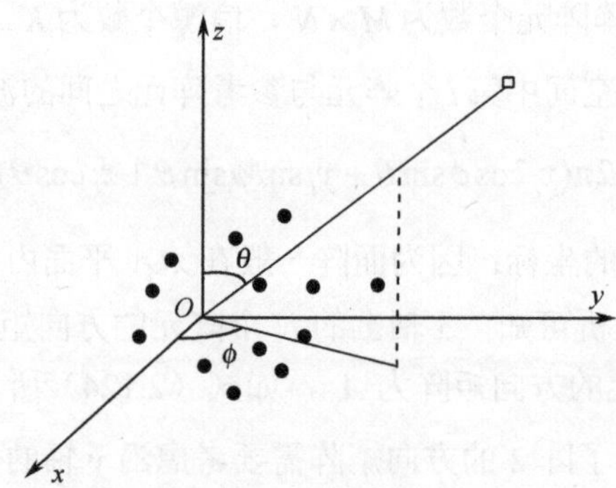

图 2.6　任意阵列

2.8　阵列协方差矩阵的特征值分解

在实际阵列信号处理中，我们得到的数据通常是在有限时间范围内的有限次快拍数。在这段时间内，首先假定信源信号的方向不发生变化，其次信源信号的包络虽然随时间变化，但通常认为其变化是一个平稳随机过程，其统计特性不随时间变化，这样就可以定义阵列输出信号 $\boldsymbol{x}(t)$的协方差矩阵为

$$\boldsymbol{R} = E\{[\boldsymbol{x}(t) - \boldsymbol{m}_x(t)][\boldsymbol{x}(t) - \boldsymbol{m}_x(t)]^{\mathrm{H}}\} \tag{2.129}$$

式中，$\boldsymbol{m}_x(t) = E[\boldsymbol{x}(t)]$，且$\boldsymbol{m}_x(t) = \boldsymbol{0}$。因此，有

$$\boldsymbol{R} = E\left\{\boldsymbol{x}(t)\boldsymbol{x}^{\mathrm{H}}(t)\right\} = E\left\{\left[\boldsymbol{A}(\theta)\boldsymbol{s}(t) + \boldsymbol{n}(t)\right]\left[\boldsymbol{A}(\theta)\boldsymbol{s}(t) + \boldsymbol{n}(t)\right]^{\mathrm{H}}\right\} \tag{2.130}$$

此外，还必须满足以下几个条件。

（1）$M > K$，即阵元个数 M 要大于该阵列系统可能接收到的信号的个数。

（2）对应不同的信号来向θ_i（$i = 1,2,\cdots,K$），信号的方向向量$\boldsymbol{a}(\theta_i)$是线性独立的。

（3）阵列中噪声 $\boldsymbol{n}(t)$过程具有高斯分布特性，而且有

$$E\left\{\boldsymbol{n}(t)\right\} = \boldsymbol{O}$$

$$E\left\{\boldsymbol{n}(t)\boldsymbol{n}^{\mathrm{H}}(t)\right\} = \sigma^2\boldsymbol{I}$$

$$E\left\{\boldsymbol{n}(t)\boldsymbol{t}^{\mathrm{T}}(t)\right\} = \boldsymbol{O}$$

式中，σ^2表示噪声功率。

（4）信源信号向量 $\boldsymbol{s}(t)$ 的协方差矩阵，即

$$\boldsymbol{R}_{\mathrm{s}} = E\left\{\boldsymbol{s}(t)\boldsymbol{s}^{\mathrm{H}}(t)\right\} \tag{2.131}$$

是对角非奇异矩阵，这表明信源信号是不相干的。

由以上各式可得出，$\boldsymbol{R} = \boldsymbol{A}(\theta)\boldsymbol{R}_{\mathrm{s}}\boldsymbol{A}^{\mathrm{H}}(\theta) + \sigma^2\boldsymbol{I}$，可以证明 $\boldsymbol{R}$ 是非奇异的，且 $\boldsymbol{R}^{\mathrm{H}} = \boldsymbol{R}$，因此 $\boldsymbol{R}$ 为正定 Hermitian 方阵。若利用酉变换实现对角化，则其相似对角矩阵由 M 个不同的正实数组成，与之对应的 M 个特征向量是线性独立的。因此，$\boldsymbol{R}$ 的特征值分解可以写为

$$\boldsymbol{R} = \boldsymbol{U}\boldsymbol{\Sigma}\boldsymbol{U}^{\mathrm{H}} = \sum_{i=1}^{M}\lambda_i\boldsymbol{u}_i\boldsymbol{u}_i^{\mathrm{H}} \tag{2.132}$$

式中，$\boldsymbol{\Sigma} = \mathrm{diag}(\lambda_1, \lambda_2, \cdots, \lambda_M)$，并且可证明其特征值服从以下排序，即 $\lambda_1 \geqslant \lambda_2 \geqslant \cdots \geqslant \lambda_K > \lambda_{K+1} = \cdots = \lambda_M = \sigma^2$。也就是说，前 K 个特征值与信号有关，其数值大于 σ^2，这 K 个较大特征值 $\lambda_1, \lambda_2, \cdots, \lambda_K$ 所对应的特征向量表示为 $\boldsymbol{u}_1, \boldsymbol{u}_2, \cdots, \boldsymbol{u}_K$，它们构成信号子空间 $\boldsymbol{U}_{\mathrm{s}}$，记 $\boldsymbol{\Sigma}_{\mathrm{s}}$ 为 K 个较大特征值构成的对角矩阵。后 $M-K$ 个特征值完全取决于噪声，其数值均等于 σ^2，$\lambda_{K+1}, \lambda_{K+2}, \cdots, \lambda_M$ 所对应的特征向量构成噪声子空间 $\boldsymbol{U}_{\mathrm{n}}$，记 $\boldsymbol{\Sigma}_{\mathrm{n}}$ 为 $M-K$ 个较小特征值构成的对角矩阵。

因此，可以将 $\boldsymbol{R}$ 划分为

$$\boldsymbol{r} = \boldsymbol{U}_{\mathrm{s}}\boldsymbol{\Sigma}_{\mathrm{s}}\boldsymbol{U}_{\mathrm{s}}^{\mathrm{H}} + \boldsymbol{U}_{\mathrm{n}}\boldsymbol{\Sigma}_{\mathrm{n}}\boldsymbol{U}_{\mathrm{n}}^{\mathrm{H}}$$

式中，$\boldsymbol{\Sigma}_{\mathrm{s}}$ 为较大特征值构成的对角矩阵，$\boldsymbol{\Sigma}_{\mathrm{n}}$ 为较小特征值构成的对角矩阵：

$$\boldsymbol{\Sigma}_{\mathrm{s}} = \begin{pmatrix} \lambda_1 & & & \\ & \lambda_2 & & \\ & & \ddots & \\ & & & \lambda_K \end{pmatrix}, \quad \boldsymbol{\Sigma}_{\mathrm{n}} = \begin{pmatrix} \lambda_{K+1} & & & \\ & \lambda_{K+2} & & \\ & & \ddots & \\ & & & \lambda_M \end{pmatrix}$$

显然，当空间噪声为白噪声时，有 $\boldsymbol{\Sigma}_{\mathrm{n}} = \sigma^2\boldsymbol{I}_{(M-K)\times(M-K)}$。

下面给出在信源独立条件下关于特征子空间的一些性质，为后续的空间谱估计算法及其理论分析做好准备[4]。

性质 2.8.1 协方差矩阵的较大特征值对应的特征向量张成的空间与入射信号的导向向量张成的空间是同一个空间，即

$$\mathrm{span}\{\boldsymbol{u}_1, \boldsymbol{u}_2, \cdots, \boldsymbol{u}_K\} = \mathrm{span}\{\boldsymbol{a}_1, \boldsymbol{a}_2, \cdots, \boldsymbol{a}_K\}$$

性质 2.8.2 信号子空间 $\boldsymbol{U}_{\mathrm{s}}$ 与噪声子空间 $\boldsymbol{U}_{\mathrm{n}}$ 正交，且有 $\boldsymbol{A}^{\mathrm{H}}\boldsymbol{u}_i = 0$，其中 $i = K+1, K+2, \cdots, M$。

性质 2.8.3　信号子空间 $\boldsymbol{U}_{\mathrm{s}}$ 与噪声子空间 $\boldsymbol{U}_{\mathrm{n}}$ 满足：

$$\boldsymbol{U}_{\mathrm{s}}\boldsymbol{U}_{\mathrm{s}}^{\mathrm{H}}+\boldsymbol{U}_{\mathrm{n}}\boldsymbol{U}_{\mathrm{n}}^{\mathrm{H}}=\boldsymbol{I}，\ \boldsymbol{U}_{\mathrm{s}}^{\mathrm{H}}\boldsymbol{U}_{\mathrm{s}}=\boldsymbol{I}，\ \boldsymbol{U}_{\mathrm{n}}^{\mathrm{H}}\boldsymbol{U}_{\mathrm{n}}=\boldsymbol{I}$$

性质 2.8.4　信号子空间 $\boldsymbol{U}_{\mathrm{s}}$ 噪声子空间 $\boldsymbol{U}_{\mathrm{n}}$ 及阵列流形 $\boldsymbol{A}$ 满足：

$$\boldsymbol{U}_{\mathrm{s}}\boldsymbol{U}_{\mathrm{s}}^{\mathrm{H}}=\boldsymbol{A}(\boldsymbol{A}^{\mathrm{H}}\boldsymbol{A})^{-1}\boldsymbol{A}^{\mathrm{H}}，\ \boldsymbol{U}_{\mathrm{n}}\boldsymbol{U}_{\mathrm{n}}^{H}=\boldsymbol{I}-\boldsymbol{A}(\boldsymbol{A}^{\mathrm{H}}\boldsymbol{A})^{-1}\boldsymbol{A}^{\mathrm{H}}$$

性质 2.8.5　定义 $\boldsymbol{\Sigma}'=\boldsymbol{\Sigma}_{\mathrm{s}}-\sigma^2\boldsymbol{I}$，则有

$$\boldsymbol{A}\boldsymbol{R}_{\mathrm{s}}\boldsymbol{A}^{\mathrm{H}}\boldsymbol{U}_{\mathrm{s}}=\boldsymbol{U}_{\mathrm{s}}\boldsymbol{\Sigma}'$$

性质 2.8.6　定义 $\boldsymbol{C}=\boldsymbol{R}_{\mathrm{s}}\boldsymbol{A}^{\mathrm{H}}\boldsymbol{U}_{\mathrm{s}}\boldsymbol{\Sigma}'^{-1}$，则有

$$\boldsymbol{U}_{\mathrm{s}}=\boldsymbol{A}\boldsymbol{C}，\ \boldsymbol{C}^{-1}=\boldsymbol{U}_{\mathrm{s}}^{\mathrm{H}}\boldsymbol{A}$$

性质 2.8.7　定义 $\boldsymbol{Z}=\boldsymbol{U}_{\mathrm{s}}\boldsymbol{\Sigma}'^{-1}\boldsymbol{U}_{\mathrm{s}}^{\mathrm{H}}\boldsymbol{A}$，则有

$$\boldsymbol{Z}=\boldsymbol{A}(\boldsymbol{A}^{\mathrm{H}}\boldsymbol{A})^{-1}\boldsymbol{R}_{\mathrm{s}}^{-1}，\ \boldsymbol{A}^{\mathrm{H}}\boldsymbol{Z}=\boldsymbol{R}_{\mathrm{s}}^{-1}$$

$$\boldsymbol{R}_{\mathrm{s}}^{-1}(\boldsymbol{A}^{\mathrm{H}}\boldsymbol{A})^{-1}\boldsymbol{R}_{\mathrm{s}}^{-1}=\boldsymbol{A}^{\mathrm{H}}\boldsymbol{U}_{\mathrm{s}}\boldsymbol{\Sigma}'^{-2}\boldsymbol{U}_{\mathrm{s}}^{\mathrm{H}}\boldsymbol{A}$$

性质 2.8.8　信号协方差矩阵 $\boldsymbol{R}_{\mathrm{s}}$ 满足：

$$\boldsymbol{R}_{\mathrm{s}}=\boldsymbol{A}^{+}\boldsymbol{U}_{\mathrm{s}}\boldsymbol{\Sigma}'\boldsymbol{U}_{\mathrm{s}}^{\mathrm{H}}(\boldsymbol{A}^{+})^{\mathrm{H}}$$

$$\boldsymbol{R}_{\mathrm{s}}+\sigma^2(\boldsymbol{A}^{\mathrm{H}}\boldsymbol{A})^{-1}=\boldsymbol{A}^{+}\boldsymbol{U}_{\mathrm{s}}\boldsymbol{\Sigma}_{\mathrm{s}}\boldsymbol{U}_{\mathrm{s}}^{\mathrm{H}}(\boldsymbol{A}^{+})^{\mathrm{H}}$$

性质 2.8.9　定义 $\boldsymbol{W}=\boldsymbol{\Sigma}'^2\boldsymbol{\Sigma}_{\mathrm{s}}^{-1}$，则有

$$\boldsymbol{W}=\boldsymbol{\Sigma}'^2\boldsymbol{\Sigma}_{\mathrm{s}}^{-1}=\boldsymbol{\Sigma}'+\sigma^4\boldsymbol{\Sigma}_{\mathrm{s}}^{-1}-\sigma^2\boldsymbol{I}$$

性质 2.8.10　定义 $\boldsymbol{T}=\boldsymbol{U}_{\mathrm{s}}\boldsymbol{W}_{\mathrm{s}}\boldsymbol{U}_{\mathrm{s}}^{\mathrm{H}}$，$\boldsymbol{W}_{\mathrm{s}}=\mathrm{diag}\left\{\dfrac{\lambda_i}{(\lambda_i-\sigma^2)^2}\right\}$，则有

$$\boldsymbol{A}^{\mathrm{H}}\boldsymbol{T}\boldsymbol{A}=\boldsymbol{R}_{\mathrm{s}}^{-1}+\sigma^2\boldsymbol{R}_{\mathrm{s}}^{-1}(\boldsymbol{A}^{\mathrm{H}}\boldsymbol{A})^{-1}\boldsymbol{R}_{\mathrm{s}}^{-1}$$

需要说明的是，在具体实现中，信号协方差矩阵是用采样协方差矩阵 $\hat{\boldsymbol{R}}$ 代替的，即

$$\hat{\boldsymbol{R}}=\frac{1}{L}\sum_{l=1}^{L}\boldsymbol{x}(t_l)\boldsymbol{x}^{\mathrm{H}}(t_l)$$

式中，L 表示数据的快拍数。对 $\hat{\boldsymbol{R}}$ 进行特征值分解可以得到噪声子空间 $\hat{\boldsymbol{U}}_{\mathrm{n}}$、信号子空间 $\hat{\boldsymbol{U}}_{\mathrm{s}}$，以及由特征值组成的对角矩阵 $\hat{\boldsymbol{\Sigma}}$。

2.9　信源数估计

阵列信号处理中的大部分算法均需要知道入射信号数。但在实际应用场合，信源数通常是一个未知数，往往需要先估计信源数或假设信源数已知，再估计信源的方向[5-24]。根据特征空间的分析可知，在一定的条件下，信号协方差矩阵的较大特征值数对应于信源数，而较小特征值是相等的（等于噪声功率）。这就说明，可以直接根据信号协方差矩阵的较大特征值数来判断信源数。但在实际应用场合，由于快拍数、SNR等方面的限制，对实际得到的信号协方差矩阵进行特征值分解后，不可能得到明显的大小特征值。很多学者提出了在信源数估计方面较为有效的方法，包括特征值分解方法、信息论方法、平滑秩法、盖氏圆方法和正则相关方法等。

2.9.1　特征值分解方法

当存在观测噪声时，接收信号模型为$\boldsymbol{X}=\boldsymbol{AS}+\boldsymbol{N}$。$\boldsymbol{R}$表示存在观测噪声时的混合信号的协方差矩阵，即

$$\boldsymbol{R}=\boldsymbol{R}_0+\boldsymbol{R}_{\mathrm{n}}$$

式中，$\boldsymbol{R}_0=\boldsymbol{A}E[\boldsymbol{x}(t)\boldsymbol{x}^{\mathrm{H}}(t)]\boldsymbol{A}^{\mathrm{H}}$；$\boldsymbol{R}_{\mathrm{n}}=\sigma^2\boldsymbol{I}$，其中$\sigma^2$为噪声功率。容易验证，若$\lambda_1\geqslant\lambda_2\geqslant\cdots\geqslant\lambda_K>\lambda_{K+1}=\cdots=\lambda_M=0$为$\boldsymbol{R}_0$的$M$个特征值，而$\mu_1\geqslant\mu_2\geqslant\cdots\geqslant\mu_K\geqslant\mu_{K+1}\geqslant\cdots\geqslant\mu_M\geqslant0$为$\boldsymbol{R}$的$M$个特征值，则有$\mu_1\approx\lambda_1+\sigma^2,\ \mu_2\approx\lambda_2+\sigma^2,\cdots,\ \mu_K\approx\lambda_K+\sigma^2,\cdots,\mu_M\approx\lambda_M+\sigma^2$。因此，在SNR较大的情况下，协方差矩阵$\boldsymbol{R}$的主特征值数与信源数都等于$K$。

将得到的协方差矩阵的特征值从大到小排列，即$\mu_1\geqslant\mu_2\geqslant\cdots\geqslant\mu_K\geqslant\mu_{K+1}\geqslant\cdots\geqslant\mu_M$。设$\gamma_k=\mu_k/\mu_{k+1}$（$k=1,2,\cdots,M-1$）为观测样本矩阵的主特征值数，则信源数$K$取值应使得$\gamma_k=\max(\gamma_1,\gamma_2,\cdots,\gamma_{M-1})$。该方法的优点在于运算简单且估计准确率较高。

2.9.2　信息论方法

信息论方法是Wax等[6-7]提出的，这些方法都是在Anderson[8]和Rissanen[9]提出的理论基础上发展起来的，如Akaike信息论准则（AIC）[10]、最小描述长度（MDL）准则及有效检测准则（EDC）等方法。信息论方法有一个统一的表达形式，即

$$J(k)=L(k)+P(k) \tag{2.133}$$

式中，$L(k)$为对数似然函数；$P(k)$为罚函数。通过对$L(k)$和$P(k)$的不同选择就可以得到不同的准则。

下面介绍 EDC：

$$\mathrm{EDC}(n)=L(M-k)\ln\Lambda(k)+k(2M-k)C(L) \tag{2.134}$$

式中，k 为待估计的信源数；L 为采样数；$\Lambda(k)$为似然函数，且

$$\Lambda(k)=\frac{\dfrac{1}{M-k}\sum_{i=k+1}^{M}\lambda_i}{\left(\prod_{i=k+1}^{M}\lambda_i\right)^{\frac{1}{M-k}}} \tag{2.135}$$

另外，式（2.134）中的 $C(L)$需要满足如下的条件：

$$\lim_{L\to\infty}\left[\frac{C(L)}{L}\right]=0 \tag{2.136a}$$

$$\lim_{L\to\infty}\left[\frac{C(L)}{\ln\ln L}\right]=\infty \tag{2.136b}$$

当 $C(L)$满足上述条件时，EDC 具有估计一致性。

当在式（2.134）中选择 $C(L)$分别为 1、$(\ln L)/2$ 及$(\ln\ln L)/2$ 时，可以得到 AIC、MDL 准则及 HQ 准则，即

$$\mathrm{AIC}(k)=2L(M-k)\ln\Lambda(k)+2k(2M-k) \tag{2.137a}$$

$$\mathrm{MDL}(k)=L(M-k)\ln\Lambda(k)+\frac{1}{2}k(2M-k)\ln L \tag{2.137b}$$

$$\mathrm{HQ}(k)=L(M-k)\ln\Lambda(k)+\frac{1}{2}k(2M-k)\ln\ln L \tag{2.137c}$$

除上述准则以外，还有一些修正的准则。对于上述三种准则，可得出如下的结论。

（1）AIC 不是一致性估计准则，即在大快拍数的场合下，它仍然有较大的误差概率；MDL 准则的误差概率相对较小；HQ 准则的误差概率居于两者之间，主要是由准则中的罚函数项引起的。

（2）MDL 准则是一致性估计准则，即在大 SNR 情况下该准则有较好的性能，但在小 SNR 情况下该准则相比 AIC 有较大的误差概率。在大 SNR 情况下，MDL 准则的误差概率比 AIC 小。

（3）在上述三种准则中，HQ 准则性能最优，其次是 AIC。

2.9.3 其他信源数估计方法

当用 AIC 估计信源数时，只能对独立信源的总数进行估计。当信源相干时，无法正确估计信源数，而且对信源的类别和结构不能做出判断。平滑秩法能在信源相干的情况下有效工作。

但是，特征值分解方法、信息论方法、平滑秩法都需要先得到矩阵或修正后矩阵的特征值，再利用特征值来估计信源数。盖氏圆方法[22-23]是一种不需要具体知道特征值的信源数估计方法。它利用 Gerschgorin 圆盘定理，就可估计出各特征值的位置，进而估计出信源数。

前文介绍的信源数估计方法都是针对高斯白噪声背景对入射信源数进行估计的，当噪声中有色成分增加时，这些方法的性能会下降得很快。针对这种情形，可采用正则相关方法[24]，更详细的分析见文献[4]。

参 考 文 献

[1] 汪飞. 噪声中的二维谐波参量估计及四元数在其中的应用[D]. 长春：吉林大学，2006.

[2] 张小飞，刘旭. 平行因子分析理论和在通信和信号处理中应用[M]. 北京：电子工业出版社，2014.

[3] 张贤达，保铮. 通信信号处理[M]. 北京：国防工业出版社，2000.

[4] 王永良，陈辉，彭应宁，等. 空间谱估计理论与算法[M]. 北京：清华大学出版社，2004.

[5] 冷巨昕. 盲信号处理中信源个数估计方法研究[D]. 成都：电子科技大学，2009.

[6] WAX M，KAILATH T. Detection of the signals by information theoretic criteria[J]. IEEE Transactions on Acoustics，Speech，and Signal Processing，1985，33（2）：387-392.

[7] WAX M，ZISKIND I. Detection of the number of coherent signals by the MDL principle[J]. IEEE Transactions on Acoustics，Speech，and Signal Processing，1989，37（8）：1190-1196.

[8] ANDERSON T W. Asymptotic theory for principal component analysis[J]. Annals of Mathematial Statistics，1963，34（1）：122-148.

[9] RISSANEN J. Modeling by the shortest date description[J]. Automatica，1978，14（5）：465-471.

[10] AKAIKE H. A new look at the statistical model identification[J]. IEEE Transactions on Automatic Control，1974，19（6）：716-723.

[11] SCHWARTZ G. Estimation the dimension of a model[J]. The Annals of Statistics，1978，6（2）：461-464.

[12] ZHAO L C，KRISHNAIAH P R，BAI Z D. One detection of numbers of signals in presence of white noise[J]. Journal of Multivariate Analysis，1986，20（1）：1-25.

[13] ZHAO L C，KRISHNAIAH P R，BAI Z D. One detection of numbers of signals when the noise covariance matrix is arbitrary[J]. Journal of Multivariate Analysis，1986，20（1）：26-49.

[14] ZHAO L C，KRISHNAIAH P R，BAI Z D. Remarks on certain criteria for detection of numbers of signal[J]. IEEE Transactions on Acoustics，Speech，and Signal Processing，1987，35（1）：129-132.

[15] YIN Y，KRISHNAIAH P. On some nonparametric methods for detection of the number of signals[J]. IEEE Transactions on Acoustics，Speech，and Signal Processing，1987，35（11）：1533-1538.

[16] WONG K M，ZHANG Q，REILLY J P. On information theoretic criteria for determining the number of signals in high resolution array processing[J]. IEEE Transactions on Acoustics，Speech，and Signal Processing，1990，38（11）：1959-1971.

[17] WANG H，KAVEH M. On the performance of signal-subspace processing-part I narrowband systems[J]. IEEE Transactions on Acoustics，Speech，and Signal Processing，1986，34（5）：1201-1209.

[18] ZHANG Q，WONG K M. Statistical analysis of the performance of information theoretic criteria in the detection of the number of signal in array processing[J]. IEEE Transactions on Acoustics，Speech，and Signal Processing，1989，37（10）：1557-1567.

[19] SHAN T J，PAULRAY A，KAILATH T. On smoothed rand profile tests in Eigen structure methods for directions-of-arrival estimation[J]. IEEE Transactions on Acoustics，Speech，and Signal Processing，1987，35（10）：1377-1385.

[20] COZZENS J H，SOUSA M J. Source enumeration in a correlate signed environment[J]. IEEE Transactions on Signal Processing，1994，42（2）：304-317.

[21] DI A. Multiple sources location-a matrix decomposition approach[J]. IEEE Transactions on Acoustics，Speech，and Signal Processing，1985，35（4）：1086-1091.

[22] WU H T，YANG J F，CHEN F K. Source number estimator using Gerschgorin disks[C]//IEEE International Conference on Acoustics，Speech and Signal Processing，Adelaide，1994.

[23] WU H T，YANG J，CHEN F K. Source number estimation using transformed Gerschgorin radii[J]. IEEE Transactions on Signal Processing，1995，43（6）：1325-1333.

[24] CHEN W，REILLY J P. Detection of the number of signals in noise with banded covariance matrices[J]. IEEE Transactions on Signal Processing，1992，42（5）：377-380.

第3章 波束形成

本章研究波束形成算法，介绍多种波束形成算法，包括自适应波束形成算法、基于GSC的波束形成算法、基于投影分析的波束形成算法、过载情况下的自适应波束形成算法、基于高阶累积量的波束形成算法、基于周期平稳性的波束形成算法、基于恒模的盲波束形成算法和稳健的自适应波束形成算法等。

3.1 波束形成定义

近年来，阵列信号处理在无线通信领域中得到了广泛应用。在蜂窝移动通信中，通信信道的需求急剧增长，使提高频谱复用技术显得日益重要。该技术就是通常所说的空分多址（Spatial Division Multiple Access，SDMA），其中一个重要部分便是波束形成。自适应波束形成（Adaptive Digital Beam Forming，ADBF）亦称空域滤波，是阵列信号处理的一个主要方面，并逐步成为阵列信号处理的标志之一，其实质是通过对各阵元加权进行空域滤波，以达到增强期望信号、抑制干扰的目的，而且可以根据信号环境的变化自适应地改变各阵元的加权因子[1-6]。虽然阵列的方向图是全向的，但阵列的输出经过加权求和后却可以被调整到阵列接收的方向，即增益聚集在一个方向，相当于形成了一个“波束”。这就是波束形成的物理意义。波束形成技术的基本思想是，通过对各阵元输出进行加权求和，在一定时间内将天线阵列波束“导向”到一个方向上，对期望信号得到最大输出功率的导向位置，即给出波达方向估计。在阵列信号处理自适应波束形成算法中，LCMV 算法是比较常用的一种算法[7]，它在保证对期望信号方向增益一定值的条件下，计算最优权向量，使阵列输出功率最小，因此该算法需要知道精确的期望信号方向作为约束方向。但是实际系统中常存在误差，当期望信号的实际方向与约束方向有误差时，称这个误差为指向误差。此时，自适应波束形成算法会把实际期望信号作为干扰，在其方向上形成零陷，导致期望信号相消，LCMV 准则的性能会急剧下降。为了克服 LCMV 算法对指向误差的敏感性，一些学者又提出了很多其他波束形成算法[7-19]。

SMI 算法是最常用的自适应波束形成算法，该算法具有较快的收敛速度。但是 SMI 算法在小快拍数、大 SNR 和相干信源情况下会导致副瓣电平升高，主瓣偏移，波束畸变，输出 SINR 减小。文献[20-21]提出了对角线加载的波束形成算法来抑制方向图畸变，分析了加载量对自适应阵列 SINR 的影响。对角线加载技术能减弱小特征值对应的噪声波束的影响，改善方向图畸变。但是加载量的确定一直以来是一个比较困难的问题，至今仍没有得到很好的解决，从而限制了对角线加载技术的实际应用。文献[22-24]研究了自适应波束形成算法，包括快速收敛算法、鲁棒算法和频域变换算法。文献[25-26]利用投影算子改善了波束形成的稳健性，但投影方法在相干信源情况下性能下降，而且投影算子需要知道期望信号和干扰信号的方向向量，这在实际系统中很难满足。斜投影算子是投影算子扩展，文献[27-28]将斜投影成功应用于单输入多输出系统的盲辨识；文献[29]将斜投影应用到 DOA 估计中；文献[30]将斜投影应用于卷积混合信号的盲分离，研究基于斜投影的波束形成算法，对接收信号进行斜投影可有效消除干扰，进而提高波束形成的稳健性，而且该算法在小快拍数和相干信源情况下仍具有较好的波束形成性能。Feldman 等[31]提出了基于特征空间的方法，文献[32]提出了稳健的自适应波束形成算法。

3.2 常用的波束形成算法

3.2.1 波束形成原理

利用阵元直接相干叠加而获得输出，其缺点在于只有垂直于阵列平面方向的入射波在阵列输出端才能同相叠加，以致形成方向图中主瓣的极大值。反过来说，如果阵列可以围绕它的中心轴旋转，那么当阵列输出最大时，空间波必然由垂直于阵列平面的方向入射而来。但有些天线阵列是很庞大的，是不能转动的。因此，需要设计一种相控阵天线法（或称常规波束形成算法），这是最早出现的阵列信号处理方法。在这种方法中，阵列输出选取一个适当的权向量以补偿各个阵元的传播时延，从而使在某一期望方向上的阵列输出可以同相叠加，进而使阵列在该方向上产生一个主瓣波束，对其他方向产生较小的响应。用这种方法对整个空间进行波束扫描就可确定空中待测信号的方位。

以一维 M 元等距线阵为例，如图 3.1 所示，设空间信号为窄带信号，每个通道用一个复加权系数来调整该通道的幅度和相位。

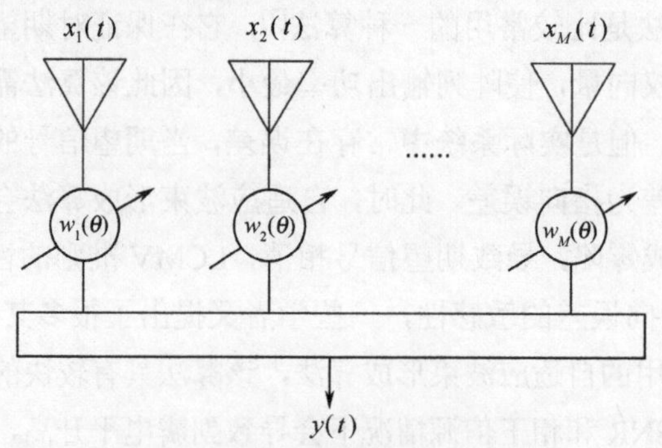

图 3.1 常规波束形成算法结构图

这时阵列的输出可表示为

$$y(t)=\sum_{i=1}^{M}w_i^*(\theta)x_i(t) \tag{3.1}$$

如果采用向量来表示各阵元输出及加权系数，即

$$\boldsymbol{x}(t)=\left[x_1(t),x_2(t),\cdots,x_M(t)\right]^{\mathrm{T}},\ \ \boldsymbol{w}(\theta)=\left[w_1(\theta),w_2(\theta),\cdots,w_M(\theta)\right]^{\mathrm{T}} \tag{3.2}$$

那么阵列的输出也可用向量表示为

$$y(t)=\boldsymbol{w}^{\mathrm{H}}(\theta)\boldsymbol{x}(t) \tag{3.3}$$

为了在某一方向 θ 上补偿各阵元之间的时延以形成一个主瓣，常规波束形成算法在期望方向上的权向量可以构成

$$\boldsymbol{w}(\theta)=\left[1,\mathrm{e}^{-\mathrm{j}w\tau},\cdots,\mathrm{e}^{-\mathrm{j}(M-1)w\tau}\right]^{\mathrm{T}} \tag{3.4}$$

观察此权向量，若空间中只有一个来自方向 θ 的信号，其方向向量 $\boldsymbol{a}(\theta)$ 的表示形式跟此权向量一样，则有

$$y(t)=\boldsymbol{w}^{\mathrm{H}}(\theta)\boldsymbol{x}(t)=\boldsymbol{a}^{\mathrm{H}}(\theta)\boldsymbol{x}(t) \tag{3.5}$$

这时常规波束形成算法的输出功率可以表示为

$$P_{\mathrm{CBF}}(\theta)=E[y(t)^2]=\boldsymbol{w}^{\mathrm{H}}(\theta)\boldsymbol{R}\boldsymbol{w}(\theta)=\boldsymbol{a}^{\mathrm{H}}(\theta)\boldsymbol{R}\boldsymbol{a}(\theta) \tag{3.6}$$

式中，矩阵 $\boldsymbol{R}$ 为阵列输出 $\boldsymbol{x}(t)$ 的协方差矩阵，即 $\boldsymbol{R}=E[\boldsymbol{x}(t)\boldsymbol{x}^{\mathrm{H}}(t)]$。

下面分析常规波束形成算法的角分辨率问题。一般来说，当空间中有两个同频信号投射到阵列上时，如果它们的空间方位角的间隔小于阵列主瓣波束宽度，那么不仅无法分辨它们，还会严重影响系统的正常工作，即对于阵列远场中的两个点信源，仅当它们之间的角度分离大于阵元间距（或称阵列孔径）的倒数时，它们可被分辨，这就是瑞利准则。瑞利准则说明常规波束形成算法固有的缺点就是角分辨率低，如果要设法提高角分辨率，就要增大阵元间距或增加阵元个数，这在系统施工上是难以实现的。

3.2.2 波束形成的最优权向量

上述“导向”作用是通过调整加权系数完成的，阵列对各阵元的接收信号向量 $\boldsymbol{x}(t)$ 在各阵元上分量进行加权求和，令权向量为 $\boldsymbol{w}=[w_1,w_2,\cdots,w_M]^{\mathrm{T}}$，则输出可表示为

$$y(t)=\boldsymbol{w}^{\mathrm{H}}\boldsymbol{x}(t)=\sum_{m=1}^{M}w_m^*x_m(t) \tag{3.7}$$

对于不同的权向量，式（3.7）对来自不同方向的电磁波有不同的响应，从而形成不同方向的空间波束。一般用移相器进行加权处理，即只调整信号相位，不改变信号幅度，因为信号任一瞬间在各阵元上的幅度是相同的。不难看出，若空间中只有一个来自方向θ_k的电磁波，其方向向量为$\boldsymbol{a}(\theta_k)$，则当权向量$\boldsymbol{w}$取$\boldsymbol{a}(\theta_k)$时，输出$y(t)=\boldsymbol{a}(\theta_k)^{\mathrm{H}}\boldsymbol{a}(\theta_k)=M$最大，实现了导向定位作用。这时，各路的加权信号相干叠加，这一结果被称为空域滤波。

空域滤波效果在白噪声背景下是最佳的，如果存在干扰信号就要另作考虑。下面考虑更复杂情况下的波束形成。假设空间远场中有一个感兴趣的信号$d(t)$（或称期望信号，其波达方向为θ_d）和J个不感兴趣的信号$i_j(t)$（$j=1,2,\cdots,J$）（或称干扰信号，其波达方向为θ_{ij}）。令每个阵元上的加性白噪声为$n_k(t)$，它们都具有相同的方差σ^2。在这些假设条件下，第k个阵元上的接收信号可以表示为

$$x_k(t)=a_k(\theta_d)d(t)+\sum_{j=1}^{J}a_k(\theta_{ij})i_j(t)+n_k(t) \tag{3.8}$$

式（3.8）中等号右边的三项分别表示信号、干扰和噪声。若用矩阵形式表示，则有

$$\begin{bmatrix} x_1(t) \\ x_2(t) \\ \vdots \\ x_M(t) \end{bmatrix}=[\boldsymbol{a}(\theta_d),\boldsymbol{a}(\theta_{i_1}),\cdots,\boldsymbol{a}(\theta_{i_J})]\begin{bmatrix} d(t) \\ i_1(t) \\ \vdots \\ i_J(t) \end{bmatrix}+\begin{bmatrix} n_1(t) \\ n_2(t) \\ \vdots \\ n_M(t) \end{bmatrix} \tag{3.9}$$

或简记为

$$\boldsymbol{x}(t)=\boldsymbol{A}\boldsymbol{s}(t)+\boldsymbol{n}(t)=\boldsymbol{a}(\theta_d)d(t)+\sum_{j=1}^{J}\boldsymbol{a}(\theta_{ij})i_j(t)+\boldsymbol{n}(t) \tag{3.10}$$

式中，$\boldsymbol{a}(\theta_k)=[a_1(\theta_k),a_2(\theta_k),\cdots,a_M(\theta_k)]^{\mathrm{T}}$，表示来自方向$\theta_k$（$k=d,i_1,i_2,\cdots,i_J$）的发射信源的方向向量。$N$次快拍的波束形成算法输出$y(t)=\boldsymbol{w}^{\mathrm{H}}\boldsymbol{x}(t)$（$t=1,2,\cdots,N$）的平均功率为

$$\begin{aligned} P(\boldsymbol{w})&=\frac{1}{N}\sum_{t=1}^{N}|y(t)|^2=\frac{1}{N}\sum_{t=1}^{N}\left|\boldsymbol{w}^{\mathrm{H}}\boldsymbol{x}(t)\right|^2 \\ &=\left|\boldsymbol{w}^{\mathrm{H}}\boldsymbol{a}(\theta_d)\right|^2\frac{1}{N}\sum_{t=1}^{N}|d(t)|^2+\sum_{j=1}^{J}\left[\frac{1}{N}\sum_{t=1}^{N}\left|i_j(t)\right|^2\right]\left|\boldsymbol{w}^{\mathrm{H}}\boldsymbol{a}(\theta_{i_j})\right|^2+\frac{1}{N}\|\boldsymbol{w}\|^2\sum_{t=1}^{N}\|\boldsymbol{n}(t)\|^2 \end{aligned} \tag{3.11}$$

这里忽略了不同信号之间的相互作用项，即交叉项$i_j(t)i_k^*(t)$。当$N\to\infty$时，式（3.11）可写为

$$P(\boldsymbol{w})=E\left[|y(t)|^2\right]=\boldsymbol{w}^{\mathrm{H}}E\left[\boldsymbol{x}(t)\boldsymbol{x}^{\mathrm{H}}(t)\right]\boldsymbol{w}=\boldsymbol{w}^{\mathrm{H}}\boldsymbol{R}\boldsymbol{w} \tag{3.12}$$

式中，$\boldsymbol{R}=E[\boldsymbol{x}(t)\boldsymbol{x}^{\mathrm{H}}(t)]$，为阵列输出的协方差矩阵。

另外，当$N\to\infty$时，式（3.11）可表示为

$$P(\boldsymbol{w})=E\left[\left|d(t)\right|^2\right]\left|\boldsymbol{w}^{\mathrm{H}}\boldsymbol{a}(\theta_d)\right|^2+\sum_{j=1}^{J}E\left[\left|i_j(t)\right|^2\right]\left|\boldsymbol{w}^{\mathrm{H}}\boldsymbol{a}(\theta_{i_j})\right|+\sigma_n^2\left\|\boldsymbol{w}\right\|^2 \tag{3.13}$$

在获得式（3.13）的过程中，使用了各加性噪声具有相同的方差σ_n^2这一假设。

为了保证来自方向θ_d的期望信号的正确接收，并且完全抑制其他J个干扰，很容易根据式（3.13）得到关于权向量的约束条件，即

$$\boldsymbol{w}^{\mathrm{H}}\boldsymbol{a}(\theta_d)=1,\quad \boldsymbol{w}^{\mathrm{H}}\boldsymbol{a}(\theta_{i_j})=0 \tag{3.14}$$

约束条件，即式（3.14）被称为波束置零条件，因为它强迫接收阵列波束方向图的“零点”指向所有J个干扰信号。在以上约束条件下，式（3.13）被简化为$P(\boldsymbol{w})=E\left[\left|d(t)\right|^2\right]+\sigma_n^2\left\|\boldsymbol{w}\right\|^2$。

从增大SINR的角度来看，以上的波束置零条件并不是最佳的。这是因为虽然选定的权值可使干扰输出为零，但可能使噪声输出加大。因此，抑制干扰和噪声应一同考虑。这样一来，波束形成算法最优权向量的确定可以叙述为，在约束条件，即式（3.14）的约束下，求满足式（3.15）的权向量$\boldsymbol{w}$：

$$\min_{\boldsymbol{w}} E\left[\left|y(t)\right|^2\right]=\min_{\boldsymbol{w}}\left\{\boldsymbol{w}^{\mathrm{H}}\boldsymbol{R}\boldsymbol{w}\right\} \tag{3.15}$$

这个问题很容易用Lagrange乘子法求解。令目标函数为

$$L(\boldsymbol{w})=\boldsymbol{w}^{\mathrm{H}}\boldsymbol{R}\boldsymbol{w}+\lambda\left[\boldsymbol{w}^{\mathrm{H}}\boldsymbol{a}(\theta_d)-1\right] \tag{3.16}$$

根据线性代数的有关知识，函数$f(\boldsymbol{w})$对复向量$\boldsymbol{w}=[w_0,w_1,\cdots,w_{M-1}]^{\mathrm{T}}$（$w_i=a_i+\mathrm{j}b_i$）的偏导数定义为

$$\frac{\partial}{\partial\boldsymbol{w}}f(\boldsymbol{w})=\begin{bmatrix}\dfrac{\partial}{\partial a_0}f(\boldsymbol{w})\\ \vdots\\ \dfrac{\partial}{\partial a_{M-1}}f(\boldsymbol{w})\end{bmatrix}+\mathrm{j}\begin{bmatrix}\dfrac{\partial}{\partial b_0}f(\boldsymbol{w})\\ \vdots\\ \dfrac{\partial}{\partial b_{M-1}}f(\boldsymbol{w})\end{bmatrix} \tag{3.17}$$

利用这一定义，可得

$$\frac{\partial(\boldsymbol{w}^{\mathrm{H}}\boldsymbol{A}\boldsymbol{w})}{\partial\boldsymbol{w}^*}=2\boldsymbol{A}\boldsymbol{w},\quad \frac{\partial(\boldsymbol{w}^{\mathrm{H}}\boldsymbol{c})}{\partial\boldsymbol{w}}=\boldsymbol{c} \tag{3.18}$$

由式（3.16）和式（3.18）易知，$\partial L(\boldsymbol{w})/\partial\boldsymbol{w}=\boldsymbol{O}$的结果为$2\boldsymbol{R}\boldsymbol{w}+\lambda\boldsymbol{a}(\theta_d)=\boldsymbol{O}$，得到

的接收来自方向 θ_d 的期望信号的波束形成的最优权向量为

$$\boldsymbol{w}_{\text{opt}} = \mu \boldsymbol{R}^{-1} \boldsymbol{a}(\theta_d) \tag{3.19a}$$

式中，μ 为比例常数；θ_d 表示期望信号的波达方向。这样，就可以确定 J+1 个发射信号的波束形成的最优权向量。此时，波束形成算法将只接收来自方向 θ_d 的信号，并抑制所有来自其他方向的信号。

注意到约束条件 $\boldsymbol{w}^{\mathrm{H}}\boldsymbol{a}(\theta_d)=1$ 也可等价写作 $\boldsymbol{a}^{\mathrm{H}}(\theta_d)\boldsymbol{w}=1$，将式（3.19a）等号两边同乘以 $\boldsymbol{a}^{\mathrm{H}}(\theta_d)$，并与等价的约束条件进行比较，可得式（3.19a）中的常数 μ 应满足

$$\mu = \frac{1}{\boldsymbol{a}^{\mathrm{H}}(\theta_d)\boldsymbol{R}^{-1}\boldsymbol{a}(\theta_d)} \tag{3.19b}$$

由上面介绍的阵列信号处理的基本问题可以看出，空域处理和时域处理的任务截然不同，传统的时域处理主要是为了提取信号的包络信息，作为载体的载波在完成传输任务后不再有用；传统的空域处理则是为了区别波达方向，主要利用载波在不同阵元间的相位差，包络信号反而不起作用，并利用窄带信号的复包络在各阵元间的延迟可忽略不计这一特点进行简化计算。

如式（3.19a）所示，波束形成的最优权向量 $\boldsymbol{w}$ 取决于阵列方向向量 $\boldsymbol{a}(\theta_k)$，而在移动通信中用户信号的方向向量一般是未知的，需要估计（称为 DOA 估计）。因此，在使用式（3.19a）计算波束形成的最优权向量之前，必须先在已知阵列几何结构的前提下估计期望信号的波达方向。该波束形成算法可称为最小方差无畸变响应（MVDR）算法。

3.2.3 波束形成的准则

传统的常规波束形成算法分辨率较低，促使科研人员开始对高分辨波束形成算法进行探索，自适应波束形成算法很快就成了研究热点。自适应波束形成算法在某种最优准则下通过自适应算法来实现权集寻优，它能适应各种环境的变化，实时地将权集调整到最佳位置附近。

波束形成算法是在一定准则下综合各输入信息来计算最优权值的数学方法。这些准则中最重要、最常用的主要有以下几种。

（1）MSNR（最大信噪比）准则：使期望信号分量功率与噪声分量功率之比最大，但是必须知道噪声的统计量和期望信号的波达方向。

（2）MSINR 准则：使期望信号分量功率与干扰功率及噪声分量功率之和的比最大。

（3）MMSE 准则：在非雷达应用中，阵列协方差矩阵中通常都含有期望信号，MMSE 准则是基于此种情况提出的准则，使阵列输出与某期望响应的均方误差（MSE）最小，

不需要知道期望信号的波达方向。

（4）MLH 准则：在对有用信号完全先验未知的情况下，参考信号无法设置，因此在干扰噪声背景下，首先要取得对有用信号的最大似然估计。

（5）LCMV 准则：对有用信号形式和来向完全已知，在某种约束条件下使阵列输出的方差最小。

可以证明，在理想情况下这几种准则得到的权是等价的，并且可写成通式 $\boldsymbol{w}_{\mathrm{opt}}=\boldsymbol{R}_{\mathrm{H}}^{-1}\boldsymbol{a}(\theta_d)$，通常为维纳解。其中，$\boldsymbol{a}(\theta_d)$ 是期望信号的方向函数，亦称约束导向向量；$\boldsymbol{R}_{\mathrm{H}}$ 是不含期望信号的阵列协方差矩阵。

表 3.1 比较了 MMSE、MSNR 和 LCMV 三种波束形成算法的准则、代价函数、最优解及具有的优缺点。在表 3.1 中，当 LCMV 算法的线性约束条件取作 $\boldsymbol{w}^{\mathrm{H}}\boldsymbol{a}(\theta)=1$ 时，该算法就是 MVDR 算法。

表 3.1　三种波束形成算法的性能比较

关键词	三种算法		
	MMSE 算法	MSNR 算法	LCMV 算法
准则	使阵列输出与某期望响应的 MSE 最小	使期望信号分量功率与噪声分量功率之比最大	在某种约束条件下使阵列输出的方差最小
代价函数	$J(\boldsymbol{w})=E\left[\left\|\boldsymbol{w}^{\mathrm{H}}\boldsymbol{x}(k)-d(k)\right\|^2\right]$ $d(k)$：期望信号	$J(\boldsymbol{w})=\dfrac{\boldsymbol{w}^{\mathrm{H}}\boldsymbol{R}_{\mathrm{s}}\boldsymbol{w}}{\boldsymbol{w}^{\mathrm{H}}\boldsymbol{R}_{\mathrm{n}}\boldsymbol{w}}$ $\boldsymbol{R}_{\mathrm{n}}$：阵列噪声相关矩阵 $\boldsymbol{R}_{\mathrm{s}}$：阵列信号相关矩阵	$J(\boldsymbol{w})=\boldsymbol{w}^{\mathrm{H}}\boldsymbol{R}\boldsymbol{w}$ 约束条件：$\boldsymbol{w}^{\mathrm{H}}\boldsymbol{a}(\theta)=\boldsymbol{f}$
最优解	$\boldsymbol{w}=\boldsymbol{R}_x^{-1}\boldsymbol{r}_{xd}$ $\boldsymbol{R}_x=E[\boldsymbol{x}(k)\boldsymbol{x}^{\mathrm{H}}(k)]$ $\boldsymbol{r}_{xd}=E[\boldsymbol{x}(k)d^*(k)]$	$\boldsymbol{R}_{\mathrm{n}}^{-1}\boldsymbol{R}_{\mathrm{s}}\boldsymbol{w}=\lambda_{\max}\boldsymbol{w}$ $\lambda_{\max}$：$\boldsymbol{R}_{\mathrm{n}}^{-1}\boldsymbol{R}_{\mathrm{s}}$的最大特征值	$\boldsymbol{w}=\boldsymbol{R}^{-1}\boldsymbol{c}[\boldsymbol{c}^{\mathrm{H}}\boldsymbol{R}^{-1}\boldsymbol{c}]^{-1}\boldsymbol{f}$
优点	不需要波达方向的信息	SNR 最大	广义约束
缺点	产生干扰信号	必须知道噪声的统计量和期望信号的波达方向	必须知道期望信号的波达方向

3.3 自适应波束形成算法

自适应波束形成研究的重点一直是自适应算法，经典的自适应波束形成算法大致可分为闭环算法（或称反馈控制方法）和开环算法（或称直接求解方法）。一般而言，闭环算法较开环算法相对简单，实现方便，但其收敛速度受到系统稳定性要求的限制。闭环算法包括 LMS 算法、差分最陡下降算法、加速梯度算法，以及它们的改进算法。近 20 年来，人们的兴趣更多地集中在开环算法的研究上。开环算法是一种直接求解方法，不存在收敛问题，可提供更快的暂态响应性能，但同时也受到处理精度和阵列协方差矩阵求逆计算量的限制。事实上，开环算法可以认为是实现自适应处理的最佳途径，目前被广泛使用，但开环算法计算量较大。鉴于此问题，人们想到了采用自适应处理技术，它可减轻自适应算法的实时计算负荷，并且能产生较快的自适应响应。

3.3.1 自适应波束形成的最优权向量

传统自适应波束形成的结构如图 3.2 所示，自适应波束形成的权重通过自适应信号处理获得。假定阵元 m 的输出为连续基带（复包络）信号 $x_m(t)$，经过 A/D 转换后，变成离散基带信号 $x_m(k)$，$m=1,2,\cdots,M$，并以阵元 0 为基准点。另外，假定共存在 Q 个信源，$\boldsymbol{w}_q(k)$ 表示在时刻 k 对第 q 个信号解调所加的权向量，其中 $q=1,2,\cdots,Q$。权向量用某种准则确定，以使解调出来的第 q 个信号的质量在某种意义下最优。

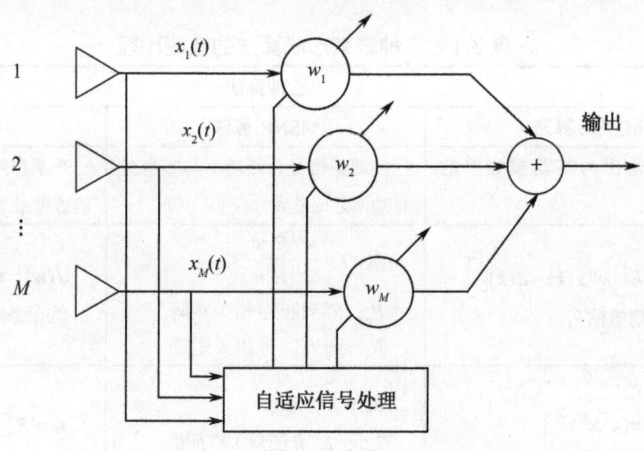

图 3.2 传统自适应波束形成的结构

在最佳自适应波束形成中，权向量通过代价函数的最小化确定。在典型情况下，这种代价函数越小，阵列输出信号的质量就越好，因此当代价函数最小时，自适应阵列输出信号的质量最好。

代价函数有两种常用的形式，分别为在通信系统中广泛使用的 MMSE 方法和 LS 方法。

1. MMSE 方法

MMSE 准则是在波形估计、信号检测和系统参数辨识等信号处理中广泛使用的一种优化准则。顾名思义，MMSE 准则要使估计误差 $y(k)-d_q(k)$ 的均方值最小，即代价函数为

$$J(\boldsymbol{w}_q)=E\left[\left|\boldsymbol{w}_q^{\mathrm{H}}\boldsymbol{x}(k)-d_q(k)\right|^2\right] \tag{3.20}$$

式中，$\boldsymbol{x}(k)=[x_1(k),x_2(k),\cdots,x_M(k)]^{\mathrm{T}}$。代价函数为阵列加权输出与该信号在时刻 k 的期望形式之间的均方误差。式（3.20）可以展开为

$$J(\boldsymbol{w}_q)=\boldsymbol{w}_q^{\mathrm{H}}E\left[\boldsymbol{x}(k)\boldsymbol{x}^{\mathrm{H}}(k)\right]\boldsymbol{w}_q-E\left[d_q(k)\boldsymbol{x}^{\mathrm{H}}(k)\right]\boldsymbol{w}_q-\boldsymbol{w}_q^{\mathrm{H}}E\left[\boldsymbol{x}(k)d_q^*(k)\right]+E\left[d_q(k)d_q^*(k)\right]$$

由上式可以求得

$$\frac{\partial}{\partial \boldsymbol{w}_q^*}J(\boldsymbol{w}_q)=2E\left[\boldsymbol{x}(k)\boldsymbol{x}^{\mathrm{H}}(k)\right]\boldsymbol{w}_q-2E\left[\boldsymbol{x}(k)d_q^*(k)\right]=2\boldsymbol{R}_x\boldsymbol{w}_q-2\boldsymbol{r}_{xd} \tag{3.21}$$

式中，$\boldsymbol{R}_x$ 为数据向量 $\boldsymbol{x}(k)$ 的自相关矩阵，即

$$\boldsymbol{R}_x=E\left[\boldsymbol{x}(k)\boldsymbol{x}^{\mathrm{H}}(k)\right] \tag{3.22}$$

$\boldsymbol{r}_{xd}$ 为数据向量 $\boldsymbol{x}(k)$ 与期望信号 $d_q(k)$ 的互相关向量，即

$$\boldsymbol{r}_{xd}=E\left[\boldsymbol{x}(k)d_q^*(k)\right] \tag{3.23}$$

令 $\frac{\partial}{\partial \boldsymbol{w}_q^*}J(\boldsymbol{w}_q)=\boldsymbol{O}$，则可得

$$\boldsymbol{w}_q=\boldsymbol{R}_x^{-1}\boldsymbol{r}_{xd} \tag{3.24}$$

这就是 MMSE 方法下的最佳阵列权向量，它是 Wiener 滤波理论中最佳滤波器的标准形式。

2. LS 方法

在 MMSE 方法中，代价函数定义为阵列加权输出与第 q 个用户期望响应之间误差平方的总体平均（均方误差），实际数据向量总是有限长的，如果直接定义代价函数为其误差平方，则为 LS 方法。

假定有 N 次快拍的数据向量 $\boldsymbol{x}(k)$，$k=1,2,\cdots,N$，定义代价函数为

$$J(\boldsymbol{w}_q)=\left|\sum_{k=1}^{N}[\boldsymbol{w}_q^{\mathrm{H}}\boldsymbol{x}(k)-d_q(k)]\right|^2 \tag{3.25}$$

则可求出其梯度为

$$\nabla J(\boldsymbol{w}_q)=\frac{\partial}{\partial \boldsymbol{w}_q^*}J(\boldsymbol{w}_q)=2\sum_{m=1}^{N}\sum_{n=1}^{N}\boldsymbol{x}(m)\boldsymbol{x}^{\mathrm{H}}(n)\boldsymbol{w}_q-2\sum_{m=1}^{N}\sum_{n=1}^{N}\boldsymbol{x}(m)d_q^*(n) \tag{3.26}$$

令梯度等于零，易得

$$\boldsymbol{w}_q=(\boldsymbol{X}^{\mathrm{H}}\boldsymbol{X})^{-1}\boldsymbol{X}^{\mathrm{H}}\boldsymbol{d}_q \tag{3.27}$$

这就是 LS 方法下针对第 q 个用户的波束形成的最优权向量。式（3.27）中的 $\boldsymbol{X}$ 和 $\boldsymbol{d}_q$ 分别为数据向量和期望信号向量，其值分别为

$$\begin{aligned} \boldsymbol{X} &= [\boldsymbol{x}(1), \boldsymbol{x}(2), \cdots, \boldsymbol{x}(N)] \\ \boldsymbol{d}_q &= [d_q(1), d_q(2), \cdots, d_q(N)]^{\mathrm{T}} \end{aligned} \tag{3.28}$$

上面介绍的 MMSE 方法和 LS 方法的核心问题是，在对第 q 个信号进行波束形成时，需要在接收端使用该用户的期望响应。为了提供这一期望响应，必须周期性地发送对发射机和接收机二者皆为已知的训练序列。训练序列占用了通信系统宝贵的频谱资源，这是 MMSE 方法和 LS 方法共同的主要缺陷。一种可以代替训练序列的方法是采用决策指向更新对期望响应进行学习。在决策指向更新中，期望信号样本的估计根据阵列输出和信号解调器的输出重构。由于期望信号是在接收端产生的，不需要发射数据的知识，因此不需要训练序列。

3.3.2 权向量更新的自适应算法

上面介绍的自适应波束形成的最优权向量的确定需要求解方程，一般说来，并不希望直接求解方程，其理由如下：①由于移动用户环境是时变的，所以权向量的解必须能及时更新；②由于估计最佳解需要的数据是含噪声的，所以希望使用一种更新技术，它能够利用已求出的权向量求平滑最佳响应的估计，以减小噪声的影响。因此，希望使用自适应算法周期性更新权向量。

自适应算法既可采用迭代模式，也可采用分块模式。所谓迭代模式，是指在每个迭代步骤上，对 n 时刻的权向量加上一个校正量后，即组成 $n+1$ 时刻的权向量，用它逼近最优权向量。在分块模式中，权向量不是在每个时刻都更新，而是每隔一定时间周期才更新，由于一定时间周期对应于一个数据块而不是一个数据点，所以这种更新又称分块更新。

为了使阵列系统能自适应地工作，必须将 3.3.1 节介绍的方法归结为自适应算法。这里以 MMSE 方法为例，说明如何把它变成一种自适应算法。

考虑随机梯度算法，其更新权向量的一般公式为

$$\boldsymbol{w}_q(k+1) = \boldsymbol{w}_q(k) - \frac{1}{2}\mu\nabla \tag{3.29}$$

式中，$\nabla = \dfrac{\partial}{\partial \boldsymbol{w}_q^*(k)} J(\boldsymbol{w}_q(k))$；$\mu$ 称为收敛因子，它可控制自适应算法的收敛速度。因此有

$$\nabla = \boldsymbol{R}_x \boldsymbol{w}_q(k) - \boldsymbol{r}_{xd} = E[\boldsymbol{x}(k)\boldsymbol{x}^{\mathrm{H}}(k)]\boldsymbol{w}_q(k) - E[\boldsymbol{x}(k)d_q^*(k)] \tag{3.30}$$

若式（3.30）中的数学期望用各自的瞬时值代替，则可得 k 时刻的梯度估计值为

$$\hat{\nabla}(k)=\boldsymbol{x}(k)[\boldsymbol{x}^{\mathrm{H}}(k)\boldsymbol{w}_q(k)-d_q^*(k)]=\boldsymbol{x}(k)f(k) \tag{3.31}$$

式中，$f(k)=\boldsymbol{x}^{\mathrm{H}}(k)\boldsymbol{w}_q(k)-d_q^*(k)$，代表阵列输出与第 q 个用户期望响应 $d_q(k)$ 之间的瞬时误差。容易证明，梯度估计 $\hat{\nabla}(k)$ 是真实梯度 ∇ 的无偏估计。

将式（3.31）代入式（3.29），可得到熟悉的 LMS 算法，即

$$\boldsymbol{w}_q(k+1)=\boldsymbol{w}_q(k)-\mu\boldsymbol{x}(k)f(k) \tag{3.32}$$

MMSE 方法可以用 LMS 算法实现，而 LS 方法的自适应算法为递推最小二乘（RLS）算法。表 3.2 列出了自适应阵列系统权向量更新的三种自适应算法，分别是 LMS 算法、RLS 算法和 Bussgang 算法。从表 3.2 中可看出，LMS 算法和 RLS 算法需要使用训练序列，但 Bussgang 算法不需要训练序列。除 Bussgang 算法以外，还有一些自适应算法也不需要训练序列。这些不需要训练序列的算法习惯统称为盲自适应算法。

表 3.2 三种自适应波束形成算法的比较

关键词	三种算法		
	LMS 算法	RLS 算法	Bussgang 算法
初始化	$\hat{\boldsymbol{w}}_0=\boldsymbol{0}$	$\hat{\boldsymbol{w}}_0=\boldsymbol{0}$，$\boldsymbol{P}_0=\delta^{-1}\boldsymbol{I}$	$\hat{\boldsymbol{w}}_0=[1,0,\cdots,0]^{\mathrm{T}}$
更新公式	$y(k)=\hat{\boldsymbol{w}}^{\mathrm{H}}(k)\boldsymbol{x}(k)$ $e(k)=d(k)-y(k)$ $\hat{\boldsymbol{w}}(k+1)=\hat{\boldsymbol{w}}(k)+\mu\boldsymbol{x}(k)e^*(k)$	$\boldsymbol{v}(k)=\boldsymbol{P}(k-1)\boldsymbol{x}(k)$ $\boldsymbol{u}(k)=\dfrac{\lambda^{-1}\boldsymbol{v}(k)}{1+\lambda^{-1}\boldsymbol{x}^{\mathrm{H}}(k)\boldsymbol{v}(k)}$ $\alpha(k)=d(k)-\hat{\boldsymbol{w}}^{\mathrm{H}}(k-1)\boldsymbol{x}(k)$ $\hat{\boldsymbol{w}}(k)=\hat{\boldsymbol{w}}(k-1)+\boldsymbol{u}(k)\alpha^*(k)$ $\boldsymbol{P}(k)=\lambda^{-1}[\boldsymbol{I}-\boldsymbol{u}(k)\boldsymbol{x}^{\mathrm{H}}(k)]\boldsymbol{P}(k-1)$	$y(k)=\hat{\boldsymbol{w}}^{\mathrm{H}}(k)\boldsymbol{x}(k)$ $e(k)=g(y(k))-y(k)$ $\hat{\boldsymbol{w}}(k+1)=\hat{\boldsymbol{w}}(k)+\mu\boldsymbol{x}(k)e^*(k)$
收敛因子	步长参数 μ，$0<\mu<\mathrm{tr}(\boldsymbol{R})$	遗忘因子 λ，$0<\lambda<1$	步长参数 μ

注意，在 Bussgang 算法中，$g(y(k))$是一个非线性的估计子，它对解调器输出的信号 $y(k)$作用，并用 $g(y(k))$代替期望信号 $d(k)$，然后产生误差函数 $e(k)=g(y(k))-y(k)$。

3.3.3 基于变换域的自适应波束形成算法

LMS 算法的优点是结构简单，复杂度低，易于实现，稳定性高；缺点主要是收敛速度较慢，因而其应用受到一定的限制。分析表明，影响 LMS 算法收敛速度的主要因素是输入信号的最大、最小特征值之比，该比值越小收敛速度越快[33]。为了提高收敛速度和计算性能，人们开始研究基于变换域的自适应波束形成算法[34-40]。文献[34-36]研究了频域的波束形成技术；文献[37]研究了基于余弦变换的波束形成技术；文献[39]改进了频域自适应波束形成算法；文献[40]提出了小波域的自适应波束形成算法。

基于频域 LMS 的自适应波束形成算法结构如图 3.3 所示，该算法先对输入信号进行快速傅里叶变换（Fast Fourier Transform，FFT），再通过 LMS 算法在频域上进行波束形成。根据前面的分析可知，通过对阵列天线接收到的信号 $\boldsymbol{x}(n)$进行 FFT，经过 FFT 后的 $\boldsymbol{r}(n)$自相关性下降，呈带状分布，这样 LMS 算法的收敛速度就很快。当存在相干信源时，假设它们的 DOA 不同，由于相干信源在时域相干，但在频域是不相干的，所以基于频域 LMS 的自适应波束形成算法对相干信源具有稳健性。

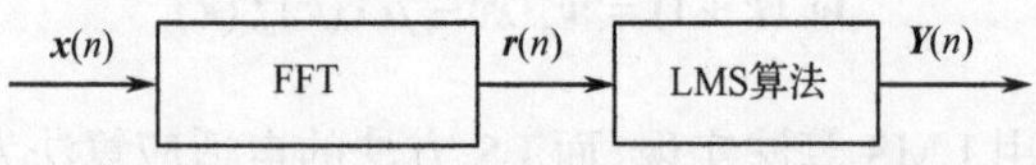

图 3.3　基于频域 LMS 的自适应波束形成算法结构

经过 FFT 后的矩阵 $\boldsymbol{R}_{rr}$ 的最大、最小特征值之比，小于 $\boldsymbol{R}_{xx}$ 的最大、最小特征值之比。因此，自适应波束形成算法的收敛速度得到了提高。基于频域 LMS 的自适应波束形成算法先对输入信号进行频域变换，然后用LMS算法来实现在频域的自适应波束形成。与LMS算法相比，增加了 FFT 的额外的计算量。但频域变换都有快速算法，计算量不大。设阵列中传感器数量为 M，LMS 算法每迭代一次的复数加法次数为 $2M$，复数乘法次数约为 $2M$+1。FFT 中复数加法次数为 $M\log_2 M$，复数乘法复杂度为 $M/2\times\log_2 M$。当 M=32 时，FFT 只相当于数次 LMS 算法迭代，而且实现 FFT 已经有现成硬件，实现容易。经过 FFT 后信号自相关性下降，之后 LMS 算法的收敛速度大大提高。总体而言，基于频域 LMS 的自适应波束形成算法的计算量比 LMS 算法的计算量减小了很多。

文献[39]研究了降维的频域自适应波束形成算法，其结构如图 3.4 所示，该算法先对输入信号进行 FFT，然后进行带通滤波，最后通过 LMS 算法实现频域的自适应波束形成。

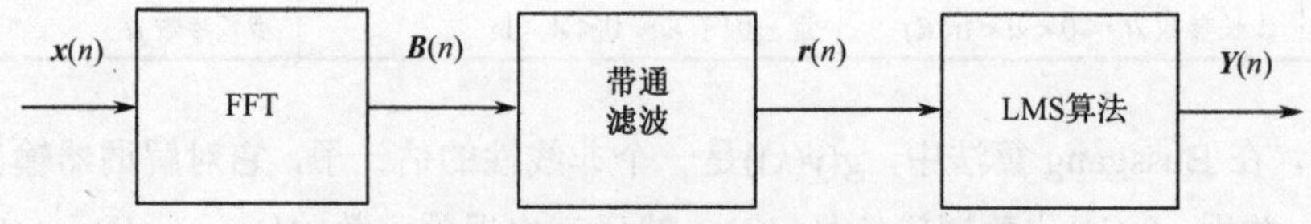

图 3.4　降维的频域自适应波束形成算法结构

文献[40]提出了小波域的自适应波束形成算法。小波域的自适应波束形成算法结构如图 3.5 所示，其先对输入信号进行小波变换，再利用 LMS 算法进行波束形成。根据前面的分析，不同的 DOA 对应不同的空间分辨率，通过对阵列天线接收到的信号 $\boldsymbol{x}(n)$进行小波变换，经过小波变换后的 $\boldsymbol{r}(n)$是稀疏矩阵，所以 LMS 算法的收敛速度很快。

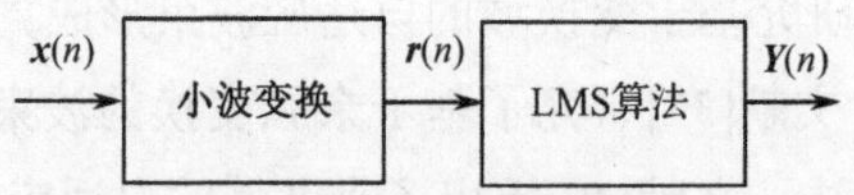

图 3.5　小波域的自适应波束形成算法结构

3.4 基于 GSC 的波束形成算法

LCMV 算法是最常用的自适应波束形成算法。GSC 是 LCMV 算法的一种等效的实现结构，GSC 将自适应波束形成的约束优化问题转换为无约束优化问题，分为自适应和非自适应两条支路，分别称为辅助支路和主支路，要求期望信号只能从非自适应的主支路中通过，而自适应的辅助支路中仅含有干扰和噪声分量。

LCMV 准则可表示为

$$\begin{aligned} \boldsymbol{w} &= \arg\min_{\boldsymbol{w}} \boldsymbol{w}^{\mathrm{H}} \boldsymbol{R} \boldsymbol{w} \\ \text{s.t.}\quad & \boldsymbol{C}^{\mathrm{H}} \boldsymbol{w} = \boldsymbol{f} \end{aligned} \tag{3.33}$$

式中，$\boldsymbol{R}$ 为接收信号的自相关矩阵；$\boldsymbol{C}$ 为 $M \times (J+1)$ 约束矩阵；$\boldsymbol{f}$ 为 $(J+1)$ 维约束向量；M 为阵列中天线数；J 为干扰信号的个数。式（3.33）的最优解为

$$\boldsymbol{w} = \boldsymbol{R}^{-1}\boldsymbol{C}(\boldsymbol{C}^{\mathrm{H}}\boldsymbol{R}^{-1}\boldsymbol{C})^{-1}\boldsymbol{f} \tag{3.34}$$

如图 3.6 所示，在与 LCMV 算法等效的 GSC 中，权向量被分解为自适应权和非自适应权两部分，其中非自适应权部分位于约束子空间，而自适应权部分正交于约束子空间，系统的权向量可表示为

$$\boldsymbol{w} = \boldsymbol{w}_q - \boldsymbol{B}\boldsymbol{w}_a \tag{3.35}$$

式中，

$$\boldsymbol{w}_q = (\boldsymbol{C}\boldsymbol{C}^{\mathrm{H}})^{-1}\boldsymbol{C}\boldsymbol{f} \tag{3.36}$$

$$\boldsymbol{w}_a = (\boldsymbol{B}^{\mathrm{H}}\boldsymbol{R}\boldsymbol{B})^{-1}\boldsymbol{B}^{\mathrm{H}}\boldsymbol{R}\boldsymbol{w}_q \tag{3.37}$$

$\boldsymbol{B}$ 为 $M \times (M-J-1)$ 阻塞矩阵，$\boldsymbol{B}^{\mathrm{H}}\boldsymbol{C} = \boldsymbol{O}$，$\boldsymbol{B}$ 的作用就是将期望信号阻塞掉而使之不进入辅助支路，组成 $\boldsymbol{B}$ 的列向量位于约束子空间的正交互补空间中。令 $y_c = \boldsymbol{w}_q^{\mathrm{H}}\boldsymbol{x}$，$\boldsymbol{z} = \boldsymbol{B}^{\mathrm{H}}\boldsymbol{x}$，则自适应权向量又可表示为 $\boldsymbol{w}_a = \boldsymbol{R}_z^{-1}\boldsymbol{p}_z$，$\boldsymbol{w}_a$ 是使主辅支路 MSE 最小化的维纳解，其中 $\boldsymbol{R}_z = \boldsymbol{B}^{\mathrm{H}}\boldsymbol{R}\boldsymbol{B}$ 是 $\boldsymbol{z}$ 的协方差矩阵，$\boldsymbol{p}_z = \boldsymbol{B}^{\mathrm{H}}\boldsymbol{R}\boldsymbol{w}_q$ 是 $\boldsymbol{z}$ 和 y_c 的互相关向量。

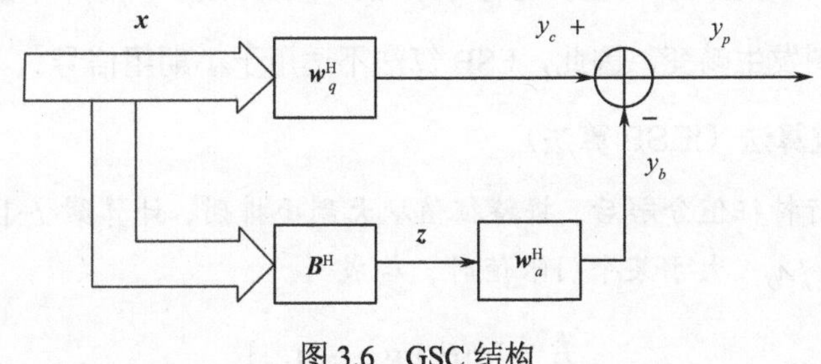

图 3.6　GSC 结构

3.5 基于投影分析的波束形成算法

3.5.1 基于投影的波束形成算法

1. ESB 算法

假设有 1 个期望信号，J 个干扰信号，对有限次快拍下的协方差矩阵 $\hat{\boldsymbol{R}}$ 进行特征值分解，得

$$\hat{\boldsymbol{R}} = \sum_{i=1}^{J+1} \lambda_i \boldsymbol{u}_i \boldsymbol{u}_i^{\mathrm{H}} + \sigma_n^2 \sum_{i=J+2}^{M} \boldsymbol{u}_i \boldsymbol{u}_i^{\mathrm{H}} \tag{3.38}$$

式中，$\lambda_1 \geqslant \lambda_2 \geqslant \cdots \geqslant \lambda_{J+1} > \lambda_{J+2} = \cdots = \lambda_M = \sigma_n^2$ 为相应的 M 个特征值，其对应的特征向量为 $\boldsymbol{u}_i$（$i = 1,2,\cdots,M$），记

$$\boldsymbol{D}_{\mathrm{s}} = \mathrm{diag}(\lambda_1, \lambda_2, \cdots, \lambda_{J+1}),\ \boldsymbol{D}_{\mathrm{n}} = \mathrm{diag}(\lambda_{J+2}, \lambda_{J+3}, \cdots, \lambda_M) \tag{3.39}$$

$$\boldsymbol{U}_{\mathrm{s}} = [u_1, u_2, \cdots, u_{J+1}],\ \boldsymbol{U}_{\mathrm{n}} = [u_{J+2}, u_{J+3}, \cdots, u_M] \tag{3.40}$$

$\boldsymbol{U}_{\mathrm{s}}$ 的列向量张成信号子空间，$\boldsymbol{U}_{\mathrm{n}}$ 的列向量张成噪声子空间。在 SMI 算法中，权向量为

$$\boldsymbol{w}_0 = \mu \hat{\boldsymbol{R}}^{-1} \boldsymbol{a}(\theta_0) \tag{3.41}$$

式（3.41）表明权向量是由信号子空间分量和噪声子空间分量构成的。在理想情况下，期望信号位于信号子空间中，有 $\boldsymbol{U}_{\mathrm{n}}^{\mathrm{H}} \boldsymbol{a}(\theta_0) = \boldsymbol{O}$，因此权向量 $\boldsymbol{w}_0$ 仅为信号子空间分量，噪声子空间分量为零。ESB 算法就是基于这种原理，舍弃权向量的噪声子空间分量而仅保留信号子空间分量，成为基于特征结构的自适应波束形成算法或投影算法的，即

$$\boldsymbol{w}_p = \boldsymbol{U}_{\mathrm{s}} \boldsymbol{U}_{\mathrm{s}}^{\mathrm{H}} \boldsymbol{w}_0 \tag{3.42}$$

当数据协方差矩阵 $\hat{\boldsymbol{R}}$ 中含有较强的期望信号时，ESB 算法较为有效。当期望信号功率较小时，直接舍弃权向量的噪声子空间分量将会产生较大的误差。一个极端情况是，$\hat{\boldsymbol{R}}$ 中不含期望信号，即在理想情况下，$\boldsymbol{U}_{\mathrm{n}}^{\mathrm{H}} \boldsymbol{a}(\theta_0) = \boldsymbol{O}$ 不成立。权向量的噪声子空间分量不为零，此时 $\boldsymbol{w}_p$ 不是最优权向量，它将导致输出 SINR 减小。另外，噪声子空间的扰动会使自适应方向图发生畸变。因此，ESB 算法不适用于小期望信号。

2. EBS 改进算法（IESB 算法）

（1）对 $\hat{\boldsymbol{R}}$ 进行特征值分解后，将特征值从大到小排列，计算第 J+1 个和第 J+2 个特征值之比，当 $\lambda_{J+1}/\lambda_{J+2}$ 大于某个门限值时，构成

$$\hat{\boldsymbol{E}}_{\mathrm{s}} = [\boldsymbol{a}(\theta_0), \boldsymbol{u}_1, \cdots, \boldsymbol{u}_{J+1}] \tag{3.43}$$

否则

$$\hat{\boldsymbol{E}}_{\mathrm{s}}=[\boldsymbol{a}(\theta_0),\boldsymbol{u}_1,\cdots,\boldsymbol{u}_J] \tag{3.44}$$

（2）对 $\hat{\boldsymbol{E}}_{\mathrm{s}}$ 进行奇异值分解，即

$$\hat{\boldsymbol{E}}_{\mathrm{s}}=\boldsymbol{U}\boldsymbol{D}\boldsymbol{V}^{\mathrm{H}} \tag{3.45}$$

（3）将利用 SMI 算法求得的权向量 $\boldsymbol{w}_0$ 向 $\hat{\boldsymbol{E}}_{\mathrm{s}}$ 的较大特征值对应的左奇异向量列空间 $\boldsymbol{U}_{\mathrm{s}}\boldsymbol{U}_{\mathrm{s}}^{\mathrm{H}}$ 投影，即

$$\boldsymbol{w}_{p1}=\boldsymbol{U}_{\mathrm{s}}\boldsymbol{U}_{\mathrm{s}}^{\mathrm{H}}\boldsymbol{w}_0$$

由于引入了期望信号导向向量，并且在期望信号功率与噪声功率相当或更弱时，去除了干扰较大的特征向量，该方法既能在输入信号较大时保持 ESB 算法的性能，又能在期望信号较小（甚至为零）时具有较好的波束保形能力。但是，ESB 算法计算量较大，需要进行一次特征值分解和一次奇异值分解。

3.5.2 基于斜投影的波束形成算法

1. 斜投影基础原理

矩阵 $\boldsymbol{A}\in\mathbf{C}^{N\times F}$（$F\leqslant N$），矩阵 $\boldsymbol{A}$ 的投影矩阵为 $\boldsymbol{P}_A=\boldsymbol{A}\boldsymbol{A}^{+}$，$\boldsymbol{P}_A^{\perp}=\boldsymbol{I}-\boldsymbol{P}_A$ 为矩阵 $\boldsymbol{A}$ 的正交投影矩阵。斜投影是正交投影的扩展，斜投影算子 $\boldsymbol{E}_{AB}$ 为沿着与子空间 Rang($\boldsymbol{B}$) 平行的方向到子空间 Rang($\boldsymbol{A}$)的投影算子，即

$$\boldsymbol{E}_{AB}=\boldsymbol{A}\left(\boldsymbol{A}^{\mathrm{H}}\boldsymbol{P}_B^{\perp}\boldsymbol{A}\right)^{-1}\boldsymbol{A}^{\mathrm{H}}\boldsymbol{P}_B^{\perp} \tag{3.46}$$

式中，$\boldsymbol{E}_{AB}$ 为方阵，且为非对称矩阵，它有以下特性：

$$\boldsymbol{E}_{AB}\boldsymbol{A}=\boldsymbol{A},\ \boldsymbol{E}_{AB}\boldsymbol{B}=\boldsymbol{O}$$

定义 $\boldsymbol{A}=[\boldsymbol{H},\boldsymbol{S}]$，则有

$$\boldsymbol{A}^{+}=(\boldsymbol{A}^{\mathrm{H}}\boldsymbol{A})\boldsymbol{A}^{\mathrm{H}}=\begin{bmatrix}(\boldsymbol{H}^{\mathrm{H}}\boldsymbol{P}_S^{\perp}\boldsymbol{H})^{-1}\boldsymbol{H}^{\mathrm{H}}\boldsymbol{P}_S^{\perp}\\(\boldsymbol{S}^{\mathrm{H}}\boldsymbol{P}_H^{\perp}\boldsymbol{H})^{-1}\boldsymbol{H}^{\mathrm{H}}\boldsymbol{P}_H^{\perp}\end{bmatrix} \tag{3.47}$$

矩阵 $\boldsymbol{A}$ 的投影矩阵 $\boldsymbol{P}_A$ 为

$$\begin{aligned}\boldsymbol{P}_A&=\boldsymbol{A}\boldsymbol{A}^{+}\\&=\boldsymbol{H}(\boldsymbol{H}^{\mathrm{H}}\boldsymbol{P}_S^{\perp}\boldsymbol{H})^{-1}\boldsymbol{H}^{\mathrm{H}}\boldsymbol{P}_S^{\perp}+\boldsymbol{S}(\boldsymbol{S}^{\mathrm{H}}\boldsymbol{P}_H^{\perp}\boldsymbol{H})^{-1}\boldsymbol{H}^{\mathrm{H}}\boldsymbol{P}_H^{\perp}\\&=\boldsymbol{E}_{HS}+\boldsymbol{E}_{SH}\end{aligned} \tag{3.48}$$

由此可见，矩阵 $\boldsymbol{A}$ 的投影矩阵 $\boldsymbol{P}_A$ 可表示为二个斜投影矩阵之和。

2．阵列信号模型

假设有 K 个信源，信源 i 的信号为期望信号，M 元均匀线阵接收信号可表示为

$$\begin{aligned}\boldsymbol{x}(t)&=\sum_{k=1}^{K}\boldsymbol{a}(\theta_k)s_k(t)+\boldsymbol{n}(t)\\&=\boldsymbol{A}\boldsymbol{s}(t)+\boldsymbol{n}(t)\\&=\boldsymbol{a}(\theta_i)\boldsymbol{s}_i(t)+\boldsymbol{B}(\theta_i)\boldsymbol{s}_{\boldsymbol{B}}(t)+\boldsymbol{n}(t)\end{aligned}\tag{3.49}$$

式中，$s_k(t)$ 为信源 k 的发射信号；θ_k 为信源 k 的波达方向；$\boldsymbol{a}(\theta_i)$ 为信源 i 的归一化方向向量；$\boldsymbol{n}(t)$ 为均值是 0、方差是 $\sigma^2\boldsymbol{I}$ 的白噪声；K 为信源个数；方向矩阵 $\boldsymbol{A}=[\boldsymbol{a}(\theta_1),\boldsymbol{a}(\theta_2),\cdots,\boldsymbol{a}(\theta_K)]$；信源向量 $\boldsymbol{s}(t)=[s_1(t),s_2(t),\cdots,s_K(t)]$；矩阵 $\boldsymbol{B}(\theta_i)=[\boldsymbol{a}(\theta_1),\boldsymbol{a}(\theta_2),\cdots,\boldsymbol{a}(\theta_{i-1}),\boldsymbol{a}(\theta_{i+1}),\cdots,\boldsymbol{a}(\theta_K)]$ 包含 $K-1$ 个信源方向向量，为干扰信源的方向矩阵；$\boldsymbol{s}_{\boldsymbol{B}}(t)=[s_1(t),s_2(t),\cdots,s_{i-1}(t),s_{i+1}(t),\cdots,s_K(t)]$ 包含 $K-1$ 个信源信号，为干扰信源矩阵。

接收信号的协方差矩阵可表示为

$$\begin{aligned}\boldsymbol{R}&=E\left[\boldsymbol{x}(t)\boldsymbol{x}(t)^{\mathrm{H}}\right]\\&=\boldsymbol{A}\boldsymbol{R}_{\mathrm{s}}\boldsymbol{A}^{\mathrm{H}}+\sigma^2\boldsymbol{I}\\&=\boldsymbol{a}(\theta_i)p_i\boldsymbol{a}^{\mathrm{H}}(\theta_i)+\boldsymbol{B}(\theta_i)\boldsymbol{D}\boldsymbol{B}^{\mathrm{H}}(\theta_i)+\sigma^2\boldsymbol{I}\end{aligned}\tag{3.50}$$

式中，$p_i=E\left[s_i(t)s_i(t)^*\right]$ 为期望信号功率；$\boldsymbol{D}=E\left[\boldsymbol{s}_{\boldsymbol{B}}(t)\boldsymbol{s}_{\boldsymbol{B}}^{\mathrm{H}}(t)\right]$ 为干扰信源信号协方差矩阵。

对接收信号的协方差矩阵进行特征值分解，有

$$\boldsymbol{R}=\left[\boldsymbol{U}_{\mathrm{s}},\boldsymbol{U}_{\mathrm{n}}\right]\begin{bmatrix}\boldsymbol{\Sigma}_{\mathrm{s}}+\sigma^2\boldsymbol{I} & \boldsymbol{O}\\ \boldsymbol{O} & \sigma^2\boldsymbol{I}\end{bmatrix}\begin{bmatrix}\boldsymbol{U}_{\mathrm{s}}^{\mathrm{H}}\\ \boldsymbol{U}_{\mathrm{n}}^{\mathrm{H}}\end{bmatrix}=\boldsymbol{U}_{\mathrm{s}}\boldsymbol{\Sigma}_{\mathrm{s}}\boldsymbol{U}_{\mathrm{s}}^{\mathrm{H}}+\sigma^2\boldsymbol{I}\tag{3.51}$$

式中，$\boldsymbol{U}_{\mathrm{s}}$ 为信号子空间；$\boldsymbol{U}_{\mathrm{n}}$ 为噪声子空间。

定义矩阵 $\boldsymbol{R}_{\boldsymbol{A}}$ 为

$$\boldsymbol{R}_{\boldsymbol{A}}=\boldsymbol{R}-\sigma^2\boldsymbol{I}=\boldsymbol{A}\boldsymbol{R}_{\mathrm{s}}\boldsymbol{A}^{\mathrm{H}}=\boldsymbol{U}_{\mathrm{s}}\boldsymbol{\Sigma}_{\mathrm{s}}\boldsymbol{U}_{\mathrm{s}}^{\mathrm{H}}\tag{3.52}$$

$$\boldsymbol{R}_{\boldsymbol{A}}^{+}=\left(\boldsymbol{A}\boldsymbol{R}_{\mathrm{s}}\boldsymbol{A}^{\mathrm{H}}\right)^{+}=\boldsymbol{U}_{\mathrm{s}}\boldsymbol{\Sigma}_{\mathrm{s}}^{-1}\boldsymbol{U}_{\mathrm{s}}^{\mathrm{H}}\tag{3.53}$$

3．基于斜投影的波束形成算法实现

对阵列接收信号进行斜投影 $\boldsymbol{E}_{\boldsymbol{a}(\theta_i)\boldsymbol{B}(\theta_i)}$ [41]，则有

$$\begin{aligned}\boldsymbol{y}(t)=\boldsymbol{E}_{\boldsymbol{a}(\theta_i)\boldsymbol{B}(\theta_i)}\boldsymbol{x}(t)&=\boldsymbol{a}(\theta_i)\left[\boldsymbol{a}^{\mathrm{H}}(\theta_i)\boldsymbol{P}_{\boldsymbol{B}(\theta_i)}^{\perp}\boldsymbol{a}(\theta_i)\right]^{-1}\boldsymbol{a}^{\mathrm{H}}(\theta_i)\boldsymbol{P}_{\boldsymbol{B}(\theta_i)}^{\perp}\boldsymbol{x}(t)\\&=\boldsymbol{a}(\theta_i)s_i(t)+\boldsymbol{E}_{\boldsymbol{a}(\theta_i)\boldsymbol{B}(\theta_i)}\boldsymbol{n}(t)\end{aligned}\tag{3.54}$$

式中，矩阵 $\boldsymbol{E}_{\boldsymbol{a}(\theta_i)\boldsymbol{B}(\theta_i)} \in \mathbf{C}^{M\times M}$ 为沿着与子空间 Rang($\boldsymbol{B}(\theta_i)$)平行的方向到子空间 Rang($\boldsymbol{a}(\theta_i)$)的投影算子。

斜投影后对信号进行空域滤波，可得

$$\begin{aligned}\hat{s}_i(t) &= \boldsymbol{a}(\theta_i)^{\mathrm{H}} \boldsymbol{y}(t) \\ &= \boldsymbol{a}(\theta_i)^{\mathrm{H}} \boldsymbol{a}(\theta_i) s_i(t) + \boldsymbol{a}(\theta_i)^{\mathrm{H}} \boldsymbol{E}_{\boldsymbol{a}(\theta_i)\boldsymbol{B}(\theta_i)} \boldsymbol{n}(t) \\ &= s_i(t) + \boldsymbol{a}(\theta_i)^{\mathrm{H}} \boldsymbol{E}_{\boldsymbol{a}(\theta_i)\boldsymbol{B}(\theta_i)} \boldsymbol{n}(t)\end{aligned} \tag{3.55}$$

斜投影矩阵 $\boldsymbol{E}_{\boldsymbol{a}(\theta_i)\boldsymbol{B}(\theta_i)} = \boldsymbol{a}(\theta_i)\left[\boldsymbol{a}^{\mathrm{H}}(\theta_i)\boldsymbol{P}_{\boldsymbol{B}(\theta_i)}^{\perp}\boldsymbol{a}(\theta_i)\right]^{-1}\boldsymbol{a}^{\mathrm{H}}(\theta_i)\boldsymbol{P}_{\boldsymbol{B}(\theta_i)}^{\perp}$，计算它需要知道期望信号和所有干扰信源方向向量，这在实际的系统中很难满足。

引理 3.5.1 斜投影矩阵 $\boldsymbol{E}_{\boldsymbol{a}(\theta_i)\boldsymbol{B}(\theta_i)} = \boldsymbol{a}(\theta_i)\left[\boldsymbol{a}^{\mathrm{H}}(\theta_i)\boldsymbol{P}_{\boldsymbol{B}(\theta_i)}^{\perp}\boldsymbol{a}(\theta_i)\right]^{-1}\boldsymbol{a}^{\mathrm{H}}(\theta_i)\boldsymbol{P}_{\boldsymbol{B}(\theta_i)}^{\perp}$，也可写为

$$\boldsymbol{E}_{\boldsymbol{a}(\theta_i)\boldsymbol{B}(\theta_i)} = \boldsymbol{a}(\theta_i)\left[\boldsymbol{a}^{\mathrm{H}}(\theta_i)\boldsymbol{R}_A^{+}\boldsymbol{a}(\theta_i)\right]^{-1}\boldsymbol{a}^{\mathrm{H}}(\theta_i)\boldsymbol{R}_A^{+} \tag{3.56}$$

式中，$\boldsymbol{R}_A^{+}$ 为伪逆矩阵，$\boldsymbol{R}_A^{+} = \boldsymbol{U}_{\mathrm{s}}\boldsymbol{\Sigma}_{\mathrm{s}}^{-1}\boldsymbol{U}_{\mathrm{s}}^{\mathrm{H}}$。

斜投影的波束形成算法的具体实现步骤如下。

步骤 1：计算接收信号的协方差矩阵，并进行特征值分解，根据式（3.53）计算出 $\boldsymbol{R}_A^{+}$，进而根据式（3.56）计算出斜投影矩阵 $\boldsymbol{E}_{\boldsymbol{a}(\theta_i)\boldsymbol{B}(\theta_i)}$。

步骤 2：对阵列接收信号进行斜投影，如式（3.54）所示。

步骤 3：对斜投影后的信号进行空域滤波，如式（3.55）所示。这样就实现了斜投影的波束形成算法。

总之，基于斜投影的波束形成算法在不同 SNR 情况下皆具有较好的波束形成性能，并且在小快拍数情况下仍具有较好的波束形成性能。此外，该算法只需要知道期望信号的方向和接收信号，是一种稳健的且性能优越的波束形成算法。

3.6 过载情况下的自适应波束形成算法

由于传统的波束形成算法要求信源数小于或等于阵元数，如果信源数大于阵元数（处于过载情况），那么一般算法的性能会下降。本节研究一种适用于过载情况的自适应波束形成算法——近似最小方差波束形成算法[42]。

3.6.1 信号模型

当 K 个信源信号入射到 M 元天线阵列上时，阵列信号的输出一般可以表示成矩阵

形式，即

$$x(t) = As(t) + n(t) \tag{3.57}$$

式中，$x(t)=[x_1(t),x_2(t),\cdots,x_M(t)]^{\mathrm{T}}$；$s(t)=[s_1(t),s_2(t),\cdots,s_K(t)]^{\mathrm{T}}$；$n(t)=[n_1(t),n_2(t),\cdots,n_M(t)]^{\mathrm{T}}$；$A=[a(\theta_1),a(\theta_2),\cdots,a(\theta_K)]$为$M\times K$矩阵，其中$a(\theta_i)=[\mathrm{e}^{\mathrm{j}\beta_1(\theta_i)},\mathrm{e}^{\mathrm{j}\beta_2(\theta_i)},\cdots,\mathrm{e}^{\mathrm{j}\beta_M(\theta_i)}]^{\mathrm{T}}$为阵列的导向向量，$\mathrm{e}^{\mathrm{j}\beta_m(\theta_i)}$为第 m 个阵元对θ_i方向的入射信号的响应。波束形成算法的输出为

$$y(t) = w^{\mathrm{H}}x(t) \tag{3.58}$$

式中，$w=[w_1,w_2,\cdots,w_M]^{\mathrm{T}}$，表示阵列信号的加权向量。

3.6.2 近似最小方差波束形成算法

由于 M 元天线阵列的 DOF 为 M−1，所以在限定主瓣方向的增益为 1 后，只能形成 M−2 个零点。因此，当干扰信源的数目小于或等于 M−2 时，上述最小方差波束形成算法能够消除所有的干扰信号，得到可观的载干比。当入射信号数大于 M−2 时，上述最小方差波束形成算法只能得到一个最小方差意义下的最优解。为了考察当入射信号无限增多时权系数的最优解，做出如下假设。

（1）入射信号角度相互独立且在$[0\sim2\pi]$范围内均匀分布。

（2）入射信号幅度相互独立且与入射信号角度无关，入射信号功率有限。

定义波束形成算法的输出功率对信号总功率的归一化值为

$$\tilde{p}(w)=\lim_{K\to\infty}\frac{1}{KE[P]}\sum_{i=1}^{K}p_i f(\theta_i)f(\theta)^* \tag{3.59}$$

式中，p_i为第 i 个入射信号功率；$E[P]$为输入信号功率的平均值；$f(\theta)$为方向图函数，可表示为

$$f(\theta)=w^{\mathrm{H}}a(\theta) \tag{3.60}$$

在上述假设条件下，依据 Chebyshev 大数定律，$\tilde{p}(w)$收敛于$\dfrac{1}{E[P]}E[Pf(\theta)f(\theta)^*]$，其中 P 表示干扰信号功率的随机变量，θ 表示干扰信号入射角度的随机变量，它服从$[0\sim2\pi]$的均匀分布，故有

$$\tilde{p}(w)=\frac{1}{E[P]}E[Pf(\theta)f(\theta)^*]=\frac{1}{2\pi}\int_0^{2\pi}f(\theta)f(\theta)^*\mathrm{d}\theta \tag{3.61}$$

将式（3.60）代入式（3.61），可得

$$\tilde{p}(\boldsymbol{w})=\frac{1}{2\pi}\int_0^{2\pi}\boldsymbol{w}^{\mathrm{H}}\boldsymbol{a}(\theta)\boldsymbol{a}(\theta)^{\mathrm{H}}\boldsymbol{w}\mathrm{d}\theta=\boldsymbol{w}^{\mathrm{H}}\tilde{\boldsymbol{R}}\boldsymbol{w} \tag{3.62}$$

$$\tilde{\boldsymbol{R}}=\frac{1}{2\pi}\int_0^{2\pi}\boldsymbol{a}(\theta)\boldsymbol{a}(\theta)^{\mathrm{H}}\mathrm{d}\theta \tag{3.63}$$

式（3.63）是由阵列几何结构决定的 $M\times M$ 矩阵。由于它和阵列响应协方差矩阵 $\boldsymbol{R}$ 有相似的形式，而且与输入阵列信号无关，所以将其命名为阵列固有的协方差矩阵。

近似最小方差波束形成算法的优化准则为

$$\begin{aligned}&\min_{\boldsymbol{w}}\boldsymbol{w}^{\mathrm{H}}\tilde{\boldsymbol{R}}\boldsymbol{w}\\&\text{s.t.}\ \ \boldsymbol{w}^{\mathrm{H}}\boldsymbol{a}(\theta)=1\end{aligned}$$

同样地，由 Lagrange 乘子法可求出 $\boldsymbol{w}$ 的优化解，即

$$\boldsymbol{w}=\frac{\tilde{\boldsymbol{R}}^{-1}\boldsymbol{a}(\theta)}{\boldsymbol{a}(\theta)^{\mathrm{H}}\tilde{\boldsymbol{R}}^{-1}\boldsymbol{a}(\theta)} \tag{3.64}$$

于是，近似最小方差波束形成算法可以表述为，先由阵列的几何结构求得 $\tilde{\boldsymbol{R}}$，然后依据已知的信号波达方向 θ 和由式（3.64）得到的权值优化解来形成波束。

由上述推导可以看出，当入射干扰信号数无限增多时，近似最小方差波束形成算法就是最小方差意义下的最优解。虽然在实际中不可能存在无穷个干扰信号，但在 CDMA 体制下，同一小区容纳的用户数较多，且每个用户都可能产生多个多径信号，多址干扰信源数将大于阵元数，这时近似最小波束形成算法近似于 LCMV 算法。

由于近似最小波束形成算法与数据无关，只要知道信号的波达方向，就能从闭式中求解出阵列权值，不需要估计阵列响应协方差矩阵，因此近似最小波束形成算法比 LCMV 算法的计算量小。

当在旁瓣方向上有相干信号入射时，LCMV 算法以提高相干源入射方向的旁瓣电平来保证阵列的输出功率最小，这时被接收信号的一部分功率被其相干源抵消，因而不能保证载干比最大。由式（3.59）可看出，近似最小波束形成算法在空间频率域上定义阵列输出功率，这和旁瓣入射的相干源一样，被认为是干扰信号，因此近似最小波束形成算法不存在相干源的信号相消问题。

在上述推导过程中，并未指定阵列的几何结构，因此近似最小波束形成算法适用于任意形式阵列的情况。下面以均匀线阵为例，给出阵列固有的协方差矩阵的求解方法。

均匀线阵的导向向量为 $\boldsymbol{a}_{\mathrm{ULA}}(\theta)=\left[1,\mathrm{e}^{-\mathrm{j}\frac{2\pi d}{\lambda}\sin\theta},\cdots,\mathrm{e}^{-\mathrm{j}(M-1)\frac{2\pi d}{\lambda}\sin\theta}\right]^{\mathrm{T}}$，其中 d 为阵元间距，λ 为信号波长。

根据式（3.63）可得，均匀线阵的阵列协方差矩阵的第 n 行第 m 列元素为

$$(\tilde{\boldsymbol{R}}_{\text{ULA}})_{n,m}=\frac{1}{2\pi}\int_0^{2\pi}\mathrm{e}^{-\mathrm{j}\frac{2\pi d}{\lambda}(n-m)\sin\theta}\mathrm{d}\theta \tag{3.65}$$

近似最小波束形成算法对 SNR 具有稳健性，其算法只与阵列天线结构有关，与入射信号数量等无关，这极大地简化了算法的计算过程。

3.7 基于高阶累积量的波束形成算法

LCMV 算法虽然具有诸多优点，但其本身却存在局限性，即 LCMV 算法应用的前提是必须知道期望信号波达方向和阵列流形等先验知识。然而在实际应用过程中，很多时候并不知道期望信号波达方向，对阵列流形也无法精确掌握，所以人们提出了盲波束形成算法来克服这些困难。所谓盲波束形成，是指在波束形成过程中，无须知道期望信号波达方向和阵列流形等先验知识。

高阶统计量可以定义为一个目标函数的泰勒展开式的系数，高阶矩是其联合特征函数的原点斜率。高阶谱常常是建立在高阶累积量基础之上的，又称作高阶累积量谱。高阶累积量有如下优点：高阶累积量对高斯随机过程呈现盲特性，能够最大限度地抑制高斯白噪声，因此在处理过程中可利用高阶累积量提取非高斯成分而滤除其中的高斯成分；高阶累积量具有良好的数学性质，如可加性、分离性、正交性等，因此可以在算法推导过程中将高阶累积量运算作为一个算子，从而简化算法设计；高阶累积量具有过程相位可检测性，可揭示过程的非线性特性，因而在系统辨识、参数估计中有特殊应用价值。此外，基于高阶累积量的阵列处理算法可以对阵列进行虚拟扩展，实现对更多信源的分辨。关于高阶累积量的一些理论基础在第 2 章中已经介绍过，此处不再赘述。

高阶累积量包含丰富的信息，并且能有效抑制高斯噪声，提取有用的非高斯信号。近年来，基于高阶累积量的阵列信号处理算法的研究相当活跃，并且相关研究成果已被广泛应用于雷达、声呐、地球物理、医学、通信等领域。基于高阶累积量的盲波束形成算法[43]先利用高阶累积量能有效提取非高斯信号的特性估计出期望信号的方向向量，在此基础上再进行 LCMV 自适应最佳波束形成，该算法对阵列误差具有稳健性。

3.7.1 阵列模型

考虑一个具有 M 个阵元的阵列，它具有任意的阵列流形，并假设期望信号 $s(k)$为非高斯信号，波达方向为θ_{s}，功率为σ_{s}^2，另有 G 个高斯干扰信号$i_g(k)$，$g=1,2,\cdots,G$，其波达方向为θ_{ig}，且期望信号与干扰信号之间相互独立，阵元上的噪声为加性高斯白噪声，均值为 0，方差为σ_n^2。因此，阵列第 m 个阵元上第 k 次快拍的采样值为

$$x_m(k)=a_m(\theta_s)s(k)+\sum_{g=1}^{G}a_m(\theta_{ig})i_g(k)+n_m(k) \tag{3.66}$$

将式（3.66）写为矩阵形式，即

$$\begin{bmatrix} x_1(k) \\ x_2(k) \\ \vdots \\ x_M(k) \end{bmatrix}=\left[\boldsymbol{a}(\theta_s),\boldsymbol{a}(\theta_{i1}),\cdots,\boldsymbol{a}(\theta_{iG})\right]\begin{bmatrix} s(k) \\ i_1(k) \\ \vdots \\ i_G(k) \end{bmatrix}+\begin{bmatrix} n_1(k) \\ n_2(k) \\ \vdots \\ n_M(k) \end{bmatrix} \tag{3.67}$$

将阵列接收数据写为向量形式，即

$$\boldsymbol{x}(k)=\boldsymbol{a}(\theta_s)s(k)+\boldsymbol{A}_i\boldsymbol{i}(k)+\boldsymbol{n}(k) \tag{3.68}$$

3.7.2 利用高阶累积量方法估计期望信号的方向向量

参考 3.7.1 节中介绍的阵列模型，阵列接收数据向量的四阶累积量为

$$C_{4m}=\text{cum}\{x_1(k),x_1^*(k),x_1^*(k),x_m(k)\}\text{，}\quad m=1,2,\cdots,M \tag{3.69}$$

由于期望信号为非高斯信号，干扰信号和噪声信号均为高斯信号，所以由高阶累积量的性质可得

$$\begin{aligned}C_{4m}&=\text{cum}\{a_1(\theta_s)s(k),a_1^{\mathrm{H}}(\theta_s)s^{\mathrm{H}}(k),a_1^{\mathrm{H}}(\theta_s)s^{\mathrm{H}}(k),a_m(\theta_s)s(k)\}\\&=|a_1(\theta_s)|^2\ a_1^{\mathrm{H}}(\theta_s)r_{4,d}a_m(\theta_s)=\beta a_m(\theta_s)\end{aligned}$$

式中，$r_{4,d}$ 为期望信号的四阶累积量；$\beta=|a_1(\theta_s)|^2\ a_1^{\mathrm{H}}(\theta_s)r_{4,d}$。令 $\boldsymbol{C}_4=[C_{41},C_{42},\cdots,C_{4M}]^{\mathrm{T}}$，则有

$$\boldsymbol{C}_4=\beta\boldsymbol{a}(\theta_s) \tag{3.70}$$

式（3.70）表明，$\boldsymbol{C}_4$ 是期望信号方向向量的一种复制形式，两者只相差一个标量因子 β，因此可以将 $\boldsymbol{C}_4$ 看作期望信号方向向量的估计值。

3.7.3 基于高阶累积量的盲波束形成

利用高阶累积量方法根据阵列接收数据估计出期望信号的方向向量之后，便可以应用 LCMV 算法来进行自适应波束形成，即

$$\boldsymbol{w}_{\text{cum}}=\beta\boldsymbol{R}^{-1}\boldsymbol{C}_4 \tag{3.71}$$

由于 $\boldsymbol{C}_4$ 是期望信号方向向量的估计值，因此对 $\boldsymbol{C}_4$ 进行盲波束形成，求得 MSNR 情况下的权向量，即

$$\boldsymbol{w}_{\text{cum}} = \rho\{\boldsymbol{R}^{-1}\sigma_{\text{s}}^2\boldsymbol{C}_4\boldsymbol{C}_4^{\text{H}}\} \tag{3.72}$$

式中，$\rho\{\bullet\}$ 表示取最大特征值对应的特征向量；σ_{s}^2 为期望信号功率。

3.8 基于周期平稳性的波束形成算法

高阶累积量方法虽然能够有效地提取非高斯信号，抑制高斯干扰信号，但是当干扰信号也是非高斯信号时，高阶累积量方法将难以奏效，这是高阶累积量盲波束形成算法本身的局限性所在。然而实际上大多数人为设计的信号都是周期平稳信号，因此 Wu 等以信号周期平稳性为基础提出了 CAB（Cyclic Adaptive Beamforming）类盲自适应波束形成算法[44]（包括 CAB 算法、C-CAB 算法和 R-CAB 算法），该类算法可以有效地提取期望信号，抑制相邻干扰信号。CAB 类盲自适应波束形成算法先利用期望信号的周期平稳性估计出相应的期望信号阵列方向向量，然后利用 MVDR 算法求解最优权向量。

3.8.1 阵列模型与信号周期平稳性

1. 阵列模型

设有 M 元阵列，满足窄带假设条件，阵列接收数据的数字化表示形式为

$$\boldsymbol{x}(k) = \sum_{p=1}^{P}\boldsymbol{a}(\theta_p)s_p(k) + \boldsymbol{i}(k) + \boldsymbol{n}(k) \tag{3.73}$$

式中，$s_p(k)$ 表示第 p 个期望信号；$\boldsymbol{a}(\theta_p)$ 为相应的方向向量；$\boldsymbol{i}(k)$ 为 $M\times1$ 维干扰；$\boldsymbol{n}(k)$ 为 $M\times1$ 维平稳噪声。

自适应波束形成算法的目标是确定最优权向量 $\boldsymbol{w}_p$，进而恢复期望信号，即

$$\hat{s}_p(k) = \boldsymbol{w}_p^{\text{H}}\boldsymbol{x}(k) \tag{3.74}$$

2. 信号周期平稳性

周期平稳信号是一种特殊的非平稳随机信号，其统计特性随时间变化而呈现出某种周期平稳性。信号 $s(k)$的周期相关函数（Cyclic Correlation Function，CCF）和周期共轭相关函数（Cyclic Conjugate Correlation Function，CCCF）的定义分别为

$$\phi_{ss}(n_0,a) = \overline{[s(k)s^*(k+n_0)\text{e}^{-\text{j}2\pi\alpha k}]}_\infty = \lim_{N\to\infty}\frac{1}{N}\sum_{k=1}^{N}s(k)s^*(k+n_0)\text{e}^{-\text{j}2\pi\alpha k} \tag{3.75}$$

$$\phi_{ss^*}(n_0,a)=\overline{[s(k)s(k+n_0)\mathrm{e}^{-\mathrm{j}2\pi\alpha k}]_\infty}=\lim_{N\to\infty}\frac{1}{N}\sum_{k=1}^{N}s(k)s(k+n_0)\mathrm{e}^{-\mathrm{j}2\pi\alpha k} \tag{3.76}$$

式中，$\overline{[\cdot]_\infty}$ 表示无限长序列的时间平均；n_0 表示时延；α 表示频偏。如果一个信号的周期平相关函数或周期共轭相关函数在产生时延 n_0 和频偏 α 时非零，则此信号被称为周期平稳信号，α 被称为周期频率。CAB 类盲自适应波束形成算法主要基于阵列接收信号的周期相关矩阵和周期共轭相关矩阵。对于阵列接收信号 $\boldsymbol{x}(k)$，相应的周期相关矩阵和周期共轭相关矩阵分别为

$$\phi_{ss}(n_0,a)=\overline{[\boldsymbol{x}(k)\boldsymbol{x}^{\mathrm{H}}(k+n_0)\mathrm{e}^{-\mathrm{j}2\pi\alpha k}]_\infty}=\lim_{N\to\infty}\frac{1}{N}\sum_{k=1}^{N}\boldsymbol{x}(k)\boldsymbol{x}^{\mathrm{H}}(k+n_0)\mathrm{e}^{-\mathrm{j}2\pi\alpha k} \tag{3.77}$$

$$\phi_{ss^*}(n_0,a)=\overline{[\boldsymbol{x}(k)\boldsymbol{x}^{\mathrm{T}}(k+n_0)\mathrm{e}^{-\mathrm{j}2\pi\alpha k}]_\infty}=\lim_{N\to\infty}\frac{1}{N}\sum_{k=1}^{N}\boldsymbol{x}(k)\boldsymbol{x}^{\mathrm{T}}(k+n_0)\mathrm{e}^{-\mathrm{j}2\pi\alpha k} \tag{3.78}$$

这两个函数可统一定义为

$$R_{xu}=\begin{cases}\phi_{XX}(n_0,a),\ \ \boldsymbol{u}(k)=\boldsymbol{x}(k+n_0)\mathrm{e}^{\mathrm{j}2\pi\alpha k}\\ \phi_{XX^*}(n_0,a),\ \ \boldsymbol{u}(k)=\boldsymbol{x}^*(k+n_0)\mathrm{e}^{\mathrm{j}2\pi\alpha k}\end{cases} \tag{3.79}$$

在实际计算过程中均采用有限采样长度 N 个样本点的时间平均，即

$$\hat{R}_{xu}=\begin{cases}\hat{\phi}_{XX}(n_0,a)=\overline{\left[\boldsymbol{x}(k)\boldsymbol{x}^{\mathrm{H}}(k+n_0)\mathrm{e}^{-\mathrm{j}2\pi\alpha k}\right]_N}\\ \hat{\phi}_{XX^*}(n_0,a)=\overline{\left[\boldsymbol{x}(k)\boldsymbol{x}^{\mathrm{T}}(k+n_0)\mathrm{e}^{-\mathrm{j}2\pi\alpha k}\right]_N}\end{cases} \tag{3.80}$$

3.8.2 CAB 类盲自适应波束形成算法

在 3.8.1 节中的阵列模型基础上进一步假设期望信号只有一个，且对于给定的 n_0，期望信号的周期频率不同于干扰信号的周期频率，也就是说，期望信号与干扰信号不相关，这是 CAB 类盲自适应波束形成算法有效性的基础[44]。

1．CAB 算法

阵列接收数据向量 $\boldsymbol{x}(k)$ 及其时频移位向量 $\boldsymbol{u}(k)$ 分别包含信号分量 $s(k)$ 和 $s(k+n_0)\mathrm{e}^{\mathrm{j}2\pi\alpha k}$，它们在信号周期频率 α 处有极大的相关值。这样，如果能够形成标量信号 $\hat{v}(k)=c^{\mathrm{H}}(k)$，就必然存在 $\boldsymbol{w}$ 和 $\boldsymbol{c}$ 使得 $\hat{v}(k)$ 和 $\hat{s}(k)$ 在信号周期频率 α 处相应地也有极大的相关值。只要正确地选择了 $\boldsymbol{w}$ 和 $\boldsymbol{c}$，也就获得了期望信号的估计 $\hat{s}(k)$，这就是 CAB 算法的基本原理。

CAB 算法问题可描述[44]为

$$\begin{aligned}&\max_{w,c}\left|\hat{\phi}_{\hat{s}\hat{v}}(n_0,a)\right|^2\\&\text{s.t.}\quad ww^{\mathrm{H}}=cc^{\mathrm{H}}=1\end{aligned}\tag{3.81}$$

由于

$$\max_{w,c}\left|\hat{\phi}_{\hat{s}\hat{v}}(n_0,a)\right|^2=\max_{w,c}\left|\left[w^{\mathrm{H}}x(k)u^{\mathrm{H}}(k)c\right]_N\right|^2=\max_{w,c}\left|\left[w^{\mathrm{H}}\hat{R}_{xu}c\right]\right|^2=\max_{w,c}w^{\mathrm{H}}\hat{R}_{xu}cc^{\mathrm{H}}\hat{R}_{xu}^{\mathrm{H}}w$$

所以 CAB 算法问题可重新写为

$$\begin{aligned}&\max_{w,c}w^{\mathrm{H}}\hat{R}_{xu}cc^{\mathrm{H}}\hat{R}_{xu}^{\mathrm{H}}w\\&\text{s.t.}\quad ww^{\mathrm{H}}=cc^{\mathrm{H}}=1\end{aligned}\tag{3.82}$$

使用 Lagrange 乘子法，可以解得

$$\begin{cases}\hat{R}_{xu}cc^{\mathrm{H}}\hat{R}_{xu}^{\mathrm{H}}w=\mu w\\\hat{R}_{xu}^{\mathrm{H}}ww^{\mathrm{H}}\hat{R}_{xu}c=\mu' c\end{cases}\tag{3.83}$$

式（3.83）可进一步简化为

$$\begin{cases}\hat{R}_{xu}\hat{R}_{xu}^{\mathrm{H}}w=\xi w\\\hat{R}_{xu}^{\mathrm{H}}\hat{R}_{xu}c=\xi c\end{cases}$$

式中，ξ 为一个正的常数。

最佳 w 和 c 分别是与矩阵 $\hat{R}_{xu}$ 最大奇异值相对应的左、右奇异向量，并且将 w 标记为 w_{CAB}，当 $N\to\infty$ 时，$w_{\mathrm{CAB}}\propto d(\theta_{\mathrm{s}})$，也就是说，$w_{\mathrm{CAB}}$ 是期望信号方向向量估计值 $\hat{d}(\theta_{\mathrm{s}})$。

由上述推导过程可以看出，期望信号方向向量的估计是在阵列流形完全未知的情况下根据阵列接收数据利用信号的周期平稳性得到的，可以直接用来进行空域滤波处理，完全避免了阵列校正，充分体现了 CAB 算法的盲特性。

2．C-CAB 算法

CAB 算法实际上仅估计出了期望信号方向向量，可以直接用来进行空域滤波处理，但为了达到最佳阵列处理效果，还需要对干扰进行有效抑制。C-CAB 算法是在 CAB 算法的基础上采用 MVDR 算法来抑制干扰的，先将根据 CAB 算法所得到的 w_{CAB} 作为期望信号方向向量估计值 $\hat{d}(\theta_{\mathrm{s}})$，在此基础之上应用 MVDR 算法，即

$$\begin{aligned}&\min_{w}w^{\mathrm{H}}\hat{R}_{xx}w\\&\text{s.t.}\quad w^{\mathrm{H}}w_{\mathrm{CAB}}=1\end{aligned}\tag{3.84}$$

利用 Lagrange 乘子法，解得

$$\boldsymbol{w}_{\text{C-CAB}} = \widehat{\boldsymbol{R}}_{xx}^{-1}\boldsymbol{w}_{\text{CAB}} \tag{3.85}$$

C-CAB 算法虽然利用 MVDR 算法有效地抑制了强干扰，但是同时也引入了 MVDR 算法，因此对阵列流形误差较为敏感，稳健性变差，还需要采用稳健性方法来改进性能。

3. R-CAB 算法

在 C-CAB 算法的基础上采用传统的对角线加载技术来改善与提高算法的稳健性，这种算法就是所谓的 R-CAB 算法，其最优权向量为

$$\boldsymbol{w}_{\text{R-CAB}} = (\widehat{\boldsymbol{R}}_{\text{in}} + \gamma\boldsymbol{I})^{-1}\boldsymbol{w}_{\text{CAB}} \tag{3.86}$$

式中，γ 为传统对角线加载系数；$\boldsymbol{R}_{\text{in}}$ 为干扰加噪声的自相关矩阵，可估计如下：

$$\widehat{\boldsymbol{R}}_{\text{in}} = \widehat{\boldsymbol{R}}_{xx} - \widehat{\boldsymbol{R}}_{\text{s}} \tag{3.87}$$

对单个期望信号的情况，有

$$\widehat{\boldsymbol{R}}_{\text{in}} = \widehat{\boldsymbol{R}}_{xx} - \sigma_{\text{s}}^2\hat{\boldsymbol{d}}(\theta_{\text{s}})\hat{\boldsymbol{d}}^{\text{H}}(\theta_{\text{s}}) \tag{3.88}$$

式中，σ_{s}^2 为期望信号的方差。

3.9 基于恒模的盲波束形成算法

3.9.1 信号模型

考虑由 M 个阵元构成的天线阵列，接收到不同的信号，经 N 次采样后的接收信号模型可以表示为

$$\boldsymbol{X} = \boldsymbol{AS} + \boldsymbol{N} \tag{3.89}$$

式中，$\boldsymbol{X}$ 为 $M \times N$ 的接收信号矩阵；$\boldsymbol{S}$ 为 $K \times N$ 的输入信号矩阵，$\boldsymbol{S} = [\boldsymbol{s}_1, \boldsymbol{s}_2, \cdots, \boldsymbol{s}_K]^{\text{T}}$，其中 $\boldsymbol{s}_i$（$i = 1,2,\cdots,K$）为第 i 个信号的输入向量；$\boldsymbol{A}$ 为 $M \times K$ 的阵列响应矩阵。

不妨设 $\boldsymbol{s}_1$ 为用户信号，则波束形成算法可以归纳为已知接收信号矩阵 $\boldsymbol{X}$，寻找满足波束形成方程，即

$$\hat{\boldsymbol{s}}_1 = \boldsymbol{w}^{\text{H}}\boldsymbol{X} \tag{3.90}$$

的权向量 $\boldsymbol{w}$。式中，$\hat{\boldsymbol{s}}_1$ 为对用户信号的估计。相应地，天线阵列的输出向量 $\boldsymbol{y}$ 可以表示为

$$\boldsymbol{y} = \boldsymbol{w}^{\text{H}}\boldsymbol{X} = \hat{\boldsymbol{s}}_1 \tag{3.91}$$

3.9.2 随机梯度恒模算法

恒模信号在经历了多径衰落、加性干扰或其他不利因素影响后，会产生幅度扰动破坏信号的恒模特性，因此可以利用恒模阵波束形成器来最大限度地恢复恒模信号。恒模阵波束形成器结构如图 3.7 所示。这里，恒模阵波束形成器利用恒模算法通过对恒模代价函数进行优化来恢复恒模信号[45-49]，恒模算法定义的代价函数为

$$J(\boldsymbol{w}(k)) = E\left[\left|\left\|y(k)\right\|^p - \left|\alpha\right|^p\right|^q\right] \tag{3.92}$$

式中，p、q 为正整数，在实际应用中取 1 和 2，并相应地记作 CMA_{p-q}；α 为阵列输出期望信号的幅值。由于恒模算法的恒模代价函数是非线性的，无法直接求解，因此只能采用迭代的方法逐步逼近最优解，一般采用梯度下降法优化恒模代价函数，其迭代公式为

$$\boldsymbol{w}(k+1) = \boldsymbol{w}(k) - \mu\nabla_{\boldsymbol{w}} J_{pq}(k) \tag{3.93}$$

式中，$\mu > 0$，为步长因子；$\nabla_{\boldsymbol{w}}$ 表示关于 $\boldsymbol{w}$ 的梯度算子。用瞬时值取代期望值，并确定 p、q 值，可得

$$\boldsymbol{w}(k+1) = \boldsymbol{w}(k) - \mu\boldsymbol{x}(k)e^*(k)$$

式中，

$$\mathrm{CMA}_{1-1}\quad e(k) = \frac{y(k)}{\left\|y(k)\right\|}\mathrm{sgn}(\left\|y(k)\right\| - 1) \tag{3.94}$$

$$\mathrm{CMA}_{2-1}\quad e(k) = 2y(k)\,\mathrm{sgn}(\left\|y(k)\right\|^2 - 1) \tag{3.95}$$

$$\mathrm{CMA}_{1-2}\quad e(k) = 2\frac{y(k)}{\left\|y(k)\right\|}\mathrm{sgn}(\left\|y(k)\right\| - 1) \tag{3.96}$$

$$\mathrm{CMA}_{2-2}\quad e(k) = 4y(k)\,\mathrm{sgn}(\left\|y(k)\right\|^2 - 1) \tag{3.97}$$

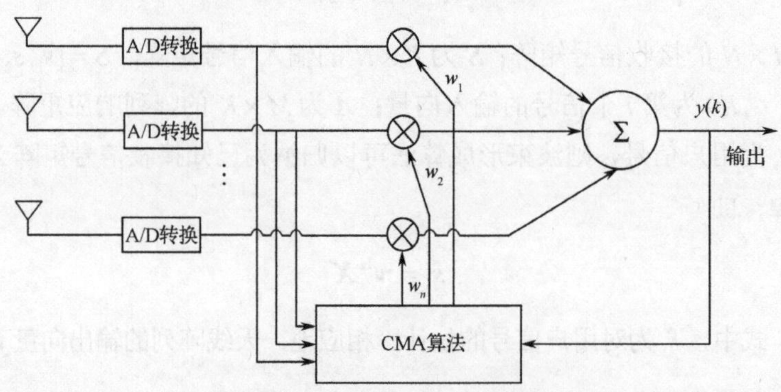

图 3.7 恒模阵波束形成器结构

上述 4 个式子中 CMA_{1-2} 和 CMA_{2-2} 最为常用。众所周知，随机梯度恒模算法的收敛性能很大程度上取决于算法设置的初值和步长因子。一般而言，在使用算法之前需要仔细地校正步长，如果步长过小，则收敛速度太慢；如果步长过大，则性能容易失调。LS 恒模算法使用了非线性 LS，即高斯法的推广来设计恒模算法。

3.10 稳健的自适应波束形成算法

自适应波束形成算法对模型误差具有敏感性。为了降低自适应波束形成算法对模型误差的敏感程度，在过去的几十多年中，众多研究者在增强自适应波束形成算法的稳健性方面做了许多工作[24, 29, 43, 45]。在模型失配条件下，仍能自适应地调整波束形成算法权向量以保证良好输出性能的一类波束形成算法被称为稳健的自适应波束形成算法[50-56]。对稳健的自适应波束形成算法的要求是，在可容许的模型失配情况下，稳健的自适应波束形成算法的性能不能退化到传统波束形成算法的性能之下。

Cox 等提出了一种对角线加载方法[15-20]，能提高自适应波束形成算法的稳健性。但是在较大 SNR 条件下，采用对角线加载方法的自适应波束形成算法有着较为明显的性能下降。Feldman 等提出了基于特征空间的方法[31-53]，该方法是一种子空间方法。当子空间的维数不确定时或在大 SNR 条件下，基于特征空间自适应波束形成算法有着严重的性能衰落。为了增强自适应波束形成算法在非平稳环境下的稳健性，有研究者提出了加宽自适应波束零陷带的思想，Gershman 等给出了独立数据微分约束方法[54-55]，即用修正的协方差矩阵来代替 Capon 最小方差波束形成算法中的采样协方差矩阵。另外，Riba 等还给出了一种协方差矩阵锥形法[18-19]，即用锥形协方差矩阵来代替采样协方差矩阵。Bell 等提出了一种基于贝叶斯方法的自适应波束形成算法[8]，此方法能在阵列接收信号和期望信号波达方向等先验知识之间实现一种平衡。基于贝叶斯方法的自适应波束形成算法，是一组离散候选波达方向上 Capon 最小方差波束形成算法权向量的线性加权，权系数为由阵列接收数据求得的各自波达方向上的后验概率值。基于贝叶斯方法的自适应波束形成算法对于期望信号波达方向的不确定具有较好的稳健性，而当其他导致模型失配的因素占主导地位时，便会产生较为严重的性能衰落。Lorenz 等、Li 等、Vorobyov 等独立提出了一种基于最坏情况性能优化的稳健自适应波束形成算法[3, 16, 52]。此算法在期望信号的导向向量存在误差时，会引入不等式约束，保证期望信号所有可能的导向向量都能无衰减地通过自适应波束形成器。这种基于最坏情况性能优化的自适应波束形成算法权向量，有着和对角线加载方法一样的表示形式，因而可被看作对角线加载技术中的一种。考虑到基于最坏情况性能优化的稳健自适应波束形成算法设计的保守性，Vorobyov 等提出了一种基于概率约束的稳健自适应波束形成算法[51]。此算法只需要保证那些出现概率充分大的导向向量能无衰减地通过自适应波束形成算法，而不用保证所有可能出现的导向向量都能无衰减地通过自适应波束形成器。近年来，还有一类盲自适应波束形成算法利用接收信号的某些特征，如恒模特性、循环平稳性及高阶统计特性等，就可实现自适应波束形成。由于盲自适应波束形成算法通常对阵列模型误差有着很强的稳健性，因此成为阵列信号处理中的研究热点[56]。

3.10.1 对角线加载方法

在众多稳健的自适应波束形成算法中，对角线加载是一种最为常见的方法。此方法通过对 Capon 最小方差问题进行正则化处理来实现，即通过对优化问题的目标函数加上一个二次惩罚项来实现。对角线加载的 Capon 最小方差问题可表示为

$$\begin{aligned}&\min_{\boldsymbol{\omega}} \boldsymbol{\omega}^{\mathrm{H}}\hat{\boldsymbol{R}}\boldsymbol{\omega}+\xi\boldsymbol{\omega}^{\mathrm{H}}\boldsymbol{\omega}\\&\text{s.t.}\quad \boldsymbol{\omega}^{\mathrm{H}}\boldsymbol{a}=1\end{aligned} \tag{3.98}$$

式中，$\hat{\boldsymbol{R}}$ 为采样协方差矩阵；ξ 为惩罚权值。采用 Lagrange 乘子法求解优化问题，即式（3.98），可以得到对角线加载采样矩阵求逆（DL-SMI）形式的 MVDR 算法权向量，即

$$\boldsymbol{\omega}=\frac{(\hat{\boldsymbol{R}}+\xi\boldsymbol{I})^{-1}\boldsymbol{a}}{\boldsymbol{a}^{\mathrm{H}}(\hat{\boldsymbol{R}}+\xi\boldsymbol{I})^{-1}\boldsymbol{a}} \tag{3.99}$$

由式（3.98）可知，对优化问题的目标函数加上一个二次惩罚项 $\xi\boldsymbol{\omega}^{\mathrm{H}}\boldsymbol{\omega}$，就等价于对波束形成算法权向量的采样协方差矩阵 $\hat{\boldsymbol{R}}$ 加上一个对角矩阵 $\xi\boldsymbol{I}$。因此，惩罚权值 ξ 也被称为对角线加载因子（Diagonal Loading Factor）。这就意味着，对角线加载可被看作在采样协方差矩阵的主对角线上人为地加入一些白噪声，保证不管采样协方差矩阵 $\hat{\boldsymbol{R}}$ 是否奇异，对角线加载矩阵 $\hat{\boldsymbol{R}}+\xi\boldsymbol{I}$ 总是可逆的。在模型失配的情况下，采用对角线加载方法能够提高自适应波束形成算法的输出性能。虽然对角线加载方法有着实现简单、适用面广的特点，但是此方法也存在一个缺点，即没有给出一个选取对角线加载因子 ξ 的严格标准。

3.10.2 基于特征空间的方法

基于特征空间的方法，对于由任何原因导致的导向向量不确定都具有很好的稳健性。此方法的关键是使用期望信号导向向量在信号–干扰子空间中的投影，而不直接使用期望信号的导向向量。对采样协方差矩阵 $\hat{\boldsymbol{R}}$ 进行特征值分解，即

$$\hat{\boldsymbol{R}}=\boldsymbol{U}_{\mathrm{s}}\boldsymbol{\Sigma}_{\mathrm{s}}\boldsymbol{U}_{\mathrm{s}}^{\mathrm{H}}+\boldsymbol{U}_{\mathrm{n}}\boldsymbol{\Sigma}_{\mathrm{n}}\boldsymbol{U}_{\mathrm{n}}^{\mathrm{H}} \tag{3.100}$$

式中，矩阵 $\boldsymbol{U}_{\mathrm{s}} \in \mathbf{C}^{M\times(J+1)}$ 包含 $\hat{\boldsymbol{R}}$ 中信号-干扰子空间中的 $J+1$ 个特征向量；对角矩阵 $\boldsymbol{\Sigma}_{\mathrm{s}} \in \mathbf{C}^{(J+1)\times(J+1)}$ 的对角线元素为其对应的特征值；矩阵 $\boldsymbol{U}_{\mathrm{n}} \in \mathbf{C}^{M\times(M-J-1)}$ 包含 $\hat{\boldsymbol{R}}$ 中噪声子空间中的 $M-J-1$ 个特征向量；对角矩阵 $\boldsymbol{\Sigma}_{\mathrm{n}} \in \mathbf{C}^{(M-J-1)\times(M-J-1)}$ 的对角线元素为其对应的特征值。这里，J 是干扰信源数，其通常可由 $\hat{\boldsymbol{R}}$ 最小特征值的个数估计得出。基于特征空间自适应波束形成算法权向量为

$$\boldsymbol{\omega} = \hat{\boldsymbol{R}}^{-1}\boldsymbol{\upsilon} \tag{3.101}$$

式中，

$$\boldsymbol{\upsilon} = \boldsymbol{U}_{\mathrm{s}}\boldsymbol{U}_{\mathrm{s}}^{\mathrm{H}}\boldsymbol{a} \tag{3.102}$$

为信号-干扰子空间中的投影导向向量。将式（3.102）代入式（3.101），得到基于特征空间自适应波束形成算法权向量。

在信号-干扰子空间满足低秩条件（如点源信号的秩为 1）及干扰信源数已知的条件下，基于特征空间自适应波束形成算法对于由任意原因导致的导向向量不确定都有着极好的稳健性。但是，当信号-干扰子空间不满足低秩条件或维数不确定时，如果存在非相干散射（空间散射）的干扰信源或移动的干扰，则基于特征空间自适应波束形成算法将产生严重的性能衰落。此外，即便上述约束条件都成立，此方法也只适用于大 SNR 的环境。因为在小 SNR 条件下，信号-干扰子空间与噪声子空间之间存在的频繁交换使得子空间之间的正交性不能被维持，从而导致自适应波束形成算法产生严重的性能衰落。这就使得基于特征空间自适应波束形成算法很难在具有如下特征的实际系统中得到应用，如较小的 SNR，信号-干扰子空间维数不确定，由信源散射、信道衰落等原因导致的信号-干扰子空间具有较高的维数，以及接收信号不具有平稳特性等。

3.10.3 贝叶斯方法

Bell 等根据贝叶斯方法提出了一种自适应波束形成算法[8]，该算法能在阵列接收信号和波达方向的先验知识之间实现一种平衡。在小 SNR 条件下，自适应波束形成算法更多依赖于波达方向的先验知识，而在大 SNR 条件下，自适应波束形成算法则更多依赖于阵列接收信号的先验知识。

根据贝叶斯方法，期望信号的波达方向可以被看作一个定义在 L 个候选波达方向组成的集合 $\Theta = \{\theta_1, \theta_2, \cdots, \theta_L\}$ 上的离散随机变量，先验概率的大小表示波达方向的不确定程度。由 MMSE 准则可以得到基于贝叶斯方法的自适应波束形成算法权向量，即

$$\boldsymbol{\omega} = \sum_{i=1}^{L} p(\theta_i \mid X)\boldsymbol{\omega}(\theta_i) \tag{3.103}$$

式中，$p(\theta_i \mid X)$ 为给定 K 次快拍采样的阵列观测数据 $\boldsymbol{X}$ 时候选波达方向 θ_i 的后验概率值；$\omega(\theta_i)$ 为指向候选波达方向 θ_i 的自适应波束形成算法权向量，可由 DL-SMI 形式的 MVDR 算法权向量来表示。这样，基于贝叶斯方法的自适应波束形成算法就是各候选波达方向上自适应波束形成算法权向量的线性加权，权系数为根据阵列观测数据 $\boldsymbol{X}$ 计算得到的各候选波达方向上的后验概率值。对于期望信号波达方向的不确定，基于贝叶斯方法的自适应波束形成算法具有很好的稳健性。但是，当期望信号实际的波达方向不在候选波达方向集合 Θ 的覆盖范围内时，自适应波束形成算法所依赖的贝叶斯模型失效，自适应波束形成算法的输出性能将有一定的衰落。此外，当其他导致导向向量失配的因素占主导地位时，基于贝叶斯方法的自适应波束形成算法不再具有很好的稳健性。

3.10.4　基于最坏情况性能优化的方法

基于最坏情况性能优化的方法的设计目标是，在期望信号所有可能的导向向量都能无衰减地通过自适应波束形成器的基础上，实现干扰-噪声的输出功率最小化。这一问题可表示为

$$\begin{aligned}&\min_{\boldsymbol{\omega}} \boldsymbol{\omega}^{\mathrm{H}}\hat{\boldsymbol{R}}\boldsymbol{\omega}\\&\text{s.t.}\ \left|\boldsymbol{\omega}^{\mathrm{H}}(\boldsymbol{a}+\boldsymbol{\delta})\right|\geqslant 1\ \ \forall\|\boldsymbol{\delta}\|\leqslant\varepsilon\end{aligned} \tag{3.104}$$

式中，$\boldsymbol{a}$ 为期望信号假定的导向向量；$\boldsymbol{\delta}$ 表示期望信号导向向量的误差量；$\boldsymbol{a}+\boldsymbol{\delta}$ 为实际的导向向量；$\varepsilon>0$，表示导向向量误差量 $\boldsymbol{\delta}$ 的 2-范数的上确界。与 Capon 最小方差法只需要保证期望信号无畸变地通过自适应波束形成器不同的是，基于最坏情况性能优化的方法对于所有与假定的导向向量的距离小于某一常数的导向向量都能保证无衰减地通过自适应波束形成器，这也就等价于最坏情况下的导向向量都能无衰减地通过自适应波束形成器。将优化问题，即式（3.104）中的非线性、非凸约束条件转换成等式约束条件，采用 Lagrange 乘子法求解等价的等式约束优化问题，可以得到基于最坏情况性能优化的自适应波束形成算法权向量，即

$$\boldsymbol{\omega}=\frac{\lambda}{\lambda\boldsymbol{a}^{\mathrm{H}}(\hat{\boldsymbol{R}}+\lambda\varepsilon^2\boldsymbol{I})^{-1}\boldsymbol{a}-1}(\hat{\boldsymbol{R}}+\lambda\varepsilon^2\boldsymbol{I})^{-1}\boldsymbol{a} \tag{3.105}$$

式中，$\lambda\geqslant 0$，为 Lagrange 乘子，可通过将自适应波束形成算法权向量代入等式约束方程并采用 Newton 法等迭代方法求得。因此，从本质上讲，基于最坏情况性能优化的方法可归为一类对角线加载的技术。

相比前述几种方法，基于最坏情况性能优化的方法是建立在清晰的理论框架之上

的，因而有着更好的稳健性。然而在实际应用中，导向向量误差量$\boldsymbol{\delta}$的 2-范数的上确界ε通常是不知道的。选择过大的ε，可能会使设计的自适应波束形成算法过于保守；选择过小的ε，可能会使一些可能出现的导向向量没有被考虑进来。

3.10.5 基于概率约束的方法

在实际应用中，最坏情况出现的概率是非常小的。因此，基于最坏情况性能优化的方法是非常保守的。为了使波束形成算法的设计更为灵活，Vorobyov 等提出了一种基于概率约束的稳健自适应波束形成算法，其主要思想是仅让那些出现概率充分大的导向向量无衰减地通过自适应波束形成器，而不用保证所有可能出现的导向向量都能无衰减地通过自适应波束形成器[51]。这一问题可表示为

$$\begin{aligned}&\min_{\boldsymbol{\omega}} \boldsymbol{\omega}^{\mathrm{H}} \hat{\boldsymbol{R}} \boldsymbol{\omega}\\&\text{s.t.}\quad \Pr\left\{\left|\boldsymbol{\omega}^{\mathrm{H}}(\boldsymbol{a}+\boldsymbol{\delta})\right| \geqslant 1\right\} \geqslant p\end{aligned} \tag{3.106}$$

式中，$\Pr\{\bullet\}$表示概率算子；概率值p为由系统指定的自适应波束形成算法设计参数。

当导向向量误差分布未知时，基于概率约束的波束形成问题退化成一个基于最坏情况性能优化的波束形成问题；当导向向量误差服从零均值复高斯分布时，基于概率约束的波束形成问题可以表示为

$$\begin{aligned}&\min_{\boldsymbol{\omega}} \boldsymbol{\omega}^{\mathrm{H}} \hat{\boldsymbol{R}} \boldsymbol{\omega}\\&\text{s.t.}\quad \sqrt{2}\operatorname{erf}^{-1}(\sqrt{p})\left\|\boldsymbol{C}_{\delta}^{1/2} \boldsymbol{\omega}\right\| \leqslant \boldsymbol{\omega}^{\mathrm{H}} \boldsymbol{a}-1\end{aligned} \tag{3.107}$$

式中，$\boldsymbol{C}_{\delta}$表示导向向量误差$\boldsymbol{\delta}$的二阶统计；$\operatorname{erf}^{-1}(\bullet)$为误差函数，即

$$\operatorname{erf}(z)=\frac{2}{\sqrt{\pi}} \int_{0}^{z} \mathrm{e}^{-x^{2}} \mathrm{d} x \tag{3.108}$$

的逆函数。当$\boldsymbol{C}_{\delta}=\sigma_{\delta}^{2} \boldsymbol{I}$和$\varepsilon=\sigma_{\delta} \sqrt{2} \operatorname{erf}^{-1}(\sqrt{p})$成立时，基于概率约束的波束形成问题就等价于基于最坏情况性能优化的波束形成问题，这方便波束形成算法的设计。当导向向量误差服从零均值复高斯分布时，基于概率约束的自适应波束形成算法有着比基于最坏情况性能优化的自适应波束形成算法更好的稳健性。

3.11 本章小结

本章研究波束形成算法，介绍了自适应波束形成算法、基于 GSC 的波束形成算法、基于投影分析的波束形成算法、过载情况下的自适应波束形成算法、基于高阶累积量的

波束形成算法、基于周期平稳性的波束形成算法、基于恒模的盲波束形成算法和稳健的自适应波束形成算法等。部分研究成果详见文献[24，38-41，56]。

参 考 文 献

[1] SETAL R I. Rapid convergence rate in adaptive radar[J]. IEEE Transactions on Aerospace and Electronic Systems，1973，2：237-252.

[2] KELLY E J. Adaptive detection in nonstationary interference[R]. Technical Report 761，MIT Lincon Laboratory，1987.

[3] LORENZ R，BOYD S P. Robust minimum variance beamforming[J]. IEEE Transactions on Signal Processing，2005，53（5）：1684-1696.

[4] YU J L，YEH C C. Generalized eigenspace based beamformers[J]. IEEE Transactions on Signal Processing，1995，43（1）：2453-2461.

[5] LEE C C，LEE J H. Eigenspace based adaptive array beamforming with robust capabilities[J]. IEEE Transactions Antenas and Propagation，1997，45（12）：1711-1716.

[6] 毛志杰，范达，吴瑛. 一种改进的基于投影预变换自适应波束形成器[J]. 信息工程大学学报，2003，4（2）：58-60.

[7] FROST O L. Analgorithm for linearly constrained adaptive array processing[J]. Proceedings of the IEEE，1972，60（8）：926-935.

[8] BELL K L，EPHRAIM Y，TREES H L V. A bayesian approach to robust adaptive beamforming[J]. IEEE Transactions on Signal Processing，2000，48（2）：386-398.

[9] 廖桂生，保铮，张林让. 基于特征结构的自适应波束形成新算法[J]. 电子学报，1998，26（3）：23-26.

[10] CHANG L，YEH C C. Effect of pointing errors on the performance of the projection beamformer[J]. IEEE Transactions on Antennas and Propagation，1993，41（8）：1045-1055.

[11] 赵永波，刘茂仓，张守宏. 一种改进的基于特征空间自适应波束形成算法[J]. 电子学报，2000（6）：16.

[12] 张林让. 自适应阵列处理稳健方法研究[D]. 西安：西安电子科技大学，1998.

[13] GODARA L G. Error analysis of the optimal antenna array processors[J]. IEEE Transactions on Aerospace and Electronic Systems，1986，22（3）：395-409.

[14] JABLON N K. Adaptive beamforming with the generalized sidelobe canceller in the presence of array imperfections[J]. IEEE Transactions on Atennas and Propagation，1986，34（8）：996-1012.

[15] COX H，ZESKIND R M，OWEN M M. Robust adaptive beamforming[J]. IEEE Transactions on Acoustics，Speech，and Signal Processing，1987，35（10）：1365-1376.

[16] LI J，STOICA P，WANG Z S. On robust capon beamforming and diagonal loading[J]. IEEE Transactions on Signal Processing，2003，51：1702-1715.

[17] SUBBARAM H，ABEND K. Interference suppression via orthogonal projections：a performance analysis[J]. IEEE Transactions on Antennas and Propagation，1993，41（9）：1187-1193.

[18] GUERCI J R. Theory and application of covariance matrix tapers to robust adaptive beamforming[J]. IEEE Transactions on Signal Processing，2000，47（4）：977-985.

[19] RIBA J，GOLDBERG J，VAZQUEZ G. Robust beamforming for interference rejection in mobile communications[J]. IEEE Transactions on Signal Processing，1997.1，45：271-275.

[20] CARLSON B D. Covariance matrix estimation errors and diagonal loading in adaptive arrays[J]. IEEE Transactions on Aerospace and Electronic Systems，1988，24（1）：397-401.

[21] 陈晓初. 自适应阵对角线加载研究[J]. 电子学报，1998，26（4）：29-35.

[22] 沈凤麟，常春起. 自适应数字波束形成中波束形状的快速收敛[J]. 电子学报，1996，24（7）：32-37.

[23] 郭庆华，廖桂生. 一种稳健的自适应波束形成器[J]. 电子与信息学报，2004，26（1）：146-150.

[24] 张小飞，徐大专. 基于频域LMS的自适应波束形成算法[J]. 中国空间科学技术，2005（2）：41-46.

[25] 张林让，廖桂生，保铮. 用投影预变换提高自适应波束形成的稳健性[J]. 通信学报，1998，19（11）：12-17.

[26] ZHENG Y R，GOUBRAN R A. Adaptive beamforming using affine projection algorithms[C]//The 5th International Conference on signal Processing Proceedings，2000：1929-1932.

[27] BEHRENS R T，SCHARF L L. Signal processing applications of oblique projection operators[J]. IEEE Transactions on Signal Processing，1994，42（6）：1413-1424.

[28] YU X，TONG L. Joint channel and symbol estimation by oblique projections[J]. IEEE Transactions on Signal Processing，2001.12，49（12）：3074-3083.

[29] MCCLOUD M L，SCHARF L L. A new subspace identification algorithm for high-resolution DOA estimation[J]. IEEE Transactions on Antennas and Propagation. 2002，50（10）：1382－1390.

[30] 彭春翌，朱孝龙，张贤达. 基于斜投影的卷积信道盲信号分离[J]. 清华大学学报（自然科学版），2005，45（4）：517-520.

[31] FELDMAN D D，GRIFFITHS L J. A projection approach for robust adaptive beamforming[J]. IEEE Transactions on Signal Processing，1994，42（4）：867-876.

[32] BELL K L，EPHRAIM Y，VAN TREES H L. Robust adaptive beamforming using data dependent constraints[C]//IEEE International Conference on Acoustics，Speech，and Signal Processing，Munich，1997.

[33] HOSOUR S，TEWFIK A H. Wavelet transform domain adaptive filtering[J]. IEEE Transactions on Signal Processing，1997，45（3）：617-630.

[34] CHEN Y H，FANG H D. Frequency-domain implementation of Griffiths-Jim adaptive beamformer[J]. The Journal of the Acoustical Society of America，1992，91（6）：3354-3366.

[35] GEORGE M，JOHO M. Adaptive beamforming with partitioned frequency-domain filters[C]//Proceedings of IEEE Workshop on Applications of Signal Processing to Audio and Acoustics，1997.

[36] SIMMER K U，WASILJEFF A. Adaptive microphone arrays for noise suppression in the frequency domain[C]//The 2nd Cost 229 Workshop on Adaptive Algorithms in Communications，1992.

[37] AN J，CHAMPAGNE B. Adaptive beamforming via two-dimensional cosine transform[C]//IEEE Pacific Rim Conference on Communications，Computers and Signal Processing，1993.

[38] ZHANG X F，XU D Z. Wavelet analysis of signal through space-Time channel[C]//International Conference on Wireless Communications，Networking，and Mobile Computing，2005.

[39] 张小飞，徐大专. 一种新的频域自适应波束形成算法[J]. 兵工学报，2006，27（3）：428-431.

[40] 张小飞，徐大专. 小波域的自适应波束形成算法[J]. 航空学报，2005，26（1）：98-102.

[41] 张小飞，徐大专. 基于斜投影的波束形成算法[J]. 电子与信息学报，2008，30（3）：585-588.

[42] 王文杰，蒋伯峰，殷勤. 适用于码分多址的近似最小方差法波束形成[J]. 西安交通大学学报，2000，34（8）：36-40.

[43] DOGAN M C，MENDEL J M. Cumulant-based blind optimum beamforming[J]. IEEE Transactions on Aerospace and Electronic Systems，1994，30（3）：722-740.

[44] WU Q，WONG K M. Blind adaptive beamforming for cyclostationary signals[J]. IEEE Transactions on Signal Processing，1996，44（11）：2757-2767.

[45] TREICHLERJ R，AGEE B G. A new approach to multipath correction of constant modulus signals[J]. IEEE Transactions Acoustics，Speech，and Signal Processing，1983，31（4）：459-472.

[46] AGEE B G. The Least Squares CMA：A new technique for rapid correction of constant Modulus signals[C]//IEEE International Conference on Acoustics，Speech，and Signal Processing，1986：953-956.

[47] GOOCH R，LUNDELL J. The CM array：an adaptive beamforming for constant modulus signals[C]//IEEE International Conference on Acoustics，Speech，and Signal Processing，1986：2523-2526.

[48] MATHUR A，KEERTHI V，SHYNK J J. A variable step-size CM array algorithm for fast-fading channels[J]. IEEE Transactions on Signal Processing，1997，45（4）：1083-1087.

[49] 张贤达，保铮. 通信信号处理[M]. 北京：国防工业出版社，2000.

[50] 王永良，陈辉，彭应宁，等. 空间谱估计理论与算法[M]. 北京：清华大学出版社，2004.

[51] VOROBYOV S，RONG Y，GERSHMAN A B. Robust adaptive beamforming using probability-constrained optimization[C]//IEEE Workshop on Statistical Signal Processing，2005：934-939.

[52] VOROBYOV S，GERSHMAN A B，LEO Z Q. Robust adaptive beaxnforming using worst-case performance optimization：A solution to the signal mismatch problem[J]. IEEE Transactions on Signal Processing，2003，51（2）：313-324.

[53] CHANG L，YEH C C. Performance of DMI and eigenspace-based beam-formers[J]. IEEE Transactions on Antennas and Propagation，1992，40（11）：1336-1347.

[54] GERSHMAN A B，NICKEL U，BOHME J F. Adaptive beamforming algorithms with robustness against jammer motion[J]. IEEE Transactions on Signal Processing，1997，45（7）：1878-1885.

[55] GERSHMAN A B，SEREBRYAKOV G V，BOHME J F. Constrained Hung-Turner adaptive beamforming algorithm with additional robustness to wide-band and moving jammers[J]. IEEE Transactions on Antennas and Propagation，1996.3，44（3）：361-367.

[56] 张小飞，汪飞，徐大专. 阵列信号处理的理论和应用[M]. 北京：国防工业出版社，2010.

第4章 DOA估计

本章主要研究DOA估计问题，介绍经典的Capon算法、MUSIC算法、最大似然法、WSF算法、ESPRIT算法、四阶累积量方法、传播算子、广义ESPRIT算法、压缩感知方法、DFT类方法和相干信源DOA估计算法等，并对其中部分算法给出了性能分析。

4.1 引言

阵列信号处理的另一个基本问题是空间信号DOA估计问题，解决该问题也是雷达、声呐等许多领域的重要任务之一[1-52]。利用阵列天线进行DOA估计的方法主要有ARMA谱分析、最大似然法、熵谱分析法和特征值分解法等。其中基于特征值分解的子空间算法主要有以下几种。

1979年，Schmidt提出了MUSIC算法[8]，这是DOA估计理论发展史上一次质的飞跃。其核心原理为以信号子空间与噪声子空间的正交性为基础，划分空间来进行参数估计。之后Rao等又提出了一维Root-MUSIC算法[9]，减小了MUSIC算法的计算量。针对MUSIC算法的一些不足，后来又出现了改进的MUSIC算法[10]、子空间迭代的快速算法及一些去相关的空间平滑算法等。

1986年，Roy等提出了ESPRIT算法[11]，此算法建立在子空间旋转不变技术的基础上，不需要全空间搜索，减小了运算量。另外又有一些快速算法为实时实现超分辨方位估计开辟了前景。为了能够实现对二维方向的估计，Mathews等经过改进原算法又提出了二维ESPRIT算法[12]。这些算法为以后DOA估计的实际应用铺平了道路。

1991年，Viberg等提出了加权子空间拟合（Weight Subspace Fitting，WSF）算法[13]，将各种不同的方位估计方法用统一的算法结构联系起来，使其协方差矩阵的估计误差达到最小。这种算法本身能解相干源，精度高，分辨能力强，引起了人们的普遍关注。但是，WSF算法的计算量很大，尤其是对所设参数有较高要求，少量的误差就会导致算法的失败。

最初的超分辨算法都是基于窄带信号的假设提出的，而在雷达处理系统中，阵列接收到的信号往往是宽带的。对宽带信号，DOA 估计方法包括非相干信号子空间方法[14] 和相干信号子空间方法等。

4.2 Capon 算法和性能分析

本节介绍 Capon 算法及其改进算法，并对其性能进行分析[49]。

4.2.1 数据模型

考虑一个由 M 个传感器构成的阵列被 K 个窄带信号激励，那么 $M\times1$ 维传感器阵列输出向量 $\boldsymbol{x}(t)$ 可以表示为

$$\boldsymbol{x}(t)=\boldsymbol{A}\boldsymbol{s}(t)+\boldsymbol{n}(t) \tag{4.1}$$

式中，$\boldsymbol{s}(t)$ 为在一定基准点测量的 $K\times1$ 维源信号向量；$\boldsymbol{n}(t)$ 为加性噪声；

$$\boldsymbol{A}=[\boldsymbol{a}(\theta_1),\boldsymbol{a}(\theta_2),\cdots,\boldsymbol{a}(\theta_K)]\in\mathbf{C}^{M\times K} \tag{4.2}$$

在式（4.2）中，θ_k 为第 k 个信源的 DOA 估计值，$\boldsymbol{a}(\theta_k)$ 为方向向量。假设 $M>K$，并且矩阵 $\boldsymbol{A}$ 拥有满秩 K，另外假设 $\boldsymbol{s}(t)$ 和 $\boldsymbol{n}(t)$ 为独立零均值高斯随机分布，并且满足：

$$\begin{aligned}
&E[\boldsymbol{s}(t)\boldsymbol{s}^{\mathrm{H}}(s)]=\boldsymbol{R}_s\delta_{t,s}\\
&E[\boldsymbol{s}(t)\boldsymbol{s}^{\mathrm{T}}(s)]=\boldsymbol{O}\\
&E[\boldsymbol{n}(t)\boldsymbol{n}^{\mathrm{H}}(s)]=\sigma^2\boldsymbol{I}\delta_{t,s}\\
&E[\boldsymbol{n}(t)\boldsymbol{n}^{\mathrm{T}}(s)]=\boldsymbol{O}
\end{aligned} \tag{4.3}$$

式中，$\delta_{t,s}$ 表示冲激函数（当 $t=s$ 时，其值为 1；当 $t\neq s$ 时，其值为 0）。

4.2.2 Capon 算法

Capon 算法的 DOA 估计值 $\{\hat{\theta}_k\}$ 由以下函数取极小值时的 θ 决定：

$$f(\theta)=\boldsymbol{a}^{\mathrm{H}}(\theta)\hat{\boldsymbol{R}}^{-1}\boldsymbol{a}(\theta) \tag{4.4}$$

式中，θ 表示 DOA 变量；$\hat{\boldsymbol{R}}$ 为样本的协方差矩阵，即

$$\hat{\boldsymbol{R}}=\frac{1}{L}\sum_{t=1}^{L}\boldsymbol{x}(t)\boldsymbol{x}^{\mathrm{H}}(t) \tag{4.5}$$

式中，L 为样本数。

算法 4.1：Capon 算法。

步骤 1：利用接收信号计算接收信号协方差矩阵。

步骤 2：对$1/[\boldsymbol{a}^{\mathrm{H}}(\theta)\hat{\boldsymbol{R}}^{-1}\boldsymbol{a}(\theta)]$进行谱峰搜索。

步骤 3：找到峰值，即得到 DOA 估计值。

这里需要注意的是，在式（4.3）的假设下，阵列输出的理论协方差矩阵可以表示为

$$\boldsymbol{R} \triangleq E[\boldsymbol{x}(t)\boldsymbol{x}^{\mathrm{H}}(t)] = \boldsymbol{A}\boldsymbol{R}_{\mathrm{s}}\boldsymbol{A}^{\mathrm{H}} + \sigma^2\boldsymbol{I} \tag{4.6}$$

Capon 算法和线性预测（Linear Prediction，LP）算法有一定的联系。假设$\hat{\boldsymbol{\beta}}_m$表示以第 m 个传感器作为基准点，应用 LP 算法从传感器阵列中获得的向量数据（$\hat{\beta}_{m,m}=1$），并且令$\hat{d}_m$表示模型样本的剩余方差，那么式（4.4）也可以表示为

$$f(\theta) = \sum_{m=1}^{M}\frac{\left|\hat{\boldsymbol{\beta}}_m^{\mathrm{H}}\boldsymbol{a}(\theta)\right|^2}{\hat{d}_m} \tag{4.7}$$

4.2.3 改进的 Capon 算法

假设$\hat{\boldsymbol{\alpha}}_m$表示以第 m 个传感器作为基准点，应用 LP 算法从传感器阵列中获得的向量数据（因此$\hat{a}_{m,m}=1$），并且令$\hat{\gamma}_m$表示模型样本的剩余方差，那么和第 m 个 LP 模型相关的代价函数也可以表示为

$$f_m(\theta) = \frac{\left|\hat{\boldsymbol{\alpha}}_m^{\mathrm{H}}\boldsymbol{a}(\theta)\right|^2}{\hat{\gamma}_m},\ m=1,2,\cdots,M \tag{4.8}$$

总的代价函数可以定义为

$$g(\theta) = \sum_{m=1}^{M} f_m(\theta) \tag{4.9}$$

通过对式（4.9）求最小值，就能得到 DOA 估计值。由于式（4.9）并没有涉及低阶 LP 模型，因此这样得出的估计结果比 Capon 算法拥有更高的分辨率。

为了更好地了解式（4.5）和 Capon 算法的关系，注意到$\hat{\boldsymbol{\alpha}}_m$和$\hat{\gamma}_m$满足：

$$\hat{\boldsymbol{R}}\hat{\boldsymbol{\alpha}}_m = \hat{\gamma}_m\boldsymbol{\varepsilon}_m,\ m=1,2,\cdots,M \tag{4.10}$$

式中，$\boldsymbol{\varepsilon}_m=[0,\cdots,0,1,0,\cdots,0]^{\mathrm{T}}$，1 出现在第 m 个位置上。由此可得

$$\begin{aligned} g(\theta) &= \sum_{m=1}^{M}\frac{\boldsymbol{a}^{\mathrm{H}}(\theta)\hat{\boldsymbol{\alpha}}_m\hat{\boldsymbol{\alpha}}_m^{\mathrm{H}}\boldsymbol{a}(\theta)}{\hat{\gamma}_m} = \sum_{m=1}^{M}\boldsymbol{a}^{\mathrm{H}}(\theta)\hat{\boldsymbol{R}}^{-1}\hat{\gamma}_m\boldsymbol{\varepsilon}_m\boldsymbol{\varepsilon}_m^{\mathrm{H}}\hat{\boldsymbol{R}}^{-1}\boldsymbol{a}(\theta) \\ &= \boldsymbol{a}^{\mathrm{H}}(\theta)\hat{\boldsymbol{R}}^{-1}\hat{\boldsymbol{W}}\hat{\boldsymbol{R}}^{-1}\boldsymbol{a}(\theta) \end{aligned} \tag{4.11}$$

式中，

$$\hat{\boldsymbol{W}} = \sum_{m=1}^{M} \hat{\gamma}_m \boldsymbol{\varepsilon}_m \boldsymbol{\varepsilon}_m^{\mathrm{T}} = \operatorname{diag}(\hat{\gamma}_1, \hat{\gamma}_2, \cdots, \hat{\gamma}_M) \tag{4.12}$$

为加权（正定）矩阵。因此，式（4.11）可以理解成一个加权类 Capon 代价函数，加权矩阵由式（4.12）给出。由对角线加权矩阵$\hat{\boldsymbol{W}} = \operatorname{diag}(\hat{\boldsymbol{W}}_{kk})$可以很容易地得出式（4.9）形式的加权代价函数，表示为

$$g(\theta) = \sum_{m=1}^{M} \frac{\hat{\boldsymbol{W}}_{mm}}{\hat{\gamma}_m} f_m(\theta) \tag{4.13}$$

若$\hat{\boldsymbol{W}} = \boldsymbol{I}$，则式（4.11）可看成修正 Capon 代价函数，即

$$g(\theta) = \boldsymbol{a}^{\mathrm{H}}(\theta) \hat{\boldsymbol{R}}^{-2} \boldsymbol{a}(\theta) \tag{4.14}$$

也可以表示为

$$g(\theta) = \sum_{m=1}^{M} \frac{f_m(\theta)}{\hat{\gamma}_m} \tag{4.15}$$

如果允许式（4.11）中的加权矩阵$\hat{\boldsymbol{W}}$变化，就形成了不同的 DOA 估计方法。在理论分析中，假设加权矩阵固定，即$\hat{\boldsymbol{W}} = \boldsymbol{W}$，则有

$$g(\theta) = \boldsymbol{a}^{\mathrm{H}}(\theta) \hat{\boldsymbol{R}}^{-1} \boldsymbol{W} \hat{\boldsymbol{R}}^{-1} \boldsymbol{a}(\theta) \tag{4.16}$$

通过改变式（4.16）中的$\boldsymbol{W}$，能得到一类估计结果，其中包含特殊情况 LP 算法和改进的 Capon 算法。

4.2.4 Capon 算法的 MSE 分析

假设$\{\bar{\theta}_k\}_{k=1}^{K}$表示渐近 Capon 代价函数的极小值，有

$$f(\theta) = \boldsymbol{a}^{\mathrm{H}}(\theta) \hat{\boldsymbol{R}}^{-1} \boldsymbol{a}(\theta) \tag{4.17}$$

在N取较大值的情况下，Capon 算法的估计值$\{\hat{\theta}_k\}$将围绕$\{\bar{\theta}_k\}$变化，本节将讨论这一差值。

在N足够大的情况下，MSE 可以定义为

$$\operatorname{MSE}(\hat{\theta}_k) = \operatorname{var}(\hat{\theta}_k) + (\bar{\theta}_k - \theta_k)^2 \tag{4.18}$$

因为$\hat{\theta}_k$是$f(\theta)$的极小值，所以对于足够大的N，满足：

$$0 = f'(\hat{\theta}_k) \approx f'(\bar{\theta}_k) + f''(\bar{\theta}_k)(\hat{\theta}_k - \bar{\theta}_k) \approx f'(\bar{\theta}_k) + 2h(\bar{\theta}_k)(\hat{\theta}_k - \bar{\theta}_k) \tag{4.19}$$

$$
\begin{aligned}
f'(\theta) &= 2\operatorname{Re}\{\boldsymbol{d}^{\mathrm{H}}(\theta)\hat{\boldsymbol{R}}^{-1}\boldsymbol{a}(\theta)\} \\
\boldsymbol{d}(\theta) &= \frac{\partial \boldsymbol{a}(\theta)}{\partial \theta} \\
h(\theta) &= \operatorname{Re}\{\boldsymbol{d}^{\mathrm{H}}(\theta)\hat{\boldsymbol{R}}^{-1}\boldsymbol{d}(\theta) + \boldsymbol{a}^{\mathrm{H}}(\theta)\hat{\boldsymbol{R}}^{-1}\boldsymbol{d}'(\theta)\} \\
\boldsymbol{d}'(\theta) &= \frac{\partial \boldsymbol{d}(\theta)}{\partial \theta}
\end{aligned} \tag{4.20}
$$

符号$\approx$表示约等，约等当且仅当$N \gg 1$时成立。

由式（4.20）可得

$$
\operatorname{var}(\hat{\theta}_k) \triangleq E(\hat{\theta}_k - \overline{\theta}_k)^2 = \frac{\varDelta}{h^2(\overline{\theta}_k)} \tag{4.21}
$$

式中，

$$
\varDelta = E(\operatorname{Re}\{\boldsymbol{d}^{\mathrm{H}}(\overline{\theta}_k)\hat{\boldsymbol{R}}^{-1}\boldsymbol{a}(\overline{\theta}_k)\})^2 \tag{4.22}
$$

注意到

$$
\hat{\boldsymbol{R}}^{-1} - \boldsymbol{R}^{-1} = \hat{\boldsymbol{R}}^{-1}(\boldsymbol{R} - \hat{\boldsymbol{R}})\boldsymbol{R}^{-1} \approx -\boldsymbol{R}^{-1}(\hat{\boldsymbol{R}} - \boldsymbol{R})\boldsymbol{R}^{-1} \tag{4.23}
$$

同时有

$$
\operatorname{Re}\{\boldsymbol{d}^{\mathrm{H}}(\overline{\theta}_k)\hat{\boldsymbol{R}}^{-1}\boldsymbol{a}(\overline{\theta}_k)\} = 0 \tag{4.24}
$$

又因为$\overline{\theta}_k$是式（4.18）的极小值，故当$N \gg 1$时可得

$$
\begin{aligned}
\varDelta &= E(\operatorname{Re}\{\boldsymbol{d}^{\mathrm{H}}(\overline{\theta}_k)\hat{\boldsymbol{R}}^{-1}(\hat{\boldsymbol{R}} - \boldsymbol{R})\boldsymbol{R}^{-1}\boldsymbol{a}(\overline{\theta}_k)\})^2 \\
&= E(\operatorname{Re}\{\boldsymbol{d}^{\mathrm{H}}(\overline{\theta}_k)\boldsymbol{R}^{-1}\hat{\boldsymbol{R}}\boldsymbol{R}^{-1}\boldsymbol{a}(\overline{\theta}_k)\})^2
\end{aligned} \tag{4.25}
$$

定义

$$
\boldsymbol{u}^{\mathrm{H}} = \boldsymbol{d}^{\mathrm{H}}(\overline{\theta}_k)\boldsymbol{R}^{-1} \tag{4.26}
$$

$$
\boldsymbol{v} = \boldsymbol{R}^{-1}\boldsymbol{a}(\overline{\theta}_k) \tag{4.27}
$$

同时对于任意复数标量x有

$$
(\operatorname{Re}\{x\})^2 = \frac{1}{2}\operatorname{Re}\{|x|^2 + x^2\} \tag{4.28}
$$

要估算出$\varDelta$，需要先估算出$E\left|\boldsymbol{u}^{\mathrm{H}}\hat{\boldsymbol{R}}\boldsymbol{v}\right|^2$和$E(\boldsymbol{u}^{\mathrm{H}}\hat{\boldsymbol{R}}\boldsymbol{v})^2$。直接套用公式求高斯随机变量期望，可得

$$
\begin{aligned}
E\left|\boldsymbol{u}^{\mathrm{H}}\hat{\boldsymbol{R}}\boldsymbol{v}\right|^2 &= \frac{1}{N^2}\sum_{t=1}^{N}\sum_{s=1}^{N}E[\boldsymbol{u}^{\mathrm{H}}\boldsymbol{y}(t)\boldsymbol{y}^{\mathrm{H}}(t)\boldsymbol{v}\boldsymbol{v}^{\mathrm{H}}\boldsymbol{y}(s)\boldsymbol{y}^{\mathrm{H}}(s)\boldsymbol{u}] \\
&= \frac{1}{N^2}\sum_{t=1}^{N}\sum_{s=1}^{N}E\left[\left|\boldsymbol{u}^{\mathrm{H}}\boldsymbol{R}\boldsymbol{v}\right|^2 + (\boldsymbol{u}^{\mathrm{H}}\boldsymbol{R}\boldsymbol{u})(\boldsymbol{v}^{\mathrm{H}}\boldsymbol{R}\boldsymbol{v})\delta_{t,s}\right] \\
&= \left|\boldsymbol{u}^{\mathrm{H}}\boldsymbol{R}\boldsymbol{v}\right|^2 + \frac{1}{N}(\boldsymbol{u}^{\mathrm{H}}\boldsymbol{R}\boldsymbol{u})(\boldsymbol{v}^{\mathrm{H}}\boldsymbol{R}\boldsymbol{v})
\end{aligned} \tag{4.29}
$$

$$
\begin{aligned}
E(\boldsymbol{u}^{\mathrm{H}}\hat{\boldsymbol{R}}\boldsymbol{v})^2 &= \frac{1}{N^2}\sum_{t=1}^{N}\sum_{s=1}^{N}E[\boldsymbol{u}^{\mathrm{H}}\boldsymbol{y}(t)\boldsymbol{y}^{\mathrm{H}}(t)\boldsymbol{v}\boldsymbol{u}^{\mathrm{H}}\boldsymbol{y}(s)\boldsymbol{y}^{\mathrm{H}}(s)\boldsymbol{v}] \\
&= \frac{1}{N^2}\sum_{t=1}^{N}\sum_{s=1}^{N}E[(\boldsymbol{u}^{\mathrm{H}}\boldsymbol{R}\boldsymbol{v})^2 + (\boldsymbol{u}^{\mathrm{H}}\boldsymbol{R}\boldsymbol{v})^2\delta_{t,s}] \\
&= (\boldsymbol{u}^{\mathrm{H}}\boldsymbol{R}\boldsymbol{v})^2 + \frac{1}{N}(\boldsymbol{u}^{\mathrm{H}}\boldsymbol{R}\boldsymbol{v})^2
\end{aligned} \tag{4.30}
$$

由此可得

$$
\begin{aligned}
\varDelta &= \frac{1}{2}\mathrm{Re}\left\{\left|\boldsymbol{u}^{\mathrm{H}}\boldsymbol{R}\boldsymbol{v}\right|^2 + (\boldsymbol{u}^{\mathrm{H}}\boldsymbol{R}\boldsymbol{v})^2 + \frac{1}{N}[(\boldsymbol{u}^{\mathrm{H}}\boldsymbol{R}\boldsymbol{u})(\boldsymbol{v}^{\mathrm{H}}\boldsymbol{R}\boldsymbol{v}) + (\boldsymbol{u}^{\mathrm{H}}\boldsymbol{R}\boldsymbol{v})^2]\right\} \\
&= (\mathrm{Re}\{\boldsymbol{u}^{\mathrm{H}}\boldsymbol{R}\boldsymbol{v}\})^2 + \frac{1}{2N}(\boldsymbol{u}^{\mathrm{H}}\boldsymbol{R}\boldsymbol{u})(\boldsymbol{v}^{\mathrm{H}}\boldsymbol{R}\boldsymbol{v}) + \frac{1}{2N}\mathrm{Re}\{(\boldsymbol{u}^{\mathrm{H}}\boldsymbol{R}\boldsymbol{v})^2\}
\end{aligned} \tag{4.31}
$$

$$
\mathrm{Re}\{\boldsymbol{u}^{\mathrm{H}}\boldsymbol{R}\boldsymbol{v}\} = 0 \tag{4.32}
$$

式中，$\mathrm{Re}\{(\boldsymbol{u}^{\mathrm{H}}\boldsymbol{R}\boldsymbol{v})^2\} = -\left|\boldsymbol{u}^{\mathrm{H}}\boldsymbol{R}\boldsymbol{v}\right|^2$。

因此，式（4.31）可以简化为

$$
\varDelta = \frac{1}{2N}\left[(\boldsymbol{u}^{\mathrm{H}}\boldsymbol{R}\boldsymbol{u})(\boldsymbol{v}^{\mathrm{H}}\boldsymbol{R}\boldsymbol{v}) - \left|\boldsymbol{u}^{\mathrm{H}}\boldsymbol{R}\boldsymbol{v}\right|^2\right] \tag{4.33}
$$

进而可以得到以下渐近 MSE 公式：

$$
\mathrm{var}(\hat{\theta}_k) = \frac{[\boldsymbol{d}^{\mathrm{H}}(\bar{\theta}_k)\boldsymbol{R}^{-1}\boldsymbol{d}(\bar{\theta}_k)][\boldsymbol{a}^{\mathrm{H}}(\bar{\theta}_k)\boldsymbol{R}^{-1}\boldsymbol{a}(\bar{\theta}_k)] - \left|\boldsymbol{d}^{\mathrm{H}}(\bar{\theta}_k)\boldsymbol{R}^{-1}\boldsymbol{a}(\bar{\theta}_k)\right|^2}{2Nh^2(\bar{\theta}_k)} \tag{4.34}
$$

可以发现，向量 $\boldsymbol{R}^{-\frac{1}{2}}\boldsymbol{a}(\bar{\theta}_k)$ 和 $\boldsymbol{R}^{-\frac{1}{2}}\boldsymbol{d}(\bar{\theta}_k)$ 夹角的余弦值越大，式（4.34）的分子就越小。

综上，Capon 算法 DOA 估计的渐近 MSE 可以通过以下步骤得到。

（1）计算 $\boldsymbol{R}$。

（2）通过对式（4.17）求最小值得到 $\{\bar{\theta}_k\}$。

（3）应用式（4.34）得到 $\mathrm{var}(\hat{\theta}_k)$。

（4）由式（4.18）计算 $\mathrm{MSE}(\hat{\theta}_k)$。

改进的 Capon 算法的 MSE 分析详见文献[49]。

4.3 MUSIC 算法及其修正算法

在众多性能优良的高分辨 DOA 估计算法中，MUSIC 算法[8] 最为经典，它在空域内进行谱峰搜索求出信源 DOA。与最大似然法[16]、WSF 算法 [13] 等多维搜索算法相比，MUSIC 算法的计算量要小很多。在 MUSIC 算法基础上，发展出了 WMUSIC 算法[10]和改进 MUSIC 算法[18-20]等。

4.3.1 MUSIC 算法

在基于天线阵列协方差矩阵的特征值分解类 DOA 估计算法中，MUSIC 算法具有普遍的适用性，只要已知天线阵列的布阵形式，无论是直线阵还是圆阵，不管阵元是否等间隔分布，都可以得到高分辨的估计结果。阵列协方差矩阵 $\boldsymbol{R}$ 可以划分为两个空间，即 $\boldsymbol{R}=\boldsymbol{U}_{\mathrm{s}}\boldsymbol{\Sigma}_{\mathrm{s}}\boldsymbol{U}_{\mathrm{s}}^{\mathrm{H}}+\boldsymbol{U}_{\mathrm{n}}\boldsymbol{\Sigma}_{\mathrm{n}}\boldsymbol{U}_{\mathrm{n}}^{\mathrm{H}}$。由此可得

$$\begin{aligned}\boldsymbol{R}\boldsymbol{U}_{\mathrm{n}}&=[\boldsymbol{A}(\theta)\boldsymbol{R}_{\mathrm{s}}\boldsymbol{A}^{\mathrm{H}}(\theta)+\sigma^2]\boldsymbol{U}_{\mathrm{n}}\\&=\boldsymbol{A}(\theta)\boldsymbol{R}_{\mathrm{s}}\boldsymbol{A}^{\mathrm{H}}(\theta)\boldsymbol{U}_{\mathrm{n}}+\sigma^2\boldsymbol{U}_{\mathrm{n}}\\&=(\boldsymbol{U}_{\mathrm{s}}\boldsymbol{\Sigma}_{\mathrm{s}}\boldsymbol{U}_{\mathrm{s}}^{\mathrm{H}}+\boldsymbol{U}_{\mathrm{n}}\boldsymbol{\Sigma}_{\mathrm{n}}\boldsymbol{U}_{\mathrm{n}}^{\mathrm{H}})\boldsymbol{U}_{\mathrm{n}}\\&=\boldsymbol{U}_{\mathrm{n}}\boldsymbol{\Sigma}_{\mathrm{n}}\boldsymbol{U}_{\mathrm{n}}^{\mathrm{H}}\boldsymbol{U}_{\mathrm{n}}\\&=\sigma^2\boldsymbol{U}_{\mathrm{n}}\end{aligned}\tag{4.35}$$

根据式（4.35），可得

$$\boldsymbol{A}(\theta)\boldsymbol{R}_{\mathrm{s}}\boldsymbol{A}^{\mathrm{H}}(\theta)\boldsymbol{U}_{\mathrm{n}}=\boldsymbol{O}\tag{4.36}$$

矩阵 $\boldsymbol{R}_{\mathrm{s}}$ 为满秩矩阵，非奇异，所以其逆矩阵存在。于是式（4.36）可变为 $\boldsymbol{A}^{\mathrm{H}}(\theta)\boldsymbol{U}_{\mathrm{n}}=\boldsymbol{O}$，这说明矩阵 $\boldsymbol{A}(\theta)$ 中的各个列向量与噪声子空间正交，故有

$$\boldsymbol{U}_{\mathrm{n}}^{\mathrm{H}}\boldsymbol{a}(\theta_i)=\boldsymbol{O}\,,\quad i=1,2,\cdots,K\tag{4.37}$$

由噪声特征向量和信号方向向量的正交关系，可得到阵列的空间谱函数，即

$$P_{\mathrm{MUSIC}}(\theta)=\frac{1}{\boldsymbol{a}^{\mathrm{H}}(\theta)\boldsymbol{U}_{\mathrm{n}}\boldsymbol{U}_{\mathrm{n}}^{\mathrm{H}}\boldsymbol{a}(\theta)}\tag{4.38a}$$

若使 θ 变化，通过寻找波峰来估计到达角，则式（4.38a）还可以表示为

$$\theta_i=\arg_\theta\min\boldsymbol{a}^{\mathrm{H}}(\theta)\boldsymbol{U}_{\mathrm{n}}\boldsymbol{U}_{\mathrm{n}}^{\mathrm{H}}\boldsymbol{a}(\theta)=\arg_\theta\min\mathrm{tr}\{\boldsymbol{P}_a\boldsymbol{U}_{\mathrm{n}}\boldsymbol{U}_{\mathrm{n}}^{\mathrm{H}}\}\tag{4.38b}$$

式中，$\boldsymbol{P}_a=\boldsymbol{a}(\theta)\left[\boldsymbol{a}^{\mathrm{H}}(\theta)\boldsymbol{a}(\theta)\right]^{-1}\boldsymbol{a}^{\mathrm{H}}(\theta)$，为 $\boldsymbol{a}(\theta)$ 的投影矩阵。根据以上的讨论，将 MUSIC 算法的步骤归纳如下。

算法 4.2：基本 MUSIC 算法。

步骤 1：根据接收信号得到协方差矩阵的估计值，即

$$\hat{\boldsymbol{R}}=\frac{1}{L}\sum_{n=1}^{L}\boldsymbol{x}(n)\boldsymbol{x}^{\mathrm{H}}(n) \tag{4.39}$$

步骤 2：对由式（4.39）得到的协方差矩阵的估计值进行特征值分解 $\hat{\boldsymbol{R}}=\boldsymbol{U}\boldsymbol{\Sigma}\boldsymbol{U}^{\mathrm{H}}$。

步骤 3：按特征值的大小顺序，把 K 个较大特征值对应的特征向量看作信号子空间，把剩下的 $M-K$ 个较小特征值对应的特征向量看作噪声子空间，则有 $\boldsymbol{R}=\boldsymbol{U}_{\mathrm{s}}\boldsymbol{\Sigma}_{\mathrm{s}}\boldsymbol{U}_{\mathrm{s}}^{\mathrm{H}}+\boldsymbol{U}_{\mathrm{n}}\boldsymbol{\Sigma}_{\mathrm{n}}\boldsymbol{U}_{\mathrm{n}}^{\mathrm{H}}$。

步骤 4：使 θ 变化，按照 $P_{\mathrm{MUSIC}}(\theta)=1/\left[\boldsymbol{a}^{\mathrm{H}}(\theta)\boldsymbol{U}_{\mathrm{n}}\boldsymbol{U}_{\mathrm{n}}{}^{\mathrm{H}}\boldsymbol{a}(\theta)\right]$ 来计算空间谱函数，通过寻求峰值来得到 DOA 估计值。

4.3.2 MUSIC 算法的推广形式

本节进一步讨论 MUSIC 算法的推广形式。只要对式（4.38）进行如下修改，就可得到 MUSIC 算法的推广形式——加权 MUSIC（WMUSIC）算法[26]，即

$$\theta_i=\arg_{\theta}\min\boldsymbol{a}^{\mathrm{H}}(\theta)\boldsymbol{U}_{\mathrm{n}}\boldsymbol{U}_{\mathrm{n}}^{\mathrm{H}}\boldsymbol{W}\boldsymbol{U}_{\mathrm{n}}\boldsymbol{U}_{\mathrm{n}}^{\mathrm{H}}\boldsymbol{a}(\theta) \tag{4.40a}$$

$$\theta_i=\arg_{\theta}\min\operatorname{tr}\{\boldsymbol{P}_{a}\boldsymbol{U}_{\mathrm{n}}\boldsymbol{U}_{\mathrm{n}}^{\mathrm{H}}\boldsymbol{W}\boldsymbol{U}_{\mathrm{n}}\boldsymbol{U}_{\mathrm{n}}^{\mathrm{H}}\} \tag{4.40b}$$

很显然，当式（4.40）中的加权矩阵 $\boldsymbol{W}=\boldsymbol{I}$ 时，根据 $\boldsymbol{U}_{\mathrm{n}}\boldsymbol{U}_{\mathrm{n}}^{\mathrm{H}}\boldsymbol{U}_{\mathrm{n}}\boldsymbol{U}_{\mathrm{n}}^{\mathrm{H}}=\boldsymbol{U}_{\mathrm{n}}\boldsymbol{U}_{\mathrm{n}}^{\mathrm{H}}$ 可知，式（4.40a）为普通的 MUSIC 算法。需要指出的是，当加权矩阵满足：

$$\boldsymbol{W}=\boldsymbol{e}_1\boldsymbol{e}_1^{\mathrm{T}},\quad \boldsymbol{e}_1=[1,0,\cdots,0]^{\mathrm{T}} \tag{4.41}$$

时，式（4.40a）可以简化为

$$\begin{aligned}\theta_i&=\arg_{\theta}\min\boldsymbol{a}^{\mathrm{H}}(\theta)\boldsymbol{U}_{\mathrm{n}}\boldsymbol{U}_{\mathrm{n}}^{\mathrm{H}}\boldsymbol{e}_1\boldsymbol{e}_1^{\mathrm{T}}\boldsymbol{U}_{\mathrm{n}}\boldsymbol{U}_{\mathrm{n}}^{\mathrm{H}}\boldsymbol{a}(\theta)\\&=\arg_{\theta}\min\boldsymbol{a}^{\mathrm{H}}(\theta)[\boldsymbol{c}\boldsymbol{c}^{\mathrm{H}}\boldsymbol{c}\boldsymbol{E}_{\mathrm{n}}^{\mathrm{H}}]^{\mathrm{H}}[\boldsymbol{c}\boldsymbol{c}^{\mathrm{H}}\boldsymbol{c}\boldsymbol{E}_{\mathrm{n}}^{\mathrm{H}}]\boldsymbol{a}(\theta)\\&=\arg_{\theta}\min\boldsymbol{a}^{\mathrm{H}}(\theta)\boldsymbol{d}'\boldsymbol{d}'^{\mathrm{H}}\boldsymbol{a}(\theta)\end{aligned} \tag{4.42}$$

式中，$\boldsymbol{c}$ 是指噪声子空间 $\boldsymbol{U}_{\mathrm{n}}$ 的第一行；$\boldsymbol{E}_{\mathrm{n}}$ 是指噪声子空间 $\boldsymbol{U}_{\mathrm{n}}$ 除 $\boldsymbol{c}$ 外的其余 M−1 行。如果对式（4.42）中的 $\boldsymbol{d}'$ 用常数 $\boldsymbol{c}\boldsymbol{c}^{\mathrm{H}}$ 进行归一化得到向量 $\boldsymbol{d}$，则有

$$\boldsymbol{d}=\begin{bmatrix}1\\\boldsymbol{E}_{\mathrm{n}}\boldsymbol{c}^{\mathrm{H}}/\boldsymbol{c}\boldsymbol{c}^{\mathrm{H}}\end{bmatrix} \tag{4.43}$$

用 $\boldsymbol{d}$ 替代式（4.42）中的 $\boldsymbol{d}'$ 即可得到最小范数方法（Minimum Norm Method，MNM）算法[28]，即

$$P_{\mathrm{MNM}} = \frac{1}{\boldsymbol{a}^{\mathrm{H}}(\theta)\boldsymbol{d}\boldsymbol{d}^{\mathrm{H}}\boldsymbol{a}(\theta)} \tag{4.44}$$

式（4.44）说明，MUSIC 算法与 MNM 算法都是 WMUSIC 算法的一种特殊形式。

上面推导了 MNM 算法与 MUSIC 算法之间的关系，同样可以推导出 MUSIC 算法与最小方差法（Minimum Variance Method，MVM）及最大熵法（Maximum Entropy Method，MEM）之间的关系。

当$\boldsymbol{W}^{1/2} = (\boldsymbol{U}_{\mathrm{n}}\boldsymbol{U}_{\mathrm{n}}^{\mathrm{H}})^{-1}\boldsymbol{R}^{-1}\boldsymbol{u}_0$时，式（4.40a）变为

$$\theta_i = \arg_\theta \min \boldsymbol{a}^{\mathrm{H}}(\theta)\boldsymbol{R}^{-1}\boldsymbol{u}_0(\boldsymbol{R}^{-1}\boldsymbol{u}_0)^{\mathrm{H}}\boldsymbol{a}(\theta) \tag{4.45}$$

显然式（4.45）就是 MEM 算法[30]。

当$\boldsymbol{U}_{\mathrm{n}}\boldsymbol{U}_{\mathrm{n}}^{\mathrm{H}}\boldsymbol{W}\boldsymbol{U}_{\mathrm{n}}\boldsymbol{U}_{\mathrm{n}}^{\mathrm{H}} = \boldsymbol{R}^{-1}$时，式（4.40a）可简化为

$$\theta_i = \arg_\theta \min \boldsymbol{a}^{\mathrm{H}}(\theta)\boldsymbol{R}^{-1}\boldsymbol{a}(\theta) \tag{4.46}$$

显然式（4.46）就是 MVM 算法[31]。

由上述分析可知，MUSIC 算法、MEM 算法及 MVM 算法都可以统一到式（4.40）所示的 WMUSIC 算法中。

下面深入地分析 MVM 算法与 MUSC 算法之间的关系。

MVM 算法（或 Capon 算法）的表达式为

$$P_{\mathrm{MVM}}(\theta) = \frac{1}{\boldsymbol{a}^{\mathrm{H}}(\theta)\boldsymbol{R}^{-1}\boldsymbol{a}(\theta)} \tag{4.47}$$

对式（4.47）中的数据协方差矩阵进行特征值分解，并利用导向向量与噪声子空间的正交性，可得

$$\begin{aligned}
P_{\mathrm{MVM}}(\theta) &= \frac{1}{\boldsymbol{a}^{\mathrm{H}}(\theta)(\boldsymbol{U}_{\mathrm{s}}\boldsymbol{\Sigma}_{\mathrm{s}}^{-1}\boldsymbol{U}_{\mathrm{s}}^{\mathrm{H}} + \boldsymbol{U}_{\mathrm{n}}\boldsymbol{\Sigma}_{\mathrm{n}}^{-1}\boldsymbol{U}_{\mathrm{n}}^{\mathrm{H}})\boldsymbol{a}(\theta)} \\
&= \frac{1}{\boldsymbol{a}^{\mathrm{H}}(\theta)\boldsymbol{U}_{\mathrm{s}}\boldsymbol{\Sigma}_{\mathrm{s}}^{-1}\boldsymbol{U}_{\mathrm{s}}^{\mathrm{H}}\boldsymbol{a}(\theta) + \boldsymbol{a}^{\mathrm{H}}(\theta)\boldsymbol{U}_{\mathrm{n}}\boldsymbol{\Sigma}_{\mathrm{n}}^{-1}\boldsymbol{U}_{\mathrm{n}}^{\mathrm{H}}\boldsymbol{a}(\theta)} \\
&\approx \frac{1}{\boldsymbol{a}^{\mathrm{H}}(\theta)\boldsymbol{U}_{\mathrm{s}}\boldsymbol{\Sigma}_{\mathrm{s}}^{-1}\boldsymbol{U}_{\mathrm{s}}^{\mathrm{H}}\boldsymbol{a}(\theta)}
\end{aligned} \tag{4.48}$$

同样，如果忽略式（4.48）第二行分母中的第一项，则可得

$$P(\theta) = \frac{1}{\boldsymbol{a}^{\mathrm{H}}(\theta)\boldsymbol{U}_{\mathrm{n}}\boldsymbol{\Sigma}_{\mathrm{n}}^{-1}\boldsymbol{U}_{\mathrm{n}}^{\mathrm{H}}\boldsymbol{a}(\theta)} = \frac{\sigma^2}{\boldsymbol{a}^{\mathrm{H}}(\theta)\boldsymbol{U}_{\mathrm{n}}\boldsymbol{U}_{\mathrm{n}}^{\mathrm{H}}\boldsymbol{a}(\theta)} \tag{4.49}$$

式（4.49）就是 MUSIC 算法乘一个常数。这表明 MUSIC 算法属于噪声子空间算法，而 MVM 算法属于信号子空间算法。另外，文献[26]中给出了一种从似然函数的角度提

出的 MUSIC 算法，即

$$\theta_i = \arg_\theta \min\left(\frac{\boldsymbol{a}^{\mathrm{H}}\boldsymbol{U}_{\mathrm{n}}\boldsymbol{W}_{\mathrm{n}}\boldsymbol{U}_{\mathrm{n}}^{\mathrm{H}}\boldsymbol{a}}{\boldsymbol{a}^{\mathrm{H}}\boldsymbol{T}\boldsymbol{a}}\right) \tag{4.50}$$

式中，$\boldsymbol{T}=\boldsymbol{U}_{\mathrm{s}}\boldsymbol{W}_{\mathrm{s}}\boldsymbol{U}_{\mathrm{s}}^{\mathrm{H}}$；$\boldsymbol{W}_{\mathrm{n}}$ 是指对噪声子空间的加权矩阵；$\boldsymbol{W}_{\mathrm{s}}$ 是指对信号子空间的加权矩阵。针对上述算法，文献[26]从对数似然函数的角度提出了一种修正 MUSIC 算法，即

$$\theta_i = \arg_\theta \min\left(\frac{\boldsymbol{a}^{\mathrm{H}}\boldsymbol{U}_{\mathrm{n}}\boldsymbol{W}_{\mathrm{n}}\boldsymbol{U}_{\mathrm{n}}^{\mathrm{H}}\boldsymbol{a}}{\boldsymbol{a}^{\mathrm{H}}\boldsymbol{T}\boldsymbol{a}}+\frac{M-K}{L}\ln(\boldsymbol{a}^{\mathrm{H}}\boldsymbol{T}\boldsymbol{a})\right) \tag{4.51}$$

4.3.3 MUSIC 算法性能分析

本节主要分析 MUSIC 算法的性能，包括估计误差分析、分辨率分析[32-33, 36]。

1．估计误差分析

MUSIC 算法的机理如式（4.38）所示，但在实际应用中由于噪声等各种因素的影响，只能得到

$$\varepsilon_i = \boldsymbol{a}^{\mathrm{H}}(\beta)\boldsymbol{u}_i\,,\ \ i=K+1,K+2,\cdots,M \tag{4.52}$$

的一个似然估计。式中，$\boldsymbol{u}_i$ 为矩阵 $\boldsymbol{R}$ 的第 i 个特征向量，它的对数似然函数的形式为

$$-\ln f = \mathrm{const}+(M-K)\ln\left[\boldsymbol{a}^{\mathrm{H}}(\beta)\boldsymbol{T}\boldsymbol{a}(\beta)\right]+\frac{L\boldsymbol{a}^{\mathrm{H}}(\beta)\boldsymbol{U}_{\mathrm{n}}\boldsymbol{U}_{\mathrm{n}}^{\mathrm{H}}\boldsymbol{a}(\beta)}{\boldsymbol{a}^{\mathrm{H}}(\beta)\boldsymbol{T}\boldsymbol{a}(\beta)} \tag{4.53}$$

因为在大快拍数条件下，$\boldsymbol{a}^{\mathrm{H}}(\beta)\boldsymbol{T}\boldsymbol{a}(\beta)$ 与 $\boldsymbol{a}^{\mathrm{H}}(\beta)\boldsymbol{U}_{\mathrm{n}}\boldsymbol{U}_{\mathrm{n}}^{\mathrm{H}}\boldsymbol{a}(\beta)$ 具有相同的分布，所以在大快拍数的情况下，式（4.50）、式（4.51）及式（4.38）所示的三种算法具有相同的性能。但对于有限快拍数的情况，式（4.51）所示的算法显然具有较好的性能。

定理 4.3.1 在大快拍数的情况下，MUSIC 算法，即式（4.38）的估计误差是一个零均值的联合高斯分布，其估计误差的协方差矩阵为

$$\boldsymbol{C}_{\mathrm{MUSIC}}=\frac{\sigma^2}{2L}(\boldsymbol{H}\oplus\boldsymbol{I})^{-1}\,\mathrm{Re}\left\{\boldsymbol{H}\oplus\left(\boldsymbol{A}^{\mathrm{H}}\boldsymbol{T}\boldsymbol{A}\right)^{\mathrm{T}}\right\}(\boldsymbol{H}\oplus\boldsymbol{I})^{-1} \tag{4.54}$$

式中，$\oplus$ 为 Hadamard 积；$\boldsymbol{H}=\boldsymbol{D}^{\mathrm{H}}\boldsymbol{U}_{\mathrm{n}}\boldsymbol{U}_{\mathrm{n}}^{\mathrm{H}}\boldsymbol{D}=\left[\boldsymbol{h}(\beta_1),\boldsymbol{h}(\beta_2),\cdots,\boldsymbol{h}(\beta_K)\right]$，$\boldsymbol{D}=\left[\boldsymbol{d}(\beta_1),\boldsymbol{d}(\beta_2),\cdots,\boldsymbol{d}(\beta_K)\right]$；$\boldsymbol{T}=\boldsymbol{U}_{\mathrm{s}}\boldsymbol{W}_{\mathrm{s}}\boldsymbol{U}_{\mathrm{s}}^{\mathrm{H}}$。其中，$\boldsymbol{d}(\beta)=\mathrm{d}\boldsymbol{a}(\beta)/\mathrm{d}\beta$，为导向向量的一阶导数；$\boldsymbol{h}(\beta)=\boldsymbol{d}^{\mathrm{H}}(\beta)\boldsymbol{U}_{\mathrm{n}}\boldsymbol{U}_{\mathrm{n}}^{\mathrm{H}}\boldsymbol{d}(\beta)$。需要特别指出的是，对于 $\boldsymbol{H}$，有

$$\boldsymbol{H}=\boldsymbol{D}^{\mathrm{H}}\boldsymbol{U}_{\mathrm{n}}\boldsymbol{U}_{\mathrm{n}}^{\mathrm{H}}\boldsymbol{D}=\boldsymbol{D}^{\mathrm{H}}\left[\boldsymbol{I}-\boldsymbol{A}\left(\boldsymbol{A}^{\mathrm{H}}\boldsymbol{A}\right)^{-1}\boldsymbol{A}^{\mathrm{H}}\right]\boldsymbol{D} \tag{4.55}$$

由此可得

$$A^{\mathrm{H}}TA = R_{\mathrm{s}}^{-1} + \sigma^2 R_{\mathrm{s}}^{-1}\left(A^{\mathrm{H}}A\right)^{-1} R_{\mathrm{s}}^{-1} \tag{4.56}$$

在计算 C_{MUSIC} 时，式（4.56）有助于避免对数据协方差矩阵进行特征值分解，从而显著减小了计算量。

定理 4.3.2 理想情况下的克拉美-罗界（Cramer-Rao Bound，CRB）为

$$C_{\mathrm{CRB}}(\theta) = \frac{\sigma^2}{2}\left\{\sum_{i=1}^{L}\mathrm{Re}\left[S^{\mathrm{H}}(i)HS(i)\right]\right\}^{-1} \tag{4.57}$$

式中，$S(i) = \mathrm{diag}(s_1(i), s_2(i), \cdots, s_K(i))$。

另外，噪声功率的 CRB 为

$$\mathrm{var}_{\mathrm{CRB}}\left(\sigma^2\right) = \frac{\sigma^4}{ML} \tag{4.58}$$

定理 4.3.3 当快拍数及阵元数满足一定条件时的 CRB 如下。

（1）当快拍数 $L\to\infty$ 时，CRB 的协方差矩阵为

$$C_{\mathrm{CRB}} = \frac{\sigma^2}{2L}\left\{\mathrm{Re}\left[H \oplus R_{\mathrm{s}}^{\mathrm{T}}\right]\right\}^{-1} \tag{4.59}$$

（2）对于等距均匀线阵，当快拍数和阵元数足够大时，角度估计的 CRB 为

$$C_{\mathrm{CRB}} = \frac{6}{M^3 L}\begin{bmatrix} 1/\mathrm{SNR}_1 & \cdots & 0 \\ \vdots & & \vdots \\ 0 & \cdots & 1/\mathrm{SNR}_K \end{bmatrix} \tag{4.60}$$

式中，SNR_i（$i=1,2,\cdots,K$）为第 i 个信号的信噪比。

定理 4.3.4 CRB 具有如下两个特性：

$$C_{\mathrm{CRB}}(L) \geqslant C_{\mathrm{CRB}}(L+1) \tag{4.61a}$$

$$C_{\mathrm{CRB}}(M) \geqslant C_{\mathrm{CRB}}(M+1) \tag{4.61b}$$

定理 4.3.5 理想情况下 MUSIC 算法的估计方差与 CRB 存在如下关系：

$$\left[C_{\mathrm{MUSIC}}\right]_{ii} \geqslant \left[C_{\mathrm{CRB}}(\theta)\right]_{ii} \tag{4.62}$$

式（4.62）中的等号只有在 R_{s} 为对角矩阵且阵元数、快拍数均趋于无穷大时成立。

定理 4.3.6 在大快拍数的情况下，WMUSIC 算法，即式（4.40）的估计误差是一个零均值的联合高斯分布，其估计误差的协方差矩阵为

$$C_{\text{WMU}}=\frac{\sigma^2}{2L}\left(\bar{\boldsymbol{H}}\oplus\boldsymbol{I}\right)^{-1}\text{Re}\left\{\tilde{\boldsymbol{H}}\oplus\left(\boldsymbol{A}^{\text{H}}\boldsymbol{T}\boldsymbol{A}\right)^{\text{T}}\right\}\left(\bar{\boldsymbol{H}}\oplus\boldsymbol{I}\right)^{-1} \tag{4.63}$$

式中，$\bar{\boldsymbol{H}}=\boldsymbol{D}^{\text{H}}\boldsymbol{U}_{\text{n}}\boldsymbol{U}_{\text{n}}^{\text{H}}\boldsymbol{W}\boldsymbol{U}_{\text{n}}\boldsymbol{U}_{\text{n}}^{\text{H}}\boldsymbol{D}$；$\tilde{\boldsymbol{H}}=\boldsymbol{D}^{\text{H}}\boldsymbol{U}_{\text{n}}\boldsymbol{U}_{\text{n}}^{\text{H}}\boldsymbol{W}^2\boldsymbol{U}_{\text{n}}\boldsymbol{U}_{\text{n}}^{\text{H}}\boldsymbol{D}$；$\oplus$ 为 Hadamard 积。

由定理 4.3.6 可知，当 $\boldsymbol{W}=\boldsymbol{I}$ 时，有 $\tilde{\boldsymbol{H}}=\bar{\boldsymbol{H}}=\boldsymbol{H}$，即 $\boldsymbol{C}_{\text{WMU}}=\boldsymbol{C}_{\text{MUSIC}}$。

定理 4.3.7 在大快拍数的情况下，WMUSIC 算法，即式(4.40)的估计方差比 MUSIC 算法，即式（4.38）的估计方差要大，即

$$[\boldsymbol{C}_{\text{WMU}}]_{ii}\geqslant[\boldsymbol{C}_{\text{MUSIC}}]_{ii} \tag{4.64}$$

也就是说，$\boldsymbol{C}_{\text{WMU}}$ 的对角线元素大于 $\boldsymbol{C}_{\text{MUSIC}}$ 的对角线元素。

定理 4.3.7 说明，在大快拍数的情况下，对于 WMUSIC 算法来说，$\boldsymbol{W}=\boldsymbol{I}$，更确切地说，当 $\boldsymbol{U}_{\text{n}}^{\text{H}}\boldsymbol{W}\boldsymbol{U}_{\text{n}}=\boldsymbol{I}$ 时算法是最优的。另外，由 4.3.2 节的介绍可知，MNM 算法是 WMUSIC 算法的一个特例，当加权矩阵为式（4.41）时，显然 $\boldsymbol{U}_{\text{n}}^{\text{H}}\boldsymbol{W}\boldsymbol{U}_{\text{n}}=\boldsymbol{c}^{\text{H}}\boldsymbol{c}$ 成立，所以必有

$$[\boldsymbol{C}_{\text{MNM}}]_{ii}\geqslant[\boldsymbol{C}_{\text{MUSIC}}]_{ii} \tag{4.65}$$

这也表明，在大快拍数的情况下，MNM 算法的估计方差大于 MUSIC 算法的估计方差。

2．分辨率分析[34-35]

分辨率问题是能否分辨两个相近信源的问题，而估计误差要考察对每个信源的估计精度问题。在定义分辨率门限之前先定义

$$P_{\text{peak}}=\left[P(\theta_1)+P(\theta_2)\right]/2 \tag{4.66}$$

式中，$P(\theta_i)$ 表示对应角频为 θ_i 的信号谱的值（不是噪声谱），如对应 MUSIC 算法，式（4.66）中的 $P(\theta_i)=\boldsymbol{a}^{\text{H}}(\theta_i)\boldsymbol{U}_{\text{s}}\boldsymbol{U}_{\text{s}}^{\text{H}}\boldsymbol{a}(\theta_i)$。

再定义

$$\theta_m=(\theta_1+\theta_2)/2 \tag{4.67a}$$

$$Q(\varDelta)=P_{\text{peak}}-P(\theta_m) \tag{4.67b}$$

式中，$\varDelta=|\theta_1-\theta_2|$。当 $Q(\varDelta)>0$ 时，$Q(\varDelta)$ 是可分辨的，且分辨率为 $\varDelta$，这就是分辨率的定义。

定理 4.3.8 信号谱的分辨能力与 $\varDelta|\theta_1-\theta_2|$ 满足：

$$Q(\varDelta)=1-\frac{2\left|F\left(\dfrac{\varDelta}{2}\right)\right|}{1-\left|F(\varDelta)\right|^2}\left\{1-\left|F(\varDelta)\right|\cos\left[\phi_F(\varDelta)-2\phi_F\left(\frac{\varDelta}{2}\right)\right]\right\} \tag{4.68}$$

式中，

$$F(\Delta)=\frac{1}{M}\sum_{i=1}^{M}\mathrm{e}^{-\mathrm{j}\beta_i}=\left|F(\Delta)\right|\mathrm{e}^{\mathrm{j}\phi_F(\Delta)} \tag{4.69}$$

式（4.69）为阵列在角度方向 Δ 上的导向向量之和，也就是静态方向图中对应信号方向 Δ 的一个值。

对于间距为 d 的等距均匀线阵，$\beta=(2\pi d\sin\Delta)/\lambda$，为对应信号方向为 Δ 的空间频率，若式（4.69）中 $\beta_i=(i-1)\beta$，则有

$$\left|F(\Delta)\right|=\frac{1}{M}\left|\sum_{i=1}^{M}\mathrm{e}^{-\mathrm{j}(i-1)\beta}\right|=\frac{\sin(M\beta/2)}{M\sin(\beta/2)} \tag{4.70}$$

$$\phi_F(\Delta)=(M-1)\beta/2 \tag{4.71}$$

并且对于一个非常小的角度，有

$$\sin\alpha\approx\alpha-\alpha^3/6+\alpha^5/120 \tag{4.72}$$

所以可得到定理 4.3.8 的一个推论。

推论 4.3.1　对于等距均匀线阵，MUSIC 算法的信号谱分辨能力与分辨率 Δ 满足：

$$Q_{\text{MUSIC}}(\Delta)=1-\frac{2\left|F\left(\dfrac{\Delta}{2}\right)\right|}{1+\left|F(\Delta)\right|}\approx\frac{(\pi Md\Delta/\lambda)^4}{720} \tag{4.73}$$

推论 4.3.2　对于等距均匀线阵，MUSIC 算法的噪声谱分辨能力与分辨率 Δ 满足：

$$\boldsymbol{P}_{\text{MUSIC}}(\Delta)\approx\boldsymbol{Q}_{\text{MUSIC}}^{-1}(\Delta)\approx720(\pi Md\Delta/\lambda)^{-4} \tag{4.74}$$

且 SNR 门限为

$$\text{SNR}_{\text{threshold}}=360\left(\frac{M-2}{ML}\right)\left(\frac{\pi Md\Delta}{\lambda}\right)^{-4} \tag{4.75}$$

4.3.4 Root-MUSIC 算法

顾名思义，Root-MUSIC 算法是 MUSIC 算法的一种多项式求根形式，它是由 Barabell 提出的，其基本思想是 Pisarenko 分解。定义多项式

$$p_l(z)=\boldsymbol{u}_l^{\mathrm{H}}\boldsymbol{p}(z),\quad l=K+1,K+2,\cdots,M \tag{4.76}$$

式中，$\boldsymbol{u}_l$ 为矩阵 $\boldsymbol{R}$ 的第 l 个特征向量；$\boldsymbol{p}(z)=[1,z,\cdots,z^{M-1}]^{\mathrm{T}}$。

为了从所有噪声特征向量中同时提取信息，希望求 MUSIC 多项式

$$p^{\mathrm{H}}(z)U_{\mathrm{n}}U_{\mathrm{n}}^{\mathrm{H}}p(z) \tag{4.77}$$

的零点。然而，式（4.77）还不是 z 的多项式，因为存在 z^* 的幂次项。由于只对单位圆上的 z 值感兴趣，所以可以用 $p^{\mathrm{T}}(z^{-1})$ 代替 $p^{\mathrm{H}}(z)$，这就给出了 Root-MUSIC 多项式，即

$$p(z)=z^{M-1}p^{\mathrm{T}}(z^{-1})U_{\mathrm{n}}U_{\mathrm{n}}^{\mathrm{H}}p(z) \tag{4.78}$$

注意，$p(z)$ 是 $2(M-1)$次多项式，它的根相对单位圆为镜像对。其中，取单位圆内具有最大幅值的 K 个根 $\hat{z}_1,\hat{z}_2,\cdots,\hat{z}_K$ 的相位给出 DOA 估计，即

$$\hat{\theta}_m=\arcsin\left[\frac{\lambda}{2\pi d}\arg(\hat{z}_m)\right],\ m=1,2,\cdots,K \tag{4.79}$$

可以证明，MUSIC 算法和 Root-MUSIC 算法具有相同的渐近性能，但 Root-MUSIC 算法的小样本性能明显比 MUSIC 算法好。Root-MUSIC 算法流程如下。

算法 4.3：Root-MUSIC 算法。

步骤 1：根据 N 个接收信号向量得到协方差矩阵的估计值。

步骤 2：对得到的协方差矩阵进行特征值分解 $\hat{R}=U\Sigma U^{\mathrm{H}}$，得到噪声子空间。

步骤 3：构造式（4.77）或式（4.78）所示的多项式。

步骤 4：对多项式进行求根，先找到最接近单位圆内/外的 K 个根，再通过式（4.79）进行 DOA 估计。

4.3.5 Root-MUSIC 算法性能分析

下面分析 Root-MUSIC 算法性能[9, 36-37]。由上面的分析可知，Root-MUSIC 算法只是 MUSIC 算法的另一种表达方式，即用

$$p(z)=[1,z,\cdots,z^{M-1}]^{\mathrm{T}} \tag{4.80}$$

代替导向向量。式中，$z=\exp(\mathrm{j}w)$。因此，与 MUSIC 算法相比，求根方式只是同一形式的另一种表达方式。也就是说，对于 w 来说，Root-MUSIC 算法的性能与 MUSIC 算法的性能肯定是相同的，故下面的定理成立。

定理 4.3.9 对于 Root-MUSIC 算法和 MUSIC 算法，两者在信源方向上的估计 MSE 满足：

$$\overline{|\Delta\theta_i|^2}_{\mathrm{MUSIC}}=\overline{|\Delta\theta_i|^2}_{\mathrm{R\text{-}MUSIC}} \tag{4.81}$$

但 Root-MUSIC 算法的求根均方误差（Root Mean Square Error，RMSE）与 MUSIC

算法估计信源方向的 MSE 存在如下关系：

$$\overline{|\Delta\theta_i|^2}_{\text{MUSIC}} = \left(\frac{\lambda}{2\pi d\cos\theta_i}\right)^2 \frac{\overline{|\Delta z_i|^2}_{\text{R-MUSIC}}}{2M} \tag{4.82}$$

定理 4.3.9 说明，在估计信号的方位时，采用 MUSIC 算法与采用 Root-MUSIC 算法的 RMSE 是相同的，但有

$$\text{coef}\left(\frac{d}{f},\theta\right) = \frac{\overline{|\Delta\theta_i|^2}_{\text{MUSIC}}}{\overline{|\Delta z_i|^2}_{\text{R-MUSIC}}} = \left(\frac{\lambda}{2\pi d\cos\theta_i}\right)^2 \frac{1}{2M} \tag{4.83}$$

当 MUSIC 算法的角度估计 MSE 与 Root-MUSIC 算法的求根估计 MSE 相等时，Root-MUSIC 算法的角度估计 MSE 比 MUSIC 算法的角度估计 MSE 小得多，即精度要高得多，这就是 Root-MUSIC 算法比 MUSIC 算法性能好的原因。

4.4 最大似然法

在阵列信号处理中，最著名和最常用的建模方法是最大似然法。根据源信号（或输入序列）模型假设的不同，基于最大似然的 DOA 估计方法分为确定性最大似然（Deterministic ML，DML）法和随机性最大似然（Stochastic ML，SML）法两大类型。随机性最大似然法也称统计最大似然法。

（1）确定性最大似然法：源信号（或输入序列）$\{s(k)\}$ 假定为确定性信号，待估计的未知参数是输入序列和信道向量，即 $\boldsymbol{\theta}=(\boldsymbol{h},\{s(k)\})$，虽然可能只对估计信道向量 $\boldsymbol{h}$ 感兴趣。在这种情况下，未知参数的维数随观测数据量的增多而增大。

（2）随机性最大似然法：输入序列 $\{s(k)\}$ 假定为一个具有已知分布的随机过程（通常假设为高斯随机过程），而且唯一待估计的未知参数就是信道向量，即 $\boldsymbol{\theta}=\boldsymbol{h}$。在这种情况下，未知参数的维数相对于观测数据量是固定的[1]。

4.4.1 确定性最大似然法

在确定性最大似然法所采用的数据模型中，背景噪声和接收噪声被认为是由大量独立的噪声源发射的，因而把噪声过程视为平稳高斯随机白噪声过程，而信号波形则假设是确定性信号，但输入波形是待估计的未知参数（载波频率假定已知）。假定空间噪声是白色的和循环对称的，则一个复随机过程是循环对称的，它的实部和虚部为同一分布，并且有一个反对称的互协方差，即 $E\left[\text{Re}\{\boldsymbol{v}(t)\}\text{Im}\{\boldsymbol{v}^{\text{T}}(t)\}\right] = -E\left[\text{Im}\{\boldsymbol{v}(t)\}\text{Re}\{\boldsymbol{v}^{\text{T}}(t)\}\right]$，且

噪声项的二阶矩为

$$E[\boldsymbol{v}(t)\boldsymbol{v}^{\mathrm{H}}(s)]=\sigma^2\boldsymbol{I}\delta_{t,s}，\quad E[\boldsymbol{v}(t)\boldsymbol{v}^{\mathrm{T}}(s)]=\boldsymbol{O} \tag{4.84}$$

在上述统计假设下，观测向量 $\boldsymbol{x}(t)$ 也是循环对称的，并且是高斯白色随机过程，其均值为 $\boldsymbol{A}(\theta)\boldsymbol{s}(t)$，协方差矩阵为 $\sigma^2\boldsymbol{I}$。

似然函数定义为给定未知参数时所有观测值的概率密度函数。令测量向量 $\boldsymbol{x}(t)$ 的概率密度函数是复变量高斯分布，即

$$L_{\mathrm{DML}}\left(\theta,\boldsymbol{s}(t),\sigma^2\right)=\frac{1}{\left(\pi\sigma^2\right)^D}\exp\left[-\|\boldsymbol{x}(t)-\boldsymbol{A}\boldsymbol{s}(t)\|^2/\sigma^2\right] \tag{4.85}$$

式中，$\boldsymbol{A}=\boldsymbol{A}(\theta)$；$D$ 为复变量的个数。由于测量值是独立的，所以似然函数为

$$L_{\mathrm{DML}}\left(\theta,\boldsymbol{s}(t),\sigma^2\right)=\prod_{t=1}^{N}\left(\pi\sigma^2\right)^{-D}\exp\left[\|\boldsymbol{x}(t)-\boldsymbol{A}\boldsymbol{s}(t)\|^2/\sigma^2\right] \tag{4.86}$$

如上所述，确定性最大似然法中似然函数的未知参数是信号参数 θ 和噪声方差 σ^2。这些未知参数的最大似然估计由似然函数 $L_{\mathrm{DML}}(\theta,\boldsymbol{s}(t),\sigma^2)$ 的最大变化量给出。为了方便，最大似然估计定义为负对数似然函数 $-\ln L_{\mathrm{DML}}(\theta,\boldsymbol{s}(t),\sigma^2)$ 的最小化变量。用 N 归一化，并忽略与未知参数独立的 $D\ln\pi$ 项，则有

$$L_{\mathrm{DML}}(\theta,\boldsymbol{s}(t),\sigma^2)=D\ln\sigma^2+\frac{1}{\sigma^2 N}\sum_{t=1}^{N}\|\boldsymbol{x}(t)-\boldsymbol{A}\boldsymbol{s}(t)\|^2 \tag{4.87}$$

其最小化变量就是确定性最大似然估计值。众所周知，相对于 σ^2 和 $\boldsymbol{s}(t)$ 的显式最小化变量为

$$\hat{\sigma}^2=\frac{1}{D}\mathrm{tr}\left\{\boldsymbol{\Pi}_A^{\perp}\hat{\boldsymbol{R}}\right\} \tag{4.88a}$$

$$\hat{\boldsymbol{s}}(t)=\boldsymbol{A}^{+}\boldsymbol{x}(t) \tag{4.88b}$$

式中，$\hat{\boldsymbol{R}}$ 为样本协方差矩阵；$\boldsymbol{A}^{+}$ 是 $\boldsymbol{A}$ 的伪逆矩阵；$\boldsymbol{\Pi}_A^{\perp}$ 是 $\boldsymbol{A}^{\mathrm{H}}$ 零空间上的正交投影矩阵。

$$\hat{\boldsymbol{R}}=\frac{1}{N}\sum_{t=1}^{N}\boldsymbol{x}(t)\boldsymbol{x}^{\mathrm{H}}(t)，\quad \boldsymbol{A}^{+}=\left(\boldsymbol{A}^{\mathrm{H}}\boldsymbol{A}\right)^{-1}\boldsymbol{A}^{\mathrm{H}} \tag{4.89a}$$

$$\boldsymbol{\Pi}_A=\boldsymbol{A}\boldsymbol{A}^{+}，\quad \boldsymbol{\Pi}_A^{\perp}=\boldsymbol{I}-\boldsymbol{\Pi}_A \tag{4.89b}$$

将式（4.88）代入式（4.86）可证明，信号参数 θ 的确定性最大似然估计是下列最小化问题的解：

$$\hat{\theta}_{\mathrm{DML}} = \arg\left\{\min_{\theta} \mathrm{tr}\left[\boldsymbol{\Pi}_A^{\perp} \hat{\boldsymbol{R}}\right]\right\} \tag{4.90}$$

这是因为测量向量 $\boldsymbol{x}(t)$ 投影到与所有期望信号分量正交的模型空间中，$\boldsymbol{x}(t)$ 在此模型空间中的功率测量值为 $\frac{1}{N}\sum_{t=1}^{N}\|\boldsymbol{\Pi}_A^{\perp}\boldsymbol{x}(t)\|^2 = \mathrm{tr}\left(\boldsymbol{\Pi}_A^{\perp}\hat{\boldsymbol{R}}\right)$。

算法 4.4：确定性最大似然法。

步骤 1：计算接收信号协方差矩阵。

步骤 2：通过对式（4.90）进行搜索找到最小值，即得到 DOA 估计值。

在平稳情况下，当样本个数趋于无穷大时，误差将收敛为零。这一结果对相关信号甚至相干信号也成立。注意，在单个信源的情况下，式（4.90）退化为 Bartlett 波束形成器。

为了计算确定性最大似然估计值，在数值上必须求解非线性多维优化问题。必要时还可以求出信号参数和噪声方差的估计值，这只要将 $\hat{\theta}_{\mathrm{DML}}$ 代入式（4.88）即可。如果有一个很好的初始值，则高斯-牛顿法将能迅速收敛到式（4.87）的极小值。然而，获得一个足够精确的初始值通常是很费事的。如果初始值差，那么搜索方法便可能收敛到局部极小值。

4.4.2 随机性最大似然法

另一种最大似然法叫作随机性最大似然法。在这种方法里，信号波形建模成高斯随机过程。若测量值是利用窄带带通滤波器对宽带信号进行滤波获得的，则这种建模是合理的。有必要指出，即使数据是非高斯的，这种方法仍然适用。已经证明，信号参数估计的大样本渐近精度只取决于信号波形的二阶性能（功率谱和相关函数）。记住这一点，高斯信号假设只不过是获得易运用的最大似然法的一种方式。

令信号波形是零均值的，且其二阶特性为

$$E[\boldsymbol{s}(t)\boldsymbol{s}^{\mathrm{H}}(u)] = \boldsymbol{P}\delta_{t,u}, \quad E[\boldsymbol{s}(t)\boldsymbol{s}^{\mathrm{T}}(u)] = \boldsymbol{O} \tag{4.91}$$

这将使得观测向量 $\boldsymbol{x}(t)$ 是一个零均值、白色循环对称的高斯随机向量，其协方差矩阵为

$$\boldsymbol{R} = \boldsymbol{A}(\theta)\boldsymbol{P}\boldsymbol{A}^{\mathrm{H}}(\theta) + \sigma^2\boldsymbol{I} \tag{4.92}$$

在这种情况下，未知参数组与确定性循环模型的未知参数组不同。现在，似然函数与 θ、$\boldsymbol{P}$ 和 σ^2 有关。此时，负对数似然函数（忽略常数项）易证明与

$$\frac{1}{N}\sum_{t=1}^{N}\|\boldsymbol{\Pi}_A^{\perp}\boldsymbol{x}(t)\|^2 = \mathrm{tr}\left(\boldsymbol{\Pi}_A^{\perp}\hat{\boldsymbol{R}}\right) \tag{4.93}$$

成正比。虽然式（4.93）是非线性函数，但是最大似然准则仍使得某些参数是可分离的。

对于一个固定的θ，可以证明σ^2和$\boldsymbol{P}$的随机性最大似然估计值分别为

$$\hat{\sigma}_{\mathrm{SML}}^{2}(\theta)=\frac{1}{D-M}\operatorname{tr}\left(\boldsymbol{\Pi}_{A}^{\perp}\right) \tag{4.94a}$$

$$\hat{\boldsymbol{P}}_{\mathrm{SML}}(\theta)=\boldsymbol{A}^{+}\left[\hat{\boldsymbol{R}}-\hat{\sigma}_{\mathrm{SML}}^{2}(\theta)\boldsymbol{I}\right]\left(\boldsymbol{A}^{\perp}\right)^{\mathrm{H}} \tag{4.94b}$$

将式（4.94）和式（4.94b）代入式（4.93），可得到 DOA 的随机性最大似然估计的紧凑形式，即

$$\hat{\theta}_{\mathrm{SML}}=\arg\left\{\min_{\theta}\log\left|\boldsymbol{A}\hat{\boldsymbol{P}}_{\mathrm{SML}}(\theta)\boldsymbol{A}^{\mathrm{H}}+\sigma_{\mathrm{SML}}^{2}(\theta)\boldsymbol{I}\right|\right\} \tag{4.95}$$

这一准则可解释为行列式度量数据向量的置信区间。因此，寻找的观测值模型应该具有“最小成本”，这与最大似然准则是吻合的。

4.5 子空间拟合算法

WSF 算法是由 Viberg 等[13]提出的，它与最大似然法具有很多相通之处，具体表现为最大似然法相当于数据（接收数据与实际信号数据）之间的拟合，而 WSF 算法则相当于子空间之间的拟合。由于两者均需要通过多维搜索实现算法的求解，所以很多用于实现最大似然法的求解过程可以直接应用到 WSF 算法中。子空间拟合问题包含两个部分，即信号子空间拟合（SSF）和噪声子空间（NSF）拟合。下面从这两个方面分别进行讨论[36]。

4.5.1 信号子空间拟合

由前面推导 MUSIC 算法的过程可知，信号子空间张成的空间与阵列流形张成的空间是同一空间，也就是说，信号子空间是阵列流形张成的空间的一个线性子空间，即

$$\operatorname{span}\{\boldsymbol{U}_{\mathrm{s}}\}=\operatorname{span}\{\boldsymbol{A}\} \tag{4.96}$$

此时，存在一个满秩矩阵$\boldsymbol{T}$，使得

$$\boldsymbol{U}_{\mathrm{s}}=\boldsymbol{A}\boldsymbol{T} \tag{4.97}$$

另外，由理想情况下的数学模型可得

$$\boldsymbol{R}=\boldsymbol{A}\boldsymbol{R}_{\mathrm{s}}\boldsymbol{A}^{\mathrm{H}}+\sigma^{2}\boldsymbol{I}=\boldsymbol{U}_{\mathrm{s}}\boldsymbol{\Sigma}_{\mathrm{s}}\boldsymbol{U}_{\mathrm{s}}^{\mathrm{H}}+\sigma^{2}\boldsymbol{U}_{\mathrm{n}}\boldsymbol{U}_{\mathrm{n}}^{\mathrm{H}} \tag{4.98}$$

根据噪声子空间与信号子空间的关系可得

$$\boldsymbol{A}\boldsymbol{R}_{\mathrm{s}}\boldsymbol{A}^{\mathrm{H}}+\sigma^2\boldsymbol{I}=\boldsymbol{U}_{\mathrm{s}}\boldsymbol{\Sigma}_{\mathrm{s}}\boldsymbol{U}_{\mathrm{s}}^{\mathrm{H}}+\sigma^2\left(\boldsymbol{I}-\boldsymbol{U}_{\mathrm{s}}\boldsymbol{U}_{\mathrm{s}}^{\mathrm{H}}\right) \tag{4.99}$$

即

$$\boldsymbol{A}\boldsymbol{R}_{\mathrm{s}}\boldsymbol{A}^{\mathrm{H}}+\sigma^2\boldsymbol{U}_{\mathrm{s}}\boldsymbol{U}_{\mathrm{s}}^{\mathrm{H}}=\boldsymbol{U}_{\mathrm{s}}\boldsymbol{\Sigma}_{\mathrm{s}}\boldsymbol{U}_{\mathrm{s}}^{\mathrm{H}} \tag{4.100}$$

又因为$\boldsymbol{U}_{\mathrm{s}}=\boldsymbol{A}\boldsymbol{T}$，$\boldsymbol{U}_{\mathrm{s}}^{\mathrm{H}}\boldsymbol{U}_{\mathrm{s}}=\boldsymbol{I}$，所以在理想状态下，有

$$\boldsymbol{T}=\boldsymbol{R}_{\mathrm{s}}\boldsymbol{A}^{\mathrm{H}}\boldsymbol{U}_{\mathrm{s}}\left(\boldsymbol{\Sigma}_{\mathrm{s}}-\sigma^2\boldsymbol{I}\right)^{-1} \tag{4.101}$$

当有噪声存在时，信号子空间张成的空间与阵列流形张成的空间不相等，这时式（4.101）不一定成立。为了解决这个问题，可以通过构造一个拟合关系，找出使得式（4.97）成立的一个矩阵 $\boldsymbol{T}$，且使得两者在 LS 意义下拟合得最好，即

$$\theta,\hat{\boldsymbol{T}}=\min\left\|\boldsymbol{U}_{\mathrm{s}}-\boldsymbol{A}\hat{\boldsymbol{T}}\right\|_F^2 \tag{4.102}$$

式（4.102）中关心的参数是θ，故$\hat{\boldsymbol{T}}$仅是一个辅助参量。因此，对于式（4.102），固定 $\boldsymbol{A}$ 就可以求出 $\hat{\boldsymbol{T}}$ 的 LS 解，即

$$\hat{\boldsymbol{T}}=\left(\boldsymbol{A}^{\mathrm{H}}\boldsymbol{A}\right)^{-1}\boldsymbol{A}^{\mathrm{H}}\boldsymbol{U}_{\mathrm{s}}=\boldsymbol{A}^{+}\boldsymbol{U}_{\mathrm{s}} \tag{4.103}$$

将式（4.103）代入式（4.102），可得

$$\begin{aligned}\theta&=\min\left\|\boldsymbol{U}_{\mathrm{s}}-\boldsymbol{A}\boldsymbol{A}^{+}\boldsymbol{U}_{\mathrm{s}}\right\|_F^2=\min\operatorname{tr}\left\{\boldsymbol{P}_{\boldsymbol{A}}^{\perp}\boldsymbol{U}_{\mathrm{s}}\boldsymbol{U}_{\mathrm{s}}^{\mathrm{H}}\right\}\\&=\max\operatorname{tr}\left\{\boldsymbol{P}_{\boldsymbol{A}}\boldsymbol{U}_{\mathrm{s}}\boldsymbol{U}_{\mathrm{s}}^{\mathrm{H}}\right\}\end{aligned} \tag{4.104}$$

很显然式（4.103）形成的优化问题就是信号子空间拟合问题的解，也就是所谓的信号子空间拟合的 DOA 估计算法。对式（4.102）进行进一步推广可得更一般形式的加权子空间拟合问题，即

$$\theta,\hat{\boldsymbol{T}}=\min\left\|\boldsymbol{U}_{\mathrm{s}}\boldsymbol{W}^{1/2}-\boldsymbol{A}\hat{\boldsymbol{T}}\right\|_F^2 \tag{4.105}$$

则可得关于θ的解，即

$$\theta=\min\operatorname{tr}\left\{\boldsymbol{P}_{\boldsymbol{A}}^{\perp}\boldsymbol{U}_{\mathrm{s}}\boldsymbol{W}\boldsymbol{U}_{\mathrm{s}}^{\mathrm{H}}\right\}=\max\operatorname{tr}\left\{\boldsymbol{P}_{\boldsymbol{A}}\boldsymbol{U}_{\mathrm{s}}\boldsymbol{W}\boldsymbol{U}_{\mathrm{s}}^{\mathrm{H}}\right\} \tag{4.106}$$

需要特别指出的是，当权矩阵满足：

$$\boldsymbol{W}_{\mathrm{sopt}}=\left(\hat{\boldsymbol{\Sigma}}_{\mathrm{s}}-\sigma^2\boldsymbol{I}\right)^2\hat{\boldsymbol{\Sigma}}_{\mathrm{s}}^{-1} \tag{4.107}$$

时，式（4.106）就是文献[13，39]提出的最优权的 WSF 算法。

4.5.2 噪声子空间拟合

信号子空间拟合利用的是式（4.97）所示的信号子空间 $\boldsymbol{U}_{\mathrm{s}}$ 与阵列流形 $\boldsymbol{A}$ 之间的关系。对于噪声子空间，由 MUSIC 算法可知，噪声子空间与阵列流形之间也存在一个关系，即

$$\boldsymbol{U}_{\mathrm{n}}^{\mathrm{H}}\boldsymbol{A}=\boldsymbol{O} \tag{4.108}$$

利用式（4.108）可以得到如下的拟合关系，即

$$\theta=\min\left\|\boldsymbol{U}_{\mathrm{n}}^{\mathrm{H}}\boldsymbol{A}\right\|_{F}^{2}=\min\operatorname{tr}\left\{\boldsymbol{U}_{\mathrm{n}}^{\mathrm{H}}\boldsymbol{A}\boldsymbol{A}^{\mathrm{H}}\boldsymbol{U}_{\mathrm{n}}\right\} \tag{4.109}$$

同样地，式（4.109）的噪声子空间拟合也可进一步推广为加权的形式，即噪声子空间与阵列流形之间存在如下关系：

$$\boldsymbol{U}_{\mathrm{n}}^{\mathrm{H}}\boldsymbol{A}\boldsymbol{W}^{1/2}=\boldsymbol{O} \tag{4.110}$$

则式（4.109）所示的噪声子空间拟合公式可改为

$$\begin{aligned}\theta&=\min\left\|\boldsymbol{U}_{\mathrm{n}}^{\mathrm{H}}\boldsymbol{A}\boldsymbol{W}^{1/2}\right\|_{F}^{2}=\min\operatorname{tr}\left\{\boldsymbol{U}_{\mathrm{n}}^{\mathrm{H}}\boldsymbol{A}\boldsymbol{W}\boldsymbol{A}\boldsymbol{U}_{\mathrm{n}}\right\}\\&=\min\operatorname{tr}\left\{\boldsymbol{W}\boldsymbol{A}^{\mathrm{H}}\boldsymbol{U}_{\mathrm{n}}\boldsymbol{U}_{\mathrm{n}}^{\mathrm{H}}\boldsymbol{A}\right\}\end{aligned} \tag{4.111}$$

同样地，加权的信号子空间存在一个最优权，那么噪声子空间是否也存在一个最优权，使得加权的噪声子空间性能最优呢？答案是肯定的。文献[17]给出加权的噪声子空间的权表达形式，即

$$\boldsymbol{W}_{\mathrm{n}}=\boldsymbol{A}^{+}\boldsymbol{U}_{\mathrm{s}}\boldsymbol{W}\boldsymbol{U}_{\mathrm{s}}^{\mathrm{H}}\left(\boldsymbol{A}^{+}\right)^{\mathrm{H}} \tag{4.112}$$

当式（4.112）中的权矩阵 $\boldsymbol{W}$ 取式（4.107），即 $\boldsymbol{W}=\boldsymbol{W}_{\mathrm{sopt}}$ 时，称之为最优权的噪声子空间拟合算法。

4.5.3 子空间拟合算法性能

下面分析子空间拟合算法性能[36]。由文献[13，39]可知，在足够大的快拍数 L 的条件下，对于加权的信号子空间拟合［见式（4.106)］，下列定理成立。

定理 4.5.1 对于足够大的快拍数 L，式（4.106）所示的加权信号子空间拟合（WSSF）算法的估计方差为

$$\boldsymbol{C}_{\mathrm{WSSF}}=\frac{\sigma^{2}}{2L}\left\{\operatorname{Re}\left[\boldsymbol{H}\boldsymbol{V}^{\mathrm{T}}\right]\right\}^{-1}\left\{\operatorname{Re}\left[\boldsymbol{H}\boldsymbol{Q}^{\mathrm{T}}\right]\right\}\left\{\operatorname{Re}\left[\boldsymbol{H}\boldsymbol{V}^{\mathrm{T}}\right]\right\}^{-1} \tag{4.113}$$

式中，$V = A^{+}U_{s}WU_{s}^{H}\left(A^{+}\right)^{H}$；$Q = A^{+}U_{s}W\Sigma_{s}\Sigma'^{-2}WU_{s}^{H}\left(A^{+}\right)^{H}$。

定理 4.5.2　对于足够大的快拍数 L，WSSF 算法的估计方差满足：

$$C_{WSSF}\left(\Sigma'^{2}\Sigma_{s}^{-1}\right) \leqslant C_{WSSF}(W) \tag{4.114}$$

定理 4.5.2 说明，WSSF 算法的最优权就是$W_{opt} = \hat{\Sigma}'^{2}\hat{\Sigma}_{s}^{-1}$，即式（4.107）所示的信号子空间最优权。下面讨论最优加权信号子空间拟合（OWSSF）算法的估计方差。

将信号子空间最优权代入式（4.113），可得 OWSSF 算法的估计方差为

$$C_{WSF} = \frac{\sigma^{2}}{2L}\left\{\mathrm{Re}\left[H \oplus \left(A^{+}U_{s}W_{sopt}U_{s}^{H}\left(A^{+}\right)^{H}\right)^{T}\right]\right\}^{-1} \tag{4.115}$$

将式（4.115）与最大似然法的估计方差进行比较，可以发现它们在表达方式上差别不大。通过文献[36]可知，OWSSF 算法的估计方差［见式（4.115）］有另一种表达方式，即

$$\begin{aligned} C_{WSF} &= \frac{\sigma^{2}}{2L}\left\{\mathrm{Re}\left[H\left(A^{+}U_{s}W_{opt}U_{s}^{H}\left(A^{+}\right)^{H}\right)^{T}\right]\right\}^{-1} \\ &= \frac{\sigma^{2}}{2L}\left\{\mathrm{Re}\left[H\left(R_{s}A^{H}R^{-1}AR_{s}\right)^{T}\right]\right\}^{-1} \end{aligned} \tag{4.116}$$

对照 SML 算法的估计方差可知，SML 算法与 OWSSF 算法的估计性能在大快拍数的情况下是一致的，可得如下定理。

定理 4.5.3　对于足够大的快拍数 L，CRB、OWSSF 算法、SML 算法、DML 算法及 MUSIC 算法的估计方差之间存在如下关系：

$$C_{MUSIC} \geqslant C_{DML} \geqslant C_{SML} = C_{OWSSF} \geqslant C_{CRB} \tag{4.117}$$

上面讨论了 WSSF 算法，下面讨论噪声子空间拟合的相关结论。

定理 4.5.4　对于足够大的快拍数 L，如果式（4.106）所示的 WSSF 算法和式（4.111）所示的 WNSF 算法的权矩阵满足：

$$W_{n} = A^{+}U_{s}W_{s}U_{s}^{H}A^{+H} \tag{4.118}$$

则两者能达到相同的下界。式中，W_{n} 表示噪声子空间拟合的加权；W_{s} 表示信号子空间拟合的加权。

由上述定理很容易得到如下结论，即当信号子空间拟合的加权W_{s}取式（4.107）所示的最优权时，可得噪声子空间拟合的最优权为

$$W_{nopt} = A^{+}U_{s}W_{sopt}U_{s}^{H}A^{+H} \tag{4.119}$$

由定理 4.5.4 可知，当噪声子空间拟合的权取式（4.119）时，在特定条件下最优加权噪声子空间拟合（OWNSF）算法的估计方差与 SML 算法和 WSF 算法的估计方差一样，即 CRB、OWSSF 算法、SML 算法、DML 算法、MUSIC 算法及 OWNSF 算法的估计方差存在如下关系：

$$\boldsymbol{C}_{\text{MUSIC}} \geqslant \boldsymbol{C}_{\text{DML}} \geqslant \boldsymbol{C}_{\text{SML}} = \boldsymbol{C}_{\text{OWSSF}} = \boldsymbol{C}_{\text{OWNSF}} \geqslant \boldsymbol{C}_{\text{CRB}} \tag{4.120}$$

下面分析子空间拟合算法，即式（4.106）所示的 WSSF 算法和式（4.111）所示的 WNSF 算法取不同权值时对应的各种算法。

（1）考虑到

$$\boldsymbol{W}_{\text{n}} = \boldsymbol{A}^{\text{H}}(\theta)\boldsymbol{U}_{\text{s}}\boldsymbol{W}\boldsymbol{U}_{\text{s}}^{\text{H}}\boldsymbol{A}^{+\text{H}}(\theta) \tag{4.121}$$

WSSF 算法与 WNSF 算法的估计方差均为式（4.113）。

（2）

$$\boldsymbol{W}_{\text{sopt}} = \left(\hat{\boldsymbol{\Sigma}}_{\text{s}} - \sigma^2\boldsymbol{I}\right)^2 \hat{\boldsymbol{\Sigma}}_{\text{s}}^{-1} \tag{4.122}$$

$$\boldsymbol{W}_{\text{nopt}} = \boldsymbol{A}^{+}(\theta)\boldsymbol{U}_{\text{s}}\boldsymbol{W}_{\text{sopt}}\boldsymbol{U}_{\text{s}}^{\text{H}}\boldsymbol{A}^{+\text{H}}(\theta) \tag{4.123}$$

式（4.122）和式（4.123）分别对应最优权的信号子空间拟合算法和最优权的噪声子空间拟合算法，它们的估计方差均为式（4.115）。

（3）当 $\boldsymbol{W}=\boldsymbol{I}$ 时，式（4.106）可以简化为

$$\boldsymbol{\theta} = \min \operatorname{tr}\left\{\boldsymbol{P}_A^{\perp}\hat{\boldsymbol{U}}_{\text{s}}\hat{\boldsymbol{U}}_{\text{s}}^{\text{H}}\right\} = \max \operatorname{tr}\left\{\boldsymbol{P}_A\hat{\boldsymbol{U}}_{\text{s}}\hat{\boldsymbol{U}}_{\text{s}}^{\text{H}}\right\} = \theta_{\text{MD-MUSIC}} \tag{4.124}$$

式（4.124）是多维 MUSIC 算法，即关于 $\hat{\boldsymbol{U}}_{\text{s}}$ 与 $\hat{\boldsymbol{A}}(\theta)\hat{\boldsymbol{T}}$ 的拟合问题的解。

当 $\boldsymbol{W}=\boldsymbol{I}$ 时，式（4.111）可以简化为 $\theta = \min \operatorname{tr}\left\{\boldsymbol{A}^{\text{H}}(\theta)\boldsymbol{U}_{\text{n}}\boldsymbol{U}_{\text{n}}^{\text{H}}\boldsymbol{A}(\theta)\right\}$。

最大似然法（包括 DML 算法和 SML 算法）和子空间拟合算法都是一个非线性的多维最优化问题，需要进行全局极值的多维搜索，计算量相当大。此外有几种比较有效的多维搜索算法，如交替投影（Alternating Projection，AP）算法[16, 43]、MODE 算法（Method of Direction Estimation）[44-45]、迭代二次型极大似然（Iterative Quadratic Maximum Likelihood，IQML）算法[46]、高斯-牛顿算法和遗传算法。

4.6 ESPRIT 算法及其修正算法

ESPRIT 算法最早是由 Roy 和 Kailath 于 1986 年提出的[11]。由于在参数估计等方面具有优越性，ESPRIT 算法近年来得到了广泛应用，并出现了许多修正算法，如

LS-ESPRIT 算法、TLS-ESPRIT 算法、SVD-ESPRIT 算法、多重不变 ESPRIT 算法、波束空间 ESPRIT 算法和酉 ESPRIT 算法等。

4.6.1 ESPRIT 算法的基本模型

假设一个包含 M 个阵元偶的任意平面传感器阵列。每个阵元偶包含两个具有完全相同的响应特性的阵元，这两个阵元之间相差已知的位移向量$\boldsymbol{\Delta}$。假设有$K \leqslant M$个独立、远场窄带信号同时以平面波的形式入射到该阵列上，到达信号设为零均值随机过程，则不同信源可用其 DOA 来表征。假设所有 $2M$ 个阵元上都有与信号独立的零均值、方差为σ^2的独立白高斯随机过程。把阵列分为两个平移量为$\boldsymbol{\Delta}$的子阵Z_x和Z_y。子阵Z_x和Z_y分别由阵元偶的$x_1,x_2,\cdots,x_M$和$y_1,y_2,\cdots,y_M$构成。第 i 个阵元偶上两个阵元的输出信号可分别表示为

$$x_i(t)=\sum_{k=1}^{K}s_k(t)a_i(\theta_k)+n_{xi}(t),\ \ i=1,2,\cdots,M \tag{4.125}$$

$$y_i(t)=\sum_{k=1}^{K}s_k(t)\mathrm{e}^{\mathrm{j}\omega_0\Delta\sin\theta_k/c}a_i(\theta_k)+n_{yi}(t),\ \ i=1,2,\cdots,M \tag{4.126}$$

式中，$s_k(t)$为子阵接收到的第 k 个信号；θ_k为第 k 个信号到达角；$a_i(\theta_k)$为第 i 个阵元对第 k 个信源的响应；c 为电波在介质中的传导速度；$n_{xi}(t)$和$n_{yi}(t)$分别为子阵Z_x和Z_y的第 i 个阵元上的加性噪声。两个子阵的每个阵元在 t 时刻的输出信号向量表达式为

$$\boldsymbol{x}(t)=\boldsymbol{A}\boldsymbol{s}(t)+\boldsymbol{n}_x(t) \tag{4.127}$$

$$\boldsymbol{y}(t)=\boldsymbol{A}\boldsymbol{\Phi}\boldsymbol{s}(t)+\boldsymbol{n}_y(t) \tag{4.128}$$

式中，

$$\boldsymbol{x}(t)=\left[x_1(t),x_2(t),\cdots,x_M(t)\right]^{\mathrm{T}} \tag{4.129}$$

$$\boldsymbol{y}(t)=\left[y_1(t),y_2(t),\cdots,y_M(t)\right]^{\mathrm{T}} \tag{4.130}$$

$$\boldsymbol{s}(t)=\left[s_1(t),s_2(t),\cdots,s_K(t)\right]^{\mathrm{T}} \tag{4.131}$$

$$\boldsymbol{n}_x(t)=\left[n_{x1}(t),n_{x2}(t),\cdots,n_{xM}(t)\right]^{\mathrm{T}} \tag{4.132}$$

$$\boldsymbol{n}_y(t)=\left[n_{y1}(t),n_{y2}(t),\cdots,n_{yM}(t)\right]^{\mathrm{T}} \tag{4.133}$$

$\boldsymbol{A}=\left[\boldsymbol{a}(\theta_1),\boldsymbol{a}(\theta_2),\cdots,\boldsymbol{a}(\theta_K)\right]$称为方向矩阵，其中$\boldsymbol{a}(\theta_k)=\left[a_1(\theta_k),a_2(\theta_k),\cdots,a_M(\theta_k)\right]^{\mathrm{T}}$称为阵列流形；$\boldsymbol{\Phi}$为$K\times K$对角矩阵，其对角线元素为$K$个信号在任意一个阵元偶之间的

相位延迟，表示为

$$\boldsymbol{\Phi}=\mathrm{diag}(\mathrm{e}^{\mathrm{j}\mu_1},\mathrm{e}^{\mathrm{j}\mu_2},\cdots,\mathrm{e}^{\mathrm{j}\mu_K}) \tag{4.134}$$

式中，

$$\mu_k=\omega_0\varDelta\sin\theta_k/c,\quad k=1,2,\cdots,K \tag{4.135}$$

矩阵 $\boldsymbol{\Phi}$ 为把子阵 Z_x 和 Z_y 的输出联系起来的一个矩阵（或称为算子），这里称为旋转算子。由于子阵的移不变性，所以引起了两个子阵信号的旋转不变性，即 Z_y 子阵信号等效于 Z_x 子阵输入信号乘以一个旋转因子 $\boldsymbol{\Phi}$。把两个子阵的输出加以合并，构成整个阵列的输出信号向量 $\boldsymbol{z}(t)$，即

$$\boldsymbol{z}(t)=\begin{bmatrix}\boldsymbol{x}(t)\\ \boldsymbol{y}(t)\end{bmatrix}=\overline{\boldsymbol{A}}\boldsymbol{s}(t)+\boldsymbol{n}_z(t) \tag{4.136}$$

式中，

$$\overline{\boldsymbol{A}}=\begin{bmatrix}\boldsymbol{A}\\ \boldsymbol{A\Phi}\end{bmatrix},\ \boldsymbol{n}_z(t)=\begin{bmatrix}\boldsymbol{n}_x(t)\\ \boldsymbol{n}_y(t)\end{bmatrix} \tag{4.137}$$

取 $t=t_1,t_2,\cdots,t_L$ 的 L 个时刻的快拍组成 $2M\times L$ 数据矩阵，则式（4.136）可表示为

$$\boldsymbol{Z}=\begin{bmatrix}\boldsymbol{X}\\ \boldsymbol{Y}\end{bmatrix}=\overline{\boldsymbol{A}}\boldsymbol{S}+\boldsymbol{N}_z \tag{4.138}$$

式中，

$$\boldsymbol{Z}=\left[z(t_1),z(t_2),\cdots,z(t_N)\right] \tag{4.139a}$$

$$\boldsymbol{S}=\left[s(t_1),s(t_2),\cdots,s(t_N)\right] \tag{4.139b}$$

$$\boldsymbol{N}_z=\left[n_z(t_1),n_z(t_2),\cdots,n_z(t_N)\right] \tag{4.139c}$$

根据数据矩阵 $\boldsymbol{Z}$ 估计信号到达角 θ_k，需要对矩阵 $\boldsymbol{\Phi}$ 进行估计。ESPRIT 算法的基本思想是，研究由阵列的移不变性而引起的信号子空间的旋转不变性。所谓的信号子空间是由上述数据矩阵 $\boldsymbol{X}$ 和 $\boldsymbol{Y}$ 张成的，$\boldsymbol{X}$ 和 $\boldsymbol{Y}$ 张成了维数相同的 K 维信号子空间，即矩阵 $\boldsymbol{A}$ 的列向量张成的空间，但 $\boldsymbol{Y}$ 张成的信号子空间相对于 $\boldsymbol{X}$ 张成的信号子空间旋转了一个空间相位 μ_k。

信号子空间和噪声子空间的概念也可以用阵列输出信号的协方差矩阵的特征值分解来描述。阵列输出信号矩阵 $\boldsymbol{Z}$ 的自相关矩阵为

$$\boldsymbol{R}_{zz}=E\left[z(t)z^{\mathrm{H}}(t)\right]=\overline{\boldsymbol{A}}\boldsymbol{R}_{ss}\overline{\boldsymbol{A}}^{\mathrm{H}}+\sigma^2\boldsymbol{I} \tag{4.140}$$

式中，$\boldsymbol{R}_{ss}$ 为信号的自相关矩阵；σ^2 为噪声方差。$\boldsymbol{R}_{ss}$ 为 K 维满秩矩阵（假设各信号互不相关），且矩阵 $\overline{\boldsymbol{A}}$ 的列向量之间线性独立（假设各信号到达角 θ_k 互不相同），即子阵流形是非模糊的。自相关矩阵 $\boldsymbol{R}_{zz}$ 的特征值分解为

$$\boldsymbol{R}_{zz} = \sum_{i=1}^{2M} \lambda_i \boldsymbol{e}_i \boldsymbol{e}_i^{\mathrm{H}} = \boldsymbol{E}_{\mathrm{s}} \boldsymbol{\Lambda}_{\mathrm{s}} \boldsymbol{E}_{\mathrm{s}}^{\mathrm{H}} + \sigma^2 \boldsymbol{E}_{\mathrm{n}} \boldsymbol{E}_{\mathrm{n}}^{\mathrm{H}} \tag{4.141}$$

式中，特征值为 $\lambda_1 \geqslant \cdots \geqslant \lambda_K > \lambda_{K+1} = \cdots = \lambda_{2M} = \sigma^2$。$K$ 个较大特征值对应的特征向量 $\boldsymbol{E}_{\mathrm{s}} = [\boldsymbol{e}_1, \boldsymbol{e}_2, \cdots, \boldsymbol{e}_K]$ 张成信号子空间；$2M-K$ 个较小特征值对应的特征向量 $\boldsymbol{E}_{\mathrm{n}} = [\boldsymbol{e}_{K+1}, \boldsymbol{e}_{K+2}, \cdots \boldsymbol{e}_{2M}]$ 张成与信号子空间正交的噪声子空间。这就意味着存在一个唯一的、非奇异的 $K \times K$ 满秩矩阵 $\boldsymbol{T}$，使得下式成立：

$$\boldsymbol{E}_{\mathrm{s}} = \overline{\boldsymbol{A}}\boldsymbol{T} \tag{4.142}$$

而且阵列的移不变性意味着 $\boldsymbol{E}_{\mathrm{s}}$ 可以分解为两部分，即 $\boldsymbol{E}_X \in \mathbf{C}^{M \times K}$ 和 $\boldsymbol{E}_Y \in \mathbf{C}^{M \times K}$，分别对应子阵 Z_x 和 Z_y，即

$$\boldsymbol{E}_{\mathrm{s}} = \begin{bmatrix} \boldsymbol{E}_X \\ \boldsymbol{E}_Y \end{bmatrix} = \begin{bmatrix} \boldsymbol{A}\boldsymbol{T} \\ \boldsymbol{A}\boldsymbol{\Phi}\boldsymbol{T} \end{bmatrix} \tag{4.143}$$

由式（4.143）可得

$$\boldsymbol{E}_Y = \boldsymbol{E}_X \boldsymbol{T}^{-1} \boldsymbol{\Phi} \boldsymbol{T} = \boldsymbol{E}_X \boldsymbol{\Psi} \tag{4.144}$$

式中，$\boldsymbol{\Psi} = \boldsymbol{T}^{-1}\boldsymbol{\Phi}\boldsymbol{T}$。至此可知，$\boldsymbol{E}_X$ 和 $\boldsymbol{E}_Y$ 张成相似的子空间，且矩阵 $\boldsymbol{\Phi}$ 的对角线元素为 $\boldsymbol{\Psi}$ 的特征值。

实际上，只能用阵列输出采样值的相关函数 $\hat{\boldsymbol{R}}_{ZZ}$ 来估计 $\boldsymbol{R}_{zz}$，$\hat{\boldsymbol{R}}_{ZZ}$ 可由下式计算：

$$\hat{\boldsymbol{R}}_{ZZ} = \frac{1}{N} \sum_{t=1}^{N} \boldsymbol{z}(t) \boldsymbol{z}^{\mathrm{H}}(t) \tag{4.145}$$

相应地，$\boldsymbol{E}_X$ 和 $\boldsymbol{E}_Y$ 的估计值为 $\hat{\boldsymbol{E}}_X$ 和 $\hat{\boldsymbol{E}}_Y$。以下分析基于 LS 和 TLS 等多种准则的解决方案。

4.6.2 LS-ESPRIT 算法

用 LS 准则很容易解决上述问题。由于 $\boldsymbol{E}_X$ 和 $\boldsymbol{E}_Y$ 张成相同的子空间，矩阵 $[\boldsymbol{E}_X, \boldsymbol{E}_Y]$ 的秩为 K，因此存在一个秩为 K 的 $2K \times K$ 矩阵：

$$\boldsymbol{P} = \begin{bmatrix} \boldsymbol{P}_X \\ \boldsymbol{P}_Y \end{bmatrix} \tag{4.146}$$

与矩阵$\left[\boldsymbol{E}_X,\boldsymbol{E}_Y\right]$正交，即

$$\boldsymbol{O}=\left[\boldsymbol{E}_X\ \boldsymbol{E}_Y\right]\boldsymbol{P}=\boldsymbol{E}_X\boldsymbol{P}_X+\boldsymbol{E}_Y\boldsymbol{P}_Y=\boldsymbol{ATP}_X+\boldsymbol{A\Phi TP}_Y \tag{4.147}$$

或可写为

$$-\boldsymbol{ATP}_X\boldsymbol{P}_Y^{-1}=\boldsymbol{A\Phi T} \tag{4.148}$$

如果定义

$$\boldsymbol{F}=-\boldsymbol{P}_X\boldsymbol{P}_Y^{-1} \tag{4.149}$$

则由式（4.143）、式（4.148）和式（4.149）可推出：

$$\boldsymbol{E}_X\boldsymbol{F}=\boldsymbol{E}_Y \tag{4.150}$$

或

$$\boldsymbol{F}=\boldsymbol{E}_X^{+}\boldsymbol{E}_Y \tag{4.151}$$

式中，$\boldsymbol{E}_X^{+}$表示$\boldsymbol{E}_X$的伪逆。将式（4.148）和式（4.149）联立，可得

$$\boldsymbol{ATF}=\boldsymbol{A\Phi T} \tag{4.152}$$

又因为$\boldsymbol{T}$为可逆矩阵且$\boldsymbol{A}$为满秩矩阵，所以由式（4.152）可得

$$\boldsymbol{\Phi}=\boldsymbol{TFT}^{-1} \tag{4.153}$$

式（4.153）说明矩阵$\boldsymbol{F}$和$\boldsymbol{\Phi}$必为相似矩阵，因而它们有相同的特征值，且其特征值为矩阵$\boldsymbol{\Phi}$的对角线元素。从中可解得信号到达角。

根据以上分析，基于相关矩阵的 LS-ESPRIT 算法估计信号到达角的步骤可总结如下。

算法 4.5：LS-ESPRIT 算法。

步骤 1：由阵列输出信号矩阵$\boldsymbol{Z}$得到协方差矩阵的估计$\hat{\boldsymbol{R}}_{ZZ}$。

步骤 2：对$\hat{\boldsymbol{R}}_{ZZ}$进行特征值分解，即$\hat{\boldsymbol{R}}_{ZZ}\overline{\boldsymbol{E}}=\boldsymbol{\Lambda}\overline{\boldsymbol{E}}$，其中$\boldsymbol{\Lambda}=\mathrm{diag}\{\lambda_1,\lambda_2,\cdots,\lambda_{2M}\}$，$\lambda_1\geqslant\cdots\geqslant\lambda_K>\lambda_{K+1}=\cdots=\lambda_{2M}=\sigma^2$，$\overline{\boldsymbol{E}}=\left[\boldsymbol{e}_1,\boldsymbol{e}_2,\cdots,\boldsymbol{e}_{2M}\right]$。

步骤 3：估计信号个数。

步骤 4：取$\hat{\boldsymbol{R}}_{ZZ}$的特征值中$K$个较大特征值对应的特征向量构成信号子空间估计，并分成$\boldsymbol{E}_X$和$\boldsymbol{E}_Y$两部分。

步骤 5：计算$\boldsymbol{F}=\boldsymbol{E}_X^{+}\boldsymbol{E}_Y$的特征值$\lambda_k$。

步骤 6：计算到达角估计值$\hat{\theta}_k=\sin^{-1}\left\{c\cdot\mathrm{angle}\left(\lambda_k\right)/\left(\omega_0\boldsymbol{\Delta}\right)\right\}$。

4.6.3 TLS-ESPRIT 算法

由于 $\hat{\boldsymbol{E}}_X$ 和 $\hat{\boldsymbol{E}}_Y$ 都存在误差，因此利用总体最小二乘（Total Least Squares，TLS）准则求解矩阵 $\boldsymbol{\Phi}$ 比利用 LS 准则更为合适。TLS 准则可表述为求具有最小范数的扰动矩阵 $\boldsymbol{R}_A$ 和 $\boldsymbol{R}_B$，以及 $\hat{\boldsymbol{X}}$ 使得

$$[\boldsymbol{A}+\boldsymbol{R}_A]\hat{\boldsymbol{X}}=\boldsymbol{B}+\boldsymbol{R}_B$$

成立。根据 TLS 准则，ESPRIT 算法通过解下面最小值问题来获得 $\boldsymbol{\Psi}$ 的 LS 解。给定信号子空间估计 $\hat{\boldsymbol{E}}_X$ 和 $\hat{\boldsymbol{E}}_Y$，寻找一个矩阵：

$$\boldsymbol{F}=\begin{bmatrix}\boldsymbol{F}_0\\ \boldsymbol{F}_1\end{bmatrix}\in\mathbf{C}^{2K\times K} \tag{4.154}$$

使得

$$V=\|[\hat{\boldsymbol{E}}_X\quad \hat{\boldsymbol{E}}_Y]\boldsymbol{F}\|_F^2 \tag{4.155}$$

最小且满足：

$$\boldsymbol{F}^{\mathrm{H}}\boldsymbol{F}=\boldsymbol{I} \tag{4.156}$$

显然，矩阵 $\boldsymbol{F}$ 由对应于 $[\hat{\boldsymbol{E}}_X\quad \hat{\boldsymbol{E}}_Y]$ 的 K 个较小奇异值的右奇异向量组成，等价地，矩阵 $\boldsymbol{F}$ 由对应于 $[\hat{\boldsymbol{E}}_X\quad \hat{\boldsymbol{E}}_Y]^{\mathrm{H}}[\hat{\boldsymbol{E}}_X\quad \hat{\boldsymbol{E}}_Y]$ 的 K 个较小特征值的特征向量组成。定义了矩阵 $\boldsymbol{F}$，则矩阵 $\boldsymbol{\Psi}$ 的估计为

$$\hat{\boldsymbol{\Psi}}_{\mathrm{TLS}}=-\boldsymbol{F}_0\boldsymbol{F}_1^{-1} \tag{4.157}$$

对 $\hat{\boldsymbol{\Psi}}_{\mathrm{TLS}}$ 进行特征值分解，这里所关心的矩阵 $\boldsymbol{\Phi}$ 的对角线元素为 $\hat{\boldsymbol{\Psi}}_{\mathrm{TLS}}$ 的特征值，从中可以解得信号到达角。由以上分析可以看出，ESPRIT算法共需要进行三次特征值分解：首先对 $2M\times 2M$ 数据相关矩阵 $\hat{\boldsymbol{R}}_{ZZ}$ 进行特征值分解，以估计信号子空间；其次进行 $2K\times 2K$ 和 $K\times K$ 的特征值分解，以得到矩阵 $\boldsymbol{\Phi}$。

根据上述分析，基于TLS-ESPRIT算法估计信号到达角的步骤可总结如下。

算法 4.6：TLS-ESPRIT 算法。

步骤 1：由阵列输出信号矩阵 $\boldsymbol{Z}$ 得到相关矩阵 $\boldsymbol{R}_{ZZ}$ 的估计 $\hat{\boldsymbol{R}}_{ZZ}$。

步骤 2：对 $\hat{\boldsymbol{R}}_{ZZ}$ 进行特征值分解，即 $\hat{\boldsymbol{R}}_{ZZ}\overline{\boldsymbol{E}}=\boldsymbol{\Lambda}\overline{\boldsymbol{E}}$，其中 $\boldsymbol{\Lambda}=\mathrm{diag}\{\lambda_1,\lambda_2,\cdots,\lambda_{2M}\}$，$\lambda_1\geqslant\cdots\geqslant\lambda_K>\lambda_{K+1}=\cdots=\lambda_{2M}=\sigma^2$，$\overline{\boldsymbol{E}}=[\boldsymbol{e}_1,\boldsymbol{e}_2,\cdots,\boldsymbol{e}_{2M}]$。

步骤 3：估计信号个数。

步骤 4：取 $\hat{\boldsymbol{R}}_{ZZ}$ 的特征值中 K 个较大特征值构成信号子空间估计，并分成 $\boldsymbol{E}_X$ 和 $\boldsymbol{E}_Y$ 两部分。

步骤 5：构造矩阵，并进行特征值分解，即

$$\boldsymbol{E}_{XY}^{\mathrm{H}}\boldsymbol{E}_{XY}=\begin{bmatrix}\boldsymbol{E}_X^{\mathrm{H}}\\ \boldsymbol{E}_Y^{\mathrm{H}}\end{bmatrix}\begin{bmatrix}\boldsymbol{E}_X & \boldsymbol{E}_Y\end{bmatrix}=\boldsymbol{E}\boldsymbol{\Lambda}\boldsymbol{E}^{\mathrm{H}}$$

步骤 6：将 $\boldsymbol{E}$ 分解成 $K\times K$ 的子矩阵，即

$$\boldsymbol{E}=\begin{bmatrix}\boldsymbol{E}_{11} & \boldsymbol{E}_{12}\\ \boldsymbol{E}_{21} & \boldsymbol{E}_{22}\end{bmatrix}$$

步骤 7：计算 $\boldsymbol{\Psi}=-\boldsymbol{E}_{12}\boldsymbol{E}_{22}^{-1}$ 的特征值 λ_k。

步骤 8：计算到达角估计值 $\hat{\theta}_k=\sin^{-1}\left\{c\cdot\mathrm{angle}\left(\lambda_k\right)/\left(\omega_0\boldsymbol{\Delta}\right)\right\}$。

结构最小二乘（SLS）方法也是一种解 ESPRIT 算法的方法，它与上述方法的最大区别在于用搜索迭代替代直接求解。需要指出的是，就解 ESPRIT 算法的三种方法，即 SLS 方法、LS 方法和 TLS 方法而言，SLS-ESPRIT 算法的计算量大得多，但 SLS-ESPRIT 算法的估计方差最小，即 SLS-ESPRIP 算法相比其他两种算法性能有所提高。酉 ESPRIT 算法[48]是为了满足实际应用要求提出的，它不是简单地将前面各种算法中的复数变成实数，而是针对中心对称阵列的一类特殊处理过程。这个处理过程需要构造一个变换矩阵，这个变换矩阵的作用是将原阵列的复数转换成实数，从而减小算法的计算量。SLS-ESPRIT 算法和酉 ESPRIT 算法的介绍详见文献[36，52]。

4.6.4 ESPRIT 算法理论性能

下面分析 ESPRIT 算法的性能[36]。文献[47]给出了 ESPRIT 算法的估计误差的协方差矩阵。LS-ESPRIT 算法的估计方差可由下述定理描述。

定理 4.6.1 在大快拍数的情况下，均匀线阵的 LS-ESPRIT 算法的估计误差 $\left\{\hat{\theta}_k-\theta_k\right\}$ 是一个零均值的联合高斯分布，其方差为

$$E\left[\left(\hat{\theta}_k-\theta_k\right)\left(\hat{\theta}_p-\theta_p\right)\right]=\frac{1}{2L}\mathrm{Re}\left\{\mathrm{e}^{\mathrm{j}\left(\theta_p-\theta_k\right)}\left(\rho_p^{\mathrm{H}}\rho_k\right)\boldsymbol{a}^{\mathrm{H}}\left(\theta_k\right)\boldsymbol{T}\boldsymbol{a}\left(\theta_p\right)\right\} \tag{4.158}$$

式中，$\boldsymbol{T}$ 是一个加权的信号子空间，同式（4.54），即

$$\boldsymbol{T}=\sigma^2\sum_{k=1}^{K}\frac{\lambda_k}{\left(\lambda_k-\sigma^2\right)^2}\boldsymbol{e}_k\boldsymbol{e}_k^{\mathrm{H}}=\boldsymbol{U}_{\mathrm{s}}\boldsymbol{W}_{\mathrm{s}}\boldsymbol{U}_{\mathrm{s}}^{\mathrm{H}} \tag{4.159}$$

$$W_{\rm s} = \mathrm{diag}\left\{\frac{\lambda_1\sigma^2}{\left(\lambda_1-\sigma^2\right)^2},\cdots,\ \frac{\lambda_K\sigma^2}{\left(\lambda_K-\sigma^2\right)^2}\right\}$$

另外，

$$\rho_k^{\rm H} = \left[\left(A_1^{\rm H}WA_1\right)^{-1}A_1^{\rm H}WF_k\right]_k^{(r)} \tag{4.160}$$

$$F_k = \left[O \quad I_{m\times m}\right] - {\rm e}^{{\rm j}\theta_k}\left[I_{m\times m} \quad O\right] \tag{4.161}$$

式中，$X_k^{(r)}$ 表示矩阵 X 的第 k 行。

由上述的定理可知，F_k 是一个关于均匀线阵子阵数选择的矩阵，不同的子阵选择方法对应不同的矩阵。

定理 4.6.2 在大快拍数的情况下，LS-ESPRIT 算法的估计方差满足：

$$E\left[\left(\hat\theta_k-\theta_k\right)^2\right] \geqslant \frac{1}{2L}\left(a_k^{\rm H}Ta_k\right)\left[A_1^{\rm H}\left(F_kF_k^{\rm H}\right)^{-1}A_1\right]_{kk} \tag{4.162}$$

式（4.162）取等号的条件是

$$W = \left(F_kF_k^{\rm H}\right)^{-1} \tag{4.163}$$

上述定理说明 LS-ESPRIT 算法的最优权就是式（4.163）。此外，在大快拍数的情况下，MUSIC 算法的估计方差可以简化为

$$E\left[\left(\hat\beta_i-\beta_i\right)^2\right] = \frac{1}{2L}\frac{a^{\rm H}(\beta_i)Ta(\beta_i)}{h(\beta_i)} \tag{4.164}$$

定理 4.6.3 在大快拍数的情况下，定义

$$\gamma_k = \mathrm{var}_{\rm ESPRIT}\left(\hat\theta_k\right)/\mathrm{var}_{\rm MUSIC}\left(\hat\theta_k\right) \tag{4.165}$$

则有

$$\gamma_k = \left(\rho_k^{\rm H}\rho_k\right)d_k^{\rm H}U_{\rm n}U_{\rm n}^{\rm H}d_k \geqslant 1,\ k=1,2,\cdots,K \tag{4.166}$$

由上述定理可知，在通常情况下，ESPRIT 算法的估计误差大于 MUSIC 算法。而且，γ_k 只与阵元数和信号到达角有关，与噪声功率及信号协方差矩阵无关。

下面再考虑 ESPRIT 算法与 WSSF 算法之间的关系，即

$$\min\left\|\begin{bmatrix}U_{\rm s1}\\ U_{\rm s2}\end{bmatrix}-\begin{bmatrix}A_1\hat T\\ A_1\Phi\hat T\end{bmatrix}\right\|_F^2 = \min\left\|U_{\rm s}'-\bar A\hat T\right\|_F^2 \tag{4.167}$$

而对 WSSF 算法，有

$$\theta,\hat{\boldsymbol{T}} = \min\left\|\boldsymbol{U}_{\mathrm{s}}\boldsymbol{W}^{1/2} - \boldsymbol{A}\hat{\boldsymbol{T}}\right\|_F^2 \tag{4.168}$$

比较式（4.167）和式（4.168）可以发现，ESPRIT 算法形成的优化问题就是子空间拟合问题，只不过相当于在式（4.168）中下列关系成立：

$$\boldsymbol{W} = \boldsymbol{I} \tag{4.169a}$$

$$\boldsymbol{U}_{\mathrm{s}}' = \begin{bmatrix} \boldsymbol{U}_{\mathrm{s1}} \\ \boldsymbol{U}_{\mathrm{s2}} \end{bmatrix} = \begin{bmatrix} \boldsymbol{K}_1 \\ \boldsymbol{K}_2 \end{bmatrix} \boldsymbol{U}_{\mathrm{s}} = \boldsymbol{K}\boldsymbol{U}_{\mathrm{s}} \tag{4.169b}$$

$$\bar{\boldsymbol{A}} = \begin{bmatrix} \boldsymbol{A}_1 \\ \boldsymbol{A}_1\boldsymbol{\Phi} \end{bmatrix} = \begin{bmatrix} \boldsymbol{K}_1 \\ \boldsymbol{K}_2 \end{bmatrix} \boldsymbol{A} = \boldsymbol{K}\boldsymbol{A} \tag{4.169c}$$

式中，$\boldsymbol{K}_1$ 和 $\boldsymbol{K}_2$ 为选择矩阵，$\boldsymbol{K} = \begin{bmatrix} \boldsymbol{K}_1 \\ \boldsymbol{K}_2 \end{bmatrix}$。

4.7 四阶累积量方法

传统的阵列信号参数估计算法，如前文介绍的 MUSIC 算法、ESPRIT 算法等大多利用了信号的二阶统计特性，即阵列接收信号的协方差矩阵。当信号服从高斯分布且信号的统计特性可以被其一阶、二阶统计量完全描述时，利用阵列接收信号的二阶统计特性就足够了。但在实际应用中，我们遇到的信号通常是非高斯信号，其一阶、二阶统计量并不能完全描述信号的统计特性，这时采用高阶统计量的形式不仅可以获得比二阶统计量更好的性能，而且可以解决二阶统计量不能解决的很多问题。高阶统计量包括高阶矩、高阶矩谱、高阶累积量及高阶累积量谱等。在高阶分析中常常使用高阶累积量而不使用高阶矩，主要有两个原因：一是高阶累积量对高斯过程具有不敏感性；二是高阶累积量在数学形式上有很多好的性质。这两点都是高阶矩不具备的。

最常用的高阶统计量为三阶统计量和四阶统计量。对于对称分布的随机过程，其三阶累积量为零；对于一些非对称分布的随机过程，其三阶累积量很小而四阶累积量较大。因此，在阵列信号处理领域，通常采用四阶累积量。基于四阶累积量的算法的优点在于：高斯噪声的高阶累积量为零，因此基于四阶累积量的算法具有自动抑制加性高斯白噪声及任意高斯色噪声的能力；将四阶累积量应用于阵列信号处理，能够实现阵列扩展，增加虚拟阵元，扩展阵列孔径，从而使得较基于协方差的算法能分辨的空间信源数更多，使得测向性能得到提高。基于四阶累积量的算法的最大缺点在于：计算量大，且为了正确估计需要的信号的参数，往往需要较大的快拍数[23-25, 41-42]。

4.7.1 四阶累积量与二阶统计量之间的关系

假设空间中存在 3 个真实阵元 $r(t)$、$x(t)$、$y(t)$ 和一个虚拟阵元 $v(t)$，如图 4.1 所示，并以原点处的阵元 $r(t)$ 为参考阵元。

由阵列信号的数学模型可知，如果参考阵元接收空间中某个静态信号的数据为

$$r(t) = s(t) \tag{4.170}$$

则有

$$x(t) = s(t)\exp(-\mathrm{j}\boldsymbol{k}\cdot\boldsymbol{d}_x) \tag{4.171a}$$

$$y(t) = s(t)\exp(-\mathrm{j}\boldsymbol{k}\cdot\boldsymbol{d}_y) \tag{4.171b}$$

$$v(t) = s(t)\exp(-\mathrm{j}\boldsymbol{k}\cdot\boldsymbol{d}) \tag{4.171c}$$

式中，$\boldsymbol{k}$ 为信号传播向量；$\boldsymbol{d}_x$ 为 $x(t)$ 阵元到参考阵元的位置向量；$\boldsymbol{d}_y$ 为 $y(t)$ 阵元到参考阵元的位置向量；$\boldsymbol{d}$ 为虚拟阵元到参考阵元的位置向量，且满足 $\boldsymbol{d}=\boldsymbol{d}_x+\boldsymbol{d}_y$。

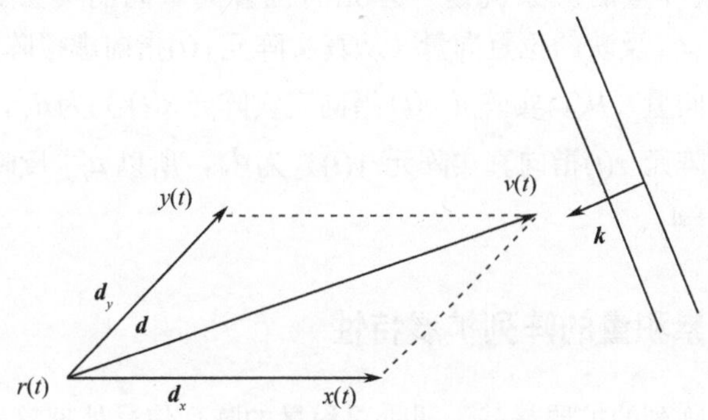

图 4.1 空间阵元位置图

参考阵元与虚拟阵元间的互相关关系为

$$\mu_{r,v} = E\{r(t)v^*(t)\} = \sigma_{\mathrm{s}}^2\exp(\mathrm{j}\boldsymbol{k}\cdot\boldsymbol{d}) \tag{4.172}$$

式中，σ_{s}^2 为信源的功率。

考虑四阶累积量，即

$$\begin{aligned}\mu_{r,x}^{r,y} &= \mathrm{cum}\{r(t),r(t),x^*(t),y^*(t)\}\\ &= \mathrm{cum}\{s(t),s(t),s^*(t)\exp(\mathrm{j}\boldsymbol{k}\cdot\boldsymbol{d}_x),s^*(t)\exp(\mathrm{j}\boldsymbol{k}\cdot\boldsymbol{d}_y)\}\\ &= \gamma_{4,s}\exp(\mathrm{j}\boldsymbol{k}\cdot\boldsymbol{d})\end{aligned} \tag{4.173}$$

则由式（4.172）和式（4.13）可得

$$E\{r(t)v^*(t)\} = \frac{\sigma_s^2}{\gamma_{4,s}} \text{cum}\{r(t), r(t), x^*(t), y^*(t)\} \quad (4.174)$$

式（4.174）给出了特定情况下二阶、四阶统计特性之间的联系，即两者之间只差一个常数 $\beta = \sigma_s^2 / \gamma_{4,s}$。同样可以推得

$$E\{r(t)x^*(t)\} = \beta \text{cum}\{r(t), r(t), r^*(t), x^*(t)\} \quad (4.175)$$

$$E\{r(t)y^*(t)\} = \beta \text{cum}\{r(t), r(t), r^*(t), y^*(t)\} \quad (4.176)$$

$$\frac{1}{\beta} E\{x(t)y^*(t)\} = \mu_{x,y}^{x,x} = \mu_{x,y}^{y,y} = \mu_{x,y}^{r,r} \quad (4.177)$$

$$\frac{1}{\beta} E\{x(t)x^*(t)\} = \mu_{x,x}^{x,x} = \mu_{x,y}^{y,x} = \mu_{x,y}^{r,x} = \mu_{y,y}^{y,y} = \mu_{y,r}^{r,y} = \mu_{r,r}^{r,r} \quad (4.178)$$

式（4.177）反映了真实阵元间的互相关关系与四阶累积量之间的关系，式（4.178）反映了真实阵元间的自相关关系与四阶累积量之间的关系。上面的结果也充分说明了二阶统计量与四阶统计量的关系就是各阵元的位置向量间的关系。以式（4.172）至式（4.174）为例，$\mu_{r,v}$ 反映的位置向量（从真实阵元 $r(t)$指向虚拟阵元 $v(t)$）为 $\boldsymbol{d}$，$\mu_{r,x}^{r,y}$ 的下标反映了位置向量（从真实阵元 $r(t)$ 指向真实阵元 $x(t)$）为 $\boldsymbol{d}_x$，$\mu_{r,x}^{r,y}$ 的上标反映了位置向量（从真实阵元 $r(t)$指向真实阵元 $y(t)$）为 $\boldsymbol{d}_y$，所以 $\mu_{r,x}^{r,y}$ 反映了位置向量间的求和关系，即 $\boldsymbol{d} = \boldsymbol{d}_x + \boldsymbol{d}_y$。

4.7.2 四阶累积量的阵列扩展特性

四阶累积量对阵列的扩展是基于四阶累积量的阵列信号处理算法的一个重要特点。四阶累积量可以从两个方面实现阵列扩展：一是展宽阵列的有效孔径，使得测向性能得到提高；二是增加有效的阵元数目，这是突破子空间类算法对入射信号数的限制的根本。

设空间中 K 个独立非高斯远场窄带信号入射到由 M 个全向阵元组成的天线阵列上，空间信号相互独立，信号与噪声也统计独立，噪声服从高斯分布。将阵列输出信号写成向量形式为

$$\boldsymbol{x}(t) = \boldsymbol{A}\boldsymbol{s}(t) + \boldsymbol{n}(t) \quad (4.179)$$

式中，$\boldsymbol{x}(t) = [x_1(t), x_2(t), \cdots, x_M(t)]^{\mathrm{T}}$ 为阵列输出向量；$\boldsymbol{s}(t) = [s_1(t), s_2(t), \cdots, s_K(t)]^{\mathrm{T}}$ 为空间信号向量；$\boldsymbol{n}(t) = [n_1(t), n_2(t), \cdots, n_M(t)]^{\mathrm{T}}$ 为噪声向量；$\boldsymbol{A} = [\boldsymbol{a}(\theta_1), \boldsymbol{a}(\theta_2), \cdots, \boldsymbol{a}(\theta_K)]$ 为方向矩阵；$\boldsymbol{a}(\theta_k)$ 为方向向量；$s_k(t)$ 为第 k 个空间信号；$x_m(t)$ 和 $n_m(t)$ 为第 m 个阵列输出信号及其噪声。

构造四阶累积量矩阵 $\boldsymbol{C}_x$，即

$$\begin{aligned}\operatorname{cum}(x_{k_1},x_{k_2},x_{k_3}^*,x_{k_4}^*)=&E[x_{k_1}x_{k_2}x_{k_3}^*x_{k_4}^*]-E[x_{k_1}x_{k_2}]E[x_{k_3}^*x_{k_4}^*]\\&-E[x_{k_1}x_{k_3}^*]E[x_{k_2}x_{k_4}^*]-E[x_{k_1}x_{k_4}^*]E[x_{k_2}x_{k_3}^*]\end{aligned}\tag{4.180}$$

根据文献[23]，有

$$\begin{aligned}\boldsymbol{C}_x=&E\{(\boldsymbol{x}(t)\otimes\boldsymbol{x}^*(t))(\boldsymbol{x}(t)\otimes\boldsymbol{x}^*(t))^{\mathrm{H}}\}\\&-E\{\boldsymbol{x}(t)\otimes\boldsymbol{x}^*(t)\}E\{(\boldsymbol{x}(t)\otimes\boldsymbol{x}^*(t))^{\mathrm{H}}\}\\&-E\{\boldsymbol{x}(t)\boldsymbol{x}^{\mathrm{H}}(t)\}\otimes E\{(\boldsymbol{x}(t)\boldsymbol{x}^{\mathrm{H}}(t))^*\}\end{aligned}\tag{4.181}$$

式中，⊗表示 Kronecker 积。如果各信源间完全独立，则有

$$\boldsymbol{C}_x=\boldsymbol{B}(\theta)\boldsymbol{C}_{\mathrm{s}}\boldsymbol{B}^{\mathrm{H}}(\theta)\tag{4.182}$$

式中，

$$\begin{aligned}\boldsymbol{B}(\theta)&=[\boldsymbol{b}(\theta_1),\boldsymbol{b}(\theta_2),\cdots,\boldsymbol{b}(\theta_K)]\\&=[\boldsymbol{a}(\theta_1)\otimes\boldsymbol{a}^*(\theta_1),\boldsymbol{a}(\theta_2)\otimes\boldsymbol{a}^*(\theta_2),\cdots,\boldsymbol{a}(\theta_K)\otimes\boldsymbol{a}^*(\theta_K)]\end{aligned}\tag{4.183}$$

$$\begin{aligned}\boldsymbol{C}_{\mathrm{s}}=&E\{(\boldsymbol{s}(t)\otimes\boldsymbol{s}^*(t))(\boldsymbol{s}(t)\otimes\boldsymbol{s}^*(t))^{\mathrm{H}}\}\\&-E\{\boldsymbol{s}(t)\otimes\boldsymbol{s}^*(t)\}E\{(\boldsymbol{s}(t)\otimes\boldsymbol{s}^*(t))^{\mathrm{H}}\}\\&-E\{\boldsymbol{s}(t)\boldsymbol{s}^{\mathrm{H}}(t)\}\otimes E\{(\boldsymbol{s}(t)\boldsymbol{s}^{\mathrm{H}}(t))^*\}\end{aligned}\tag{4.184}$$

式（4.184）说明，对由式（4.180）构造的四阶累积量矩阵进行阵列扩展后的阵列导向向量为

$$\boldsymbol{b}(\theta)=\boldsymbol{a}(\theta)\otimes\boldsymbol{a}^*(\theta)\tag{4.185}$$

阵列扩展主要表现为虚拟阵元较实际阵元的孔径扩大和阵元数增加。对于任意一个阵元（参考阵元到该阵元的位置向量为$\boldsymbol{d}$），按式（4.185）定义的导向向量总会产生一个虚拟阵元，其位置向量为$-\boldsymbol{d}$，所以按式（4.182）定义的四阶累积量矩阵可扩展阵列的孔径。扩展阵列的导向向量$\boldsymbol{b}(\theta)$的第$(k-1)M+k$（$k\in\{1,2,\cdots,M\}$）个响应系数均为$\boldsymbol{a}_k(\theta)\otimes\boldsymbol{a}_k^*(\theta)=1$，这就说明扩展阵列的这 M 个阵元与坐标原点重合。适当设计阵列可使其他扩展阵列的响应系数不等，即扩展阵列的其他阵元不重合，所以按式（4.180）定义的四阶累积量矩阵扩展后的阵列阵元数最多为M^2-M+1个。

因此，阵列扩展后的阵列导向向量为

$$\boldsymbol{b}(\theta)=\boldsymbol{a}(\theta)\otimes\boldsymbol{a}^*(\theta)\tag{4.186}$$

4.7.3 MUSIC-like 算法

如 4.7.2 节所述，若构造四阶累积量矩阵 $\boldsymbol{C}_x$，即 $\operatorname{cum}(x_{k_1},x_{k_2},x_{k_3}^*,x_{k_4}^*)$

（$k_1,k_2,k_3,k_4 \in \{1,2,\cdots,M\}$），则 $\boldsymbol{C}_x$ 可写成式（4.182），即 $\boldsymbol{C}_x = \boldsymbol{B}(\theta)\boldsymbol{C}_{\mathrm{s}}\boldsymbol{B}^{\mathrm{H}}(\theta)$ 的形式，其中 $\boldsymbol{B}(\theta)$ 和 $\boldsymbol{C}_{\mathrm{s}}$ 分别如式（4.183）和式（4.184）所示。对 $\boldsymbol{C}_x$ 进行特征值分解，其特征值由大到小分别为 $\lambda_1,\lambda_2,\cdots,\lambda_{M^2}$，相应的特征向量为 $\boldsymbol{e}_1,\boldsymbol{e}_2,\cdots,\boldsymbol{e}_{M^2}$，其中矩阵 $\boldsymbol{C}_x$ 的 K 个较大特征值对应的特征向量张成四阶信号子空间 $\boldsymbol{E}_{\mathrm{s}} = [\boldsymbol{e}_1,\boldsymbol{e}_2,\cdots,\boldsymbol{e}_K]$，其他 M^2-K 个较小特征值对应的特征向量张成四阶噪声子空间 $\boldsymbol{E}_{\mathrm{n}} = [\boldsymbol{e}_{K+1},\boldsymbol{e}_{K+2},\cdots,\boldsymbol{e}_{M^2}]$，四阶信号子空间满足：

$$\boldsymbol{E}_{\mathrm{s}} = \mathrm{span}\{\boldsymbol{e}_1,\boldsymbol{e}_2,\cdots,\boldsymbol{e}_K\} = \mathrm{span}\{\boldsymbol{b}(\theta_1),\boldsymbol{b}(\theta_2),\cdots,\boldsymbol{b}(\theta_K)\} \tag{4.187}$$

利用 $\boldsymbol{E}_{\mathrm{s}}$ 与 $\boldsymbol{E}_{\mathrm{n}}$ 两个子空间的正交性，就可得到 MUSIC-like 算法的空间谱为

$$P(\theta) = \frac{1}{\|\boldsymbol{b}^{\mathrm{H}}(\theta)\boldsymbol{E}_{\mathrm{n}}\|^2} \tag{4.188}$$

MUSIC-like 算法的步骤总结如下。

算法 4.7：四阶累积量 MUSIC-like 算法。

步骤 1：由阵列输出信号矩阵得到四阶累积量矩阵 $\boldsymbol{C}_x$ 的估计值 $\hat{\boldsymbol{C}}_x$。

步骤 2：对 $\hat{\boldsymbol{C}}_x$ 进行特征值分解，得到四阶噪声子空间的估计值 $\hat{\boldsymbol{E}}_{\mathrm{n}}$。

步骤 3：计算 MUSIC-like 算法的空间谱，即 $P(\theta) = 1/\|\boldsymbol{b}^{\mathrm{H}}(\theta)\hat{\boldsymbol{E}}_{\mathrm{n}}\|^2$，其中 $\boldsymbol{b}(\theta) = \boldsymbol{a}(\theta)\otimes\boldsymbol{a}^*(\theta)$。$P(\theta)$ 的 K 个极大峰值点对应的位置就是 DOA 估计值。

4.7.4 virtual-ESPRIT 算法

文献[24]介绍了基于旋转不变子空间的 virtual-ESPRIT 算法，该算法的最大优点是对于整个阵列而言，只需精确校正 2 个阵元，就可以实现整个阵列的无误差估计，下面简要介绍一下其基本思想。设有 K 个窄带非高斯远场信号入射到由 M（$M>K$）个阵元组成的传感器阵列上，t 时刻的阵列输出为

$$\boldsymbol{x}(t) = \boldsymbol{A}\boldsymbol{s}(t) + \boldsymbol{n}(t) \tag{4.189}$$

式中，方向矩阵 $\boldsymbol{A} = [\boldsymbol{a}(\theta_1),\boldsymbol{a}(\theta_2),\cdots,\boldsymbol{a}(\theta_K)]$，其中 $\boldsymbol{a}(\theta_i) = [a_1(\theta_i),a_2(\theta_i),\cdots,a_M(\theta_i)]^{\mathrm{T}}$ 为第 i 个信号所对应的导向向量；$\boldsymbol{s}(t) = [s_1(t),s_2(t),\cdots,s_K(t)]^{\mathrm{T}}$ 为空间信号向量；$\boldsymbol{n}(t) = [n_1(t),n_2(t),\cdots,n_M(t)]^{\mathrm{T}}$ 为噪声向量，且噪声是与信号独立的高斯噪声。第 m 个阵元的输出 $r_m(t)$ 可表示为

$$r_m(t) = \sum_{i=1}^{K} a_m(\theta_i)s_i(t) + n_m(t) \tag{4.190}$$

virtual-ESPRIT 算法要求阵列中有两个响应特性完全一致的阵元，称为阵元对或阵元偶。不失一般性地，设这两个阵元为阵元 1 和阵元 2，其输出分别为 $r_1(t)$ 和 $r_2(t)$，两

个阵元之间的位置向量为$\boldsymbol{d}$，且其间距小于或等于空间信号的半波长，则四阶累积量矩阵为

$$\begin{aligned}\boldsymbol{C}_1 &= \mathrm{cum}(r_1(t), r_1^*(t), \boldsymbol{r}(t), \boldsymbol{r}^{\mathrm{H}}(t)) \\ &= \mathrm{cum}\left(\sum_{i=1}^{K} a_1(\theta_i)s_i(t) + n_1(t), \sum_{i=1}^{K} a_1^*(\theta_i)s_i^*(t) + n_1^*(t), \sum_{i=1}^{K} \boldsymbol{a}(\theta_i)s_i(t) + \boldsymbol{n}(t), \sum_{i=1}^{K} \boldsymbol{a}^{\mathrm{H}}(\theta_i)s_i^*(t) + \boldsymbol{n}^{\mathrm{H}}(t)\right) \\ &= \sum_{i=1}^{K}\sum_{j=1}^{K}\sum_{k=1}^{K}\sum_{l=1}^{K} a_1(\theta_i)a_1^*(\theta_j)\mathrm{cum}(s_i(t), s_j^*(t), s_k(t), s_l^*(t))\boldsymbol{a}(\theta_k)\boldsymbol{a}^{\mathrm{H}}(\theta_l) + \mathrm{cum}(n_1(t), n_1^*(t), \boldsymbol{n}(t), \boldsymbol{n}^{\mathrm{H}}(t))\end{aligned} \tag{4.191}$$

式（4.191）利用了信号和噪声的相互独立条件，以及累积量的可加性。在信号相互独立的条件下，有

$$\mathrm{cum}(s_i(t), s_j^*(t), s_k(t), s_l^*(t)) = \begin{cases}\gamma_{4,s_i}, & i=j=k=l \\ 0, & \text{其他}\end{cases} \tag{4.192}$$

式中，γ_{4,s_i}为第i个信号的四阶累积量。由于高斯噪声的四阶累积量为零，所以可得

$$\boldsymbol{C}_1 = \sum_{i=1}^{P} a_1(\theta_i)a_1^*(\theta_i)\gamma_{4,s_i}\boldsymbol{a}(\theta_i)\boldsymbol{a}^{\mathrm{H}}(\theta_i) = \boldsymbol{A}\boldsymbol{D}\boldsymbol{A}^{\mathrm{H}} \tag{4.193}$$

式中，$\boldsymbol{A}$为方向矩阵；$\boldsymbol{D}$为对角矩阵，有

$$\boldsymbol{D} = \mathrm{diag}(\gamma_{4,s_1}|a_1(\theta_1)|^2, \cdots, \gamma_{4,s_K}|a_1(\theta_K)|^2) \tag{4.194}$$

同理，可得

$$\begin{aligned}\boldsymbol{C}_2 &= \mathrm{cum}\{r_1(t), r_2^*(t), \boldsymbol{r}(t), \boldsymbol{r}^{\mathrm{H}}(t)\} \\ &= \sum_{i=1}^{K} \gamma_{4,s_i} a_1(\theta_i)a_2^*(\theta_i)\boldsymbol{a}(\theta_i)\boldsymbol{a}^{\mathrm{H}}(\theta_i) \\ &= \boldsymbol{A}\boldsymbol{D}\boldsymbol{\Phi}^{\mathrm{H}}\boldsymbol{A}^{\mathrm{H}}\end{aligned} \tag{4.195}$$

式中，

$$\begin{aligned}\boldsymbol{\Phi} &= \mathrm{diag}\{a_2(\theta_1)/a_1(\theta_1), \cdots, a_2(\theta_K)/a_1(\theta_K)\} \\ &= \mathrm{diag}(\mathrm{e}^{-\mathrm{j}\boldsymbol{k}_1\cdot\boldsymbol{d}}, \mathrm{e}^{-\mathrm{j}\boldsymbol{k}_2\cdot\boldsymbol{d}}, \cdots, \mathrm{e}^{-\mathrm{j}\boldsymbol{k}_K\cdot\boldsymbol{d}})\end{aligned} \tag{4.196}$$

式中，$\boldsymbol{k}_i$为空间第i个信号的传播向量。

由式（4.193）和式（4.195）可见，四阶累积量矩阵$\boldsymbol{C}_1$类似于物理阵元构成的阵列输出的空间协方差矩阵，而$\boldsymbol{C}_2$则类似于物理阵元和虚拟平移阵列的空间互协方差矩阵，即四阶累积量矩阵$\boldsymbol{C}_1$和$\boldsymbol{C}_2$构成了 ESPRIT 算法所需要的旋转不变矩阵束。注意到在二阶的情形下，构成一对旋转不变矩阵束需要两个平移不变的子阵或者要求阵列具有移不

变结构（如均匀线阵），而如上用四阶累积量构造出旋转不变矩阵束，除要求阵列中存在一个幅相特性一致的阵元对以外，对阵列的几何结构没有特别的限制。因此，基于四阶累积量只用 M 个阵元就能完成基于二阶统计量使用 $2M$ 个阵元所能完成的工作。由此可见，virtual-ESPRIT 算法确实有效地实现了阵列扩展。

由式（4.193）和式（4.195）还可以看到，由于高斯噪声的高阶累积量为零，$\boldsymbol{C}_1$ 和 $\boldsymbol{C}_2$ 中已经抑制了高斯噪声的影响，因此四阶累积量 virtual-ESPRIT 算法可以应用到任意高斯噪声环境中。如果恰当地设计阵列，使得阵元偶中任一阵元上的噪声和阵列其余阵元上的噪声相互独立，则对非高斯噪声，式（4.193）和式（4.195）仍然成立，即可以抑制非高斯噪声的影响。

基于矩阵束 $(\boldsymbol{C}_1,\boldsymbol{C}_2)$ 求解信号到达角可使用各种形式的 ESPRIT 算法。下面给出四阶累积量 virtual-ESPRIT 算法的步骤。

算法 4.8：四阶累积量 virtual-ESPRIT 算法。

步骤 1：计算由式（4.193）和式（4.195）定义的四阶累积量矩阵 $\boldsymbol{C}_1$ 和 $\boldsymbol{C}_2$。

步骤 2：计算矩阵束 $(\boldsymbol{C}_1,\boldsymbol{C}_2)$ 的广义特征值分解，得到广义特征值。

步骤 3：由广义特征值求得 DOA 估计值。

4.8 传播算子

4.8.1 谱峰搜索传播算子

本节介绍谱峰搜索传播算子（Propagator Method，PM），并进行性能分析[51]。

1. 用于信号 DOA 估计的谱峰搜索传播算子

假设方向矩阵 $\boldsymbol{A}$ 是满秩的，$\boldsymbol{A}$ 中的前 K 行是线性无关的，其他的行可以由这 K 行线性表示。

传播算子的定义是基于方向矩阵 $\boldsymbol{A}$ 的分块，即

$$\boldsymbol{A}=\begin{bmatrix}\boldsymbol{A}_1\\ \boldsymbol{A}_2\end{bmatrix} \tag{4.197}$$

式中，$\boldsymbol{A}_1$ 和 $\boldsymbol{A}_2$ 分别为 $K\times K$ 矩阵和 $(M-K)\times K$ 矩阵。

传播算子的定义基于假设 $\boldsymbol{A}_1$ 是非奇异的，传播算子是将 $\mathbf{C}^{(M-K)\times K}$ 转化成 $\mathbf{C}^{K\times K}$ 的唯一线性变化 $\boldsymbol{P}$，等价定义为

$$\boldsymbol{P}^{\mathrm{H}}\boldsymbol{A}_1=\boldsymbol{A}_2 \tag{4.198}$$

或者

$$[\boldsymbol{P}^{\mathrm{H}}, -\boldsymbol{I}_{M-K}]\boldsymbol{A} = \boldsymbol{Q}^{\mathrm{H}}\boldsymbol{A} = \boldsymbol{O} \tag{4.199}$$

式中，$\boldsymbol{I}_{M-K}$ 和 $\boldsymbol{O}$ 分别为单位矩阵和零矩阵。

首先，需要强调的是，假设 $\boldsymbol{A}_1$ 是非奇异的对于定义传播算子是必要的。事实上，只要假设方向矩阵 $\boldsymbol{A}$ 是满秩的，就至少存在一个 K 阶方向矩阵 $\boldsymbol{A}$ 的子矩阵是非奇异的。对于所有基于子空间的方法来说，方向矩阵 $\boldsymbol{A}$ 是满秩的这个假设是常见的。在均匀线阵的情况下，$\boldsymbol{A}$ 和 $\boldsymbol{A}_1$ 都是 Vandermonde 矩阵。这就意味着，当信号 DOA 不同时，$\boldsymbol{A}$ 和 $\boldsymbol{A}_1$ 都是满秩的。在任意阵列的情况下，证明 $\boldsymbol{A}$ 为满秩矩阵并不容易，但是这个假设仍然是必要的。

其次，不论是方向矩阵的块分解，还是任意阵列形状传播算子的定义都是有效的。传播算子并不需要和 ESPRIT 算法一样，具有传感器阵列移不变性。

式(4.199)表明方向向量 $\boldsymbol{a}_1(\theta_n)$ 正交于 $\boldsymbol{Q}$ 的列。这就意味着，由 $\boldsymbol{Q}$ 的列，即 $\mathrm{span}\{\boldsymbol{Q}\}$ 组成的子空间是包含在 $\mathrm{span}\{\boldsymbol{E}_{\mathrm{n}}\}$（$\boldsymbol{E}_{\mathrm{n}}$ 为噪声子空间）中的。因为 $\boldsymbol{Q}$ 包含 $\boldsymbol{I}_{M-K}$，它的 $M-K$ 列是线性无关的，所以有

$$\mathrm{span}\{\boldsymbol{Q}\} = \mathrm{span}\{\boldsymbol{E}_{\mathrm{n}}\}$$

传播算子定义了与 $\boldsymbol{R}$ 的较小特征值对应的特征向量构成噪声子空间 $\boldsymbol{E}_{\mathrm{n}}$。不同的是，$\boldsymbol{Q}$ 的列是不正交的。

给定一个由参数 $\theta \in [-\pi/2, \pi/2]$ 决定的模型向量 $\boldsymbol{a}(\theta)$，它的 DOA 是以下方程的解：

$$\boldsymbol{Q}^{\mathrm{H}}\boldsymbol{a}(\theta) = \boldsymbol{O} \tag{4.200}$$

我们可以构造估计函数：

$$F_{\mathrm{PM}}(\theta) = \boldsymbol{a}^{\mathrm{H}}(\theta)\boldsymbol{Q}\boldsymbol{Q}^{\mathrm{H}}\boldsymbol{a}(\theta) \tag{4.201}$$

同构造 MUSIC 算法的估计函数不同的是，伪谱，即式（4.201）不是到噪声子空间的投影模型向量 $\boldsymbol{a}(\theta)$ 的平方范数。

为了引入到噪声子空间的投影算子，我们可以用其正交化取代矩阵 $\boldsymbol{Q}$，即

$$\boldsymbol{Q}_0 = \boldsymbol{Q}(\boldsymbol{Q}^{\mathrm{H}}\boldsymbol{Q})^{-1/2} \tag{4.202}$$

由此可以得到伪谱，即

$$F_{\mathrm{OPM}}(\theta) = \boldsymbol{a}^{\mathrm{H}}(\theta)\boldsymbol{Q}_0\boldsymbol{Q}_0^{\mathrm{H}}\boldsymbol{a}(\theta) \tag{4.203}$$

这一替换对信号 DOA 估计性能的影响会在下面章节中讨论。

当互谱的数据估计出时，估计谱为

$$\hat{F}_{\mathrm{PM}}(\theta)=\boldsymbol{a}^{\mathrm{H}}(\theta)\hat{\boldsymbol{Q}}\hat{\boldsymbol{Q}}^{\mathrm{H}}\boldsymbol{a}(\theta) \tag{4.204}$$

和

$$\hat{F}_{\mathrm{OPM}}(\theta)=\boldsymbol{a}^{\mathrm{H}}(\theta)\hat{\boldsymbol{Q}}_0\hat{\boldsymbol{Q}}_0^{\mathrm{H}}\boldsymbol{a}(\theta) \tag{4.205}$$

式中，$\hat{\boldsymbol{Q}}$ 和 $\hat{\boldsymbol{Q}}_0$ 是从互谱矩阵（CSM）中估计出来的。

可以从数据中估计传播算子。首先定义接收信号矩阵为

$$\boldsymbol{X}=[\boldsymbol{x}(1),\boldsymbol{x}(2),\cdots,\boldsymbol{x}(L)] \tag{4.206}$$

则协方差矩阵为

$$\hat{\boldsymbol{R}}=\frac{1}{L}\boldsymbol{X}\boldsymbol{X}^{\mathrm{H}} \tag{4.207}$$

接收信号矩阵和协方差矩阵的分块为

$$\boldsymbol{X}=\begin{bmatrix}\boldsymbol{X}_1\\\boldsymbol{X}_2\end{bmatrix} \tag{4.208}$$

$$\hat{\boldsymbol{R}}=[\boldsymbol{G},\boldsymbol{H}] \tag{4.209}$$

式中，$\boldsymbol{X}_1$ 和 $\boldsymbol{X}_2$ 分别为 $K\times L$ 矩阵和 $(M-K)\times L$ 矩阵；$\boldsymbol{G}$ 和 $\boldsymbol{H}$ 分别为 $M\times K$ 矩阵和 $M\times(M-K)$ 矩阵。

在无噪声情况下，有

$$\boldsymbol{X}_2=\boldsymbol{P}^{\mathrm{H}}\boldsymbol{X}_1 \tag{4.210}$$

$$\boldsymbol{H}=\boldsymbol{G}\boldsymbol{P} \tag{4.211}$$

当存在噪声时，虽然式（4.208）和式（4.209）仍然可以分块，但是式（4.210）和式（4.211）的关系已经不再满足了。

$\hat{\boldsymbol{P}}_{\mathrm{data}}$ 和 $\hat{\boldsymbol{P}}_{\mathrm{csm}}$ 的值可以通过对代价函数进行最小化获得，即

$$J_{\mathrm{data}}(\hat{\boldsymbol{P}})=\left\|\boldsymbol{X}_2-\hat{\boldsymbol{P}}^{\mathrm{H}}\boldsymbol{X}_1\right\|_F^2 \tag{4.212}$$

$$J_{\mathrm{csm}}(\hat{\boldsymbol{P}})=\left\|\boldsymbol{H}-\boldsymbol{G}\hat{\boldsymbol{P}}\right\|_F^2 \tag{4.213}$$

式中，$\|\bullet\|_F$ 表示 Frobenius 范数。代价函数 J_{data} 和 J_{csm} 为关于 $\hat{\boldsymbol{P}}$ 的二次凸函数，其最优解表示为

$$\hat{\boldsymbol{P}}_{\mathrm{data}}=(\boldsymbol{X}_1\boldsymbol{X}_1^{\mathrm{H}})^{-1}\boldsymbol{X}_1\boldsymbol{X}_2^{\mathrm{H}} \tag{4.214}$$

$$\hat{\boldsymbol{P}}_{\mathrm{csm}} = (\boldsymbol{G}^{\mathrm{H}}\boldsymbol{G})^{-1}\boldsymbol{G}^{\mathrm{H}}\boldsymbol{H} \tag{4.215}$$

谱峰搜索传播算子算法流程如下。

算法 4.9：谱峰搜索传播算子算法。

步骤 1：根据接收信号矩阵或其协方差矩阵的分块估计传播算子。

步骤 2：构造矩阵 $\boldsymbol{Q}$，即 $\boldsymbol{Q} = [\boldsymbol{P}^{\mathrm{H}}, -\boldsymbol{I}_{M-K}]^{\mathrm{H}}$。

步骤 3：根据 $F_{\mathrm{PM}}(\theta) = \boldsymbol{a}^{\mathrm{H}}(\theta)\boldsymbol{Q}\boldsymbol{Q}^{\mathrm{H}}\boldsymbol{a}(\theta)$ 构造空间谱函数。

步骤 4：通过谱峰搜索进行 DOA 估计。

从数据中应用 TLS 准则来估计传播算子也是可能的，但会增加其复杂度。假设 $\boldsymbol{G}$ 和 $\boldsymbol{H}$ 的扰动分别为 $\boldsymbol{E}$ 和 $\boldsymbol{F}$，因此传播算子的估计 $\hat{\boldsymbol{P}}$ 可以表示为

$$\boldsymbol{H} + \boldsymbol{F} = (\boldsymbol{G} + \boldsymbol{E})\hat{\boldsymbol{P}} \tag{4.216}$$

TLS 的公式可以表示为

$$\min\|\boldsymbol{E}, \boldsymbol{F}\|^2,\ \boldsymbol{H} + \boldsymbol{F} = (\boldsymbol{G} + \boldsymbol{E})\hat{\boldsymbol{P}} \tag{4.217}$$

类似的问题已经在 TLS-ESPRIT 算法中解决。式（4.217）的解为 $\hat{\boldsymbol{R}}^{\mathrm{H}}\hat{\boldsymbol{R}}$ 的较小特征值对应的特征向量。这里较小特征值对应的特征向量构成 $\hat{\boldsymbol{V}}_b$ 的列。现在，我们将 $\hat{\boldsymbol{V}}_b$ 分块，即

$$\hat{\boldsymbol{V}}_b = \begin{bmatrix} \hat{\boldsymbol{V}}_{1b} \\ \hat{\boldsymbol{V}}_{2b} \end{bmatrix} \tag{4.218}$$

式中，$\hat{\boldsymbol{V}}_{1b}$ 和 $\hat{\boldsymbol{V}}_{2b}$ 分别为 $K \times L$ 矩阵和 $(M-K) \times L$ 矩阵。

其解为

$$\hat{\boldsymbol{P}}_{\mathrm{TLS}} = -\hat{\boldsymbol{V}}_{1b}\hat{\boldsymbol{V}}_{2b}^{-1} \tag{4.219}$$

更进一步，得到相应的类似噪声子空间，即

$$\hat{\boldsymbol{Q}}_{\mathrm{TLS}} = \begin{bmatrix} -\hat{\boldsymbol{V}}_{1b}\hat{\boldsymbol{V}}_{2b}^{-1} \\ -\boldsymbol{I}_{M-N} \end{bmatrix} = -\hat{\boldsymbol{V}}_b\hat{\boldsymbol{V}}_{2b}^{-1} \tag{4.220}$$

正交化式（4.220）中的 $\hat{\boldsymbol{Q}}_{\mathrm{TLS}}$，可得

$$\hat{\boldsymbol{Q}}_{\mathrm{OTLS}} = \hat{\boldsymbol{Q}}_{\mathrm{TLS}}(\hat{\boldsymbol{Q}}_{\mathrm{TLS}}^{\mathrm{H}}\hat{\boldsymbol{Q}}_{\mathrm{TLS}})^{-1/2} = -\hat{\boldsymbol{V}}_b \tag{4.221}$$

在此情况下，利用 TLS 准则估计出来的传播算子逼近理论传播算子，并且提供了逼近的噪声子空间。

2．传播算子算法性能分析

在本节中，我们将分析传播算子算法和正交传播算子（OPM）算法的性能。这里基于 MUSIC 算法进行性能分析。我们尤其计算了非渐近（阵列数据量有限）和大 SNR 情况下的算法性能。通过考虑伪谱以 DOA 实际值泰勒展开的前两项和数据矩阵一阶扰动的表达式，我们给出了 DOA 估计的 MSE 表达式。

类似 MUSIC 算法，原始传播算子算法和正交传播算子算法有一个通用模型的空间谱函数，即

$$F(\theta)=\boldsymbol{a}^{\mathrm{H}}(\theta)\boldsymbol{C}\boldsymbol{a}(\theta) \tag{4.222}$$

在原始传播算子算法、正交传播算子算法和 MUSIC 算法下，式（4.222）中的 $\boldsymbol{C}$ 分别为 $\boldsymbol{Q}\boldsymbol{Q}^{\mathrm{H}}$ 、$\boldsymbol{Q}_0\boldsymbol{Q}_0^{\mathrm{H}}$ 和 $\boldsymbol{V}_b\boldsymbol{V}_b^{\mathrm{H}}$ 。正如已经说明的，当没有扰动影响矩阵 $\boldsymbol{C}$ 时，DOA 是函数 $F(\theta)$ 取极小值时的 θ 。当存在噪声时，函数为

$$\hat{F}(\theta)=\boldsymbol{a}^{\mathrm{H}}(\theta)\hat{\boldsymbol{C}}\boldsymbol{a}(\theta) \tag{4.223}$$

由一阶导数 $\hat{F}'(\theta)$ 以估计角 $\hat{\theta}_n$ 进行一阶展开，有

$$\hat{\boldsymbol{C}}=\boldsymbol{C}+\Delta\boldsymbol{C} \tag{4.224}$$

估计角误差 $\Delta\theta_n=\theta_n-\hat{\theta}_n$ 可以表示为

$$\Delta\theta_n=-\frac{\mathrm{Re}\{\boldsymbol{a}^{\mathrm{H}}(\theta_n)\Delta\boldsymbol{C}\boldsymbol{d}(\theta_n)\}}{\boldsymbol{d}^{\mathrm{H}}(\theta_n)\boldsymbol{C}\boldsymbol{d}(\theta_n)}+O(\|\Delta\boldsymbol{C}\|) \tag{4.225}$$

式中，$\boldsymbol{d}(\theta_n)$ 内元素为 $\boldsymbol{a}(\theta_n)$ 内元素的一阶导数。

为了计算式（4.225），需要计算矩阵 $\Delta\boldsymbol{C}$ 。接收信号矩阵，即式（4.206）可以表示为

$$\boldsymbol{X}=\tilde{\boldsymbol{X}}+\Delta\boldsymbol{X} \tag{4.226}$$

式中，$\tilde{\boldsymbol{X}}$ 为无扰动数据矩阵；$\Delta\boldsymbol{X}$ 为加性扰动矩阵，其统计特性将在下面说明。

由式（4.208）的分块可得

$$\begin{aligned}\boldsymbol{X}_1&=\tilde{\boldsymbol{X}}_1+\Delta\boldsymbol{X}_1\\ \boldsymbol{X}_2&=\tilde{\boldsymbol{X}}_2+\Delta\boldsymbol{X}_2\end{aligned} \tag{4.227}$$

又有

$$\tilde{\boldsymbol{X}}=\begin{bmatrix}\tilde{\boldsymbol{X}}_1\\ \tilde{\boldsymbol{X}}_2\end{bmatrix} \tag{4.228}$$

式中，$\tilde{\boldsymbol{X}}_1$ 和 $\tilde{\boldsymbol{X}}_2$ 分别为 $K\times L$ 矩阵和 $(M-K)\times L$ 矩阵。由传播算子 $\boldsymbol{P}$ 的定义可得

$$\tilde{\boldsymbol{X}}_2=\boldsymbol{P}^{\mathrm{H}}\tilde{\boldsymbol{X}}_1 \text{或者} \boldsymbol{P}=(\tilde{\boldsymbol{X}}_1\tilde{\boldsymbol{X}}_1^{\mathrm{H}})^{-1}\tilde{\boldsymbol{X}}_1\tilde{\boldsymbol{X}}_2^{\mathrm{H}} \tag{4.229}$$

由扰动数据矩阵，即式（4.227）得到的传播算子估计可以表示为

$$\hat{\boldsymbol{P}}_{\mathrm{data}}=[(\tilde{\boldsymbol{X}}_1+\Delta\boldsymbol{X}_1)(\tilde{\boldsymbol{X}}_1+\Delta\boldsymbol{X}_1)^{\mathrm{H}}]^{-1}\times(\tilde{\boldsymbol{X}}_1+\Delta\boldsymbol{X}_1)(\tilde{\boldsymbol{X}}_2+\Delta\boldsymbol{X}_2)^{\mathrm{H}} \tag{4.230}$$

对式（4.230）进行一阶展开，可得

$$\hat{\boldsymbol{P}}_{\mathrm{data}}=\boldsymbol{P}+\Delta\boldsymbol{P} \tag{4.231}$$

式中，

$$\Delta\boldsymbol{P}=(\tilde{\boldsymbol{X}}_1\tilde{\boldsymbol{X}}_1^{\mathrm{H}})^{-1}\tilde{\boldsymbol{X}}_1(\Delta\tilde{\boldsymbol{X}}_2^{\mathrm{H}}-\Delta\tilde{\boldsymbol{X}}_1^{\mathrm{H}}\boldsymbol{P}) \tag{4.232}$$

又有

$$\hat{\boldsymbol{Q}}_{\mathrm{data}}=\begin{bmatrix}\hat{\boldsymbol{P}}_{\mathrm{data}}\\ -\boldsymbol{I}_{M-K}\end{bmatrix}=\boldsymbol{Q}+\Delta\boldsymbol{Q} \tag{4.233}$$

式中，

$$\Delta\boldsymbol{Q}=\boldsymbol{T}\Delta\boldsymbol{X}^{\mathrm{H}}\boldsymbol{Q} \tag{4.234}$$

$$\boldsymbol{T}=-\begin{bmatrix}(\tilde{\boldsymbol{X}}_1\tilde{\boldsymbol{X}}_1^{\mathrm{H}})^{-1}\tilde{\boldsymbol{X}}_1\\ \boldsymbol{O}\end{bmatrix} \tag{4.235}$$

结果为

$$\Delta\boldsymbol{C}\approx\boldsymbol{Q}\Delta\boldsymbol{Q}^{\mathrm{H}}+\Delta\boldsymbol{Q}\boldsymbol{Q}^{\mathrm{H}} \tag{4.236}$$

考虑到矩阵 $\boldsymbol{Q}$ 的定义 $\boldsymbol{a}^{\mathrm{H}}(\theta_n)\boldsymbol{Q}=\boldsymbol{O}$，可得

$$\Delta\theta_n=-\frac{\mathrm{Re}\{\boldsymbol{a}^{\mathrm{H}}(\theta_n)\boldsymbol{T}\Delta\boldsymbol{X}^{\mathrm{H}}\boldsymbol{Q}\boldsymbol{Q}^{\mathrm{H}}\boldsymbol{d}(\theta_n)\}}{\boldsymbol{d}^{\mathrm{H}}(\theta_n)\boldsymbol{Q}\boldsymbol{Q}^{\mathrm{H}}\boldsymbol{d}(\theta_n)} \tag{4.237}$$

同理可得正交传播算子算法下的 $\Delta\boldsymbol{C}$，即由 $\boldsymbol{C}=\boldsymbol{Q}_0\boldsymbol{Q}_0^{\mathrm{H}}$，$\hat{\boldsymbol{C}}=\hat{\boldsymbol{Q}}_0\hat{\boldsymbol{Q}}_0^{\mathrm{H}}$ 计算可得。事实上，由式（4.224）可得

$$\hat{\boldsymbol{C}}=\hat{\boldsymbol{Q}}(\hat{\boldsymbol{Q}}^{\mathrm{H}}\hat{\boldsymbol{Q}})^{-1}\hat{\boldsymbol{Q}}^{\mathrm{H}} \tag{4.238}$$

利用式（4.233），以下一阶展开成立，即

$$\begin{aligned}\Delta\boldsymbol{C}\approx\ &\boldsymbol{Q}(\boldsymbol{Q}^{\mathrm{H}}\boldsymbol{Q})^{-1}\{\Delta\boldsymbol{Q}^{\mathrm{H}}-[\Delta\boldsymbol{Q}^{\mathrm{H}}\boldsymbol{Q}+\boldsymbol{Q}^{\mathrm{H}}\Delta\boldsymbol{Q}]\\ &\times(\boldsymbol{Q}^{\mathrm{H}}\boldsymbol{Q})^{-1}\boldsymbol{Q}^{\mathrm{H}}\}+\Delta\boldsymbol{Q}(\boldsymbol{Q}^{\mathrm{H}}\boldsymbol{Q})^{-1}\boldsymbol{Q}^{\mathrm{H}}\end{aligned} \tag{4.239}$$

由于$\boldsymbol{a}^{\mathrm{H}}(\theta_n)\boldsymbol{Q}=\boldsymbol{O}$，因此有

$$\Delta\theta_n=-\frac{\mathrm{Re}\{\boldsymbol{a}^{\mathrm{H}}(\theta_n)\boldsymbol{T}\Delta\boldsymbol{X}^{\mathrm{H}}\boldsymbol{Q}_0\boldsymbol{Q}_0^{\mathrm{H}}\boldsymbol{d}(\theta_n)\}}{\boldsymbol{d}^{\mathrm{H}}(\theta_n)\boldsymbol{Q}_0\boldsymbol{Q}_0^{\mathrm{H}}\boldsymbol{d}(\theta_n)} \tag{4.240}$$

再考虑 MUSIC 算法，即$\boldsymbol{C}=\boldsymbol{V}_b\boldsymbol{V}_b^{\mathrm{H}}$，则有

$$\Delta\theta_n=-\frac{\mathrm{Re}\{\boldsymbol{a}^{\mathrm{H}}(\theta_n)\boldsymbol{T}_1\Delta\boldsymbol{X}^{\mathrm{H}}\boldsymbol{V}_b\boldsymbol{V}_b^{\mathrm{H}}\boldsymbol{d}(\theta_n)\}}{\boldsymbol{d}^{\mathrm{H}}(\theta_n)\boldsymbol{V}_b\boldsymbol{V}_b^{\mathrm{H}}\boldsymbol{d}(\theta_n)} \tag{4.241}$$

式中，

$$\boldsymbol{T}_1=\boldsymbol{V}_s\boldsymbol{\Sigma}_s^{-1}\boldsymbol{U}_s^{\mathrm{H}} \tag{4.242}$$

矩阵$\boldsymbol{V}_s$、$\boldsymbol{\Sigma}_s$和$\boldsymbol{U}_s$由以下无噪声数据矩阵$\tilde{\boldsymbol{X}}$的 SVD 分解得到，即

$$\tilde{\boldsymbol{X}}=[\boldsymbol{V}_s\quad\boldsymbol{V}_b]\begin{bmatrix}\boldsymbol{\Sigma}_s & \boldsymbol{0}\\ \boldsymbol{0} & \boldsymbol{0}\end{bmatrix}\begin{bmatrix}\boldsymbol{U}_s^{\mathrm{H}}\\ \boldsymbol{U}_b^{\mathrm{H}}\end{bmatrix} \tag{4.243}$$

式中，$\boldsymbol{V}_s$为与K个非零奇异值$\boldsymbol{\Sigma}_s$对应的奇异向量；$\boldsymbol{V}_b$为与零奇异值对应的奇异向量。

矩阵$\Delta\boldsymbol{X}$的元素均值为 0、方差为σ^2，不相干随机加性噪声下 MUSIC 算法的 MSE $E\left[|\Delta\theta_n|^2\right]$已经被推导出来，为

$$E\left[|\Delta\theta_n|^2\right]=\sigma^2\frac{\boldsymbol{a}^{\mathrm{H}}(\theta_n)\boldsymbol{T}_1\boldsymbol{T}_1^{\mathrm{H}}\boldsymbol{a}(\theta_n)}{2\boldsymbol{d}^{\mathrm{H}}(\theta_n)\boldsymbol{V}_b\boldsymbol{V}_b^{\mathrm{H}}\boldsymbol{d}(\theta_n)} \tag{4.244}$$

我们可以很容易推导出原始传播算子算法和正交传播算子算法的 MSE，分别为

$$E\left[|\Delta\theta_n|^2\right]=\sigma^2\frac{(\boldsymbol{d}^{\mathrm{H}}(\theta_n)\boldsymbol{Q}\boldsymbol{Q}^{\mathrm{H}}\boldsymbol{Q}\boldsymbol{Q}^{\mathrm{H}}\boldsymbol{d}(\theta_n))\boldsymbol{a}^{\mathrm{H}}(\theta_n)\boldsymbol{T}\boldsymbol{T}^{\mathrm{H}}\boldsymbol{a}(\theta_n)}{2(\boldsymbol{d}^{\mathrm{H}}(\theta_n)\boldsymbol{Q}\boldsymbol{Q}^{\mathrm{H}}\boldsymbol{d}(\theta_n))^2} \tag{4.245}$$

和

$$E\left[|\Delta\theta_n|^2\right]=\sigma^2\frac{\boldsymbol{a}^{\mathrm{H}}(\theta_n)\boldsymbol{T}\boldsymbol{T}^{\mathrm{H}}\boldsymbol{a}(\theta_n)}{2\boldsymbol{d}^{\mathrm{H}}(\theta_n)\boldsymbol{Q}_0\boldsymbol{Q}_0^{\mathrm{H}}\boldsymbol{d}(\theta_n)} \tag{4.246}$$

这些表达式在方差为σ^2的加性白噪声的情况下是有效的。

4.8.2 旋转不变传播算子

1. 旋转不变传播算子描述

考虑方向矩阵为 Vandermonde 矩阵，研究一种旋转不变传播算子算法。

方向矩阵$\boldsymbol{A}\in\mathbf{C}^{M\times K}$（$M$为阵元数，$K$为信源数）可以分块为

$$A = \begin{bmatrix} A_1 \\ A_2 \end{bmatrix} \tag{4.247}$$

式中，$A_1 \in \mathbf{C}^{K \times K}$ 为满秩矩阵；$A_2 \in \mathbf{C}^{(M-K) \times K}$。两个矩阵之间存在一个线性算子，可表示为

$$A_2 = P_c A_1 \tag{4.248}$$

式中，P_c 为传播算子。我们定义矩阵 $P \in \mathbf{C}^{M \times K}$ 为

$$P = \begin{bmatrix} I_K \\ P_c \end{bmatrix} \tag{4.249}$$

根据式（4.247）～式（4.249）可得

$$PA_1 = \begin{bmatrix} A_1 \\ A_2 \end{bmatrix} = A \tag{4.250}$$

分别用 P_a 和 P_b 表示 P 的前 M−1 行和后 M−1 行，用 A_a 和 A_b 表示 A 的前 M−1 行和后 M−1 行，而且 $A_b = A_a \Phi$，Φ 为旋转对角矩阵根据式（4.250）可得

$$\begin{bmatrix} P_a \\ P_b \end{bmatrix} A_1 = \begin{bmatrix} A_a \\ A_b \end{bmatrix} = \begin{bmatrix} A_a \\ A_a \Phi \end{bmatrix} \tag{4.251}$$

因此，存在以下关系式：

$$P_a^+ P_b = A_1 \Phi A_1^{-1} \tag{4.252}$$

定义 $\Psi_r = P_a^+ P_b$，因为 Ψ_r 和 Φ 有相同的特征值，所以通过对 Ψ_r 进行特征值分解得到 Φ，之后可以得到 DOA 估计值。

将协方差矩阵分块，即 $\hat{R} = [\hat{G}, \hat{H}]$，其中 $\hat{G} \in \mathbf{C}^{M \times K}$，$\hat{H} \in \mathbf{C}^{M \times (M-K)}$。通过式（4.253）可得到 P_c 的估计值，即

$$\hat{P}_c = [\hat{G}^+ \hat{H}]^{\mathrm{H}} \tag{4.253}$$

对旋转不变传播算子进行 DOA 估计的步骤如下。

算法 4.10：旋转不变传播算子算法。

步骤 1：通过式（4.253）得到 P_c 的估计值 $\hat{P}_c$。

步骤 2：由矩阵 $\hat{P}_c$ 构造矩阵 $\hat{P}$、$\hat{P}_a$ 和 $\hat{P}_b$。

步骤 3：由 $\hat{P}_a^+ \hat{P}_b$ 的特征值分解得到 $\hat{\Phi}$，进而可以得到 DOA 估计值。

2. 旋转不变传播算子算法误差分析

在噪声影响下，协方差矩阵的估计为

$$\hat{\boldsymbol{R}} = \boldsymbol{R} + \partial \boldsymbol{R} \tag{4.254}$$

式中，$\boldsymbol{R}$ 为真实值；$\partial\boldsymbol{R}$ 为误差矩阵。同理可得

$$\hat{\boldsymbol{G}} = \boldsymbol{G} + \partial \boldsymbol{G} \tag{4.255}$$

$$\hat{\boldsymbol{H}} = \boldsymbol{H} + \partial \boldsymbol{H} \tag{4.256}$$

式中，$\partial\boldsymbol{G}$ 和 $\partial\boldsymbol{H}$ 分别为 $\boldsymbol{G}$ 和 $\boldsymbol{H}$ 对应的误差矩阵。

考虑到 $\boldsymbol{H}=\boldsymbol{G}\boldsymbol{P}$，传播算子的估计为

$$\hat{\boldsymbol{P}}_{\mathrm{c}} = \left[(\boldsymbol{G}+\partial\boldsymbol{G})^{\mathrm{H}}(\boldsymbol{G}+\partial\boldsymbol{G})\right]^{-1}(\boldsymbol{G}+\partial\boldsymbol{G})^{\mathrm{H}}(\boldsymbol{H}+\partial\boldsymbol{H}) \tag{4.257}$$

由式（4.257）的一阶泰勒展开可得

$$\hat{\boldsymbol{P}}_{\mathrm{c}} = \boldsymbol{P}_{\mathrm{c}} + \partial \boldsymbol{P}_{\mathrm{c}} \tag{4.258}$$

式中，$\partial\boldsymbol{P}_{\mathrm{c}} = (\boldsymbol{G}^{\mathrm{H}}\boldsymbol{G})^{-1}\boldsymbol{G}^{\mathrm{H}}(\partial\boldsymbol{H}-\partial\boldsymbol{G}\boldsymbol{P}_{\mathrm{c}})$。矩阵 $\boldsymbol{P}$ 的误差矩阵为

$$\partial\boldsymbol{P} = \begin{bmatrix} \boldsymbol{O}_K \\ \partial{\boldsymbol{P}_c}^{\mathrm{H}} \end{bmatrix} \tag{4.259}$$

根据式（4.259），有

$$\boldsymbol{A} = \begin{bmatrix} \boldsymbol{P}_1+\partial\boldsymbol{P}_1 \\ \boldsymbol{P}_{\mathrm{b}}+\partial\boldsymbol{P}_{\mathrm{b}} \end{bmatrix}\boldsymbol{A}_1 = \begin{bmatrix} \boldsymbol{P}_{\mathrm{a}}+\partial\boldsymbol{P}_{\mathrm{a}} \\ \boldsymbol{P}_N+\partial\boldsymbol{P}_N \end{bmatrix}\boldsymbol{A}_1 \tag{4.260}$$

式中，$\partial\boldsymbol{P}_1$ 和 $\partial\boldsymbol{P}_N$ 分别为 $\partial\boldsymbol{P}$ 的第一行和最后一行。根据 $[\boldsymbol{P}_{\mathrm{a}}+\partial\boldsymbol{P}_{\mathrm{a}}]^{+}$ 的一阶近似，有

$$\hat{\boldsymbol{\varPsi}}_{\mathrm{r}} = \boldsymbol{A}_1^{-1}(\boldsymbol{I}_K + \boldsymbol{P}_{\mathrm{a}}^{+}(\partial\boldsymbol{P}_{\mathrm{b}}-\partial\boldsymbol{P}_{\mathrm{a}}))\boldsymbol{\varPhi}_{\mathrm{r}}\boldsymbol{A}_1 \tag{4.261}$$

$\hat{\boldsymbol{\varPsi}}_r$ 的第 k 个特征值为 $\hat{\lambda}_k=\lambda_k+\partial\lambda_k$，其中 $\partial\lambda_k=\lambda_k\boldsymbol{e}_k^{\mathrm{T}}\boldsymbol{P}_a^{+}(\partial\boldsymbol{P}_b-\partial\boldsymbol{P}_a)\boldsymbol{e}_k$，$\boldsymbol{e}_k$ 为单位向量，其第 k 个元素为 1，其余元素为 0。DOA 估计的 MSE 为[47]

$$E[\Delta\theta_k^2] = \frac{1}{2}\left[\frac{1}{\pi\cos\theta_k}\right]^2[E\{|\partial\lambda_k|^2\} - \mathrm{Re}\{E[(\partial\lambda_k)^2(\lambda_k^*)^2]\}] \tag{4.262}$$

4.9 广义 ESPRIT 算法

通过对常规基于 ESPRIT 算法的 DOA 估计方法进行扩展，Gao 和 Gershman 提出一

种新的基于谱峰搜索的 DOA 估计方法[53]。相对于常规 ESPRIT 算法要求的阵列构型，这种方法适用于任意几何形状的阵列，并且在满足一定条件时能够实现基于多项式求根的高效求解，无须进行谱峰搜索，降低了计算复杂度。

4.9.1 阵列模型

我们考虑由两个不重叠的传感器子阵组成的传感器阵列，传感器阵列的第一个子阵和第二个子阵分别记为子阵 1 和子阵 2，并分别标号为$1,2,\cdots,M$ 和 $M+1,M+2,\cdots,2M$ 。假设子阵 1 和子阵 2 对应的传感器之间的位移是已知的，设为(x_m,y_m)，其中 $m=1,2,\cdots,M$ 。而且这些位移向量可以是任意的不同值。显然，这样的阵列是传统 ESPRIT 算法的推广。对于 ESPRIT 算法，子阵 1 和子阵 2 对应的传感器之间的位移只能以相同的位移向量实现。假设入射信号是由远场非相干信源产生的，则阵列向量可以写为

$$\boldsymbol{x}(t)=\boldsymbol{A}\boldsymbol{s}(t)+\boldsymbol{n}(t) \tag{4.263}$$

式中，$\boldsymbol{A}$ 为$2M\times K$ 的阵列方向矩阵；$\boldsymbol{s}(t)$ 为$K\times 1$的信源波形向量；$\boldsymbol{n}(t)$ 为传感器噪声（假定为高斯白噪声且方差相同）。

阵列方向矩阵可以表示为

$$\boldsymbol{A}=\begin{bmatrix}\boldsymbol{A}_1\\ \boldsymbol{A}_2\end{bmatrix} \tag{4.264}$$

式中，

$$\boldsymbol{A}_1=\left[\boldsymbol{a}(\theta_1),\boldsymbol{a}(\theta_2),\cdots,\boldsymbol{a}(\theta_K)\right] \tag{4.265}$$

$$\boldsymbol{A}_2=\left[\boldsymbol{\Phi}_1\boldsymbol{a}(\theta_1),\boldsymbol{\Phi}_2\boldsymbol{a}(\theta_2),\cdots,\boldsymbol{\Phi}_K\boldsymbol{a}(\theta_K)\right] \tag{4.266}$$

分别为子阵 1 和子阵 2 的方向矩阵，其中 $\boldsymbol{a}(\theta)$ 是子阵 1 的导向向量。

$$\boldsymbol{\Phi}_l=\mathrm{diag}\left\{\mathrm{e}^{\mathrm{j}\phi_{1l}},\mathrm{e}^{\mathrm{j}\phi_{2l}},\cdots,\mathrm{e}^{\mathrm{j}\phi_{Ml}}\right\} \tag{4.267}$$

$$\phi_{ml}=\frac{2\pi}{\lambda}\left(x_m\sin\theta_l+y_m\cos\theta_l\right) \tag{4.268}$$

式中，λ 为信号波长；x_m、y_m 分别为子阵 1 和子阵 2 对应的传感器之间的位移向量的 x 方向、y 方向的分量；θ_l（$l=1,2,\cdots,K$）表示信源的 DOA。对阵列协方差矩阵进行特征值分解，可得

$$\boldsymbol{R}=E\left\{\boldsymbol{x}(t)\boldsymbol{x}^{\mathrm{H}}(t)\right\}=\boldsymbol{E}\boldsymbol{\Lambda}\boldsymbol{E}^{\mathrm{H}}+\boldsymbol{G}\boldsymbol{\Gamma}\boldsymbol{G}^{\mathrm{H}} \tag{4.269}$$

式中，$\boldsymbol{\Lambda}$ 和 $\boldsymbol{\Gamma}$ 分别为由 $\boldsymbol{R}$ 的信号子空间和噪声子空间的特征值组成的对角矩阵；$\boldsymbol{E}$ 和 $\boldsymbol{G}$ 分别为信号子空间和噪声子空间的特征向量。

4.9.2 谱峰搜索广义 ESPRIT 算法

信号子空间 $\boldsymbol{E}$ 可以写为

$$\boldsymbol{E}=\begin{bmatrix}\boldsymbol{E}_1\\\boldsymbol{E}_2\end{bmatrix} \tag{4.270}$$

式中，矩阵 $\boldsymbol{E}_1$ 和 $\boldsymbol{E}_2$ 分别对应于子阵 1 和子阵 2。基于常规 ESPRIT 算法的思想，有

$$\boldsymbol{E}=\boldsymbol{A}\boldsymbol{T} \tag{4.271}$$

式中，$\boldsymbol{T}$ 是一个 $K\times K$ 满秩矩阵。

$$\boldsymbol{E}_1=\boldsymbol{A}_1\boldsymbol{T} \tag{4.272}$$

$$\boldsymbol{E}_2=\boldsymbol{A}_2\boldsymbol{T} \tag{4.273}$$

引入符号：

$$\boldsymbol{\Psi}(\theta)=\mathrm{diag}\left\{\mathrm{e}^{\mathrm{j}\psi_1},\mathrm{e}^{\mathrm{j}\psi_2},\cdots,\mathrm{e}^{\mathrm{j}\psi_M}\right\} \tag{4.274}$$

$$\psi_m=\frac{2\pi}{\lambda}x_m\sin\theta+y_m\cos\theta \tag{4.275}$$

可以形成矩阵形式，即

$$\boldsymbol{E}_2-\boldsymbol{\Psi}\boldsymbol{E}_1=\boldsymbol{Q}\boldsymbol{T} \tag{4.276}$$

式中，

$$\boldsymbol{Q}=[(\boldsymbol{\Phi}_1-\boldsymbol{\Psi})\boldsymbol{a}(\theta_1),\cdots,(\boldsymbol{\Phi}_K-\boldsymbol{\Psi})\boldsymbol{a}(\theta_K)] \tag{4.277}$$

当 $\theta=\theta_l$ 时，式（4.276）等号右边的矩阵 $\boldsymbol{Q}$ 的第 l 列等于零。如果 $K\leqslant M$，那么在这种情况下，矩阵 $\boldsymbol{W}^{\mathrm{H}}\boldsymbol{E}_2-\boldsymbol{W}^{\mathrm{H}}\boldsymbol{\Psi}\boldsymbol{E}_1$ 将降秩，我们可以据此估计信源 DOA 值 θ，这里 $\boldsymbol{W}$ 是一个任意的 $M\times K$ 满秩矩阵。$\boldsymbol{W}$ 的选择可以依据传统 ESPRIT 算法的思想得到。为了使我们的方法与传统 ESPRIT 算法一致，我们选择 $\boldsymbol{W}=\boldsymbol{E}_1$。因此，下面的空间谱函数可以用来估计信源 DOA 值：

$$f(\theta)=\frac{1}{\det\left\{\boldsymbol{E}_1^{\mathrm{H}}\boldsymbol{E}_2-\boldsymbol{E}_1^{\mathrm{H}}\boldsymbol{\Psi}(\theta)\boldsymbol{E}_1\right\}} \tag{4.278}$$

在有限样本的情况下，协方差矩阵 $\boldsymbol{R}$ 的估计为

$$\hat{\boldsymbol{R}} = \frac{1}{L}\sum_{t=1}^{L}\boldsymbol{x}(t)\boldsymbol{x}^{\mathrm{H}}(t) \tag{4.279}$$

式中，L 表示快拍数。

样本协方差矩阵的特征值分解为

$$\hat{\boldsymbol{R}} = \hat{\boldsymbol{E}}\hat{\boldsymbol{\Lambda}}\hat{\boldsymbol{E}} + \hat{\boldsymbol{G}}\hat{\boldsymbol{\Gamma}}\hat{\boldsymbol{G}}^{\mathrm{H}} \tag{4.280}$$

式中，$\hat{\boldsymbol{\Lambda}}$ 和 $\hat{\boldsymbol{\Gamma}}$ 为包含信号子空间和噪声子空间的特征值的对角矩阵；$\hat{\boldsymbol{E}}$ 和 $\hat{\boldsymbol{G}}$ 为包含信号子空间和噪声子空间的特征向量的正交矩阵。在有限样本的情况下，式（4.278）可写为

$$f(\theta) = \frac{1}{\det\left\{\hat{\boldsymbol{E}}_1^{\mathrm{H}}\hat{\boldsymbol{E}}_2 - \hat{\boldsymbol{E}}_1^{\mathrm{H}}\boldsymbol{\Psi}(\theta)\hat{\boldsymbol{E}}_1\right\}} \tag{4.281}$$

谱峰搜索广义 ESPRIT 算法步骤如下。

算法 4.11：谱峰搜索广义 ESPRIT 算法。

步骤 1：由阵列输出信号矩阵计算协方差矩阵。

步骤 2：对协方差矩阵进行特征值分解，得到信号子空间。

步骤 3：对信号子空间进行分块得到 $\hat{\boldsymbol{E}}_1$ 和 $\hat{\boldsymbol{E}}_2$。

步骤 4：根据式（4.281）进行谱峰搜索。

4.9.3　无须进行谱峰搜索的广义 ESPRIT 算法

式（4.281）对于 θ 的估计涉及计算量大的谱峰搜索。现在推导一个基于多项式求根广义 ESPRIT 算法的、更高效的、无须进行谱峰搜索的 DOA 估计方法。对于这样一种 DOA 估计方法，我们进一步指定阵列的几何形状。假定对于任何的 $m=1,2,\cdots,M$，y_m 的位移分量为零。此外，不失一般性地，我们假设 $x_1 \leqslant x_2 \leqslant \cdots \leqslant x_M$，有

$$\psi_m = \frac{x_m}{x_1}\psi_1 \tag{4.282}$$

令 $z = \mathrm{e}^{\mathrm{j}\psi_1}$，有 $\boldsymbol{\Psi}=\boldsymbol{\Psi}(z)$，其中

$$\boldsymbol{\Psi}(z) = \mathrm{diag}\left\{z, z^{\frac{x_2}{x_1}}, \cdots, z^{\frac{x_M}{x_1}}\right\} \tag{4.283}$$

另外，式（4.278）的分母可以写成以下多项式形式：

$$p(z) = \det\left\{\boldsymbol{E}_1^{\mathrm{H}}\boldsymbol{E}_2 - \boldsymbol{E}_1^{\mathrm{H}}\boldsymbol{\Psi}(z)\boldsymbol{E}_2\right\} \tag{4.284}$$

如果所有的 x_m / x_1（$m=1,2,\cdots,M$）都是整数，那么通过式（4.284），可以利用多项式求根方法得到信号 DOA。显然，当有共同的乘数使所有的 x_m / x_1（$m=1,2,\cdots,M$）都是整数时，这种方法很容易实现。在有限样本的情况下，式（4.284）可以写为

$$p(z)=\det\left\{\hat{\boldsymbol{E}}_1^{\mathrm{H}}\hat{\boldsymbol{E}}_2-\hat{\boldsymbol{E}}_1^{\mathrm{H}}\boldsymbol{\varPsi}(z)\hat{\boldsymbol{E}}_1\right\} \tag{4.285}$$

与 MUSIC 算法估计类似，信号 DOA 可以由式（4.285）最接近单位圆的根进行估计。在常规 ESPRIT 算法阵列的情况下，有 $x_1=x_2=\cdots=x_M$，式（4.285）成为

$$p(z)=\det\left\{\hat{\boldsymbol{E}}_1^{\mathrm{H}}\hat{\boldsymbol{E}}_2-z\hat{\boldsymbol{E}}_1^{\mathrm{H}}\hat{\boldsymbol{E}}_1\right\} \tag{4.286}$$

在这种情况下，式（4.286）的 K 个根是矩阵束 $\hat{\boldsymbol{E}}_1^{\mathrm{H}}\hat{\boldsymbol{E}}_2-z\hat{\boldsymbol{E}}_1^{\mathrm{H}}\hat{\boldsymbol{E}}_1$ 的广义特征值。因此，无须进行谱峰搜索的广义 ESPRIT 算法估计与常规 ESPRIT 算法估计相比减小了计算量。然而值得注意的是，与常规 ESPRIT 算法相比，式（4.285）所提出的估计方法适用于更一般的几何形状阵列。

4.10 压缩感知方法

4.10.1 压缩感知基本原理

压缩感知（Compressive Sensing，CS）理论是 2006 年由 Donoho 和 Candes 等提出的一套关于稀疏信号采集和恢复的理论[54-57]。压缩感知理论充分利用信号稀疏性或可压缩性，在信号采样的同时对数据进行适当的压缩，大大减轻了数据传输、存储、处理的负担。与传统的奈奎斯特采样理论相比，压缩感知理论的采样速率不取决于信号的带宽，而取决于信息在信号中的结构和内容。因此，该理论一经提出就成为信息论[58-59]、信号/图像处理[60]、无线通信[61]、超宽带系统中的信号检测[62-63]、信道估计[64-65]和参数估计[66-67]等众多领域的研究热点。

信号的稀疏性是压缩感知的重要前提和理论基础，信号的稀疏性定义如下。

定义 4.10.1 信号的稀疏性是指信号中非零元素的个数较少。

定义 4.10.2 若信号在某个变换域下近似稀疏，则为可压缩信号。或者说，从理论上讲，任何信号都具有可压缩性，只要能找到其相应的稀疏表示空间，就可以有效地进行压缩采样。

定义 4.10.3 矩阵奇异值的稀疏性是指矩阵奇异值中非零元素的个数（矩阵的秩）相对较少，也称为矩阵的低秩性，即矩阵的秩相对于矩阵的行数或列数而言很小。

1. 压缩感知的理论框架

本节将详细介绍压缩感知理论三个核心的部分：一是信号的稀疏表示；二是测量矩阵的设计；三是信号重构算法。

1）信号的稀疏表示

为了更清晰地描述信号的稀疏表示问题，首先定义向量 $\boldsymbol{x}=[x_1,x_2,\cdots,x_N]^{\mathrm{T}}$ 的 ℓ_p 范数，即

$$\|\boldsymbol{x}\|_p=\left(\sum_{i=1}^{N}|x_i|^p\right)^{1/p}$$

对于信号 $\boldsymbol{x}\in\mathbf{R}^N$，其在基变换 $\boldsymbol{\varPsi}$ 下的表示系数向量为

$$\boldsymbol{a}=\boldsymbol{\varPsi}^{\mathrm{T}}\boldsymbol{x}$$

根据 ℓ_p 范数的定义，若 $\boldsymbol{a}$ 满足：

$$\|\boldsymbol{a}\|_p\leqslant K$$

对于实数 $0<p<2$ 和 $K>0$ 同时成立，则称 $\boldsymbol{x}$ 在变换域内是稀疏的。特别的，当 $p=0$ 时，称信号 $\boldsymbol{x}$ 在时域内是稀疏的。

首先，考虑一般的信号重构问题，信号 $\boldsymbol{x}$ 在时域内本身就是稀疏的或可压缩的，即上述的基变换 $\boldsymbol{\varPsi}$ 为 Dirac 函数。给定一个测量矩阵 $\boldsymbol{\varPhi}\in\mathbf{R}^{M\times N}$（$M\ll N$），则信号 $\boldsymbol{x}$ 在该测量矩阵 $\boldsymbol{\varPhi}$ 下的测量值为[68]

$$\boldsymbol{y}=\boldsymbol{\varPhi}\boldsymbol{x} \tag{4.287}$$

其次，考虑由测量值 $\boldsymbol{y}$ 来重构信号 $\boldsymbol{x}$。由于 $\boldsymbol{y}$ 的维数 M 远小于 $\boldsymbol{x}$ 的维数 N，因此式（4.287）是欠定方程，有无穷多个解，直接通过解方程的方法无法重构信号 $\boldsymbol{x}$。然而，理论已经证明，如果信号 $\boldsymbol{x}$ 本身在时域内是 K 稀疏的或可压缩的，并且 $\boldsymbol{y}$ 与 $\boldsymbol{\varPhi}$ 满足一定的条件，那么信号 $\boldsymbol{x}$ 可以由测量值 $\boldsymbol{y}$ 通过求解最小 ℓ_0 范数问题以极高概率得到精确的重构。

常见的自然信号在时域内几乎都是不稀疏的。然而，从傅里叶变换到小波变换和多尺度几何分析的理论，为解决上述问题提供了思路，即寻找待处理信号在某变换域内更为稀疏的表示方式。设自然信号 $\boldsymbol{x}$ 在基变换 $\boldsymbol{\varPsi}$ 下具有稀疏性或可压缩性，即 $\boldsymbol{x}=\boldsymbol{\varPsi}\boldsymbol{a}$，其中 $\boldsymbol{a}$ 为信号 $\boldsymbol{x}$ 在基变换 $\boldsymbol{\varPsi}$ 下的 K 稀疏表示系数。于是，信号 $\boldsymbol{x}$ 在测量矩阵 $\boldsymbol{\varPhi}$ 下的测量值可以表示为[68]

$$\boldsymbol{y}=\boldsymbol{\varPhi}\boldsymbol{x}=\boldsymbol{\varPhi}\boldsymbol{\varPsi}\boldsymbol{a}=\tilde{\boldsymbol{\varPhi}}\boldsymbol{a} \tag{4.288}$$

式中，$\tilde{\boldsymbol{\Phi}}=\boldsymbol{\Phi\Psi}$ 为 $M\times N$ 矩阵，表示推广后的测量矩阵，称为感知矩阵（Sensing Matrix）。因此，$\boldsymbol{y}$ 可以看作稀疏信号 $\boldsymbol{a}$ 关于测量矩阵 $\boldsymbol{\Phi}$ 的测量值。由于基变换 $\boldsymbol{\Psi}$ 是固定的，因此要使 $\tilde{\boldsymbol{\Phi}}=\boldsymbol{\Phi\Psi}$ 满足 RIP 条件，测量矩阵 $\boldsymbol{\Phi}$ 必须满足一定的条件。

2）测量矩阵的设计

在压缩感知理论中，得到信号的稀疏表示以后，需要设计一个测量矩阵 $\boldsymbol{\Phi}$，使得由该测量矩阵上的压缩投影得到的 M 个测量值能够保留原始信号的绝大部分信息，使原始信号的信息损失最小，从而保证从少量的测量值中能够精确地重构出长度为 N（$M\ll N$）的原始信号。

测量矩阵的设计是压缩采样的核心，直接决定了压缩采样是否能够成功实现。由于压缩测量和信号重构精度以及信号稀疏性有着密切的联系，因此测量矩阵的设计应该与稀疏字典的设计统筹考虑。从原理的角度看，测量矩阵的设计要以非相干性或等距约束性为基本准则，既要减少压缩测量个数又要确保压缩感知的信号重构精度。从技术的角度看，测量矩阵的设计包括两个方面：一是测量矩阵的元素，对此 Candes 等给出了随机生成的设计策略；二是测量矩阵的维数，压缩测量个数 M 与信号稀疏性 K 和信号长度 N 应该满足一定的关系。

压缩感知理论框架下的测量值 $\boldsymbol{y}=\boldsymbol{\Phi x}$，其中测量矩阵 $\boldsymbol{\Phi}$ 的维数为 $M\times N$，且有 $M\ll N$。常用测量矩阵有以下几类[68-69]。

（1）高斯随机矩阵。对于一个 $M\times N$ 高斯随机矩阵，当 $M\geqslant CK\log(N/K)$ 时，测量矩阵 $\boldsymbol{\Phi}$ 在较大概率下具有 RIP 性质。

（2）二值随机矩阵。二值随机矩阵是指矩阵中每个元素都服从对称伯努利分布。服从对称伯努利分布的矩阵便于由硬件系统实现。

（3）局部傅里叶矩阵。局部傅里叶矩阵是先从傅里叶矩阵中随机抽取 M 行，再对其进行单位正则化得到的矩阵。局部傅里叶矩阵的一个优点是可以利用 FFT 矩阵得到，降低了采样系统的复杂性。

（4）其他测量矩阵。其他测量矩阵包括局部 Hadamard 矩阵、Toeplitz 矩阵和循环矩阵等。

3）信号重构算法

信号重构是压缩感知理论的关键部分，其目的是从 M 个测量值中重构出长度为 N（$M\ll N$）的稀疏信号。从表面上看，信号重构方程是一个无法直接求解的欠定方程，但由于信号是稀疏的或可压缩的，因此若感知矩阵满足 RIP 等稀疏重构条件，则该信号是可以以很高的概率被稀疏重构出来的。信号重构算法的设计应该遵循一个基本准则：利用尽可能少的压缩测量，快速、稳定、精确或近似精确地重构原始信号。

Candes 等证明了，信号重构问题可以通过求解如下最小 ℓ_0 范数问题进行求解[68]：

$$\begin{aligned}&\hat{\boldsymbol{a}}=\arg\min\|\boldsymbol{a}\|_0\\&\text{s.t.}\quad \tilde{\boldsymbol{\Phi}}\boldsymbol{a}=\boldsymbol{y}\end{aligned} \tag{4.289}$$

显然，上述问题求解需要列出 $\boldsymbol{a}$ 中所有非零项位置的 $\begin{pmatrix}N\\K\end{pmatrix}$ 种可能的组合才能得到最优解。因此，最小 ℓ_0 范数问题是一个需要组合搜索的 NP 难问题。当 N 很大时，信号重构不仅在数值计算上无法有效实现，而且抗噪能力很差。为此，学者们陆续提出了多种近似等价的信号重构算法，简单地说，主要包括松弛方法、贪婪方法和非凸方法。

最小 ℓ_0 范数问题是一个 NP 难问题，而文献[70]指出，采用 ℓ_1 范数代替 ℓ_0 范数，可以通过凸优化来求解：

$$\begin{aligned}&\hat{\boldsymbol{a}}=\arg\min\|\boldsymbol{a}\|_1\\&\text{s.t.}\quad \tilde{\boldsymbol{\Phi}}\boldsymbol{a}=\boldsymbol{y}\end{aligned} \tag{4.290}$$

文献[71]证明了，在满足一定条件时，式（4.289）和式（4.290）是等价的。因此，信号重构问题可以转化为一个线性规划问题加以求解，这种方法也称为基追踪（Basis Pursuit，BP）方法。如果考虑噪声的影响，那么上述问题可以转化为如下最小 ℓ_1 范数问题：

$$\begin{aligned}&\hat{\boldsymbol{a}}=\arg\min\|\boldsymbol{a}\|_1\\&\text{s.t.}\quad \|\tilde{\boldsymbol{\Phi}}\boldsymbol{a}-\boldsymbol{y}\|\leqslant\sigma\end{aligned} \tag{4.291}$$

式中，σ 代表噪声一个可能的标准差。针对最小 ℓ_1 范数问题，学者们相继提出内点法、最小角回归、梯度投影、软/硬迭代阈值等多种稀疏信号重构算法。

2．矩阵秩最小化理论

与压缩感知紧密相关的一个问题是矩阵秩最小化问题。矩阵秩最小化就是指利用矩阵奇异值的稀疏性。低秩矩阵模型在通信信号处理等领域具有一定的应用，这往往涉及仿射秩最小化（Affine Rank Minimization）问题[72-73]，即

$$\begin{aligned}&\min_{\boldsymbol{X}}\ \operatorname{rank}(\boldsymbol{X})\\&\text{s.t.}\quad A(\boldsymbol{X})=\boldsymbol{b}\end{aligned} \tag{4.292}$$

式中，$\boldsymbol{X}\in\mathbf{R}^{m\times n}$ 为决策变量，真实的决策变量 $\boldsymbol{X}_0$ 具有低秩特性；A 为线性映射，$A:\mathbf{R}^{m\times n}\to\mathbf{R}^p$，将决策变量 $\boldsymbol{X}$ 映射到观测变量 $\boldsymbol{b}\in\mathbf{R}^p$。目标函数是矩阵 $\boldsymbol{X}$ 的秩，即其奇异值构成的向量的稀疏性。然而，上述问题的求解是 NP 难的。注意到，函数 $\operatorname{rank}(\boldsymbol{X})$ 在集合 $\{\boldsymbol{X}\in\mathbf{R}^{m\times n}:\|\boldsymbol{X}\|\leqslant 1\}$ 上的凸包络（Convex Envelop）是 $\boldsymbol{X}$ 的核范数，即 $\|\boldsymbol{X}\|_*=\sum_{k=1}^{n}\sigma_k(\boldsymbol{X})$

（矩阵 $\boldsymbol{X}$ 的所有奇异值之和）。研究人员转而求解如下凸优化问题[72-73]：

$$\begin{aligned}&\min \|\boldsymbol{X}\|_*\\&\text{s.t.}\ \ A(\boldsymbol{X})=\boldsymbol{b}\end{aligned}\tag{4.293}$$

矩阵秩最小化的一个典型应用是求解低秩矩阵填充（Low-Rank Matrix Completion）问题[72]。假定原始信号矩阵是低秩的，但是矩阵中含有很多未知的元素，则从一个不完整的矩阵中恢复出一个完整的低秩矩阵便是低秩矩阵填充问题。例如，著名的 Netflix 问题便是一个典型的低秩矩阵填充问题。Netflix 是一家在线影片租赁公司，该公司能够提供超大数量的 DVD，并且能够让客户快速、方便地挑选影片，同时免费递送。Netflix 大奖赛从 2006 年 10 月开始举办，Netflix 公开了大约 1 亿个 1～5 的匿名影片评级，数据集仅包含影片名称、评价星级和评级日期，没有任何文本评价内容。这个比赛要求参赛者预测 Netflix 的客户分别喜欢什么影片，并且要求把预测的效率提高 10%以上。这个问题可以通过矩阵填充来进行建模。假设矩阵的每一行代表同一个客户对不同电影的打分，每一列代表不同客户对同一电影的打分。由于客户数量巨大，影片数量也巨大，因此这个矩阵的维度十分大。由于用户所打分的影片有限，因此这个矩阵中只有很小一部分的元素值已知，而且可能含有噪声或误差。

从数学上来讲，观测到的不完整的矩阵 $\boldsymbol{M}\in\mathbf{R}^{m\times n}$，$\Omega$ 对应于观测到的矩阵 $\boldsymbol{M}$ 中元素对应的位置集合，即若 M_{ij}，$(i,j)\in\Omega$ 被观测到，则恢复出完整的低秩矩阵（秩为 r），即[73-74]

$$\begin{aligned}&\min_{\boldsymbol{X}}\ \operatorname{rank}(\boldsymbol{X})\\&\text{s.t.}\ \ X_{ij}=M_{ij},\ \ (i,j)\in\Omega\end{aligned}\tag{4.294}$$

但是，上述优化问题是 NP 难问题，且问题求解的复杂度还随着矩阵维度的增大呈平方倍指数升高。取而代之，一般采用如下凸优化问题[74]：

$$\begin{aligned}&\min_{\boldsymbol{X}}\ \|\boldsymbol{X}\|_*\\&\text{s.t.}\ \ X_{ij}=M_{ij},\ \ (i,j)\in\Omega\end{aligned}\tag{4.295}$$

4.10.2 正交匹配追踪

考虑 K 个信号入射到由 M 个全向传感器组成的阵列，接收信号向量表示为

$$\boldsymbol{x}(t)=\boldsymbol{A}\boldsymbol{s}(t)+\boldsymbol{n}(t)\tag{4.296}$$

对于使用稀疏方法进行 DOA 估计的问题，我们应该修改数据模型使其满足稀疏

表示的要求。首先，引入冗余字典 $\boldsymbol{D}=\left[\boldsymbol{a}\left(\theta_1'\right),\boldsymbol{a}\left(\theta_2'\right),\cdots,\boldsymbol{a}\left(\theta_N'\right)\right]\in\mathbf{C}^{M\times N}$，其中方向向量 $\boldsymbol{\theta}'=\left[\theta_1',\theta_2',\cdots,\theta_N'\right]^{\mathrm{T}}\in\mathbf{R}^{N\times1}$ 包含所有可能的源位置。潜在源位置的数量 N 通常远大于信源的数量 K，甚至传感器的数量 M。在此框架中，$\boldsymbol{D}$ 是已知的，并且不依赖于实际的源位置 $\boldsymbol{q}$。其次，定义稀疏向量 $\boldsymbol{w}(t)=\left[w_1(t),w_2(t),\cdots,w_N(t)\right]^{\mathrm{T}}\in\mathbf{C}^{N\times1}$，其元素满足：

$$w_n(t)=\begin{cases}s_k(t), & \theta_n'=\theta_k\in\boldsymbol{\theta}\\ 0, & 其他\end{cases}\tag{4.297}$$

$\boldsymbol{w}(t)$ 的非零元素等于信号的真实 DOA。因此，如果 $\boldsymbol{w}(t)$ 的非零元素可用，则可以获得 DOA。 因此，用于 DOA 估计的接收信号的稀疏数据模型具有以下形式：

$$\boldsymbol{x}(t)=\boldsymbol{D}\boldsymbol{w}(t)+\boldsymbol{n}(t),\quad t=1,2,\cdots,T\tag{4.298}$$

多样本情况可以用矩阵形式表示为

$$\boldsymbol{X}=\boldsymbol{D}\boldsymbol{W}+\boldsymbol{N}\tag{4.299}$$

式中，$\boldsymbol{X}=\left[\boldsymbol{x}(1),\boldsymbol{x}(2),\cdots,\boldsymbol{x}(T)\right]$；$\boldsymbol{N}=\left[\boldsymbol{n}(1),\boldsymbol{n}(2),\cdots,\boldsymbol{n}(T)\right]$；$\boldsymbol{W}=\left[\boldsymbol{w}(1),\boldsymbol{w}(2),\cdots,\boldsymbol{w}(T)\right]$。式（4.298）是本节 DOA 估计的稀疏数据模型。显然 $\boldsymbol{W}$ 是联合行稀疏的。

正交匹配追踪（Orthogonal Matching Pursuit，OMP）算法的基本思想是，首先从包含完备角度集合的观测矩阵 $\boldsymbol{D}$ 中选择与观测信号内积最大的列，并通过 LS 方法计算残差 $\boldsymbol{r}$；其次在观测矩阵 $\boldsymbol{D}$ 中选择与残差 r 最匹配的列，反复迭代，直至迭代次数达到信源数 K。选择出的 K 列在 $\boldsymbol{D}$ 中的位置就代表 $\boldsymbol{w}(t)$ 中非零元素的位置，由此即可获得信号的 DOA 估计值。

算法 4.12：基于正交匹配追踪的阵列信号 DOA 估计算法。

步骤 1：根据阵列接收信号构造协方差矩阵 $\boldsymbol{R}_x$。

步骤 2：对 $\boldsymbol{R}_x$ 进行特征值分解，找到最大特征值对应的特征向量 $\boldsymbol{U}_{s1}$。

步骤 3：构造过完备角度集合 $\boldsymbol{\Theta}=\{\tilde{\theta}_1,\tilde{\theta}_2,\cdots,\tilde{\theta}_D\}$（$D\gg K$），构造扩展的方向矩阵 $\boldsymbol{D}$。

步骤 4：定义残差 $r_0=\boldsymbol{U}_{s1}$，索引集 $\Gamma_0=\varnothing$，重建列集合 $\boldsymbol{D}_0=\varnothing$，迭代次数 $t=1$。

步骤 5：通过计算 $\gamma_t=\underset{j=1,2,\cdots,D}{\arg\min}\left|\left\langle r_{t-1},\boldsymbol{d}_j\right\rangle\right|$ 得到此时最匹配列的下标，其中 $\boldsymbol{d}_j$ 表示 $\boldsymbol{D}$ 的第 j 列。

步骤 6：更新索引集 $\Gamma_t=\Gamma_{t-1}\cup\{\gamma_t\}$，更新重建列集合 $\boldsymbol{D}_t=\left[\boldsymbol{D}_{t-1},\boldsymbol{d}_{\gamma_t}\right]$。

步骤 7：更新残差 $r_t=\boldsymbol{U}_{s1}-\boldsymbol{D}_t\boldsymbol{p}_t=\boldsymbol{U}_{s1}-\boldsymbol{D}_t\left(\boldsymbol{D}_t^{\mathrm{T}}\boldsymbol{D}_t\right)^{-1}\boldsymbol{D}_t^{\mathrm{T}}\boldsymbol{U}_{s1}$，并令 $t=t+1$。

步骤 8：若$t \leqslant K$，则返回步骤 5；若$t > K$，则此时索引集Γ_K在过完备角度集合$\boldsymbol{\Theta}$中对应的角度就是信号的 DOA 估计值。

4.10.3 稀疏贝叶斯学习

稀疏贝叶斯学习（SBL）算法最初是由 Tipping 提出的，该算法通过贝叶斯学习找到稀疏表示。假设式（4.299）中的$\boldsymbol{N}$是加性复高斯噪声，方差为λ。为了便于以后分析，我们采用$\boldsymbol{x}_{i.}$表示$\boldsymbol{X}$的第i列，采用$\boldsymbol{x}_{.j}$表示$\boldsymbol{X}$的第j行。同样地，采用$\boldsymbol{w}_{i.}$表示$\boldsymbol{W}$的第i列，采用$\boldsymbol{w}_{.j}$表示$\boldsymbol{W}$的第j行。因此，有以下多元复数高斯分布：

$$p\left(\boldsymbol{x}_{.j} \middle| \boldsymbol{w}_{.j},\lambda\right) = (\pi\lambda)^{-M} \exp\left(-\frac{1}{\lambda}\left\|\boldsymbol{x}_{.j} - \boldsymbol{D}\boldsymbol{w}_{.j}\right\|^2\right) \tag{4.300}$$

式中，$\|\boldsymbol{x}\|^2 = \boldsymbol{x}^{\mathrm{H}}\boldsymbol{x}$。遵循贝叶斯推理的原理，$\boldsymbol{W}$的第$i$行分配一个$T$维复高斯先验，其均值为 0、方差为$\gamma_i$，即

$$p\left(\boldsymbol{w}_{i.} \middle| \gamma_i\right) = N\left(0, \gamma_i \boldsymbol{I}\right) \tag{4.301}$$

式中，γ_i为未知方差参数，其被定义为贝叶斯推理中的超参数，并且可以根据观察到的数据估计。通过组合这些行先验中的每一个，我们得到一个全权重先验（Full Weight Prior）：

$$p\left(\boldsymbol{W} \middle| \boldsymbol{\gamma}\right) = \prod_{i=1}^{M} p\left(\boldsymbol{w}_{i.} \middle| \gamma_i\right) \tag{4.302}$$

其形式由超参数向量$\boldsymbol{\gamma} = [\gamma_1, \gamma_2, \cdots, \gamma_M]^{\mathrm{T}}$调制。结合式（4.300）和先验，$\boldsymbol{W}$的第$j$列的后验密度变为

$$p\left(\boldsymbol{w}_{.j} \middle| \boldsymbol{x}_{.j}, \boldsymbol{\gamma}, \lambda\right) = N\left(\boldsymbol{\mu}_{.j}, \boldsymbol{\Sigma}\right) \tag{4.303}$$

其均值和协方差为

$$\boldsymbol{\mu}_{.j} = E\left[\boldsymbol{w}_{.j} \middle| \boldsymbol{x}_{.j}, \boldsymbol{\gamma}, \lambda\right] = \boldsymbol{\Gamma}\boldsymbol{D}^{\mathrm{H}}\boldsymbol{\Sigma}_x^{-1}\boldsymbol{x}_{.j} \tag{4.304}$$

$$\boldsymbol{U} = \left[\boldsymbol{\mu}_1, \boldsymbol{\mu}_2, \cdots, \boldsymbol{\mu}_T\right] = \boldsymbol{\Gamma}\boldsymbol{D}^{\mathrm{H}}\boldsymbol{\Sigma}_x^{-1}\boldsymbol{X} \tag{4.305}$$

$$\boldsymbol{\Sigma} = \mathrm{Cov}\left[\boldsymbol{w}_{.j} \middle| \boldsymbol{x}_{.j}, \boldsymbol{\gamma}, \lambda\right] = \boldsymbol{\Gamma} - \boldsymbol{\Gamma}\boldsymbol{D}^{\mathrm{H}}\boldsymbol{\Sigma}_x^{-1}\boldsymbol{D}\boldsymbol{\Gamma} \tag{4.306}$$

式中，$\boldsymbol{\Gamma} = \mathrm{diag}(\boldsymbol{\gamma})$；

$$\boldsymbol{\Sigma}_x = \lambda\boldsymbol{I} + \boldsymbol{D}\boldsymbol{\Gamma}\boldsymbol{D}^{\mathrm{H}} \tag{4.307}$$

由此可以看出，$\boldsymbol{W}$ 的分布是多元复数高斯分布。因此，如果估计 $\boldsymbol{\mu}_{.j}$，则可以获得 $\boldsymbol{w}_{.j}$ 的估计。稀疏表示的目标是估计 $\boldsymbol{W}$。对于 DOA 估计，我们只需要获得 $\boldsymbol{W}$ 的非零元素的下标。方差 $\boldsymbol{\gamma}$ 可确定信号能量以及 $\boldsymbol{W}$ 的稀疏性。当 γ_i 接近零时，$\boldsymbol{\mu}_{.j}$ 的第 i 个元素等于零。因此，可以通过估计 $\boldsymbol{\gamma}$ 的非零下标来完成 DOA 估计。可以使用证据最大化或Ⅱ型最大似然法来估计 $\boldsymbol{\gamma}$。Ⅱ型对数似然函数可以表示为

$$\begin{aligned} L(\boldsymbol{\gamma},\lambda) &= \log\int p\left(\boldsymbol{X}\middle|\boldsymbol{W},\lambda\right)p\left(\boldsymbol{W}\middle|\boldsymbol{\gamma}\right)\mathrm{d}\boldsymbol{W} \\ &= \frac{1}{2}T\log\left|\boldsymbol{\Sigma}_x\right| + \sum_{j=1}^{T}\boldsymbol{x}_{.j}^{\mathrm{H}}\boldsymbol{\Sigma}_x^{-1}\boldsymbol{x}_{.j} \end{aligned} \tag{4.308}$$

式中，

$$\gamma_i = \frac{\left\|\boldsymbol{\mu}_{i.}\right\|_2^2}{T\left(1-\gamma_i^{-1}\boldsymbol{\Sigma}_{ii}\right)},\quad i=1,2,\cdots,M \tag{4.309}$$

$$\lambda = \frac{\left\|\boldsymbol{X}-\boldsymbol{D}\boldsymbol{U}\right\|}{T\left(N-M+\sum\limits_{i=1}^{M}\dfrac{\boldsymbol{\Sigma}_{ii}}{\gamma_i}\right)} \tag{4.310}$$

当 $\left\|\boldsymbol{\gamma}-\boldsymbol{\gamma}_0\right\|_\infty < \varepsilon$ 时停止迭代，找到 $\boldsymbol{\gamma}$ 的较大非零元素的下标从而得到 DOA 估计值。

算法 4.13：基于稀疏贝叶斯学习的阵列信号 DOA 估计算法。

步骤 1：构造用于进行 DOA 估计的接收信号的稀疏数据模型。

步骤 2：根据多元复数高斯分布初始化 λ；根据观察到的数据估计贝叶斯推理中的超参数向量 $\boldsymbol{\gamma}$ 的初始值。

步骤 3：计算均值和协方差。

步骤 4：迭代更新 $\boldsymbol{\gamma}$ 和 λ 的值。

步骤 5：当满足迭代停止条件时停止迭代，找到 $\boldsymbol{\gamma}$ 的较大非零元素的下标从而得到 DOA 估计值。

4.11 DFT 类方法

大规模多输入多输出（Multi-Input Multi-Output，MIMO）技术被广泛认为是第五代（Fifth Generation，5G）移动通信系统的物理层关键技术[75]。在大规模 MIMO 无线通信系统中，基站将采用由数以百计的天线构成的大规模阵列，同时服务数十个配备单天线的用户。相比传统无线通信系统，大规模 MIMO 无线通信系统可有效提高无线通信系

统的容量和可靠性，获得空前的频谱利用率和能量效率，同时在安全性、稳健性等方面也得到显著提升。但是在具有众多优点的同时，巨大的阵列孔径和受限的硬件开销也对信号的信道估计和实时处理造成严重阻碍。然而研究表明，这个问题可借助对信号的 DOA 估计得到较好的解决（特别是在毫米波通信系统中）。

本节针对大规模均匀线阵下点信源的空间谱估计，提出了一种简单但有效的基于 DFT 技术的 DOA 估计算法。该算法首先直接对接收信号进行 DFT 得到 DFT 谱，并据此得到对于 DOA 的初始估计；其次利用所提出的相位旋转技术，在一个较小的范围内进行搜索得到对于 DOA 的最终估计。本节算法仅需要单快拍即可估计 DOA，且搜索次数较少，复杂度较低。由于 FFT 技术的成熟和广泛使用，本节算法易用于实际工程实现。仿真实验表明，本节算法可获得接近 CRB 算法和 ML 算法的估计精度[76]。

4.11.1 数据模型

考虑一个大规模均匀线阵，其阵元数为M，$M \gg 1$，阵元间距为信号半波长。假设来自K个远场点信源的信号入射到阵列，其入射角为$\boldsymbol{\theta}=[\theta_1,\theta_2,\cdots,\theta_K]$。与经典的 MUSIC 算法、ESPRIT 算法一样，假设信源数K已知，则某一时刻的阵列输出信号为

$$\boldsymbol{y}=\boldsymbol{A}\boldsymbol{s}+\boldsymbol{n} \tag{4.311}$$

式中，$\boldsymbol{A}$为$M\times K$的阵列流形矩阵；$\boldsymbol{s}=[s_1,s_2,\cdots,s_K]^{\mathrm{T}}$表示$K\times 1$的单快拍、复值入射信号；$\boldsymbol{n}$为$M\times 1$的加性高斯白噪声，方差为$\sigma_n^2$。阵列流形矩阵$\boldsymbol{A}$的详细表达式为$\boldsymbol{A}=[\boldsymbol{a}(\theta_1),\boldsymbol{a}(\theta_2),\cdots,\boldsymbol{a}(\theta_K)]$，其中$\boldsymbol{a}(\theta_k)=[1,\mathrm{e}^{\mathrm{j}\pi\sin\theta_k},\cdots,\mathrm{e}^{\mathrm{j}(M-1)\pi\sin\theta_k}]^{\mathrm{T}}$，$k=1,2,\cdots,K$。

4.11.2 基于 DFT 的低复杂度 DOA 估计算法

1. 初始估计

DFT 技术是一种常用的非参数化谱分析技术。然而在现有文献中，利用 DFT 技术实现 DOA 估计的公开报道较少。在大规模天线阵列下，基于 DFT 的空间谱分析可以实现较高的分辨率。

定义归一化的$M\times M$的 DFT 矩阵为$\boldsymbol{F}$，其第(p,q)个元素为$[\boldsymbol{F}]_{pq}=\mathrm{e}^{-\mathrm{j}\frac{2\pi}{M}pq}/\sqrt{M}$。同时，定义对方向向量$\boldsymbol{a}(\theta_k)$的归一化 DFT 为$\tilde{\boldsymbol{a}}(\theta_k)=\boldsymbol{F}\boldsymbol{a}(\theta_k)$，其第$q$个元素为

$$\left[\tilde{\boldsymbol{a}}(\theta_k)\right]_q=\frac{1}{M}\sum_{m=0}^{M-1}\mathrm{e}^{-\mathrm{j}\left(\frac{2\pi}{M}mq-m\pi\sin\theta_k\right)}=\frac{1}{\sqrt{M}}\frac{\sin\left[\frac{M}{2}\left(\frac{2\pi}{M}q-\pi\sin\theta_k\right)\right]}{\sin\left[\frac{1}{2}\left(\frac{2\pi}{M}q-\pi\sin\theta_k\right)\right]}\mathrm{e}^{-\mathrm{j}\frac{M-1}{2}\left(\frac{2\pi}{M}q-\pi\sin\theta_k\right)} \tag{4.312}$$

当天线阵元数趋于无穷大，即 $M \to \infty$ 时，一定存在一个整数 $q_k = M\sin\theta_k / 2$ 使得 $\left[\tilde{\boldsymbol{a}}(\theta_k)\right]_{q_k} = \sqrt{M}$，而同时 $\tilde{\boldsymbol{a}}(\theta_k)$ 的其余元素全为零。此时，如图 4.2（a）所示，$\tilde{\boldsymbol{a}}(\theta_k)$ 达到了"理想稀疏"，所有功率都集中在 DFT 谱中的第 q_k 点，对 θ_k 的 DOA 估计可由 $\tilde{\boldsymbol{a}}(\theta_k)$ 的非零点 q_k 的位置轻松得到。

然而，在实际中，即使大规模 MIMO 无线通信系统中使用了数以百计的天线，阵列孔径也不可能无限大。此时，$M\sin\theta_k / 2$ 在大部分情况下将不能恰好为整数，相应地，功率会由第 $\langle M\sin\theta_k / 2\rangle$ 点泄露到周围点，如图 4.2（b）所示，$\langle\bullet\rangle$ 表示取最接近的整数。很显然，泄露的程度与 M 成反比，但与 $M\sin\theta_k / 2 - \langle M\sin\theta_k / 2\rangle$ 成正比。因为在大规模阵列中 $M \gg 1$，所以 $\tilde{\boldsymbol{a}}(\theta_k)$ 仍可被近似成一个稀疏向量，其绝大部分功率集中在第 $\langle M\sin\theta_k / 2\rangle$ 点。因此，$\tilde{\boldsymbol{a}}(\theta_k)$ 的谱峰位置可作为 DOA 的初始估计。

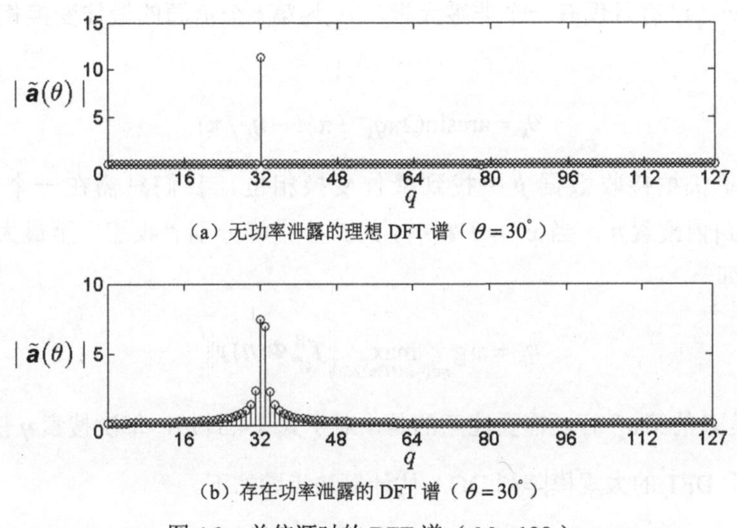

图 4.2　单信源时的 DFT 谱（$M = 128$）

基于以上讨论，接收信号的 DFT 为 $\boldsymbol{x} = \boldsymbol{F}\boldsymbol{y}$，其中第 q 个元素为

$$[\boldsymbol{x}]_q = \sum_{k=1}^{K}\left[\tilde{\boldsymbol{a}}(\theta_k)\right]_q s_k + [\boldsymbol{F}\boldsymbol{n}]_q \tag{4.313}$$

随后，记 $|\boldsymbol{x}|$ 的较大的 K 个谱峰为 $\{q_k^{\text{ini}}\}_{k=1}^{K}$，并由此获得对 DOA 的初始估计，即

$$\theta_k^{\text{ini}} = \arcsin(2q_k^{\text{ini}} / M),\ \ k = 1,2,\cdots,K \tag{4.314}$$

2．最终估计

直接利用 DFT 得到的对 $\sin\theta_k^{\text{ini}}$ 的估计的分辨率受限于 DFT 点数的一半，即 $1/(2M)$。举例来说，当 $M = 100$ 时，$\sin\theta_k$ 估计的最小 MSE 和 10^{-4} 是一个数量级的。为提高 DOA 估计的准确度，我们提出了一种相位旋转技术来消除这种限制。

定义对原始向量的相位旋转为$\boldsymbol{\Phi}(\eta)\boldsymbol{y}$，其中$\boldsymbol{\Phi}(\eta)=\mathrm{diag}\{1,\mathrm{e}^{\mathrm{j}\eta},\cdots,\mathrm{e}^{\mathrm{j}(M-1)\eta}\}$为一个对角矩阵，$\eta$被称作相应的变换相位，且$\eta\in[-\pi/M,\pi/M]$。

定义$\tilde{\boldsymbol{a}}(\theta_k)^{\mathrm{ro}}=\boldsymbol{F\Phi}(\eta)\boldsymbol{a}(\theta_k)$为旋转后的方向向量的 DFT，经计算可得

$$\left[\tilde{\boldsymbol{a}}(\theta_k)^{\mathrm{ro}}\right]_q=\frac{1}{\sqrt{M}}\frac{\sin\left[\frac{M}{2}\left(\frac{2\pi}{M}q-\eta-\pi\sin\theta_k\right)\right]}{\sin\left[\frac{1}{2}\left(\frac{2\pi}{M}q-\eta-\pi\sin\theta_k\right)\right]}\times\mathrm{e}^{-\mathrm{j}\frac{M-1}{2}\left(\frac{2\pi}{M}q-\eta-\pi\sin\theta_k\right)}$$

显然，存在某个$\eta_k\in[-\pi/M,\pi/M]$使得

$$\frac{2\pi q_k^{\mathrm{ini}}}{M}-\eta_k=\pi\sin\theta_k \tag{4.315}$$

此时，$\tilde{\boldsymbol{a}}(\theta_k)^{\mathrm{ro}}$有且仅有一个非零元素，$\eta_k$为第$k$个信源的最佳变换相位。对$\theta_k$的估计为

$$\theta_k=\arcsin(2\pi q_k^{\mathrm{ini}}/\pi M-\eta_k/\pi) \tag{4.316}$$

为了从单快拍接收数据$\boldsymbol{y}$中找到最佳变换相位，我们只需在一个很小的范围$[-\pi/M,\pi/M]$内搜索η，当$\boldsymbol{x}^{\mathrm{ro}}=\boldsymbol{F\Phi}(\eta)\boldsymbol{y}$的$K$个谱峰分别“收缩”至最大值时可找到相应的$\eta_k$，即

$$\eta_k=\arg\max_{\eta\in(-\pi/M,\pi/M)}\left\|\boldsymbol{f}_{q_k^{\mathrm{ini}}}^{\mathrm{H}}\boldsymbol{\Phi}(\eta)\boldsymbol{y}\right\|_2^2 \tag{4.317}$$

式中，$\boldsymbol{f}_{q_k^{\mathrm{ini}}}^{\mathrm{H}}$是$\boldsymbol{F}$的第$q_k^{\mathrm{ini}}$行。需要注意的是，对于式（4.317），每次搜索$\eta$仅需$O(M)$的复杂度。基于 DFT 的大规模阵列 DOA 估计算法步骤如下。

算法 4.14：基于 DFT 的大规模阵列 DOA 估计算法。

步骤 1：对大规模阵列接收单快拍信号进行 DFT。

步骤 2：通过谱峰得到 DOA 初始估计。

步骤 3：利用式（4.317）进行局部精搜索，得到 DOA 最终估计。

4.11.3 算法分析和改进

1. 复杂度分析

在实际使用中，我们可以使用 FFT 运算代替 DFT 运算达到加速的目的。FFT 运算的复杂度为$O(M\log_2 M)$，搜索谱峰位置的复杂度为$O(M)$。由此可知，本节算法的总复杂度为$O(M\log_2 M+M+GKM)$，其中G是对η在$[-\pi/M,\pi/M]$范围内搜索的格点数。易得本节算法的复杂度远小于传统 WSF 算法的复杂度$O(M^3)$，特别是在阵元数M很大

时。G 的取值同样决定了估计准确度。然而，对于大规模 MIMO 无线通信系统来说，阵元数 M 很大（通常 $K \ll M$），即使 G 取值很小也能提供良好的估计准确度，同时复杂度也较低。举例来说，如果 $M=100$，$G=10$，那么 $\sin\theta_k$ 的最差估计的 MSE 约和 10^{-6} 同数量级。

2. MSE 分析

多信源 DOA 情形下的闭式解 MSE 分析通常很难推导，一种通行的方法是考虑单信源情形。这里，我们推导了对 $\omega=\pi\sin\theta$ 的 MSE 分析，作为算法的理论性能分析。

在单信源情形下，本节所提算子可变换为

$$\hat{\omega}=\arg\max_{\omega}\left\|\boldsymbol{a}^{\mathrm{H}}(\theta)\boldsymbol{y}\right\|_2^2=\arg\max_{\omega}\ \boldsymbol{y}^{\mathrm{H}}\boldsymbol{a}(\theta)\boldsymbol{a}^{\mathrm{H}}(\theta)\boldsymbol{y}=\arg\max_{\omega}\ g(\omega) \tag{4.318}$$

式中，$\boldsymbol{a}(\theta)=\boldsymbol{\Phi}^{\mathrm{H}}(\eta)\boldsymbol{f}_{q_{\mathrm{ini}}}$ 可由式（4.318）得到；$g(\omega)$ 表示相应的代价函数。式（4.318）与 ML 算法等价，即

$$\hat{\omega}=\arg\min_{\omega}\left\|\boldsymbol{y}-\boldsymbol{a}(\theta)s\right\|_2^2=\arg\min_{\omega}\left\|\boldsymbol{y}-\boldsymbol{P}_{\boldsymbol{a}}\boldsymbol{y}\right\|_2^2=\arg\max_{\omega}\ \boldsymbol{y}^{\mathrm{H}}\boldsymbol{P}_{\boldsymbol{a}}\boldsymbol{y} \tag{4.319}$$

式中，$\boldsymbol{P}_{\boldsymbol{a}}=\boldsymbol{a}(\theta)\boldsymbol{a}^{\mathrm{H}}(\theta)/N$ 表示到 $\boldsymbol{a}(\theta)$ 张成的空间的投影矩阵。

定理 4.11.1 定义 $\Delta\omega=\hat{\omega}_0-\omega_0$ 为估计误差。在大 SNR 情况下，本节算法的估计误差的均值和 MSE 分别为

$$E\{\Delta\omega\}=0 \tag{4.320}$$

$$E\{\Delta\omega^2\}=\frac{\sigma_n^2}{2s^*\boldsymbol{a}^{\mathrm{H}}\boldsymbol{D}\boldsymbol{P}_{\boldsymbol{a}}^{\perp}\boldsymbol{D}\boldsymbol{a}s} \tag{4.321}$$

式中，$\boldsymbol{P}_{\boldsymbol{a}}^{\perp}=\boldsymbol{I}-\boldsymbol{P}_{\boldsymbol{a}}$ 为到 $\boldsymbol{a}$ 的正交空间的投影矩阵；$\boldsymbol{D}=\mathrm{diag}\{0,1,\cdots,M-1\}$ 为对角矩阵。

证明：在大 SNR 下，代价函数的一阶偏导可由泰勒展开近似为

$$0=\left.\frac{\partial g(\omega)}{\partial\omega}\right|_{\omega=\hat{\omega}_0}\approx\left.\frac{\partial g(\omega)}{\partial\omega}\right|_{\omega=\hat{\omega}_0}+\left.\frac{\partial^2 g(\omega)}{\partial^2\omega}\right|_{\omega=\hat{\omega}_0}\Delta\omega \tag{4.322}$$

因此，$\Delta\omega$ 可以表示为

$$\Delta\omega\approx-\frac{\left.\dfrac{\partial g(\omega)}{\partial\omega}\right|_{\omega=\hat{\omega}_0}}{\left.\dfrac{\partial^2 g(\omega)}{\partial^2\omega}\right|_{\omega=\hat{\omega}_0}}=-\frac{\dot{g}(\omega)}{\ddot{g}(\omega)} \tag{4.323}$$

式（4.323）中的一阶偏导可表示为

$$\dot{g}(\omega_0)=\mathrm{j}\boldsymbol{y}^{\mathrm{H}}\boldsymbol{D}\boldsymbol{P}_a^{\perp}\boldsymbol{y}-\mathrm{j}\boldsymbol{y}^{\mathrm{H}}\boldsymbol{P}_a^{\perp}\boldsymbol{D}\boldsymbol{y} \tag{4.324}$$

定义无噪信号为 $\boldsymbol{y}_d=\boldsymbol{a}(\theta)s$。因为 $\boldsymbol{P}_a^{\perp}\boldsymbol{y}_d=\boldsymbol{O}$，所以可以将式（4.324）改写为

$$\dot{g}(\omega_0)=-2\mathrm{Im}\{\boldsymbol{y}_d^{\mathrm{H}}\boldsymbol{D}\boldsymbol{P}_a^{\perp}\boldsymbol{n}\}-2\mathrm{Im}\{\boldsymbol{n}^{\mathrm{H}}\boldsymbol{D}\boldsymbol{P}_a^{\perp}\boldsymbol{n}\} \tag{4.325}$$

易得

$$E\{\dot{g}(\omega_0)\}=-2E\{\mathrm{Im}\{\boldsymbol{n}^{\mathrm{H}}\boldsymbol{D}\boldsymbol{n}\}\}=-2\sigma_n^2\mathrm{Im}\{\mathrm{trace}\{\boldsymbol{D}\boldsymbol{P}_a^{\perp}\}\}=0 \tag{4.326}$$

式（4.323）中的二阶偏导可由下式计算：

$$\ddot{g}(\omega_0)=-\boldsymbol{y}^{\mathrm{H}}\boldsymbol{D}\boldsymbol{P}_a^{\perp}\boldsymbol{n}+\boldsymbol{y}^{\mathrm{H}}\boldsymbol{D}\boldsymbol{P}_a^{\perp}\boldsymbol{D}\boldsymbol{y}+\boldsymbol{y}^{\mathrm{H}}\boldsymbol{D}\boldsymbol{P}_a^{\perp}\boldsymbol{D}\boldsymbol{y}-\boldsymbol{n}^{\mathrm{H}}\boldsymbol{P}_a^{\perp}\boldsymbol{D}^2\boldsymbol{y} \tag{4.327}$$

易得

$$\begin{aligned}E\{\ddot{g}(\omega)\}&=2\boldsymbol{y}_d^{\mathrm{H}}\boldsymbol{D}\boldsymbol{P}_a^{\perp}\boldsymbol{D}\boldsymbol{y}_d+E\{-\boldsymbol{n}^{\mathrm{H}}\boldsymbol{D}^2\boldsymbol{P}_a^{\perp}\boldsymbol{n}+\boldsymbol{n}^{\mathrm{H}}\boldsymbol{D}\boldsymbol{P}_a^{\perp}\boldsymbol{D}\boldsymbol{n}+\boldsymbol{n}^{\mathrm{H}}\boldsymbol{D}\boldsymbol{P}_a^{\perp}\boldsymbol{D}\boldsymbol{n}-\boldsymbol{n}^{\mathrm{H}}\boldsymbol{P}_a^{\perp}\boldsymbol{D}^2\boldsymbol{n}\}\\&=2\boldsymbol{y}_d^{\mathrm{H}}\boldsymbol{D}\boldsymbol{P}_a^{\perp}\boldsymbol{D}\boldsymbol{y}_d=2s^*\boldsymbol{a}^{\mathrm{H}}\boldsymbol{D}\boldsymbol{P}_a^{\perp}\boldsymbol{D}\boldsymbol{a}s\end{aligned} \tag{4.328}$$

因此，$\ddot{g}(\omega_0)$ 可以写为

$$\ddot{g}(\omega_0)=E\{\ddot{g}(\omega_0)\}+O_2(\boldsymbol{n})+O_2(\boldsymbol{n}^2) \tag{4.329}$$

式中，$O_2(\boldsymbol{n})$ 和 $O_2(\boldsymbol{n}^2)$ 分别代表 $\boldsymbol{n}$ 在 $\ddot{g}(\omega_0)$ 中的线性分量和正交分量。相似地，$\dot{g}(\omega_0)$ 可以写为

$$\dot{g}(\omega_0)=O_1(\boldsymbol{n})+O_1(\boldsymbol{n}^2) \tag{4.330}$$

式中，$O_1(\boldsymbol{n})$ 和 $O_1(\boldsymbol{n}^2)$ 分别代表 $\boldsymbol{n}$ 在 $\dot{g}(\omega_0)$ 中的线性分量和正交分量。将式（4.329）和式（4.330）代入式（4.323），并假设复杂度高，即 $\|\boldsymbol{n}\|^2\ll\|\boldsymbol{y}_d^2\|^2$，可得

$$\Delta\omega=-\frac{O_1(\boldsymbol{n})+O_1(\boldsymbol{n}^2)}{E\{\ddot{g}(\omega_0)\}+O_2(\boldsymbol{n})+O_2(\boldsymbol{n}^2)} \tag{4.331}$$

因为 $\dfrac{O_1(\boldsymbol{n})+O_1(\boldsymbol{n}^2)}{E\{\ddot{g}(\omega_0)\}}$ 和 $\dfrac{O_2(\boldsymbol{n})+O_2(\boldsymbol{n}^2)}{E\{\ddot{g}(\omega_0)\}}$ 在大 SNR 情况下可忽略，所以 $\Delta\omega$ 可近似表示为

$$\Delta\omega\approx-\frac{O_1(\boldsymbol{n})+O_1(\boldsymbol{n}^2)}{E\{\ddot{g}(\omega_0)\}}=-\frac{\dot{g}(\omega_0)}{E\{\ddot{g}(\omega_0)\}} \tag{4.332}$$

因此，估计误差的均值和 MSE 分别为

$$E\{\Delta\omega\}=E\left\{-\frac{\dot{g}(\omega_0)}{E\{\ddot{g}(\omega_0)\}}\right\}=-\frac{E\{\dot{g}(\omega_0)\}}{E\{\ddot{g}(\omega_0)\}} \tag{4.333}$$

$$E\{\Delta\omega^2\}=E\left\{\left(-\frac{\dot{g}(\omega_0)}{E\{\ddot{g}(\omega_0)\}}\right)^2\right\}=-\frac{E\{\dot{g}(\omega_0)^2\}}{E\{\ddot{g}(\omega_0)\}^2} \tag{4.334}$$

式（4.334）中的分子可由下式计算：

$$E\{\dot{g}(\omega_0)^2\}=2E\{\boldsymbol{y}_d^{\mathrm{H}}\boldsymbol{D}\boldsymbol{P}_{\boldsymbol{a}}^{\perp}\boldsymbol{n}\boldsymbol{n}^{\mathrm{H}}\boldsymbol{P}_{\boldsymbol{a}}^{\perp}\boldsymbol{D}\boldsymbol{y}_d\}+E\{(\boldsymbol{n}^{\mathrm{H}}(\boldsymbol{D}\boldsymbol{P}_{\boldsymbol{a}}^{\perp}-\boldsymbol{P}_{\boldsymbol{a}}^{\perp}\boldsymbol{D})\boldsymbol{n})^2\} \tag{4.335}$$

在大 SNR 情况下，式（4.335）中的第二项可省略。由此可得

$$E\{\dot{g}(\omega_0)^2\}=2\sigma_n^2\boldsymbol{y}_d^{\mathrm{H}}\boldsymbol{D}\boldsymbol{P}_{\boldsymbol{a}}^{\perp}\boldsymbol{P}_{\boldsymbol{a}}^{\perp}\boldsymbol{D}\boldsymbol{y}_d=2\sigma_n^2 s^*\boldsymbol{a}^{\mathrm{H}}\boldsymbol{D}\boldsymbol{P}_{\boldsymbol{a}}^{\perp}\boldsymbol{D}\boldsymbol{a}s \tag{4.336}$$

将式（4.326）、式（4.328）和式（4.336）代入式（4.333）和式（4.334），可得到定理 4.11.1 所给出的结果。

3．算法改进：基于泰勒展开的精估计算法

由上述介绍可以看出，相位旋转需要依次旋转每个信源，其 DOA 估计的精度依赖于在 $\left[-\frac{\pi}{M},\frac{\pi}{M}\right]$ 范围内搜索的次数。当搜索次数较多时，算法的复杂度也会比较高。下面先使用很少的几次搜索提高初始估计值的精度，然后使用基于泰勒展开的精估计算法，在提高估计精度的同时降低计算复杂度。

利用泰勒公式将第 k 个信源对应的方向向量 $\boldsymbol{a}(\theta_k)$ 基于 θ_k^{ro} 展开，有

$$\boldsymbol{a}(\theta_k)\approx\boldsymbol{a}(\theta_k^{\mathrm{ro}})+\frac{\partial\boldsymbol{a}(\theta_k^{\mathrm{ro}})}{\partial\theta_k}\delta_k \tag{4.337}$$

式中，$\delta_k=\theta_k-\theta_k^{\mathrm{ro}}$。忽略二阶导数及以上项，忽略噪声的影响，有

$$\begin{aligned}\boldsymbol{x}&=\left(\boldsymbol{A}(\theta^{\mathrm{ro}})+\frac{\partial\boldsymbol{A}(\theta^{\mathrm{ro}})}{\partial\theta^{\mathrm{ro}}}\boldsymbol{\Delta}\right)\boldsymbol{p}\\&=\begin{bmatrix}\boldsymbol{A}(\theta^{\mathrm{ro}}) & \dfrac{\partial\boldsymbol{A}(\theta^{\mathrm{ro}})}{\partial\theta^{\mathrm{ro}}}\end{bmatrix}\begin{bmatrix}\boldsymbol{p}\\\boldsymbol{w}\end{bmatrix}\end{aligned} \tag{4.338}$$

式中，$\boldsymbol{A}(\theta^{\mathrm{ro}})=[\boldsymbol{a}(\theta_1^{\mathrm{ro}}),\boldsymbol{a}(\theta_2^{\mathrm{ro}}),\cdots,\boldsymbol{a}(\theta_K^{\mathrm{ro}})]$；$\boldsymbol{\Delta}=\mathrm{diag}(\delta_1,\delta_2,\cdots,\delta_K)$；$\boldsymbol{w}=\boldsymbol{\Delta}\boldsymbol{p}$。由式（4.338）可以推得

$$\begin{bmatrix}\boldsymbol{p}\\\boldsymbol{w}\end{bmatrix}=\left(\hat{\boldsymbol{A}}^{\mathrm{H}}\hat{\boldsymbol{A}}-\boldsymbol{I}_K\right)^{-1}\hat{\boldsymbol{A}}^{\mathrm{H}}\boldsymbol{x} \tag{4.339}$$

由此可得

$$\boldsymbol{\Delta}=\boldsymbol{w}/\boldsymbol{p} \tag{4.340}$$

则 DOA 估计值为

$$\theta_k = \theta_k^{\mathrm{ro}} + \delta_k \tag{4.341}$$

4.11.4 仿真实验

本节我们考虑一个具有 128 个阵元的半波长均匀线阵。应用 ω 的 MSE 作为衡量精度的量度。在所有仿真中，接收信号都仅为单快拍信号且 MSE 值经 500 次以上的蒙特卡罗仿真计算得出。

在第一个仿真示例中，为了展示相位旋转技术的作用，我们考虑来自 2 个等单位功率信源的无噪信号情形，其中 $\theta_1 = 10.5^\circ$，$\theta_2 = 70.5^\circ$。图 4.3（a）展示了无相位旋转时原始接收信号的 DFT 谱。由图 4.3（a）可以明显地发现，两个信源均存在功率泄露现象。图 4.3（b）和图 4.3（c）分别显示了两个信源实现最佳旋转时的 DFT 谱。由图 4.3 可以发现，通过相位旋转技术，功率在 DFT 谱中更加集聚，这显然有助于实现更精准的 DOA 估计。

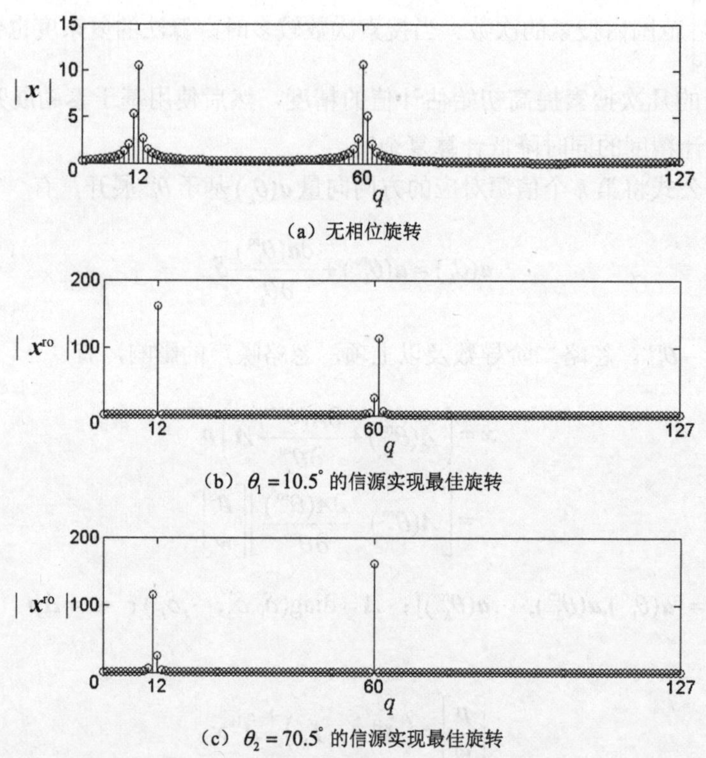

（a）无相位旋转

（b）$\theta_1 = 10.5^\circ$ 的信源实现最佳旋转

（c）$\theta_2 = 70.5^\circ$ 的信源实现最佳旋转

图 4.3　无噪信号情形下 2 个信源的 DFT 谱（$M = 128$，$\theta_1 = 10.5^\circ$，$\theta_2 = 70.5^\circ$）

在第二个仿真示例中，假设来自 3 个信源的信号入射到阵列上，每次仿真中的 DOA 均是随机生成的。图 4.4 展示了本节算法的初始估计和最终估计的 MSE、理论 MSE、ML 算法的 MSE 及 CRB。特别地，我们比较了本节算法和 ML 算法在两种搜索格点密度下的估计性能，分别为$\pi/50M$（称作情形一）和$\pi/5M$（称作情形二）。由图 4.4 可得，本节算法的初始估计性能因为 DFT 的分辨率限制，从 SNR=0dB 开始就已经达到了其性能下界。借助相位旋转技术，两种情形下的最终估计精度都得到了明显的提高。其中，情形二的估计精度因为其相对较大的搜索间隔的限制，在 SNR=10dB 时即达到性能下界，而情形一的 MSE 一直紧贴理论 MSE 和 CRB。当与 ML 算法进行对比时，本节算法在相同情形下的性能仅比其略差。然而值得注意的是，在相同搜索格点密度下，本节算法仅需在一个很小的范围$[-\pi/M,\pi/M]$内进行一维搜索，而 ML 算法需要在$[-\pi/2,\pi/2]\times[-\pi/2,\pi/2]\times[-\pi/2,\pi/2]$范围内进行三维搜索，其复杂度高。

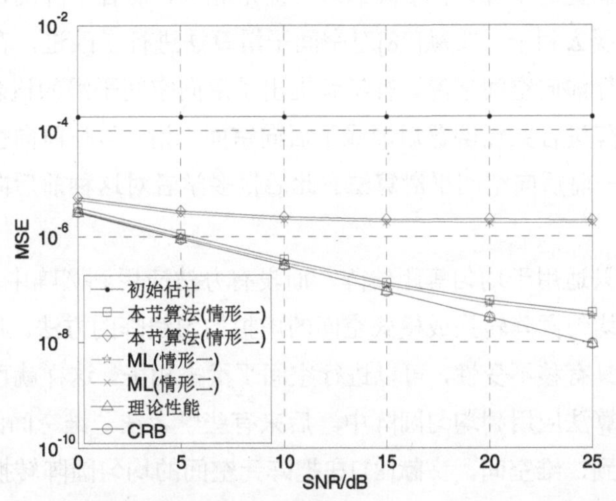

图 4.4　算法估计精度随 SNR 增大的变化（$M=128$，$K=3$）

4.12　相干信源 DOA 估计算法

4.12.1　引言

由于传播环境的复杂性，所以入射到阵列的信号中有相干信号，包括同频干扰和由背景物体反射所导致的多径传播信号。在雷达信号处理中，相干信号干扰会造成虚警或目标定位错误。在移动通信环境中，相干多径可以对接收端的信号产生增强作用，但同时反射环境的变化也可能使得接收信号产生衰落。对于相干信源，一般的 DOA 估计算法，如传统的 MUSIC 算法、ESPRIT 算法等信号子空间类算法，已经不能有效地分辨信号的 DOA，需要寻求能够解相干的算法。因此，研究有效的相干信号处理算法是当前阵列信号处理领域的一个重要研究内容[77-87]。

由于天线阵列会接收到不同方向上的相干信号，而相干信号会导致信号协方差矩阵的秩亏缺，从而使得信号特征向量发散到噪声子空间中。相干信源 DOA 估计的重要内容就是从解决矩阵的秩亏缺入手，确定用什么办法将信号协方差矩阵的秩恢复到等于信源数。其方法之一是在进行空间谱估计之前进行预处理，将信号协方差矩阵的秩恢复到信源数，这种处理称为去相关预处理，之后再用一般的处理方法进行空间谱估计。去相关预处理大致可分为两大类：一类是降维处理，即采用牺牲有效阵列孔径的方法来实现信源的去相干，如空间平滑算法和数据矩阵分解法；另一类是不损失阵元数，而利用移动阵列的方法或采用频率平滑算法处理相干信号，如旋转子空间不变和 WSF 算法。

文献[77]对空间平滑算法进行了深入研究。空间平滑算法的基本思想是，将等距线阵分成若干个相互重叠的子阵，各子阵的阵列流形相同，而各子阵的协方差矩阵可以进行平均运算，以实现去相干。文献[78]对空间平滑算法进行了改进，在此之前的空间平滑算法只对阵列进行前向空间平滑。有学者提出了后向空间平滑的概念，把前面所述的前向空间平滑的子阵进行共轭倒置后形成了后向空间平滑，再与前向空间平滑结合形成了一种新的算法——前后向空间平滑算法。此后很多学者对这种前后向空间平滑算法进行了改进[79]。

空间平滑算法只适用于均匀等距线阵，而没有办法应用到圆阵中。文献[80]提出了一种把阵元空间的均匀圆阵转换成模式空间的虚拟均匀线阵的方法，此虚拟均匀线阵与实际均匀线阵一样具有移不变性，可以进行空间平滑去相干。这样就可以把前述只适用于等距均匀线阵的算法应用到均匀圆阵中。后来有些学者在一维空间的 DOA 估计研究的基础上把它拓展到二维空间，文献[81]在把阵元空间的均匀圆阵转换成模式空间的虚拟均匀线阵的基础上提出了均匀圆阵中的二维 DOA 估计，把以前后向空间平滑算法为代表的空间平滑算法，以及在此基础上改进的算法应用到二维空间的均匀圆阵中。文献[82]提出的算法充分利用了子阵的互相关信息，只不过采用了另外一种方式，即加权，先利用加权使各个子阵的自相关信息和互相关信息结合起来，然后进行取平均运算，并以总协方差的秩为准则，推导出最优的加权矩阵。这种算法是在 WSF 算法的基础上发展出来的。

早期的去相关算法大都是以空间平滑算法和特征值分解为基础的，近年来有许多学者提出了不需要进行空间平滑或者不需要进行特征值分解的去相干算法[83-84]。文献[83]提出了一种既不需要进行空间平滑也不需要进行特征值分解的算法，这种算法被称为传播算子算法。文献[84]提出了一种新的不需要进行空间平滑的解相干算法，虽然主要用于自适应干扰相消，但也可应用于相干信号的 DOA 估计。Han 等[85]在解决矩阵秩亏缺的问题上提出了一种新的 ESPRIT-like 方法，即从另一个角度出发，通过特殊的天线阵列模型重构一个 Toeplitz 矩阵，使其秩只与信号的 DOA 有关，而不受信号相关性的影响，从而达到去相关的目的。文献[86-87]将其扩展到相干信源二维 DOA 估计中。

4.12.2 空间平滑算法

空间平滑（Spatial Smoothing，SS）算法是处理相干或者强相关信号的有效算法，其基本思想是将等距线阵分成若干个互相重叠的子阵。若各子阵的阵列流形相同（这一假设适用于等距线阵），则子阵的协方差矩阵可以相加后再进行平均取代原来意义上的 $\boldsymbol{R}_{\mathrm{s}}$。如图 4.5 所示，将 M 元的等距线阵用滑动方式分成 L 个子阵，每个子阵有 N 个单元，其中 $N=M-L+1$。定义第 l 个前向子阵的输出为

$$\boldsymbol{x}_l^{\mathrm{f}}(t)=[x_l(t),x_{l+1}(t),\cdots,x_{l+N-1}(t)]^{\mathrm{T}}=\boldsymbol{A}_M\boldsymbol{D}^{l-1}\boldsymbol{s}(t)+\boldsymbol{n}_l(t),\ 1\leqslant l\leqslant L \tag{4.342}$$

式中，$\boldsymbol{A}_M$ 为 $N\times K$ 方向矩阵，其列为 N 维的导向向量 $\boldsymbol{a}_M(\theta_i)$（$i=1,2,\cdots,K$）。

$$\boldsymbol{D}=\mathrm{diag}\left(\mathrm{e}^{\mathrm{j}\frac{2\pi d}{\lambda}\sin\theta_1},\mathrm{e}^{\mathrm{j}\frac{2\pi d}{\lambda}\sin\theta_2},\cdots,\mathrm{e}^{\mathrm{j}\frac{2\pi d}{\lambda}\sin\theta_K}\right) \tag{4.343}$$

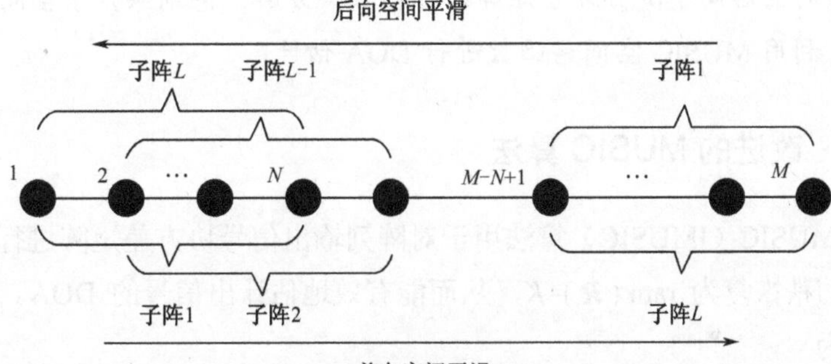

图 4.5 空间平滑示意图

因此，第 l 个前向子阵的协方差矩阵为

$$\boldsymbol{R}_l^{\mathrm{f}}=E[\boldsymbol{x}_l^{\mathrm{f}}(t)\boldsymbol{x}_l^{\mathrm{fH}}(t)]=\boldsymbol{A}_M\boldsymbol{D}^{l-1}\boldsymbol{R}_{\mathrm{s}}(\boldsymbol{D}^{l-1})^{\mathrm{H}}\boldsymbol{A}_M^{\mathrm{H}}+\sigma^2\boldsymbol{I} \tag{4.344}$$

定义前向空间平滑协方差矩阵为

$$\boldsymbol{R}_{\mathrm{f}}=\frac{1}{L}\sum_{l=1}^{L}\boldsymbol{R}_l^{\mathrm{f}} \tag{4.345}$$

在此基础上，考察直线阵的倒序阵（按 $M, M-1,\cdots,2,1$ 的顺序排列）。同理可以得到后向空间平滑协方差矩阵，即

$$\boldsymbol{R}_{\mathrm{b}}=\frac{1}{L}\sum_{l=1}^{L}\boldsymbol{R}_l^{\mathrm{b}} \tag{4.346}$$

其实 $\boldsymbol{R}_{\mathrm{b}}$ 就是 $\boldsymbol{R}_{\mathrm{f}}$ 的共轭倒序阵，它们之间的关系就是常说的共轭倒序不变性。因此，可以定义前后向平滑协方差矩阵为

$$\tilde{\boldsymbol{R}}=\frac{1}{2}(\boldsymbol{R}_{\mathrm{f}}+\boldsymbol{R}_{\mathrm{b}}) \tag{4.347}$$

利用共轭倒序不变性可以增加子阵数目，但相对原阵列而言，阵列的有效孔径减小了，因为子阵比原阵列小。尽管存在这一孔径损失，但它改变了基于天线阵列协方差矩阵的特征值分解类 DOA 算法的局限性。空间平滑 MUSIC 算法的流程如下。

算法 4.15：空间平滑 MUSIC 算法。

步骤 1：将等距线阵分成若干个互相重叠的子阵。

步骤 2：根据式（4.344）计算前向子阵的协方差矩阵，根据式（4.345）计算前向空间平滑协方差矩阵。

步骤 3：根据式（4.346）计算后向空间平滑协方差矩阵。

步骤 4：根据式（4.347）计算前后向平滑协方差矩阵。

步骤 5：对前后向平滑协方差矩阵进行特征值分解，得到噪声子空间。

步骤 6：利用 MUSIC 空间谱函数进行 DOA 估计。

4.12.3 改进的 MUSIC 算法

改进的 MUSIC（IMUSIC）算法用于对阵列输出信号协方差矩阵进行处理，使信号协方差矩阵的秩恢复为 rank($\boldsymbol{R}$)=K，从而能有效地估计出信号的 DOA。阵列输出信号协方差矩阵为

$$\boldsymbol{R}=E[\boldsymbol{x}(n)\boldsymbol{x}^{\mathrm{H}}(n)] \tag{4.348}$$

式中，$n=1,2,\cdots,J$，J为采样数。令$\boldsymbol{I}_v$为$M\times M$反单位矩阵，即

$$\boldsymbol{I}_v=\begin{bmatrix}0 & 0 & \cdots & 1\\ \vdots & \vdots & & \vdots\\ 0 & 1 & \cdots & 0\\ 1 & 0 & \cdots & 0\end{bmatrix}_{M\times M} \tag{4.349}$$

并令

$$\boldsymbol{R}_X=\boldsymbol{R}+\boldsymbol{I}_v\boldsymbol{R}^*\boldsymbol{I}_v \tag{4.350}$$

式中，$\boldsymbol{R}^*$为$\boldsymbol{R}$的共轭矩阵。这样做是为了使$\boldsymbol{R}_X$成为 Hermite 的 Toeplitz 矩阵。

阵列输出信号J次采样数据组成矩阵$\boldsymbol{X}=\left[\boldsymbol{x}(1),\boldsymbol{x}(2),\cdots,\boldsymbol{x}(J)\right]$，协方差矩阵的估计值为$\boldsymbol{R}=\boldsymbol{X}\boldsymbol{X}^{\mathrm{H}}/J$。一般情况下，$\boldsymbol{R}$只是 Hermite 矩阵，不是 Toeplitz 矩阵。先利用 Toeplitz 性质对$\boldsymbol{R}$进行修正，得到 Toeplitz 矩阵的协方差矩阵的估计值$\boldsymbol{R}_X=\boldsymbol{R}+\boldsymbol{I}_v\boldsymbol{R}^*\boldsymbol{I}_v$，显然$\boldsymbol{R}_X$

是 Hermite 的 Toeplitz 矩阵。由此可知，$\boldsymbol{R}_X$ 是 $\boldsymbol{R}$ 的无偏估计。然后对 $\boldsymbol{R}_X$ 进行特征值分解，得到噪声子空间。最后用噪声子空间代入 MUSIC 算法，就能有效地估计出信号的 DOA。

算法 4.16：改进的 MUSIC 算法。

步骤 1：计算协方差矩阵。

步骤 2：根据式（4.350）重构协方差矩阵。

步骤 3：对协方差矩阵进行特征值分解，得到噪声子空间。

步骤 4：利用 MUSIC 空间谱函数进行 DOA 估计。

4.12.4 基于 Toeplitz 矩阵重构的相干信源 DOA 估计算法

由于相干信源的信号子空间与噪声子空间相互渗透，会导致空间协方差矩阵秩亏缺，所以传统的 MUSIC 算法、ESPRIT 算法不能对入射信号进行有效分辨或测向。上述空间平滑算法的实质是对信号协方差矩阵的秩进行恢复的过程，但这个过程通常只适用于等距均匀线阵，而且修正后矩阵的维数小于原矩阵的维数，也就是说，空间平滑算法虽然能解决解相干问题，但解相干性能是通过减小 DOF 换取的。下面的解相干算法通过特殊的天线阵列模型重构一个 Toeplitz 矩阵，使其秩只与信号的 DOA 有关，而不受信号相关性的影响，从而达到去相关的目的[85]。

设阵列是由 $2M$+1 个阵元组成的等距均匀线阵，阵元间距为 d，以中心阵元为参考阵元，假设有 K 个信号（$K \leqslant M$）入射到该阵列上，其中前 Q 个信号为相干信号，后 $K-Q$ 个信号为相互独立的信号，第 i 个信号的到达角为 θ_i。

第 m 个阵元的接收信号为

$$\begin{aligned} x_m(t) &= \sum_{i=1}^{K} s_i(t)\mathrm{e}^{-\mathrm{j}2\pi dm\sin\theta_i/\lambda} + n_m(t) \\ &= s_1(t)\sum_{i=1}^{Q}\beta_i\mathrm{e}^{-\mathrm{j}2\pi dm\sin\theta_i/\lambda} + \sum_{i=Q+1}^{K} s_i(t)\mathrm{e}^{-\mathrm{j}2\pi dm\sin\theta_i/\lambda} + n_m(t) \end{aligned} \tag{4.351}$$

式中，$s_i(t)$ 为第 i 个信号；$n_k(t)$ 为高斯白噪声；β_i 为相干系数。因此，阵列接收信号可表示为

$$\boldsymbol{x}(t) = \left[x_{-M}(t),\cdots,x_0(t),\cdots,x_M(t)\right]^{\mathrm{T}} = \boldsymbol{A}\boldsymbol{s}(t) + \boldsymbol{n}(t) \tag{4.352}$$

式中，$\boldsymbol{s}(t) = [s_1(t), s_2(t),\cdots,s_K(t)]$ 为空间信号向量；$\boldsymbol{A} = [\boldsymbol{a}(\theta_1),\boldsymbol{a}(\theta_2),\cdots,\boldsymbol{a}(\theta_K)]$ 为阵列的方向矩阵，其中 $\boldsymbol{a}(\theta_i) = [\mathrm{e}^{\mathrm{j}(2\pi/\lambda)dM\sin\theta_i},\cdots,1,\cdots,\mathrm{e}^{-\mathrm{j}(2\pi/\lambda)dM\sin\theta_i}]^{\mathrm{T}}$。

阵列的协方差矩阵 $\boldsymbol{R}_{xx}=E[\boldsymbol{x}(t)\boldsymbol{x}^{\mathrm{H}}(t)]$，协方差矩阵中的任一元素可表示为

$$r(m,n)=\sum_{i=1}^{K}d_{m,i}\mathrm{e}^{\mathrm{j}2\pi dn\sin\theta_i/\lambda}+\sigma_n^2\delta_{m,n},\quad m,n=-M,\cdots,0,\cdots,M \tag{4.353}$$

式中，

$$d_{m,i}=\begin{cases}P_{1,1}\beta_i^*\sum\limits_{l=1}^{Q}\beta_l\mathrm{e}^{-\mathrm{j}2\pi dm\sin\theta_l/\lambda}, & i=1,2,\cdots,Q\\ P_{i,i}\mathrm{e}^{-\mathrm{j}2\pi dm\sin\theta_i/\lambda}, & i=Q+1,Q+2,\cdots,K\end{cases} \tag{4.354}$$

$P_{l,i}=E[s_l(t)s_i^*(t)]$（$l,i=1,Q+1,Q+2,\cdots,K$）；$\sigma_n^2$ 为噪声功率。我们可以构建 Toeplitz 矩阵，即

$$\boldsymbol{R}(m)=\begin{bmatrix}r(m,0) & r(m,1) & \cdots & r(m,M)\\ r(m,-1) & r(m,0) & \cdots & r(m,M-1)\\ \vdots & \vdots & & \vdots\\ r(m,-M) & r(m,-M+1) & \cdots & r(m,0)\end{bmatrix}=\boldsymbol{A}_r\boldsymbol{D}(m)\boldsymbol{A}_r^{\mathrm{H}}+\boldsymbol{N}_{mx} \tag{4.355}$$

式中，$\boldsymbol{A}_r=[\boldsymbol{a}_r(\theta_1),\boldsymbol{a}_r(\theta_2),\cdots,\boldsymbol{a}_r(\theta_K)]\in\mathbf{C}^{(M+1)\times K}$；$\boldsymbol{a}_r(\theta_k)=[1,\mathrm{e}^{-\mathrm{j}(2\pi/\lambda)d\sin\theta_k},\cdots,\mathrm{e}^{-\mathrm{j}(2\pi/\lambda)dM\sin\theta_k}]^{\mathrm{T}}$；$\boldsymbol{D}(m)=\mathrm{diag}\{d_{m,1},d_{m,2},\cdots,d_{m,K}\}\in\mathbf{C}^{K\times K}$。

因为 $\boldsymbol{A}_r$ 是一个 Vandermonde 矩阵，且 $\theta_i\neq\theta_j$，所以 $\boldsymbol{A}_r$ 满秩。又因为 $\boldsymbol{D}(m)$ 是一个对角矩阵，所以对 $\boldsymbol{R}(m)$ 进行特征值分解可得到 K 个较大特征值和 $M-K+1$ 个较小特征值，其中较大特征值对应的特征向量构成信号子空间 $\boldsymbol{U}_{\mathrm{s}}=\mathrm{span}\{\boldsymbol{v}_1,\boldsymbol{v}_2,\cdots,\boldsymbol{v}_K\}$，较小特征值对应的特征向量构成噪声子空间 $\boldsymbol{U}_{\mathrm{n}}=\mathrm{span}\{\boldsymbol{v}_{K+1},\boldsymbol{v}_{K+2},\cdots,\boldsymbol{v}_{M+1}\}$。对 $\boldsymbol{A}_r$ 进行分块，得

$$\boldsymbol{A}_r=\begin{bmatrix}\boldsymbol{a}_1\\ \boldsymbol{A}_{\mathrm{b}}\end{bmatrix}=\begin{bmatrix}\boldsymbol{A}_{\mathrm{f}}\\ \boldsymbol{a}_{M+1}\end{bmatrix}$$

式中，$\boldsymbol{a}_1$ 和 $\boldsymbol{a}_{M+1}$ 分别为 $\boldsymbol{A}_r$ 的第一列和最后一列。同样，我们对信号子空间进行分解，有

$$\{\boldsymbol{v}_1,\boldsymbol{v}_2,\cdots,\boldsymbol{v}_K\}=\boldsymbol{U}_{\mathrm{s}}=\begin{bmatrix}\boldsymbol{u}_1\\ \boldsymbol{U}_{\mathrm{b}}\end{bmatrix}=\begin{bmatrix}\boldsymbol{U}_{\mathrm{f}}\\ \boldsymbol{u}_{M+1}\end{bmatrix}$$

式中，$\boldsymbol{u}_1$ 和 $\boldsymbol{u}_{M+1}$ 分别为 $\boldsymbol{U}_{\mathrm{s}}$ 的第一列和最后一列。由此易得

$$\boldsymbol{A}_{\mathrm{b}}=\boldsymbol{A}_{\mathrm{f}}\boldsymbol{\Phi}$$

式中，$\boldsymbol{\Phi}=\mathrm{diag}\{\mathrm{e}^{-\mathrm{j}(2\pi/\lambda)d\sin\theta_1},\cdots,\mathrm{e}^{-\mathrm{j}(2\pi/\lambda)d\sin\theta_K}\}$ 称为旋转矩阵。因为 $\boldsymbol{A}_r$ 和 $\boldsymbol{U}_{\mathrm{s}}$ 张成同样的信号子空间，所以有

$$\boldsymbol{U}_{\mathrm{f}}=\boldsymbol{A}_{\mathrm{f}}\boldsymbol{T},\ \boldsymbol{U}_{\mathrm{b}}=\boldsymbol{A}_{\mathrm{b}}\boldsymbol{T} \tag{4.356}$$

式中，$\boldsymbol{T}$为满秩矩阵，有

$$\boldsymbol{U}_{\mathrm{f}}\boldsymbol{T}^{-1}\boldsymbol{\Phi}\boldsymbol{T}=\boldsymbol{A}_{\mathrm{f}}\boldsymbol{T}\boldsymbol{T}^{-1}\boldsymbol{\Phi}\boldsymbol{T}=\boldsymbol{A}_{\mathrm{f}}\boldsymbol{\Phi}\boldsymbol{T}=\boldsymbol{A}_{\mathrm{b}}\boldsymbol{T}=\boldsymbol{U}_{\mathrm{b}} \tag{4.357}$$

令$\boldsymbol{\psi}=\boldsymbol{T}^{-1}\boldsymbol{\Phi}\boldsymbol{T}$，有$\boldsymbol{U}_{\mathrm{f}}\boldsymbol{\psi}=\boldsymbol{U}_{\mathrm{b}}$，可得

$$\boldsymbol{\psi}=\left[\boldsymbol{U}_{\mathrm{f}}\right]^{+}\boldsymbol{U}_{\mathrm{b}} \tag{4.358}$$

对$\boldsymbol{\psi}$进行特征值分解即可得到K个信号的DOA。

算法4.17：基于Toeplitz矩阵重构的相干信源DOA估计算法。

步骤1：计算阵列接收信号协方差矩阵。

步骤2：根据式（4.355）重构Toeplitz矩阵。

步骤3：对重构的Toeplitz矩阵进行特征值分解，得到信号子空间。

步骤4：分解信号子空间得到$\boldsymbol{U}_{\mathrm{f}}$和$\boldsymbol{U}_{\mathrm{b}}$。

步骤5：计算$\left[\boldsymbol{U}_{\mathrm{f}}\right]^{+}\boldsymbol{U}_{\mathrm{b}}$，进行特征值分解，进行DOA估计。

文献[87-88]提出了一系列改进算法，如基于多重不变特性的ESPRIT、MUSIC相干信源DOA估计算法。

4.13 本章小结

本章主要研究了DOA估计问题，介绍了经典的Capon算法、MUSIC算法、最大似然法、WSF算法、ESPRIT算法、四阶累积量方法、传播算子、广义ESPRIT算法、压缩感知方法、DFT类方法和相干信源DOA估计算法等，并对其中部分算法给出了性能分析。部分相关研究成果见文献[15，87-97]。

参考文献

[1] 张贤达，保铮. 通信信号处理[M]. 北京：国防工业出版社，2000.

[2] 魏平. 高分辨阵列测向系统研究[D]. 成都：电子科技大学，1996.

[3] 刘德树. 空间谱估计及其应用[M]. 安徽：中国科技大学出版社，1997.

[4] THNG I，CANTONI A，LEUNG Y H. Derivative constrained optimum broad-band antenna array[J]. IEEE Transactions on Signal Processing，1993，41（7）：2376-2388.

[5] GRIFFITHS J W R. Adaptive array processing：a tutorial[J]. IEE Proceedings F Communications，Radar，and Signal Processing，1983，130（1）：3-10.

[6] 赵永波，刘茂仓，张于宏. 一种改进的基于特征空间的自适应形成算法[J]. 电子学报，2000，28（6）：13-15.

[7] 张林让. 自适应阵列处理稳健方法研究[D]. 西安：西安电子科技大学，1998.

[8] SCHMIDT R O. Multiple emitter location and signal parameter estimation[J]. IEEE Transactions on Antennas and Propagation，1986，34（3）：276-280.

[9] RAO B D，HARI K V. Performance analysis of Root-MUSIC[J]. IEEE Transactions on Acoustics，Speech，and Signal Processing，1989，37（12）：1939-1949.

[10] KUNDA D. Modified MUSIC algorithm for estimating DOA of signal[J]. Signal Processing，1996，48（1）：85-90.

[11] ROY R，KAILATH T. ESPRIT-estimation of signal parameters via rotational in variance techniques[J]. IEEE Transactions on Acoustics，Speech，and Signal Processing，1986，37（7）：984-995.

[12] MATHEWS C P，ZOLTOWSKI M D. Eigenstructure techniques for 2-D angle estimation with uniform circular arrays[J]. IEEE Transactions on Signal Processing，1994，42（9）：3295-3306.

[13] VIBERG M，OTTERSTEN B，KAILTH T. Detection and estimation in sensor arrays using weighed subspace fitting[J]. IEEE Transactions on Signal Processing，1991，39（11）：2436-2449.

[14] MATI W，TIEJUN S，THOMAS K. Spatio-temporal spectral anslysis by eigenstructure method[J]. IEEE Transactions on Acoustics，Speech，and Signal Processing，1984，32（4）：817-827.

[15] ZHANG X，GAO X CHEN W. Improved blind 2D-direction of arrival estimation with L-shaped array using shift invariance property[J]. Journal of Electromagnetic Waves and Applications，2009，23（5）：593-606.

[16] ZISKIND T，WAX M. Maximum likelihood localization of multiple sources by alternating projection[J]. IEEE Transactions on Acoustics，Speech，and Signal Processing，1988，236（10）：1553-1559.

[17] OTTERSTEN B，VIBERG M，STOICA P，et al. Radar array processing[M]. Berlin：Springer-Verlag，1993：99-151.

[18] 何子述，黄振兴，向敬成. 修正 MUSIC 算法对相关信源的 DOA 估计性能[J]. 通信学报，2000，21（10）：14-17.

[19] 石新智，王高峰，文必洋. 修正 MUSIC 算法对非线阵适用性的讨论[J]. 电子学报，2004，32（1）：147-149.

[20] 康春梅，袁业术. 用 MUSIC 算法解决海杂波背景下相干源探测问题[J]. 电子学报，2004，32（3）：502-504.

[21] 张小飞，汪飞，陈华伟. 阵列信号处理的理论与应用（第二版）[M]. 北京：国防工业出版社，2013.

[22] ZHANG X F，XU D Z. A novel DOA estimation algorithm based on eigen space[C]//IEEE International Symposium on Microwave，Antenna，Propagation，and EMC Technologies for Wireless Communications，2007.

[23] DOGAN M C MENDEL J M. Applications of cumulants to array processing-Part I：Aperture extension and array calibration[J]. IEEE Transactions on Signal Processing，1995，43（5）：1200-1216.

[24] 魏平，肖先赐，李乐民. 基于四阶累积量特征值分解的空间谱估计测向方法[J]. 电子科学学刊，1995，17（3）：243-249.

[25] 丁齐，魏平，肖先赐. 基于四阶累积量的 DOA 估计方法及其分析[J]. 电子学报，1999，27（3）：25-28.

[26] STOICA P，NEHORAI A. MUSIC，maximum likelihood，and Cramer-Rao bound[J]. IEEE Transactions on Acoustics，Speech，and Signal Processing，1989，37（5）：720-741.

[27] JOHNSON D H，DEGRAAF S R. Improving the resolution of bearing in passive sonar arrays by eigenvalue analysis[J]. IEEE Transactions on Acoustics，Speech，and Signal Processing，1982，30（4）：638-647.

[28] NG B P. Constraints for linear predictive and minimum-norm methods in bearing estimation[J]. IEE Proceedings F Radar and Signal Processing，1990，137（3）：187-191.

[29] KUMARESAN R，TUFTS D W. Estimating the angles of arrival of multiple plane waves[J]. IEEE Transactions on Aerospace and Electronic Systems，1983，19（1）：134-139.

[30] BURG J P. Maximum entropy spectral analysis[C]//Proceedings of the 37th meeting of the Annual International SEG Meeting，1967.

[31] CAPON J. High-resolution frequency-wavenumber spectrum analysis[J]. Proceedings of the IEEE，1969，57（8）：1408-1418.

[32] STOICA P，NEHORAI A. MUSIC，maximum likelihood，and Cramer-Rao bound：further results and comparisons[J]. IEEE Transactions on Acoustics，Speech，and Signal Processing，1990，38（2）：2140-2150.

[33] STOICA P，NEHORAI A. MUSIC，maximum likelihood，and Cramer-Rao bound：further results and comparisons[C]//Proceedings IEEE International Conference on Acoustics，Speech and Signal Processing，1989：2605-2608.

[34] XU X L，BUCKLEY K M. Bias analysis of the MUSIC location estimator[J]. IEEE Transactions on Signal Processing，1992，40（10）：2559-2569.

[35] ZHOU C，HABER F，JAGGARD D L. A resolution measure for the MUSIC algorithm and its application to plane wave arrivals contaminated by coherent interference[J]. IEEE Transactions on Signal Processing，1991，39（2）：454-463.

[36] 王永良，陈辉，彭应宁，等. 空间谱估计理论与算法[M]. 北京：清华大学出版社，2004.

[37] KRIM H，FORSTER P，PROAKIS J G. Operator approach to performance analysis of Root-MUSIC and root min-norm[J]. IEEE Transactions on Signal Processing，1992，40（7）：1687-1696.

[38] WU Y，LIAO G，SO H C. A fast algorithm for 2-D direction-of-arrival estimation[J]. IEEE Transactions on Signal Processing，2003，83（8）：1827- 1831.

[39] VIBERG M，OTTERSTEN B. Sensor array processing based on subspace fitting[J]. IEEE Transactions on Signal Processing，1991，39（5）：1110-1121.

[40] 吴云韬，廖桂生，田孝华. 一种波达方向、频率联合估计快速算法[J]. 电波科学学报，2003，18（4）：380-384.

[41] DOGAN M C. Cumulants and array processing[D]. Los Angeles：University of Southern California，1993.

[42] CARDOSO J F. Higher-order narrowband array processing[C]//Proceedings Conference Higher Order Statistics，Chamrousse，1991.

[43] ZISKIND I，WAX M. Maximum likelihood localization of diversely polarized sources by simulated annealing[J]. IEEE Transactions on Antennas and Propagation，1990，38（7）：1111-1114.

[44] STOICA P，SHARMAN K C. Novel eigenanalysis method for direction estimation[J]. IEE Proceedings F Radar and Signal Processing，1990，137（1）：19-26.

[45] SWINDLEHURST A. Alternative algorithm for maximum likelihood DOA estimation and detection[J]. IEE Proceedings F Radar and Signal Processing，1994，141（6）：293-299.

[46] BRESLER Y，MACOVSKI A. Exact maximum likelihood parameter estimation of superimposed exponential signals in noise[J]. IEEE Transactions on Acoustics，Speech，and Signal Processing，1986，34（5）：1081-1089.

[47] RAO B D HARI K V S. Performance analysis of ESPRIT and TAM in determining the direction of arrival of plane waves in noise[J]. IEEE Transactions on Acoustics，Speech，and Signal Processing，1989，40（12）：1990-1995.

[48] HAARDT M，NOSSEK J A. Unitary ESPRIT：how to obtain increased estimation accuracy with a reduced computational burden[J]. IEEE Transactions on Signal Processing，1995，43（5）：1232-1242.

[49] STOICA P，HÄNDEL P，SÖDERSTRÖM T. Study of Capon method for array signal processing[J]. Circuits Systems Signal Process，1995，14（6），749-770.

[50] STOICA P，SODERSTROM T. Statistical analysis of a subspace method for bearing estimation without eigendecomposition[J]. IEE Proceedings F Radar and Signal Processing，1992，139：301-305.

[51] MARCOS S，MARSAL A. The propagator method for source bearing estimation[J]. Signal Processing，1995，42（2）：121-138.

[52] 张小飞，汪飞，徐大专. 阵列信号处理的理论和应用[M]. 北京：国防工业出版社，2010.

[53] GAO F F，GERSHMAN A B. A generalized ESPRIT approach to direction of arrival estimation[J]. IEEE Signal Processing Letters，2005，12（3）：254-257.

[54] DONOHO D L. Compressed sensing[J]. IEEE Transactions on Information Theory，2006，52（4）：1289-1306.

[55] CANDES E J. Compressive sampling[C]//Proceedings of the International Congress of Mathematicians，2006.

[56] CANDES E J，TAO T. Near-optimal signal recovery from random projections：Universal encoding strategies?[J]. IEEE Transactions on Information Theory，2006，52（12）：5406-5425.

[57] CANDES E J，ROMBERG J K，TAO T. Stable signal recovery from incomplete and inaccurate measurements[J]. Communications on Pure and Applied Mathematics，2006，59（8）：1207-1223.

[58] BABADI B，KALOUPTSIDIS N，TAROKH V. Asymptotic achievability of the Cramér-Rao bound for noisy compressive sampling[J]. IEEE Transactions on Signal Processing，2009，57（3）：1233-1236.

[59] SARVOTHAM S，BARON D，BARANIUK R G. Measurements vs. bits：Compressed sensing meets information theory[C]//Proceedings of 44th Allerton Conference on Communication，Control，and Computing，2006.

[60] GOYAL V K，FLETCHER A K，RANGAN S. Compressive sampling and lossy compression[J]. IEEE Signal Processing Magazine，2008，25（2）：48-56.

[61] TAUBOCK G，HLAWATSCH F. A compressed sensing technique for OFDM channel estimation in mobile environments：Exploiting channel sparsity for reducing pilots[C]//IEEE International Conference on Acoustics，Speech and Signal Processing，2008.

[62] WANG Z，ARCE G R，PAREDES J L，et al. Compressed detection for ultra-wideband impulse radio[C]//IEEE 8th Workshop on Signal Processing Advances in Wireless Communications，2007.

[63] HAIPING Y，SHAOHUA W，QINYU Z，et al. A compressed sensing approach for IR-UWB communication[C]//International Conference on Multimedia and Signal Processing，2011.

[64] LIU T C K，XIAODAI D，WU-SHENG L. Compressed sensing maximum likelihood channel estimation for ultra-wideband impulse radio[C]//IEEE International Conference on Communications，2009.

[65] PAREDES J L，ARCE G R，WANG Z. Ultra-wideband compressed sensing：channel estimation[J]. IEEE Journal of Selected Topics in Signal Processing，2007，1（3）：383-395.

[66] LE T N，JAEWOON K，YOAN S. An improved TOA estimation in compressed sensing-based UWB systems[C]//IEEE International Conference on Communication Systems，2010.

[67] SHAOHUA W，QINYU Z，HAIPING Y，et al. High-resolution TOA estimation for IR-UWB ranging based on low-rate compressed sampling[C]//The 6th International ICST Conference on Communications and Networking in China，2011.

[68] 林波. 基于压缩感知的辐射源 DOA 估计[D]. 长沙：国防科学技术大学，2011.

[69] 李树涛，魏丹. 压缩传感综述[J]. 自动化学报，2009，35（11）：1369-1377.

[70] CANDES E，ROMBERG J，TAO T. Robust uncertainty principles：Exact signal reconstruction from highly incomplete frequency information[J]. IEEE Transactions on Information Theory，2006，52（2）：489-509.

[71] DONOHO D L，ELAD M，TEMLYAKOV V N. Stable recovery of sparse over complete representations in the presence of noise[J]. IEEE Transactions on Information Theory，2006，52（1）：6-18.

[72] RECHT B，FAZEL M，PARRILO P A. Guaranteed minimum-rank solutions of linear matrix equations via nuclear norm minimization[J]. SIAM Review，2010，52（3）：471-501.

[73] 彭义刚，索津莉，戴琼海，等. 从压缩传感到低秩矩阵恢复：理论与应用[J]. 自动化学报，2012，38（12）：1-11.

[74] CAND´ES E J，TAO T. The power of convex relaxation：near-optimal matrix completion[J]. IEEE Transactions on Information Theory，2009，56（5）：2053-2080.

[75] ZHANG Q，JIN S，WONG K K，et al. Power Scaling of Uplink Massive MIMO Systems with Arbitrary-Rank Channel Means[J]. IEEE Journal of Selected Topics in Signal Processing，2014，8（5）：966-981.

[76] CAO R，LIU B，GAO F，et al. Low-Complex One-Snapshot DOA Estimation Algorithm with Massive ULA[J]. IEEE Communications Letters，2017，21（5）：1071-107.

[77] SHANT J，WAX M，KAILATH T. On spatial smoothing for direction-of-arrival estimation of coherent signals[J]. IEEE Transactions on Acoustic，Speech，and Signal Processing，1985，33（4）：806-811.

[78] PILLAI S U，KWON B H. Forward/Backward spatial smoothing techniques for coherent signal identification[J]. IEEE Transactions on Acoustic，Speech，and Signal Processing，1989，37（1）：8-15.

[79] DU W X，KIRLIN R L. Improved spatial smoothing techniques for DOA estimation of coherent signals[J]. IEEE Transactions on Signal Processing，1991，39（5）：1208-1210.

[80] WAX M，SHEINVALD J. Direction finding of coherent signals via spatial smoothing for uniform circular arrays[J]. IEEE Transactions on Antennas and Propagation，1994，42（5）：613-619.

[81] MATHEWS C P，ZOLTOWSKI M D. Eigenstructure techniques for 2-D angle estimation with uniform circular arrays[J]. IEEE Transactions on Signal Processing，1994，42（9）：2395-2407.

[82] WANG B H，WANG Y L，CHEN L. Weighted spatial smoothing for direction-of-arrival estimation of coherent signals[C]// IEEE International Symposium on Antennas and Propagation，2002：668-671.

[83] LI P，SUN J，YU B. Two-dimensional spatial-spectrum estimation of coherent signals without spatial smoothing and eigen-decomposition[J]. IEE Proceedings on Radar，Sonar and Navigation，1996，143（5）：295-299.

[84] CHOI Y H. Improved adaptive nulling of coherent interference without spatial smoothing[J]. IEEE Transactions on Signal Processing，2004，52（12）：3464-3469.

[85] HAN F M，ZHANG X D. An ESPRIT-like algorithm for coherent DOA estimation[J]. IEEE Antennas and Wireless Propagation Letters，2005（4）：443-446.

[86] 余俊. 相干信源 DOA 估计[D]. 南京：南京航空航天大学，2010.

[87] ZHANG X F，YU J，FENG G P，et al. Blind direction of arrival estimation of coherent sources using multi-invariance property[J]. Progress in Electromagnetics Research，2008，88：181-195.

[88] ZHANG X F，XU D Z. Improved coherent DOA estimation algorithm for uniform linear arrays[J]. International Journal of Electronics，2009，96（2）：213-222.

[89] CHEN H，ZHANG X F. Two-Dimensional DOA Estimation of Coherent Sources for Acoustic Vector-Sensor Array Using a Single Snapshot[J]. Wireless Personal Communications，2013：1-13。

[90] CHEN C，ZHANG X F，BEN D. Coherent angle estimation in bistatic multi-input multi-output radar using parallel profile with linear dependencies decomposition[J]. IET Radar Sonar and Navigation，2013，7（8）：867-874.

[91] CHEN W Y，ZHANG X F. Improved Spectrum Searching generalized-ESPRIT Algorithm for Joint DOD and DOA estimation in MIMO radar[J]. Journal of Circuits，Systems，and Computers，2014，23（8）：1-16.

[92] ZHANG X F，XU D Z，Angle estimation in MIMO radar using reduced-dimension Capon[J]. Electronics Letters，2010，46（12）：860-861.

[93] ZHANG X F，XU D Z. Low-complexity ESPRIT-based DOA estimation for colocated MIMO radar using reduced-dimension transformation[J]. Electronics Letters，2011，47（4）：283-284.

[94] LI J F，ZHANG X F，CHEN H. Improved two-dimensional DOA estimation algorithm for two-parallel uniform linear arrays using propagator method[J]. Signal Processing，2012，92（12）：3032-3038.

[95] WANG X D，ZHANG X F，LI J F，et al. Improved ESPRIT Method for Joint Direction-of-Arrival and Frequency Estimation Using Multiple-Delay Output[J]. International Journal of Antennas and Propagation，2012（2012）：1-9.

[96] ZHANG X F，HUANG Y J，CHEN C，et al. Reduced-complexity Capon for direction of arrival estimation in a monostatic multiple-input multiple-output radar[J]. IET Radar，Sonar and Navigation，2012，6（8）：796-801。

[97] ZHANG XF，WU H L，LI J F，et al. Computationally efficient DOD and DOA estimation for bistatic MIMO radar with propagator method[J]. International Journal of Electronics，2012，99（9）：1207-1221

第5章 二维DOA估计

二维 DOA 估计是阵列信号处理的重要内容。本章对均匀面阵、双平行线阵、均匀圆阵等进行二维 DOA 估计，研究均匀面阵中的二维 DOA 估计算法，如 ESPRIT 算法、传播算子算法、降维 MUSIC 算法、PARAFAC 分解和压缩感知 PARAFAC 模型，同时研究双平行线阵、均匀圆阵中的二维 DOA 估计算法。

5.1 引言

二维 DOA 估计一般采用 L 型阵列、面阵和平行阵列或向量传感器实现二维参数的估计[1-20]，多数有效的二维 DOA 估计算法是在一维 DOA 估计算法的基础上，直接针对空间二维谱提出的，如二维 MUSIC 算法以及各种二维 ESPRIT 算法等。

二维 MUSIC 算法[1]是二维 DOA 估计的典型算法，此算法可以产生渐近无偏估计，但要在二维参数空间中搜索谱峰，可见其计算量相当大。殷勤业等提出了一种波达方向矩阵法[4]，该方法通过对波达方向矩阵进行特征值分解，直接得到信源的方向角与仰角，无须进行任何谱峰搜索，计算量小，参数自动配对。波达方向矩阵法的缺点是，需要通过双平行线阵等特殊的、规则的阵列才能实现二维 DOA 估计，并存在“角度兼并”问题。在波达方向矩阵法的基础上，金梁和殷勤业将空时处理结合起来，充分利用接收信号的信息，提出了时空 DOA 矩阵法[5-6]，该方法在保持原波达方向矩阵法优点的前提下，不需要双平行线阵，也不存在“角度兼并”等问题，可推广到任意形状阵列的二维 DOA 估计中。Zoltowski 等[11]提出了 2D Unitary ESPRIT 算法和 2D Beamspace ESPRIT 算法，将复矩阵运算转化为实矩阵运算，降低了运算复杂度，参数自动配对，但要求阵列中心对称。文献[8]提出了一种基于双平行均匀线阵的单快拍二维 DOA 估计算法，该算法利用阵列接收的单快拍数据及其共轭构造出两个具有特定关系的矩阵，再利用波达方向矩阵法的思想得到信号的二维参数。Mathews 和 Zoltowski 利用基于均匀圆阵的相模激励并结合子空间技术提出了 UCA-ESPRIT 算法[3]，解决了二维 DOA 估计和参数配对问题，随后又提出了基于均匀矩形阵的 DFT 波束空间二维 DOA 估计算法[11]。文献[12]将传播算子算法和 ESPRIT 算法相结合，提出了一种快速的空间二维参数估计方法，该方法无须进行任何搜索，估计由闭式直接给出。Li 等提出了基于子阵结构的二维 DOA 估计算法[13]。文献[14]提出了一种利用高阶累积量来实现方位角和仰角估计的方法，该方法适用于一般的阵列几何结构。在常用的平面阵列结构中，由等距线阵构成的交叉阵近年来由于阵列结构较为简单而受到人们的广泛重视，如文献[15]提出了交叉十字阵列二维角度估计，Hua 等也给出了一种基于 L 型阵列的二维 MUSIC 算法[16]，但由于其需要进行二维谱峰搜索，所以大大限制了其在实际中的应用。此外一些学者还提出了其他一些二维 DOA 估计算法。

5.2 均匀面阵中基于旋转不变性的二维 DOA 估计算法

本节研究均匀面阵中两种基于旋转不变性的二维 DOA 估计算法，包括基于 ESPRIT 的二维 DOA 估计算法和基于传播算子的二维 DOA 估计算法。

5.2.1 数据模型

考虑如图 5.1 所示的均匀面阵，该面阵共有 $M\times N$ 个阵元，阵元均匀分布，相邻阵元的间距是 d，$d\leqslant\lambda/2$（λ 是信号波长）。假设空间中有 K 个信号入射到此均匀面阵上，其二维 DOA 为(θ_k,ϕ_k)，$k=1,2,\cdots,K$，其中 θ_k 和 ϕ_k 分别代表第 k 个信源的仰角和方位角。定义 $u_k=\sin\theta_k\sin\phi_k$，$v_k=\sin\theta_k\cos\phi_k$。

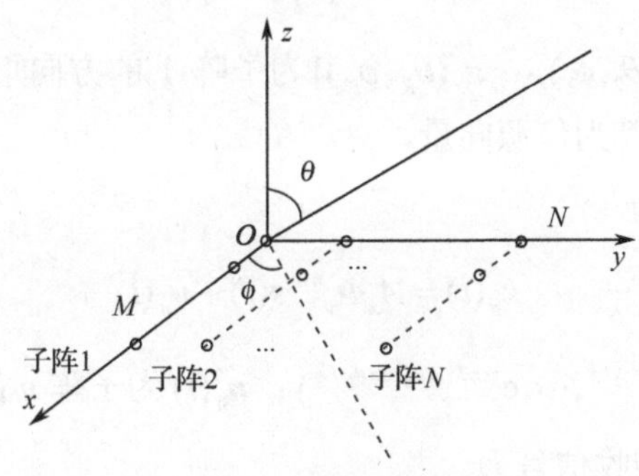

图 5.1 均匀面阵

x 轴和 y 轴上阵元的方向向量分别为[17-18]

$$\boldsymbol{a}_x(\theta_k,\phi_k)=\begin{bmatrix}1\\ \mathrm{e}^{\mathrm{j}2\pi d\sin\theta_k\cos\phi_k/\lambda}\\ \vdots\\ \mathrm{e}^{\mathrm{j}2\pi(M-1)d\sin\theta_k\cos\phi_k/\lambda}\end{bmatrix} \tag{5.1}$$

$$\boldsymbol{a}_y(\theta_k,\phi_k)=\begin{bmatrix}1\\ \mathrm{e}^{\mathrm{j}2\pi d\sin\theta_k\sin\phi_k/\lambda}\\ \vdots\\ \mathrm{e}^{\mathrm{j}2\pi(N-1)d\sin\theta_k\sin\phi_k/\lambda}\end{bmatrix}\tag{5.2}$$

x 轴上 M 个阵元对应的方向矩阵为 $\boldsymbol{A}_x=[\boldsymbol{a}_x(\theta_1,\phi_1),\boldsymbol{a}_x(\theta_2,\phi_2),\cdots,\boldsymbol{a}_x(\theta_K,\phi_K)]$，具体表示为

$$\boldsymbol{A}_x=\begin{bmatrix}1 & 1 & \cdots & 1\\ \mathrm{e}^{\mathrm{j}2\pi d\sin\theta_1\cos\phi_1/\lambda} & \mathrm{e}^{\mathrm{j}2\pi d\sin\theta_2\cos\phi_2/\lambda} & \cdots & \mathrm{e}^{\mathrm{j}2\pi d\sin\theta_K\cos\phi_K/\lambda}\\ \vdots & \vdots & & \vdots\\ \mathrm{e}^{\mathrm{j}2\pi(M-1)d\sin\theta_1\cos\phi_1/\lambda} & \mathrm{e}^{\mathrm{j}2\pi(M-1)d\sin\theta_2\cos\phi_2/\lambda} & \cdots & \mathrm{e}^{\mathrm{j}2\pi(M-1)d\sin\theta_K\cos\phi_K/\lambda}\end{bmatrix}\tag{5.3}$$

y 轴上 N 个阵元对应的方向矩阵为 $\boldsymbol{A}_y=[\boldsymbol{a}_y(\theta_1,\phi_1),\boldsymbol{a}_y(\theta_2,\phi_2),\cdots,\boldsymbol{a}_y(\theta_K,\phi_K)]$，具体表示为

$$\boldsymbol{A}_y=\begin{bmatrix}1 & 1 & \cdots & 1\\ \mathrm{e}^{\mathrm{j}2\pi d\sin\theta_1\sin\phi_1/\lambda} & \mathrm{e}^{\mathrm{j}2\pi d\sin\theta_2\sin\phi_2/\lambda} & \cdots & \mathrm{e}^{\mathrm{j}2\pi d\sin\theta_K\sin\phi_K/\lambda}\\ \vdots & \vdots & & \vdots\\ \mathrm{e}^{\mathrm{j}2\pi(N-1)d\sin\theta_1\sin\phi_1/\lambda} & \mathrm{e}^{\mathrm{j}2\pi(N-1)d\sin\theta_2\sin\phi_2/\lambda} & \cdots & \mathrm{e}^{\mathrm{j}2\pi(N-1)d\sin\theta_K\sin\phi_K/\lambda}\end{bmatrix}\tag{5.4}$$

子阵 1 的接收信号为

$$\boldsymbol{x}_1(t)=\boldsymbol{A}_x\boldsymbol{s}(t)+\boldsymbol{n}_1(t)\tag{5.5}$$

式中，$\boldsymbol{A}_x=[\boldsymbol{a}_x(\theta_1,\phi_1),\boldsymbol{a}_x(\theta_2,\phi_2),\cdots,\boldsymbol{a}_x(\theta_K,\phi_K)]$ 为子阵 1 的方向矩阵；$\boldsymbol{n}_1(t)$ 为子阵 1 的加性高斯白噪声；$\boldsymbol{s}(t)\in\mathbf{C}^{K\times 1}$ 为信源向量。

子阵 n 的接收信号为

$$\boldsymbol{x}_n(t)=\boldsymbol{A}_x\boldsymbol{\Phi}_y{}^{n-1}\boldsymbol{s}(t)+\boldsymbol{n}_n(t)\tag{5.6}$$

式中，$\boldsymbol{\Phi}_y=\mathrm{diag}(\mathrm{e}^{\mathrm{j}2\pi d\sin\theta_1\sin\phi_1/\lambda},\cdots,\mathrm{e}^{\mathrm{j}2\pi d\sin\theta_K\sin\phi_K/\lambda})$；$\boldsymbol{n}_n(t)$ 为子阵 n 的加性高斯白噪声。由此可得，整个均匀面阵的接收信号为

$$\boldsymbol{x}(t)=\begin{bmatrix}\boldsymbol{x}_1(t)\\ \boldsymbol{x}_2(t)\\ \vdots\\ \boldsymbol{x}_N(t)\end{bmatrix}=\begin{bmatrix}\boldsymbol{A}_x\\ \boldsymbol{A}_x\boldsymbol{\Phi}_y\\ \vdots\\ \boldsymbol{A}_x\boldsymbol{\Phi}_y{}^{N-1}\end{bmatrix}\boldsymbol{s}(t)+\begin{bmatrix}\boldsymbol{n}_1(t)\\ \boldsymbol{n}_2(t)\\ \vdots\\ \boldsymbol{n}_N(t)\end{bmatrix}\tag{5.7}$$

式（5.7）中的信号也可以表示为

$$\boldsymbol{x}(t)=[\boldsymbol{A}_y\odot\boldsymbol{A}_x]\boldsymbol{s}(t)+\boldsymbol{n}(t)\tag{5.8}$$

式中，$\boldsymbol{A}_y = [\boldsymbol{a}_y(\theta_1,\phi_1), \boldsymbol{a}_y(\theta_2,\phi_2),\cdots,\boldsymbol{a}_y(\theta_K,\phi_K)]$；$\boldsymbol{n}(t)=[\boldsymbol{n}_1(t)^{\mathrm{T}},\boldsymbol{n}_2(t)^{\mathrm{T}},\cdots,\boldsymbol{n}_N(t)^{\mathrm{T}}]^{\mathrm{T}}$；$\boldsymbol{A}_y \odot \boldsymbol{A}_x$ 表示 $\boldsymbol{A}_y$ 和 $\boldsymbol{A}_x$ 的 Khatri-Rao 积。

根据 Khatri-Rao 积的定义，接收信号可以写为

$$\boldsymbol{x}(t)=[\boldsymbol{a}_y(\theta_1,\phi_1,)\otimes \boldsymbol{a}_x(\theta_1,\phi_1),\cdots,\boldsymbol{a}_y(\theta_K,\phi_K)\otimes \boldsymbol{a}_x(\theta_K,\phi_K)]\boldsymbol{s}(t)+\boldsymbol{n}(t) \tag{5.9}$$

式中，$\otimes$ 代表 Kronecker 积。我们假设对于 L 次采样，$\boldsymbol{a}_x(\theta_k,\phi_k)$ 和 $\boldsymbol{a}_y(\theta_k,\phi_k)$ 固定不变，并且定义 $\boldsymbol{X}=[\boldsymbol{x}(1),\boldsymbol{x}(2),\cdots,\boldsymbol{x}(L)]$，那么均匀面阵的接收信号可以表示为

$$\boldsymbol{X}=[\boldsymbol{A}_y \odot \boldsymbol{A}_x]\boldsymbol{S}^{\mathrm{T}}+\boldsymbol{N}=\begin{bmatrix}\boldsymbol{X}_1\\ \boldsymbol{X}_2\\ \vdots\\ \boldsymbol{X}_N\end{bmatrix}=\begin{bmatrix}\boldsymbol{A}_x D_1(\boldsymbol{A}_y)\\ \boldsymbol{A}_x D_2(\boldsymbol{A}_y)\\ \vdots\\ \boldsymbol{A}_x D_N(\boldsymbol{A}_y)\end{bmatrix}\boldsymbol{S}^{\mathrm{T}}+\begin{bmatrix}\boldsymbol{N}_1\\ \boldsymbol{N}_2\\ \vdots\\ \boldsymbol{N}_N\end{bmatrix} \tag{5.10}$$

式中，$\boldsymbol{S}=[\boldsymbol{s}(1),\boldsymbol{s}(2),\cdots,\boldsymbol{s}(L)]^{\mathrm{T}}\in \mathbf{C}^{L\times K}$ 由 L 次采样的信号向量组成；$D_m(\cdot)$ 为由矩阵的第 m 行构造的一个对角矩阵；$\boldsymbol{N}=[\boldsymbol{n}(1),\boldsymbol{n}(2),\cdots,\boldsymbol{n}(L)]$ 为接收的加性高斯白噪声矩阵；$\boldsymbol{N}_n\in \mathbf{C}^{M\times L}$（$n=1,2,\cdots,N$）为噪声矩阵；$\odot$表示 Khatri-Rao 积。因此，式（5.10）中的 $\boldsymbol{X}_n\in \mathbf{C}^{M\times L}$ 可以表示为

$$\boldsymbol{X}_n=\boldsymbol{A}_x D_n(\boldsymbol{A}_y)\boldsymbol{S}^{\mathrm{T}}+\boldsymbol{N}_n,\ \ n=1,2,\cdots,N \tag{5.11}$$

5.2.2 基于 ESPRIT 的二维 DOA 估计算法

1. 算法描述

分别构造矩阵 $\boldsymbol{A}_1$ 和 $\boldsymbol{A}_2$，即

$$\boldsymbol{A}_1=\begin{bmatrix}\boldsymbol{A}_x D_1(\boldsymbol{A}_y)\\ \boldsymbol{A}_x D_2(\boldsymbol{A}_y)\\ \vdots\\ \boldsymbol{A}_x D_{N-1}(\boldsymbol{A}_y)\end{bmatrix},\ \boldsymbol{A}_2=\begin{bmatrix}\boldsymbol{A}_x D_2(\boldsymbol{A}_y)\\ \boldsymbol{A}_x D_3(\boldsymbol{A}_y)\\ \vdots\\ \boldsymbol{A}_x D_N(\boldsymbol{A}_y)\end{bmatrix} \tag{5.12}$$

$\boldsymbol{A}_1$ 和 $\boldsymbol{A}_2$ 之间相差了一个旋转因子 $\boldsymbol{\Phi}_y$，即 $\boldsymbol{A}_2=\boldsymbol{A}_1\boldsymbol{\Phi}_y$，其中

$$\boldsymbol{\Phi}_y=\mathrm{diag}(\mathrm{e}^{\mathrm{j}2\pi d\sin\theta_1\sin\phi_1/\lambda},\cdots,\mathrm{e}^{\mathrm{j}2\pi d\sin\theta_K\sin\phi_K/\lambda}) \tag{5.13}$$

由式（5.10）中的阵列接收信号可得协方差矩阵 $\hat{\boldsymbol{R}}=\boldsymbol{X}\boldsymbol{X}^{\mathrm{H}}/L$，其中 L 为快拍数。对其进行特征值分解，由 K 个较大特征值对应的特征向量构造信号子空间，表示为 $\boldsymbol{E}_{\mathrm{s}}$。由于阵列的移不变性，所以 $\boldsymbol{E}_{\mathrm{s}}$ 可以分解为两部分，构造矩阵 $\boldsymbol{E}_x=\boldsymbol{E}_{\mathrm{s}}(1:M(N-1),:)$，$\boldsymbol{E}_y=\boldsymbol{E}_{\mathrm{s}}(M+1:NM,:)$，其中 $\boldsymbol{E}_x=\boldsymbol{E}_{\mathrm{s}}(1:M(N-1),:)$ 表示取 $\boldsymbol{E}_{\mathrm{s}}$ 的第 1 到第 $M(N-1)$ 行，

$\boldsymbol{E}_y = \boldsymbol{E}_s(M+1:NM,:)$表示取$\boldsymbol{E}_s$的第$M+1$到第$NM$行。

$\boldsymbol{E}_x$和$\boldsymbol{E}_y$可以表示为

$$\boldsymbol{E}_x = \boldsymbol{A}_1\boldsymbol{T} \tag{5.14}$$

$$\boldsymbol{E}_y = \boldsymbol{A}_1\boldsymbol{\Phi}_y\boldsymbol{T} \tag{5.15}$$

式中，$\boldsymbol{T}$为$K\times K$满秩矩阵。

由式（5.14）和式（5.15）可得

$$\boldsymbol{E}_y = \boldsymbol{E}_x\boldsymbol{T}^{-1}\boldsymbol{\Phi}_y\boldsymbol{T} = \boldsymbol{E}_x\boldsymbol{\Psi} \tag{5.16}$$

式中，$\boldsymbol{\Psi} = \boldsymbol{T}^{-1}\boldsymbol{\Phi}_y\boldsymbol{T}$。至此可知，$\boldsymbol{E}_x$和$\boldsymbol{E}_y$张成相似的子空间，并且矩阵$\boldsymbol{\Phi}_y$的对角线元素为$\boldsymbol{\Psi}$的特征值。根据 LS 准则，$\hat{\boldsymbol{\Psi}}$可由下式得出：

$$\hat{\boldsymbol{\Psi}} = \boldsymbol{E}_x^{+}\boldsymbol{E}_y \tag{5.17}$$

对$\hat{\boldsymbol{\Psi}}$进行特征值分解得到$\boldsymbol{\Phi}_y$的估计值$\hat{\boldsymbol{\Phi}}_y$，利用$\hat{\boldsymbol{\Psi}}$的特征向量，可以得到矩阵$\boldsymbol{T}$的估计值$\hat{\boldsymbol{T}}$。在无噪声模型下，有

$$\hat{\boldsymbol{T}} = \boldsymbol{\Pi}\boldsymbol{T} \tag{5.18}$$

$$\hat{\boldsymbol{\Phi}}_y = \boldsymbol{\Pi}\boldsymbol{\Phi}_y\boldsymbol{\Pi}^{-1} \tag{5.19}$$

式中，$\boldsymbol{\Pi}$为置换矩阵。

由于$\hat{\boldsymbol{\Psi}}$与$\boldsymbol{\Phi}_y$的特征值相同，所以先对$\hat{\boldsymbol{\Psi}}$进行特征值分解，得到$\mathrm{e}^{\mathrm{j}(2\pi/\lambda)d\sin\theta_k\sin\phi_k}$，$k=1,2,\cdots,K$，$u_k=\sin\theta_k\sin\phi_k$的估计值为

$$\hat{u}_k = \text{angle}(\hat{\lambda}_k)\lambda/2\pi d \tag{5.20}$$

式中，$\hat{\lambda}_k$为矩阵$\hat{\boldsymbol{\Psi}}$第k个特征值；angle(•)表示取复数的相角。然后对信号子空间$\boldsymbol{E}_s$进行重构，得到$\boldsymbol{E}_s' = \boldsymbol{E}_s\hat{\boldsymbol{T}}^{-1}$，即

$$\boldsymbol{E}_s' = \begin{bmatrix} A_y D_1(A_x) \\ A_y D_2(A_x) \\ \vdots \\ A_y D_M(A_x) \end{bmatrix} \boldsymbol{\Pi}^{-1} \tag{5.21}$$

由$\boldsymbol{E}_s'$构造矩阵$\boldsymbol{E}_x' = \boldsymbol{E}_s'(1:N(M-1),:)$，$\boldsymbol{E}_y' = \boldsymbol{E}_s'(N+1:MN,:)$，其中$\boldsymbol{E}_x' = \boldsymbol{E}_s'(1:N(M-1),:)$表示取$\boldsymbol{E}_s'$的第 1 到第$N(M-1)$行，$\boldsymbol{E}_y' = \boldsymbol{E}_s'(N+1:MN,:)$表示取$\boldsymbol{E}_s'$的第$N+1$到第$MN$行。

定义

$$A_3 = \begin{bmatrix} A_y D_1(A_x) \\ A_y D_2(A_x) \\ \vdots \\ A_y D_{M-1}(A_x) \end{bmatrix} \tag{5.22}$$

则有

$$E_x' = A_3 \Pi^{-1} \tag{5.23}$$

$$E_y' = A_3 \Phi_x \Pi^{-1} \tag{5.24}$$

进一步可得

$$(E_x')^+ E_y' = \Pi \Phi_x \Pi^{-1} \tag{5.25}$$

在无噪声影响时，有

$$\hat{\Phi}_x = \Pi \Phi_x \Pi^{-1} \tag{5.26}$$

式中，Π 为置换矩阵。

因此可以得到 $v_k = \sin\theta_k \cos\phi_k$ 的估计值，即

$$\hat{v}_k = \text{angle}(\varepsilon_k)\lambda / 2\pi d \tag{5.27}$$

式中，ε_k 为矩阵 $(E_x')^+ E_y'$ 的第 k 个对角线元素；angle(•) 表示取复数的相角。

由式（5.19）和式（5.26）可知，u_k 和 v_k 的估计值有相同的列模糊，我们能够得到自动配对的方位角和仰角。由于 (u_k, v_k) 配对完成，因此可得到二维 DOA 估计，即

$$\hat{\theta}_k = \sin^{-1}(\sqrt{\hat{u}_k^2 + \hat{v}_k^2}) \tag{5.28}$$

$$\hat{\phi}_k = \tan^{-1}(\hat{u}_k / \hat{v}_k) \tag{5.29}$$

至此，可将均匀面阵中基于 ESPRIT 的二维 DOA 估计算法的具体步骤总结如下。

算法 5.1：基于 ESPRIT 的二维 DOA 估计算法。

步骤 1：利用阵列接收信号计算协方差矩阵的估计值 $\hat{R}$。

步骤 2：对 $\hat{R}$ 进行特征值分解，取其中的 K 个较大特征值对应的特征向量构成信号子空间 E_s。

步骤 3：通过信号子空间 E_s 构造子阵 E_x 和 E_y，对由式（5.17）得到的 $\hat{\Psi}$ 进行特征值分解可得矩阵 $\hat{T}$ 和 $\hat{\Phi}_y$，由 $\hat{\Phi}_y$ 得到 $u_k = \sin\theta_k \sin\phi_k$（$k = 1,2,\cdots,K$）的估计值。

步骤 4：重构信号子空间得到 $\boldsymbol{E}_s'$，利用与步骤 3 类似的方法得到 $v_k = \sin\theta_k \cos\phi_k$（$k=1,2,\cdots,K$）的估计值。二维 DOA 估计通过式（5.28）和式（5.29）得到。

2．算法复杂度和优点

本节算法构造协方差矩阵的计算复杂度为 $O(LM^2N^2)$，协方差矩阵的特征值分解的复杂度为 $O(M^3N^3)$，计算 $\hat{\boldsymbol{\Psi}} = \boldsymbol{E}_x^+\boldsymbol{E}_y$ 的复杂度为 $O(K^2MN+(N-1)MK+2K^2(M-1)N+2K^3)$，$\hat{\boldsymbol{\Psi}}$ 的特征值分解复杂度为 $O(K^3)$。因此，本节算法的总复杂度约为 $O(LM^2N^2+M^3N^3+2K^2(M-1)+3K^3+K^2MN+(N-1)MK)$。

本节算法具有如下优点。

（1）本节算法无须进行谱峰搜索，具有较低的复杂度。

（2）本节算法实现了仰角和方位角的自动配对，避免了额外的参数配对运算。

3．仿真结果

我们假设入射角分别为$(12^\circ, 15^\circ)$、$(22^\circ, 25^\circ)$和$(32^\circ, 35^\circ)$的 3 个不相关的信源信号入射到接收阵列上，阵元间距 d 为信号半波长。在以下仿真中，M、N 分别表示均匀面阵的行数和列数，K 表示信源个数，L 表示快拍数。在仿真图中，“elevation angle”和“azimuth angle”分别表示仰角和方位角，“degree”表示度数。图 5.2 描述了在 M=8、N=6、L=100、SNR=5dB 时本节算法的仿真结果。图 5.2 表明，本节算法可以精确地估计出仰角和方位角。

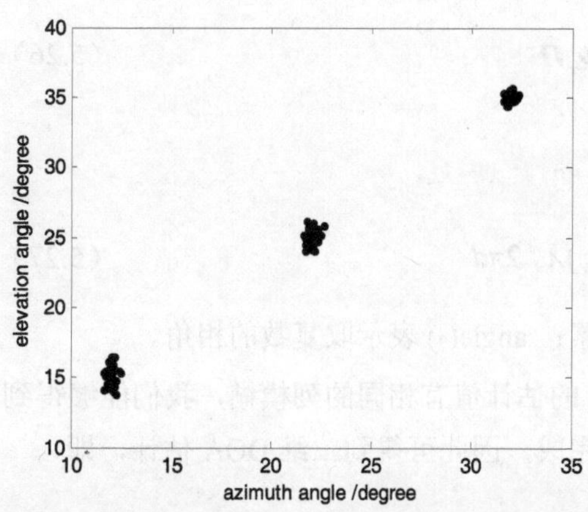

图 5.2　仿真结果（M=8，N=6，L=100，SNR=5dB）

5.2.3　基于传播算子的二维 DOA 估计算法

1．算法描述

对矩阵 $\boldsymbol{A}_x$ 分块可得

$$\boldsymbol{A}_x = \begin{bmatrix} \boldsymbol{A}_{x1} \\ \boldsymbol{A}_{x2} \end{bmatrix} \tag{5.30}$$

在假定阵列无空间模糊（$\boldsymbol{A}_x$ 列满秩）的情形下，$\boldsymbol{A}_{x1} \in \mathbf{C}^{K\times K}$ 为非奇异矩阵，

$\boldsymbol{A}_{x2} \in \mathbf{C}^{(M-K)\times K}$ 可以由 $\boldsymbol{A}_{x1}$ 的线性变换得到。因此，该阵列的方向矩阵 $\boldsymbol{A}$ 可以写为[20]

$$\boldsymbol{A} = \begin{bmatrix} \boldsymbol{A}_x D_1(\boldsymbol{A}_y) \\ \boldsymbol{A}_x D_2(\boldsymbol{A}_y) \\ \vdots \\ \boldsymbol{A}_x D_N(\boldsymbol{A}_y) \end{bmatrix} = \begin{bmatrix} \boldsymbol{A}_{x1} D_1(\boldsymbol{A}_y) \\ \boldsymbol{A}_{x2} D_1(\boldsymbol{A}_y) \\ \vdots \\ \boldsymbol{A}_{x1} D_N(\boldsymbol{A}_y) \\ \boldsymbol{A}_{x2} D_N(\boldsymbol{A}_y) \end{bmatrix} = \begin{bmatrix} \boldsymbol{A}_{x1} \\ \boldsymbol{P}^{\mathrm{H}} \boldsymbol{A}_{x1} \end{bmatrix} = \begin{bmatrix} \boldsymbol{I} \\ \boldsymbol{P}^{\mathrm{H}} \end{bmatrix} \boldsymbol{A}_{x1} \tag{5.31}$$

式中，$\boldsymbol{P}$ 为传播算子；$\boldsymbol{I} \in \mathbf{C}^{K\times K}$ 为单位矩阵。定义协方差矩阵为 $\hat{\boldsymbol{R}} = \boldsymbol{X}\boldsymbol{X}^{\mathrm{H}} / L$，其中 L 为快拍数。对 $\hat{\boldsymbol{R}}$ 分块可得

$$\hat{\boldsymbol{R}} = [\hat{\boldsymbol{G}}, \hat{\boldsymbol{H}}] \tag{5.32}$$

式中，$\hat{\boldsymbol{G}} \in \mathbf{C}^{MN\times K}$；$\hat{\boldsymbol{H}} \in \mathbf{C}^{MN\times(MN-K)}$。传播算子 $\boldsymbol{P}$ 的 LS 解为

$$\hat{\boldsymbol{P}} = (\boldsymbol{G}^{\mathrm{H}}\boldsymbol{G})^{-1}\boldsymbol{G}^{\mathrm{H}}\boldsymbol{H} \tag{5.33}$$

由式（5.31）和式（5.33），定义矩阵：

$$\boldsymbol{E} = \begin{bmatrix} \boldsymbol{I} \\ \hat{\boldsymbol{P}}^{\mathrm{H}} \end{bmatrix} = \begin{bmatrix} \boldsymbol{A}_x D_1(\boldsymbol{A}_y) \\ \boldsymbol{A}_x D_2(\boldsymbol{A}_y) \\ \vdots \\ \boldsymbol{A}_x D_N(\boldsymbol{A}_y) \end{bmatrix} \boldsymbol{T} \tag{5.34}$$

构造矩阵 $\boldsymbol{E}_x = \boldsymbol{E}(1:M(N-1),:)$，$\boldsymbol{E}_y = \boldsymbol{E}(M+1:NM,:)$，其中 $\boldsymbol{E}_x = \boldsymbol{E}(1:M(N-1),:)$ 表示取 $\boldsymbol{E}$ 的第 1 到第 $M(N-1)$ 行，$\boldsymbol{E}_y = \boldsymbol{E}(M+1:NM,:)$ 表示取 $\boldsymbol{E}$ 的第 $M+1$ 到第 NM 行。

根据式（5.12）构造矩阵 $\boldsymbol{A}_1$ 和 $\boldsymbol{A}_2$，即

$$\boldsymbol{A}_1 = \begin{bmatrix} \boldsymbol{A}_x D_1(\boldsymbol{A}_y) \\ \boldsymbol{A}_x D_2(\boldsymbol{A}_y) \\ \vdots \\ \boldsymbol{A}_x D_{N-1}(\boldsymbol{A}_y) \end{bmatrix}, \quad \boldsymbol{A}_2 = \begin{bmatrix} \boldsymbol{A}_x D_2(\boldsymbol{A}_y) \\ \boldsymbol{A}_x D_3(\boldsymbol{A}_y) \\ \vdots \\ \boldsymbol{A}_x D_N(\boldsymbol{A}_y) \end{bmatrix} \tag{5.35}$$

$\boldsymbol{E}_x$ 和 $\boldsymbol{E}_y$ 为

$$\boldsymbol{E}_x = \boldsymbol{A}_1\boldsymbol{T} \tag{5.36}$$

$$\boldsymbol{E}_y = \boldsymbol{A}_1\boldsymbol{\Phi}_y\boldsymbol{T} \tag{5.37}$$

式中，$\boldsymbol{\Phi}_y = D_2(\boldsymbol{A}_y) = \mathrm{diag}(\mathrm{e}^{\mathrm{j}2\pi d\sin\theta_1\sin\phi_1/\lambda}, \cdots, \mathrm{e}^{\mathrm{j}2\pi d\sin\theta_K\sin\phi_K/\lambda})$；$\boldsymbol{T} = \boldsymbol{A}_{x1}^{-1}$ 为 $K\times K$ 满秩矩阵。

由式（5.36）和式（5.37）可得

$$\boldsymbol{E}_y = \boldsymbol{E}_x\boldsymbol{T}^{-1}\boldsymbol{\Phi}_y\boldsymbol{T} = \boldsymbol{E}_x\boldsymbol{\Psi} \tag{5.38}$$

式中，$\boldsymbol{\Psi}=\boldsymbol{T}^{-1}\boldsymbol{\Phi}_y\boldsymbol{T}$。至此可知，$\boldsymbol{E}_x$ 和 $\boldsymbol{E}_y$ 张成相似的子空间，并且矩阵 $\boldsymbol{\Phi}_y$ 的对角线元素为 $\boldsymbol{\Psi}$ 的特征值。

根据 LS 准则，$\hat{\boldsymbol{\Psi}}$ 可由下式得出：

$$\hat{\boldsymbol{\Psi}}=\boldsymbol{E}_x^{+}\boldsymbol{E}_y \tag{5.39}$$

对 $\hat{\boldsymbol{\Psi}}$ 进行特征值分解得到 $\boldsymbol{\Phi}_y$ 的估计值 $\hat{\boldsymbol{\Phi}}_y$，利用 $\hat{\boldsymbol{\Psi}}$ 的特征向量得到矩阵 $\boldsymbol{T}$ 的估计值 $\hat{\boldsymbol{T}}$。在无噪声模型下，有

$$\hat{\boldsymbol{T}}=\boldsymbol{\Pi}\boldsymbol{T} \tag{5.40}$$

$$\hat{\boldsymbol{\Phi}}_y=\boldsymbol{\Pi}\boldsymbol{\Phi}_y\boldsymbol{\Pi}^{-1} \tag{5.41}$$

式中，$\boldsymbol{\Pi}$ 为置换矩阵。

由于 $\hat{\boldsymbol{\Psi}}$ 与 $\boldsymbol{\Phi}_y$ 的特征值相同，所以先对 $\hat{\boldsymbol{\Psi}}$ 进行特征值分解得到 $\mathrm{e}^{\mathrm{j}(2\pi/\lambda)d\sin\theta_k\sin\phi_k}$，$k=1,2,\cdots,K$，$u_k=\sin\theta_k\sin\phi_k$ 的估计值为

$$\hat{u}_k=\mathrm{angle}(\hat{\lambda}_k)\lambda/2\pi d \tag{5.42}$$

式中，$\hat{\lambda}_k$ 是矩阵 $\hat{\boldsymbol{\Psi}}$ 的第 k 个特征值；angle(•) 表示取复数的相角。

然后对矩阵 $\boldsymbol{E}$ 进行重构，得到 $\boldsymbol{E}'=\boldsymbol{E}\hat{\boldsymbol{T}}^{-1}$，即

$$\boldsymbol{E}'=\begin{bmatrix}\boldsymbol{A}_y D_1(\boldsymbol{A}_x)\\ \boldsymbol{A}_y D_2(\boldsymbol{A}_x)\\ \vdots\\ \boldsymbol{A}_y D_M(\boldsymbol{A}_x)\end{bmatrix}\boldsymbol{\Pi}^{-1} \tag{5.43}$$

由 $\boldsymbol{E}'$ 构造矩阵 $\boldsymbol{E}_x{}'=\boldsymbol{E}'(1:N(M-1),:)$，$\boldsymbol{E}_y{}'=\boldsymbol{E}'(N+1:MN,:)$，其中 $\boldsymbol{E}_x{}'=\boldsymbol{E}'(1:N(M-1),:)$ 表示取矩阵的第 1 到第 $N(M-1)$ 行，$\boldsymbol{E}_y{}'=\boldsymbol{E}'(N+1:MN,:)$ 表示取矩阵的第 $N+1$ 到第 MN 行。

定义

$$\boldsymbol{A}_3=\begin{bmatrix}\boldsymbol{A}_y D_1(\boldsymbol{A}_x)\\ \boldsymbol{A}_y D_2(\boldsymbol{A}_x)\\ \vdots\\ \boldsymbol{A}_y D_{N-1}(\boldsymbol{A}_x)\end{bmatrix} \tag{5.44}$$

则有

$$\boldsymbol{E}_x' = \boldsymbol{A}_3\boldsymbol{\Pi}^{-1}$$
$$\boldsymbol{E}_y' = \boldsymbol{A}_3\boldsymbol{\Phi}_x\boldsymbol{\Pi}^{-1} \tag{5.45}$$

进一步可得

$$(\boldsymbol{E}_x')^{+}\boldsymbol{E}_y' = \boldsymbol{\Pi}\boldsymbol{\Phi}_x\boldsymbol{\Pi}^{-1} \tag{5.46}$$

在无噪声影响时，有

$$\hat{\boldsymbol{\Phi}}_x = \boldsymbol{\Pi}\boldsymbol{\Phi}_x\boldsymbol{\Pi}^{-1} \tag{5.47}$$

式中，$\boldsymbol{\Pi}$ 为置换矩阵。

因此，可以得到v_k 的估计值，即

$$\hat{v}_k = \text{angle}(\varepsilon_k)\lambda / 2\pi d \tag{5.48}$$

式中，ε_k 为矩阵$(\boldsymbol{E}_x')^{+}\boldsymbol{E}_y'$ 的第 k 个对角线元素；$\text{angle}(\bullet)$ 表示取复数的相角。

由式（5.41）和式（5.47），u_k 和 v_k 的估计值有相同的列模糊，我们能够得到自动配对的方位角和仰角。由于(u_k, v_k)配对完成，因此可得到二维 DOA 估计，即

$$\hat{\theta}_k = \sin^{-1}(\sqrt{\hat{u}_k^2 + \hat{v}_k^2}) \tag{5.49}$$

$$\hat{\phi}_k = \tan^{-1}(\hat{u}_k / \hat{v}_k) \tag{5.50}$$

至此，可将均匀面阵中基于传播算子的二维 DOA 估计算法的具体步骤总结如下。

算法 5.2：基于传播算子的二维 DOA 估计算法。

步骤 1：利用阵列接收信号计算协方差矩阵的估计值 $\hat{\boldsymbol{R}}$，对 $\hat{\boldsymbol{R}}$ 分块得到 $\hat{\boldsymbol{G}}$ 和 $\hat{\boldsymbol{H}}$。

步骤 2：由式（5.33）估计传播算子 $\boldsymbol{P}$，构造式（5.34）中的矩阵 $\boldsymbol{E}$。

步骤 3：根据式（5.39）对矩阵 $\hat{\boldsymbol{\Psi}}$ 进行特征值分解，可得特征值矩阵 $\hat{\boldsymbol{\Phi}}_y$ 和对应的特征向量矩阵 $\hat{\boldsymbol{T}}$。由式（5.42）可得到 $\boldsymbol{u}_k = \sin\theta_k \sin\phi_k$ （$k = 1, 2, \cdots, K$）的估计值。

步骤 4：先根据式（5.43）对 $\boldsymbol{E}$ 进行重构，然后利用与步骤 3 类似的方法得到 $\boldsymbol{v}_k = \sin\theta_k \cos\phi_k$（$k = 1, 2, \cdots, K$）的估计值。

步骤 5：由式（5.49）和式（5.50）得到二维 DOA 估计值。

2. 算法复杂度和优点

本节算法的总复杂度约为 $O(LM^2N^2+MNK^2+MN(MN-K)K+K^2(MN-K)+ 2K^2(M-1)N+4K^3+ K^2MN+(N-1)MK)$，而基于 ESPRIT 的二维 DOA 估计算法的总复杂度为 $O(LM^2N^2+M^3N^3+2K^2(M-1)+ K^3+K^2MN+ (N-1)MK)$。本节算法的复杂度较低。

本节算法具有如下优点。

（1）本节算法无须对阵列接收信号协方差矩阵进行特征值分解，与基于 ESPRIT 的二维 DOA 估计算法对比，本节算法的复杂度更低。

（2）本节算法实现了仰角和方位角的自动配对，避免了额外的参数配对运算。

（3）在大 SNR 情况下，本节算法的角度估计性能非常接近基于 ESPRIT 的二维 DOA 估计算法，可以在下文的仿真结果中得到验证。

3．CRB

本节主要推导均匀面阵中 DOA 估计的 CRB。假设信号 $\boldsymbol{s}(t)$ 是固定的，那么用来估计的参数向量可以表示为[21]

$$\boldsymbol{\zeta}=\left[\theta_1,\cdots,\theta_K,\phi_1,\cdots,\phi_K,\boldsymbol{s}_{\mathrm{R}}{}^{\mathrm{T}}(1),\cdots,\boldsymbol{s}_{\mathrm{R}}{}^{\mathrm{T}}(L),\boldsymbol{s}_{\mathrm{I}}{}^{\mathrm{T}}(1),\cdots,\boldsymbol{s}_{\mathrm{I}}{}^{\mathrm{T}}(L),\sigma^2\right]^{\mathrm{T}} \tag{5.51}$$

式中，$\boldsymbol{s}_{\mathrm{R}}(l)$、$\boldsymbol{s}_{\mathrm{I}}(l)$ 分别表示 $\boldsymbol{s}(l)$ 的实部和虚部；σ^2 为噪声功率。

L 次采样的输出信号可以表示为

$$\boldsymbol{y}=\left[\boldsymbol{x}^{\mathrm{T}}(1),\cdots,\boldsymbol{x}^{\mathrm{T}}(L)\right] \tag{5.52}$$

定义矩阵 $\boldsymbol{A}$ 为

$$\boldsymbol{A}=[\boldsymbol{A}_y\odot\boldsymbol{A}_x]=\begin{bmatrix}\boldsymbol{A}_x\boldsymbol{D}_1(\boldsymbol{A}_y)\\ \boldsymbol{A}_x\boldsymbol{D}_2(\boldsymbol{A}_y)\\ \vdots\\ \boldsymbol{A}_x\boldsymbol{D}_N(\boldsymbol{A}_y)\end{bmatrix} \tag{5.53}$$

矩阵 $\boldsymbol{y}$ 的均值 $\boldsymbol{\mu}$ 及其协方差矩阵 $\boldsymbol{\Gamma}$ 为

$$\boldsymbol{\mu}=\begin{bmatrix}\boldsymbol{As}(1)\\ \vdots\\ \boldsymbol{As}(L)\end{bmatrix},\ \boldsymbol{\Gamma}=\begin{bmatrix}\sigma^2\boldsymbol{I} & & \\ & \ddots & \\ & & \sigma^2\boldsymbol{I}\end{bmatrix} \tag{5.54}$$

根据文献[21]可知，CRB 矩阵 $\boldsymbol{P}_{\mathrm{cr}}$ 的第(i,j)个元素为

$$\left[\boldsymbol{P}_{\mathrm{cr}}^{-1}\right]_{ij}=\mathrm{tr}\left[\boldsymbol{\Gamma}^{-1}\boldsymbol{\Gamma}_i'\boldsymbol{\Gamma}^{-1}\boldsymbol{\Gamma}_j'\right]+2\,\mathrm{Re}\left[\boldsymbol{\mu}_i'^{\mathrm{H}}\boldsymbol{\Gamma}^{-1}\boldsymbol{\mu}_j'\right] \tag{5.55}$$

式中，$\boldsymbol{\Gamma}_i'$ 和 $\boldsymbol{\mu}_i'$ 分别为 $\boldsymbol{\Gamma}$ 和 $\boldsymbol{\mu}$ 在 $\boldsymbol{\zeta}$ 的第 i 个元素上的导数。由于协方差矩阵正好和 σ^2 相关联，因此式（5.55）的第一项可以忽略，进而 CRB 矩阵 $\boldsymbol{P}_{\mathrm{cr}}$ 的第(i,j)个元素可以写为

$$\left[\boldsymbol{P}_{\mathrm{cr}}^{-1}\right]_{ij}=2\,\mathrm{Re}\left[\boldsymbol{\mu}_i'^{\mathrm{H}}\boldsymbol{\Gamma}^{-1}\boldsymbol{\mu}_j'\right] \tag{5.56}$$

根据式（5.54），有

$$\frac{\partial \boldsymbol{\mu}}{\partial \theta_k}=\begin{bmatrix}\dfrac{\partial \boldsymbol{A}}{\partial \theta_k}\boldsymbol{s}(1)\\ \vdots \\ \dfrac{\partial \boldsymbol{A}}{\partial \theta_k}\boldsymbol{s}(L)\end{bmatrix}=\begin{bmatrix}\boldsymbol{d}_{k\theta_k}\boldsymbol{s}_k(1)\\ \vdots \\ \boldsymbol{d}_{k\theta_k}\boldsymbol{s}_k(L)\end{bmatrix},\ \frac{\partial \boldsymbol{\mu}}{\partial \phi_k}=\begin{bmatrix}\dfrac{\partial \boldsymbol{A}}{\partial \phi_k}\boldsymbol{s}(1)\\ \vdots \\ \dfrac{\partial \boldsymbol{A}}{\partial \phi_k}\boldsymbol{s}(L)\end{bmatrix}=\begin{bmatrix}\boldsymbol{d}_{k\phi_k}\boldsymbol{s}_k(1)\\ \vdots \\ \boldsymbol{d}_{k\phi_k}\boldsymbol{s}_k(L)\end{bmatrix},\quad k=1,2,\cdots,K \tag{5.57}$$

式中，$\boldsymbol{s}_k(t)$为$\boldsymbol{s}(t)$的第 k 个元素，

$$\boldsymbol{d}_{k\theta_k}=\frac{\partial \boldsymbol{a}(\theta_k,\phi_k)}{\partial \theta_k},\quad \boldsymbol{d}_{k\phi_k}=\frac{\partial \boldsymbol{a}(\theta_k,\phi_k)}{\partial \phi_k} \tag{5.58}$$

式中，$\boldsymbol{a}(\theta_k,\phi_k)$是矩阵 $\boldsymbol{A}$ 的第 k 列。

令

$$\boldsymbol{\Delta}\triangleq\begin{bmatrix}\boldsymbol{d}_{1\theta}\boldsymbol{s}_1(1) & \cdots & \boldsymbol{d}_{K\theta}\boldsymbol{s}_K(1) & \boldsymbol{d}_{1\phi}\boldsymbol{s}_1(1) & \cdots & \boldsymbol{d}_{K\phi}\boldsymbol{s}_K(1)\\ \vdots & & \vdots & \vdots & & \vdots\\ \boldsymbol{d}_{1\theta}\boldsymbol{s}_1(L) & \cdots & \boldsymbol{d}_{K\theta}\boldsymbol{s}_K(L) & \boldsymbol{d}_{1\phi}\boldsymbol{s}_1(L) & \cdots & \boldsymbol{d}_{K\phi}\boldsymbol{s}_K(L)\end{bmatrix} \tag{5.59}$$

$$\boldsymbol{G}\triangleq\begin{bmatrix}\boldsymbol{A} & & \\ & \ddots & \\ & & \boldsymbol{A}\end{bmatrix},\quad \boldsymbol{s}=\begin{bmatrix}\boldsymbol{s}(1)\\ \vdots \\ \boldsymbol{s}(L)\end{bmatrix} \tag{5.60}$$

那么$\boldsymbol{\mu}=\boldsymbol{G}\boldsymbol{s}$，且有

$$\frac{\partial \boldsymbol{\mu}}{\partial \boldsymbol{s}_{\mathrm{R}}^{\mathrm{T}}}=\boldsymbol{G},\quad \frac{\partial \boldsymbol{\mu}}{\partial \boldsymbol{s}_{\mathrm{I}}^{\mathrm{T}}}=\mathrm{i}\boldsymbol{G} \tag{5.61}$$

式中，i 为虚数单位。由此可得

$$\frac{\partial \boldsymbol{\mu}}{\partial \boldsymbol{\zeta}^{\mathrm{T}}}=[\boldsymbol{\Delta},\boldsymbol{G},\mathrm{i}\boldsymbol{G},\boldsymbol{O}] \tag{5.62}$$

式（5.51）可以表示为

$$2\,\mathrm{Re}\left\{\frac{\partial \boldsymbol{\mu}^*}{\partial \boldsymbol{\zeta}}\boldsymbol{\Gamma}^{-1}\frac{\partial \boldsymbol{\mu}}{\partial \boldsymbol{\zeta}^{\mathrm{T}}}\right\}=\begin{bmatrix}\boldsymbol{J} & \boldsymbol{O}\\ \boldsymbol{O} & \boldsymbol{O}\end{bmatrix} \tag{5.63}$$

式中，

$$\boldsymbol{J}\triangleq\frac{2}{\sigma^2}\mathrm{Re}\left\{\begin{bmatrix}\boldsymbol{\Delta}^{\mathrm{H}}\\ \boldsymbol{G}^{\mathrm{H}}\\ -\mathrm{i}\boldsymbol{G}^{\mathrm{H}}\end{bmatrix}[\boldsymbol{\Delta}\quad \boldsymbol{G}\quad \mathrm{i}\boldsymbol{G}]\right\} \tag{5.64}$$

定义

$$\boldsymbol{Q} \triangleq \left(\boldsymbol{G}^{\mathrm{H}}\boldsymbol{G}\right)^{-1}\boldsymbol{G}^{\mathrm{H}}\boldsymbol{\Delta},\ \boldsymbol{F} \triangleq \begin{bmatrix} \boldsymbol{I} & \boldsymbol{O} & \boldsymbol{O} \\ -\boldsymbol{Q}_{\mathrm{R}} & \boldsymbol{I} & \boldsymbol{O} \\ -\boldsymbol{Q}_{\mathrm{I}} & \boldsymbol{O} & \boldsymbol{I} \end{bmatrix} \tag{5.65}$$

式中，$\boldsymbol{Q}_{\mathrm{R}}$ 和 $\boldsymbol{Q}_{\mathrm{I}}$ 分别为 $\boldsymbol{Q}$ 的实部和虚部。可以证明：

$$[\boldsymbol{\Delta} \quad \boldsymbol{G} \quad \mathrm{i}\boldsymbol{G}]\boldsymbol{F} = \left[(\boldsymbol{\Delta}-\boldsymbol{G}\boldsymbol{Q}) \quad \boldsymbol{G} \quad \mathrm{i}\boldsymbol{G}\right] = \left[\boldsymbol{\Pi}_{\boldsymbol{G}}^{\perp}\boldsymbol{\Delta} \quad \boldsymbol{G} \quad \mathrm{i}\boldsymbol{G}\right] \tag{5.66}$$

式中，$\boldsymbol{\Pi}_{\boldsymbol{G}}^{\perp} = \boldsymbol{I} - \boldsymbol{G}\left(\boldsymbol{G}^{\mathrm{H}}\boldsymbol{G}\right)^{-1}\boldsymbol{G}^{\mathrm{H}}$；$\boldsymbol{G}^{\mathrm{H}}\boldsymbol{\Pi}_{\boldsymbol{G}}^{\perp} = \boldsymbol{O}$。

$$\boldsymbol{F}^{\mathrm{T}}\boldsymbol{J}\boldsymbol{F} = \frac{2}{\sigma^2}\mathrm{Re}\left\{\boldsymbol{F}^{\mathrm{H}}\begin{bmatrix} \boldsymbol{\Delta}^{\mathrm{H}} \\ \boldsymbol{G}^{\mathrm{H}} \\ -\mathrm{i}\boldsymbol{G}^{\mathrm{H}} \end{bmatrix}[\boldsymbol{\Delta} \quad \boldsymbol{G} \quad \mathrm{i}\boldsymbol{G}]\boldsymbol{F}\right\} = \frac{2}{\sigma^2}\mathrm{Re}\left\{\begin{bmatrix} \boldsymbol{\Delta}^{\mathrm{H}}\boldsymbol{\Pi}_{\boldsymbol{G}}^{\perp}\boldsymbol{\Delta} & \boldsymbol{O} & \boldsymbol{O} \\ \boldsymbol{O} & \boldsymbol{G}^{\mathrm{H}}\boldsymbol{G} & \mathrm{i}\boldsymbol{G}^{\mathrm{H}}\boldsymbol{G} \\ \boldsymbol{O} & -\mathrm{i}\boldsymbol{G}^{\mathrm{H}}\boldsymbol{G} & \boldsymbol{G}^{\mathrm{H}}\boldsymbol{G} \end{bmatrix}\right\} \tag{5.67}$$

因此 $\boldsymbol{J}^{-1}$ 可以写为

$$\begin{aligned} \boldsymbol{J}^{-1} &= \boldsymbol{F}\left(\boldsymbol{F}^{\mathrm{T}}\boldsymbol{J}\boldsymbol{F}\right)^{-1}\boldsymbol{F}^{\mathrm{T}} \\ &= \frac{\sigma^2}{2}\begin{bmatrix} \boldsymbol{I} & \boldsymbol{O} & \boldsymbol{O} \\ -\boldsymbol{Q}_{\mathrm{R}} & \boldsymbol{I} & \boldsymbol{O} \\ -\boldsymbol{Q}_{\mathrm{I}} & \boldsymbol{O} & \boldsymbol{I} \end{bmatrix}\begin{bmatrix} \mathrm{Re}\left(\boldsymbol{\Delta}^{\mathrm{H}}\boldsymbol{\Pi}_{\boldsymbol{G}}^{\perp}\boldsymbol{\Delta}\right) & \boldsymbol{O} & \boldsymbol{O} \\ \boldsymbol{O} & \boldsymbol{\kappa} & \boldsymbol{\kappa} \\ \boldsymbol{O} & \boldsymbol{\kappa} & \boldsymbol{\kappa} \end{bmatrix}\begin{bmatrix} \boldsymbol{I} & -\boldsymbol{Q}_{\mathrm{R}}^{\mathrm{T}} & -\boldsymbol{Q}_{\mathrm{I}}^{\mathrm{T}} \\ \boldsymbol{O} & \boldsymbol{I} & \boldsymbol{O} \\ \boldsymbol{O} & \boldsymbol{O} & \boldsymbol{I} \end{bmatrix} \\ &= \begin{bmatrix} \frac{\sigma^2}{2}\left[\mathrm{Re}\left(\boldsymbol{\Delta}^{\mathrm{H}}\boldsymbol{\Pi}_{\boldsymbol{G}}^{\perp}\boldsymbol{\Delta}\right)\right]^{-1} & \boldsymbol{\kappa} & \boldsymbol{\kappa} \\ \boldsymbol{\kappa} & \boldsymbol{\kappa} & \boldsymbol{\kappa} \\ \boldsymbol{\kappa} & \boldsymbol{\kappa} & \boldsymbol{\kappa} \end{bmatrix} \end{aligned} \tag{5.68}$$

式中，$\boldsymbol{\kappa}$ 表示不考虑的部分。至此，可以给出 CRB 矩阵，即

$$\mathrm{CRB} = \frac{\sigma^2}{2}\left[\mathrm{Re}\left(\boldsymbol{\Delta}^{\mathrm{H}}\boldsymbol{\Pi}_{\boldsymbol{G}}^{\perp}\boldsymbol{\Delta}\right)\right]^{-1} \tag{5.69}$$

通过进一步简化，CRB 矩阵可以表示为

$$\mathrm{CRB} = \frac{\sigma^2}{2L}\left\{\mathrm{Re}\left[\boldsymbol{D}^{\mathrm{H}}\boldsymbol{\Pi}_{\boldsymbol{A}}^{\perp}\boldsymbol{D} \oplus \hat{\boldsymbol{P}}^{\mathrm{T}}\right]\right\}^{-1} \tag{5.70}$$

式中，$\oplus$ 表示 Hadamard 积；$\boldsymbol{D} = \left[\frac{\partial \boldsymbol{a}_1}{\partial \theta_1}, \dots, \frac{\partial \boldsymbol{a}_K}{\partial \theta_K}, \frac{\partial \boldsymbol{a}_1}{\partial \phi_1}, \dots, \frac{\partial \boldsymbol{a}_K}{\partial \phi_K}\right]$，$\boldsymbol{a}_k$ 为矩阵 $\boldsymbol{A}$ 的第 k 列；$\hat{\boldsymbol{P}} = \begin{bmatrix} \hat{\boldsymbol{P}}_{\mathrm{s}} & \hat{\boldsymbol{P}}_{\mathrm{s}} \\ \hat{\boldsymbol{P}}_{\mathrm{s}} & \hat{\boldsymbol{P}}_{\mathrm{s}} \end{bmatrix}$，$\hat{\boldsymbol{P}}_{\mathrm{s}} = \frac{1}{L}\sum_{t=1}^{L}\boldsymbol{s}(t)\boldsymbol{s}^{\mathrm{H}}(t)$；$\boldsymbol{\Pi}_{\boldsymbol{A}}^{\perp} = \boldsymbol{I}_{M\times N} - \boldsymbol{A}\left[\boldsymbol{A}^{\mathrm{H}}\boldsymbol{A}\right]^{-1}\boldsymbol{A}^{\mathrm{H}}$。

4．仿真结果

我们采用蒙特卡罗仿真对算法进行仿真，蒙特卡罗仿真次数为 1000。假设入射角分别为(12°, 12°)、(22°, 22°)和(32°, 32°)的 3 个不相关的信源信号入射到接收阵列上，阵元间距 d 为信号半波长。在以下仿真中，M、N 分别表示均匀面阵的行数和列数，K 表示信源个数，L 表示快拍数。

将本节的算法、基于 ESPRIT 的二维 DOA 估计算法及 CRB 进行性能比较。算法的二维 DOA 估计性能对比如图 5.3 所示。由图 5.3 可以发现，本节算法在同时估计仰角和方位角的情况下性能和基于 ESPRIT 的二维 DOA 估计算法相近，且在较大 SNR 情况下，非常逼近基于 ESPRIT 的二维 DOA 估计算法。

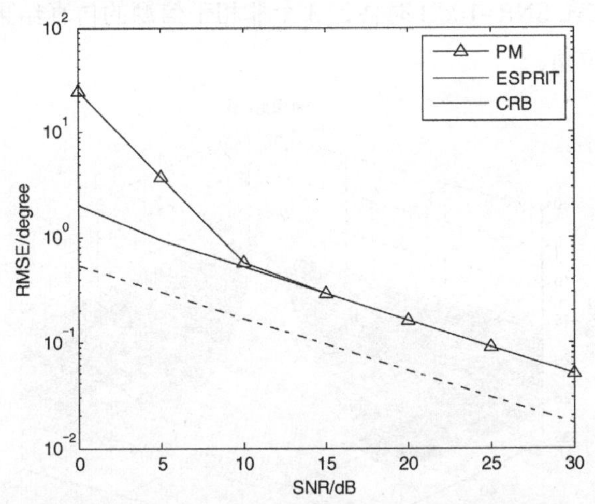

图 5.3　算法的二维 DOA 估计性能对比（M=8，N=6，L=100）

5.3　均匀面阵中基于 MUSIC 类的二维 DOA 估计算法

本节研究均匀面阵中二维 DOA 估计的三种 MUSIC 算法，包括二维 MUSIC 算法、降维 MUSIC 算法和级联 MUSIC 算法。

5.3.1　数据模型

本节算法数据模型与 5.2.1 节相同。

5.3.2　二维 MUSIC 算法

构造二维 MUSIC 空间谱函数[18]，即

$$f_{\text{2D-MUSIC}}(\theta,\phi)=\frac{1}{[\boldsymbol{a}_y(\theta,\phi)\otimes\boldsymbol{a}_x(\theta,\phi)]^{\mathrm{H}}\boldsymbol{E}_{\mathrm{n}}\boldsymbol{E}_{\mathrm{n}}^{\mathrm{H}}[\boldsymbol{a}_y(\theta,\phi)\otimes\boldsymbol{a}_x(\theta,\phi)]} \tag{5.71}$$

式中，$\boldsymbol{a}_y(\theta,\phi)=[1,\mathrm{e}^{\mathrm{j}2\pi d\sin\theta\sin\phi/\lambda},\cdots,\mathrm{e}^{\mathrm{j}2\pi(N-1)d\sin\theta\sin\phi/\lambda}]^{\mathrm{T}}$；$\boldsymbol{a}_x(\theta,\phi)=[1,\mathrm{e}^{\mathrm{j}2\pi d\sin\theta\cos\phi/\lambda},\cdots,\mathrm{e}^{\mathrm{j}2\pi(M-1)d\sin\theta\cos\phi/\lambda}]^{\mathrm{T}}$。可以找到 $f_{\text{2D-MUSIC}}(\theta,\phi)$ 的 K 个较大谱峰对应信源的仰角和方位角的估计值。由于二维 MUSIC 算法需要进行二维搜索，其计算复杂度高，因此此方法通常难以实现。下面提出一种只需要进行一维局部搜索的降维算法，以进行二维 DOA 估计。定义 $u\triangleq\sin\theta\sin\phi$，$v\triangleq\sin\theta\cos\phi$，$\boldsymbol{a}_y(u)\triangleq[1,\mathrm{e}^{\mathrm{j}2\pi du/\lambda},\cdots,\mathrm{e}^{\mathrm{j}2\pi(N-1)du/\lambda}]$，$\boldsymbol{a}_x(v)\triangleq[1,\mathrm{e}^{\mathrm{j}2\pi dv/\lambda},\cdots,\mathrm{e}^{\mathrm{j}2\pi(M-1)dv/\lambda}]$，从而有 $\boldsymbol{a}_y(u)=\boldsymbol{a}_y(\theta,\phi)$ 和 $\boldsymbol{a}_x(v)=\boldsymbol{a}_x(\theta,\phi)$。

采用 $M\times N$ 均匀矩形阵，其中阵列参数 M=8、N=8、L=100、$d=\lambda/2$。图 5.4 描述了二维 MUSIC 算法在 SNR=10dB 时估计 3 个非相干信源的仿真结果。该算法可以精确地估计出仰角和方位角。

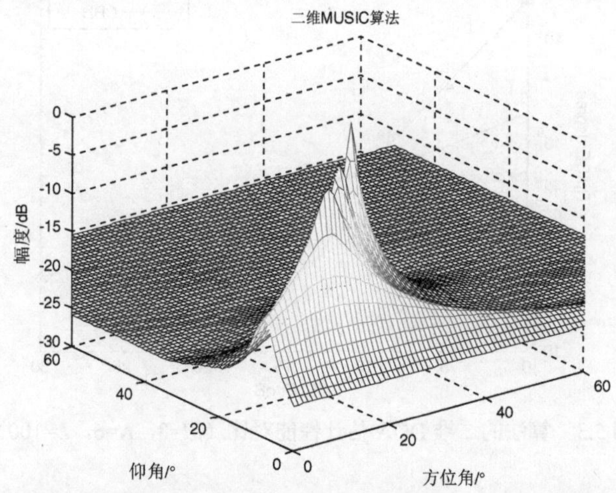

图 5.4　二维 MUSIC 算法 DOA 估计性能（SNR=10dB）

5.3.3　降维 MUSIC 算法

1．初始估计

在无噪声情况下，信号子空间可以表示为

$$\boldsymbol{E}_{\mathrm{s}}=\begin{bmatrix}\boldsymbol{A}_x\\ \boldsymbol{A}_x\boldsymbol{\Phi}\\ \vdots\\ \boldsymbol{A}_x\boldsymbol{\Phi}^{N-1}\end{bmatrix}\boldsymbol{T} \tag{5.72}$$

式中，$\boldsymbol{T}$ 为 $K\times K$ 满秩矩阵。将 $\boldsymbol{E}_{\mathrm{s}}$ 分块为 $\boldsymbol{E}_{\mathrm{s}}=[\boldsymbol{E}_{\mathrm{s}1}^{\mathrm{T}},\boldsymbol{E}_{\mathrm{s}2}^{\mathrm{T}},\cdots,\boldsymbol{E}_{\mathrm{s}N}^{\mathrm{T}}]^{\mathrm{T}}$，其中 $\boldsymbol{E}_{\mathrm{s}n}\in\mathbf{C}^{M\times K}$，$n$=1,

$2,\cdots,N$。由此可得

$$\boldsymbol{E}_{s1}{}^{+}\boldsymbol{E}_{s2}=\boldsymbol{T}^{-1}\boldsymbol{\Phi}\boldsymbol{T} \tag{5.73}$$

式中，对角矩阵$\boldsymbol{\Phi}$由$\boldsymbol{E}_{s1}{}^{+}\boldsymbol{E}_{s2}$的所有特征值构成。假设$\boldsymbol{E}_{s1}^{+}\boldsymbol{E}_{s2}$的第 k 个特征值为λ_k，$\sin\theta_k\sin\phi_k$的初始估计$\hat{u}_k^{\text{ini}}$可以通过$\hat{u}_k^{\text{ini}}=\text{angle}(\lambda_k)\lambda/(2\pi d)$得到。

2．算法描述

定义

$$V(u,v)=[\boldsymbol{a}_y(u)\otimes\boldsymbol{a}_x(v)]^{\text{H}}\boldsymbol{E}_{\text{n}}\boldsymbol{E}_{\text{n}}^{\text{H}}[\boldsymbol{a}_y(u)\otimes\boldsymbol{a}_x(v)] \tag{5.74}$$

式（5.74）也可以表示为

$$\begin{aligned}V(u,v)&=\boldsymbol{a}_x(v)^{\text{H}}[\boldsymbol{a}_y(u)\otimes\boldsymbol{I}_M]^{\text{H}}\boldsymbol{E}_{\text{n}}\boldsymbol{E}_{\text{n}}^{\text{H}}[\boldsymbol{a}_y(u)\otimes\boldsymbol{I}_M]\boldsymbol{a}_x(v)\\&=\boldsymbol{a}_x(v)^{\text{H}}\boldsymbol{Q}(u)\boldsymbol{a}_x(v)\end{aligned} \tag{5.75}$$

式中，$\boldsymbol{Q}(u)=[\boldsymbol{a}_y(u)\otimes\boldsymbol{I}_M]^{\text{H}}\boldsymbol{E}_{\text{n}}\boldsymbol{E}_{\text{n}}^{\text{H}}[\boldsymbol{a}_y(u)\otimes\boldsymbol{I}_M]$。式（5.75）是一个二次优化问题。考虑用$\boldsymbol{e}_1{}^{\text{H}}\boldsymbol{a}_x(v)=1$消除$\boldsymbol{a}_x(v)=\boldsymbol{O}_M$的平凡解，其中$\boldsymbol{e}_1=[1,0,\cdots,0]^{\text{T}}\in\mathbf{R}^{M\times1}$。这个优化问题可以重构为

$$\begin{aligned}&\min_{u,v}\boldsymbol{a}_x(v)^{\text{H}}\boldsymbol{Q}(u)\boldsymbol{a}_x(v)\\&\text{s.t.}\quad\boldsymbol{e}_1^{\text{H}}\boldsymbol{a}_x(v)=1\end{aligned} \tag{5.76}$$

构造代价函数，即

$$L(\theta,\phi)=\boldsymbol{a}_x(v)^{\text{H}}\boldsymbol{Q}(u)\boldsymbol{a}_x(v)-\lambda(\boldsymbol{e}_1^{\text{H}}\boldsymbol{a}_x(v)-1)$$

式中，λ为一个常量。对$\boldsymbol{a}_x(v)$求导，有

$$\frac{\partial}{\partial\boldsymbol{a}_x(v)}L(\theta,\phi)=2\boldsymbol{Q}(u)\boldsymbol{a}_x(v)+\lambda\boldsymbol{e}_1=0 \tag{5.77}$$

根据式（5.76）得，$\boldsymbol{a}_x(v)=\mu\boldsymbol{Q}(u)^{-1}\boldsymbol{e}_1$，其中$\mu$为一个常量。由于$\boldsymbol{e}_1^{\text{H}}\boldsymbol{a}_x(v)=1$，结合$\boldsymbol{a}_x(v)=\mu\boldsymbol{Q}(u)^{-1}\boldsymbol{e}_1$得，$\mu=1/\boldsymbol{e}_1{}^{\text{H}}\boldsymbol{Q}(u)^{-1}\boldsymbol{e}_1$。将其代入$\boldsymbol{a}_x(v)=\mu\boldsymbol{Q}(u)^{-1}\boldsymbol{e}_1$求得$\boldsymbol{a}_x(v)$的估计值，即

$$\hat{\boldsymbol{a}}_x(v)=\frac{\boldsymbol{Q}(u)^{-1}\boldsymbol{e}_1}{\boldsymbol{e}_1{}^{\text{H}}\boldsymbol{Q}(u)^{-1}\boldsymbol{e}_1} \tag{5.78}$$

将由式(5.78)所得的$\boldsymbol{a}_x(v)$的估计值代入$\min\limits_{\phi}\boldsymbol{a}_x(v)^{\text{H}}\boldsymbol{Q}(u)\boldsymbol{a}_x(v)$，可得$u_k$（$k=1,2,\cdots,K$）的估计值为

$$\hat{u} = \arg\min_{u} \frac{1}{\boldsymbol{e}_1^{\mathrm{H}} \boldsymbol{Q}(u)^{-1} \boldsymbol{e}_1} = \arg\max_{u} \boldsymbol{e}_1^{\mathrm{H}} \boldsymbol{Q}(u)^{-1} \boldsymbol{e}_1 \tag{5.79}$$

式（5.79）也可以写为

$$\hat{u}_k = \arg\max_{u} \boldsymbol{e}_1^{\mathrm{H}} \boldsymbol{Q}(u)^{-1} \boldsymbol{e}_1,\ \ k = 1,2,\cdots,K \tag{5.80}$$

先通过局部搜索 $u \in [\hat{u}_k^{\mathrm{ini}} - \Delta u, \hat{u}_k^{\mathrm{ini}} + \Delta u]$ 找到 $\boldsymbol{Q}(u)^{-1}$ 第(1,1)个元素的峰值，其中 Δu 是一个微小值。较大的 K 个峰值($\hat{u}_1, \hat{u}_2, \cdots, \hat{u}_K$)对应 $\sin\theta_k \sin\phi_k$（k=1,2, ⋯ ,K）。然后根据式（5.78）可以得到 K 个向量 $\hat{\boldsymbol{a}}_x(v_1), \hat{\boldsymbol{a}}_x(v_2), \cdots, \hat{\boldsymbol{a}}_x(v_K)$。

由 $\boldsymbol{a}_x(v_k) = [1, \exp(\mathrm{j}2\pi d v_k / \lambda, \cdots, \exp(\mathrm{j}2\pi d(M-1) v_k / \lambda)]^{\mathrm{T}}$ 可得

$$\boldsymbol{g}_k = \mathrm{angle}(\boldsymbol{a}_x(v_k)) \tag{5.81}$$

式中，angle(•) 表示取复矩阵中每个元素的相位。$\boldsymbol{g}_k = [0, 2\pi d v_k / \lambda, \cdots, (M-1) 2\pi d v_k / \lambda]^{\mathrm{T}} = v_k \boldsymbol{q}$，其中 $\boldsymbol{q} = [0, 2\pi d / \lambda, \cdots, 2(M-1)\pi d / \lambda]^{\mathrm{T}}$，用 LS 准则估计 v_k。先归一化导向向量估计值 $\hat{\boldsymbol{a}}_x(v_k)$（$k = 1,2,\cdots,K$），然后根据式（5.81），由归一化的 $\hat{\boldsymbol{a}}_x(v_k)$ 得到 $\hat{\boldsymbol{g}}_k$。

现在用 LS 准则估计 v_k。LS 准则为 $\min_{\boldsymbol{c}_k} \|\boldsymbol{P}\boldsymbol{c}_k - \hat{\boldsymbol{g}}_k\|_F^2$，其中 $\boldsymbol{c}_k = [c_{k0}, v_k]^{\mathrm{T}} \in \mathbf{R}^{2\times 1}$ 是一个未知的参数向量，c_{k0} 是参数误差估计值，$\boldsymbol{P} = [\boldsymbol{I}_{M,} \boldsymbol{q}]$，LS 结果 $\boldsymbol{c}_k$ 为 $[\hat{c}_{k0}, \hat{v}_k]^{\mathrm{T}} = (\boldsymbol{P}^{\mathrm{T}} \boldsymbol{P})^{-1} \boldsymbol{P}^{\mathrm{T}} \hat{\boldsymbol{g}}_k$，由此可得信源的仰角和方位角的估计值分别为

$$\hat{\theta}_k = \arcsin(\mathrm{abs}(\hat{v}_k + \mathrm{j}\hat{u}_k)) \tag{5.82}$$

$$\hat{\phi}_k = \mathrm{angle}(\hat{v}_k + \mathrm{j}\hat{u}_k) \tag{5.83}$$

至此，已经给出了均匀面阵中的降维 MUSIC 算法，其主要步骤如下。

算法 5.3：降维 MUSIC 算法。

步骤 1：对阵列信号协方差矩阵进行特征值分解，得到 $\boldsymbol{E}_{\mathrm{s}}$ 和 $\boldsymbol{E}_{\mathrm{n}}$。

步骤 2：利用 $\boldsymbol{E}_{\mathrm{s}}$ 进行初始估计，通过局部搜索，找到 $\boldsymbol{Q}(u)^{-1}$ 的第(1,1)个元素中较大的 K 个峰值，得到对应 u_k（$k = 1,2,\cdots,K$）的估计值。

步骤 3：根据式（5.78）得到 $\hat{\boldsymbol{a}}_x(v_k)$，并利用 LS 准则得到 v_k（$k = 1,2,\cdots,K$）的估计值。

步骤 4：根据式（5.82）和式（5.83）估计二维 DOA。

3．算法复杂度和优点

本节算法复杂度低于二维 MUSIC 算法。本节算法复杂度为 $O\{n_1 K[(M^2N+M^2)(MN-K)+M^2]+LM^2N^2+M^3N^3+2K^2M+3K^3\}$，而二维 MUSIC 算法复杂度为 $O\{LM^2N^2+M^3N^3+n_{\mathrm{g}}[MN(MN-K)+MN-K]\}$，其中 n_1 和 n_{g} 分别表示局部搜索次数和全局搜索次数。本节算法复杂度高于 ESPRIT 算法，ESPRIT 算法复杂度为 $O(LM^2N^2+M^3N^3+2K^2(M-1)N+6K^3+$

$2K^2(N-1)M$)，而 PARAFAC 算法复杂度为 $O(l(LMNK+3K^3+K^2(MN+ML+NL+L+M+N)))$，其中 l 表示算法的迭代次数，迭代次数取决于被分解的三维数据。

本节算法具有如下优点。

（1）本节算法可以实现自动配对的二维 DOA 估计。

（2）本节算法只需进行一次一维局部搜索，而二维 MUSIC 算法需要进行二维全局搜索。

（3）本节算法的 DOA 估计性能比 ESPRIT 算法和 PARAFAC 算法好，下面的仿真将证明这一点。

（4）本节算法的 DOA 估计性能非常接近二维 MUSIC 算法。

（5）当包含仰角/方位角相同的信源时，本节算法可以有效工作。

（6）本节算法完全利用了信号子空间和噪声子空间，而 ESPRIT/二维 MUSIC 算法仅利用了信号/噪声子空间。

4．性能分析

下面分析降维 MUSIC 算法的性能。推导由本节算法得到的二维 DOA 估计的大样本 MSE，并推导二维 DOA 估计的 CRB。本节算法寻找公式 $\boldsymbol{V}(u,v)=[\boldsymbol{a}_y(u)\otimes\boldsymbol{a}_x(v)]^{\mathrm{H}}\boldsymbol{E}_{\mathrm{n}}\boldsymbol{E}_{\mathrm{n}}^{\mathrm{H}}[\boldsymbol{a}_y(u)\otimes\boldsymbol{a}_x(v)]$ 的最小值，其中限制 $\boldsymbol{a}_x(v)$ 的第一个元素为 1。

定义

$$[\boldsymbol{E}_{\mathrm{s}}|\boldsymbol{E}_{\mathrm{n}}]=[\boldsymbol{s}_1,\cdots,\boldsymbol{s}_K|\boldsymbol{g}_1,\cdots,\boldsymbol{g}_{MN-K}] \tag{5.84}$$

$$[\hat{\boldsymbol{E}}_{\mathrm{s}}|\hat{\boldsymbol{E}}_{\mathrm{n}}]=[\hat{\boldsymbol{s}}_1,\cdots,\hat{\boldsymbol{s}}_K|\hat{\boldsymbol{g}}_1,\cdots,\hat{\boldsymbol{g}}_{MN-K}] \tag{5.85}$$

分别为由按升序排列的 $\boldsymbol{R}_x$ 的特征值 $\{\lambda_i\}_{i=1}^{MN}$ 和 $\boldsymbol{R}_x$ 的特征值 $\{\hat{\lambda}_i\}_{i=1}^{MN}$ 对应的特征向量组成的矩阵。由此可得

$$E\left[\left(\boldsymbol{E}_{\mathrm{s}}\boldsymbol{E}_{\mathrm{s}}^{\mathrm{H}}\hat{\boldsymbol{g}}_i\right)\left(\boldsymbol{E}_{\mathrm{s}}\boldsymbol{E}_{\mathrm{s}}\hat{\boldsymbol{g}}_j\right)^{\mathrm{H}}\right]=\frac{\sigma^2}{L}\left[\sum_{k=1}^{K}\frac{\lambda_k}{\left(\sigma^2-\lambda_k\right)^2}\boldsymbol{s}_k\boldsymbol{s}_k^{\mathrm{H}}\right]\delta_{i,j}=\frac{1}{L}\boldsymbol{U}\delta_{i,j}\sigma^2 \tag{5.86}$$

$$E\left[\left(\boldsymbol{E}_{\mathrm{s}}\boldsymbol{E}_{\mathrm{s}}^{\mathrm{H}}\hat{\boldsymbol{g}}_i\right)\left(\boldsymbol{E}_{\mathrm{s}}\boldsymbol{E}_{\mathrm{s}}\hat{\boldsymbol{g}}_j\right)^{\mathrm{T}}\right]=0 \tag{5.87}$$

式中，$\delta_{i,j}=\begin{cases}1, & i=j\\0, & \text{other}\end{cases}$；$\boldsymbol{U}=\sum_{k=1}^{K}\frac{\lambda_k}{\left(\sigma^2-\lambda_k\right)^2}\boldsymbol{s}_k\boldsymbol{s}_k^{\mathrm{H}}$；$\sigma^2$ 为噪声功率。定义 $\boldsymbol{r}\triangleq[u,v]^{\mathrm{T}}$，$\boldsymbol{a}_k\triangleq\boldsymbol{a}_y(u_k)\otimes\boldsymbol{a}_x(v_k)$，则代价函数变为

$$f(\boldsymbol{r})=\boldsymbol{a}_k^{\mathrm{H}}\boldsymbol{E}_{\mathrm{n}}\boldsymbol{E}_{\mathrm{n}}^{\mathrm{H}}\boldsymbol{a}_k \tag{5.88}$$

定义矩阵 $\boldsymbol{A} \triangleq \boldsymbol{A}_y \odot \boldsymbol{A}_x \in \mathbf{C}^{MN\times K}$，它也可以表示为 $\boldsymbol{A}=[\boldsymbol{a}_1,\boldsymbol{a}_2,\cdots,\boldsymbol{a}_K]$。定义 $\nabla_{\boldsymbol{r}} \triangleq [\partial/\partial u,\partial/\partial v]^{\mathrm{T}}$，$\boldsymbol{d}(u_k)=\partial \boldsymbol{a}_k/\partial u_k$，$\boldsymbol{d}(v_k)=\partial \boldsymbol{a}_k/\partial v_k$。因为 $\{\hat{\boldsymbol{r}}_i\}$ 是 $f(\boldsymbol{r})$ 的极小点，所以可得 $f'(\hat{\boldsymbol{r}}_i)=0$，利用一阶泰勒展开式，即

$$\boldsymbol{O} \approx \nabla_{\boldsymbol{r}} f(\boldsymbol{r})\Big|_{\boldsymbol{r}_i} + \nabla_{\boldsymbol{r}}(\nabla_{\boldsymbol{r}} f(\boldsymbol{r}))^{\mathrm{T}}\Big|_{\boldsymbol{r}_{i\xi}}(\hat{\boldsymbol{r}}_i-\boldsymbol{r}_i) \tag{5.89}$$

式中，$\boldsymbol{r}_{i\xi}$ 表示由 $\boldsymbol{r}_i$ 和 $\hat{\boldsymbol{r}}_i$ 之间的线段上的一些值组成的向量。可得向量 $\boldsymbol{r}_i$ 的估计误差为

$$\hat{\boldsymbol{r}}_i-\boldsymbol{r}_i=\frac{-\nabla_{\boldsymbol{r}} f(\boldsymbol{r})\Big|_{\boldsymbol{r}_i}}{\nabla_{\boldsymbol{r}}(\nabla_{\boldsymbol{r}} f(\boldsymbol{r}))^{\mathrm{T}}\Big|_{\boldsymbol{r}_{i\xi}}} \tag{5.90}$$

定义 $\boldsymbol{H}_i=\lim\limits_{N\to\infty}\nabla_{\boldsymbol{r}}(\nabla_{\boldsymbol{r}} f(\boldsymbol{r}))^{\mathrm{T}}\Big|_{\boldsymbol{r}_i}$，而渐近协方差矩阵为

$$\begin{aligned}\boldsymbol{\Phi}_{ik}&=\lim_{N\to\infty}E[(\hat{\boldsymbol{r}}_i-\boldsymbol{r}_i)(\hat{\boldsymbol{r}}_k-\boldsymbol{r}_k)^{\mathrm{T}}]\\&=(\boldsymbol{H}_i)^{-1}\lim_{N\to\infty}E[\nabla_{\boldsymbol{r}_i} f(\boldsymbol{r})(\nabla_{\boldsymbol{r}_k} f(\boldsymbol{r}))^{\mathrm{T}}]\Big|_{\boldsymbol{r}_i,\boldsymbol{r}_k}(\boldsymbol{H}_k)^{-1}\end{aligned} \tag{5.91}$$

由此可得

$$\boldsymbol{a}_k^{\mathrm{H}}\hat{\boldsymbol{E}}_{\mathrm{n}}\hat{\boldsymbol{E}}_{\mathrm{n}}^{\mathrm{H}}\boldsymbol{d}(u_k)=\sum_{p=1}^{MN-K}\left[\boldsymbol{g}_p^{\mathrm{H}}\boldsymbol{d}(u_k))\right]\left[\boldsymbol{a}_k^{\mathrm{H}}\boldsymbol{E}_{\mathrm{s}}\boldsymbol{E}_{\mathrm{s}}{}^{\mathrm{H}}\hat{\boldsymbol{g}}_p\right] \tag{5.92}$$

$$\boldsymbol{a}_k^{\mathrm{H}}\hat{\boldsymbol{E}}_{\mathrm{n}}\hat{\boldsymbol{E}}_{\mathrm{n}}^{\mathrm{H}}\boldsymbol{d}(v_k)=\sum_{p=1}^{MN-K}\left[\boldsymbol{g}_p^{\mathrm{H}}\boldsymbol{d}(v_k)\right]\left[\boldsymbol{a}_k^{\mathrm{H}}\boldsymbol{E}_{\mathrm{s}}\boldsymbol{E}_{\mathrm{s}}{}^{\mathrm{H}}\hat{\boldsymbol{g}}_p\right] \tag{5.93}$$

因此，误差估计的协方差矩阵为

$$\begin{aligned}\boldsymbol{\Phi}_{ik}=&\frac{\sigma^2}{2Lw(i)w(k)}\begin{bmatrix}\boldsymbol{d}(v_i)^{\mathrm{H}}\boldsymbol{P}_{\boldsymbol{A}}^{\perp}\boldsymbol{d}(v_i) & \rho(i)\\ \rho(i) & \boldsymbol{d}(u_i)^{\mathrm{H}}\boldsymbol{P}_{\boldsymbol{A}}^{\wedge}\boldsymbol{d}(u_i)\end{bmatrix}\\&\times\mathrm{Re}\left\{(\boldsymbol{a}_i^{\mathrm{H}}\boldsymbol{U}\boldsymbol{a}_k)\begin{bmatrix}\boldsymbol{d}(u_k)^{\mathrm{H}}\boldsymbol{P}_{\boldsymbol{A}}^{\perp}\boldsymbol{d}(u_i) & \boldsymbol{d}(v_k)^{\mathrm{H}}\boldsymbol{P}_{\boldsymbol{A}}^{\wedge}\boldsymbol{d}(u_i)\\ \boldsymbol{d}(u_k)^{\mathrm{H}}\boldsymbol{P}_{\boldsymbol{A}}^{\perp}\boldsymbol{d}(v_i) & \boldsymbol{d}(v_k)^{\mathrm{H}}\boldsymbol{P}_{\boldsymbol{A}}^{\perp}\boldsymbol{d}(v_i)\end{bmatrix}\right\}\\&\times\begin{bmatrix}\boldsymbol{d}(v_k)^{\mathrm{H}}\boldsymbol{P}_{\boldsymbol{A}}^{\perp}\boldsymbol{d}(v_k) & \rho(k)\\ \rho(k) & \boldsymbol{d}(u_k)^{\mathrm{H}}\boldsymbol{P}_{\boldsymbol{A}}^{\perp}\boldsymbol{d}(u_k)\end{bmatrix}\end{aligned} \tag{5.94}$$

式中，$w(i)=\boldsymbol{d}(u_i)^{\mathrm{H}}\boldsymbol{P}_{\boldsymbol{A}}^{\perp}\boldsymbol{d}(u_i)\boldsymbol{d}(v_i)^{\mathrm{H}}\boldsymbol{P}_{\boldsymbol{A}}^{\perp}\boldsymbol{d}(v_i)-\frac{1}{4}\left[\boldsymbol{d}(u_i)^{\mathrm{H}}\boldsymbol{P}_{\boldsymbol{A}}^{\perp}\boldsymbol{d}(v_i)+\boldsymbol{d}(v_i)^{\mathrm{H}}\boldsymbol{P}_{\boldsymbol{A}}^{\perp}\boldsymbol{d}(u_i)\right]^2$；$\rho(i)=-\left[\boldsymbol{d}(u_i)^{\mathrm{H}}\boldsymbol{P}_{\boldsymbol{A}}^{\perp}\boldsymbol{d}(v_i)+\boldsymbol{d}(v_i)^{\mathrm{H}}\boldsymbol{P}_{\boldsymbol{A}}^{\perp}\boldsymbol{d}(u_i)\right]/2$；$\boldsymbol{P}_{\boldsymbol{A}}^{\perp}=\boldsymbol{I}-\boldsymbol{A}(\boldsymbol{A}^{\mathrm{H}}\boldsymbol{A})^{-1}\boldsymbol{A}^{\mathrm{H}}$。

根据式（5.94）可得，变量 u_k 的估计误差为 $E\left[\partial u_k^2\right]=\boldsymbol{\Phi}_{kk}(1,1)$，而 v_k 的估计误差为 $E\left[\partial v_k^2\right]=\boldsymbol{\Phi}_{kk}(2,2)$。$u_k$ 和 v_k 的估计误差的协方差矩阵为 $E[\partial v_k\partial u_k])=\boldsymbol{\Phi}_{kk}(2,1)$。

根据式（5.84）和式（5.85）可得，方位角和仰角的 MSE 分别为

$$\begin{aligned}E[\partial\phi_k^2]&=\frac{1}{2\sin^2(\theta_k)}[E[\partial u_k^2]+E[\partial v_k^2]-\mathrm{Re}\{(E[\partial v_k^2]+2\mathrm{j}E[\partial v_k\partial u_k]-E[\partial u_k^2])\mathrm{e}^{-\mathrm{j}2\phi}\}]\\&=\frac{1}{2\sin^2(\theta_k)}[\boldsymbol{\Phi}_{kk}(1,1)+\boldsymbol{\Phi}_{kk}(2,2)-\mathrm{Re}\{(\boldsymbol{\Phi}_{kk}(2,2)+2\mathrm{j}\boldsymbol{\Phi}_{kk}(2,1)-\boldsymbol{\Phi}_{kk}(1,1))\mathrm{e}^{-\mathrm{j}2\phi}\}]\\&=\frac{1}{\sin^2(\theta_k)}[\boldsymbol{\Phi}_{kk}(1,1)\cos^2\phi_k+\boldsymbol{\Phi}_{kk}(2,2)\sin^2\phi_k-\boldsymbol{\Phi}_{kk}(2,1)\sin 2\phi_k]\end{aligned} \tag{5.95}$$

$$\begin{aligned}E[\partial\theta_k^2]&=\frac{1}{\sin^2\theta\cos^2\theta}(u^2E[\partial u^2]+v^2E[\partial v^2]+2uvE[\partial v\partial u])\\&=\frac{1}{\sin^2\theta\cos^2\theta}(u^2\boldsymbol{\Phi}_{kk}(1,1)+v^2\boldsymbol{\Phi}_{kk}(2,2)+2uv\boldsymbol{\Phi}_{kk}(2,1))\\&=\frac{1}{\cos^2\theta}(\sin^2\phi\boldsymbol{\Phi}_{kk}(1,1)+\cos^2\phi\boldsymbol{\Phi}_{kk}(2,2)+\sin 2\phi\boldsymbol{\Phi}_{kk}(2,1))\end{aligned} \tag{5.96}$$

推导出均匀面阵中 DOA 估计的 CRB 为

$$\mathrm{CRB}=\frac{\sigma^2}{2L}\left\{\mathrm{Re}\left[(\boldsymbol{D}^{\mathrm{H}}\boldsymbol{\Pi}_A^{\perp}\boldsymbol{D})\oplus\boldsymbol{P}^{\mathrm{T}}\right]\right\}^{-1} \tag{5.97}$$

式中，$\oplus$ 表示 Hadamard 积；$\boldsymbol{\Pi}_A^{\perp}=\boldsymbol{I}_{MN}-\boldsymbol{A}(\boldsymbol{A}^{\mathrm{H}}\boldsymbol{A})^{-1}\boldsymbol{A}^{\mathrm{H}}$；$\boldsymbol{P}=\frac{1}{L}\sum_{l=1}^{L}\boldsymbol{s}(t_l)\boldsymbol{s}^{\mathrm{H}}(t_l)$；$\boldsymbol{D}=[\boldsymbol{d}_1,\boldsymbol{d}_2,\cdots,\boldsymbol{d}_K,\boldsymbol{f}_1,\boldsymbol{f}_2,\cdots,\boldsymbol{f}_K]$，$\boldsymbol{d}_k=\partial\boldsymbol{a}_k/\partial\phi_k$，$\boldsymbol{f}_k=\partial\boldsymbol{a}_k/\partial\theta_k$。

5. 仿真结果

下面通过 1000 次的蒙特卡罗仿真来评估均匀面阵中降维 MUSIC 算法的 DOA 估计性能。定义 RMSE 为

$$\mathrm{RMSE}=\frac{1}{K}\sum_{k=1}^{K}\sqrt{\frac{1}{1000}\sum_{l=1}^{1000}\left[\left(\hat{\theta}_{k,l}-\theta_k\right)^2+\left(\hat{\phi}_{k,l}-\phi_k\right)^2\right]} \tag{5.98}$$

式中，$\hat{\theta}_{k,l}$ 和 $\hat{\phi}_{k,l}$ 分别为第 l 次蒙特卡罗仿真时 θ_k 和 ϕ_k 的估计值。假定空间中有 K=2 个信源，角度信息分别为 $(\theta_1,\phi_1)=(10^\circ,15^\circ)$ 和 $(\theta_2,\phi_2)=(20^\circ,25^\circ)$，阵元间距 $d=\lambda/2$，M 和 N 分别表示 x 轴和 y 轴方向上的阵元数，J 表示快拍数。

图 5.5 展示了仿真参数 M=8、N=8、J=100、K=2 条件下降维 MUSIC 算法、二维 MUSIC 算法和 ESPRIT 算法的 DOA 估计性能对比图。从图 5.5 中可以得知，降维 MUSIC 算法的 DOA 估计性能优于 ESPRIT 算法，且非常接近二维 MUSIC 算法。

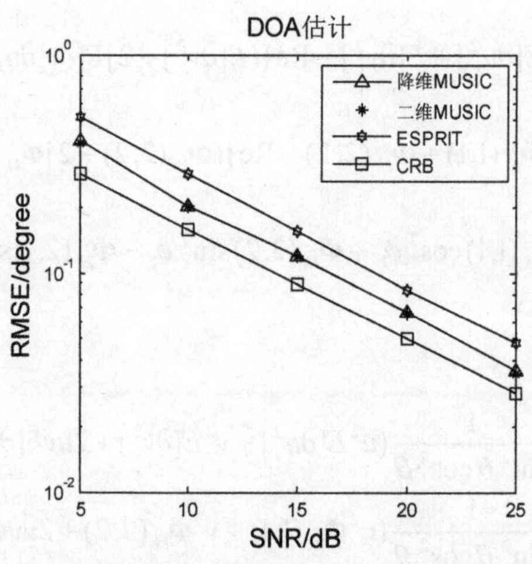

图 5.5　算法的 DOA 估计性能对比图

5.3.4　级联 MUSIC 算法

为降低复杂度，提出了级联 MUSIC 算法，该算法先利用子空间的旋转不变性进行初始估计，再利用两次一维搜索实现自动配对的二维空间谱联合估计，性能可逼近二维 MUSIC 算法。仿真结果验证了该算法的有效性。

1．算法描述

定义 $u=\sin\theta\sin\phi$，$v=\sin\theta\cos\phi$，先利用 ESPRIT 算法得到参数的初始估计。在无噪声情况下，信号子空间可以表示为

$$\boldsymbol{E}_{\mathrm{s}}=\begin{bmatrix}\boldsymbol{A}_x\\ \boldsymbol{A}_x\boldsymbol{\Phi}\\ \vdots\\ \boldsymbol{A}_x\boldsymbol{\Phi}^{N-1}\end{bmatrix}\boldsymbol{T} \tag{5.99}$$

式中，$\boldsymbol{T}$ 是一个 $K\times K$ 满秩矩阵。将 $\boldsymbol{E}_{\mathrm{s}}$ 分块为 $\boldsymbol{E}_{\mathrm{s}}=[\boldsymbol{E}_{\mathrm{s}1}^{\mathrm{T}},\boldsymbol{E}_{\mathrm{s}2}^{\mathrm{T}},\cdots,\boldsymbol{E}_{\mathrm{s}N}^{\mathrm{T}}]^{\mathrm{T}}$，其中 $\boldsymbol{E}_{\mathrm{s}n}\in\mathbf{C}^{M\times K}$，$n$=1,2,⋯,$N$，可得

$$\boldsymbol{E}_{\mathrm{s}1}^{+}\boldsymbol{E}_{\mathrm{s}2}=\boldsymbol{T}^{-1}\boldsymbol{\Phi}\boldsymbol{T}$$

式中，对角矩阵 $\boldsymbol{\Phi}$ 由 $\boldsymbol{E}_{\mathrm{s}1}^{+}\boldsymbol{E}_{\mathrm{s}2}$ 的所有特征值组成。假设 $\boldsymbol{E}_{\mathrm{s}1}^{+}\boldsymbol{E}_{\mathrm{s}2}$ 的第 k 个特征值为 λ_k，$\sin\theta_k\sin\phi_k$ 的初始估计 $\hat{u}_k^{\mathrm{ini}}$ 可以通过 $\hat{u}_k^{\mathrm{ini}}=\mathrm{angle}(\lambda_k)\lambda/(2\pi d)$ 得到。

运用式（5.99）可以估计出 $\hat{v}_k$，即

$$\hat{v}_k=\arg\max_{v\in[-1,+1]}\frac{1}{[\boldsymbol{a}_1(\hat{u}_k^{\mathrm{ini}})\otimes\boldsymbol{a}_2(v)]^{\mathrm{H}}\boldsymbol{E}_{\mathrm{n}}\boldsymbol{E}_{\mathrm{n}}^{\mathrm{H}}[\boldsymbol{a}_1(\hat{u}_k^{\mathrm{ini}})\otimes\boldsymbol{a}_2(v)]},\quad k=1,2,\cdots,K \tag{5.100}$$

式中，$\boldsymbol{a}_1(\hat{u}_k^{\text{ini}})=[1,\mathrm{e}^{\mathrm{j}2\pi d\hat{u}_k^{\text{ini}}/\lambda},\cdots,\mathrm{e}^{\mathrm{j}2\pi(N-1)d\hat{u}_k^{\text{ini}}/\lambda}]^{\mathrm{T}}$；$\boldsymbol{a}_2(v)=[1,\mathrm{e}^{\mathrm{j}2\pi dv/\lambda},\cdots,\mathrm{e}^{\mathrm{j}2\pi(M-1)dv/\lambda}]^{\mathrm{T}}$。通过在区间$[-1,+1]$内局部搜索$v$，可得$\hat{v}_k$，$k=1,2,\cdots,K$。

类似地，通过式（5.101）在区间$[\hat{u}_k^{\text{ini}}-\varDelta,\hat{u}_k^{\text{ini}}+\varDelta]$（$\varDelta$是一个很小的值）内搜索$u$，即可得到更加精确的$\hat{u}_k$。

$$\hat{u}_k=\arg\max_{u\in[\hat{u}_k^{\text{ini}}-\varDelta,\hat{u}_k^{\text{ini}}+\varDelta]}\frac{1}{[\boldsymbol{a}_1(u)\otimes\boldsymbol{a}_2(\hat{v}_k)]^{\mathrm{H}}\boldsymbol{E}_{\mathrm{n}}\boldsymbol{E}_{\mathrm{n}}^{\mathrm{H}}[\boldsymbol{a}_1(u)\otimes\boldsymbol{a}_2(\hat{v}_k)]},\quad k=1,2,\cdots,K \tag{5.101}$$

根据估计出的$\hat{v}_k$和$\hat{u}_k$，运用式（5.102）和式（5.103）可得到所估计的$\hat{\theta}_k$和$\hat{\phi}_k$：

$$\hat{\theta}_k=\sin^{-1}(\sqrt{\hat{u}_k^2+\hat{v}_k^2}) \tag{5.102}$$

$$\hat{\phi}_k=\tan^{-1}(\hat{u}_k/\hat{v}_k) \tag{5.103}$$

至此，可将级联 MUISC 算法的具体步骤总结如下。

算法 5.4：级联 MUISC 算法。

步骤 1：利用阵列接收信号求得其协方差矩阵的估计。

步骤 2：对$\hat{\boldsymbol{R}}_x$进行特征值分解得到$\boldsymbol{E}_{\mathrm{s}}$和$\boldsymbol{E}_{\mathrm{n}}$，对信号子空间进行分块，利用旋转不变性得到$\hat{u}_k^{\text{ini}}$。

步骤 3：通过一维 MUSIC 算法和式（5.99）得到估计值$\hat{v}_k$，其中保持$\hat{u}_k^{\text{ini}}$固定。

步骤 4：根据式（5.101）得到$\hat{u}_k$，其中保持$\hat{v}_k$固定。

步骤 5：通过式（5.102）和式（5.103）计算出$\hat{\theta}_k$和$\hat{\phi}_k$。

2. 算法复杂度和优点

本节算法复杂度约为$O\{[LM^2N^2+M^3N^3+2K^2N+3K^3]+(n_1+n_2)K[MN(2MN-3K+1)]\}$，其中$n_1$和$n_2$是两次搜索的步数，而二维 MUISC 算法复杂度为$O\{LM^2N^2+M^3N^3+n_3^2[(MN+1)(MN-K)]\}$，其中$n_3$是全局范围内搜索的步数，对比得出本节算法复杂度较低。

本节算法具有如下优点。

（1）本节算法可以对二维 DOA 进行自动配对。

（2）本节算法只需进行一维局部搜索，而二维 MUSIC 算法需要进行二维全局搜索，但其 DOA 估计性能接近二维 MUSIC 算法。

（3）本节算法可以有效地估计相同方位角（或仰角）的信源。

3. CRB

本节给出了均匀面阵中空间谱参数估计的 CRB，即

$$\text{CRB} = \frac{\sigma^2}{2L}\left\{\text{Re}\left[\boldsymbol{D}^{\text{H}}\boldsymbol{\Pi}_A^{\perp}\boldsymbol{D} \oplus \hat{\boldsymbol{P}}^{\text{T}}\right]\right\}^{-1} \tag{5.104}$$

式中，$\oplus$ 表示 Hadamard 积；$\boldsymbol{D} = \left[\frac{\partial \boldsymbol{a}_1}{\partial \theta_1}, \cdots, \frac{\partial \boldsymbol{a}_K}{\partial \theta_K}, \frac{\partial \boldsymbol{a}_1}{\partial \phi_1}, \cdots, \frac{\partial \boldsymbol{a}_K}{\partial \phi_K}\right]$，$\boldsymbol{a}_k$ 为矩阵 $\boldsymbol{A}$ 的第 k 列；$\hat{\boldsymbol{P}} = \begin{bmatrix} \hat{\boldsymbol{P}}_{\text{s}} & \hat{\boldsymbol{P}}_{\text{s}} \\ \hat{\boldsymbol{P}}_{\text{s}} & \hat{\boldsymbol{P}}_{\text{s}} \end{bmatrix}$，$\hat{\boldsymbol{P}}_{\text{s}} = \frac{1}{L}\sum_{t=1}^{L} \boldsymbol{s}(t)\boldsymbol{s}^{\text{H}}(t)$；$\boldsymbol{\Pi}_A^{\perp} = \boldsymbol{I}_{M\times N} - \boldsymbol{A}\left[\boldsymbol{A}^{\text{H}}\boldsymbol{A}\right]^{-1}\boldsymbol{A}^{\text{H}}$。

4. 仿真结果

采用蒙特卡罗仿真对算法，定义角度的 RMSE 为

$$\text{RMSE} = \sqrt{\frac{1}{TK}\sum_{m=1}^{T}\sum_{k=1}^{K}(\omega_{k,m} - \omega_k)^2} \tag{5.105}$$

式中，T 表示蒙特卡罗仿真的次数；$\omega_{k,m}$ 为在第 m 次蒙特卡罗仿真中，第 k 个信源参数的估计值；K 为信源数；ω_k 为预估参数的精确值。现在我们定义 K 个目标，快拍数为 L，均匀面阵阵元数为 $M \times N$。不失一般性地，以下仿真过程中我们均设 $N = 8$。

图 5.6 对比了级联 MUSIC 算法、二维 MUSIC 算法的 DOA 估计性能以及 CRB。显然，级联 MUSIC 算法的 DOA 性能非常逼近二维 MUSIC 算法。

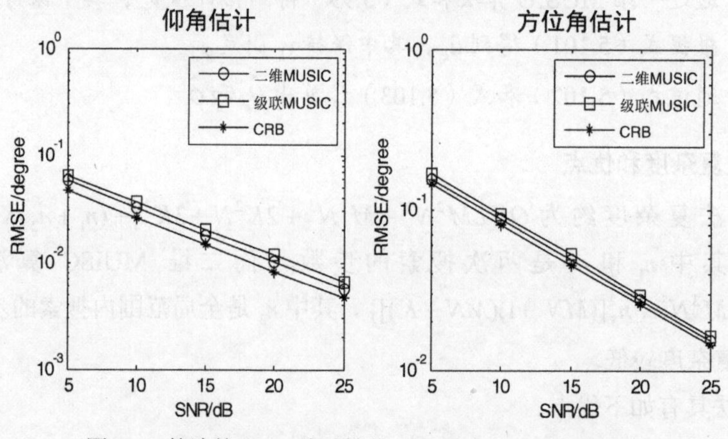

图 5.6　算法的 DOA 估计性能（L=100，M=12，K=3）

5.4　均匀面阵中基于 PARAFAC 分解的二维 DOA 估计算法

本节研究均匀面阵中基于 PARAFAC 分解的二维 DOA 估计算法，该算法利用 PARAFAC 分解估计出方向矩阵，进而使用 LS 得到参数估计。

5.4.1 数据模型

考虑如图 5.1 所示的均匀面阵情况，该阵列共有 $M \times N$ 个阵元，阵元均匀分布，阵元间距为 d，假设空间中有 K 个信源信号入射到此阵列上，其二维 DOA 为 (θ_k,ϕ_k)，k=1, 2,⋯,K，其中 θ_k 和 ϕ_k 分别代表第 k 个信源的仰角和方位角。

阵列接收信号可写为[18]

$$\boldsymbol{X} = \begin{bmatrix} \boldsymbol{A}_x D_1(\boldsymbol{A}_y) \\ \boldsymbol{A}_x D_2(\boldsymbol{A}_y) \\ \vdots \\ \boldsymbol{A}_x D_N(\boldsymbol{A}_y) \end{bmatrix} \boldsymbol{S}^{\mathrm{T}} + \boldsymbol{N} \tag{5.106}$$

式中，$\boldsymbol{S}$ 为信源矩阵；$D_m(\cdot)$ 为由矩阵的第 m 行构造的一个对角矩阵；$\boldsymbol{N}$ 为噪声矩阵。$\boldsymbol{A}_x$ 和 $\boldsymbol{A}_y$ 分别为 x 轴上的 M 个阵元的方向矩阵和 y 轴上的 N 个阵元的方向矩阵，如式（5.107）、式（5.108）所示。

$$\boldsymbol{A}_x = \begin{bmatrix} 1 & 1 & \cdots & 1 \\ \mathrm{e}^{\mathrm{j}2\pi d\sin\theta_1\cos\phi_1/\lambda} & \mathrm{e}^{\mathrm{j}2\pi d\sin\theta_2\cos\phi_2/\lambda} & \cdots & \mathrm{e}^{\mathrm{j}2\pi d\sin\theta_K\cos\phi_K/\lambda} \\ \vdots & \vdots & & \vdots \\ \mathrm{e}^{\mathrm{j}2\pi d(M-1)\sin\theta_1\cos\phi_1/\lambda} & \mathrm{e}^{\mathrm{j}2\pi d(M-1)\sin\theta_2\cos\phi_2/\lambda} & \cdots & \mathrm{e}^{\mathrm{j}2\pi d(M-1)\sin\theta_K\cos\phi_K/\lambda} \end{bmatrix} \tag{5.107}$$

$$\boldsymbol{A}_y = \begin{bmatrix} 1 & 1 & \cdots & 1 \\ \mathrm{e}^{\mathrm{j}2\pi 2d\sin\theta_1\sin\phi_1/\lambda} & \mathrm{e}^{\mathrm{j}2\pi 2d\sin\theta_2\sin\phi_2/\lambda} & \cdots & \mathrm{e}^{\mathrm{j}2\pi 2d\sin\theta_K\sin\phi_K/\lambda} \\ \vdots & \vdots & & \vdots \\ \mathrm{e}^{\mathrm{j}2\pi d(N-1)\sin\theta_1\sin\phi_1/\lambda} & \mathrm{e}^{\mathrm{j}2\pi d(N-1)\sin\theta_2\sin\phi_2/\lambda} & \cdots & \mathrm{e}^{\mathrm{j}2\pi d(N-1)\sin\theta_K\sin\phi_K/\lambda} \end{bmatrix} \tag{5.108}$$

阵列接收信号可以表示成 PARAFAC 模型的形式[22-23]，即

$$x_{m,n,l} = \sum_{k=1}^{K} \boldsymbol{A}_x(m,k)\boldsymbol{A}_y(n,k)\boldsymbol{S}(l,k),\ \ m=1,2,\cdots,M,\ \ n=1,2,\cdots,N,\ \ l=1,2,\cdots,L \tag{5.109}$$

式中，$\boldsymbol{A}_x(m,k)$、$\boldsymbol{A}_y(n,k)$ 和 $\boldsymbol{S}(l,k)$ 分别为 x 轴方向矩阵 $\boldsymbol{A}_x$ 的第(m,k)个元素、y 轴方向矩阵 $\boldsymbol{A}_y$ 的第(n,k)个元素和信源矩阵 $\boldsymbol{S}$ 的第 (l,k) 个元素。$\boldsymbol{X}_n$（$n=1,2,\cdots,N$）可以看作沿三个空间维度中某个维度对三维矩阵切片得到的。由 PARAFAC 模型的对称性可以得到三维矩阵 $\underline{\boldsymbol{X}}$ 沿另外两个维度的切片形式，即

$$\boldsymbol{Y}_m = \boldsymbol{S}D_m(\boldsymbol{A}_x)\boldsymbol{A}_y^{\mathrm{T}} + \boldsymbol{N},\ \ m=1,2,\cdots,M \tag{5.110}$$

$$\boldsymbol{Z}_l = \boldsymbol{A}_y D_l(\boldsymbol{S})\boldsymbol{A}_x^{\mathrm{T}} + \boldsymbol{N}_z,\ \ l=1,2,\cdots,L \tag{5.111}$$

根据 Khatri-Rao 积的定义，矩阵 $\boldsymbol{X}$、$\boldsymbol{Y}$ 和 $\boldsymbol{Z}$ 可以分别表示为

$$\boldsymbol{X}=\begin{bmatrix}\boldsymbol{X}_1\\ \boldsymbol{X}_2\\ \vdots\\ \boldsymbol{X}_N\end{bmatrix}=[\boldsymbol{A}_y\odot\boldsymbol{A}_x]\boldsymbol{S}^{\mathrm{T}}+\boldsymbol{N} \tag{5.112}$$

$$\boldsymbol{Y}=\begin{bmatrix}\boldsymbol{Y}_1\\ \boldsymbol{Y}_2\\ \vdots\\ \boldsymbol{Y}_M\end{bmatrix}=[\boldsymbol{A}_x\odot\boldsymbol{S}]\boldsymbol{A}_y^{\mathrm{T}}+\boldsymbol{N}_y \tag{5.113}$$

$$\boldsymbol{Z}=\begin{bmatrix}\boldsymbol{Z}_1\\ \boldsymbol{Z}_2\\ \vdots\\ \boldsymbol{Z}_L\end{bmatrix}=[\boldsymbol{S}\odot\boldsymbol{A}_y]\boldsymbol{A}_x^{\mathrm{T}}+\boldsymbol{N}_z \tag{5.114}$$

式中，$\boldsymbol{N}_y$ 、$\boldsymbol{N}_z$ 为噪声矩阵。

5.4.2 PARAFAC 分解

TALS 是常用于 PARAFAC 模型的一种方法[23]。观察式（5.106），可知式（5.106）是三维矩阵沿 x 轴方向的切片形式。

式（5.112）可以写为

$$\begin{bmatrix}\boldsymbol{X}_1\\ \boldsymbol{X}_2\\ \vdots\\ \boldsymbol{X}_N\end{bmatrix}=\begin{bmatrix}\boldsymbol{A}_x\boldsymbol{D}_1(\boldsymbol{A}_y)\\ \boldsymbol{A}_x\boldsymbol{D}_2(\boldsymbol{A}_y)\\ \vdots\\ \boldsymbol{A}_x\boldsymbol{D}_N(\boldsymbol{A}_y)\end{bmatrix}\boldsymbol{S}^{\mathrm{T}}+\boldsymbol{N} \tag{5.115}$$

通过式（5.115）可得，$\boldsymbol{S}$ 的 LS 解为

$$\boldsymbol{S}^{\mathrm{T}}=\begin{bmatrix}\boldsymbol{A}_x\boldsymbol{D}_1(\boldsymbol{A}_y)\\ \boldsymbol{A}_x\boldsymbol{D}_2(\boldsymbol{A}_y)\\ \vdots\\ \boldsymbol{A}_x\boldsymbol{D}_N(\boldsymbol{A}_y)\end{bmatrix}^{+}\begin{bmatrix}\boldsymbol{X}_1\\ \boldsymbol{X}_2\\ \vdots\\ \boldsymbol{X}_N\end{bmatrix} \tag{5.116}$$

式中，$[\bullet]^{+}$ 表示广义逆运算。三维矩阵沿 y 轴方向的切片为

$$\begin{bmatrix}\boldsymbol{Y}_1\\ \boldsymbol{Y}_2\\ \vdots\\ \boldsymbol{Y}_M\end{bmatrix}=\begin{bmatrix}\boldsymbol{S}^{\mathrm{T}}\boldsymbol{D}_1(\boldsymbol{A}_x)\\ \boldsymbol{S}^{\mathrm{T}}\boldsymbol{D}_2(\boldsymbol{A}_x)\\ \vdots\\ \boldsymbol{S}^{\mathrm{T}}\boldsymbol{D}_M(\boldsymbol{A}_x)\end{bmatrix}\boldsymbol{A}_y^{\mathrm{T}}+\boldsymbol{N}_y \tag{5.117}$$

由此可以得到 $\boldsymbol{A}_y^{\mathrm{T}}$ 的LS解为

$$\boldsymbol{A}_y^{\mathrm{T}}=\begin{bmatrix}\boldsymbol{S}^{\mathrm{T}}D_1(\boldsymbol{A}_x)\\ \boldsymbol{S}^{\mathrm{T}}D_2(\boldsymbol{A}_x)\\ \vdots\\ \boldsymbol{S}^{\mathrm{T}}D_M(\boldsymbol{A}_x)\end{bmatrix}^{+}\begin{bmatrix}\boldsymbol{Y}_1\\ \boldsymbol{Y}_2\\ \vdots\\ \boldsymbol{Y}_M\end{bmatrix} \tag{5.118}$$

三维矩阵沿时域方向的切片为

$$\begin{bmatrix}\boldsymbol{Z}_1\\ \boldsymbol{Z}_2\\ \vdots\\ \boldsymbol{Z}_L\end{bmatrix}=\begin{bmatrix}\boldsymbol{A}_yD_1(\boldsymbol{S}^{\mathrm{T}})\\ \boldsymbol{A}_yD_2(\boldsymbol{S}^{\mathrm{T}})\\ \vdots\\ \boldsymbol{A}_yD_L(\boldsymbol{S}^{\mathrm{T}})\end{bmatrix}\boldsymbol{A}_x^{\mathrm{T}}+\boldsymbol{N}_z \tag{5.119}$$

由此可以得到 $\boldsymbol{A}_x^{\mathrm{T}}$ 的LS解为

$$\boldsymbol{A}_x^{\mathrm{T}}=\begin{bmatrix}\boldsymbol{A}_yD_1(\boldsymbol{S}^{\mathrm{T}})\\ \boldsymbol{A}_yD_2(\boldsymbol{S}^{\mathrm{T}})\\ \vdots\\ \boldsymbol{A}_yD_L(\boldsymbol{S}^{\mathrm{T}})\end{bmatrix}^{+}\begin{bmatrix}\boldsymbol{Z}_1\\ \boldsymbol{Z}_2\\ \vdots\\ \boldsymbol{Z}_L\end{bmatrix} \tag{5.120}$$

根据式（5.116）、式（5.118）、式（5.120）可知，$\boldsymbol{A}_x$、$\boldsymbol{A}_y$、$\boldsymbol{S}$ 不断采用LS进行更新直到收敛，即可得到 $\boldsymbol{A}_x$ 和 $\boldsymbol{A}_y$ 的估计值。

5.4.3 可辨识性分析

下面分析算法的可辨识性。考虑 $\boldsymbol{X}_n=\boldsymbol{A}_xD_n(\boldsymbol{A}_y)\boldsymbol{S}^{\mathrm{T}}$，$n=1,2,\cdots,N$，其中 $\boldsymbol{A}_x\in\mathbf{C}^{M\times K}$，$\boldsymbol{S}\in\mathbf{C}^{L\times K}$，$\boldsymbol{A}_y\in\mathbf{C}^{N\times K}$。考虑所有矩阵都是满 k 秩矩阵的情况，如果存在

$$k_{\boldsymbol{A}_x}+k_{\boldsymbol{A}_y}+k_{\boldsymbol{S}}\geqslant 2K+2 \tag{5.121}$$

那么 $\boldsymbol{A}_x$、$\boldsymbol{S}$ 和 $\boldsymbol{A}_y$ 是可辨识的（存在列交换和尺度模糊）[24]。

从绝对连续分布中取出的相对独立的列组成的矩阵具有满 k 秩。如果三个矩阵都满足该条件，则可辨识的充分条件为

$$\min(M,K)+\min(N,K)+\min(L,K)\geqslant 2K+2 \tag{5.122}$$

考虑到 $\boldsymbol{A}_x$ 和 $\boldsymbol{A}_y$ 为Vandermonde矩阵，可辨识性为

$$M+N+\min(L,K)\geqslant 2K+2 \tag{5.123}$$

若考虑到$L \geqslant K$，则可辨识性为

$$M+N+K \geqslant 2K+2 \tag{5.124}$$

也可写为

$$M+N \geqslant K+2 \tag{5.125}$$

因此，当$K \leqslant M+N-2$时，算法是有效的，并且最大可识别信源数是$M+N-2$。当接收信号受到噪声干扰时，矩阵$\hat{\boldsymbol{A}}_x$、$\hat{\boldsymbol{S}}$和$\hat{\boldsymbol{A}}_y$可由 PARAFAC 分解估计得到，并且分别满足：

$$\hat{\boldsymbol{A}}_x = \boldsymbol{A}_x \boldsymbol{\Pi} \boldsymbol{\Delta}_1 + \boldsymbol{E}_1 \tag{5.126}$$

$$\hat{\boldsymbol{S}} = \boldsymbol{S} \boldsymbol{\Pi} \boldsymbol{\Delta}_2 + \boldsymbol{E}_2 \tag{5.127}$$

$$\hat{\boldsymbol{A}}_y = \boldsymbol{A}_y \boldsymbol{\Pi} \boldsymbol{\Delta}_3 + \boldsymbol{E}_3 \tag{5.128}$$

式中，$\boldsymbol{\Pi}$为置换矩阵；$\boldsymbol{\Delta}_1$、$\boldsymbol{\Delta}_2$、$\boldsymbol{\Delta}_3$为尺度模糊矩阵，$\boldsymbol{\Delta}_1\boldsymbol{\Delta}_2\boldsymbol{\Delta}_3 = \boldsymbol{I}_K$。$\boldsymbol{E}_1$、$\boldsymbol{E}_2$和$\boldsymbol{E}_3$均为估计误差矩阵。PARAFAC 分解中固有的尺度模糊问题可以采用归一化方法解决。

5.4.4 二维 DOA 估计过程

利用 PARAFAC 分解估计出$\boldsymbol{A}_x$、$\boldsymbol{A}_y$后，利用方向矩阵的 Vandermonde 特征对方向矩阵进行二维 DOA 估计。设$\boldsymbol{A}_x$的某一列为$\boldsymbol{a}_x$，先对方向向量$\boldsymbol{a}_x$进行归一化，使其首项为 1。再取$\text{angle}(\boldsymbol{a}_x)$，因其范围为$[-\pi,\pi]$，通过对某些项加上$2k\pi$使其成为递增的序列。按以上方法对$\boldsymbol{A}_x$的每一列进行调整后，利用 LS 方法估计其阵列之间的相位差，进一步可以估计其 DOA。具体过程如下。

得到$\boldsymbol{a}_x(\theta_k,\phi_k) = [1, \mathrm{e}^{\mathrm{j}2\pi d\sin\theta_k\cos\phi_k/\lambda}, \cdots, \mathrm{e}^{\mathrm{j}2\pi d(M-1)\sin\theta_k\cos\phi_k/\lambda}]^{\mathrm{T}}$。定义

$$\boldsymbol{h} = \text{angle}(\boldsymbol{a}_x(\theta_k,\phi_k)) \tag{5.129}$$

则有

$$\boldsymbol{h} = [0, 2\pi d\sin\theta_k\cos\phi_k/\lambda, \cdots, 2\pi(M-1)d\sin\theta_k\cos\phi_k/\lambda]^{\mathrm{T}} \tag{5.130}$$

通过对获得的$\hat{\boldsymbol{h}}$进行 LS 拟合，即

$$\boldsymbol{P}\boldsymbol{c}_x = \hat{\boldsymbol{h}} \tag{5.131}$$

式中，

$$\boldsymbol{P}=\begin{bmatrix}1 & 0\\ 1 & \pi\\ \vdots & \vdots\\ 1 & (M-1)\pi\end{bmatrix},\quad \boldsymbol{c}_x=\begin{bmatrix}c_{x0}\\ v_k\end{bmatrix} \tag{5.132}$$

得到$\boldsymbol{c}_x$的 LS 解为

$$\begin{bmatrix}\hat{c}_{x0}\\ \hat{v}_k\end{bmatrix}=(\boldsymbol{P}^{\mathrm{T}}\boldsymbol{P})^{-1}\boldsymbol{P}\hat{\boldsymbol{h}} \tag{5.133}$$

式中，$\hat{v}_k$为$\sin\theta_k\cos\phi_k$的估计值。同理，方向矩阵$\hat{\boldsymbol{A}}_y$的第 k 列运算后可以得到向量表达式$\hat{\boldsymbol{c}}_y=[\hat{c}_{y0},\hat{u}_k]^{\mathrm{T}}$，其中$\hat{u}_k$为$\sin\theta_k\sin\phi_k$的估计值。综合可得目标方向的二维 DOA 估计为

$$\hat{\theta}_k=\sin^{-1}(\sqrt{\hat{u}_k^2+\hat{v}_k^2}) \tag{5.134}$$

$$\hat{\phi}_k=\tan^{-1}(\hat{u}_k/\hat{v}_k) \tag{5.135}$$

式中，ϕ_k表示第 k 个信源的方位角；θ_k表示第 k 个信源的仰角。

至此，可将均匀面阵中基于PARAFAC模型的二维DOA估计算法的具体步骤总结如下。

算法 5.5：基于 PARAFAC 模型的二维 DOA 估计算法。

步骤 1：由式（5.106）利用 PARAFAC 模型的对称性得到三维矩阵$\boldsymbol{X}$在三个空间维度上的切片。

步骤 2：初始化$\boldsymbol{S}$、$\boldsymbol{A}_y$和$\boldsymbol{A}_x$。

步骤 3：按式（5.116）更新$\boldsymbol{S}$。

步骤 4：按式（5.118）更新$\boldsymbol{A}_y$。

步骤 5：按式（5.120）更新$\boldsymbol{A}_x$。

步骤 6：重复步骤 3 至步骤 5 直到收敛。

步骤 7：通过联合估计矩阵和 LS 得到二维 DOA 估计。

5.4.5　算法复杂度和优点

本节算法复杂度为$O\{l(LMNK+3K^3+K^2(MN+ML+NL+L+M+N))\}$，其中$l$表示算法的迭代次数，迭代次数取决于被分解的三维数据。而 ESPRIT 算法复杂度为$O(LM^2N^2+M^3N^3+2K^2(M-1)N+3K^3+K^2MN+(N-1)MK)$，传播算子算法复杂度为$O(LM^2N^2+MNK^2+MN(MN-K)K+K^2(MN-K)+2K^2(M-1)N+4K^3+K^2MN+(N-1)MK)$，对比可知本节算法复杂度较低。

本节算法具有如下优点。

（1）本节算法无须进行高复杂度的谱峰搜索。

（2）与 ESPRIT 算法及传播算子算法相比，本节算法有更好的 DOA 估计性能。

（3）本节算法利用方向矩阵相同列模糊特性，得到参数自动匹配的二维 DOA 估计。

5.4.6 仿真结果

对本节算法、ESPRIT 算法、传播算子算法及 CRB 进行性能比较。这些算法的 DOA 估计性能由图 5.7 和图 5.8 给出。由图 5.7 和图 5.8 可以发现，本节算法的 DOA 估计性能优于 ESPRIT 算法和传播算子算法。

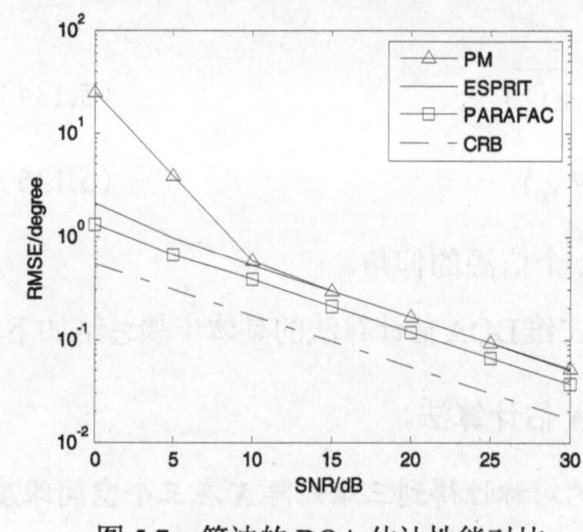

图 5.7 算法的 DOA 估计性能对比（M=8，N=6，L=100）

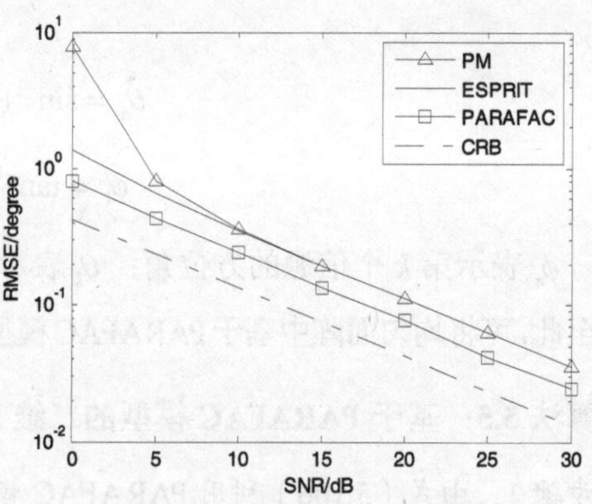

图 5.8 算法的 DOA 估计性能对比（M=8，N=8，L=100）

5.5 均匀面阵中基于压缩感知 PARAFAC 模型的二维 DOA 估计算法

本节提出了一种均匀面阵中基于压缩感知 PARAFAC 模型的二维 DOA 估计算法。该算法将压缩感知与 PARAFAC 模型相结合，先将 PARAFAC 模型压缩成小 PARAFAC 模型，再利用稀疏性来进行 DOA 估计。该算法无须进行谱峰搜索，能实现角度自动配对，与利用旋转不变性进行信号参数估计的算法相比，该算法拥有更好的角度估计性能。与传统的基于 PARAFAC 分解的算法相比，该算法拥有更低的计算复杂度和对存储空间的需求。

5.5.1 数据模型

本节算法数据模型与 5.2.1 节相同。

5.5.2 PARAFAC 模型压缩

我们将三维矩阵 $\underline{\boldsymbol{X}} \in \mathbf{C}^{M\times L\times N}$ 压缩成一个更小的三维矩阵 $\underline{\boldsymbol{X}'} \in \mathbf{C}^{M'\times L'\times N'}$ [25]，其中 $M'<M$，$N'<N$，$L'<L$。图 5.9 所示为 PARAFAC 模型的压缩过程示意图。

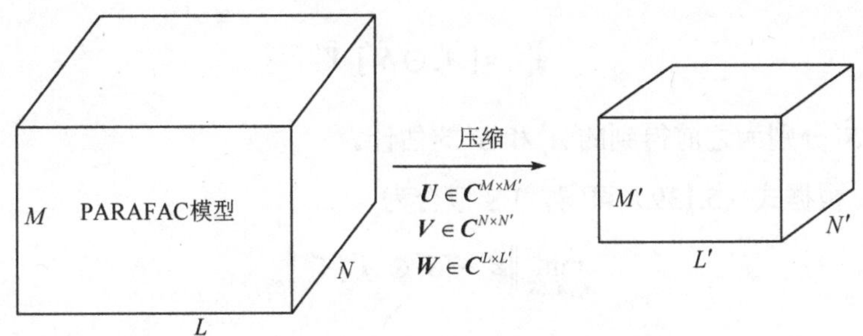

图 5.9 PARAFAC 模型的压缩过程示意图

首先定义三个压缩矩阵，分别为 $\boldsymbol{U} \in \mathbf{C}^{M\times M'}$（$M'<M$），$\boldsymbol{V} \in \mathbf{C}^{N\times N'}$（$N'<N$），$\boldsymbol{W} \in \mathbf{C}^{L\times L'}$（$L'<L$），这三个矩阵可以由随机信号产生或 PARAFAC 分解得到，有

$$\boldsymbol{X}'^{(M'\times L'N')} = \boldsymbol{U}^{\mathrm{H}} \boldsymbol{X}^{(M\times LN)} (\boldsymbol{W} \otimes \boldsymbol{V}) \tag{5.136}$$

式中，$\boldsymbol{X}^{(M\times LN)} = [\boldsymbol{X}_1, \boldsymbol{X}_2, \cdots, \boldsymbol{X}_N]$。在无噪声情况下，压缩后的三维矩阵可以表示为

$$\boldsymbol{X}' = [\boldsymbol{A}_y' \odot \boldsymbol{A}_x'] \boldsymbol{S}'^{\mathrm{T}} \tag{5.137}$$

式中，$\boldsymbol{A}_x' = \boldsymbol{U}^{\mathrm{H}} \boldsymbol{A}_x$；$\boldsymbol{A}_y' = \boldsymbol{V}^{\mathrm{H}} \boldsymbol{A}_y$；$\boldsymbol{S}' = \boldsymbol{W}^{\mathrm{H}} \boldsymbol{S}$。根据对称性可得

$$\boldsymbol{Y}' = [\boldsymbol{A}_x' \odot \boldsymbol{S}'] \boldsymbol{A}_y'^{\mathrm{T}} \tag{5.138}$$

$$\boldsymbol{Z}' = [\boldsymbol{S}' \odot \boldsymbol{A}_y'] \boldsymbol{A}_x'^{\mathrm{T}} \tag{5.139}$$

5.5.3 PARAFAC 分解

根据 TALS 原理，对压缩后的数据模型进行分解，得到压缩后的三个承载矩阵的估计 $\hat{\boldsymbol{A}}_x'$、$\hat{\boldsymbol{A}}_y'$ 和 $\hat{\boldsymbol{S}}'$。

根据式（5.137）可得，LS 拟合为

$$\min_{\boldsymbol{A}_x', \boldsymbol{A}_y', \boldsymbol{S}'} \left\| \tilde{\boldsymbol{X}}' - [\boldsymbol{A}_y' \odot \boldsymbol{A}_x'] \boldsymbol{S}'^{\mathrm{T}} \right\|_F \tag{5.140}$$

式中，$\tilde{\boldsymbol{X}}'$ 为含噪信号。对于矩阵 $\boldsymbol{S}'$ 的 LS 更新为

$$\hat{\boldsymbol{S}}'^{\mathrm{T}} = [\hat{\boldsymbol{A}}_y' \odot \hat{\boldsymbol{A}}_x']^{+} \tilde{\boldsymbol{X}}' \tag{5.141}$$

式中，$\hat{\boldsymbol{A}}_x'$ 和 $\hat{\boldsymbol{A}}_y'$ 分别为之前得到的 $\boldsymbol{A}_x'$ 和 $\boldsymbol{A}_y'$ 的估计。

根据式（5.138）可得，LS 拟合为

$$\min_{A'_x, A'_y, S'} \left\| \tilde{Y}' - [A'_x \odot S'] A'^{\mathrm{T}}_y \right\|_F \tag{5.142}$$

式中，$\tilde{Y}'$ 为含噪信号。对于 A'_y 的 LS 拟合为

$$\hat{A}'^{\mathrm{T}}_y = [\hat{A}'_x \odot \hat{S}']^{+} \tilde{Y}' \tag{5.143}$$

式中，$\hat{A}'_x$ 和 $\hat{S}'$ 分别为之前得到的 A'_x 和 S' 的估计。

类似地，根据式（5.139）可得，LS 拟合为

$$\min_{A'_x, A'_y, S'} \left\| \tilde{Z}' - [S' \odot A'_y] A'^{\mathrm{T}}_x \right\|_F \tag{5.144}$$

式中，$\tilde{Z}'$ 为含噪信号。对于 A'_x 的 LS 拟合为

$$\hat{A}'^{\mathrm{T}}_x = [\hat{S}' \odot \hat{A}'_y]^{+} \tilde{Z}' \tag{5.145}$$

式中，$\hat{A}'_y$ 和 $\hat{S}'$ 分别为之前得到的 A'_y 和 S' 的估计。

重复以上矩阵更新过程，直到算法收敛，从而得到 A'_x、A'_y 和 S' 的估计。

5.5.4 可辨识性分析

下面讨论算法的可辨识性。考虑 $X_n' = A_x' D_n(A_y') S'^{\mathrm{T}}$，$n = 1,2,\cdots,N'$。其中 $A'_x \in \mathbf{C}^{M' \times K}$，$S' \in \mathbf{C}^{L' \times K}$，$A'_y \in \mathbf{C}^{N' \times K}$。考虑所有矩阵都是满 k 秩矩阵的情况，如果存在

$$k_{A'_x} + k_{A'_y} + k_{S'} \geqslant 2K + 2 \tag{5.146}$$

那么 A'_x、S' 和 A'_y 是可辨识的（存在列交换和尺度模糊）。

从绝对连续分布中取出的相对独立的列组成的矩阵具有满 k 秩。如果三个矩阵都满足该条件，则可辨识的条件为

$$\min(M', K) + \min(N', K) + \min(L', K) \geqslant 2K + 2 \tag{5.147}$$

当 $M' \geqslant K$，$N' \geqslant K$，$L' \geqslant K$ 时，可辨识条件为

$$1 \leqslant K \leqslant \min(M', N') \tag{5.148}$$

当 $M' \leqslant K$，$N' \leqslant K$，$L' \geqslant K$ 时，可辨识的条件为

$$\max(M', N') \leqslant K \leqslant M' + N' - 2 \tag{5.149}$$

因此，当 $K \leqslant M' + N' - 2$ 时，算法是有效的，并且最大可识别信源数是 $M' + N' - 2$。

当接收信号受到噪声干扰时，矩阵 $\hat{A}'_x$、$\hat{S}'$ 和 $\hat{A}'_y$ 可由 PARAFAC 分解估计得到，并且分别满足：

$$\hat{A}'_x = A'_x \Pi \Delta_1 + E_1 \tag{5.150}$$

$$\hat{S}' = S' \Pi \Delta_2 + E_2 \tag{5.151}$$

$$\hat{A}'_y = A'_y \Pi \Delta_3 + E_3 \tag{5.152}$$

式中，Π 为置换矩阵；Δ_1、Δ_2 和 Δ_3 为尺度模糊矩阵；$\Delta_1\Delta_2\Delta_3 = I_K$；$E_1$、$E_2$ 和 E_3 均为估计误差矩阵。PARAFAC 分解中固有的尺度模糊问题可以采用归一化方法解决。

5.5.5　基于稀疏恢复的二维 DOA 估计

用 $\hat{a}'_{xk}$ 和 $\hat{a}'_{yk}$ 分别代表估计矩阵 $\hat{A}'_x$ 和 $\hat{A}'_y$ 的第 k 列，可表示为

$$\hat{a}'_{xk} = U^{\mathrm{H}} \partial_{xk} a_{xk} + n_{xk} \tag{5.153}$$

$$\hat{a}'_{yk} = V^{\mathrm{H}} \partial_{yk} a_{yk} + n_{yk} \tag{5.154}$$

式中，a_{xk} 和 a_{yk} 分别为 A_x 和 A_y 的第 k 列；n_{xk} 和 n_{yk} 为相应的噪声；∂_{xk} 和 ∂_{xk} 为比例系数。

接下来构造两个 Vandermonde 矩阵 $A_{sx} \in \mathbf{C}^{M\times P}$，$A_{sy} \in \mathbf{C}^{N\times P}$（$P \gg M$，$P \gg N$），它们是由与每个潜在信源位置相关的导向向量作为列向量构成的，即

$$A_{sx} = [a_{sx1}, a_{sx2}, \cdots, a_{sxP}] = \begin{bmatrix} 1 & 1 & \cdots & 1 \\ e^{j2\pi dg(1)/\lambda} & e^{j2\pi dg(2)/\lambda} & \cdots & e^{j2\pi dg(P)/\lambda} \\ \vdots & \vdots & & \vdots \\ e^{j2\pi(M-1)dg(1)/\lambda} & e^{j2\pi(M-1)dg(2)/\lambda} & \cdots & e^{j2\pi(M-1)dg(P)/\lambda} \end{bmatrix} \tag{5.155}$$

$$A_{sy} = [a_{sy1}, a_{sy2}, \cdots, a_{syP}] = \begin{bmatrix} 1 & 1 & \cdots & 1 \\ e^{j2\pi dg(1)/\lambda} & e^{j2\pi dg(2)/\lambda} & \cdots & e^{j2\pi dg(P)/\lambda} \\ \vdots & \vdots & & \vdots \\ e^{j2\pi(N-1)dg(1)/\lambda} & e^{j2\pi(N-1)dg(2)/\lambda} & \cdots & e^{j2\pi(N-1)dg(P)/\lambda} \end{bmatrix} \tag{5.156}$$

式（5.155）和式（5.156）中的 g 是一个采样向量，第 p 个元素是 $g(p) = -1 + 2p/P$，$p = 1,2,\cdots,P$。矩阵 A_{sx} 和 A_{sy} 可以看作过完备字典。

式（5.153）和式（5.154）可以另写为[26]

$$\hat{a}'_{xk} = U^{\mathrm{T}} A_{sx} x_s + n_{xk},\ \ k = 1,2,\cdots,K \tag{5.157}$$

$$\hat{a}'_{yk} = V^{\mathrm{T}} A_{sy} y_s + n_{yk},\ \ k = 1,2,\cdots,K \tag{5.158}$$

式（5.157）和式（5.158）中的 $\boldsymbol{x}_\text{s}$ 和 $\boldsymbol{y}_\text{s}$ 是稀疏的。通过 ℓ_0 范数约束优化可以得到 $\boldsymbol{x}_\text{s}$ 和 $\boldsymbol{y}_\text{s}$ 的估计，即

$$\begin{aligned}&\min\left\|\boldsymbol{a}_{xk}'-\boldsymbol{U}^\text{H}\boldsymbol{A}_\text{sx}\boldsymbol{x}_\text{s}\right\|_2^2\\&\text{s.t.}\ \left\|\boldsymbol{x}_\text{s}\right\|_0=1\end{aligned} \tag{5.159}$$

$$\begin{aligned}&\min\left\|\boldsymbol{a}_{yk}'-\boldsymbol{V}^\text{H}\boldsymbol{A}_\text{sy}\boldsymbol{y}_\text{s}\right\|_2^2\\&\text{s.t.}\ \left\|\boldsymbol{y}_\text{s}\right\|_0=1\end{aligned} \tag{5.160}$$

式中，$\|\bullet\|_0$ 表示 ℓ_0 范数。式（5.159）和式（5.160）中的 $\boldsymbol{x}_\text{s}$ 和 $\boldsymbol{y}_\text{s}$ 可以通过正交匹配追踪方法得到。之后我们提取出 $\boldsymbol{x}_\text{s}$ 和 $\boldsymbol{y}_\text{s}$ 中最大模元素的位置作为索引，分别记成 p_x 和 p_y，然后到 $\boldsymbol{A}_\text{sx}$ 和 $\boldsymbol{A}_\text{sy}$ 中找到相对应的列，即可得到 $\boldsymbol{g}(p_x)$ 和 $\boldsymbol{g}(p_y)$，它们就是 $\sin\theta_k\cos\phi_k$ 和 $\sin\theta_k\sin\phi_k$ 的估计。定义 $\gamma_k=\boldsymbol{g}(p_x)+\text{j}\boldsymbol{g}(p_y)$，则仰角和方位角为

$$\hat{\theta}_k=\arcsin(\text{abs}(\gamma_k)),\ \ k=1,2,\cdots,K \tag{5.161}$$

$$\hat{\phi}_k=\text{angle}(\gamma_k),\ \ k=1,2,\cdots,K \tag{5.162}$$

式中，$\text{abs}(\bullet)$ 为求模符号；$\text{angle}(\bullet)$ 为用来求复数的相角。由于估计的矩阵 $\hat{\boldsymbol{A}}_x'$ 和 $\hat{\boldsymbol{A}}_y'$ 的列都是自动配对的，所以仰角和方位角的估计也是自动配对的。

至此，可将均匀面阵中基于压缩感知 PARAFAC 模型的二维 DOA 估计算法的具体步骤总结如下。

算法 5.6：基于压缩感知 PARAFAC 模型的二维 DOA 估计算法。

步骤 1：通过接收数据 $\boldsymbol{X}$ 构造三维矩阵 $\underline{\boldsymbol{X}}$。

步骤 2：通过压缩矩阵 $\boldsymbol{U}\in\mathbf{C}^{M\times M'}$，$\boldsymbol{V}\in\mathbf{C}^{N\times N'}$ 和 $\boldsymbol{W}\in\mathbf{C}^{L\times L'}$（$M'<M$，$N'<N$，$L'<L$），并根据式（5.137）得到更小的三维矩阵 $\underline{\boldsymbol{X}}'$。

步骤 3：根据 TALS 原理对压缩后的三维矩阵 $\underline{\boldsymbol{X}}'$ 进行 PARAFAC 分解，根据式（5.141）、式（5.143）和式（5.145）得到 $\boldsymbol{S}'$、$\boldsymbol{A}_y'$ 和 $\boldsymbol{A}_x'$ 的估计。

步骤 4：构建角度估计中的稀疏恢复问题，通过求解式（5.159）和式（5.160）得到估计稀疏向量 $\boldsymbol{x}_\text{s}$ 和 $\boldsymbol{y}_\text{s}$，进而得到 $\boldsymbol{g}(p_x)$ 和 $\boldsymbol{g}(p_y)$。

步骤 5：根据式（5.161）和式（5.162）得到均匀面阵中仰角和方位角的估计值。

5.5.6 算法复杂度和优点

本节算法复杂度为 $O(lM'N'L'K+3lK^3+lK^2(M'N'+M'N'+M'L'+N'+M'+L'))$，而基于 PARAFAC 分解的算法复杂度为 $O(LMNKl+3lK^3+lK^2(MN+ML+NL+L+M+N))$，由于

$M' < M, N' < N, L' < L$，所以本节算法复杂度更低。

本节算法具有如下优点。

（1）本节算法可以看作 PARAFAC 模型和压缩感知理论的结合。与传统的 PARAFAC 分解算法相比，本节算法拥有更低的复杂度和对存储空间的需求。

（2）本节算法与 ESPRIT 算法相比，有好的角度估计性能，且该算法的性能接近 PARAFAC 分解算法，这可以在下文的仿真结果中得到验证。

（3）本节算法可以实现仰角和方位角的自动配对。

5.5.7 仿真结果

采用蒙特卡罗仿真对算法进行仿真，蒙特卡罗仿真次数为 1000。假设入射角分别为 $(5°, 10°)$、$(15°, 20°)$和$(40°, 30°)$的 3 个不相关的信源信号入射到接收阵列上，阵元间距 d 为信号半波长。在以下仿真中，M 和 N 分别表示均匀面阵的行数和列数，K 表示信源个数，L 表示快拍数。

将本节算法、ESPRIT 算法、TALS 算法及 CRB 进行性能比较。这些算法的 DOA 估计性能由图 5.10 给出。由图 5.10 可以发现，本节算法的 DOA 估计性能优于 ESPRIT 算法且接近 TALS 算法。

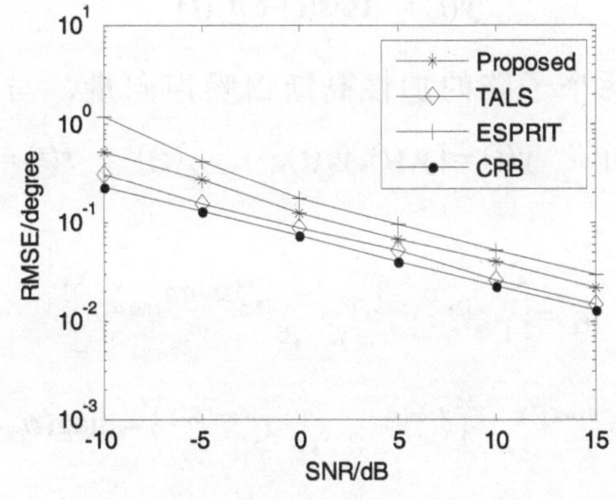

图 5.10 算法的 DOA 估计性能比较（N=20，M=16，L=100）

5.6 双平行线阵中二维 DOA 估计算法：DOA 矩阵法和扩展 DOA 矩阵法

本节研究双平行线阵中基于 DOA 矩阵法的二维 DOA 估计算法：DOA 矩阵法和扩展 DOA 矩阵法[4]。

5.6.1 阵列结构及信号模型

信号接收阵列由如图 5.11 所示的两个相互平行的线性子阵组成，两个子阵分别称为 X_a、Y_a。每个子阵有 M 个传感器，两个相邻传感器沿 x 轴方向的间距为 D，两个子阵间距为 d。假设空间中有 K 个非相关的窄带同载波信号 $s_k(t)$（$1\leqslant k\leqslant K$）入射到此阵列上，其与 x 轴的夹角为 α_k，与 y 轴的夹角为 β_k。子阵 X_a 和 Y_a 在 t 时刻对应的输出信号分别为

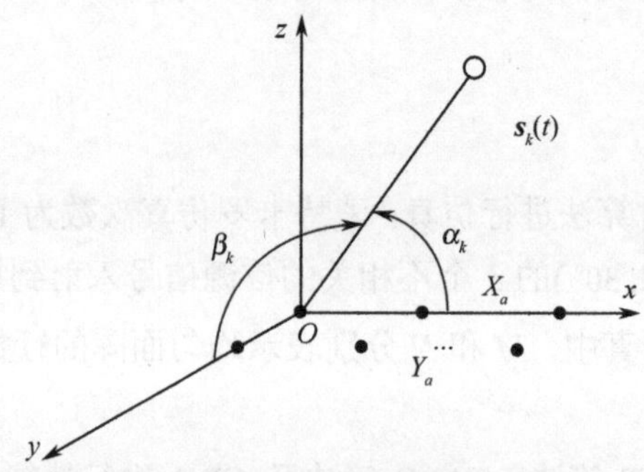

图 5.11　线性平行阵列结构图[4]

$$\boldsymbol{x}(t)=\boldsymbol{A}\boldsymbol{s}(t)+\boldsymbol{n}_x(t) \tag{5.163}$$

$$\boldsymbol{y}(t)=\boldsymbol{A}\boldsymbol{\Phi}\boldsymbol{s}(t)+\boldsymbol{n}_y(t) \tag{5.164}$$

式中，$\boldsymbol{n}_x(t)$ 和 $\boldsymbol{n}_y(t)$ 为两个子阵的加性高斯白噪声向量，与信号 $\boldsymbol{s}(t)$ 相互独立。$\boldsymbol{x}(t)=[x_1(t),x_2(t),\cdots,x_M(t)]^{\mathrm{T}}$，$\boldsymbol{y}(t)=[y_1(t),y_2(t),\cdots,y_M(t)]^{\mathrm{T}}$，$\boldsymbol{s}(t)=[s_1(t),s_2(t),\cdots,s_K(t)]^{\mathrm{T}}$，$\boldsymbol{A}=[\boldsymbol{a}_1,\boldsymbol{a}_2,\cdots,\boldsymbol{a}_K]$，

$$\boldsymbol{a}_k=\left[1,\mathrm{e}^{\mathrm{j}2\pi\frac{D}{\lambda}\cos(\alpha_k)},\cdots,\mathrm{e}^{\mathrm{j}2\pi\frac{(M-1)D}{\lambda}\cos(\alpha_k)}\right]^{\mathrm{T}} \tag{5.165}$$

$$\boldsymbol{\Phi}=\mathrm{diag}\left(\mathrm{e}^{\mathrm{j}\frac{2\pi}{\lambda}d\cos(\beta_1)},\mathrm{e}^{\mathrm{j}\frac{2\pi}{\lambda}d\cos(\beta_2)},\cdots,\mathrm{e}^{\mathrm{j}\frac{2\pi}{\lambda}d\cos(\beta_K)}\right)=\mathrm{diag}(\phi_1,\phi_2,\cdots,\phi_K) \tag{5.166}$$

式中，λ 为信号波长。

5.6.2 DOA 矩阵法

阵列接收信号 $\boldsymbol{x}(t)$ 的自相关矩阵为 $\boldsymbol{R}_{xx}$，其表达式为

$$\boldsymbol{R}_{xx}=E[\boldsymbol{x}(t)\boldsymbol{x}^{\mathrm{H}}(t)]=\boldsymbol{A}\boldsymbol{P}\boldsymbol{A}^{\mathrm{H}}+\sigma^2\boldsymbol{I} \tag{5.167}$$

式中，$\boldsymbol{P}=E[\boldsymbol{s}(t)\boldsymbol{s}^{\mathrm{H}}(t)]$ 为信源的协方差矩阵；$\boldsymbol{I}$ 为单位矩阵；σ^2 为加性高斯白噪声的方差。考虑到噪声自身的独立性，且其独立于信号，假设 $\boldsymbol{y}(t)$ 和 $\boldsymbol{x}(t)$ 的互相关矩阵为 $\boldsymbol{R}_{yx}$，

则有

$$\boldsymbol{R}_{yx} = E[\boldsymbol{y}(t)\boldsymbol{x}^{\mathrm{H}}(t)] = \boldsymbol{A\Phi P A}^{\mathrm{H}} \tag{5.168}$$

对 $\boldsymbol{R}_{xx}$ 进行特征值分解，令 $\varepsilon_1,\varepsilon_2,\cdots,\varepsilon_K$ 为矩阵 $\boldsymbol{R}_{xx}$ 的 K 个较大特征值，在白噪声的假设下，可以由 $M-K$ 个较小特征值的平均得到噪声方差 σ^2 的估计。通过去除噪声的影响可得

$$\boldsymbol{C}_{xx} = \boldsymbol{APA}^{\mathrm{H}} = \boldsymbol{R}_{xx} - \sigma^2\boldsymbol{I} \tag{5.169}$$

根据 DOA 矩阵法的思想，可以定义如下的 DOA 矩阵：

$$\boldsymbol{R} = \boldsymbol{R}_{yx}\boldsymbol{C}_{xx}^{+} \tag{5.170}$$

定理 5.6.1　如果 $\boldsymbol{A}$ 与 $\boldsymbol{P}$ 满秩，$\boldsymbol{\Phi}$ 无相同的对角线元素，则 DOA 矩阵的 K 个非零特征值等于 $\boldsymbol{\Phi}$ 中 K 个对角线元素，而这些值对应的特征向量等于相应的信号方向向量，即

$$\boldsymbol{RA} = \boldsymbol{A\Phi}$$

因此，只要对 DOA 矩阵 $\boldsymbol{R}$ 进行特征值分解，就可以直接得到矩阵 $\boldsymbol{A}$ 和 $\boldsymbol{\Phi}$，进而通过式（5.165）和式（5.166）得到 DOA 估计，这种方法被称为 DOA 矩阵法。

当然对于相干信源情况，可以通过空间平滑方法得到 $\boldsymbol{R}_{xx}$、$\boldsymbol{R}_{yx}$ 及 $\boldsymbol{C}_{xx}$，进而得到 DOA 估计。

实际中考虑到有限次快拍，阵列接收信号 $\boldsymbol{x}(t)$ 的自相关矩阵的估计为

$$\hat{\boldsymbol{R}}_{xx} = \frac{1}{L}\sum_{t=1}^{L}\boldsymbol{x}(t)\boldsymbol{x}^{\mathrm{H}}(t) \tag{5.171}$$

阵列接收信号 $\boldsymbol{y}(t)$ 和 $\boldsymbol{x}(t)$ 的互相关矩阵的估计为

$$\hat{\boldsymbol{R}}_{yx} = \frac{1}{L}\sum_{t=1}^{L}\boldsymbol{y}(t)\boldsymbol{x}^{\mathrm{H}}(t) \tag{5.172}$$

DOA 矩阵法具体步骤如下。

算法 5.7：DOA 矩阵法。

步骤 1：求阵列接收信号 $\boldsymbol{x}(t)$ 的自相关矩阵的估计。

步骤 2：求阵列接收信号 $\boldsymbol{y}(t)$ 和 $\boldsymbol{x}(t)$ 的互相关矩阵的估计。

步骤 3：根据式（5.169），对自相关矩阵去除噪声的影响，得到 $\hat{\boldsymbol{C}}_{xx}$。

步骤 4：根据式（5.170），构造 DOA 矩阵 $\hat{\boldsymbol{R}} = \hat{\boldsymbol{R}}_{yx}\hat{\boldsymbol{C}}_{xx}^{+}$。

步骤 5：对 $\hat{\boldsymbol{R}}$ 进行特征值分解，根据特征值和特征向量得到二维 DOA 估计。

5.6.3 扩展 DOA 矩阵法

阵列接收信号 $\boldsymbol{x}(t)$ 的自相关矩阵为 $\boldsymbol{R}_{xx}$，其表达式为

$$\boldsymbol{R}_{xx} = E[\boldsymbol{x}(t)\boldsymbol{x}^{\mathrm{H}}(t)] = \boldsymbol{APA}^{\mathrm{H}} + \sigma^2\boldsymbol{I}_M \tag{5.173}$$

式中，$\boldsymbol{P} = E[\boldsymbol{s}(t)\boldsymbol{s}^{\mathrm{H}}(t)]$ 为信源的协方差矩阵；σ^2 为加性高斯白噪声的方差。

阵列接收信号 $\boldsymbol{y}(t)$ 的自相关矩阵为 $\boldsymbol{R}_{yy}$，其表达式为

$$\begin{aligned}\boldsymbol{R}_{yy} = E[\boldsymbol{y}(t)\boldsymbol{y}^{\mathrm{H}}(t)] &= \boldsymbol{A\Phi P\Phi}^{\mathrm{H}}\boldsymbol{A}^{\mathrm{H}} + \sigma^2\boldsymbol{I}_M \\ &= \boldsymbol{AP\Phi\Phi}^{\mathrm{H}}\boldsymbol{A}^{\mathrm{H}} + \sigma^2\boldsymbol{I}_M \\ &= \boldsymbol{APA}^{\mathrm{H}} + \sigma^2\boldsymbol{I}_M\end{aligned} \tag{5.174}$$

考虑到噪声自身的独立性，且其独立于信号，假设 $\boldsymbol{y}(t)$ 和 $\boldsymbol{x}(t)$ 的互相关矩阵为 $\boldsymbol{R}_{yx}$，则有

$$\boldsymbol{R}_{yx} = E[\boldsymbol{y}(t)\boldsymbol{x}^{\mathrm{H}}(t)] = \boldsymbol{A\Phi PA}^{\mathrm{H}} \tag{5.175}$$

同理可得，$\boldsymbol{x}(t)$ 和 $\boldsymbol{y}(t)$ 的互相关矩阵为

$$\boldsymbol{R}_{xy} = E[\boldsymbol{x}(t)\boldsymbol{y}^{\mathrm{H}}(t)] = \boldsymbol{A\Phi}^{-1}\boldsymbol{PA}^{\mathrm{H}} \tag{5.176}$$

对 $\boldsymbol{R}_{xx}$ 进行特征值分解，令 $\varepsilon_1,\varepsilon_2,\cdots,\varepsilon_K$ 为矩阵 $\boldsymbol{R}_{xx}$ 的 K 个较大特征值，在白噪声的假设下，可以由 $M-K$ 个较小特征值的平均得到噪声方差 σ^2 的估计。通过去除噪声的影响可得

$$\boldsymbol{C}_{xx} = \boldsymbol{APA}^{\mathrm{H}} = \boldsymbol{R}_{xx} - \sigma^2\boldsymbol{I}_M \tag{5.177}$$

同理可得

$$\boldsymbol{C}_{yy} = \boldsymbol{APA}^{\mathrm{H}} = \boldsymbol{R}_{xx} - \sigma^2\boldsymbol{I}_M \tag{5.178}$$

定义 $\boldsymbol{R}_1,\boldsymbol{R}_2 \in \mathbf{C}^{2M\times M}$，且

$$\boldsymbol{R}_1 = \begin{bmatrix}\boldsymbol{C}_{xx}\\ \boldsymbol{R}_{xy}\end{bmatrix} = \begin{bmatrix}\boldsymbol{APA}^{\mathrm{H}}\\ \boldsymbol{A\Phi}^{-1}\boldsymbol{PA}^{\mathrm{H}}\end{bmatrix} \tag{5.179}$$

$$\boldsymbol{R}_2 = \begin{bmatrix}\boldsymbol{R}_{yx}\\ \boldsymbol{C}_{yy}\end{bmatrix} = \begin{bmatrix}\boldsymbol{A\Phi PA}^{\mathrm{H}}\\ \boldsymbol{APA}^{\mathrm{H}}\end{bmatrix} \tag{5.180}$$

同时定义 $\boldsymbol{A}_{\mathrm{E}} \in \mathbf{C}^{2M\times K}$，且

$$\boldsymbol{A}_{\mathrm{E}} = \begin{bmatrix}\boldsymbol{A}\\ \boldsymbol{A\Phi}^{-1}\end{bmatrix} \tag{5.181}$$

因此，有

$$\boldsymbol{R}_1 = \boldsymbol{A}_{\mathrm{E}}\boldsymbol{P}\boldsymbol{A}^{\mathrm{H}} \tag{5.182}$$

$$\boldsymbol{R}_2 = \boldsymbol{A}_{\mathrm{E}}\boldsymbol{\Phi}\boldsymbol{P}\boldsymbol{A}^{\mathrm{H}} \tag{5.183}$$

根据DOA矩阵法的思想，可以定义DOA矩阵 $\boldsymbol{R}' \in \mathbf{C}^{2M\times 2M}$，且

$$\boldsymbol{R}' = \boldsymbol{R}_2\boldsymbol{R}_1^{+} = \begin{bmatrix} \boldsymbol{R}_{yx} \\ \boldsymbol{C}_{yy} \end{bmatrix}\begin{bmatrix} \boldsymbol{C}_{xx} \\ \boldsymbol{R}_{xy} \end{bmatrix}^{+} \tag{5.184}$$

式中，$\boldsymbol{R}_1^{+} = \boldsymbol{R}_1^{\mathrm{H}}(\boldsymbol{R}_1\boldsymbol{R}_1^{\mathrm{H}})^{-1}$。

如果 $\boldsymbol{A}$ 和 $\boldsymbol{P}$ 满秩，$\boldsymbol{\Phi}$ 无相同的对角线元素，则DOA矩阵 $\boldsymbol{R}'$ 的 K 个非零特征值等于 $\boldsymbol{\Phi}$ 中 K 个对角线元素，而这些值对应的特征向量等于相应的信号方向向量，即

$$\boldsymbol{R}'\boldsymbol{A}_{\mathrm{E}} = \boldsymbol{A}_{\mathrm{E}}\boldsymbol{\Phi} \tag{5.185}$$

定义 $u_k \triangleq \cos\alpha_k$ 和 $v_k \triangleq \cos\beta_k$（$k=1,2,\cdots,K$），对DOA矩阵 $\boldsymbol{R}'$ 进行特征值分解，就可以得到矩阵 $\boldsymbol{A}_{\mathrm{E}}$ 和 $\boldsymbol{\Phi}$。根据 $\boldsymbol{\Phi}$ 中的特征值可以得到 v_k 的估计 $\hat{v}_k$，进而得到 β_k 的估计，即

$$\hat{\beta}_k = a\cos\hat{v}_k \tag{5.186}$$

根据 $\boldsymbol{A}_{\mathrm{E}}$ 的定义，我们将其分为 $\boldsymbol{A}$ 和 $\boldsymbol{A}\boldsymbol{\Phi}^{-1}$ 两部分，进行特征值分解后，这两部分的估计分别为 $\hat{\boldsymbol{A}}_1$ 和 $\hat{\boldsymbol{A}}_2$。

估计出 $\hat{\boldsymbol{A}}_1$ 和 $\hat{\boldsymbol{A}}_2$ 后，设 $\hat{\boldsymbol{A}}_1$ 的某一列为 $\boldsymbol{a}_i$，利用方向矩阵的Vandermonde特征对方向矩阵进行DOA估计。先对方向向量 $\boldsymbol{a}_i$ 进行归一化，使其首项为1。然后取 $\mathrm{angle}(\boldsymbol{a}_i)$，估计其阵列之间的相位差。最后利用LS方法估计其DOA。因为 $\boldsymbol{a}_i = [1, \exp(\mathrm{j}2\pi d\cos\alpha_i/\lambda), \cdots, \exp(\mathrm{j}2\pi(M-1)d\cos\alpha_i/\lambda)]^{\mathrm{T}}$，所以可得

$$\begin{aligned}\boldsymbol{T} &= \mathrm{angle}(\boldsymbol{a}_i) \\ &= [0, 2\pi d\cos\alpha_k/\lambda, 2(M-1)\pi d\cos\alpha_k/\lambda]^{\mathrm{T}}\end{aligned} \tag{5.187}$$

LS拟合为 $\boldsymbol{B}\boldsymbol{c} = \boldsymbol{T}$，其中 $\boldsymbol{c}_1 = [c_{01}, u_k]^{\mathrm{T}}$，且有

$$\boldsymbol{B} = \begin{bmatrix} 1 & 0 \\ 1 & \pi d/\lambda \\ \vdots & \vdots \\ 1 & (M-1)\pi d/\lambda \end{bmatrix} = \begin{bmatrix} 1 & 0 \\ 1 & \pi \\ \vdots & \vdots \\ 1 & (M-1)\pi \end{bmatrix} \tag{5.188}$$

由此可得

$$\boldsymbol{c}_1=\begin{bmatrix}\hat{c}_{01}\\\hat{u}_k\end{bmatrix}=(\boldsymbol{B}^{\mathrm{T}}\boldsymbol{B})^{-1}\boldsymbol{B}^{\mathrm{T}}\mathbf{T} \tag{5.189}$$

式中，$\hat{u}_k$ 为 $\cos\alpha_{k1}$ 的估计。因此，α_{k1} 的估计为

$$\hat{\alpha}_{k1}=a\cos\hat{u}_k \tag{5.190}$$

同理，可以由 $\hat{\boldsymbol{A}}_2$ 得到 $\hat{\alpha}_{k2}$，因此 α_k 的估计为

$$\hat{\alpha}_k=(\hat{\alpha}_{k1}+\hat{\alpha}_{k2})/2 \tag{5.191}$$

算法 5.8：扩展 DOA 矩阵法。

步骤 1：求阵列接收信号 $\boldsymbol{x}(t)$ 和 $\boldsymbol{y}(t)$ 的自相关矩阵和互相关矩阵的估计，即 $\hat{\boldsymbol{R}}_{xx}=\frac{1}{L}\sum_{t=1}^{L}\boldsymbol{x}(t)\boldsymbol{x}^{\mathrm{H}}(t)$，$\hat{\boldsymbol{R}}_{yy}=\frac{1}{L}\sum_{t=1}^{L}\boldsymbol{y}(t)\boldsymbol{y}^{\mathrm{H}}(t)$，$\hat{\boldsymbol{R}}_{xy}=\frac{1}{L}\sum_{t=1}^{L}\boldsymbol{x}(t)\boldsymbol{y}^{\mathrm{H}}(t)$，$\hat{\boldsymbol{R}}_{yx}=\frac{1}{L}\sum_{t=1}^{L}\boldsymbol{y}(t)\boldsymbol{x}^{\mathrm{H}}(t)$。

步骤 2：对自相关矩阵去除噪声的影响，得到 $\hat{\boldsymbol{C}}_{xx}$ 和 $\hat{\boldsymbol{C}}_{yy}$。

步骤 3：定义 $\boldsymbol{R}_1$ 和 $\boldsymbol{R}_2$ 并构建扩展 DOA 矩阵 $\boldsymbol{R}'=\boldsymbol{R}_2\boldsymbol{R}_1^{+}$。

步骤 4：对 $\boldsymbol{R}'$ 进行特征值分解，根据特征值和特征向量得到二维 DOA 估计。

5.6.4 性能分析与仿真

对本节的 DOA 估计算法进行复杂度分析，得到自相关矩阵和互相关矩阵的复杂度为 $O(4LM^2)$，其中 L 表示阵列接收信号快拍数；计算 $\boldsymbol{R}_1^{+}$ 的复杂度为 $O(5M^3)$；计算 $\boldsymbol{R}'=\boldsymbol{R}_2\boldsymbol{R}_1^{+}$ 的复杂度为 $O(4M^3)$；对 $\boldsymbol{R}'$ 进行特征值分解的复杂度为 $O(8M^3)$。由此求得算法总复杂度为 $O(4LM^2+17M^3)$。

扩展 DOA 矩阵法完全利用阵列接收信号的自相关矩阵和互相关矩阵来构建一个扩展 DOA 矩阵，而 DOA 矩阵法，未完全利用阵列接收信号的自相关矩阵和互相关矩阵，因此扩展 DOA 矩阵法比 DOA 矩阵法具有更好的 DOA 估计性能。

假设空间远场中三个窄带信号 $(\alpha_1,\beta_1)=(50°,55°)$、$(\alpha_2,\beta_2)=(60°,65°)$ 和 $(\alpha_3,\beta_3)=(70°,75°)$ 入射到如图 5.11 所示的阵列上，信号之间互不相关。本节采用 1000 次蒙特卡罗仿真来评估 DOA 估计性能，定义 RMSE 表达式为

$$\mathrm{RMSE}=\frac{1}{K}\sum_{k=1}^{K}\sqrt{\frac{1}{1000}\sum_{i=1}^{1000}[(\hat{\alpha}_{k,i}-\alpha_k)^2+(\hat{\beta}_{k,i}-\beta_k)^2]}$$

式中，$\hat{\alpha}_{k,i}$ 和 $\hat{\beta}_{k,i}$ 表示第 k 个信源在第 n 次蒙特卡罗仿真时的参数估计结果；α_k 和 β_k 表示第 k 个信源的参数真实值。

图 5.12 给出了在相同条件下双平行线阵的 DOA 矩阵法和扩展 DOA 矩阵法随 SNR 变化的 DOA 估计性能，以及与 CRB 的性能对比曲线图。仿真参数设置：双平行线阵中子阵 1 和子阵 2 的阵元数 $M=8$，快拍数 $L=500$。从图 5.12 中可以看出，扩展 DOA 矩阵法具有较高的 DOA 估计性能。

图 5.13 给出了在相同 SNR 条件下，双平行线阵的 DOA 矩阵法和扩展 DOA 矩阵法的 DOA 估计性能随着快拍数变化的性能曲线图，SNR 设置为 10dB。从图 5.13 中可以看出，随着快拍数的增加，扩展 DOA 矩阵法的 DOA 估计性能明显优于 DOA 矩阵法。

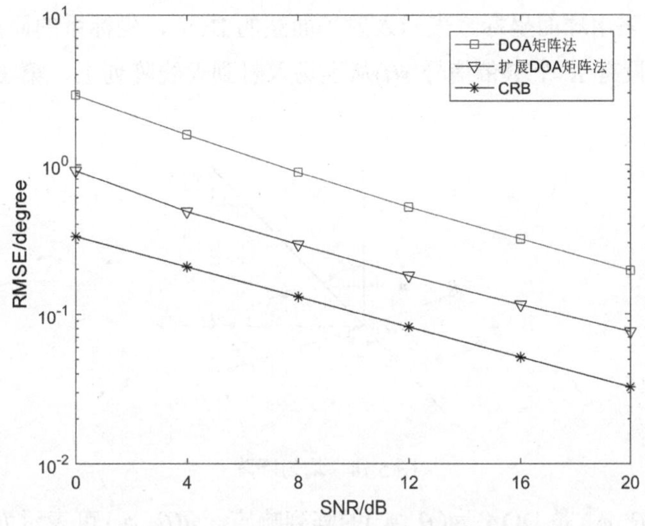

图 5.12　不同 SNR 情况下算法性能对比

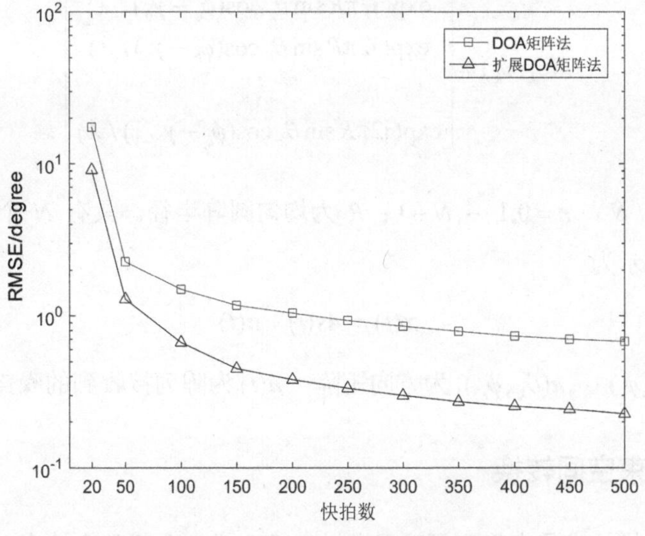

图 5.13　不同快拍数下算法性能对比

5.7 均匀圆阵中二维 DOA 估计算法

本节介绍均匀圆阵中一些二维 DOA 估计算法[3]，包括 UCA-RB-MUSIC 算法、UCA-Root-MUSIC 算法和 UCA-ESPRIT 算法。

5.7.1 数据模型

均匀圆阵的 N 个相同的全向阵列均匀分布在平面 xOy 中一个半径为 R 的圆周上，如图 5.14 所示。采用球面坐标系表示入射平面波的 DOA，坐标系的原点 O 在阵列的中心，即圆心处。设有 K 个窄带信号 $\boldsymbol{s}(t)$从远场入射到天线阵列上，第 k 个信源的 DOA 为(θ_k,ϕ_k)。

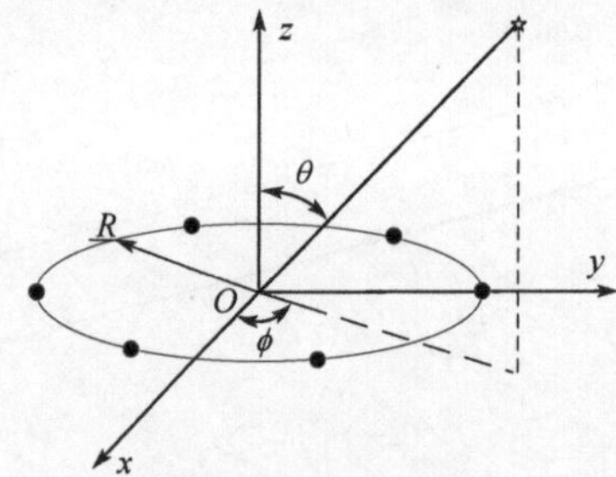

图 5.14　均匀圆阵

方向向量$\boldsymbol{a}(\theta_k,\phi_k)$是 DOA 为$(\theta_k,\phi_k)$的阵列响应，$\boldsymbol{a}(\theta_k,\phi_k)$可表示为

$$\boldsymbol{a}(\theta_k,\phi_k)=\begin{bmatrix}\exp(\mathrm{j}2\pi R\sin\theta_k\cos(\phi_k-\gamma_0)/\lambda)\\ \exp(\mathrm{j}2\pi R\sin\theta_k\cos(\phi_k-\gamma_1)/\lambda)\\ \vdots\\ \exp(\mathrm{j}2\pi R\sin\theta_k\cos(\phi_k-\gamma_{N-1})/\lambda)\end{bmatrix} \tag{5.192}$$

式中，$\gamma_m=2\pi n/N$，$n=0,1,\cdots,N-1$；R 为均匀圆阵半径。具有 N 个阵元的均匀圆阵的接收信号可表示为

$$\boldsymbol{x}(t)=\boldsymbol{A}\boldsymbol{s}(t)+\boldsymbol{n}(t) \tag{5.193}$$

式中，$\boldsymbol{A}=[\boldsymbol{a}(\theta_1,\phi_1),\cdots,\boldsymbol{a}(\theta_K,\phi_K)]$为方向矩阵；$\boldsymbol{n}(t)$为阵列接收到的噪声。

5.7.2 波束空间转换

波束空间转换技术是先将空间阵元通过转换合成一个或几个波束，再利用合成的波束数据进行 DOA 估计的技术。波束空间转换矩阵 $\boldsymbol{F}_{\mathrm{r}}$ 将均匀圆阵导向向量$\boldsymbol{a}(\theta,\phi)$映射到波束空间导向向量$\boldsymbol{b}(\theta,\phi)$上，即$\boldsymbol{b}(\theta,\phi)=\boldsymbol{F}_{\mathrm{r}}\boldsymbol{a}(\theta,\phi)$。定义波束空间转换矩阵为

$$\boldsymbol{F}_{\mathrm{r}}^{\mathrm{H}}=\boldsymbol{W}^{\mathrm{H}}\boldsymbol{C}_{V}\boldsymbol{V}^{\mathrm{H}} \tag{5.194}$$

式中，

$$\boldsymbol{C}_{V}=\mathrm{diag}\left\{\mathrm{j}^{-M},\cdots,\mathrm{j}^{-1},\mathrm{j}^{0},\mathrm{j}^{1},\cdots,\mathrm{j}^{-M}\right\} \tag{5.195}$$

$$\boldsymbol{V}=\sqrt{N}\left[\boldsymbol{w}_{-M},\cdots,\boldsymbol{w}_{0},\cdots,\boldsymbol{w}_{M}\right] \tag{5.196}$$

$$\boldsymbol{w}_{m}=\frac{1}{N}\left[1,\mathrm{e}^{-\mathrm{j}2\pi m/N},\cdots,\mathrm{e}^{-\mathrm{j}2\pi m(N-1)/N}\right]^{\mathrm{T}} \tag{5.197}$$

$$\boldsymbol{W}=\frac{1}{\sqrt{M}}\left[\boldsymbol{v}(\alpha_{-M}),\cdots,\boldsymbol{v}(\alpha_{0}),\cdots,\boldsymbol{v}(\alpha_{M})\right],\quad \alpha_{i}=2\pi i/M,\quad i\in[-M,M] \tag{5.198}$$

定义$M'=2M+1$，且$N>2M$。根据均匀圆阵导向向量的特殊性，可以进行如下变换：

$$\boldsymbol{b}(\theta,\phi)=\boldsymbol{F}_{\mathrm{r}}\boldsymbol{a}(\theta,\phi)=\sqrt{N}\boldsymbol{W}^{\mathrm{H}}\boldsymbol{J}_{\xi}\boldsymbol{v}(\phi) \tag{5.199}$$

式中，

$$\boldsymbol{v}(\phi)=\left[\mathrm{e}^{-\mathrm{j}M\phi},\cdots,\mathrm{e}^{-\mathrm{j}\phi},\mathrm{e}^{\mathrm{j}0},\mathrm{e}^{\mathrm{j}\phi},\cdots,\mathrm{e}^{\mathrm{j}M\phi}\right]^{\mathrm{T}} \tag{5.200}$$

$$\boldsymbol{J}_{\xi}=\mathrm{diag}\left[J_{M}(\xi),\cdots,J_{1}(\xi),J_{0}(\xi),J_{1}(\xi),\cdots,J_{M}(\xi)\right] \tag{5.201}$$

式中，$\xi=2\pi R\sin\theta/\lambda$；$R$ 表示均匀圆阵半径；λ表示信号波长；$J_{k}(\xi)$表示第一类 k 阶贝塞尔函数。

定义$\boldsymbol{B}=[\boldsymbol{b}(\theta_1,\phi_1),\boldsymbol{b}(\theta_2,\phi_2),\cdots,\boldsymbol{b}(\theta_K,\phi_K)]$。由此可看出，$\boldsymbol{b}(\theta,\phi)$的方位角变化与均匀线阵相似，符合 Vandermonde 矩阵形式，而仰角按对称幅度衰减的形式变化。

5.7.3 UCA-RB-MUSIC 算法

在波束空间应用二维 MUSIC 算法进行 DOA 估计，首先 UCA-RB-MUSIC 算法使用波束形成矩阵将阵元空间转换到波束空间，得到波束空间数据向量为

$$\boldsymbol{y}(t)=\boldsymbol{F}_{\mathrm{r}}^{\mathrm{H}}\boldsymbol{x}(t)=\boldsymbol{B}\boldsymbol{s}(t)+\boldsymbol{F}_{\mathrm{r}}^{\mathrm{H}}\boldsymbol{n}(t) \tag{5.202}$$

式中，

$$\boldsymbol{B}=\boldsymbol{F}_{\mathrm{r}}^{\mathrm{H}}\boldsymbol{A} \tag{5.203}$$

数据协方差矩阵为

$$\boldsymbol{R}_y = E\left[\boldsymbol{y}(t)\boldsymbol{y}^{\mathrm{H}}(t)\right] = \boldsymbol{B}\boldsymbol{R}_{\mathrm{s}}\boldsymbol{B}^{\mathrm{H}} + \sigma_n^2\boldsymbol{I} \tag{5.204}$$

式中，$\boldsymbol{R}_{\mathrm{s}} = E\left[\boldsymbol{s}(t)\boldsymbol{s}^{\mathrm{H}}(t)\right]$为信号协方差矩阵；$\sigma_{\mathrm{n}}^2$为噪声功率。由于$\boldsymbol{F}_{\mathrm{r}}^{\mathrm{H}}$的正交性，波束空间的噪声仍然是白噪声。对$\boldsymbol{R}_y$进行特征值分解，较大特征值对应的特征向量张成波束空间的信号子空间，而较小特征值对应的特征向量张成噪声子空间，分别为

$$\boldsymbol{S} = \left[\boldsymbol{u}_1, \boldsymbol{u}_2, \cdots, \boldsymbol{u}_K\right], \quad \boldsymbol{G} = \left[\boldsymbol{u}_{K+1}, \boldsymbol{u}_{K+2}, \cdots, \boldsymbol{u}_{M'}\right] \tag{5.205}$$

由此可得，UCA-RB-MUSIC 空间谱函数为

$$\boldsymbol{P}(\theta,\phi) = \frac{1}{\boldsymbol{b}^{\mathrm{T}}(\theta,\phi)\boldsymbol{G}\boldsymbol{G}^{\mathrm{T}}\boldsymbol{b}(\theta,\phi)} \approx \frac{1}{\boldsymbol{v}^{\mathrm{H}}(\phi)\boldsymbol{J}_\xi\left(\boldsymbol{W}\boldsymbol{G}\boldsymbol{G}^{\mathrm{T}}\boldsymbol{W}^{\mathrm{H}}\right)\boldsymbol{J}_\xi\boldsymbol{v}(\phi)} \tag{5.206}$$

5.7.4 UCA-Root-MUSIC 算法

为了进一步得到二维 DOA 估计，需要进行二维谱峰搜索，计算量是非常大的。Root-MUSIC 算法通常不能用于均匀圆阵，因为其阵列形式不符合 Vandermonde 矩阵形式，但是均匀圆阵的阵列形式经过波束空间转换后，Root-MUSIC 算法便可以得到应用。首先任意给定一个仰角，根据多项式

$$\alpha_\xi(M'-1)z^{2M'-2} + \alpha_\xi(M'-2)z^{2M'-3} + \cdots + \alpha_\xi(-M'+1) = 0, \quad z = \mathrm{e}^{\mathrm{j}\phi} \tag{5.207}$$

式中，

$$\alpha_\xi(l) = \sum_{i,j;j-i=l} Q(i,j) \tag{5.208}$$

$$Q_\xi = \boldsymbol{J}_\xi\boldsymbol{W}\boldsymbol{G}\boldsymbol{G}^{\mathrm{T}}\boldsymbol{W}^{\mathrm{H}}\boldsymbol{J}_\xi \tag{5.209}$$

求得的靠近单位圆的根z_i就是与方位角有关的值，所以在一定的ξ条件下，通过$\phi_i = \mathrm{angle}(z_i)$可以得到入射信号方位角。在具体实现时，要先对仰角进行扫描，分别求得每个仰角对应的方位角。

5.7.5 UCA-ESPRIT 算法

UCA-ESPRIT 算法是一种闭环算法，能够实现方位角与仰角的自动配对，无须进行二维谱峰搜索。由于均匀圆阵的阵列形式不满足 Vandermonde 矩阵形式，没有旋转不变性，所以 UCA-ESPRIT 算法需要对 ESPRIT 算法进行进一步改进。运用波束空间转换技术对均匀圆阵的接收数据进行处理后，可以得到$\boldsymbol{S}$和$\boldsymbol{G}$（信号子空间和噪声子空间）。信号子空间可表示为

$$S = BT \tag{5.210}$$

式中，T 为 $P \times P$ 满秩矩阵。令

$$S_u = C_0 WS = C_0 WBT = A_0 T \tag{5.211}$$

式中，

$$C_0 = \text{diag}\left\{(-1)^M, \cdots, (-1)^1, 1, \cdots, 1^M\right\} \tag{5.212}$$

用 $S^{(-1)}$、$S^{(0)}$ 和 $S^{(1)}$ 分别表示 S_u 的上、中和下三个 $2M-1$ 行矩阵。利用系统方程

$$E\bar{\Psi} = \Gamma S^{(0)} \tag{5.213}$$

式中，$E = [S^{(-1)}, DI_v S^{(-1)^*}]$；$I_v$ 为反单位矩阵；$\Gamma = (\lambda / \pi R)\text{diag}\left\{-(M-1), \cdots, -1, 0, 1, \cdots, M-1\right\}$，$D = \text{diag}\left\{(-1)^{M-2}, \cdots, (-1)^1, (-1)^0, (-1)^1, \cdots, (-1)^M\right\}$；$\bar{\Psi} = \left[\Psi^{\mathrm{T}}, \Psi^{\mathrm{H}}\right]^{\mathrm{T}}$；$\Psi = T^{-1}\Phi T$，$\Phi = \text{diag}(\sin\theta_1 e^{j\phi_1} \sin\theta_2 e^{j\phi_2}, \cdots, \sin\theta_K e^{j\phi_K})$。对 Ψ 进行特征值分解，得到的特征值就是关于方位角和仰角的函数。对应的特征值为 μ_i，$i = 1, 2, \cdots, P$，进一步计算得

$$\hat{\theta}_i = \arcsin(|\mu_i|),\ \hat{\phi}_i = \text{angle}(\mu_i) \tag{5.214}$$

关于本节算法的一些详细推导见文献[3]。

5.8 本章小结

（1）本章研究了均匀面阵中基于ESPRIT的二维DOA估计算法，该算法无须进行谱峰搜索，且实现了仰角和方位角的自动配对。同时研究了均匀面阵中基于传播算子的二维DOA估计算法，该算法无须进行谱峰搜索，且避免了对阵列接收信号协方差矩阵进行特征值分解，复杂度低。

（2）本章研究了均匀面阵中一种降维的二维DOA估计算法：降维MUSIC算法。该算法采用一维搜索实现二维DOA的联合估计，可避免二维MUSIC算法由二维谱峰搜索带来的巨大计算量，从而大大降低了复杂度，同时DOA估计性能非常接近二维MUSIC算法。此算法可以实现二维DOA的自动配对。

（3）本章提出了基于级联MUSIC的二维空间谱估计算法：级联MUSIC算法。该算法先利用子空间的旋转不变性进行初始估计，再使用两次一维搜索实现自动配对的二维空间谱联合估计，可避免二维MUSIC算法由二维谱峰搜索带来的巨大计算量，降低

了复杂度，且DOA估计性能非常接近二维MUSIC算法。

（4）本章研究了均匀面阵中一种基于PARAFAC分解的二维DOA估计算法。该算法通过PARAFAC分解，得到方向矩阵的估计，进而利用LS得到信源的二维DOA。该算法可以得到自动配对的仰角和方位角，而且其DOA估计性能优于ESPRIT算法和传播算子算法。

（5）本章借助压缩感知PARAFAC框架解决了均匀面阵中二维DOA估计问题，提出了均匀面阵中一种基于压缩感知PARAFAC模型的二维DOA估计算法。该算法将压缩感知与PARAFAC模型相结合，先将PARAFAC模型压缩成小PARAFAC模型，再利用稀疏性来进行DOA估计。与传统的TALS算法相比，该算法拥有更低的复杂度和对存储空间的要求。

（6）本章在DOA矩阵法的基础上，提出了一种基于双平行线阵的扩展DOA矩阵法。该方法完全利用双平行线阵的接收信号的自相关矩阵和互相关矩阵构建一个扩展DOA矩阵，然后通过对DOA矩阵进行特征值分解，可以直接获得待估计的信号方向向量和信号方向元素，并由此得到待估计信号的二维DOA估计。对比DOA矩阵法，该方法因为完全利用了双平行阵的接收信号的自相关矩阵和互相关矩阵，所以具有更好的DOA估计性能。

部分相应研究成果见文献[27-37]。

参考文献

[1] WAX M，SHAN T J，KAILATH T. Spatial-temporal spectral analysis by eigenstructure method[J]. IEEE Transactions on Acoustics，Speech，and Signal Processing，1984，32（4）：817-827.

[2] 王永良，陈辉，彭应宁，等. 空间谱估计理论与算法[M]. 北京：清华大学出版社，2004.

[3] MATHEWS C P，ZOLTOWSKI M D. Eigenstructure techniques for 2-D angle estimation with uniform circular arrays[J]. IEEE Transactions on Signal Processing，1994，42（1）：2395-2407.

[4] 殷勤业，邹理，NEWWCOMB W R. 一种高分辨率二维信号参量估计方法——波达方向矩阵法[J]. 通信学报，1991，12（4）：1-7.

[5] 金梁，殷勤业. 时空DOA矩阵法[J]. 电子学报，2000，28（6）：8-12.

[6] 金梁，殷勤业. 时空DOA矩阵方法的分析与推广[J]. 电子学报，2001，29（3）：300-303.

[7] 董轶，吴云韬，廖桂生. 一种二维到达方向估计的ESPRIT新方法[J]. 西安电子科技大学学报（自然科学版），2003，30（5）：369-373.

[8] WU Y，LIAO G，SO H C. A fast algorithm for 2-D direction-of-arrival estimation[J]. Signal Processing，2003，83（8）：1827-1831.

[9] CLARK M P，SCHARF L. Two-dimensional model analysis based on maximum likelihood[J]. IEEE Transactions on Signal Processing，1994，42（6）：1443-1456.

[10] 夏铁骑. 二维波达方向估计方法研究[D]. 成都：电子科技大学，2007.

[11] ZOLTOWSKI M D，HAARDT M，MATHEWS C P. Closed-from 2-D angle estimation with rectangular arrays in element space or beamspace via unitary ESPRIT[J]. IEEE Transactions on Signal Processing，1996，44（2）：316-328.

[12] TAYEM N，KWON H M. L-shape 2-dimensional arrival angle estimation with propagator method[J]. IEEE Transactions on Antennas and Propagation，2005，53（1）：1622-1630.

[13] LI P，YU B，SUN J. A new method for two-dimensional array signal processing in unknown noise environments[J]. IEEE Transactions on Signal Processing，1995，47：319-327.

[14] LIU T H，MENDEL J M. Azimuth and Elevation Direction Finding Using Arbitrary Array Geometries[J]. IEEE Transactions on Signal Processing，1998，46（7）：2061-2065.

[15] 叶中付，沈凤麟. 一种快速的二维高分辨波达方向估计方法——混合波达方向矩阵法[J]. 电子科学学刊，1996，18(6)：567-572.

[16] HUA Y B，SARKAR T K，WEINER D D. An L-shaped array for estimating 2-D directions of arrival[J]. IEEE Transactions on Antennas and Propagation，1991，39（2）：143-146.

[17] 陈建. 二维波达方向估计理论研究[D]. 长春：吉林大学，2006.

[18] 张小飞，汪飞，陈伟华. 阵列信号处理的理论与应用（第二版）[M]. 北京：国防工业出版社，2013.

[19] 黄殷杰. L-型阵列二维 DOA 估计算法研究[D]. 南京：南京航空航天大学，2014.

[20] LI J F，ZHANG X F. Improved two-dimensional DOA estimation algorithm for two-parallel uniform linear arrays using propagator method[J]. Signal Processing，2012，92：3032-3038.

[21] STOICA P，NEHORAI A. Performance study of conditional and unconditional direction-of-arrival estimation[J]. IEEE Transactions on Acoustics，Speech，and Signal Processing，1990，38（10）：1783-1795.

[22] KRUSKAL J B. Three-way arrays：Rank and uniqueness of trilinear decompositions，with application to arithmetic complexity and statistics[J]. Linear Algebra Applicat.，1977，18：95-138.

[23] SIDIROPOULOS N D，BRO R，GIANNAKIS G B. Parallel factor analysis in sensor array processing[J]. IEEE Transactions on Signal Processing，2000，48（8）：2377-2388.

[24] SIDIROPOULOS N D，LIU X. Identifiability results for blind beamforming in incoherent multipath with small delay spread[J]. IEEE Transactions on Signal Processing，2001，49（1）：228-236.

[25] SIDIROPOULOS N D，KYRILLIDIS A. Multi-way compressed sensing for sparse low-rank tensors[J]. IEEE Signal Processing Letters，2012，19（11）：757-760.

[26] TROPP J A，GILBERT A C. Signal Recovery From Random Measurements Via Orthogonal Matching Pursuit[J]. IEEE Transactions Information Theory，2007，53（12）：4655-4666.

[27] DAI X，ZHANG X，WANG Y. Extended DOA-Matrix Method for DOA Estimation via Two Parallel Linear Arrays[J]. IEEE Communications Letters，2019，23（11）：1981-1984.

[28] CAO R，ZHANG X，CHEN W. Compressed sensing parallel factor analysis-based joint angle and Doppler frequency estimation for monostatic multiple-input－multiple-output radar[J]. IET Radar Sonar Navigation，2014，8（8）：597-606.

[29] CAO R，ZHANG X，WANG C. Reduced-Dimensional PARAFAC-Based Algorithm for Joint Angle and Doppler Frequency Estimation in Monostatic MIMO Radar[J]. Wireless Personal Communications，2015，80（3）：1231-1249.

[30] YU H X，QIU X F，ZHANG X F. Two-Dimensional Direction of Arrival（DOA） Estimation for Rectangular Array via Compressive Sensing Trilinear Model[J]. International Journal of Antennas and Propagation，2016，2015：1-10.

[31] ZHANG X F，ZHOU M，CHEN H，et al. Two-dimensional DOA estimation for acoustic vector-sensor array using a successive MUSIC[J]. Multidimensional Systems and Signal Processing，2014，25（3）：583-600.

[32] ZHANG X F，WEI W，CAO R Z. Compressed Sensing Trilinear Model-Based Blind Carrier Frequency Offset Estimation for OFDM System with Multiple Antennas[J]. Wireless Personal Communications，2014，78：927-941.

[33] ZHANG X F，CHEN C，LI J F，et al. Blind DOA and polarization estimation for polarization-sensitive array using dimension reduction MUSIC[J]. Multidimensional Systems and Signal Processing，2014，25（1）：67-82.

[34] ZHANG X F，GAO X，XU D Z. Multi-Invariance ESPRIT-Based Blind DOA Estimation for MC-CDMA With an Antenna Array[J]. IEEE Transactions on Vehicular Technology，2009，58（8）：4686-4690.

[35] ZHANG X F，GAO X，XU D Z. Novel Blind Carrier Frequency Offset Estimation for OFDM System with Multiple Antennas[J]. IEEE Transactions on Wireless Communications，2010，9（3）：881-885.

[36] ZHANG X F，XU L Y，XU L，et al. Direction of Departure（DOD） and Direction of Arrival（DOA） Estimation in MIMO Radar with Reduced-Dimension MUSIC[J]. IEEE Communications Letters，2010，14（12）：1161-1163.

[37] XU L，WU R，ZHANG X，et al. Joint Two-Dimensional DOA and Frequency Estimation for L-Shaped Array via Compressed Sensing PARAFAC Method[J]. IEEE Access，2018，6：37204-37213.

第6章 宽带阵列信号处理

宽带阵列信号处理是阵列信号处理的一个重要研究方向。本章介绍宽带阵列信号处理基础，重点研究宽带阵列信号的两种 DOA 估计方法：非相干信号子空间方法和相干信号子空间方法。本章还研究稳健的麦克风阵列近场宽带波束形成。

6.1 引言

目前关于窄带信号的高分辨算法已比较成熟，但是随着信号处理技术的发展，信号环境日趋复杂，信号形式日益多样，信号密度日渐增大，信号频率分布范围不断拓宽，这导致信号在空域和频域上的分布范围及密度大大增加，窄带探测系统的缺点逐渐显示出来。由于宽带信号具有目标回波携带信息量大，目标检测、参量估计和目标特征提取更容易等特点，因此其在有源探测系统中得到越来越多的使用。在无源探测系统中，利用目标辐射的宽带连续谱进行目标检测是有效发现目标的一种重要手段。处理宽带信号的需求推动了对宽带信号高分辨算法和宽带探测系统的研究。对于宽带信号，由于不同频率下的阵列流形不同，因此不同频率下的信号子空间不同，这使得现有的窄带信号高分辨 DOA 估计算法不能直接应用于宽带信号处理。

目前比较经典的宽带信号高分辨算法主要有两大类：一类是 Wax 等提出的非相干信号子空间方法[1]，该方法首先将宽带信号在频域分解为若干个窄带分量，然后分别对每个窄带信号进行处理，最后对各窄带信号的处理结果进行加权综合得到 DOA 估计结果。由于该方法在每个频段上仅利用了宽带信号的部分信息，所以其估计精度不高，分辨率低，不能解相关信源。另一类是 Wang 和 Kaveh 在 1985 年提出的相干信号子空间方法[2]，该方法引入了“聚焦”的思想，即先通过聚焦使不同频率上的观测量在某一频率的子空间中对齐，然后对各子带的协方差矩阵进行平均，最后得到聚焦的协方差矩阵，利用该协方差矩阵可估计出宽带信号的角度。相干信号子空间方法不仅估计性能优于非相干信号子空间方法，而且具有处理相关信号的能力。但是相干信号子空间方法需要对信源方位进行预估以便构造聚焦矩阵，因此其估计性能易受信源方位预估精度的影响。为了提高相干信号子空间方法的估计精度，人们从不同角度对其进行了改进[3-7]，如基于矩阵特征值分解及奇异值分解的聚焦矩阵构造方法等。但是相干信号子空间方法本质上是用窄带模型在聚焦后构成低秩模型来近似获得宽带结果，从而导致其估计结果受到信号短时谱不确定的影响。

宽带信号子空间的空间谱估计方法[8]直接建立了宽带信号的低秩模型，克服了相干信号子空间方法的缺点。随后空间重采样最小方差法[9-10]、插值法[11]等相继被提出。波束域的宽带信号高分辨方位估计算法[12]由于运算量小而受到了研究者的普遍关注，它在减小运算量的同时提高了分辨率，因此波束域的宽带信号高分辨方位估计算法已成为宽带信号方位估计的一个发展方向[13-15]。

6.2 宽带阵列信号模型

6.2.1 宽带信号的概念

宽带信号是指与其中心频率相比有很大带宽的信号。宽带与窄带是相对的，不满足窄带信号条件的信号可视为宽带信号，设信号带宽为 B，时宽为 T，中心频率为 f_0，首先给出窄带信号的定义。

定义 6.2.1 $B \ll f_0$，即相对带宽 $\dfrac{B}{f_0} \ll 1$，一般窄带信号 $\dfrac{B}{f_0} < 0.1$。

定义 6.2.2 $\dfrac{2v}{c} \ll \dfrac{1}{TB}$，其中 v 为阵列与目标的相对径向运动速度，c 为信号在介质中的传播速度。

定义 6.2.3 $\dfrac{(M-1)d}{c} \ll \dfrac{1}{B}$，其中 M 为阵元数目，d 为阵元间距。

定义 6.2.1 是对窄带信号的直观理解，同时也是窄带信号有效表示为其复解析形式的充要条件，在很多文献中均以该定义来区分信号是宽带信号还是窄带信号。定义 6.2.2 是指在存在相对运动的系统中，在信号的持续时间 T 内，相对于信号的距离分辨率，若目标没有明显的位移，则此时信号可视为窄带信号，否则信号就是宽带信号。定义 6.2.3 是指在阵列信号处理中，如果信号带宽的倒数远大于信号入射阵列孔径的最大传播时间，则称该信号为窄带信号，否则称该信号为宽带信号。

从数学角度讲，复信号表示可以简化运算。一般窄带实信号 $f(t)$ 可用它的复解析形式（预包络）$f_c(t)$ 来表示，即

$$
\begin{aligned}
f(t) &= \mathrm{Re}\{f_c(t)\} = \mathrm{Re}\{v(t)\exp(\mathrm{j}[2\pi ft + \theta(t)])\} \\
&= \mathrm{Re}\{u(t)\exp(\mathrm{j}2\pi ft)\}
\end{aligned} \tag{6.1}
$$

式中，$\mathrm{Re}\{\bullet\}$ 表示取实部；$u(t) = v(t)\exp(\mathrm{j}\theta(t))$ 为 $f(t)$ 的复包络；f 为载频。

6.2.2 阵列信号模型

阵列信号模型的假设条件如下。

（1）接收的目标信号为宽带信号，阵元位于信源的远场，可近似认为接收到的信号为平面波。

（2）传播介质是无损的、线性的、非扩散性的、均匀的，而且呈各向同性。

（3）阵元的几何尺寸远小于入射平面波的波长，而且阵元无指向性，可近似认为接收阵元是点元，空间增益为 1。

（4）接收基阵的阵元间距远大于阵元尺寸，各阵元间的相互影响可以忽略不计。

（5）噪声为高斯噪声，且噪声和信号不相关。

虽然电磁波是从点辐射源以球面波向外传播的，但是只要离辐射源足够远（远场），在接收的局部区域，球面波就可以近似为平面波。对传输介质的要求主要是为了将介质对传输信号的影响简化为与信源和传感器阵列之间的距离成比例的时间延迟。

由于信号到达各阵元的时间有差异，因此同一平面波在各阵元输出端的响应有不同的延迟时间。假设有 K 个宽带信号分别从不同的方向入射到 M 元宽带传感器阵列上，其中 $K<M$，则第 m 个传感器接收的信号可表示为

$$x_m(t)=\sum_{k=1}^{K}s_k(t-\tau_m(\theta_k))+n_m(t) \tag{6.2}$$

式中，$s_k(t)$ 为第 k 个信源；θ_k 为第 k 个信源的 DOA；$\tau_m(\theta_k)$ 为第 k 个信源信号到达第 m 个传感器相对于到达阵列参考阵元的时间延迟；$n_m(t)$ 为第 m 个传感器的加性噪声。若是窄带信号，则可以用相移代替时延，式（6.2）可改写为

$$x_m(t)=\sum_{k=1}^{K}\exp(-\mathrm{j}2\pi f\tau_m(\theta_k))s_k(t)+n_m(t)=\sum_{k=1}^{K}a_m(\theta_k)s_k(t)+n_m(t) \tag{6.3}$$

令 $\boldsymbol{x}(t)=[x_1(t),x_2(t),\cdots,x_M(t)]^{\mathrm{T}}$，$\boldsymbol{n}(t)=[n_1(t),n_2(t),\cdots,n_M(t)]^{\mathrm{T}}$，$\boldsymbol{s}(t)=[s_1(t),s_2(t),\cdots,s_K(t)]^{\mathrm{T}}$，$\boldsymbol{A}=[\boldsymbol{a}(\theta_1),\boldsymbol{a}(\theta_2),\cdots,\boldsymbol{a}(\theta_K)]$，于是式（6.3）的矩阵形式为

$$\boldsymbol{x}(t)=\boldsymbol{A}\boldsymbol{s}(t)+\boldsymbol{n}(t) \tag{6.4}$$

以上是阵列输出的窄带信号模型，是窄带阵列信号处理的基础。

由于宽带信号的方向向量与频率有关，因此在时域，阵列接收信号无法表示为矩阵形式，故用频域模型来描述，取式（6.2）的傅里叶变换，可得

$$X_m(f_j)=\sum_{k=1}^{K}a_m(f_j,\theta_k)s_k(f_j)+N_m(f_j),\ j=1,2,\cdots,J \tag{6.5}$$

令 $\boldsymbol{S}(f_j)=[s_1(f_j),s_2(f_j),\cdots,s_K(f_j)]^{\mathrm{T}}$ ， $\boldsymbol{N}(f_j)=[N_1(f_j),N_2(f_j),\cdots,N_M(f_j)]^{\mathrm{T}}$ ， $\boldsymbol{A}(f_j)=[\boldsymbol{a}(f_j,\theta_1),\boldsymbol{a}(f_j,\theta_2),\cdots,\boldsymbol{a}(f_j,\theta_K)]$， $\boldsymbol{a}(f_j,\theta_k)=[a_1(f_j,\theta_k),a_2(f_j,\theta_k),\cdots,a_M(f_j,\theta_k)]^{\mathrm{T}}$，则有

$$\boldsymbol{X}(f_j)=\boldsymbol{A}(f_j)\boldsymbol{S}(f_j)+\boldsymbol{N}(f_j),\ j=1,2,\cdots,J \tag{6.6}$$

式（6.6）即阵列输出的宽带信号的频域模型，可以看出其与窄带信号的时域模型很相似。

6.3 宽带信号的 DOA 估计

6.3.1 非相干信号子空间方法

非相干信号子空间方法[1]是出现最早的一种宽带信号的 DOA 估计方法，该方法首先将宽带信号在频域分解为 J 个窄带分量，然后在每个窄带上直接进行窄带信号处理，即对每个窄带的谱密度矩阵进行特征值分解，根据信号子空间和噪声子空间的正交性构造空间谱，对所有窄带的空间谱进行平均，最后得到宽带信号空间谱估计。为了估计各个窄带上的谱密度矩阵，需要把时域观测信号转换到频域中。首先把观测时间 T_0 内采集的信号分成多段，然后对每段信号进行 DFT 得到 J 组互不相关的窄带频域分量，L 为频域快拍数，由此可以得到 L 个频域快拍，记为 $\boldsymbol{X}_l(f_j),\ l=1,2,\cdots,L,\ j=1,2,\cdots,J$ 。非相干信号子空间方法的目的就是由这 L 个频域快拍估计多个目标的方位。

于是频率上的互谱密度为

$$\boldsymbol{R}_X(f_i)=\frac{1}{L}\sum_{l=1}^{L}\boldsymbol{X}_l(f_i)\boldsymbol{X}_l^{\mathrm{H}}(f_j)，\ 1\leqslant j\leqslant J \tag{6.7}$$

对 $\boldsymbol{R}_X(f_i)$ 进行特征值分解，有

$$\boldsymbol{R}_X(f_i)=\sum_{i=1}^{M}\lambda_i\boldsymbol{u}_i\boldsymbol{u}_i^{\mathrm{H}} \tag{6.8}$$

式中，特征值 $\lambda_i>\sigma^2$（$i=1,2,\cdots,K$）对应的特征向量构成信号子空间 $\boldsymbol{U}_{\mathrm{s}}=[\boldsymbol{u}_1,\boldsymbol{u}_2,\cdots,\boldsymbol{u}_K]$，特征值 $\lambda_i\approx\sigma^2$（$i=K+1,K+2,\cdots,M$）对应的特征向量构成噪声子空间 $\boldsymbol{U}_{\mathrm{n}}(f_i)=[\boldsymbol{u}_{K+1},\boldsymbol{u}_{K+2},\cdots,\boldsymbol{u}_M]$。因此，平均意义下的 MUSIC 空间谱函数为

$$P(\theta)=\frac{1}{\dfrac{1}{J}\displaystyle\sum_{i=1}^{J}\left\|\boldsymbol{a}^{\mathrm{H}}(f_i,\theta)\boldsymbol{U}_{\mathrm{n}}(f_i)\right\|^2} \tag{6.9}$$

上面介绍的非相干信号子空间方法将宽带信号在频域分解为 J 个窄带分量，直接对

每个窄带利用 MUSIC 算法进行谱估计，但是只能解决非相干信源的 DOA 估计问题。在现有的非相干信号子空间方法基础上引入修正 MUSIC 算法，对接收信号矩阵进行去相关运算，可使非相干信号子空间方法对相干信源的情况同样适用。

算法 6.1：基于非相干信号子空间的宽带信号 DOA 估计算法。

步骤 1：对阵列接收的信号分段进行 DFT，将宽带信号在频域分解为 J 个窄带分量。

步骤 2：对窄带信号分别计算协方差矩阵，得到噪声子空间。

步骤 3：利用式（6.9）构建空间谱函数，得到宽带信号的 DOA 估计值。

6.3.2　相干信号子空间方法

相干信号子空间方法先利用聚焦矩阵将不同频率的信号子空间映射到同一个参考频率上，然后对所有频率成分的信号功率谱密度矩阵进行平均。聚焦矩阵应满足以下聚焦变换条件：

$$\boldsymbol{T}(f_j)\boldsymbol{A}(f_j)=\boldsymbol{A}(f_0),\ j=1,2,\cdots,J \tag{6.10}$$

式中，f_j 为带宽内任意频率；f_0 为参考频率，即聚焦频率。聚焦后的阵列输出为

$$\begin{aligned}\boldsymbol{T}(f_j)\boldsymbol{X}(f_j)&=\boldsymbol{T}(f_j)\boldsymbol{A}(f_j)\boldsymbol{S}(f_j)+\boldsymbol{T}(f_j)\boldsymbol{N}(f_j)\\&=\boldsymbol{A}(f_0)\boldsymbol{S}(f_j)+\boldsymbol{T}(f_j)\boldsymbol{N}(f_j)\end{aligned} \tag{6.11}$$

由式（6.11）可知，在进行聚焦变换后，各频率下的方向矩阵所包含的频率信息相等。因此，对聚焦变换后阵列各频率下的协方差矩阵求和并进行平均可得

$$\begin{aligned}\boldsymbol{R}_y&=\frac{1}{J}\sum_{j=1}^{J}\boldsymbol{T}(f_j)\boldsymbol{X}(f_j)\boldsymbol{X}^{\mathrm{H}}(f_j)\boldsymbol{T}^{\mathrm{H}}(f_j)\\&=\boldsymbol{A}(f_0)\left[\frac{1}{J}\sum_{j=1}^{J}\boldsymbol{P}_{\mathrm{s}}(f_j)\right]\boldsymbol{A}^{\mathrm{H}}(f_0)+\frac{1}{J}\sum_{j=1}^{J}\boldsymbol{T}(f_j)\boldsymbol{P}_{\mathrm{n}}(f_j)\boldsymbol{T}^{\mathrm{H}}(f_j)\end{aligned} \tag{6.12}$$

式中，$\boldsymbol{P}_{\mathrm{s}}(f_j)=\boldsymbol{S}(f_j)\boldsymbol{S}^{\mathrm{H}}(f_j)$；$\boldsymbol{P}_{\mathrm{n}}(f_j)=\boldsymbol{N}(f_j)\boldsymbol{N}^{\mathrm{H}}(f_j)$。

定义 $\boldsymbol{R}_{\mathrm{s}}=\sum_{j=1}^{J}\boldsymbol{P}_{\mathrm{s}}(f_j)$，$\boldsymbol{R}_{\mathrm{n}}=\sum_{j=1}^{J}\boldsymbol{T}(f_j)\boldsymbol{P}_{\mathrm{n}}(f_j)\boldsymbol{T}^{\mathrm{H}}(f_j)$。

对 $\boldsymbol{R}_y$ 进行特征值分解得到特征值 λ_i（按降序排列）和对应的特征向量 $\boldsymbol{u}_i$，$i=1,2,\cdots,M$。定义 $\boldsymbol{U}_{\mathrm{s}}=[\boldsymbol{u}_1,\boldsymbol{u}_2,\cdots,\boldsymbol{u}_K]$、$\boldsymbol{U}_{\mathrm{n}}=[\boldsymbol{u}_{K+1},\boldsymbol{u}_{K+2},\cdots,\boldsymbol{u}_M]$ 的列向量张成的空间分别为信号子空间和噪声子空间，则有 $\boldsymbol{A}^{\mathrm{H}}(f_0)\boldsymbol{U}_{\mathrm{n}}=\boldsymbol{O}$。由以上结论可知，信号子空间与噪声子空间相互正交，且包含信源数以及 DOA 的所有信息。因此，可以得到特征子空间类方法的空间谱函数，即

$$P(\theta)=\frac{1}{\left\|\boldsymbol{a}^{\mathrm{H}}(f_0,\theta)\boldsymbol{U}_{\mathrm{n}}\right\|^2} \tag{6.13}$$

算法 6.2：基于相干信号子空间的宽带信号 DOA 估计算法。

步骤 1：对阵列接收的信号分段进行 DFT。

步骤 2：初步估计信号到达角。

步骤 3：构造聚焦矩阵 $\boldsymbol{T}(f_j)$。

步骤 4：计算聚焦平均后的 $\boldsymbol{R}_y$，形成信号子空间和噪声子空间。

步骤 5：利用高分辨的方法得到宽带信号的 DOA 估计值。

6.3.3 聚焦矩阵的构造方法

由上述相干信号子空间方法的基本原理可以看出，满足式（6.10）的聚焦矩阵肯定存在，且不唯一。相干信号子空间方法的关键就在于其聚焦矩阵的构造，聚焦矩阵的构造方法直接影响 DOA 估计性能，由此衍生出一系列子空间方法。

1. 非酉聚焦矩阵

在相干信号子空间方法中，在估计聚焦矩阵之前，首先要得到一组初始角度 $\beta_1,\beta_2,\cdots,\beta_K$，可采用式（6.14）作为聚焦矩阵的估计：

$$\hat{\boldsymbol{T}}(f_j)=[\boldsymbol{A}_\beta(f_0)|\boldsymbol{B}(f_0)][\boldsymbol{A}_\beta(f_j)|\boldsymbol{B}(f_j)]^{-1},\ j=1,2,\cdots,J \tag{6.14}$$

式中，$\boldsymbol{A}_\beta(f_j)$ 为对应第 j 个窄带分量的$M\times K$初始导向矩阵；$\boldsymbol{B}(f_0)$ 和 $\boldsymbol{B}(f_j)$ 为$M\times(M-K)$列满秩矩阵，它们分别与 $\boldsymbol{A}_\beta(f_0)$ 和 $\boldsymbol{A}_\beta(f_j)$ 组成两个 $M\times M$ 矩阵，这两个组合矩阵均为满秩矩阵。可按下面两种方法求得 $\boldsymbol{T}(f_j)$。

（1）$\boldsymbol{B}(f_0)$、$\boldsymbol{B}(f_j)$ 可分别选择对应频率 f_0 和 f_j 的方向矩阵，即

$$\boldsymbol{B}(f_0)=\boldsymbol{A}_\gamma(f_0),\ \boldsymbol{B}(f_j)=\boldsymbol{A}_\gamma(f_j) \tag{6.15}$$

式中，γ 为在 $\beta_1,\beta_2,\cdots,\beta_K$ 覆盖域之外的区域选择的 $M-K$ 个角度。

（2）若所有入射源的方向集中在一个小范围θ（θ是其平均值）中，则聚焦矩阵为

$$\boldsymbol{T}(f_j)=\begin{pmatrix} a_1(f_0,\theta)/a_1(f_j,\theta) & & \\ & \ddots & \\ & & a_M(f_0,\theta)/a_M(f_j,\theta)\end{pmatrix} \tag{6.16}$$

式中，$a_i(f_j,\theta)$ 为方向向量 $\boldsymbol{a}(f_j,\theta)$ 的第 i 个元素。

使用非酉聚焦矩阵会引起噪声模型空间统计特性的变化，一般来说会产生阵列 SNR 损失，影响相干信号子空间方法的分辨率。因此，要想知道构造什么样的聚焦矩阵才能使得算法的性能最优，需要寻找使得聚焦前后方向矩阵的拟合误差最小时聚焦矩阵需要满足的约束条件。

2. 最佳聚焦矩阵构造准则

聚焦矩阵引起的聚焦增益定义为聚焦前和聚焦平均后阵列输出 SNR 的比值。假设带宽噪声为高斯白噪声，则聚焦前阵列输出协方差矩阵为

$$\boldsymbol{R}_x(f_j)=\boldsymbol{A}(f_j)\boldsymbol{R}_{\mathrm{s}}(f_j)\boldsymbol{A}^{\mathrm{H}}(f_j)+\sigma^2\boldsymbol{I} \tag{6.17}$$

式中，σ^2 为噪声功率；$\boldsymbol{R}_x(f_j)$ 为信号谱密度矩阵。

聚焦前阵列输出 SNR 为

$$\mathrm{SNR}_1=\mathrm{tr}\left[\sum_{j=1}^{J}\boldsymbol{A}(f_j)\boldsymbol{R}_{\mathrm{s}}(f_{\mathrm{s}})\boldsymbol{A}^{\mathrm{H}}(f_j)\right]/J\sigma^2 \tag{6.18}$$

聚焦平均后阵列输出协方差矩阵为

$$\begin{aligned}\boldsymbol{R}_y(f_j)=&\sum_{j=1}^{J}\boldsymbol{T}(f_j)\boldsymbol{A}(f_j)\boldsymbol{R}_{\mathrm{s}}(f_j)\boldsymbol{A}^{\mathrm{H}}(f_j)\boldsymbol{T}^{\mathrm{H}}(f_j)\\&+\frac{1}{J}\sigma^2\sum_{j=1}^{J}\boldsymbol{T}(f_j)\boldsymbol{T}^{\mathrm{H}}(f_j)\end{aligned} \tag{6.19}$$

聚焦平均后阵列输出 SNR 为

$$\mathrm{SNR}_2=\frac{\mathrm{tr}\left[\sum_{j=1}^{J}\boldsymbol{T}(f_j)\boldsymbol{A}(f_j)\boldsymbol{R}_{\mathrm{s}}(f_j)\boldsymbol{A}^{\mathrm{H}}(f_j)\boldsymbol{T}^{\mathrm{H}}(f_j)\right]}{J\sigma^2\mathrm{tr}\left[\sum_{j=1}^{J}\boldsymbol{T}(f_j)\boldsymbol{T}^{\mathrm{H}}(f_j)\right]} \tag{6.20}$$

聚焦增益为

$$g=\frac{\mathrm{SNR}_2}{\mathrm{SNR}_1}=\frac{\mathrm{tr}\left[\sum_{j=1}^{J}\boldsymbol{T}(f_j)\boldsymbol{A}(f_j)\boldsymbol{R}_{\mathrm{s}}(f_j)\boldsymbol{A}^{\mathrm{H}}(f_j)\boldsymbol{T}^{\mathrm{H}}(f_j)\right]}{\mathrm{tr}\left[\sum_{j=1}^{J}\boldsymbol{A}(f_j)\boldsymbol{R}_{\mathrm{s}}(f_{\mathrm{s}})\boldsymbol{A}^{\mathrm{H}}(f_j)\right]\mathrm{tr}\left[\sum_{j=1}^{J}\boldsymbol{T}(f_j)\boldsymbol{T}^{\mathrm{H}}(f_j)\right]} \tag{6.21}$$

可证明，$g\leqslant 1$。如果 $\boldsymbol{T}(f_j)\boldsymbol{T}^{\mathrm{H}}(f_j)=\boldsymbol{I}$，即聚焦矩阵 $\boldsymbol{T}(f_j)$ 为酉矩阵，则聚焦增益可取最大值 1。由此可得，聚焦平均后阵列输出的噪声相关矩阵为

$$\boldsymbol{R}_{\mathrm{n}}=\sum_{j=1}^{J}\sigma^{2}\boldsymbol{T}(f_{j})\boldsymbol{T}^{\mathrm{H}}(f_{j})=\sum_{j=1}^{J}\sigma_{n}^{2}\boldsymbol{I} \tag{6.22}$$

因此，当聚焦矩阵为酉矩阵时，聚焦变换不会改变阵列输出 SNR，也不会影响噪声模型的统计特性。所以寻找最佳聚焦矩阵的问题就变成了在满足 $\boldsymbol{T}(f_j)$ 为酉矩阵的约束条件下的最优化问题，即最佳聚焦矩阵可由式（6.23）确定：

$$\begin{cases}\min\left\|\boldsymbol{A}(f_0)-\boldsymbol{T}(f_j)\boldsymbol{A}(f_j)\right\|_F^2\\ \boldsymbol{T}(f_j)\boldsymbol{T}^{\mathrm{H}}(f_j)=\boldsymbol{I}\end{cases} \tag{6.23}$$

式中，$j=1,2,\cdots,J$。对式（6.23）进行求解，就可得到最佳聚焦矩阵的一种具体表达式，即

$$\boldsymbol{T}(f_j)=\boldsymbol{V}(f_j)\boldsymbol{U}^{\mathrm{H}}(f_j),\ j=1,2,\cdots,J \tag{6.24}$$

式中，$\boldsymbol{U}(f_j)$、$\boldsymbol{V}(f_j)$ 分别为以矩阵 $\boldsymbol{A}(f_j)\boldsymbol{A}^{\mathrm{H}}(f_0)$ 的左奇异向量和右奇异向量为列向量构成的矩阵，用该矩阵进行聚焦变换不会改变阵列输出 SNR。

3．最佳聚焦频率的选择

由上述分析可以看出，按照式（6.23）的约束条件构造的聚焦矩阵不改变聚焦前和聚焦平均后阵列输出 SNR，是一种比较理想的构造聚焦矩阵的方法。但是，$\left\|\boldsymbol{A}(f_0)-\boldsymbol{T}(f_j)\boldsymbol{A}(f_j)\right\|_F^2$ 仍存在拟合误差，该误差不但与角度预估计值有关，还与聚焦频率有关[13]。

由式（6.23）可知，聚焦变换带来的误差为

$$\begin{aligned}&\sum_{j=1}^{J}\left\|\boldsymbol{A}(f_0)-\boldsymbol{T}(f_j)\boldsymbol{A}(f_j)\right\|_F^2\\ &=\sum_{j=1}^{J}\left[\left\|\boldsymbol{A}(f_0)\right\|_F^2+\left\|\boldsymbol{A}(f_j)\right\|_F^2-2\mathrm{Re}\left\{\mathrm{tr}\left[\boldsymbol{A}(f_0)\boldsymbol{A}^{\mathrm{H}}(f_j)\boldsymbol{T}^{\mathrm{H}}(f_j)\right]\right\}\right]\end{aligned} \tag{6.25}$$

对于任意形状的阵列，它的方向矩阵 $\boldsymbol{A}(f_j)$ 满足下列条件：

$$\left\|\boldsymbol{A}(f_j)\right\|_F^2=\sum_{i=1}^{K}\left\|\boldsymbol{a}(f_i,\theta_i)\right\|_F^2=MK \tag{6.26}$$

将式（6.26）代入式（6.25）可得

$$\begin{aligned}&\sum_{j=1}^{J}\left\|\boldsymbol{A}(f_0)-\boldsymbol{T}(f_j)\boldsymbol{A}(f_j)\right\|_F^2\\ &=2JMK-\sum_{j=1}^{J}\sum_{i=1}^{K}\lambda_i(\boldsymbol{A}(f_0)\boldsymbol{A}^{\mathrm{H}}(f_j))\end{aligned} \tag{6.27}$$

式中，$\lambda_i(\boldsymbol{A}(f_0)\boldsymbol{A}^{\mathrm{H}}(f_j))$ 为矩阵 $\boldsymbol{A}(f_0)\boldsymbol{A}^{\mathrm{H}}(f_j)$ 的前 K 个较大奇异值。因此，要使聚焦变换带来的误差最小，相当于使 $\sum_{j=1}^{J}\sum_{i=1}^{K}\lambda_i(\boldsymbol{A}(f_0)\boldsymbol{A}^{\mathrm{H}}(f_j))$ 的取值最大，令

$$F=\max_{f_0}\left[\sum_{j=1}^{J}\sum_{i=1}^{K}\lambda_i(\boldsymbol{A}(f_0)\boldsymbol{A}^{\mathrm{H}}(f_j))\right] \tag{6.28}$$

即当 F 取最大值时，聚焦拟合误差最小。对于任何阵列的方向矩阵，只要信号的个数 K 小于阵元个数 M，就有

$$\sum_{i=1}^{K}\lambda_i(\boldsymbol{A}(f_0)\boldsymbol{A}^{\mathrm{H}}(f_j))\leqslant\sum_{i=1}^{K}\lambda_i(\boldsymbol{A}(f_0))\lambda_i(\boldsymbol{A}^{\mathrm{H}}(f_j)) \tag{6.29}$$

令

$$u_i=\sum_{j=1}^{J}\lambda_i(\boldsymbol{A}(f_j)) \tag{6.30}$$

则

$$F\leqslant\max_{f_0}\left[\sum_{i=1}^{K}\lambda_i(\boldsymbol{A}(f_0))u_i\right] \tag{6.31}$$

由式（6.31）对聚焦频率 f_0 进行搜索，即可求得最佳聚焦频率。

6.4　稳健的麦克风阵列近场宽带波束形成

本节对当前的麦克风阵列波束形成技术进行概述，包括固定权波束形成和自适应波束形成两大类。考虑到麦克风阵列多工作在近场条件下，本节重点介绍两种典型的麦克风阵列近场宽带波束形成方法，即基于凸优化的稳健近场宽带波束形成和稳健近场自适应波束形成。

6.4.1　概述

受环境噪声的影响，语音通信和处理系统的性能通常会下降。因此，如何提高噪声环境中语音信号的质量，对含有噪声的语音信号进行有效的降噪处理，即语音信号增强，成为语音信号处理领域的一个重要研究课题[16]。按所使用的麦克风通道数不同，语音信号增强方法可以分为单通道方法和多通道方法两大类[17]。单通道方法利用语音信号与加性噪声之间的不同特性进行语音信号增强，典型的单通道方法有谱减法、子空间法和维

纳滤波法等[18]。单通道方法的缺点是噪声的抑制能力是以语音信号的失真为代价的[19]。也就是说，噪声的抑制能力越强，语音信号的失真就越严重。为了克服这一缺点，近年来，多通道方法的研究引起了人们的重视。多通道方法采用两个以上麦克风组成的阵列，通常也被称为麦克风阵列（Microphone Array）方法。与常规的单通道方法相比，麦克风阵列方法具有明显的优势。单通道方法通过在时频域对带噪语音信号进行滤波实现语音信号增强，而麦克风阵列方法可以获取目标声场的空间信息，因此可以同时进行时频域和空域的联合滤波，比单通道方法有更多的处理 DOF。现有研究表明，采用麦克风阵列方法可以较好地解决语音信号降噪与语音信号失真之间的矛盾。麦克风阵列具有空间指向性，在获取感兴趣的语音信号的同时，还能够抑制其他方向上的干扰噪声，因此同时具有对干扰语音信号与混响的抑制能力。

麦克风阵列波束形成技术源于阵列天线波束形成的思想，是多通道语音增强研究中的重要技术，在人机语音交互系统、助听器、车载免提语音通信系统、远程视频会议系统及机器人听觉等诸多领域具有广泛的应用[20]。自动语音识别是实现人机语音交互的关键技术之一，目前的语音识别技术在强噪声环境下的识别率会急剧下降，这是困扰语音识别技术在实际中应用的突出问题。采用麦克风阵列波束形成技术可以为提高噪声环境下的语音识别性能提供一条有效的技术途径[21]。考虑到交通安全，驾驶员在驾车时手持手机通话在许多国家是被明令禁止的。因此，车载免提语音通信系统的研究就显得十分重要。为了有效解决嘈杂车厢中的免提语音通信问题，研究者提出了采用麦克风阵列波束形成技术的解决方案[22]。传统的助听器采用单个麦克风，在环境噪声比较大的场合下，其性能会变差。美国斯坦福大学的 Widrow 教授研究了基于麦克风阵列波束形成技术的助听器[23]。通过对患耳疾病人的实际测试发现，与传统的助听器相比，采用麦克风阵列的助听器可以大大提高病人的听力。另外，麦克风阵列波束形成技术在远程视频会议系统及机器人听觉等领域也具有重要的应用[24-25]。微软公司开发的 Windows Vista 操作系统中已具有支持使用麦克风阵列的功能[26]。可以预见，麦克风阵列波束形成技术将得到越来越广泛的实际应用。

经典的麦克风阵列波束形成技术往往假设存在理想的阵列信号模型，即各个麦克风之间具有良好的通道一致性。而在实际应用中，麦克风之间通常存在通道不一致问题，即麦克风通道存在失配误差，包括麦克风增益、相位及位置误差等。已有研究表明，当存在麦克风通道失配误差时，经典的麦克风阵列信号处理方法性能会变差，甚至不能满足实际的设计要求[27]。另外，受安装平台的限制，在实际应用中，如助听器、车载免提语音通信系统中，人们要求麦克风阵列的尺寸小。小尺寸麦克风阵列对麦克风通道失配误差的敏感性将变得更为突出。我们知道，在使用前可以对麦克风阵列进行校准，以减小麦克风通道失配误差的影响。但是，由于语音信号的宽带特性，尤其是麦克风阵列的工作特性往往随时间和温度发生变化，因此对麦克风阵列进行高精度的校准是一件很困难的事。因此，研究适用于实际系统的稳健的麦克风阵列波束形成技术具有重要的现实意义和应用价值。

需要指出的是，在阵列信号处理领域，大多数研究针对远场情况。此时，阵列接收到的目标源信号近似为平面波，这样就简化了分析。在很多麦克风阵列应用中，如远程视频会议系统、车载免提语音通信系统、人机语音交互系统中，声源往往位于麦克风阵列的近场[28-34]。此时，若直接采用常规的远场波束形成技术，将导致严重的性能下降[29]。一般来说，判别远场的经验条件为声源到阵列的径向距离大于 $2L^2/\lambda$，其中 L 为阵列孔径，λ 为信号波长[29]。

麦克风阵列方法可以分为两大类：一类是波束形成器权系数与阵列接收信号无关的波束形成方法，即固定权波束形成（Fixed Weight Beamforming，亦称 Data-Independent Beamforming）方法；另一类是波束形成器权系数取决于阵列接收信号的波束形成方法，即自适应波束形成（Adaptive Beamforming，亦称 Data-Dependent Beamforming）方法。本节对目前已提出的一些主要方法进行简要介绍。

1．稳健的麦克风阵列固定权波束形成

经典的麦克风阵列固定权波束形成采用的是延迟-求和波束形成（Delay-Sum Beamforming）结构，即根据已知的声源方位，首先对各个麦克风通道进行相应的时间延迟，然后将延迟后的信号相加，便得到增强后的语音信号。延迟-求和波束形成结构的缺点是不能根据需要对波束形成器的通带和阻带进行灵活设计。为了克服这一缺点，人们提出了滤波-求和波束形成（Filter-Sum Beamforming）结构。进而，固定权波束形成器的设计问题就转化为多通道 FIR 滤波器的设计问题。目前，已经提出了许多设计固定权波束形成器的准则和方法。基本的固定权波束形成器设计方法为加权 LS 方法[27]，结合这一方法，并考虑到人耳对语音信号相位的不敏感性，文献[35]提出了非线性加权 LS 方法。在文献[36]中，Korompis 等提出了一种最大能量阵设计准则。Doclo 和 Moonen 将 FIR 滤波器设计中的 TLS 特征滤波器方法引入到麦克风阵列固定权波束形成器的设计中[28]。研究表明，该方法的性能接近非线性 LS 方法，并且具有较低的设计复杂度。Nordholm 等和 Lau 等分别提出了基于 minimax 准则的固定权波束形成器设计方法，并给出了解决该非线性优化问题的方法[31-32]。以上所述的麦克风阵列固定权波束形成方法没有涉及环境噪声场的信息。当环境噪声场的特性已知或可通过测量得知时，可利用这一先验知识获得更高的阵列增益，即实现超指向性波束形成器设计[37]。

上面介绍的麦克风阵列固定权波束形成方法大都基于麦克风通道具有一致性的假设，而实际中的麦克风通道常存在麦克风增益、相位及位置误差等。为了解决这一问题，近年来稳健的麦克风阵列固定权波束形成引起了人们的重视。Doclo 和 Moonen 提出了利用麦克风阵列特性的统计信息进行稳健设计的方法[27]，该方法基于 LS 准则，提高了麦克风阵列的抗误差能力。随后，他们又将该方法应用到超指向性波束形成器的设计中，给出了各种误差统计条件下的理论分析结果。值得注意的是，该方法的缺点是，在代价函数中所采用的加权系数设定为常数，没有灵活有效地利用加权系数提供的 DOF。针对这一问题，文献[38]提出了采用可变加权函数的稳健设计方法，该方法通过灵活地调整加权系数的取值，改善了波束形成性能，提高了通带赋形设计能力。已经证明，基于麦克风阵列特性统计信息的方法[27]实质上属于白噪声增益（White Noise Gain）约束类方法。另一类典型方法是基于最差性能优化技术的稳健设计方法[39]，其优点是不需要麦克风阵列特性的统计先验知识，并且可将设计问题转化成凸优化问题求解，以便于实际应用。

2．稳健的麦克风阵列自适应波束形成

经典的麦克风阵列自适应波束形成技术通常采用两种结构：一种是由 Frost 提出的 LCMV 算法[40]，该算法通常也被称为 Frost 波束形成器，其采用的是基于多通道 FIR 滤波-求和波束形成结构；另一种是由 Griffiths 和 Jim 所提出的 GSC[41]。已经证明，Frost 波束形成器和 GSC 是等价的[42]。在实际应用中，麦克风通道失配误差、声源方位估计误差及混响等因素的存在，将导致经典的麦克风阵列自适应波束形成技术出现有用信号相消（Signal Cancellation）的问题，使得波束形成器的性能恶化。因此，稳健的麦克风阵列自适应波束形成技术研究具有重要的实际意义，是阵列信号处理领域比较活跃的研究方向。针对声源方位估计误差，Hoshuyama 等提出了一种基于 GSC 结构的稳健的自适应波束形成方法[43]，该方法的主要特点是阻塞矩阵（Blocking Matrix）采用约束自适应滤波器实现，其抗声源方位误差性可达 20°。上面介绍的自适应波束形成方法假设麦克风接收到的信号为目标声源信号的时间延迟，而实际中声源到麦克风的传递函数可能是任意的。考虑到这一特性，Gannot 等在基本 GSC 结构的基础上提出了一种稳健的麦克风阵列自适应波束形成方法，即传递函数广义旁瓣相消器（Transfer-Function Generalized Sidelobe Canceller，TF-GSC）方法[44]。该方法的关键点在于对声源到麦克风的传递函数之比进行估计，Gannot 等给出了一种利用语音信号的非平稳性及噪声信号的平稳性等条件的辨识方法。

值得注意的是，在麦克风阵列自适应波束形成方法中，早期的方法大多基于全频带的处理模式，即对信号的频带不加以区分，进行统一处理。全频带自适应波束形成方法的性能和计算复杂度取决于滤波器的抽头个数。滤波器的抽头个数越多，波束形成器的性能往往越好，但收敛速度越慢，相应的计算复杂度也越大[45]。为了克服全频带自适应波束形成方法的这些缺点，人们提出了子带域自适应波束形成方法[46-48]。相对于全频带自适应波束形成方法，子带域自适应波束形成方法有以下优点[46]：自适应 FIR 滤波器的抽头个数较少，收敛速度快；计算复杂度较低；可以并行实现；具有良好的噪声抑制能力。为了提高存在麦克风通道失配误差时的性能，稳健的子带域自适应波束形成也得到了研究者的关注。文献[49]提出了基于阵列校准技术的子带域自适应波束形成方法，该方法在使用前需要对麦克风阵列进行现场校准，以提高算法的稳健性。其缺点是，当应用的环境发生改变时，需要重新校准，这给使用带来了不便。Grbic 和 Nordholm 提出了一种基于软约束的稳健的子带域自适应波束形成方法[50]，避免了阵列校准，此方法通过对目标声源方位所在的区域进行约束增强阵列的稳健性。

我们知道，麦克风阵列波束形成技术可以同时进行时域-频域-空域滤波，但自适应波束形成器的性能受混响的影响较大。因此，混响环境中稳健的自适应波束形成技术研究是一个具有挑战性的课题。近年来，人们提出将降噪和去混响分离进行研究，在不考虑去混响的情况下，更加有效地去除加性噪声的影响，即所谓的多麦克风降噪技术[17-19]。常规的自适应波束形成器的功能包括降噪和混响抑制两方面，而多麦克风降噪技术只对麦克风接收到的含混响的语音信号进行估计。此类技术的优点是，不需要利用麦克风阵列的阵元位置信息，并且对麦克风通道失配误差不敏感，属于稳健的阵列信号处理技术。

6.4.2 基于凸优化的稳健近场宽带波束形成

1. 经典 minimax 设计方法

考虑由 M 个麦克风组成的任意阵列，记 $\boldsymbol{r}_m$ 为第 m 个麦克风的位置向量。基于滤波-求和的近场宽带波束形成器结构如图 6.1 所示，其中每个麦克风通道的 FIR 滤波器的抽头个数为 L。

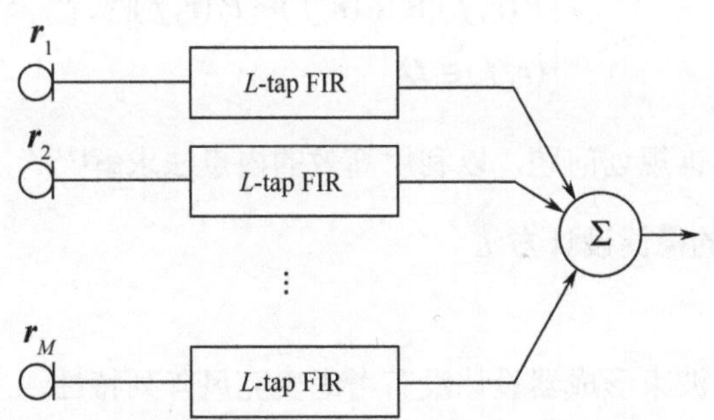

图 6.1 基于滤波-求和的近场宽带波束形成器结构

近场宽带波束形成器在位置为 $\boldsymbol{r}$、频率为 f 处的阵列响应为

$$P(\boldsymbol{r},f)=\boldsymbol{w}^{\mathrm{T}}\boldsymbol{d}(\boldsymbol{r},f) \tag{6.32}$$

式中，$\boldsymbol{w}\in\mathbf{R}^{ML\times 1}$ 为波束形成器的权向量；上标 T 表示矩阵转置；$\boldsymbol{d}(\boldsymbol{r},f)=\boldsymbol{h}(\boldsymbol{r},f)\otimes\boldsymbol{d}_0(f)$

为阵列响应向量，⊗ 表示矩阵的 Kronecker 积，并且

$$\boldsymbol{h}(\boldsymbol{r},f)=\left[h_1(\boldsymbol{r},f),h_2(\boldsymbol{r},f),\cdots,h_M(\boldsymbol{r},f)\right]^{\mathrm{T}} \tag{6.33}$$

$$\boldsymbol{d}_0(f)=\left[1,\mathrm{e}^{-\mathrm{j}2\pi f/f_s},\cdots,\mathrm{e}^{-\mathrm{j}2\pi f(L-1)/f_s}\right]^{\mathrm{T}} \tag{6.34}$$

式中，$h_m(\boldsymbol{r},f)$ 表示频率为 f 处从空间位置 $\boldsymbol{r}$ 到第 m 个麦克风的传递函数；f_s 为采样频率。在不存在麦克风阵列特性误差的理想条件下，有[31]

$$h_m(\boldsymbol{r},f)=\frac{1}{\|\boldsymbol{r}-\boldsymbol{r}_m\|}\exp\left(-\mathrm{j}2\pi f\|\boldsymbol{r}-\boldsymbol{r}_m\|/c\right) \tag{6.35}$$

式中，c 表示空气声速，通常条件下 c 约为 340m/s；$\|\cdot\|$ 表示欧几里得范数。应当注意的是，在静态均匀介质中，空气声速与环境的温度有关，而在不均匀介质中，空气声速会随时间和位置变化而变化[51]。

若给定任意的阵列期望响应 $P_{\mathrm{d}}(\boldsymbol{r},f)$，则经典的 minimax 近场宽带波束形成器设计方法可表述为[32]

$$\min_{\boldsymbol{w}}\max_{(\boldsymbol{r},f)\in\boldsymbol{\Omega}}F(\boldsymbol{r},f)\left|\boldsymbol{w}^{\mathrm{T}}\boldsymbol{d}(\boldsymbol{r},f)-P_{\mathrm{d}}(\boldsymbol{r},f)\right| \tag{6.36}$$

式中，$F(\boldsymbol{r},f)$ 为正的加权函数；$(\boldsymbol{r},f)\in\boldsymbol{\Omega}$ 为感兴趣的空间频率区域，这里我们假设 $\boldsymbol{\Omega}$ 为凸集合。由于式（6.36）不存在解析解，因此人们提出了一些数值方法求最优解[30-32]。实际上，式（6.36）还可以等价表示为以下凸优化问题，即

$$\begin{aligned}&\min_{\zeta,\boldsymbol{w}}\ \zeta\\ &\text{s.t.}\ \begin{cases}F(\boldsymbol{r},f)\left|\boldsymbol{w}^{\mathrm{T}}\boldsymbol{d}(\boldsymbol{r},f)-P_{\mathrm{d}}(\boldsymbol{r},f)\right|\leqslant\zeta\\(\boldsymbol{r},f)\in\boldsymbol{\Omega}\end{cases}\end{aligned} \tag{6.37}$$

进而可以表示为二阶锥规划问题，以利用高效的内点法求解[52]。

2．基于凸优化的稳健设计方法

1）设计准则

经典的近场宽带波束形成器设计没有考虑麦克风阵列特性误差，而在实际应用中，通常会存在由麦克风增益、相位和位置等的不确定性造成的麦克风通道失配误差。另外，如前文指出的，环境温度等因素的变化还会引起空气声速的改变。这些误差会引起阵列响应向量 $\boldsymbol{d}(\boldsymbol{r},f)$ 的畸变，这里我们假设 $\boldsymbol{d}(\boldsymbol{r},f)$ 的畸变量的范数满足以下条件：

$$\|\Delta\boldsymbol{d}(\boldsymbol{r},f)\|\leqslant\varepsilon \tag{6.38}$$

对于在给定麦克风阵列特性误差条件下，如何确定参数 ε 的值，将在下文讨论。

基于 minimax 的最差性能优化近场宽带波束形成器设计问题可以表述为

$$\min_{\boldsymbol{w}} \max_{(\boldsymbol{r},f)\in\boldsymbol{\Omega}} \max_{\|\Delta\boldsymbol{d}\|\leqslant\varepsilon} F(\boldsymbol{r},f)\left|\boldsymbol{w}^{\mathrm{T}}\left[\boldsymbol{d}(\boldsymbol{r},f)+\Delta\boldsymbol{d}(\boldsymbol{r},f)\right]-P_{\mathrm{d}}(\boldsymbol{r},f)\right| \tag{6.39}$$

为了便于分析，我们引入以下引理。

引理 6.4.1　式（6.39）中最差情况下的误差满足以下关系：

$$\begin{aligned}&\max_{\|\Delta\boldsymbol{d}\|\leqslant\varepsilon} F(\boldsymbol{r},f)\left|\boldsymbol{w}^{\mathrm{T}}\left[\boldsymbol{d}(\boldsymbol{r},f)+\Delta\boldsymbol{d}(\boldsymbol{r},f)\right]-P_{\mathrm{d}}(\boldsymbol{r},f)\right|\\&=F(\boldsymbol{r},f)\left|\boldsymbol{w}^{\mathrm{T}}\boldsymbol{d}(\boldsymbol{r},f)-P_{\mathrm{d}}(\boldsymbol{r},f)\right|+\varepsilon F(\boldsymbol{r},f)\|\boldsymbol{w}\|\end{aligned}$$

证明：由向量范数的三角不等式可得

$$\begin{aligned}&F(\boldsymbol{r},f)\left|\boldsymbol{w}^{\mathrm{T}}\left[\boldsymbol{d}(\boldsymbol{r},f)+\Delta\boldsymbol{d}(\boldsymbol{r},f)\right]-P_{\mathrm{d}}(\boldsymbol{r},f)\right|\\&\leqslant F(\boldsymbol{r},f)\left|\boldsymbol{w}^{\mathrm{T}}\boldsymbol{d}(\boldsymbol{r},f)-P_{\mathrm{d}}(\boldsymbol{r},f)\right|+F(\boldsymbol{r},f)\left\|\boldsymbol{w}^{\mathrm{T}}\Delta\boldsymbol{d}(\boldsymbol{r},f)\right\|\\&\leqslant F(\boldsymbol{r},f)\left|\boldsymbol{w}^{\mathrm{T}}\boldsymbol{d}(\boldsymbol{r},f)-P_{\mathrm{d}}(\boldsymbol{r},f)\right|+\varepsilon F(\boldsymbol{r},f)\|\boldsymbol{w}\|\end{aligned} \tag{6.40}$$

由此可见，当 $\Delta\boldsymbol{d}(\boldsymbol{r},f)=\varepsilon\cdot\dfrac{\boldsymbol{w}^{\mathrm{T}}\boldsymbol{d}(\boldsymbol{r},f)-P_{\mathrm{d}}(\boldsymbol{r},f)}{\left|\boldsymbol{w}^{\mathrm{T}}\boldsymbol{d}(\boldsymbol{r},f)-P_{\mathrm{d}}(\boldsymbol{r},f)\right|}\cdot\dfrac{\boldsymbol{w}}{\|\boldsymbol{w}\|}$ 时，式（6.40）中的等号成立。证毕。

基于引理 6.4.1，式（6.39）可以等价地表示为以下 minimax 问题，即

$$\min_{\boldsymbol{w}} \max_{(\boldsymbol{r},f)\in\boldsymbol{\Omega}} F(\boldsymbol{r},f)\left|\boldsymbol{w}^{\mathrm{T}}\boldsymbol{d}(\boldsymbol{r},f)-P_{\mathrm{d}}(\boldsymbol{r},f)\right|+\varepsilon F(\boldsymbol{r},f)\|\boldsymbol{w}\| \tag{6.41}$$

特别地，当 $\varepsilon=0$ 时，式（6.41）将退化为式（6.36）。换句话说，经典 minimax 设计方法是这里的稳健设计方法的一种特例。

通过引入一些辅助变量，式（6.41）可以进一步转化为以下凸优化问题，即

$$\begin{aligned}&\min_{\zeta,\tau,\boldsymbol{w}}\ \zeta\\&\text{s.t.}\ \begin{cases}F(\boldsymbol{r},f)\left|\boldsymbol{w}^{\mathrm{T}}\boldsymbol{d}(\boldsymbol{r},f)-P_{\mathrm{d}}(\boldsymbol{r},f)\right|\leqslant\tau\\ \varepsilon F(\boldsymbol{r},f)\|\boldsymbol{w}\|\leqslant\zeta-\tau\\ (\boldsymbol{r},f)\in\boldsymbol{\Omega}\end{cases}\end{aligned} \tag{6.42}$$

我们知道，白噪声增益约束可以应用于波束形成器设计，以提高存在麦克风阵列特性误差时的稳健性[53]。但是，采用经典方法的问题在于难以选取合适的白噪声增益约束水平。比较式（6.42）与式（6.37），我们发现这里的稳健波束形成器设计方法实际上属于白噪声约束类的方法，这有助于我们理解该方法具有稳健性的物理实质。

2）基于二阶锥规划的数值实现

这里我们采用二阶锥规划技术对以上稳健波束形成器设计方法进行数值实现。二阶锥规划的规范对偶形式为[52]

$$\max_{\boldsymbol{y}} \ \boldsymbol{p}^{\mathrm{T}}\boldsymbol{y}$$
$$\text{s.t.}\begin{cases}\boldsymbol{c}_s-\boldsymbol{G}_s^{\mathrm{T}}\boldsymbol{y}\in \mathrm{SOC}^{q_s\times 1}\\ s=1,2,\cdots,S\end{cases} \tag{6.43}$$

式中，$\boldsymbol{p}$ 和 $\boldsymbol{c}_s$ 为任意的实值向量；$\boldsymbol{G}_s$ 为任意的实值矩阵；待求解的优化变量包含在实值向量 $\boldsymbol{y}$ 中；S 为二阶锥约束的个数。q_s 维二阶锥约束定义为

$$\mathrm{SOC}^{q_s\times 1}=\left\{\boldsymbol{\xi}\in\mathbf{R}\times\mathbf{R}^{(q_s-1)\times 1}\,|\,\xi\geqslant\|\breve{\boldsymbol{\xi}}\|\right\}$$

式中，$\boldsymbol{\xi}=\left[\xi,\breve{\boldsymbol{\xi}}^{\mathrm{T}}\right]^{\mathrm{T}}=\boldsymbol{c}_s-\boldsymbol{G}_s^{\mathrm{T}}\boldsymbol{y}$；$\breve{\boldsymbol{\xi}}=[\xi_2,\xi_3,\cdots,\xi_{q_s}]$。

下面，我们把这里的稳健设计问题转化为规范对偶形式，以便于采用内点法求解。设 $(\boldsymbol{r}_n,f_k)$ 为感兴趣的空间频率区域 $\boldsymbol{\Omega}$ 内的离散点（$n=1,2,\cdots,N$，$k=1,2,\cdots,K$），$\mathrm{Re}\{\bullet\}$ 和 $\mathrm{Im}\{\bullet\}$ 分别表示复数的实部和虚部。定义向量 $\boldsymbol{y}=\left[\zeta,\tau,\boldsymbol{w}^{\mathrm{T}}\right]^{\mathrm{T}}$，$\boldsymbol{p}=[-1,0,\cdots,0]^{\mathrm{T}}\in\mathbf{R}^{(ML+2)\times 1}$，$\boldsymbol{c}_i=\left[0,-\mathrm{Re}\{P_{\mathrm{d}}(\boldsymbol{r}_n,f_k)\},-\mathrm{Im}\{P_{\mathrm{d}}(\boldsymbol{r}_n,f_k)\}\right]^{\mathrm{T}}$，$\boldsymbol{c}_{NK+i}=\boldsymbol{O}\in\mathbf{R}^{(ML+1)\times 1}$，以及矩阵

$$\boldsymbol{G}_i^{\mathrm{T}}=\begin{bmatrix}\boldsymbol{O} & -\dfrac{1}{F(\boldsymbol{r}_n,f_k)} & \boldsymbol{O}\\ \boldsymbol{O} & \boldsymbol{O} & -\mathrm{Re}\{\boldsymbol{d}^{\mathrm{T}}(\boldsymbol{r}_n,f_k)\}\\ \boldsymbol{O} & \boldsymbol{O} & -\mathrm{Im}\{\boldsymbol{d}^{\mathrm{T}}(\boldsymbol{r}_n,f_k)\}\end{bmatrix}$$

$$\boldsymbol{G}_{NK+i}^{\mathrm{T}}=\begin{bmatrix}-\dfrac{1}{\varepsilon F(\boldsymbol{r}_n,f_k)} & \dfrac{1}{\varepsilon F(\boldsymbol{r}_n,f_k)} & \boldsymbol{O}\\ \boldsymbol{O} & \boldsymbol{O} & -\boldsymbol{I}\end{bmatrix}$$

式中，$i=1,2,\cdots,NK$；$\boldsymbol{I}$ 表示 $ML\times ML$ 单位矩阵。根据以上定义，我们可以将式（6.42）改写为以下二阶锥规划的规范对偶形式：

$$\max_{\boldsymbol{y}} \boldsymbol{p}^{\mathrm{T}}\boldsymbol{y}$$
$$\text{s.t.}\begin{cases}\boldsymbol{c}_s-\boldsymbol{G}_s^{\mathrm{T}}\boldsymbol{y}\in\mathrm{SOC}^{3\times 1}\\ \boldsymbol{c}_{NK+i}-\boldsymbol{G}_{NK+i}^{\mathrm{T}}\boldsymbol{y}\in\mathrm{SOC}^{(ML+1)\times 1}\\ i=1,2,\cdots,NK\end{cases} \tag{6.44}$$

以上二阶锥规划问题可以采用高效的内点法求解，如著名的 SeDuMi 软件包[52]。根据文献[54]，求得式（6.44）最差情况下的计算复杂度为$O((ML)^3(NK)^{1.5})$。如果我们采用通带和阻带均为常数的加权函数$F(\boldsymbol{r}_n, f_k)$，则最差情况下的计算复杂度降为$O((ML)^3(NK)^{0.5}+(ML)^2(NK)^{1.5})$。以上给出的计算复杂度为最差情况下的值，而实际上内点法将利用式（6.44）中的矩阵稀疏性进一步降低算法的复杂度。

3. 参数ε的下界

1）*麦克风增益和相位误差*

当存在麦克风增益和相位误差时，第 m 个麦克风的特性可表示为

$$A_m(\boldsymbol{r}, f)=[1+g_m(\boldsymbol{r}, f)]\mathrm{e}^{-\mathrm{j}\varphi_m(\boldsymbol{r}, f)},\ m=1,2,\cdots,M \tag{6.45}$$

式中，$g_m(\boldsymbol{r}, f)$、$\varphi_m(\boldsymbol{r}, f)$分别为第 m 个麦克风的增益和相位误差。

定理 6.4.1　假设$|g_m(\boldsymbol{r}, f)|\leqslant\delta_g<1$，$|\varphi_m(\boldsymbol{r}, f)|\leqslant\delta_\varphi<\pi/2$，$\delta_g$、$\delta_\varphi$为已知的麦克风增益和相位误差界，则有

$$\varepsilon\geqslant\sqrt{L\sum_{m=1}^{M}\frac{(1+\delta_g)(1+\delta_g-2\cos\delta_\varphi)+1}{\|r-r_m\|^2}} \tag{6.46}$$

证明：当存在麦克风增益和相位误差时，传递函数，即式（6.35）相应地变为

$$\tilde{h}_m(\boldsymbol{r}, f)=\frac{A_m(\boldsymbol{r}, f)}{\|\boldsymbol{r}-\boldsymbol{r}_m\|}\exp\left(-\mathrm{j}2\pi f\|\boldsymbol{r}-\boldsymbol{r}_m\|/c\right) \tag{6.47}$$

定义$\tilde{\boldsymbol{h}}(\boldsymbol{r}, f)=\left[\tilde{h}_1(\boldsymbol{r}, f),\tilde{h}_2(\boldsymbol{r}, f),\cdots,\tilde{h}_M(\boldsymbol{r}, f)\right]$，则有

$$\begin{aligned}\|\Delta\boldsymbol{d}(\boldsymbol{r}, f)\|&=\|\tilde{\boldsymbol{h}}(\boldsymbol{r}, f)\otimes\boldsymbol{d}_0(f)-\boldsymbol{h}(\boldsymbol{r}, f)\otimes\boldsymbol{d}_0(f)\|\\&=\sqrt{L\sum_{m=1}^{M}\left|\tilde{h}_m(\boldsymbol{r}, f)-h_m(\boldsymbol{r}, f)\right|^2}\\&=\sqrt{L\sum_{m=1}^{M}\frac{(1+g_m-\cos\varphi_m)^2+\sin^2\varphi_m}{\|\boldsymbol{r}-\boldsymbol{r}_m\|^2}}\\&\leqslant\sqrt{L\sum_{m=1}^{M}\frac{(1+\delta_g-\cos\delta_\varphi)^2+\sin^2\delta_\varphi}{\|\boldsymbol{r}-\boldsymbol{r}_m\|^2}}\\&\leqslant\sqrt{L\sum_{m=1}^{M}\frac{(1+\delta_g)(1+\delta_g-2\cos\delta_\varphi)+1}{\|\boldsymbol{r}-\boldsymbol{r}_m\|^2}}\end{aligned} \tag{6.48}$$

当$g_m(\boldsymbol{r}, f)=\delta_g$，$\varphi_m(\boldsymbol{r}, f)=\pm\delta_\varphi$时，式（6.48）中的等号成立，$\|\Delta\boldsymbol{d}(\boldsymbol{r}, f)\|$达到最大值。

2）麦克风位置误差

记第 m 个麦克风的位置误差为 $\Delta\boldsymbol{r}_m$，相应地，其位置向量可以表示为

$$\tilde{\boldsymbol{r}}_m = \boldsymbol{r}_m + \Delta\boldsymbol{r}_m,\ m = 1,2,\cdots,M \tag{6.49}$$

这里，我们假设 $\|\Delta\boldsymbol{r}_m\| < \|\boldsymbol{r}-\boldsymbol{r}_m\|$。

定理 6.4.2 假设 $\|\Delta\boldsymbol{r}_m\| \leqslant \delta_r \leqslant \lambda_{\min}/4$，其中 δ_r 为已知的麦克风位置误差界，$\lambda_{\min}$ 为感兴趣频带内的最小波长，则有

$$\varepsilon \geqslant \left[L\sum_{m=1}^{M}\frac{1}{\left(\|\boldsymbol{r}-\boldsymbol{r}_m\|-\delta_r\right)^2}+\frac{1}{\|\boldsymbol{r}-\boldsymbol{r}_m\|^2}-\frac{2\cos\left(2\pi\delta_r/\lambda_{\min}\right)}{\left(\|\boldsymbol{r}-\boldsymbol{r}_m\|-\delta_r\right)\|\boldsymbol{r}-\boldsymbol{r}_m\|}\right]^{1/2} \tag{6.50}$$

证明：当存在麦克风位置误差时，麦克风传递函数变为

$$\tilde{h}_m(\boldsymbol{r},f) = \frac{1}{\|\boldsymbol{r}-\tilde{\boldsymbol{r}}_m\|}\exp\left(-\mathrm{j}2\pi f\|\boldsymbol{r}-\tilde{\boldsymbol{r}}_m\|/c\right) \tag{6.51}$$

定义 $\tilde{\boldsymbol{h}}(\boldsymbol{r},f) = \left[\tilde{h}_1,\tilde{h}_2,\cdots,\tilde{h}_M\right]^{\mathrm{T}}$，则有

$$\begin{aligned}
&\|\Delta\boldsymbol{d}(\boldsymbol{r},f)\| \\
&= \left\|\tilde{\boldsymbol{h}}(\boldsymbol{r},f)\otimes\boldsymbol{d}_0(f)-\boldsymbol{h}(\boldsymbol{r},f)\otimes\boldsymbol{d}_0(f)\right\| \\
&= \left[L\sum_{m=1}^{M}\frac{1}{\|\boldsymbol{r}-\tilde{\boldsymbol{r}}_m\|^2}+\frac{1}{\|\boldsymbol{r}-\boldsymbol{r}_m\|^2}-\frac{2\cos\left[2\pi f\left(\|\boldsymbol{r}-\tilde{\boldsymbol{r}}_m\|-\|\boldsymbol{r}-\boldsymbol{r}_m\|\right)/c\right]}{\|\boldsymbol{r}-\tilde{\boldsymbol{r}}_m\|\|\boldsymbol{r}-\boldsymbol{r}_m\|}\right]^{1/2} \\
&= \left[L\sum_{m=1}^{M}\frac{\sin^2\left[2\pi f\left(\|\boldsymbol{r}-\tilde{\boldsymbol{r}}_m\|-\|\boldsymbol{r}-\boldsymbol{r}_m\|\right)/c\right]}{\|\boldsymbol{r}-\boldsymbol{r}_m\|^2}+\left(\frac{1}{\|\boldsymbol{r}-\tilde{\boldsymbol{r}}_m\|^2}-\frac{\cos\left[2\pi f\left(\|\boldsymbol{r}-\tilde{\boldsymbol{r}}_m\|-\|\boldsymbol{r}-\boldsymbol{r}_m\|\right)/c\right]}{\|\boldsymbol{r}-\boldsymbol{r}_m\|}\right)^2\right]^{1/2}
\end{aligned}$$

注意到，$\left|2\pi f\left(\|\boldsymbol{r}-\tilde{\boldsymbol{r}}_m\|-\|\boldsymbol{r}-\boldsymbol{r}_m\|\right)/c\right| \leqslant \pi/2$，当 $\Delta\boldsymbol{r}_m = \delta_r\cdot(\boldsymbol{r}_m-\boldsymbol{r})/\|\boldsymbol{r}-\boldsymbol{r}_m\|$ 时，$\|\Delta\boldsymbol{d}(\boldsymbol{r},f)\|$ 取得最大值。此时有

$$\begin{aligned}
\|\Delta\boldsymbol{d}(\theta,f)\| &\leqslant \left[L\sum_{m=1}^{M}\frac{1}{\left(\|\boldsymbol{r}-\boldsymbol{r}_m\|-\delta_r\right)^2}+\frac{1}{\|\boldsymbol{r}-\boldsymbol{r}_m\|^2}-\frac{2\cos\left(2\pi f\delta_r/c\right)}{\left(\|\boldsymbol{r}-\boldsymbol{r}_m\|-\delta_r\right)\|\boldsymbol{r}-\boldsymbol{r}_m\|}\right]^{1/2} \\
&\leqslant \left[L\sum_{m=1}^{M}\frac{1}{\left(\|\boldsymbol{r}-\boldsymbol{r}_m\|-\delta_r\right)^2}+\frac{1}{\|\boldsymbol{r}-\boldsymbol{r}_m\|^2}-\frac{2\cos\left(2\pi\delta_r/\lambda_{\min}\right)}{\left(\|\boldsymbol{r}-\boldsymbol{r}_m\|-\delta_r\right)\|\boldsymbol{r}-\boldsymbol{r}_m\|}\right]^{1/2}
\end{aligned} \tag{6.52}$$

当 $\Delta\boldsymbol{r}_m = \delta_r\left(\boldsymbol{r}_m-\boldsymbol{r}\right)/\|\boldsymbol{r}-\boldsymbol{r}_m\|$，$f = c/\lambda_{\min}$ 时，可得参数 ε 的下界，即式（6.52）的右边部分。

3）空气声速误差

正如前文所述，空气声速受环境温度和介质的不均匀性等因素的影响。在静态均匀介质条件下，空气声速取决于环境的温度，即 $c=(331.4+0.6\Theta)\mathrm{m/s}$，其中 Θ 表示环境温度，单位为℃[51]。在不均匀介质中，空气声速还会随时间和位置变化而变化。假设第 m 个麦克风位置处的空气声速误差为 Δc_m，则其对应的实际空气声速可以表示为

$$c_m = c + \Delta c_m,\quad m = 1,2,\cdots,M \tag{6.53}$$

定理 6.4.3 假设 $\|\Delta c_m\| \leqslant \delta_c \ll c$，其中 δ_c 为已知的空气声速误差界。当感兴趣的最大频率满足 $f_{\max} \leqslant \dfrac{(c-\delta_c)c}{2\delta_c\|\boldsymbol{r}-\boldsymbol{r}_m\|}$ 时，有

$$\varepsilon \geqslant 2\sqrt{L\sum_{m=1}^{M}\sin^2\left[\frac{\pi f_{\max}\|\boldsymbol{r}-\boldsymbol{r}_m\|\delta_c}{c(c-\delta_c)}\right]/\|\boldsymbol{r}-\boldsymbol{r}_m\|^2} \tag{6.54}$$

否则有

$$\varepsilon \geqslant 2\sqrt{L\sum_{m=1}^{M}\frac{1}{\|\boldsymbol{r}-\boldsymbol{r}_m\|^2}} \tag{6.55}$$

证明：当存在空气声速误差时，麦克风传递函数为

$$\tilde{h}_m(\boldsymbol{r},f) = \frac{1}{\|\boldsymbol{r}-\boldsymbol{r}_m\|}\left[\exp\left(-\mathrm{j}2\pi f\frac{\|\boldsymbol{r}-\boldsymbol{r}_m\|}{c_m}\right)\right] \tag{6.56}$$

定义 $\tilde{\boldsymbol{h}}(\boldsymbol{r},f)=\left[\tilde{h}_1,\tilde{h}_2,\cdots,\tilde{h}_M\right]^{\mathrm{T}}$，则有

$$\begin{aligned}\|\Delta\boldsymbol{d}(\boldsymbol{r},f)\| &= \|\tilde{\boldsymbol{h}}(\boldsymbol{r},f)\otimes\boldsymbol{d}_0(f)-\boldsymbol{h}(\boldsymbol{r},f)\otimes\boldsymbol{d}_0(f)\| \\ &= 2\sqrt{L\sum_{m=1}^{M}\frac{\sin^2\left[\pi f\|\boldsymbol{r}-\boldsymbol{r}_m\|(c_m-c)/(cc_m)\right]}{\|\boldsymbol{r}-\boldsymbol{r}_m\|^2}}\end{aligned}$$

当 $f_{\max} \leqslant \dfrac{(c-\delta_c)c}{2\delta_c\|\boldsymbol{r}-\boldsymbol{r}_m\|}$ 时，式（6.54）成立，其中等号成立的条件为 $f=f_{\max}$，$\Delta c_m = c-\delta_c$。否则，式（6.55）成立，其中等号成立的条件为 $f = cc_m/\left(2|\Delta c_m|\cdot\|\boldsymbol{r}-\boldsymbol{r}_m\|\right)$。

4）推论

通过以上定理，我们可以导出以下推论。

- 参数 ε 的下界随麦克风阵列特性误差的增大而增大。
- 对于给定的麦克风阵列特性，近场宽带波束形成器的抽头个数越多，参数 ε 的下界就越大。换句话说，当波束形成器的抽头个数变多时，其稳健性变差。

- 声源距离麦克风阵列越近，参数ε的下界越大。因此，声源距离麦克风阵列越近，波束形成器的稳健性越差。

4．设计实例

下面结合实例考察稳健近场波束形成器设计方法的性能。考虑 7 阵元均匀麦克风线阵，麦克风的位置坐标为(−0.15m,0,0), ⋯ ,(0.15m,0,0)，间距为 5m。FIR 滤波器的抽头个数取 31，采样频率设为 8kHz，标准的空气声速为 340m/s。近场波束形成器的通带期望响应定义为

$$P_{\mathrm{d}}(\boldsymbol{r}, f) = \exp\left[-\mathrm{j}2\pi f\left(\|\boldsymbol{r}\| / c + (L-1) / (2 f_s)\right)\right] \tag{6.57}$$

阻带期望响应为$P_{\mathrm{d}}(\boldsymbol{r}, f) = 0$。假设声源处于距麦克风线阵 1m、平行于 x 轴的位置，即 y =1m。通带内的加权函数取$F(\boldsymbol{r}, f) = 2$，阻带内的加权函数取$F(\boldsymbol{r}, f) = 1$。

通带范围定义为$\boldsymbol{\Omega}_1 = \left\{(x, f) \mid -0.4 \leqslant x \leqslant 0.4, 500 \leqslant f \leqslant 3000\right\}$，阻带范围定义为$\boldsymbol{\Omega}_2 = \left\{(x, f) \mid -2.5 \leqslant x \leqslant -1.5, 0 \leqslant f \leqslant 4000\right\}$，$\boldsymbol{\Omega}_3 = \left\{(x, f) \mid 1.5 \leqslant x \leqslant 2.5, 0 \leqslant f \leqslant 4000\right\}$，$\boldsymbol{\Omega}_4 = \left\{(x, f) \mid -1.5 \leqslant x \leqslant 1.5, 0 \leqslant f \leqslant 100\right\}$，$\boldsymbol{\Omega}_5 = \left\{(x, f) \mid -1.5 \leqslant x \leqslant 1.5, 3500 \leqslant f \leqslant 4000\right\}$，其中 x 的单位为 m，f 的单位为 Hz。

1）理想情况

首先考虑不存在麦克风阵列特性误差，即$\varepsilon = 0$时的设计性能。图 6.2 给出了采用二阶锥规划技术实现的经典 minimax 近场宽带波束形成器的阵列响应。从图 6.2 中可以看出，该实现方法较好地满足了设计要求。与文献[30-32]中的方法相比，二阶锥规划技术提供了一种有效的实现途径。

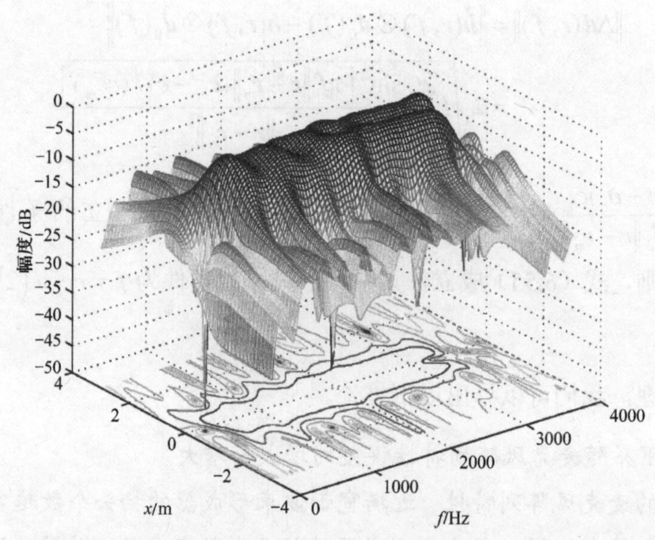

图 6.2　采用二阶锥技术实现的经典 minimax 近场宽带波束形成器的阵列响应

2）麦克风增益和相位误差

假定麦克风增益误差服从[−0.2,0.2]上的均匀分布，麦克风相位误差服从[−10°,10°]上的均匀分布，即 $\delta_g = 0.2$，$\delta_\varphi = \pi/18$。图 6.3 给出了存在麦克风增益和相位误差时稳健近场宽带波束形成器的阵列响应。这里和下文给出的结果均是 100 次独立随机实验的统计结果。为了便于比较，图 6.4 给出了存在麦克风增益和相位误差时经典 minimax 近场宽带波束形成器的阵列响应。从图 6.4 中可以看出，经典设计方法在出现麦克风增益和相位误差时性能变差，特别是在低频部分尤为严重，而稳健设计方法则给出了很好的设计结果。

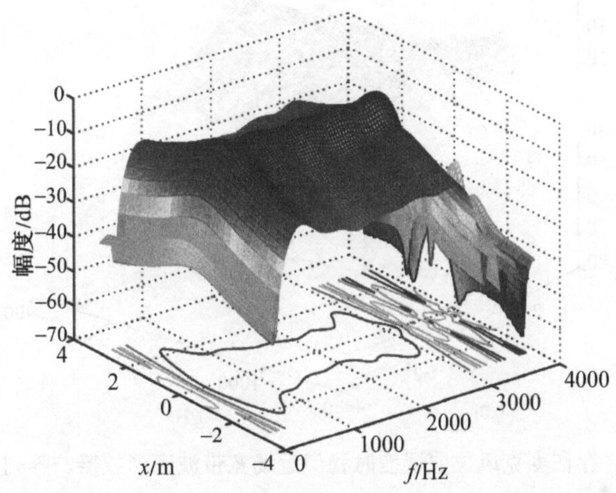

图 6.3 存在麦克风增益和相位误差时稳健近场宽带波束形成器的阵列响应

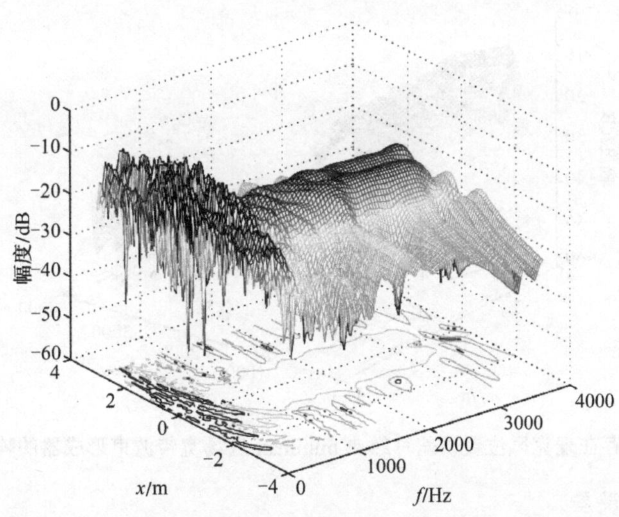

图 6.4 存在麦克风增益和相位误差时经典 minimax 近场宽带波束形成器的阵列响应

3）麦克风位置误差

假设麦克风位置向量在 x 轴上的分量存在误差，并且服从[−0.02, 0.02]上的均匀分布，即 $\delta_r = 0.02\text{m}$。图 6.5 和图 6.6 分别给出了存在麦克风位置误差时稳健近场宽带波束形成器和经典 minimax 近场宽带波束形成器的阵列响应。由图 6.5 和图 6.6 可知，当存在麦克风位置误差时，经典设计方法性能很差，已无法满足实际的设计要求，而稳健设计方法可以获得比较满意的结果。

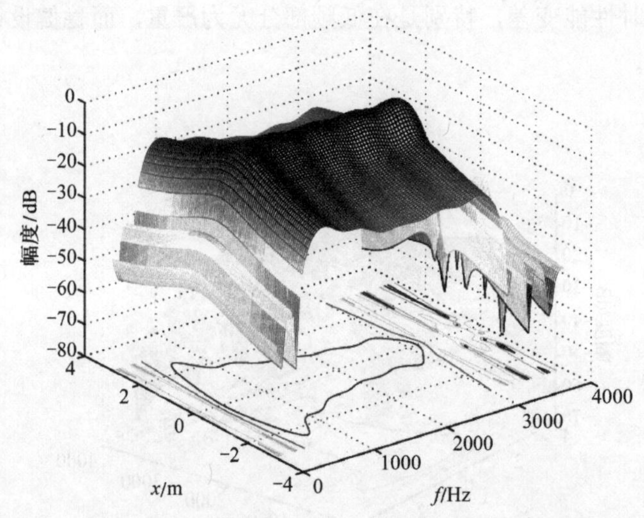

图 6.5　存在麦克风位置误差时稳健近场宽带波束形成器的阵列响应

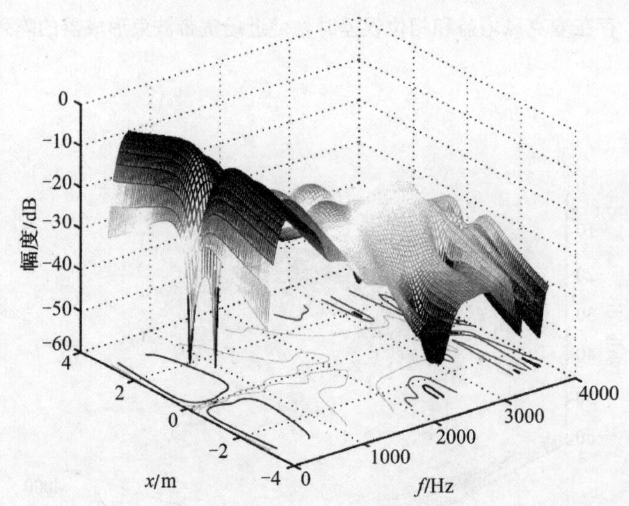

图 6.6　存在麦克风位置误差时经典 minimax 近场宽带波束形成器的阵列响应

4）空气声速误差

下面研究存在空气声速误差时近场宽带波束形成器的性能。假设空气声速误差服从[−2,2]上的均匀分布，即 $\delta_c = 2\ \text{m/s}$。图 6.7 给出了存在空气声速误差时稳健近场宽带波束

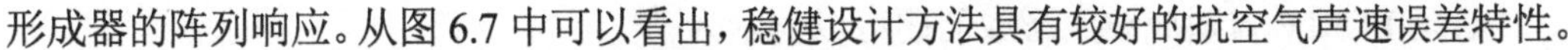

形成器的阵列响应。从图 6.7 中可以看出，稳健设计方法具有较好的抗空气声速误差特性。

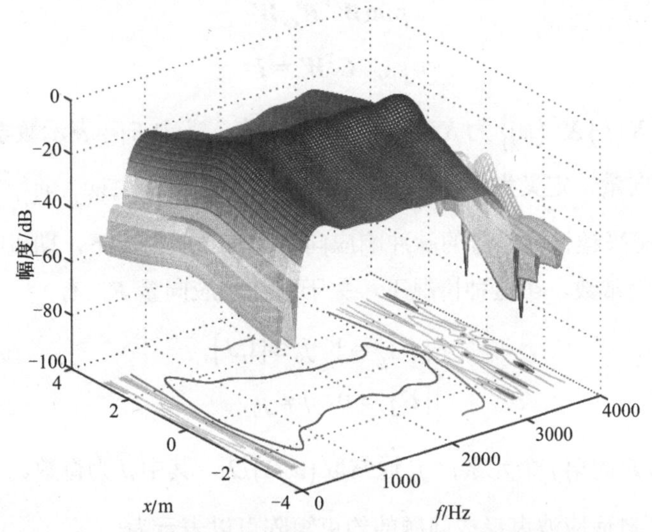

图 6.7 存在空气声速误差时稳健近场宽带波束形成器的阵列响应

6.4.3 稳健近场自适应波束形成

1. 点约束近场自适应波束形成

考虑由 K 个麦克风组成的宽带阵列，阵元的位置坐标为$(x_1,y_1,z_1),(x_2,y_2,z_2),\cdots,(x_K,y_K,z_K)$。不失一般性地，我们把坐标原点选在阵列的中心位置。近场声源的位置记为(x_s,y_s,z_s)，也就是近场自适应波束形成器的焦点位置。近场宽带自适应波束形成器的结构如图 6.8 所示，其中每个麦克风通道的抽头个数为 J。第 k 次快拍，阵列接收信号为$\boldsymbol{x}(k)=[x_1(k),x_2(k),\cdots,x_K(k)]^{\mathrm{T}}$，为一个 K 维列向量。那么，由所有 J 个抽头延时阵列信号可以构成一个 KJ 维信号向量$\boldsymbol{x}(k)=[\boldsymbol{x}^{\mathrm{T}}(k),\boldsymbol{x}^{\mathrm{T}}(k-1),\cdots,\boldsymbol{x}^{\mathrm{T}}(k-J+1)]^{\mathrm{T}}$。

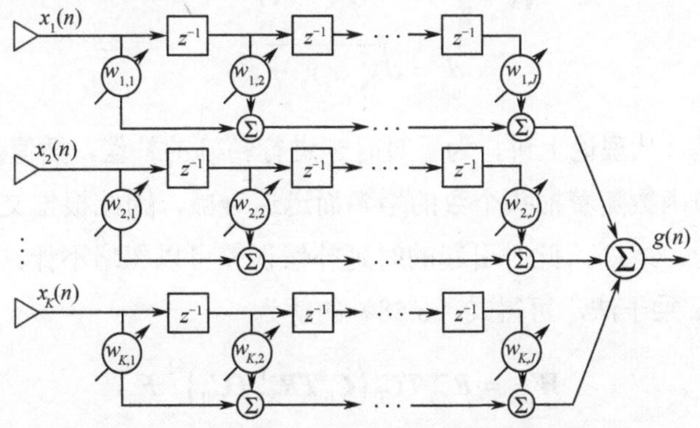

图 6.8 近场宽带自适应波束形成器的结构

近场 LCMV 自适应波束形成问题可以表示为[40]

$$\begin{aligned}&\min_{w} \boldsymbol{W}^{\mathrm{T}} \boldsymbol{R}_{XX} \boldsymbol{W}\\&\text{s.t.}\quad \boldsymbol{C}^{\mathrm{T}} \boldsymbol{W} = \boldsymbol{F}\end{aligned} \tag{6.58}$$

式中，$\boldsymbol{R}_{XX} = E\left\{\boldsymbol{X}(k)\boldsymbol{X}^{\mathrm{T}}(k)\right\}$ 为 $\boldsymbol{X}(k)$ 的自相关矩阵，其中 $E\{\cdot\}$ 表示数学期望；$\boldsymbol{W}$ 为波束形成器权系数向量，定义为 $\boldsymbol{W} = \left[w_{1,1},\cdots,w_{K,1},w_{1,2},\cdots,w_{K,2},\cdots,w_{1,J},w_{K,J}\right]^{\mathrm{T}}$；$\boldsymbol{C}$ 为约束矩阵；$\boldsymbol{F}$ 为对应于感兴趣目标信号的脉冲响应向量。在一般情况下，期望响应在整个设计频带内通常设定为常数。在这种情况下，关于脉冲响应向量 $\boldsymbol{F}$，有

$$\begin{cases}[\boldsymbol{F}]_{j_0} = 1,\ j_0 \in [1, J]\\ [\boldsymbol{F}]_j = 0,\ j \neq j_0\end{cases} \tag{6.59}$$

式中，$[\boldsymbol{F}]_j$ 表示 $\boldsymbol{F}$ 的第 j 个元素；j_0 通常取 $(J+1)/2$，其中 J 为奇数。

近场 LCMV 自适应波束形成问题的约束矩阵可以表示为

$$\boldsymbol{C} = \boldsymbol{T}\boldsymbol{C}_0 = \boldsymbol{T}\left(\boldsymbol{I}_J \otimes \boldsymbol{1}_K^{\mathrm{T}}\right) \tag{6.60}$$

式中，$\boldsymbol{C}_0 = \left(\boldsymbol{I}_J \otimes \boldsymbol{1}_K^{\mathrm{T}}\right)$ 对应于远场条件下的约束矩阵；$\boldsymbol{I}_J$ 为 $J\times J$ 单位矩阵；$\boldsymbol{1}_K$ 为元素均为 1 的 K 维列向量；$\boldsymbol{T}$ 为近场补偿矩阵，其第 i 行第 j 列的元素定义为

$$[\boldsymbol{T}]_{i,j} = \frac{d_{\mathrm{s}}}{d_n}\operatorname{sinc}\left(p - q + \frac{d_n - d_{\mathrm{s}}}{c} f_{\mathrm{s}}\right) \tag{6.61}$$

式中，$i=m+(p-1)K$，$j=n+(q-1)K$，$m,n=1,2,\cdots,K$，$p,q=1,2,\cdots,K$；f_{s} 为采样频率；c 为空气声速；$\operatorname{sinc}(x) = \sin(\pi x)/(\pi x)$；$d_n$ 和 d_{s} 分别为声源到第 n 个麦克风和原点的距离，即

$$d_n = \sqrt{\left(x_n - x_{\mathrm{s}}\right)^2 + \left(y_n - y_{\mathrm{s}}\right)^2 + \left(z_n - z_{\mathrm{s}}\right)^2} \tag{6.62}$$

$$d_{\mathrm{s}} = \sqrt{x_{\mathrm{s}}^2 + y_{\mathrm{s}}^2 + z_{\mathrm{s}}^2} \tag{6.63}$$

需要指出的是，从理论上讲，为了对时延进行精确的补偿，插值函数的长度应当取无穷大。由于插值函数随着抽头个数的增多而迅速衰减，因此根据文献[55]，抽头个数的合理选择范围为 $J \geqslant 13$，此时引起的时延补偿误差可以忽略不计。

通过 Lagrange 乘子法，可得式（6.58）的解为

$$\boldsymbol{W}_{\mathrm{opt}} = \boldsymbol{R}_{XX}^{-1}\boldsymbol{T}\boldsymbol{C}_0\left(\boldsymbol{C}_0^{\mathrm{T}}\boldsymbol{T}\boldsymbol{R}_{XX}^{-1}\boldsymbol{T}\boldsymbol{C}_0\right)^{-1}\boldsymbol{F} \tag{6.64}$$

相应地，近场自适应波束形成器的最优输出功率为

$$P_{\text{opt}} = \boldsymbol{F}^{\text{T}} \left(\boldsymbol{C}_0^{\text{T}} \boldsymbol{T} \boldsymbol{R}_{\boldsymbol{XX}}^{-1} \boldsymbol{T} \boldsymbol{C}_0 \right)^{-1} \boldsymbol{F} \tag{6.65}$$

由于近场自适应波束形成是基于声源位置的聚焦点约束，因此被称为点约束近场自适应波束形成（Nearfield Adaptive Beamforming，NABF）。这里给出的近场自适应波束形成的实现形式与经典方法有所不同[56]，近场补偿直接融入约束矩阵的设计中，而不需要独立的近场补偿单元，从而简化了系统的实现结构。

2. 自校准稳健近场自适应波束形成

点约束近场自适应波束形成方法存在的问题是，当声源位置不能准确知道时，聚焦点位置和实际的声源位置可能不一致，会产生目标信号相消现象。下面介绍一种基于自校准的稳健近场自适应波束形成方法，以克服目标信号相消的问题。

假设实际的目标声源处于预知的聚焦点附近，即

$$|x_{\text{s}} - x_{\text{F}}| \leqslant \varDelta_x,\quad |y_{\text{s}} - y_{\text{F}}| \leqslant \varDelta_y,\quad |z_{\text{s}} - z_{\text{F}}| \leqslant \varDelta_z \tag{6.66}$$

式中，$\varDelta_x$、$\varDelta_y$ 和 $\varDelta_z$ 分别表示声源位置的三个分量对应的不确定误差界。另外，我们假设干扰信号和目标声源处于空间中不同位置，并且能够较好地分辨。当近场自适应波束形成器的聚焦点位置和实际的目标声源位置一致时，近场自适应波束形成器的输出功率将达到最大值。基于这一思想，可以通过在预知的聚焦点附近搜索近场自适应波束形成器输出功率的最大值，从而找到正确的聚焦点位置。在数学上，可以表示为以下问题：

$$\max_{x_{\text{s}}, y_{\text{s}}, z_{\text{s}}} P_{\text{opt}} = \max_{x_{\text{s}}, y_{\text{s}}, z_{\text{s}}} \boldsymbol{F}^{\text{T}} \left(\boldsymbol{C}_0^{\text{T}} \boldsymbol{T} \boldsymbol{R}_{\boldsymbol{XX}}^{-1} \boldsymbol{T} \boldsymbol{C}_0 \right)^{-1} \boldsymbol{F} \tag{6.67}$$

这是一个典型的三维非线性优化问题，尽管很难得到该问题的闭式解，但可以采用最速下降法有效得到其数值解。为了加快算法的收敛速度，我们采用交替最大化方法进行求解[57]。交替最大化方法最早被应用于信源定位，其基本思想是将一个多维优化问题分解为一组一维问题，从而获得较快的收敛速度。

由式（6.67）可得，声源位置的第 l 次迭代方程为

$$\begin{aligned} x_{\text{s}}(l) &= x_{\text{s}}(l-1) + \mu_x \frac{\partial P_{\text{opt}}}{\partial x_{\text{s}}} \\ &= x_{\text{s}}(l-1) + \mu_x \boldsymbol{Q} \left(\frac{\partial \boldsymbol{T}^{\text{T}}}{\partial x_{\text{s}}} \boldsymbol{R}_{\boldsymbol{XX}}^{-1} \boldsymbol{T} + \boldsymbol{T}^{\text{T}} \boldsymbol{R}_{\boldsymbol{XX}}^{-1} \frac{\partial \boldsymbol{T}}{\partial x_{\text{s}}} \right) \boldsymbol{Q}^{\text{T}} \end{aligned} \tag{6.68}$$

$$\begin{aligned} y_{\text{s}}(l) &= y_{\text{s}}(l-1) + \mu_y \frac{\partial P_{\text{opt}}}{\partial y_{\text{s}}} \\ &= y_{\text{s}}(l-1) + \mu_y \boldsymbol{Q} \left(\frac{\partial \boldsymbol{T}^{\text{T}}}{\partial y_{\text{s}}} \boldsymbol{R}_{\boldsymbol{XX}}^{-1} \boldsymbol{T} + \boldsymbol{T}^{\text{T}} \boldsymbol{R}_{\boldsymbol{XX}}^{-1} \frac{\partial \boldsymbol{T}}{\partial y_{\text{s}}} \right) \boldsymbol{Q}^{\text{T}} \end{aligned} \tag{6.69}$$

$$
\begin{aligned}
z_{\mathrm{s}}(l) &= z_{\mathrm{s}}(l-1)+\mu_z\frac{\partial P_{\mathrm{opt}}}{\partial z_{\mathrm{s}}}\\
&= z_{\mathrm{s}}(l-1)+\mu_z\boldsymbol{Q}\left(\frac{\partial \boldsymbol{T}^{\mathrm{T}}}{\partial z_{\mathrm{s}}}\boldsymbol{R}_{\boldsymbol{XX}}^{-1}\boldsymbol{T}+\boldsymbol{T}^{\mathrm{T}}\boldsymbol{R}_{\boldsymbol{XX}}^{-1}\frac{\partial \boldsymbol{T}}{\partial z_{\mathrm{s}}}\right)\boldsymbol{Q}^{\mathrm{T}}
\end{aligned}
\tag{6.70}
$$

式中，μ_x、μ_y 和 μ_z 为控制收敛速度的步长，取小的正数；$\boldsymbol{Q}=\boldsymbol{F}^{\mathrm{T}}\left(\boldsymbol{C}_0^{\mathrm{T}}\boldsymbol{T}^{\mathrm{T}}\boldsymbol{R}_{\boldsymbol{XX}}^{-1}\boldsymbol{T}\boldsymbol{C}_0\right)^{-1}\boldsymbol{C}_0^{\mathrm{T}}$。迭代的初始值在下文算法的总结中讨论。在实际应用中，自相关矩阵通常使用采样自相关矩阵进行估计，即

$$
\boldsymbol{R}_{\boldsymbol{XX}}=\frac{1}{N}\sum_{k=0}^{N-1}\boldsymbol{X}(k)\boldsymbol{X}^{\mathrm{T}}(k) \tag{6.71}
$$

式中，N 为快拍数。推导可得 $\partial\boldsymbol{T}/\partial x_{\mathrm{s}}$、$\partial\boldsymbol{T}/\partial y_{\mathrm{s}}$ 和 $\partial\boldsymbol{T}/\partial z_{\mathrm{s}}$ 如下。

如果 $p-q=(d_n-d_{\mathrm{s}})f_{\mathrm{s}}/c$，则有

$$
\left[\frac{\partial \boldsymbol{T}}{\partial x_{\mathrm{s}}}\right]_{i,j}=\left[\frac{\partial \boldsymbol{T}}{\partial y_{\mathrm{s}}}\right]_{i,j}=\left[\frac{\partial \boldsymbol{T}}{\partial z_{\mathrm{s}}}\right]_{i,j}=1
$$

否则有

$$
\left[\frac{\partial \boldsymbol{T}}{\partial x_{\mathrm{s}}}\right]_{i,j}=\frac{\partial[\boldsymbol{T}]_{i,j}}{\partial d_{\mathrm{s}}}\frac{x_{\mathrm{s}}}{d_{\mathrm{s}}}+\frac{\partial[\boldsymbol{T}]_{i,j}}{\partial d_n}\frac{x_{\mathrm{s}}-x_n}{d_n} \tag{6.72}
$$

$$
\left[\frac{\partial \boldsymbol{T}}{\partial y_{\mathrm{s}}}\right]_{i,j}=\frac{\partial[\boldsymbol{T}]_{i,j}}{\partial d_{\mathrm{s}}}\frac{y_{\mathrm{s}}}{d_{\mathrm{s}}}+\frac{\partial[\boldsymbol{T}]_{i,j}}{\partial d_n}\frac{y_{\mathrm{s}}-y_n}{d_n} \tag{6.73}
$$

$$
\left[\frac{\partial \boldsymbol{T}}{\partial z_{\mathrm{s}}}\right]_{i,j}=\frac{\partial[\boldsymbol{T}]_{i,j}}{\partial d_{\mathrm{s}}}\frac{z_{\mathrm{s}}}{d_{\mathrm{s}}}+\frac{\partial[\boldsymbol{T}]_{i,j}}{\partial d_n}\frac{z_{\mathrm{s}}-z_n}{d_n} \tag{6.74}
$$

式中，

$$
\frac{\partial[\boldsymbol{T}]_{i,j}}{\partial d_{\mathrm{s}}}=\frac{\operatorname{sinc}\left(p-q+\dfrac{d_n-d_{\mathrm{s}}}{c}f_{\mathrm{s}}\right)}{d_n}+\frac{d_{\mathrm{s}}f_{\mathrm{s}}\left[\operatorname{sinc}\left(p-q+\dfrac{d_n-d_{\mathrm{s}}}{c}f_{\mathrm{s}}\right)-\cos\pi\left(p-q+\dfrac{d_n-d_{\mathrm{s}}}{c}f_{\mathrm{s}}\right)\right]}{d_n\left[c(p-q)+(d_n-d_{\mathrm{s}})f_{\mathrm{s}}\right]} \tag{6.75}
$$

$$
\frac{\partial[\boldsymbol{T}]_{i,j}}{\partial d_n}=\frac{d_{\mathrm{s}}}{d_n^2}\operatorname{sinc}\left(p-q+\frac{d_n-d_{\mathrm{s}}}{c}f_{\mathrm{s}}\right)+\frac{d_{\mathrm{s}}f_{\mathrm{s}}\left[\cos\pi\left(p-q+\dfrac{d_n-d_{\mathrm{s}}}{c}f_{\mathrm{s}}\right)-\operatorname{sinc}\left(p-q+\dfrac{d_n-d_{\mathrm{s}}}{c}f_{\mathrm{s}}\right)\right]}{d_n\left[c(p-q)+(d_n-d_{\mathrm{s}})f_{\mathrm{s}}\right]} \tag{6.76}
$$

经过聚焦点自校正之后，重新构建近场约束矩阵，应用于式（6.58），最后用文献[40]中提出的约束自适应算法求得近场自适应波束形成器最优权向量。当自校准过程收敛后，近场自适应波束形成器的输出功率达到最大值，此时有用信号相消降到最低。应当注意的是，Fudge 和 Linebarger 曾提出了一种基于校准技术的稳健麦克风阵列波束形成方法[58]，而这里介绍的自校准稳健近场自适应波束形成方法与该方法有所不同：一是针对的是近场应用条件；二是避免了利用不含噪声的纯净校准信号。我们知道，常规基于自校准的稳健近场自适应波束形成方法的性能在一定程度上依赖于校准信号与实际有用信号的频谱相似度。相较而言，自校准稳健近场自适应波束形成方法可以直接工作在噪声环境中，因此更便于实际的工程应用。

下面对自校准稳健近场自适应波束形成算法进行总结，其主要步骤如下。

第一步（初始化）：利用式（6.71）计算采样自相关矩阵，初始值由下列步骤估计得到。

（1）在$|x_s - x_F| \leqslant \Delta_x$范围内，估计$x_s(0)$，其中$x_s(0) = \arg\max\limits_{x_s} P_{opt}(x_s, y_F, z_F)$。

（2）在$|y_s - y_F| \leqslant \Delta_y$范围内，估计$y_s(0)$，其中$y_s(0) = \arg\max\limits_{y_s} P_{opt}(x_s(0), y_s, z_F)$。

（3）在$|z_s - z_F| \leqslant \Delta_z$范围内，估计$z_s(0)$，其中$z_s(0) = \arg\max\limits_{z_s} P_{opt}(x_s(0), y_s(0), z_s)$。

第二步（迭代）：对于第 l 次迭代，重复以下步骤，直至收敛或达到迭代的最大次数。

（1）令$y_s(l) = y_s(l-1)$，$z_s(l) = z_s(l-1)$，由式（6.68）估计$x_s(l)$。

（2）令$z_s(l) = z_s(l-1)$，并利用第二步（1）求得的$x_s(l)$，由式（6.69）估计$y_s(l)$。

（3）利用第二步（1）中求得的$x_s(l)$和第二步（2）中求得的$y_s(l)$，由式（6.70）估计$z_s(l)$。

第三步（波束形成）：先利用式（6.60）计算近场约束矩阵，然后利用约束自适应算法求得最优波束形成权系数[40]。

3. 仿真结果

考虑 9 阵元均匀线阵，阵元间距为信号最大频率对应的半波长。阵元布置在 x 轴上，中心位于坐标原点处。信号的归一化频率设定为$B = [0.1, 0.4]$。设每个麦克风通道的 FIR 滤波器抽头个数为$J = 21$。预设的聚焦点位置为$(x_F, y_F, z_F) = (0, 5\lambda, 0)$，即聚焦点到原点的径向距离为$r_F = 5\lambda$。为了便于分析比较，我们假设信号位于 xOy 平面内，即$\Delta_z = 0$。这里，我们比较 4 种算法的性能，这 4 种算法分别为延迟-求和固定权近场波束形成算法，点约束近场自适应波束形成算法，Zheng 等提出的近场自适应波束形成（Zheng's NABF）算法[33]，以及自校准稳健近场自适应波束形成算法。对于自校准稳健近场自适应波束形成，迭代参数μ_x、μ_y、μ_z均取 0.0001。

1）聚焦误差抑制性能

首先，我们考虑实际有用信号的位置为$(x_s, y_s, z_s)=(x_s, 0.95r_F, 0)$，聚焦约束区域为$\Delta_x=0.1r_F$、$\Delta_y=0.05r_F$时的情况。设定每个麦克风采集到有用信号的功率比背景白噪声的功率高 20dB。对于自校准稳健近场自适应波束形成算法，其实际声源位置的初始估计由两个一维均匀网格点搜索得到，网格点个数均取 10。图 6.9 给出了几种近场波束形成算法的归一化输出功率随x/r_F的变化情况，这里$y=0.95r_F$。为了便于比较，图 6.9 还给出了当聚焦约束区域取$\Delta_x=\Delta_y=0.05r_F$时，两种近场自适应波束形成算法的归一化输出功率。由仿真结果可知，尽管延迟-求和固定权近场波束形成算法对聚焦误差表现出很好的稳健性，但是在聚焦约束区域之外，其衰减不是很显著。换句话说，其噪声抑制性能较差。点约束近场自适应波束形成算法对聚焦误差比较敏感，即使出现较小的聚焦误差，也会导致严重的信号相消现象。另外，由仿真结果还可以看出，当聚焦约束区域变大时，Zheng 等提出的近场自适应波束形成算法的稳健性得到提高，但这是以牺牲噪声抑制性能为代价的。对于相同的聚焦约束区域，自校准稳健近场自适应波束形成算法比 Zheng 等提出的近场自适应波束形成算法在噪声抑制方面高出 10dB。

下面考虑实际有用信号的位置为$(x_s, y_s, z_s)=(0.05r_F, y_s, 0)$，聚焦约束区域为$\Delta_x=0.05r_F$、$\Delta_y=0.1r_F$时的情况。图 6.10 给出了几种近场波束形成算法的归一化输出功率随y/r_F的变化情况，这里$x=0.05r_F$。相比较而言，延迟-求和固定权近场波束形成算法几乎没有距离分辨能力。点约束近场自适应波束形成算法具有良好的距离分辨能力，但是其存在目标信号相消的问题。与 Zheng 等提出的近场自适应波束形成算法相比，在相同的聚焦约束区域条件下，自校准稳健近场自适应波束形成算法可以获得更好的距离分辨能力。

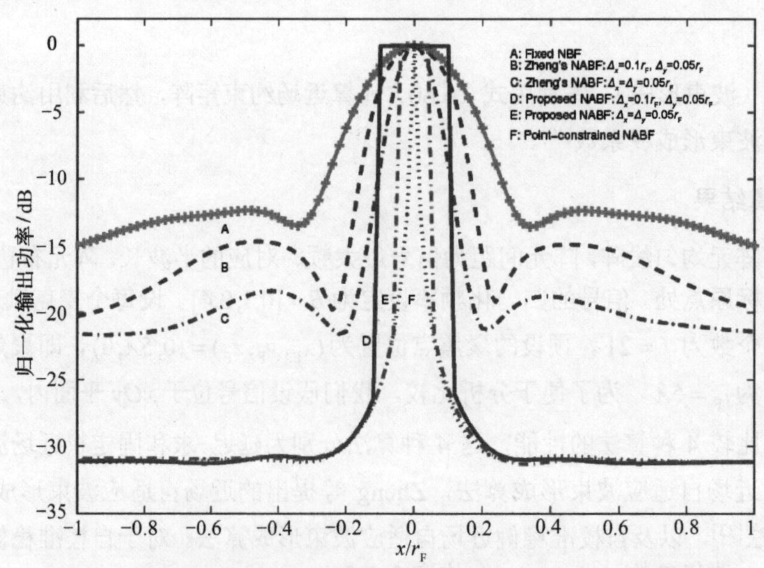

图 6.9 几种近场波束形成算法的归一化输出功率随x/r_F的变化情况

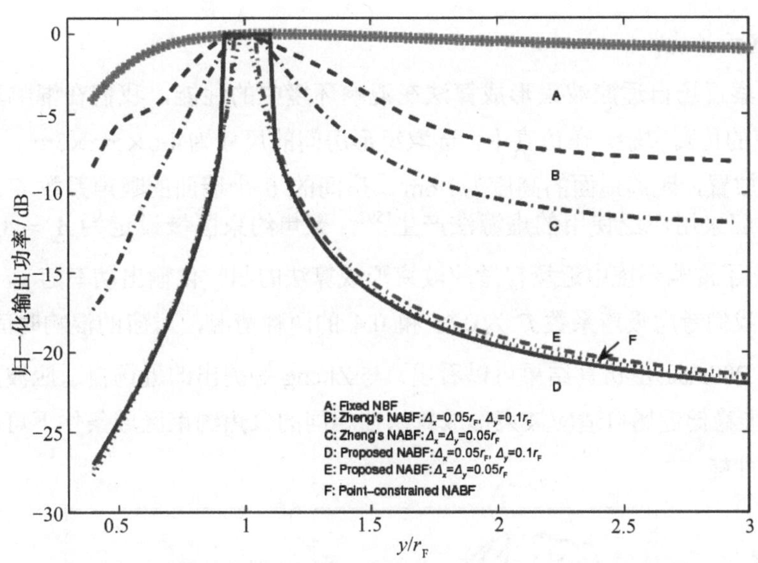

图 6.10　几种近场波束形成算法的归一化输出功率随 y/r_F 的变化情况

2）干扰抑制性能

下面考察三种近场自适应波束形成算法的干扰抑制性能，即波束形成算法的输出 SINR。假设存在位置聚焦误差，实际有用信号的位置为 $(0.05r_F, 0.95r_F, 0)$，干扰信号和有用信号的带宽和功率均相同，并且互不相关。聚焦约束区域设定为 $\Delta_x = \Delta_y = 0.05r_F$。图 6.11 给出了三种近场自适应波束形成算法的输出 SINR 随 SNR 的变化情况。其中，干扰信号的位置为 $(0, 10r_F, 0)$，即干扰信号位于有用信号的正后方。由仿真结果可知，由于信号相消问题，点约束近场自适应波束形成算法的性能急剧下降。相较而言，对于相同的聚焦约束区域，自校准稳健近场自适应波速形成算法要优于 Zheng 等提出的近场自适应波束形成算法，这主要归功于自校准稳健近场自适应波速形成算法没有损失抑制干扰信号的 DOF。

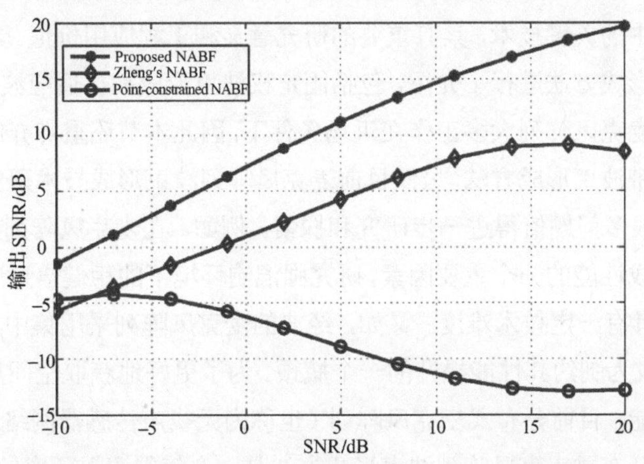

图 6.11　三种近场自适应波束形成算法的输出 SINR 随 SNR 的变化情况

3）抗混响性能

为了考察近场自适应波束形成算法在混响环境中的性能，我们在混响环境中考虑图 6.12 对应的仿真实验。在仿真中，选取矩形房间的尺寸为$4\text{m}\times5\text{m}\times3\text{m}$，麦克风阵列沿墙壁水平放置，距离地面的高度为1.6m。房间的 6 个墙面的吸声系数$\varGamma$均相同，房间的脉冲响应采用广泛使用的虚源法产生[59]，聚焦约束区域设定为$\varDelta_x=\varDelta_y=0.05r_{\text{F}}$。图 6.12 给出了混响环境中近场自适应波束形成算法的归一化输出功率随y/r_{F}的变化情况。这里，我们考虑吸声系数$\varGamma$为0.65和 0.4 的两种情况，对应的混响时间T_{60}分别约为100ms 和 200ms。由仿真结果可以看出，与 Zheng 等提出的近场自适应波束形成算法相比，自校准稳健近场自适应波束形成算法在相同的聚焦约束区域条件下可以获得更好的噪声抑制性能。

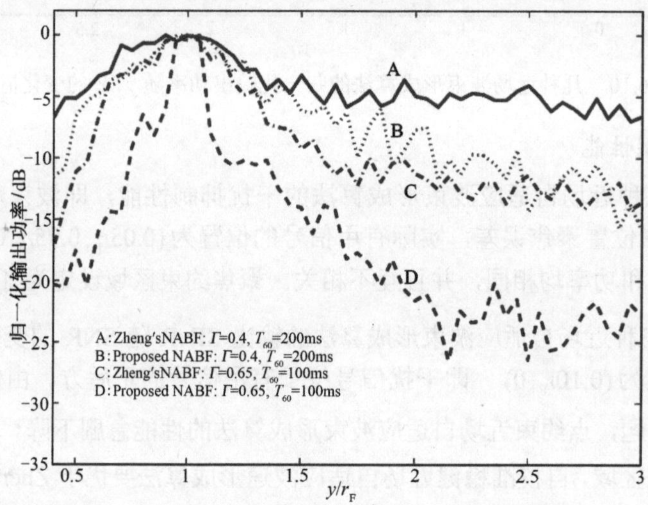

图 6.12　混响环境中近场自适应波束形成算法的归一化输出功率随y/r_F的变化情况

本节对麦克风阵列波束形成的一些典型应用背景进行了简要介绍。稳健波束形成是麦克风阵列研究中的关键技术，具有重要的研究意义和工程应用价值。本节对目前已提出的主要稳健波束形成方法进行了介绍，包括固定权波束形成和自适应波束形成两大类。由于在实际应用中麦克风阵列大多工作在近场条件下，因此本节还重点介绍了两种典型的麦克风阵列近场宽带波束形成方法。虽然目前麦克风阵列波束形成技术研究已取得了一些重要进展，但仍有很多问题值得进一步研究和探索。例如，在麦克风阵列应用中，混响是影响自适应波束形成性能的一个重要因素，研究强混响环境下的稳健自适应波束形成技术具有重要意义，也具有一定技术难度。又如，经典的麦克风阵列采用集中式结构，其阵列孔径往往较小，这成为制约其性能提升的一个瓶颈。为了更好地获取空间声场信息以提高阵列处理系统的性能，目前分布式麦克风阵列（也称为无线声传感器网络）引起了研究者的重视。高性能的分布式麦克风阵列波束形成方法是一个值得深入研究的课题。

6.5 本章小结

本章研究了宽带阵列信号的两种 DOA 估计方法：非相干信号子空间方法和相干信号子空间方法。本章还研究了稳健的麦克风阵列近场宽带波束形成，包括基于凸优化的稳健近场宽带波束形成和自校准稳健近场自适应波束形成。部分相应研究成果见文献[38-39]。

参考文献

[1] WAX M，SHAN T，KAILATH T. Spatio-temporal spectral analysis by eigenstructure methods[J]. IEEE Transactions on Acoustics，Speech，and Signal Processing，1984，32：817-827.

[2] WANG H，KAVEH M. Coherent signal-subspace processing for the detection and estimation of angles of multiple wide-band sources[J]. IEEE Transactions on Acoustics，Speech，and Signal Processing，1985，33（4）：823-831.

[3] HUNG H，KAVEH M. Focusing matrices for coherent signal-subspace processing[J]. IEEE Transactions on Acoustic，Speech，and Signal Processing，1988，36（8）：1272-1281.

[4] DORON M A，WEISS A J. On focusing matrices for wideband array proceesing[J]. IEEE Transactions on Signal Processing，1992，40（6）：1295-1302.

[5] VALAEE S，KABAL P. Wideband array processing using a two-sided correlation transformation[J]. IEEE Transactions on Signal Processing，1995，43（1）：160-172.

[6] HUNG H，MAO C. Robust coherent signal-subspace processing for direction-of-arrival estimation of wide-band sources[J]. IET Radar，Sonar and Navigation，1994，141（5）：256-262.

[7] HONG A H T. Focusing matrices for wide-band array processing with no a priori angle estimates[C]//IEEE International Conference on Acoustics，Speech and Signal Processing，1992.

[8] BUCKLEY M. Broadband signal-subspace spatial spectrum（BASS-ALE） estimation[J]. IEEE Transactions on Acoustics，Speech，and，Signal Processing，1989，36（6）：953-962.

[9] SWINGLER N，WALKER R S，KROLIK J. High-resolution broadband beamforming using doubly-steered coherent signal-subspace approach[C]//IEEE International Conference on Acoustics，Speech and Signal Processing，1988.

[10] JEFEREY K，DAVID S. Focused wide-band array processing by spatial resampling[J]. IEEE Transactions on Acoustics，Speech，and Signal Processing，1990，38（2）：356-360.

[11] BENJAMIN H，ANTHONY W. Direction finding for wide-band signals using an interpolated array[J]. IEEE Transactions on Signal Processing，1993，41（4）：1618-1634.

[12] WARD B，DING Z，KENNEDY R A. Broadband DOA estimation using frequency-invariant beam-space processing[C]//IEEE International Conference on Acoustics，Speech and Signal Processing，1996.

[13] VALAEE S，KABAL P. Selection of the focusing frequency in the wideband array processing-MUSIC and ESPRIT[C]//16th Biennial Symp. Commun，1992.

[14] 薄保林. 宽带阵列信号 DOA 估计算法研究[D]. 西安：西安电子科技大学，2007.

[15] 张小飞，汪飞，徐大专. 阵列信号处理的理论和应用[M]. 北京：国防工业出版社，2010.

[16] BENESTY J，MAKINO S，CHEN J. Speech enhancement[M]. Berlin：Springer-Verlag，2005.

[17] DOCLO S，MOONEN M. GSVD-based optimal filtering for single and multimicrophone speech enhancement[J]. IEEE Transactions on Signal Processing，2002，50（9）：2230-2244.

[18] LOIZOU P. Speech enhancement：theory and practice[M]. Boca Raton：CRC Press，2007.

[19] CHEN J，BENESTY J，HUANG Y. A minimum distortion noise reduction algorithm with multiple microphones[J]. IEEE Transactions on Audio，Speech，and Language Processing，2008，16（3）：481-493.

[20] BRANDSTEIN M，WARD D. Microphone arrays：signal processing techniques and applications[M]. Berlin：Springer-Verlag，2001.

[21] ZHAO X，OU Z. Closely coupled array processing and model-based compensation for microphone array speech recognition[J]. IEEE Transactions on Audio，Speech，and Language Processing，2007，15（2）：1114-1122.

[22] ZHANG X X，HANSEN J H L. CSA-BF：a constrained switched adaptive beamformer for speech enhancement and recognition in real car environments[J]. IEEE Transactions on Speech and Audio Processing，2003，11（6）：733-745.

[23] WIDROW B. A microphone array for hearing aids[J]. IEEE Circuits and Systems Magazine，2001，1（2）：26-32.

[24] CHU P L. Superdirective microphone array for a set-top videoconferencing system[C]//IEEE Workshop on Applications Signal Processing to Audio and Acoustics，1997.

[25] TAMAI Y，KAGAMI S，AMEMIYA Y，et al. Circular microphone array for robot’s audition[J]. Proceedings of IEEE Conference on Sensors，2004，2：565-570.

[26] 陆灏铭，陈玮，刘寿宝. 基于麦克风阵列的声源定位系统设计[J]. 传感器与微系统，2012，31（4），4-7.

[27] DOCLO S，MOONEN M. Design of broadband beamformers robust against gain and phase errors in the microphone array characteristics[J]. IEEE Transactions on Signal Processing，2003，51（10）：2511-2526.

[28] DOCLO S，MOONEN M. Design of far-field and near-field broadband beamformers using eigenfilters[J]. Signal Processing，2003，83（12）：2641-2673.

[29] KENNEDY R A，ABHAYAPALA T D，WARD D B. Broadband nearfield beamforming using a radial beampattern transformation[J]. IEEE Transactions on Signal Processing，1998，46（8）：2147-2156.

[30] YIU K F C，YANG X，NORDHOLM S，et al. Near-field broadband beamformer design via multidimensional semi-infinite linear programming techniques[J]. IEEE Transactions on Speech and Audio Processing，2003，11（6）：725-732.

[31] NORDHOLM S E，REHBOCK V，TEO K L，et al. Chebyshev optimization for the design of broadband beamformers in the near field[J]. IEEE Transactions on Circuits and Systems II：Analog and Digital Signal Processing，1998，45（1）：141-143.

[32] LAU B K，LEUNG Y H，TEO K L，et al. Minimax filters for microhpone arrays[J]. IEEE Transactions on Circuits and Systems II：Analog and Digital Signal Processing，1999，46（12）：1522-1525.

[33] ZHENG Y R，GOUBRAN R A，EL-TANANY M. Robust near-field adaptive beamforming with distance discrimination[J]. IEEE Transactions on Speech and Audio Processing，2004，12（9）：478-488.

[34] SER W，CHEN H，YU Z L. Self-calibration-based robust near-field adaptive beamforming for microphone arrays[J]. IEEE Transactions on Circuits and Systems II：Express Briefs，2007，54（3）：267-271.

[35] KAJALA M，HÄMÄLÄINEN M. Broadband beamforming optimization for speech enhancement in noisy environments[C]//Proceedings of IEEE Workshop on Applications of Signal Processing in Audio and Acoustics New Paltz，1999.

[36] KOROMPIS D，YAO K，LORENZELLI F. Broadband maximum energy array with user imposed spatial and frequency constraints[C]//Proceedings of IEEE International Conference on Acoustics，Speech，and Signal Processing，1994.

[37] DOCLO S，MOONEN M. Superdirective beamforming robust against microphone mismatch[J]. IEEE Transactions on Audio，Speech，and Language Processing，2007，15（2）：617-631.

[38] CHEN H，SER W. Design of robust broadband beamformers with passband shaping characteristics using Tikhonov regularization[J]. IEEE Transactions on Audio，Speech，and Language Processing，2009，17（4）：665-681.

[39] CHEN H，SER W，YU Z L. Optimal design of nearfield wideband beamformers robust against errors in microphone array characteristics[J]. IEEE Transactions on Circuits and Systems-I：Regular Papers，2007，54（9）：1950-1959.

[40] FROST O L. An algorithm for linearly constrained adaptive array processing[J]. Proceedings of IEEE，1972，60（8）：926-935.

[41] GRIFFITHS L J，JIM C W. An alternative approach to linear constrained adaptive beamforming[J]. IEEE Transactions Antennas and Propagation，1982，30（1）：27-34.

[42] BREED B R，STRAUSS J. A short proof of the equivalence of LCMV and GSC beamforming[J]. IEEE Signal Processing Letters，1994，1（7）：103-105.

[43] HOSHUYAMA O，SUGIYAMA A，HIRANO A. A robust adaptive beamformer for microphone arrays with a blocking matrix using constrained adaptive filters[J]. IEEE Transactions on Signal Processing，1999，47（10）：2677-2684.

[44] GANNOT S，BURSHTEIN D，WEINSTEIN E. Signal enhancement using beamforming and nonstationarity with applications to speech[J]. IEEE Transactions on Signal Processing，2001，49（8）：1614-1626.

[45] WEISS S，PROUDLER I K. Comparing efficient broadband beamforming architectures and their performance trade-offs[C]//Proceedings of International Conference on Digital Signal Processing，2002.

[46] DE HAAN J M，GRBIC N，CLAESSON I，et al. Filter bank design for subband adaptive microphone arrays[J]. IEEE Transactions on Speech and Audio Processing，2003，11（1）：14-23.

[47] NEO W H，FARHANG-BOROUJENY B. Robust microphone arrays using subband adaptive filters[J]. IEE Proceedings-Vision，Image，and Signal Processing，2002，149（1）：17-25.

[48] NORDHOLM S，LOW S Y，CLAESSON I，et al. Non-uniform optimal subband beamforming：an evaluation on real acoustic meansurements[C]//Proceedings of IEEE Congress on Image and Signal Processing，2008.

[49] YERMECHE Z，GARCIA P M，GRBIC N，et al. A clalibrated subband beamforming algorithm for speech enhancement[C]//Proceedings of IEEE Workshop Sensor Array and Multichannel Signal Processing，2002.

[50] GRBIC N，NORDHOLM S. Soft constrained subband beamforming for hands-free speech enhancement[C]//Proceedings of IEEE International Conference on Acoustics，Speech，and Signal Processing，2002.

[51] KUTTRUFF H. Room acoustics（Fourth Edition）[M]. London：Spon Press，Taylor & Francis Group，2000.

[52] STURM J F. Using SeDuMi 1.02，a MATLAB toolbox for optimization over symmetric cones[J]. Optimization Methods and Software，1999，11（1-4）：625-653.

[53] COX H，ZESKIND R，KOOIJ T. Practical supergain[J]. IEEE Transactions on Acoustics，Speech，and Signal Processing，1986，34（6）：393-398.

[54] LOBO M，VANDENBERGHE L，BOYD S，et al. Applications of second-order cone programming[J]. Linear Algebra and its Applications. 1998，248（1-3）：193-228.

[55] CHING P C，CHAN Y T. Adaptive time delay estimation with constraints[J]. IEEE Transactions on Acoustics，Speech，and Signal Processing，1988，36（4）：599-602.

[56] MCCOWAN I A，MOORE D C，SRIDHARAN S. Near-field adaptive beamformer for robust speech recognition[J]. Digital Signal Processing，2002，12（1）：87-106.

[57] ZISKIND I，WAX M. Maximum likelihood localization of multiple sources by alternating projection[J]. IEEE Transactions on Acoustics，Speech，and Signal Processing，1988，36（10）：1553-1560.

[58] FUDGE G L，LINEBARGER D A. A calibrated generalized sidelobe canceller for wideband beamforming[J]. IEEE Transactions on Signal Processing，1994，42（10）：2871-2875.

[59] ALLEN J B，BERKLEY D A. Image method for efficiently simulating small-room acoustics[J]. Journal of the Acoustical Society of America，1979，65（4）：943-950.

第7章 分布式信源空间谱估计

分布式信源（简称分布源）角度参数估计问题已经成为阵列信号处理中重要的研究内容之一。本章开展相干分布源角度参数估计算法研究，介绍基于 ESPRIT、DSPE、级联 DSPE、广义 ESPRIT 及快速 PARAFAC 的分布式信源空间谱估计算法等。

7.1 引言

传统阵列信号处理主要针对的是点信源[1-3]，早在 20 世纪 80 年代，学术界就对分布源参数估计问题展开了研究。在复杂的移动通信环境中，信号的传播受到环境噪声、非均匀传播介质等因素的影响，阵列观测信号呈现出一定的角度扩展。因此，信源不能简单地看作点信源，但是当时并未提出分布源的概念，而是将这样的信源作为具有非理想空间相干特性的点信源来研究。

直到 1992 年，Tantti 首次提出了空间扩散目标的概念[4]，并且为信号功率的空间分布方式找到了确定的数学表达——角度分布密度函数，使用角度分布参数来表征信号的角度扩展，这一概念为后续分布源的建模奠定了基础。有学者提出用大量点信源叠加来近似表示分布源，这为分布源的建模提供了另一种思路。

研究者将分布源分为相干分布（Coherently Distributed，CD）源和非相干分布（Incoherently Distributed，ID）源，并给出两种分布源的完整数学表达。如果信道相干时间远小于观测周期，即信道呈现快时变特性，则将信源视作非相干分布源；反之，将信源视作相干分布源。

相干分布源的空间扩散特性由确定性角信号密度函数描述，非相干分布源的空间扩散特性由角功率密度函数描述。对于相干分布源来说，角度参数包括中心 DOA（Nominal DOA）和角度扩展（Angular Spread），用数学描述就是所有入射角度的 DOA 均值及概率密度函数的方差，这样的建模思路现在已经成为研究的主流方向。出于简化相干分布源模型的考虑，文献[5]提出了广义阵列流形（Generalized Array Manifold，GAM）的概念，文献[6]提出了一阶泰勒近似模型。

文献[7-12]研究了分布源在实际应用中更复杂的情况，丰富了分布源在建模方面的理论成果。其中，基于非对称分布源建模，文献[7-8]在这方面作出了努力，文献[9-10]研究了基于三维空间定位的二维分布源模型，文献[11]提出了宽带分布源模型，文献[12]考虑了极化分布源的建模。

经过上述学者对分布源建模的发展，分布源空间谱估计研究也从 20 世纪 90 年代开始逐渐引起学术界的重视，并得到了长足的发展。分布源空间谱估计不仅需要估计中心 DOA，而且需要估计表征信号空间扩散程度的角度扩展。中心 DOA 和角度扩展之间的耦合使得分布源的空间谱估计远比点信源下的估计复杂。

对于相干分布源，各散射分量是同一信号的时延副本，信源的无噪协方差矩阵的秩等于信源数，这一特性与点信源信号保持一致，因而点信源模型下的众多经典 DOA 估计方法可以简单地扩展到相干分布源的空间谱估计中。文献[13]提出了基于 MUSIC 的分布式信号参数估计器（Distributed Signal Parameter Estimator，DSPE），该算法通过二维谱峰搜索估计一维相干分布源的角度参数。文献[14]和文献[15]采用 ESPRIT 算法的思路，通过近似旋转不变性得到对中心 DOA 的闭式解估计。文献[16]提出了基于传播算子算法的改进算法，根据传播算子与 GAM 之间的对应关系求得中心 DOA 估计，无须进行特征值分解，计算复杂度低。文献[17]提出了一种基于稀疏表示的低复杂度算法。基于 GAM 的算法对分布源的具体分布不敏感，可处理不同分布的多信源并存的情形，但该类算法要求使用特殊的阵列构型，这使得它们的实际应用受到限制。文献[18]针对相干分布源扩展了传统的 Capon 算法，并给出了详尽的性能分析。文献[19]推广了广义 ESPRIT（Generalized ESPRIT，GESPRIT）算法，依据秩亏缺准则实现一维相干分布源的空间谱估计。这两种算法[18-19]均需要进行谱峰搜索，复杂度较高，且要求分布源的扩散类型已知，不利于实际应用。文献[20-22]研究了二维相干分布源的空间谱估计。相干分布源的空间谱估计算法还有最大似然法[23]、子空间后验稀疏迭代 DOA 估计算法[24]、极大最大特征值和极小最小特征值法[25]、基于二次旋转不变性的中心 DOA 估计算法[26]和基于信号子空间的 DOA 估计算法[27]等。

对于非相干分布源，对应于同一信源的各散射分量完全不相关，当角度扩展增加时，其无噪协方差矩阵的秩也会随之增加，通常大于信源数。特别地，在单信源情形下，秩可与阵元数相等。在非相干分布源情形下，信号子空间将扩展至全空间，而噪声子空间为空。因此，相对于相干分布源，非相干分布源的空间谱估计变得较为困难。基于点信源的经典算法，如 MUSIC 算法[2]、ML 法[28]、ESPRIT 算法[3]等，在直接用于非相干分布源的 DOA 估计时性能急剧下降。1996 年，Meng 等[29]经过论证得出，虽然非相干分布源存在“秩多”现象，但其大部分信号能量集中在无噪协方差矩阵的较大的少数特征值中。由此提出了伪信号子空间和伪噪声子空间的概念，其中伪信号子空间的维数即能量最集中的特征值个数，其数值与信源的空间扩散程度有关。这一特性为子空间算法在非相干分布源的空间谱估计中的应用奠定了理论基础。文献[13]和文献[29]据此提出了 DSPE 算法、DISPARE 算法，均可视为 MUSIC 算法的推广。在这些算法中，伪信号子空间维数的选取是难点所在，这些算法常以总能量的 95%为门限选取伪信号子空间维数。文献[30]根据伪噪声子空间和无噪协方差矩阵的列向量之间的近似正交性，提出了一种无须区分伪噪声子空间和伪信号子空间的子空间类算法，通过二维谱峰搜索的形式得到角度参数估计，在信源位置相近、角度扩展较大或 SNR 较小的情况下性能较传统算法更为优越，缺点是需要已知角度分布类型且各信源的分布类型相同。同时，这些算法由于需要对中心 DOA 和角度扩展进行二维搜索，所以复杂度较高。文献[31-32]利用两点源近似模型，提出了 Root-MUSIC 算法在非相干分布源下的扩展算法，该算法无须进行谱峰搜索，降低了复杂度，分布源的角度扩展通过查表得到。文献[15]提出了基于 ESPRIT 的非相干分布源空间谱估计（简称 ESPRIT-ID）算法。ESPRIT-ID 算法利用基于泰勒展开的 GAM 模型使得中心 DOA 和角度扩展两项参数解耦，利用两个近距离放置的子阵构造近似旋转不变性，中心 DOA 依据总体最小二乘-ESPRIT（Total Least Squares ESPRIT，TLS-ESPRIT）算法求得，而角度扩展则利用角功率密度函数的二阶中心矩估计得到。ESPRIT-ID 算法创造性地使得中心 DOA 和角度扩展均能通过解析解估计，因而在复杂度上优势明显。然而，其性能还存在提升的空间。在 ESPRIT-ID 算法的基础上，文献[33]研究了大规模 MIMO 系统中的二维非相干分布源的空间谱估计，提出了大规模面阵下的二维非相干分布源的 ESPRIT 算法，该算法在复杂度方面极具优势。其主要贡献在于证明了在天线数趋向无穷大的情形下，GAM 矩阵满秩，因而阵列构型可以设置为常规的均匀面阵，无须通过限制子阵间的距离来构造旋转不变性。

7.2 基于 ESPRIT 的分布式信源空间谱估计算法

7.2.1 数据模型

如图 7.1 所示，阵列包含 M 个阵元偶[34]，其中每个阵元偶包含两个完全相同的阵元，两者之间的位移为δ，可发现该阵列的结构为$P=2$时的移不变阵列。假设远场中有 K 个窄带相干分布源信号以平面波的形式入射到该阵列上，入射角用中心 DOA $\{\theta_i \mid i=1,2,\cdots,K\}$来表征，且所有 $2M$ 个阵元上都有与信号独立的均值为零、方差为σ_n^2的加性高斯白噪声。将阵列分为两个平移量为δ的均匀线阵X_1和X_2，每个子阵的阵元间距为d，且满足$\delta \ll d$。那么，子阵X_1和X_2的接收信号可以表示为如下的积分形式[13]：

$$\boldsymbol{x}_1(t)=\sum_{i=1}^{K}\int_{-\pi/2}^{\pi/2}\boldsymbol{a}(\theta)s_i(\theta,t;\boldsymbol{\psi}_i)\mathrm{d}\theta+\boldsymbol{n}_1(t) \tag{7.1}$$

$$\boldsymbol{x}_2(t)=\sum_{i=1}^{K}\int_{-\pi/2}^{\pi/2}\boldsymbol{a}(\theta)s_i(\theta,t;\boldsymbol{\psi}_i)\mathrm{e}^{\mathrm{j}2\pi\frac{\delta}{\lambda}\sin\theta}\mathrm{d}\theta+\boldsymbol{n}_2(t) \tag{7.2}$$

式中，$\boldsymbol{a}(\theta)$ 为 $M\times1$ 的阵列响应向量；$s_i(\theta,t;\boldsymbol{\psi}_i)$ 表示第 i 个分布源的角信号密度函数；$\theta\in[-\pi/2,\pi/2]$；$\boldsymbol{\psi}_i=(\theta_i,\sigma_i)$ 为对应于第 i 个分布源的位置向量，θ_i 和 σ_i 分别表示第 i 个分布源的中心 DOA 和角度扩展；$\boldsymbol{n}_1(t)$ 和 $\boldsymbol{n}_2(t)$ 表示均值为 0、方差为 σ^2 的加性高斯白噪声；λ 表示信号波长。

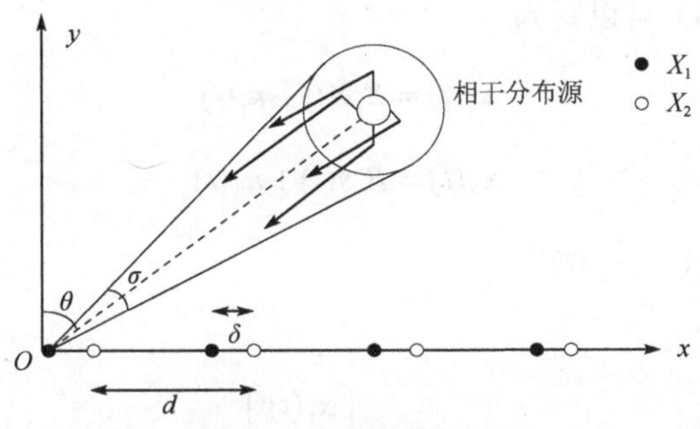

图 7.1　线阵结构

对于相干分布源，从信源不同角度入射的接收信号分量可以被视为同一信号的时延副本，因此其角信号密度函数 $s_i(\theta,t;\boldsymbol{\psi}_i)$ 可以进一步表示为[13]：

$$s_i(\theta,t;\boldsymbol{\psi}_i)=s_i(t)\rho(\theta;\boldsymbol{\psi}_i) \tag{7.3}$$

式中，$s_i(t)$ 表示第 i 个分布源信号；$\rho(\theta;\boldsymbol{\psi}_i)$ 为确定性角信号密度函数且满足[13]：

$$\int_{-\pi/2}^{\pi/2}\rho(\theta;\boldsymbol{\psi}_i)\mathrm{d}\theta=1 \tag{7.4}$$

因此，对于相干分布源，子阵 X_1 和 X_2 的接收信号可以表示为

$$\begin{aligned}\boldsymbol{x}_1(t)&=\sum_{i=1}^{K}s_i(t)\int_{-\pi/2}^{\pi/2}\boldsymbol{a}(\theta)\rho(\theta;\boldsymbol{\psi}_i)\mathrm{d}\theta+\boldsymbol{n}_1(t)\\&=\sum_{i=1}^{K}s_i(t)\boldsymbol{b}_1(\boldsymbol{\psi}_i)+\boldsymbol{n}_1(t)\end{aligned} \tag{7.5}$$

$$\begin{aligned}\boldsymbol{x}_2(t)&=\sum_{i=1}^{K}s_i(t)\int_{-\pi/2}^{\pi/2}\boldsymbol{a}(\theta)\rho(\theta;\boldsymbol{\psi}_i)\mathrm{e}^{\mathrm{j}2\pi\frac{\delta}{\lambda}\sin\theta}\mathrm{d}\theta+\boldsymbol{n}_2(t)\\&=\sum_{i=1}^{K}s_i(t)\boldsymbol{b}_2(\boldsymbol{\psi}_i)+\boldsymbol{n}_2(t)\end{aligned} \tag{7.6}$$

式中，第 i 个分布源的广义方向向量可以定义为

$$\boldsymbol{b}_1(\boldsymbol{\psi}_i)=\int_{-\pi/2}^{\pi/2}\boldsymbol{a}(\theta)\rho(\theta;\boldsymbol{\psi}_i)\mathrm{d}\theta \tag{7.7}$$

$$\boldsymbol{b}_2(\psi_i)=\int_{-\pi/2}^{\pi/2}\boldsymbol{a}(\theta)\rho(\theta;\psi_i)\mathrm{e}^{\mathrm{j}2\pi\frac{\delta}{\lambda}\sin\theta}\mathrm{d}\theta \tag{7.8}$$

若将相干分布源的阵列流形矩阵表示为

$$\boldsymbol{B}_1=\left[\boldsymbol{b}_1(\psi_1),\boldsymbol{b}_1(\psi_2),\cdots,\boldsymbol{b}_1(\psi_K)\right] \tag{7.9}$$

$$\boldsymbol{B}_2=\left[\boldsymbol{b}_2(\psi_1),\boldsymbol{b}_2(\psi_2),\cdots,\boldsymbol{b}_2(\psi_K)\right] \tag{7.10}$$

则式（7.5）和式（7.6）可以写为

$$\boldsymbol{x}_1(t)=\boldsymbol{B}_1\boldsymbol{s}(t)+\boldsymbol{n}_1(t) \tag{7.11}$$

$$\boldsymbol{x}_2(t)=\boldsymbol{B}_2\boldsymbol{s}(t)+\boldsymbol{n}_2(t) \tag{7.12}$$

式中，$\boldsymbol{s}(t)=[s_1(t),s_2(t),\cdots,s_K(t)]^{\mathrm{T}}$。

令

$$\boldsymbol{x}(t)=\begin{bmatrix}\boldsymbol{x}_1(t)\\ \boldsymbol{x}_2(t)\end{bmatrix} \tag{7.13}$$

$$\boldsymbol{b}(\psi_i)=\begin{bmatrix}\boldsymbol{b}_1(\psi_i)\\ \boldsymbol{b}_2(\psi_i)\end{bmatrix} \tag{7.14}$$

$$\boldsymbol{B}=\begin{bmatrix}\boldsymbol{B}_1\\ \boldsymbol{B}_2\end{bmatrix} \tag{7.15}$$

阵列输出信号的协方差矩阵的特征值分解为

$$\boldsymbol{R}_x=E\left[\boldsymbol{x}(t)\boldsymbol{x}^{\mathrm{H}}(t)\right]=\boldsymbol{E}_{\mathrm{s}}\boldsymbol{\varLambda}_{\mathrm{s}}\boldsymbol{E}_{\mathrm{s}}^{\mathrm{H}}+\sigma^2\boldsymbol{E}_{\mathrm{n}}\boldsymbol{E}_{\mathrm{n}}^{\mathrm{H}} \tag{7.16}$$

式中，特征值 $\lambda_1\geqslant\lambda_2\geqslant\cdots\geqslant\lambda_K>\lambda_{K+1}=\cdots=\lambda_{2M}=\sigma^2$。$K$ 个较大特征值对应的特征向量张成信号子空间 $\boldsymbol{E}_{\mathrm{s}}$，$2M-K$ 个较小特征值对应的特征向量张成噪声子空间 $\boldsymbol{E}_{\mathrm{n}}$。

考虑有限次快拍的情况，协方差矩阵可被估计为

$$\hat{\boldsymbol{R}}_x=\frac{1}{L}\sum_{t=1}^{L}\boldsymbol{x}(t)\boldsymbol{x}^{\mathrm{H}}(t) \tag{7.17}$$

式中，L 表示快拍数。

7.2.2 算法描述

考虑相干分布源的场景，根据文献[15]可以得到 $\boldsymbol{b}_1(\psi_i)$ 和 $\boldsymbol{b}_2(\psi_i)$ 之间近似的旋转不变性关系。将 $\boldsymbol{b}_1(\psi_i)$ 在 $\theta=\theta_i$ 处进行泰勒展开，可以将 $\boldsymbol{b}_1(\psi_i)$ 表示为[15]

$$\boldsymbol{b}_1(\boldsymbol{\psi}_i)=\int_{-\pi/2}^{\pi/2}\sum_{n=0}^{\infty}\frac{\boldsymbol{a}^{(n)}(\theta_i)}{n!}(\theta-\theta_i)^n\rho_i(\theta;\boldsymbol{\psi}_i)\mathrm{d}\theta \tag{7.18}$$

式中，$\boldsymbol{a}^{(n)}(\theta_i)$为$\boldsymbol{a}(\theta)$在$\theta=\theta_i$处的$n$阶导数。

令

$$\boldsymbol{M}_i^n=\int_{-\pi/2}^{\pi/2}(\theta-\theta_i)^n\rho_i(\theta;\boldsymbol{\psi}_i)\mathrm{d}\theta \tag{7.19}$$

为$\rho_i(\theta;\boldsymbol{\psi}_i)$在$\theta=\theta_i$处的$n$阶累积量，那么$\boldsymbol{b}_1(\boldsymbol{\psi}_i)$可以简化表示为

$$\boldsymbol{b}_1(\boldsymbol{\psi}_i)=\sum_{n=0}^{\infty}\frac{\boldsymbol{a}^{(n)}(\theta_i)}{n!}\boldsymbol{M}_i^n \tag{7.20}$$

类似地，$\boldsymbol{b}_2(\boldsymbol{\psi}_i)$可以改写为

$$\boldsymbol{b}_2(\boldsymbol{\psi}_i)=\sum_{n=0}^{\infty}\frac{(\boldsymbol{a}(\theta_i)\mathrm{e}^{\mathrm{j}2\pi\frac{\delta}{\lambda}\sin\theta_i})^n}{n!}\boldsymbol{M}_i^n \tag{7.21}$$

$\boldsymbol{a}(\theta)\mathrm{e}^{\mathrm{j}2\pi\frac{\delta}{\lambda}\sin\theta}$关于$\theta$的一阶导数可以表示为

$$\frac{\partial}{\partial\theta}\left(\boldsymbol{a}(\theta)\mathrm{e}^{\mathrm{j}2\pi\frac{\delta}{\lambda}\sin\theta}\right)=\boldsymbol{a}'(\theta)\mathrm{e}^{\mathrm{j}2\pi\frac{\delta}{\lambda}\sin\theta}+\mathrm{j}2\pi\frac{\delta}{\lambda}\sin\theta\boldsymbol{a}(\theta)\mathrm{e}^{\mathrm{j}2\pi\frac{\delta}{\lambda}\sin\theta} \tag{7.22}$$

由于$\delta\ll d$，因此可得

$$\frac{\partial}{\partial\theta}\left(\boldsymbol{a}(\theta)\mathrm{e}^{\mathrm{j}2\pi\frac{\delta}{\lambda}\sin\theta}\right)\approx\boldsymbol{a}'(\theta)\mathrm{e}^{\mathrm{j}2\pi\frac{\delta}{\lambda}\sin\theta} \tag{7.23}$$

同理可得

$$\frac{\partial^n}{\partial\theta^n}\left(\boldsymbol{a}(\theta)\mathrm{e}^{\mathrm{j}2\pi\frac{\delta}{\lambda}\sin\theta}\right)\approx\boldsymbol{a}^{(n)}(\theta)\mathrm{e}^{\mathrm{j}2\pi\frac{\delta}{\lambda}\sin\theta} \tag{7.24}$$

类似地，$\boldsymbol{b}_2(\boldsymbol{\psi}_i)$可近似地表示为

$$\boldsymbol{b}_2(\boldsymbol{\psi}_i)\approx\sum_{n=0}^{\infty}\frac{\boldsymbol{a}^n(\theta_i)\mathrm{e}^{\mathrm{j}2\pi\frac{\delta}{\lambda}\sin\theta_i}}{n!}\boldsymbol{M}_i^n \tag{7.25}$$

根据式（7.20）和式（7.25），$\boldsymbol{b}_1(\boldsymbol{\psi}_i)$和$\boldsymbol{b}_2(\boldsymbol{\psi}_i)$近似地满足如下关系：

$$\boldsymbol{b}_2(\boldsymbol{\psi}_i)\approx\boldsymbol{b}_1(\boldsymbol{\psi}_i)\mathrm{e}^{\mathrm{j}2\pi\frac{\delta}{\lambda}\sin\theta_i} \tag{7.26}$$

可用矩阵的形式表示为

$$\boldsymbol{B}_2 \approx \boldsymbol{B}_1\boldsymbol{\Phi}_{\mathrm{r}} \tag{7.27}$$

式中，$\boldsymbol{\Phi}_{\mathrm{r}} = \mathrm{diag}(\mathrm{e}^{\mathrm{j}2\pi\sin\theta_1\delta/\lambda},\cdots,\mathrm{e}^{\mathrm{j}2\pi\sin\theta_K\delta/\lambda})$。

对信号协方差矩阵进行特征值分解，由于协方差矩阵列满秩，因此存在一个唯一的 $K\times K$ 非奇异矩阵 $\boldsymbol{T}$ 满足[1]：

$$\boldsymbol{E}_{\mathrm{s}} = \boldsymbol{BT} \tag{7.28}$$

将信号子空间分块为

$$\boldsymbol{E}_{\mathrm{s}} = \begin{bmatrix} \boldsymbol{E}_{B_1} \\ \boldsymbol{E}_{B_2} \end{bmatrix} = \begin{bmatrix} \boldsymbol{B}_1\boldsymbol{T} \\ \boldsymbol{B}_2\boldsymbol{T} \end{bmatrix} \tag{7.29}$$

式中，$\boldsymbol{E}_{B_1} \in \mathbf{C}^{M\times K}$；$\boldsymbol{E}_{B_2} \in \mathbf{C}^{M\times K}$。

由式（7.27）可得

$$\boldsymbol{E}_{B_2} = \boldsymbol{E}_{B_1}\boldsymbol{T}^{-1}\boldsymbol{\Phi}_{\mathrm{r}}\boldsymbol{T} = \boldsymbol{E}_{B_1}\boldsymbol{\Psi} \tag{7.30}$$

式中，$\boldsymbol{\Psi} = \boldsymbol{T}^{-1}\boldsymbol{\Phi}_{\mathrm{r}}\boldsymbol{T}$；矩阵 $\boldsymbol{\Phi}_{\mathrm{r}}$ 的对角线元素是矩阵 $\boldsymbol{\Psi}$ 的特征值。

通过 LS 准则或 TLS 准则，可以利用矩阵 $\boldsymbol{\Psi}$ 对分布源中心 DOA 进行估计，即 $\hat{\boldsymbol{\theta}} = [\hat{\theta}_1,\hat{\theta}_2,\cdots,\hat{\theta}_K]$。但是，考虑到式（7.27）中的近似关系，利用 TLS 准则将更有利于获得较为精确的中心 DOA 估计。

根据 TLS 准则，对于给定信号子空间估计 $\hat{\boldsymbol{E}}_{B_1}$ 和 $\hat{\boldsymbol{E}}_{B_2}$，寻找一个矩阵

$$\boldsymbol{F} = \begin{bmatrix} \boldsymbol{F}_0 \\ \boldsymbol{F}_1 \end{bmatrix} \in \mathbf{C}^{2K\times K} \tag{7.31}$$

使得

$$\min V = \left\| \left[\hat{\boldsymbol{E}}_{B_1}, \hat{\boldsymbol{E}}_{B_2} \right] \boldsymbol{F} \right\|_F^2 = \left\| \hat{\boldsymbol{E}}_{B_1B_2}\boldsymbol{F} \right\|_F^2 \tag{7.32}$$

最小。式中，$\hat{\boldsymbol{E}}_{B_1B_2} = \left[\hat{\boldsymbol{E}}_{B_1}, \hat{\boldsymbol{E}}_{B_2} \right]$；$\|\bullet\|_F$ 表示矩阵的 Frobenius 范数，且满足：

$$\boldsymbol{F}^{\mathrm{H}}\boldsymbol{F} = \boldsymbol{I} \tag{7.33}$$

因此，则矩阵 $\boldsymbol{\Psi}$ 的估计为

$$\hat{\boldsymbol{\Psi}} = -\boldsymbol{F}_0\boldsymbol{F}_1^{-1} \tag{7.34}$$

通过对该矩阵进行特征值分解可以得到第 i 个分布源中心 DOA 的估计 $\hat{\theta}_i$，即

$$\hat{\theta}_i = \arcsin\left[\frac{\lambda \cdot \mathrm{angle}(\xi_i)}{2\pi\delta} \right] \tag{7.35}$$

式中，ξ_i 表示矩阵 $\boldsymbol{\Psi}$ 的第 i 个特征值。

在得到分布源中心 DOA 的估计后，可以通过一维 DSPE 谱峰搜索得到分布源角度扩展的估计，将由式（7.35）得到的第 i 个分布源的中心 DOA 代入 MUSIC 空间谱，则第 i 个分布源的角度扩展可以通过对式（7.36）进行一维谱峰搜索得到：

$$f_{\text{DSPE}}(\sigma)=\frac{1}{\boldsymbol{b}^{\text{H}}(\hat{\theta}_i,\sigma)\boldsymbol{E}_{\text{n}}\boldsymbol{E}_{\text{n}}^{\text{H}}\boldsymbol{b}(\hat{\theta}_i,\sigma)},\quad i=1,2,\cdots,K \tag{7.36}$$

式中，

$$\boldsymbol{b}(\hat{\theta}_i,\sigma)=\begin{bmatrix}\boldsymbol{b}_1(\hat{\theta}_i,\sigma)\\ \boldsymbol{b}_2(\hat{\theta}_i,\sigma)\end{bmatrix} \tag{7.37}$$

综上所述，基于 ESPRIT 的分布式信源空间谱估计算法的步骤总结如下。

算法 7.1：基于 ESPRIT 的分布式信源空间谱估计算法。

步骤 1：通过式（7.17）计算协方差矩阵的估计值 $\hat{\boldsymbol{R}}_x$。

步骤 2：对 $\hat{\boldsymbol{R}}_x$ 进行特征值分解，并按从小到大的顺序进行排序，定义噪声子空间 $\hat{\boldsymbol{E}}_{\text{n}}$ 由后 $2M-K$ 个较小特征值构成，信号子空间由前 K 个较大特征值构成，并对信号子空间 $\hat{\boldsymbol{E}}_{\text{s}}$ 按式（7.29）进行分块。

步骤 3：构造 $\hat{\boldsymbol{E}}_{B_1B_2}=\left[\hat{\boldsymbol{E}}_{B_1},\hat{\boldsymbol{E}}_{B_2}\right]$，并计算 $\hat{\boldsymbol{E}}_{B_1B_2}^{\text{H}}\hat{\boldsymbol{E}}_{B_1B_2}$ 的特征值。

步骤 4：先根据式（7.34）计算 $\hat{\boldsymbol{\Psi}}$，再根据式（7.35）得到中心 DOA 估计值。

步骤 5：对式（7.36）进行一维谱峰搜索得到角度扩展估计值。

7.2.3　性能分析

本节对算法的复杂度展开讨论，TLS-ESPRIT-CD 算法计算协方差的复杂度为 $O(4M^2L)$，对协方差进行特征值分解的复杂度为 $O(8M^3)$，计算 $\hat{\boldsymbol{\Psi}}$ 的复杂度为 $O(4MK^2+3K^3)$，对 $\hat{\boldsymbol{\Psi}}$ 进行特征值分解的复杂度为 $O(8K^3)$，一维谱峰搜索的复杂度为 $O(l_1(2M(2M-K)))$。因此，TLS-ESPRIT-CD 算法的总复杂度为 $O(4M^2L+8M^3+4MK^2+11K^3+l_1(2M(2M-K)))$。DSPE 算法的复杂度为 $O(4M^2L+8M^3+l_1l_2(2M(2M-K)))$，其中 l_1 和 l_2 分别表示对角度扩展和中心 DOA 进行谱峰搜索的次数。

我们考虑远场空间中有 $K=2$ 个相干分布源信号入射到如图 7.1 所示的阵列上，两个均匀线阵间距 $\delta=\lambda/10$，快拍数 $L=500$，采用局部搜索的方法，中心 DOA 的搜索范围为 $[10°,80°]$，角度扩展的搜索范围为 $[0°,3°]$，搜索精度为 0.001。图 7.2 描述了不同阵元数下 TLS-ESPRIT-CD 算法与 DSPE 算法的复杂度对比情况。通过图 7.2 可以发现，两种算法复杂度均随阵元数的增加而提高，且 DSPE 算法复杂度明显高于 TLS-ESPRIT-CD 算法，这是因为 TLS-ESPRIT-CD 算法避免了二维搜索。

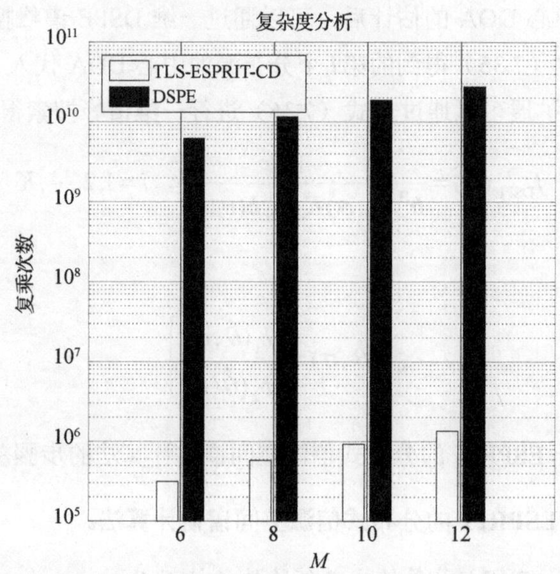

图 7.2　不同阵元数下 TLS-ESPRIT-CD 算法与 DSPE 算法的复杂度对比情况

本节算法具有如下优点。

（1）与 DSPE 算法相比，本节算法无须进行二维谱峰搜索，拥有较低的复杂度。

（2）本节算法可实现角度自动配对。

（3）本节算法适用于多种分布方式并存的场景。

7.2.4　仿真结果

下面通过蒙特卡罗仿真验证本节算法的有效性。使用 RMSE 作为衡量算法估计精度的标准，公式为

$$\mathrm{RMSE}=\frac{1}{K}\sum_{i=1}^{K}\sqrt{\frac{1}{N}\sum_{n=1}^{N}\left(\hat{a}_{i,n}-a_i\right)^2} \tag{7.38}$$

式中，N 表示蒙特卡罗仿真次数；$\hat{a}_{i,n}$ 表示第 n 次蒙特卡罗仿真中第 i 个分布源的中心 DOA 或角度扩展估计值；a_i 表示对应的理论值。

本节中蒙特卡罗仿真次数设置为 500。假设远场空间中有两个相干分布源，均为高斯分布，分布方式表示为

$$\rho(\theta;\psi_i)=\frac{1}{\sqrt{2\pi}\sigma_i}\exp\left[-0.5(\theta-\theta_i)^2/\sigma_i^2\right],\ i=1,2 \tag{7.39}$$

式中，θ_i 和 σ_i 分别表示第 i 个分布源的中心 DOA 和角度扩展。

本节中将中心 DOA θ_1 和 θ_2 分别设为20°、70°，角度扩展 σ_1 和 σ_2 分别设为0.5°、2.5°。阵列由两个均匀线阵组成，每个均匀线阵分别包含 $M=10$ 个阵元，阵元间距为信号半波长，两个均匀线阵间距 $\delta=\lambda/10$，快拍数 $L=500$。图 7.3 和图 7.4 描述了本节算法在不同快拍数下的估计性能对比情况。可以发现：快拍数越大，估计性能越好。这是因为随着快拍数的增大，得到的协方差矩阵会更精确，算法的估计性能就越优越。

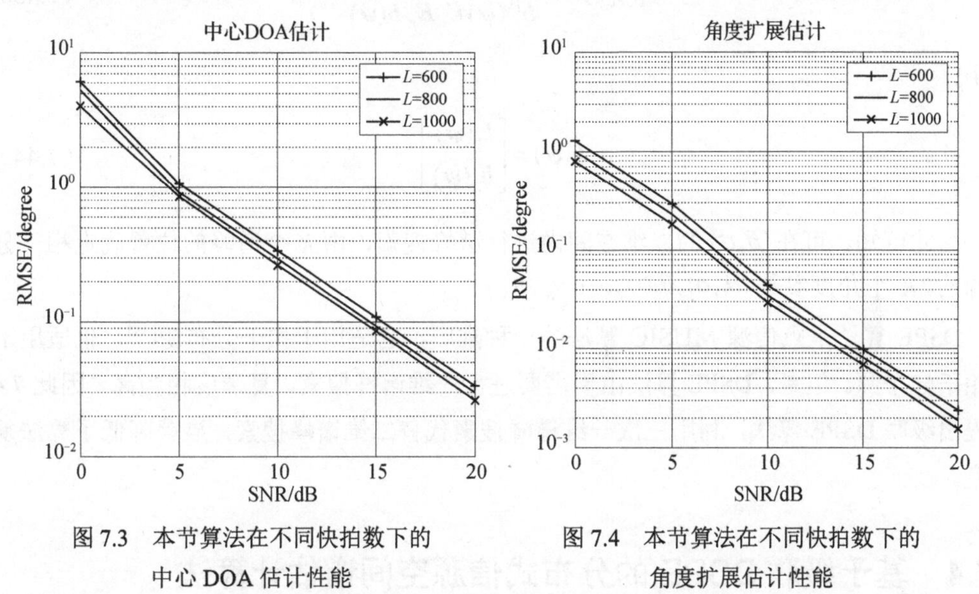

图 7.3　本节算法在不同快拍数下的中心 DOA 估计性能

图 7.4　本节算法在不同快拍数下的角度扩展估计性能

7.3　基于 DSPE 的分布式信源空间谱估计算法

7.3.1　数据模型

本节算法数据模型与 7.2.1 节相同。

7.3.2　算法描述

根据式（7.16）可知，协方差矩阵可以划分为两个子空间，即信号子空间和噪声子空间。令

$$\boldsymbol{R}_x\boldsymbol{E}_{\mathrm{n}}=\boldsymbol{B}(\psi)\boldsymbol{R}_{\mathrm{s}}\boldsymbol{B}^{\mathrm{H}}(\psi)\boldsymbol{E}_{\mathrm{n}}+\sigma^2\boldsymbol{E}_{\mathrm{n}}=\sigma^2\boldsymbol{E}_{\mathrm{n}} \tag{7.40}$$

式中，$\boldsymbol{R}_{\mathrm{s}}$ 为分布源信号协方差矩阵。根据式（7.40）可得

$$\boldsymbol{B}(\psi)\boldsymbol{R}_{\mathrm{s}}\boldsymbol{B}^{\mathrm{H}}(\psi)\boldsymbol{E}_{\mathrm{n}}=\boldsymbol{O} \tag{7.41}$$

由于矩阵 $\boldsymbol{R}_{\mathrm{s}}$ 为非奇异满秩矩阵，所以其逆存在。因此，可将式（7.41）改写为

$\boldsymbol{B}^{\mathrm{H}}(\psi)\boldsymbol{E}_{\mathrm{n}}=\boldsymbol{O}$，即矩阵 $\boldsymbol{B}(\psi)$ 中的列向量与噪声子空间正交，故有

$$\boldsymbol{E}_{\mathrm{n}}^{\mathrm{H}}\boldsymbol{B}(\psi_i)=\boldsymbol{O},\ \ i=1,2,\cdots K \tag{7.42}$$

由噪声子空间与 GAM 的正交性可知，DSPE 的空间谱函数为

$$f_{\mathrm{DSPE}}(\psi)=\frac{1}{\boldsymbol{b}^{\mathrm{H}}(\psi)\boldsymbol{E}_{\mathrm{n}}\boldsymbol{E}_{\mathrm{n}}^{\mathrm{H}}\boldsymbol{b}(\psi)} \tag{7.43}$$

式中，

$$\boldsymbol{b}(\psi)=\begin{bmatrix}\boldsymbol{b}_1(\psi)\\ \boldsymbol{b}_2(\psi)\end{bmatrix} \tag{7.44}$$

由此可知，可在 (θ,σ) 的二维空间内进行谱峰搜索，由 K 个谱峰的位置确定相干分布源的 $2K$ 个角度参数 $\{\theta_1,\sigma_1,\theta_2,\sigma_2,\cdots,\theta_K,\sigma_K\}$。

DSPE 算法是点信源 MUSIC 算法的一种推广，它适用于相干分布源[35]，也适用于非相干分布源。但是，DSPE 算法由于需要进行二维谱峰搜索，复杂度相当高，因此 7.4 节提出级联 DSPE 算法，利用三次一维谱峰搜索代替二维谱峰搜索，显著降低了算法复杂度。

7.4 基于级联 DSPE 的分布式信源空间谱估计算法

7.4.1 数据模型

本节算法数据模型与 7.2.1 节相同。

7.4.2 算法描述

本节算法先利用 7.2 节中提出的 TLS-ESPRIT-CD 算法得到中心 DOA 初始估计值 $\hat{\boldsymbol{\theta}}_{\mathrm{ini}}=\left[\hat{\theta}_1^{\mathrm{ini}},\hat{\theta}_2^{\mathrm{ini}},\cdots,\hat{\theta}_K^{\mathrm{ini}}\right]$，再完成下述的三次谱峰搜索。

（1）第一次谱峰搜索。

将由 TLS-ESPRIT-CD 算法得到的中心 DOA 初始估计值 $\hat{\boldsymbol{\theta}}_{\mathrm{ini}}=\left[\hat{\theta}_1^{\mathrm{ini}},\hat{\theta}_2^{\mathrm{ini}},\cdots,\hat{\theta}_K^{\mathrm{ini}}\right]$ 代入 DSPE 的空间谱函数完成第一次谱峰搜索：

$$f_{\mathrm{DSPE}}(\sigma)=\frac{1}{\boldsymbol{b}^{\mathrm{H}}(\hat{\theta}_i^{\mathrm{ini}},\sigma)\boldsymbol{E}_{\mathrm{n}}\boldsymbol{E}_{\mathrm{n}}^{\mathrm{H}}\boldsymbol{b}(\hat{\theta}_i^{\mathrm{ini}},\sigma)},\ \ i=1,2,\cdots,K \tag{7.45}$$

式中，

$$\boldsymbol{b}(\hat{\theta}_i^{\text{ini}},\sigma)=\begin{bmatrix}\boldsymbol{b}_1(\hat{\theta}_i^{\text{ini}},\sigma)\\ \boldsymbol{b}_2(\hat{\theta}_i^{\text{ini}},\sigma)\end{bmatrix} \tag{7.46}$$

通过对角度扩展 σ 进行一维谱峰搜索，可得到角度扩展初始估计值 $\hat{\boldsymbol{\sigma}}_{\text{ini}}=\left[\hat{\sigma}_1^{\text{ini}},\hat{\sigma}_2^{\text{ini}},\cdots,\hat{\sigma}_K^{\text{ini}}\right]$。

（2）第二次谱峰搜索。

将由式（7.45）得到的角度扩展初始估计值 $\hat{\boldsymbol{\sigma}}_{\text{ini}}=\left[\hat{\sigma}_1^{\text{ini}},\hat{\sigma}_2^{\text{ini}},\cdots,\hat{\sigma}_K^{\text{ini}}\right]$ 代入 DSPE 的空间谱函数完成第二次谱峰搜索：

$$f_{\text{DSPE}}(\theta)=\frac{1}{\boldsymbol{b}^{\text{H}}(\theta,\hat{\sigma}_i^{\text{ini}})\boldsymbol{E}_{\text{n}}\boldsymbol{E}_{\text{n}}^{\text{H}}\boldsymbol{b}(\theta,\hat{\sigma}_i^{\text{ini}})},\ i=1,2,\cdots,K \tag{7.47}$$

式中，

$$\boldsymbol{b}(\theta,\hat{\sigma}_i^{\text{ini}})=\begin{bmatrix}\boldsymbol{b}_1(\theta,\hat{\sigma}_i^{\text{ini}})\\ \boldsymbol{b}_2(\theta,\hat{\sigma}_i^{\text{ini}})\end{bmatrix} \tag{7.48}$$

通过对 θ 进行一维谱峰搜索，可得中心 DOA 二次估计值 $\hat{\boldsymbol{\theta}}_{\text{sec}}=\left[\hat{\theta}_1^{\text{sec}},\hat{\theta}_2^{\text{sec}},\cdots,\hat{\theta}_K^{\text{sec}}\right]$，中心 DOA 二次估计值比初始估计值更为精确，该论述会在本节的仿真结果中予以验证。

（3）第三次谱峰搜索。

利用由式（7.47）得到的中心 DOA 二次估计值 $\hat{\boldsymbol{\theta}}_{\text{sec}}=\left[\hat{\theta}_1^{\text{sec}},\hat{\theta}_2^{\text{sec}},\cdots,\hat{\theta}_K^{\text{sec}}\right]$ 完成第三次谱峰搜索，空间谱函数表示如下：

$$f_{\text{DSPE}}(\sigma)=\frac{1}{\boldsymbol{b}^{\text{H}}(\hat{\theta}_i^{\text{sec}},\sigma)\boldsymbol{E}_{\text{n}}\boldsymbol{E}_{\text{n}}^{\text{H}}\mathbf{b}(\hat{\theta}_i^{\text{sec}},\sigma)},\ i=1,2,\cdots,K \tag{7.49}$$

式中，

$$\boldsymbol{b}(\hat{\theta}_i^{\text{sec}},\sigma)=\begin{bmatrix}\boldsymbol{b}_1(\hat{\theta}_i^{\text{sec}},\sigma)\\ \boldsymbol{b}_2(\hat{\theta}_i^{\text{sec}},\sigma)\end{bmatrix} \tag{7.50}$$

通过对 σ 进行一维谱峰搜索，可以得到角度扩展二次估计值 $\hat{\boldsymbol{\sigma}}_{\text{sec}}=\left[\hat{\sigma}_1^{\text{sec}},\hat{\sigma}_2^{\text{sec}},\cdots,\hat{\sigma}_K^{\text{sec}}\right]$。同理，角度扩展二次估计值的准确度也会在本节的仿真结果中予以验证。

基于级联 DSPE 的分布式信源空间谱估计算法的步骤总结如下。

算法 7.2：基于级联 DSPE 的分布式信源空间谱估计算法。

步骤 1：计算协方差矩阵的估计值 $\hat{\boldsymbol{R}}_x$。

步骤 2：对 $\hat{\boldsymbol{R}}_x$ 进行特征值分解，得到信号子空间和噪声子空间，并对信号子空间 $\hat{\boldsymbol{E}}_{\text{s}}$

按式（7.29）进行分块。

步骤 3：利用 TLS-ESPRIT-CD 算法得到中心 DOA 初始估计值。

步骤 4：根据式（7.45）进行一维谱峰搜索得到角度扩展初始估计值。

步骤 5：根据式（7.47）进行一维谱峰搜索得到中心 DOA 二次估计值。

步骤 6：根据式（7.49）进行一维谱峰搜索得到角度扩展二次估计值。

7.4.3 性能分析

本节就上述算法的复杂度展开讨论，利用 TLS-ESPRIT-CD 算法得到中心 DOA 初始估计值所需的复杂度为 $O(4M^2L+8M^3+4MK^2+11K^3+l_1(2M(2M-K)))$。因此，级联 DSPE 算法的总复杂度为 $O(4M^2L+8M^3+4MK^2+11K^3+(l_1+l_2+l_1)(2M(2M-K)))$。DSPE 算法的复杂度为 $O(4M^2L+8M^3+l_1l_2(2M(2M-K)))$，其中 l_1 和 l_2 分别表示对角度扩展和中心 DOA 进行二维谱峰搜索的次数。

图 7.5 给出了 TLS-ESPRIT-CD 算法、PM-CD 算法、级联 DSPE 算法和 DSPE 算法在不同阵元数下的复杂度对比情况。这里我们考虑 $K=2$ 个远场相干分布源信号入射到阵列上，本节采用局部搜索的方式来完成谱峰搜索，中心 DOA 的搜索范围为[0°,35°]，角度扩展的搜索范围为[0°,3°]，搜索精度为 0.001，那么 $l_1=35000$，$l_2=3000$，快拍数 $L=500$。级联 DSPE 算法避免了二维谱峰搜索，很明显可看出其复杂度远低于 DSPE 算法。相比 TLS-ESPRIT-CD 算法与 PM-CD 算法，级联 DSPE 算法的复杂度略高，但其在估计性能上更有优势，此优势会在本节的仿真结果中予以验证。

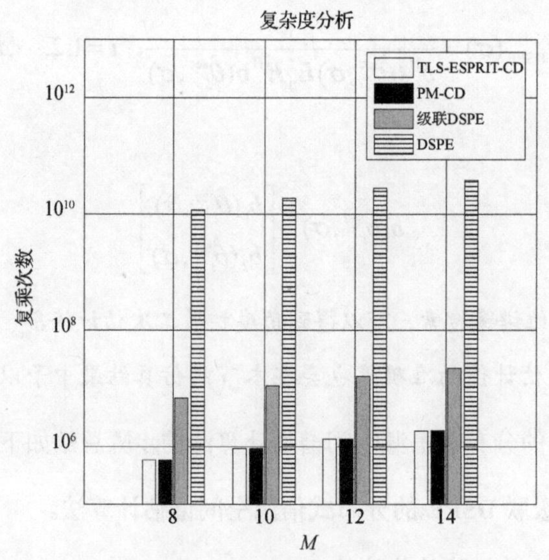

图 7.5　算法复杂度对比情况

本节算法具有如下优点。

（1）本节算法将一次二维谱峰搜索转化为三次一维谱峰搜索，大大降低了算法复杂度。

（2）相比 TLS-ESPRIT-CD 算法和 PM-CD 算法，本节算法拥有更好的角度参数估计性能。

（3）本节算法适用于多种方式的分布并存的场景，这一点会在本节的仿真结果中予以验证，且无须进行角度额外配对。

7.4.4 仿真结果

下面通过蒙特卡罗仿真对本节算法进行性能验证。使用 RMSE 作为衡量算法估计精度的标准，公式为

$$\mathrm{RMSE}=\sqrt{\frac{1}{NK}\sum_{n=1}^{N}\sum_{i=1}^{K}\left(a_i-\hat{a}_{i,n}\right)^2} \tag{7.51}$$

式中，N 表示蒙特卡罗仿真次数；$\hat{a}_{i,n}$ 表示第 n 次蒙特卡罗仿真中第 i 个相干分布源的角度参数估计值；a_i 表示对应的理论值。

除非特殊说明，每次仿真的蒙特卡罗仿真次数设置为 500，快拍数 $L=500$。假设远场空间中存在 $K=2$ 个相干分布源信号分别入射到如图 7.1 所示的阵列上，该阵列由两个均匀线阵构成，两个均匀线阵间距为 $\lambda/10$，其中每个均匀线阵包含 $M=10$ 个阵元，阵元间距为信号半波长。其中一个信源的分布方式为高斯分布，角信号密度函数为

$$\rho(\theta;\psi_1)=\frac{1}{\sqrt{2\pi}\sigma_1}\exp\left[-0.5(\theta-\theta_1)^2/\sigma_1^2\right] \tag{7.52}$$

另一个信源的分布方式为均匀分布，其角信号密度函数为

$$\rho(\theta;\psi_2)=\frac{1}{2\sqrt{3}\sigma_2}\mathrm{Rect}\left[\theta_2-\sqrt{3}\sigma_2,\theta_2+\sqrt{3}\sigma_2\right] \tag{7.53}$$

式中，中心 DOA 为 $\theta_1=10°$，$\theta_2=30°$；角度扩展为 $\sigma_1=0.5°$，$\sigma_2=2°$。

图 7.6 和图 7.7 给出了中心 DOA 和角度扩展在初始估计、第一次级联过程及第二次级联过程下的角度参数估计性能对比。需要强调的是，第一次估计是指使用 TLS-ESPRIT-CD 算法及 DSPE 算法分别完成的对中心 DOA 和角度扩展初始估计；第二次估计是指使用级联 DSPE 算法分别完成的对中心 DOA 和角度扩展的一维谱峰搜索；第三次估计是指再次使用级联 DSPE 算法将第二次估计值分别代入空间谱函数完成的对中心 DOA 和角

度扩展的一维谱峰搜索。我们可以观察出，初始估计的角度参数估计精度低于第一次级联后的角度参数估计精度，同时第二次估计的角度参数估计精度与第三次估计的角度参数估计精度几乎相同。因此，通过仿真验证了进行一次级联已经足够实现较为精确的角度参数估计。

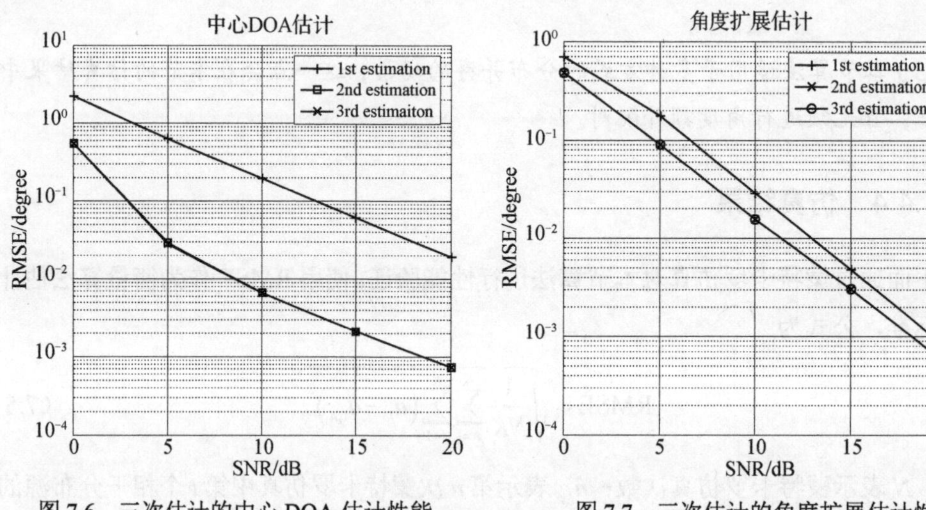

图 7.6 三次估计的中心 DOA 估计性能　　图 7.7 三次估计的角度扩展估计性能

图 7.8 和图 7.9 比较了级联 DSPE 算法、DSPE 算法、TLS-ESPRIT-CD 和 PM-CD 算法随着 SNR 增大时的角度参数估计性能。由此可发现，级联 DSPE 算法的估计性能明显优于 TLS-ESPRIT-CD 算法和 PM-CD 算法，且随着 SNR 的增大，其估计性能更接近 DSPE 算法。

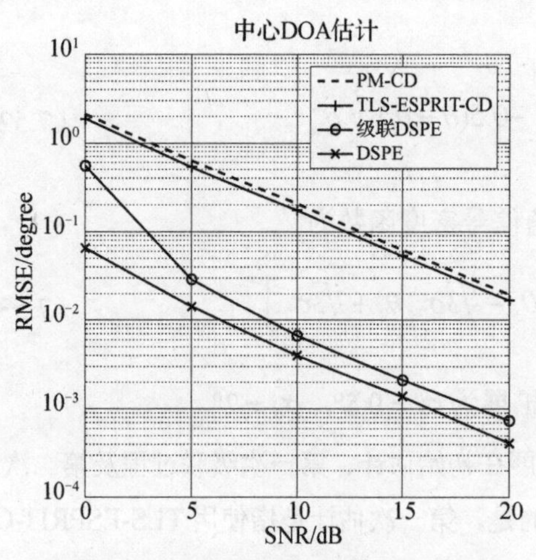

图 7.8 不同算法的中心 DOA 估计性能

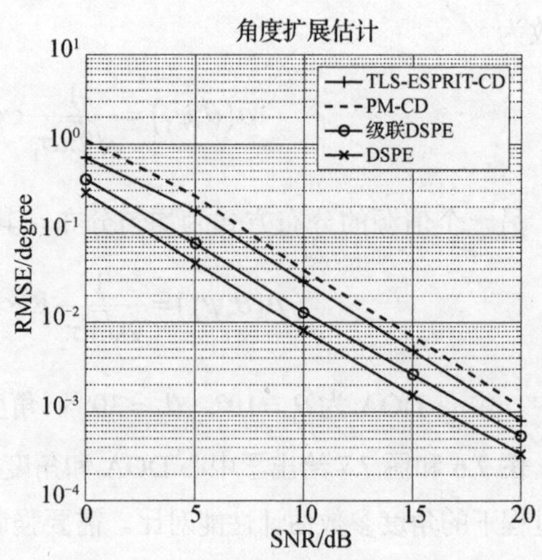

图 7.9 不同算法的角度扩展估计性能

7.5 基于广义 ESPRIT 的分布式信源空间谱估计算法

7.5.1 数据模型

如图 7.10 所示，假设空间中存在K个窄带非相干分布源信号$\{s_k(t)\}_{k=1}^K$。为方便进行数学推导，本节采用的阵列为由M个阵元构成的任意线阵，可实现对一维非相干分布源的空间谱估计，注意本节算法适用于任意构型的阵列，可以方便地推广至二维阵列情形。该任意线阵的阵元位置可任意分布，但为避免相位模糊，其需要满足信号半波长规则，即相邻阵元的间距应不大于信号半波长。在实际中，信源信号沿大量散射路径入射到阵列上，阵列的接收信号可以写成如下离散形式：

$$\boldsymbol{r}(t)=\sum_{k=1}^{K}s_k(t)\sum_{l=1}^{L_k}\gamma_{k,l}(t)\boldsymbol{a}(\overline{\theta}_{k,l}(t))+\boldsymbol{n}(t) \tag{7.54}$$

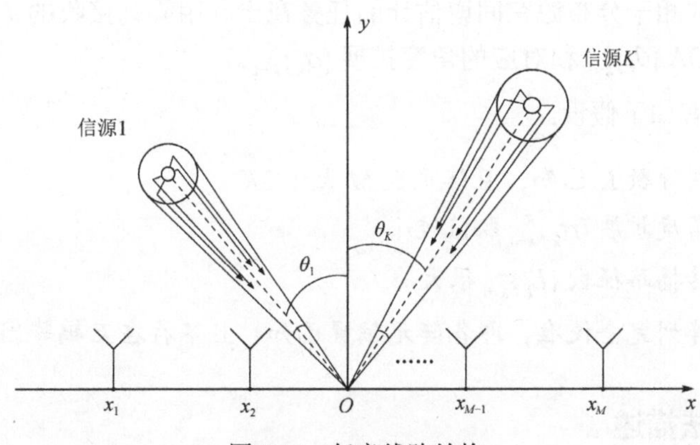

图 7.10 任意线阵结构

式中，$t=1,2,\cdots,J$为采样时间，J为快拍数；$\overline{\theta}_{k,l}(t)=(-90°,90°)$为对应于第$k$个信源信号的第$l$条径的 DOA；$\gamma_{k,l}(t)$表示对应入射路径的复值增益；$L_k$为第$k$个信源信号的入射路径总数；$\boldsymbol{n}(t)\in\mathbf{C}^{M\times 1}$表示方差为$\sigma_n^2$的加性高斯白噪声。对于非相干分布源而言，其不同入射路径的增益$\{\gamma_{k,l}(t)\}_{t=1}^T$不相关，即$\{\gamma_{k,l}(t)\}_{t=1}^T$是在时域独立同分布的复值零均值变量，其协方差为

$$E\{\gamma_{k,l}(t)\gamma^*_{k'l'}(t')\}=\frac{\sigma^2_{\gamma_k}}{L_k}\delta(k-k')\delta(l-l')\delta(t-t') \tag{7.55}$$

与此同时，阵列流形向量$\boldsymbol{a}(\overline{\theta}_{k,l}(t))$的第$m$个元素为

$$\left[\boldsymbol{a}(\overline{\theta}_{k,l}(t))\right]_m=\exp\left\{\mathrm{j}\frac{2\pi}{\lambda}x_m\sin(\overline{\theta}_{k,l}(t))\right\} \tag{7.56}$$

式中，λ 为信号波长；x_m 为第 m 个传感器的坐标。

入射角度 $\bar{\theta}_{k,l}(t)$ 可以表示为

$$\bar{\theta}_{k,l}(t)=\theta_k+\varphi_{k,l}(t) \tag{7.57}$$

式中，θ_k 为对应于第 k 个信源的中心 DOA，即 $\bar{\theta}_{k,l}(t)$ 的均值；$\varphi_{k,l}(t)$ 为实际入射角度相对于 θ_k 的随机偏差，其均值为零，方差 σ_k 为待估计的角度扩展。和众多文献[29-33]相同，我们采用小角度扩展假设，即 $\varphi_{k,l}(t)$ 取值较小，对应于同一信源的不同入射路径的 DOA 取值较为接近。这一小角度扩展假设可由实测数据证明其合理性。例如，在城郊和农村传播环境中，当基站假设位置较高时，其观测到的角度扩展最大为10°[36]。

令 $\zeta \triangleq \varphi_{k,l}(t)$，其概率密度函数为 $p_k(\zeta;\sigma_k)$。根据已有文献，$p_k(\zeta;\sigma_k)$ 常被假设为关于角度扩展 σ_k 的对称函数[29-33]。在文献[37-38]中，典型的角度分布为均匀分布和高斯分布。

综上所述，非相干分布源空间谱估计的任务在于利用阵列接收的 J 个快拍信号来估计目标的中心 DOA $\{\theta_k\}_{k=1}^K$ 和对应的角度扩展 $\{\sigma_k\}_{k=1}^K$。

在本节中，有如下假设。

- 假设 1：信源数 K 已知，且阵元数 M 大于 $2K$。
- 假设 2：角度扩展 $\{\sigma_k\}_{k=1}^K$ 取值较小。
- 假设 3：传播路径数 $\{L_k\}_{k=1}^K$ 很大。
- 假设 4：阵列完全校准，即各阵元位置已知，且不存在互耦等因素干扰。

7.5.2 算法描述

根据式（7.56），阵列流形 $\boldsymbol{a}(\bar{\theta}_{k,l}(t))$ 的一阶泰勒展开近似为

$$\boldsymbol{a}(\bar{\theta}_{k,l}(t))\approx\boldsymbol{a}(\theta_k)+\boldsymbol{a}'(\theta_k)\varphi_{k,l}(t) \tag{7.58}$$

式中，$\boldsymbol{a}'(\theta_k)$ 为 $\boldsymbol{a}(\theta_k)$ 对 θ_k 的偏导数。因为假设角度扩展较小，所以泰勒展开中的余项可省略。式（7.54）可表示为

$$\boldsymbol{r}(t)=\sum_{k=1}^{K}\left(\boldsymbol{a}(\theta_k)\upsilon_{k,0}(t)+\boldsymbol{a}'(\theta_k)\upsilon_{k,1}(t)\right)+\boldsymbol{n}(t) \tag{7.59}$$

式中，

$$\begin{aligned}\upsilon_{k,0}(t)&=s_k(t)\sum_{l=1}^{L_k}\gamma_{k,l}\\ \upsilon_{k,1}(t)&=s_k(t)\sum_{l=1}^{L_k}\gamma_{k,l}\varphi_{k,l}(t)\end{aligned} \tag{7.60}$$

随后，可将式（7.59）改写成如下简洁形式[29]：

$$\boldsymbol{r}(t) \approx \boldsymbol{B}(\boldsymbol{\theta})\boldsymbol{g}(t) + \boldsymbol{n}(t) \tag{7.61}$$

式中，

$$\boldsymbol{B}(\boldsymbol{\theta}) = \left[\boldsymbol{A}(\theta_1), \boldsymbol{A}(\theta_2), \cdots, \boldsymbol{A}(\theta_K)\right] \in \mathbf{C}^{M\times 2K} \tag{7.62}$$

$$\boldsymbol{A}(\theta_k) = \left[\boldsymbol{a}(\theta_k), \boldsymbol{a}'(\theta_k)\right] \in \mathbf{C}^{M\times 2} \tag{7.63}$$

$$\boldsymbol{g}(t) = \left[\boldsymbol{g}_1^{\mathrm{T}}, \boldsymbol{g}_2^{\mathrm{T}}, \cdots, \boldsymbol{g}_K^{\mathrm{T}}\right]^{\mathrm{T}} \in \mathbf{C}^{2K\times 1} \tag{7.64}$$

$$\boldsymbol{g}_k = \left[\upsilon_{k,0}(t), \upsilon_{k,1}(t)\right]^{\mathrm{T}} \in \mathbf{C}^{2\times 1} \tag{7.65}$$

$$\boldsymbol{\theta} = \left[\theta_1, \theta_2, \cdots, \theta_K\right]^{\mathrm{T}} \tag{7.66}$$

$\boldsymbol{B}(\boldsymbol{\theta})$ 被称为 GAM，且仅与中心 DOA 有关，可用于对中心 DOA 的解耦估计。

因为发射信号、入射路径增益和角度偏差互不相关，因此 $\upsilon_{k,1}(t)$ 的方差中包含角度分布的方差（中心矩）σ_k^2，即

$$E\{\upsilon_{k,0}(t), \upsilon^*_{k,1}(t)\} = \rho_k \sigma_k^2 \tag{7.67}$$

式中，$\rho_k = E\{|s_k(t)|^2\}\sigma_{\gamma_k}^2$ 为第 k 个信源的功率。此外，$\upsilon_{k,0}(t)$ 的方差和 $\upsilon_{k,0}(t), \upsilon_{k,1}(t)$ 的协方差分别为

$$E\{\upsilon_{k,0}(t), \upsilon^*_{k,0}(t)\} = \rho_k \tag{7.68}$$

$$E\{\upsilon_{k,n}(t), \upsilon^*_{k',n'}(t)\} = 0,\ \forall k \neq k' \text{或} n \neq n' \tag{7.69}$$

根据式（7.68）和式（7.69），$\boldsymbol{g}(t)$ 的协方差可以表示为

$$\boldsymbol{\Lambda} = E\{\boldsymbol{g}(t)\boldsymbol{g}^{\mathrm{H}}(t)\} = \mathrm{diag}\{\boldsymbol{\Lambda}_1, \boldsymbol{\Lambda}_2, \cdots, \boldsymbol{\Lambda}_K\} \tag{7.70}$$

式中，$\boldsymbol{\Lambda} = \rho_k \mathrm{diag}\{1, \sigma_k^2\}$，$k = 1, 2, \cdots, K$。由此可发现，$\boldsymbol{\Lambda}$ 可用于对角度扩展 σ_k 的解耦估计。

根据式（7.61），接收信号 $\boldsymbol{r}(t)$ 的协方差矩阵可以近似地表示为

$$\boldsymbol{R} = E\{\boldsymbol{r}(t)\boldsymbol{r}^{\mathrm{H}}(t)\} \approx \boldsymbol{B}(\boldsymbol{\theta})\boldsymbol{\Lambda}\boldsymbol{B}^{\mathrm{H}}(\boldsymbol{\theta}) + \sigma_n^2 \boldsymbol{I}_M \tag{7.71}$$

在 GAM 模型中，GAM 矩阵 $\boldsymbol{B}(\boldsymbol{\theta})$ 与具体的角度分布类型无关，因此基于 GAM 模型所提出的算法无须知道角度分布类型的先验信息，且其适用于空间扩展类型不同的多信源场景，对模型误差稳健。

为实现中心 DOA 估计，需要将传感器阵列分成两个不同但具有相同阵元数的子阵。令 N 表示每个子阵的阵元数。这两个子阵可以重复拥有阵元，因而 N 的取值范围为 2 到 $M-1$。为保证最佳的估计准确度，令 $N = M-1$，且两个子阵分别包含坐标值为

$\{x_1, x_2, \cdots, x_{M-1}\}$ 和 $\{x_2, x_3, \cdots, x_M\}$ 的传感器。因为 M 大于 $2K$，所以 N 不小于 $2K$。为方便表示，令 $\{x_{1,n}\}_{n=1}^{N}$ 和 $\{x_{2,n}\}_{n=2}^{N}$ 表示各子阵阵元的位置，且 $x_{1,n} < x_{2,n}$，$n = 1,2,\cdots,N$。

两个子阵的接收信号分别为

$$\boldsymbol{r}_1(t) = \boldsymbol{B}_1(\boldsymbol{\theta})\boldsymbol{g}(t) + \boldsymbol{n}(t) \tag{7.72}$$

$$\boldsymbol{r}_2(t) = \boldsymbol{B}_2(\boldsymbol{\theta})\boldsymbol{g}(t) + \boldsymbol{n}(t) \tag{7.73}$$

式中，

$$\boldsymbol{B}_1(\boldsymbol{\theta}) = [\boldsymbol{A}_1(\theta_1), \boldsymbol{A}_1(\theta_2), \cdots, \boldsymbol{A}_1(\theta_K)] \in \mathbf{C}^{N\times 2K} \tag{7.74}$$

$$\boldsymbol{B}_2(\boldsymbol{\theta}) = [\boldsymbol{A}_2(\theta_1), \boldsymbol{A}_2(\theta_2), \cdots, \boldsymbol{A}_2(\theta_K)] \in \mathbf{C}^{N\times 2K} \tag{7.75}$$

为两个子阵的 GAM 矩阵，且

$$\boldsymbol{A}_i(\theta_k) = [\boldsymbol{a}_i(\theta_k), \boldsymbol{a}_i'(\theta_k)],\ i = 1,2,\ k = 1,2,\cdots,K \tag{7.76}$$

$\boldsymbol{a}_i(\theta_k) \in \mathbf{C}^{N\times 1}$ 的第 n 个元素为 $\exp\{\mathrm{j}2\pi x_{i,n}\sin\theta_k/\lambda\}$，$\boldsymbol{a}_i'(\theta_k)$ 为 $\boldsymbol{a}_i(\theta_k)$ 关于 θ_k 的偏导数。

分析式（7.76），可得

$$\boldsymbol{a}_2(\theta_k) = \boldsymbol{\varPhi}_k \boldsymbol{a}_1(\theta_k) \tag{7.77}$$

$$\boldsymbol{a}_2'(\theta_k) = \boldsymbol{\varPhi}_k' \boldsymbol{a}_1'(\theta_k) \tag{7.78}$$

式中，

$$\boldsymbol{\varPhi}_k = \mathrm{diag}\{\mathrm{e}^{\mathrm{j}\phi_{1k}}, \cdots, \mathrm{e}^{\mathrm{j}\phi_{Nk}}\} \in \mathbf{C}^{N\times N},\ \phi_{nk} = \frac{2\pi}{\lambda}\Delta x_n \sin\theta_k,\ \Delta x_n = x_{2,n} - x_{1,n} \tag{7.79}$$

$$\boldsymbol{\varPhi}_k' = \mathrm{diag}\{\beta_1 \mathrm{e}^{\mathrm{j}\phi_{1k}}, \cdots, \beta_N \mathrm{e}^{\mathrm{j}\phi_{Nk}}\} \in \mathbf{C}^{N\times N},\ \beta_n = \frac{x_{2,n}}{x_{1,n}} \tag{7.80}$$

根据式（7.77），$\boldsymbol{B}_2(\boldsymbol{\theta})$ 可以表示为

$$\boldsymbol{B}_2(\boldsymbol{\theta}) = [\boldsymbol{\varPhi}_1 \boldsymbol{a}_1(\theta_1), \boldsymbol{\varPhi}_1' \boldsymbol{a}_1'(\theta_1), \cdots, \boldsymbol{\varPhi}_K \boldsymbol{a}_1(\theta_K), \boldsymbol{\varPhi}_K' \boldsymbol{a}_1'(\theta_K)] \tag{7.81}$$

接收信号协方差矩阵 $\boldsymbol{R}$ 的特征值分解可写为

$$\boldsymbol{R} = \boldsymbol{E}_\mathrm{s}\boldsymbol{\Sigma}_\mathrm{s}\boldsymbol{E}_\mathrm{s}^\mathrm{H} + \boldsymbol{E}_\mathrm{n}\boldsymbol{\Sigma}_\mathrm{n}\boldsymbol{E}_\mathrm{n}^\mathrm{H} \tag{7.82}$$

式中，$\boldsymbol{\Sigma}_\mathrm{s} \in \mathbf{C}^{2K\times 2K}$ 和 $\boldsymbol{\Sigma}_\mathrm{n} \in \mathbf{C}^{(M-2K)\times(M-2K)}$ 分别为包含 $\boldsymbol{R}$ 的 $2K$ 个较大特征值和 $M-2K$ 个较小特征值的对角矩阵；信号子空间 $\boldsymbol{E}_\mathrm{s} \in \mathbf{C}^{M\times 2K}$ 和噪声子空间 $\boldsymbol{E}_\mathrm{n} \in \mathbf{C}^{M\times(M-2K)}$ 由对应于 $\boldsymbol{R}$ 的 $2K$ 个较大特征值和 $M-2K$ 个较小特征值的特征向量构成。

由子空间理论可知，$\boldsymbol{E}_\mathrm{s}$ 和 GAM 矩阵 $\boldsymbol{B}(\boldsymbol{\theta})$ 张成相同的列空间，即

$$\boldsymbol{E}_{\mathrm{s}} = \boldsymbol{B}(\boldsymbol{\theta})\boldsymbol{T} \tag{7.83}$$

式中，$\boldsymbol{T}$ 为一个可逆的 $2K\times 2K$ 矩阵。由信号子空间 $\boldsymbol{E}_{\mathrm{s}}$，可根据子阵的划分分别得到两个子阵的信号子空间，记为 $\boldsymbol{E}_1$ 和 $\boldsymbol{E}_2$，$\boldsymbol{E}_1,\boldsymbol{E}_2\in\mathbf{C}^{N\times 2K}$，明显有

$$\boldsymbol{E}_1 = \boldsymbol{B}_1(\boldsymbol{\theta})\boldsymbol{T} \tag{7.84}$$

$$\boldsymbol{E}_2 = \boldsymbol{B}_2(\boldsymbol{\theta})\boldsymbol{T} \tag{7.85}$$

定义矩阵 $\boldsymbol{\Psi}(\theta)$ 为

$$\boldsymbol{\Psi}(\theta) = \mathrm{diag}\{\mathrm{e}^{\mathrm{j}\psi_1},\mathrm{e}^{\mathrm{j}\psi_2},\cdots,\mathrm{e}^{\mathrm{j}\psi_N}\} \tag{7.86}$$

式中，$\psi_n = \dfrac{2\pi}{\lambda}\Delta x_n \sin\theta,\ n=1,2,\cdots,N$。构造 $\boldsymbol{D}(\theta)$ 为

$$\boldsymbol{D}(\theta) = \boldsymbol{E}_2 - \boldsymbol{\Psi}(\theta)\boldsymbol{E}_1 = (\boldsymbol{B}_2 - \boldsymbol{\Psi}(\theta)\boldsymbol{B}_1)\boldsymbol{T} = \boldsymbol{Q}(\theta)\boldsymbol{T} \tag{7.87}$$

式中，

$$\boldsymbol{Q}(\theta) = \left[\left(\boldsymbol{\Phi}_1 - \boldsymbol{\Psi}(\theta)\right)\boldsymbol{a}_1(\theta_1),\left(\boldsymbol{\Phi}_1' - \boldsymbol{\Psi}(\theta)\right)\boldsymbol{a}_1'(\theta_1),\cdots,\left(\boldsymbol{\Phi}_K - \boldsymbol{\Psi}(\theta)\right)\boldsymbol{a}_1(\theta_K),\left(\boldsymbol{\Phi}_K' - \boldsymbol{\Psi}(\theta)\right)\boldsymbol{a}_1'(\theta_K)\right] \tag{7.88}$$

由式（7.88）可发现，当 $\theta=\theta_k$ 时，$\boldsymbol{Q}(\theta)$ 的第 $2K-1$ 列，即 $\boldsymbol{\Phi}_K - \boldsymbol{\Psi}(\theta)$ 的所有元素将变成零。因此，如果 $2K\leqslant N$，则 $\boldsymbol{D}(\theta)$ 将产生秩亏缺，$\boldsymbol{D}^{\mathrm{H}}(\theta)\boldsymbol{D}(\theta)$ 的行列式将变成零。因此，中心 DOA 估计值 $\{\hat{\theta}_k\}_{k=1}^K$ 可通过搜索式（7.89）的较大的 K 个峰值得到[39]：

$$f(\theta) = \frac{1}{\det\{\boldsymbol{D}(\theta)^{\mathrm{H}}\boldsymbol{D}(\theta)\}} \tag{7.89}$$

在得到中心 DOA 估计值 $\{\hat{\theta}_k\}_{k=1}^K$ 后，$\boldsymbol{\Lambda}$ 可由式（7.90）估计得到：

$$\hat{\boldsymbol{\Lambda}} = \boldsymbol{B}(\hat{\boldsymbol{\theta}})^{+}(\hat{\boldsymbol{R}} - \hat{\sigma}_n^2\boldsymbol{I}_M)\boldsymbol{B}^{\mathrm{H}}(\hat{\boldsymbol{\theta}})^{+} \tag{7.90}$$

式中，$\boldsymbol{B}(\hat{\boldsymbol{\theta}})$ 为 GAM 的估计；$\hat{\sigma}_n^2$ 为噪声方差的估计，由 $\hat{\boldsymbol{R}}$ 的 $M-2K$ 个较小特征值取平均值估计得到。由 $\boldsymbol{\Lambda}$ 的表达式，即式（7.70）可得，角度扩展的估计为

$$\hat{\sigma}_k = \sqrt{\frac{[\hat{\boldsymbol{\Lambda}}]_{2k,2k}}{[\hat{\boldsymbol{\Lambda}}]_{2k-1,2k-1}}},\quad k=1,2,\cdots,K \tag{7.91}$$

基于广义 ESPRIT 的分布式信源空间谱估计算法的步骤总结如下。

算法 7.3：基于广义 ESPRIT 的分布式信源空间谱估计算法。

步骤 1：计算协方差矩阵的估计值 $\hat{\boldsymbol{R}}_x$。

步骤 2：对 $\hat{\boldsymbol{R}}_x$ 进行特征值分解，得到信号子空间 $\hat{\boldsymbol{E}}_s$。

步骤 3：对信号子空间进行分块得到 $\boldsymbol{E}_1$ 和 $\boldsymbol{E}_2$。

步骤 4：根据式（7.87）构造 $\boldsymbol{D}(\theta)$。

步骤 5：搜索式（7.89）的较大的 K 个峰值得到中心 DOA 估计。

步骤 6：在得到中心 DOA 估计后，根据式（7.90）和式（7.91）估计角度扩展。

7.5.3 多项式求根方法

本节将展示当阵列构型满足一定条件时，可通过多项式求根方法避免谱峰搜索，进一步降低复杂度。

不失一般性地，假设 $0 < \Delta x_1 \leqslant \Delta x_2 \leqslant \cdots \leqslant \Delta x_N$。定义 $d_n = \Delta x_n / \Delta x_1$，$n = 1,2,\cdots,N$，以及 $z \triangleq \mathrm{e}^{\mathrm{j}2\pi\Delta x_1 \sin\theta/\lambda}$。式（7.86）可以重写为

$$\boldsymbol{\varPsi}(z) = \mathrm{diag}\{z^{d_1}, z^{d_2}, \cdots, z^{d_N}\} \tag{7.92}$$

根据式（7.87），$\boldsymbol{D}(\theta)$ 可写为

$$\boldsymbol{D}(z) = \boldsymbol{E}_2 - \boldsymbol{\varPsi}(z)\boldsymbol{E}_1 \tag{7.93}$$

因为 $\mathrm{e}^{-\mathrm{j}\frac{2\pi}{\lambda}\Delta x_1 \sin\theta}$ 可由 $1/z$ 来表示，且 $\{\beta_n\}_{n=1}^N$ 均为实值，所以 $\boldsymbol{D}^{\mathrm{H}}(\theta)$ 可表示为

$$\boldsymbol{W}(z) = \boldsymbol{E}_2^{\mathrm{H}} - \boldsymbol{\varPsi}^{\mathrm{T}}(1/z)\boldsymbol{E}_1^{\mathrm{H}} \tag{7.94}$$

注意，为避免表达模糊，这里采用 $\boldsymbol{W}(z)$ 而非 $\boldsymbol{D}^{\mathrm{H}}(z)$ 来表示 $\boldsymbol{D}^{\mathrm{H}}(\theta)$。

随后，一维搜索的代价函数，即式（7.89）的分母部分可以写成如下的多项式形式：

$$p(z) = \det\{\boldsymbol{W}(z)\boldsymbol{D}(z)\} \tag{7.95}$$

因此，当阵列构型满足：

$$\forall d_n,\ n = 1,2,\cdots,N,\ d_n \in \mathbb{Z} \tag{7.96}$$

时，中心 DOA 估计可通过对式（7.95）进行多项式求根得到。

下面推导式（7.95）的最高阶数。不失一般性的，可以将 $\boldsymbol{D}(z)$ 表示为

$$\boldsymbol{D}(z) = \begin{bmatrix} \tau_{1,1}z^{d_1} + \epsilon_{1,1} & \cdots & \tau_{1,2K}z^{d_1} + \epsilon_{1,2K} \\ \tau_{2,1}z^{d_2} + \epsilon_{2,1} & \cdots & \tau_{2,2K}z^{d_2} + \epsilon_{2,2K} \\ \vdots & & \vdots \\ \tau_{N,1}z^{d_N} + \epsilon_{N,1} & \cdots & \tau_{N,2K}z^{d_N} + \epsilon_{N,2K} \end{bmatrix} \tag{7.97}$$

式中，$\tau_{n,i}$ 和 $\epsilon_{n,i}$（$n = 1,2,\cdots,N$，$i = 1,2,\cdots,2K$）为复数。同样地，可以将 $\boldsymbol{W}(z)$ 表示为

$$
\boldsymbol{W}(z)=\begin{bmatrix} \tau^*_{1,1}z^{-d_1}+\epsilon^*_{1,1} & \cdots & \tau^*_{N,1}z^{-d_N}+\epsilon^*_{N,1} \\ \tau^*_{1,2}z^{-d_1}+\epsilon^*_{1,2} & \cdots & \tau^*_{N,2}z^{-d_N}+\epsilon^*_{N,2} \\ \vdots & & \vdots \\ \tau^*_{1,2K}z^{-d_1}+\epsilon^*_{1,2K} & \cdots & \tau^*_{N,2K}z^{-d_N}+\epsilon^*_{N,2K} \end{bmatrix} \tag{7.98}
$$

将 $\boldsymbol{D}(z)$ 和 $\boldsymbol{W}(z)$ 按如下方式分块：

$$
\begin{gathered} \boldsymbol{D}(z)=\begin{bmatrix} \boldsymbol{D}_1(z) \\ \boldsymbol{D}_2(z) \end{bmatrix} \\ \boldsymbol{W}(z)=[\boldsymbol{W}_1(z),\boldsymbol{W}_2(z)] \end{gathered} \tag{7.99}
$$

式中，$\boldsymbol{D}_1(z)\in\mathbf{C}^{(N-2K)\times 2K}$ 和 $\boldsymbol{D}_2(z)\in\mathbf{C}^{2K\times 2K}$ 分别包含 $\boldsymbol{D}(z)$ 的上部 $N-2K$ 行和下部 $2K$ 行；$\boldsymbol{W}_1(z)\in\mathbf{C}^{2K\times(N-2K)}$ 和 $\boldsymbol{W}_2(z)\in\mathbf{C}^{2K\times 2K}$ 分别包含 $\boldsymbol{W}(z)$ 的右边 $N-2K$ 列和左边 $2K$ 列。因此，有

$$
\boldsymbol{W}(z)\boldsymbol{D}(z)=[\boldsymbol{W}_1(z),\boldsymbol{W}_2(z)]\begin{bmatrix} \boldsymbol{D}_1(z) \\ \boldsymbol{D}_2(z) \end{bmatrix}=\boldsymbol{W}_1(z)\boldsymbol{D}_1(z)+\boldsymbol{W}_2(z)\boldsymbol{D}_2(z) \tag{7.100}
$$

令 $\mathcal{L}\{\bullet\}$ 表示返回括号内多项式最大阶数的算子。对 $\boldsymbol{W}_1(z)\boldsymbol{D}_1(z)$ 和 $\boldsymbol{W}_2(z)\boldsymbol{D}_2(z)$ 内的每个元素，易得

$$
\begin{gathered} \mathcal{L}\left\{\left[\boldsymbol{W}_1(z)\boldsymbol{D}_1(z)\right]_{p,q}\right\}=2d_{N-2K} \\ \mathcal{L}\left\{\left[\boldsymbol{W}_2(z)\boldsymbol{D}_2(z)\right]_{p,q}\right\}=2d_N \end{gathered} \tag{7.101}
$$

式中，$p,q=1,2,\cdots,2K$。

注意，$\{d_n\}_{n=1}^{N}$ 按递增顺序排列，由此可得

$$
\mathcal{L}\left\{\left[\boldsymbol{W}(z)\boldsymbol{D}(z)\right]_{p,q}\right\}=\mathcal{L}\left\{\left[\boldsymbol{W}_2(z)\boldsymbol{D}_2(z)\right]_{p,q}\right\} \tag{7.102}
$$

因此，当计算 $\boldsymbol{W}(z)\boldsymbol{D}(z)$ 的行列式时，只需考虑 $\boldsymbol{W}_2(z)\boldsymbol{D}_2(z)$ 中的元素，有如下等式成立：

$$
\mathcal{L}\{\det\{\boldsymbol{W}(z)\boldsymbol{D}(z)\}\}=\mathcal{L}\{\det\{\boldsymbol{W}_2(z)\boldsymbol{D}_2(z)\}\} \tag{7.103}
$$

由 $\boldsymbol{D}_2(z)$ 的表达式，可得

$$
\mathcal{L}\{\det\{\boldsymbol{D}_2(z)\}\}=\sum_{n=N-2K+1}^{N} d_n \tag{7.104}
$$

由于 $\boldsymbol{D}_2(z)$ 是一个方阵，所以可得

$$
\det\{\boldsymbol{W}_2(z)\boldsymbol{D}_2(z)\}=\det\{\boldsymbol{W}_2(z)\}\det\{\boldsymbol{D}_2(z)\} \tag{7.105}
$$

由于 $\boldsymbol{W}_2(z)$ 是 $\boldsymbol{D}_2(z)$ 的共轭转置，所以 $\boldsymbol{W}_2(z)\boldsymbol{D}_2(z)$ 的最高阶数为

$$\mathcal{L}\{\det\{\boldsymbol{W}_2(z)\boldsymbol{D}_2(z)\}\} = 2\sum_{n=N-2K+1}^{N} d_n \tag{7.106}$$

因此，根据式（7.103）可知，$\det\{\boldsymbol{W}(z)\boldsymbol{D}(z)\}$ 的最高阶数为

$$\mathcal{L}\{\det\{\boldsymbol{W}(z)\boldsymbol{D}(z)\}\} = 2\sum_{n=N-2K+1}^{N} d_n \tag{7.107}$$

和传统的 Root-MUSIC 算法一样，式（7.95）的根以共轭复根的形式出现。式（7.95）的最高多项式阶数为 $2\sum_{n=N-2K+1}^{N} d_n$。因此，将有 $\sum_{n=N-2K+1}^{N} d_n$ 个根出现在单位圆内，另外 $\sum_{n=N-2K+1}^{N} d_n$ 个根将出现在单位圆外的镜像对称位置。我们选在单位圆内的 K 个使式（7.95）最大的根为中心 DOA 估计。同时，对式（7.95）求根的复杂度约为 $O\left(\left(2\sum_{n=N-2K+1}^{N} d_n\right)^3\right)$，其低于一维搜索式（7.89）的复杂度。

7.5.4 性能分析

1. 本节算法和 ESPRIT-ID 算法比较

本节算法和 ESPRIT-ID 算法都采用了 GAM 模型，即通过一阶泰勒展开近似构造 GAM 矩阵 $\boldsymbol{B}(\boldsymbol{\theta})$，并由此实现了对中心 DOA 的解耦估计。在 ESPRIT-ID 算法中，传感器阵列必须由两个错开布置的相同子阵构成，子阵对应阵元之间的位移需要满足 $\Delta d \ll \lambda$。在这种情况下，对每个中心 DOA θ_k，有

$$\boldsymbol{a}_2(\theta_k) = \boldsymbol{a}_1(\theta_k)\mathrm{e}^{\mathrm{j}\frac{2\pi}{\lambda}\Delta d\sin\theta_k} \tag{7.108}$$

$$\boldsymbol{a}_{2'}(\theta_k) = \left(\boldsymbol{a}_1'(\theta_k) + \mathrm{j}\frac{2\pi}{\lambda}\Delta d\cos\theta_k \boldsymbol{a}_1(\theta_k)\right)\mathrm{e}^{\mathrm{j}2\pi\frac{\Delta d}{\lambda}\sin\theta_k} \approx \boldsymbol{a}_{1'}(\theta_k)\mathrm{e}^{\mathrm{j}\frac{2\pi}{\lambda}\Delta d\sin\theta_k} \tag{7.109}$$

已有文献证明，此时两个子阵的 GAM 向量之间存在如下的近似转移关系：

$$\boldsymbol{A}_2(\theta_k) \approx \boldsymbol{A}_1(\theta_k)\mathrm{e}^{\mathrm{j}\frac{2\pi}{\lambda}\Delta d\sin\theta_k} \tag{7.110}$$

ESPRIT-ID 算法利用式（7.110）描述的近似转移关系实现了对中心 DOA 的解耦闭式解估计。在获得复杂度的巨大优势的同时，这种近似转移关系也带来了中心 DOA 估计性能的损失，这一结论将在后续仿真结果中得到证实。本节算法通过利用秩亏缺准则无须使用该近似转移关系，即可获得更准确的中心 DOA 估计。由于角度扩展估计依赖于中心 DOA 估计，本节算法的角度扩展估计也优于 ESPRIT-ID 算法。

2．最大可估计目标数

在本节算法中，为保证 $\boldsymbol{D}(\theta)$ 的秩亏缺，每个子阵的阵元数必须不小于信源数，即 $N \geqslant 2K$。由于 N 的最大取值为 $M-1$，因此本节算法的最大可估计目标数为 $\lfloor (M-1)/2 \rfloor$，其中 $\lfloor \cdot \rfloor$ 为向下取整算子，即保留输入数的整数部分，而舍去小数部分。然而，对于 ESPRIT-ID 算法来说，因为其必须将整个子阵分为两个构型完全一样且不可拥有重复阵元的子阵，所以其最大可估计目标数只能达到 $\lfloor M/4 \rfloor$。由此可见，本节算法的最大可估计的目标数几乎是 ESPRIT-ID 算法两倍。

3．支持的阵列构型

本节算法解除了 ESPRIT-ID 算法对于阵列构型的限制，可应用于任意线阵，而不要求阵列由两个近距离布置的子阵构成。这一特性一方面增强了本节算法的可适用性，另一方面使得本节算法可利用更大的阵列孔径获得更准确的角度参数估计性能。举例来说，假设阵元数 M 为偶数，本节算法可适用于由 M 个阵元构成的满足信号半波长准则的最长阵列，即阵列孔径为 $(M-1)\lambda/2$ 的均匀线阵。而 ESPRIT-ID 算法所支持的孔径最大的阵列由两个分别包含 $M/2$ 个阵元的子均匀线阵错开一个很小的距离 Δd（$\Delta d \ll \lambda$）构成，因而其总的阵列孔径为 $M\lambda/4$ 左右。ESPRIT-ID 算法支持的阵列孔径仅为本节算法的 1/2 左右，这极大地限制了其估计性能的提高。

4．CRB 推导

CRB 可作为本节算法对角度参数估计准确度的衡量依据。角度参数 $\boldsymbol{\mu}$ 的简洁形式的 CRB 为

$$\text{CRB}(\boldsymbol{\mu})=\frac{1}{J}\left[\boldsymbol{U}^{\text{H}}\boldsymbol{\Pi}_{\boldsymbol{V}}^{\perp}\boldsymbol{U}\right]^{-1} \tag{7.111}$$

式中，$\boldsymbol{\Pi}_{\boldsymbol{V}}^{\perp}=\boldsymbol{I}-\boldsymbol{V}(\boldsymbol{V}^{\text{H}}\boldsymbol{V})^{-1}\boldsymbol{V}^{\text{H}}$。在后续仿真中，CRB 也将作为估计算法准确度的衡量依据。式（7.111）的详细推导过程如下。

定义向量 $\boldsymbol{\mu}$ 和向量 $\boldsymbol{\nu}$，分别包含所有待估计角度参数和信号、加性噪声的功率参数：

$$\boldsymbol{\mu}=\left[\boldsymbol{\theta}^{\text{T}},\boldsymbol{\sigma}^{\text{T}}\right]^{\text{T}}\in\mathbf{R}^{2K\times1} \tag{7.112}$$

$$\boldsymbol{\nu}=[\boldsymbol{\rho}^{\text{T}},\sigma_n^2]^{\text{T}}\in\mathbf{R}^{(K+1)\times1} \tag{7.113}$$

式中，$\boldsymbol{\sigma}=\left[\sigma_1,\sigma_2,\cdots,\sigma_K\right]^{\text{T}}\in\mathbf{R}^{K\times1}$；$\boldsymbol{\rho}=[\rho_1,\rho_2,\cdots,\rho_K]^{\text{T}}\in\mathbf{R}^{K\times1}$。定义向量 $\boldsymbol{\eta}$，其包含所有未知参数：

$$\boldsymbol{\eta}=[\boldsymbol{\mu}^{\text{T}},\boldsymbol{\nu}^{\text{T}}]^{\text{T}}\in\mathbf{R}^{(3K+1)\times1} \tag{7.114}$$

在小角度扩展假设下，信号协方差矩阵 $\boldsymbol{R}$ 可近似表示为

$$\boldsymbol{R} \approx \sum_{k=1}^{K} \rho_k \boldsymbol{R}_{\mathrm{s}}(\theta_k, \sigma_k) + \sigma_n^2 \boldsymbol{I}_M \tag{7.115}$$

式中，

$$\boldsymbol{R}_{\mathrm{s}}(\theta_k, \sigma_k) = \boldsymbol{a}(\theta_k)\boldsymbol{a}(\theta_k)^{\mathrm{H}} \oplus \boldsymbol{G}(\theta_k, \sigma_k) \tag{7.116}$$

并且$\boldsymbol{R}_{\mathrm{s}}(\theta_k, \sigma_k)$是一个 Toeplitz 矩阵，其第$(p,q)$个元素为

$$[\boldsymbol{G}(\theta_k, \sigma_k)]_{p,q} = \begin{cases} \operatorname{sinc}\left(\dfrac{2\sqrt{3}\sigma_k (x_p - x_q)\cos\theta_k}{\lambda}\right), & \text{均匀分布} \\ \exp\left\{-\dfrac{\left(\dfrac{2\pi}{\lambda}(x_p - x_q)\cos\theta_k \sigma_k\right)^2}{2}\right\}, & \text{高斯分布} \end{cases} \tag{7.117}$$

关于未知参数$\boldsymbol{\eta}$的 CRB 可由式（7.118）计算：

$$\mathrm{CRB}(\boldsymbol{\eta}) = \boldsymbol{F}^{-1} \tag{7.118}$$

式中，$\boldsymbol{F}$为费舍尔信息矩阵（Fisher Information Matrix，FIM），其第(p,q)个元素为

$$[\boldsymbol{F}]_{p,q} = J\mathrm{tr}\left\{\boldsymbol{R}^{-1}\frac{\partial \boldsymbol{R}}{\partial \boldsymbol{\eta}_p}\boldsymbol{R}^{-1}\frac{\partial \boldsymbol{R}}{\partial \boldsymbol{\eta}_q}\right\} \tag{7.119}$$

式中，J表示快拍数。式（7.119）可以写为

$$\frac{1}{J}\boldsymbol{F} = \left(\frac{\partial \boldsymbol{h}}{\partial \boldsymbol{\eta}^{\mathrm{T}}}\right)^{\mathrm{H}} (\boldsymbol{R}^{-\mathrm{T}} \otimes \boldsymbol{R}^{-1}) \left(\frac{\partial \boldsymbol{h}}{\partial \boldsymbol{\eta}}\right) \tag{7.120}$$

式中，$\boldsymbol{h} = \mathrm{vec}\{\boldsymbol{R}\}$。进行如下分块：

$$(\boldsymbol{R}^{-\mathrm{T}/2} \otimes \boldsymbol{R}^{-1/2})\left[\frac{\partial \boldsymbol{h}}{\partial \boldsymbol{\mu}^{\mathrm{T}}}\middle|\frac{\partial \boldsymbol{h}}{\partial \boldsymbol{v}^{\mathrm{T}}}\right] \triangleq [\boldsymbol{U}|\boldsymbol{V}] \tag{7.121}$$

式中，

$$\boldsymbol{U} = (\boldsymbol{R}^{-\mathrm{T}/2} \otimes \boldsymbol{R}^{-1/2})\left[\frac{\partial \boldsymbol{h}}{\partial \boldsymbol{\theta}^{T}}\middle|\frac{\partial \boldsymbol{h}}{\partial \boldsymbol{\sigma}^{T}}\right] = [\boldsymbol{U}_{\theta}|\boldsymbol{U}_{\sigma}] \tag{7.122}$$

$$\boldsymbol{V} = (\boldsymbol{R}^{-\mathrm{T}/2} \otimes \boldsymbol{R}^{-1/2})\left[\frac{\partial \boldsymbol{h}}{\partial \boldsymbol{\rho}^{\mathrm{T}}}\middle|\frac{\partial \boldsymbol{h}}{\partial \sigma_n^2}\right] = \left[\boldsymbol{V}_{\mathrm{s}}|\boldsymbol{V}_{\mathrm{n}}\right] \tag{7.123}$$

我们可以将式（7.120）改写为

$$\frac{1}{J}\boldsymbol{F}=\begin{bmatrix}\boldsymbol{U}^{\mathrm{H}}\\\boldsymbol{V}^{\mathrm{H}}\end{bmatrix}\begin{bmatrix}\boldsymbol{U}^{\mathrm{H}} & \boldsymbol{V}^{\mathrm{H}}\end{bmatrix} \tag{7.124}$$

$\boldsymbol{U}_\theta$、$\boldsymbol{U}_\sigma$ 和 $\boldsymbol{V}_s$ 的第 k 列分别为

$$\boldsymbol{U}_\theta(:,k)=\mathrm{vec}\left\{\boldsymbol{R}^{-1/2}\frac{\partial\boldsymbol{R}}{\partial\theta_k}\boldsymbol{R}^{-1/2}\right\} \tag{7.125}$$

$$\boldsymbol{U}_\sigma(:,k)=\mathrm{vec}\left\{\boldsymbol{R}^{-1/2}\frac{\partial\boldsymbol{R}}{\partial\sigma_k}\boldsymbol{R}^{-1/2}\right\} \tag{7.126}$$

$$\boldsymbol{V}_s(:,k)=\mathrm{vec}\{\boldsymbol{I}_M\} \tag{7.127}$$

由于 $\partial\boldsymbol{h}/\partial\sigma_n^2=\mathrm{vec}\{\boldsymbol{I}_M\}$，因此有

$$\boldsymbol{V}_{\mathrm{n}}=\mathrm{vec}\{\boldsymbol{R}^{-1}\} \tag{7.128}$$

根据块矩阵求逆定理，取 $\boldsymbol{F}^{-1}$ 的左上角分块即可得到式（7.128），推导完成。

5．复杂度分析

对于复杂度分析，我们主要考虑复乘运算，这一运算为各算法估计过程中的主要运算。令 α 表示估计过程中对中心 DOA 的搜索次数，β 表示估计过程中对角度扩展的搜索次数。在本节算法中，步骤 1、2、4 的复杂度分别为 $O(M^2J)$、$O(M^3)$、$O(4MK^2+2M^2K)$。当通过对谱峰搜索估计中心 DOA 时，步骤 3 的复杂度为 $O(\alpha(8K^3+4NK^2+2NK))$，而当对多项式［见式（7.95）］求根进行估计时，步骤 3 的复杂度为 $O\left(\left(2\sum_{n=N-2K+1}^{N}d_n\right)^3+8K^3+4NK^2+4NK\right)$。同时，作为对比给出 ESPRIT-ID 算法和二维搜索算法的复杂度，分别为 $O(M^3+(J+2K)M^2+12K^2M+88K^3)$ 和 $O(M^3+JM^2+\alpha\beta(4MK^2+2M^2K+2M^3))$。

表 7.1 列出了各算法的复杂度及 MATLAB 平台下各算法的平均运行时间（MATLAB 仿真中的参数详见仿真实验中的第一例）。运行仿真的硬件平台为 ASUS N56VZ 笔记本电脑，其配备 2 个 Intel Core i5-3210M 处理器（主频为 2.50GHz）和 8GB 内存。运行时其能在一定程度上提供对各算法复杂度的直观比较。如表 7.1 所示，一维搜索算法的运行速度远快于二维搜索方法，同时多项式求根算法的复杂度较一维搜索算法更低。ESPRIT-ID 算法由于能提供对角度参数估计的闭式解而拥有最低的复杂度。

表 7.1　复杂度比较

算法	复杂度	运行时间/s
一维搜索算法	$O(M^3+(J+2K)M^2+4K^2M+\alpha(8K^3+4NK^2+2NK))$	2.4281
多项式求根算法	$O(M^3+(J+2K)M^2+4K^2M+\left(2\sum_{n=N-2K+1}^{N}d_n\right)^3+8K^3+4NK^2+4NK)$	1.7258
ESPRIT-ID 算法	$O(M^3+(J+2K)M^2+12K^2M+88K^3)$	0.0024
二维搜索算法	$O(M^3+JM^2+\alpha\beta(4MK^2+2M^2K+2M^3))$	227.1034

7.5.5 仿真结果

在本节中，我们进行计算机仿真，通过将一维搜索算法与 ESPRIT-ID 算法和二维搜索算法进行对比，展示一维搜索算法的估计性能和性质。SNR 定义为$\text{SNR}=\rho_k/\sigma_n^2$。部分参数设置如下：假设每个信源入射路径增益的方差$\{\sigma_{\gamma_k}^2\}_{k=1}^K=1$，每个信源的入射路径数$\{L_k\}_{k=1}^K=50$。除非特殊说明，否则快拍数均设置为$J=400$。在二维搜索算法和一维搜索算法中，中心 DOA 的搜索范围为$(-90°,90°)$；在二维搜索算法中，角度扩展的搜索范围为$(0°,3°)$。每个仿真示例进行 500 次蒙特卡罗仿真，并计算相应的 RMSE 作为衡量各算法估计准确度的标准，其计算公式为

$$\text{RMSE}=\frac{1}{K}\sum_{k=1}^{K}\sqrt{\frac{1}{p}\sum_{p=1}^{P}(\hat{a}_{k,p}-a_k)^2} \tag{7.129}$$

式中，$\hat{a}_{k,p}$表示在第p次蒙特卡罗仿真中第k个信源的中心 DOA 或角度扩展的估计值；a_k表示相应的理论值。

在第一个仿真示例中，我们考虑阵列包含$M=16$个传感器，其具体阵列构型如图 7.11 所示。假设空间中存在$K=2$个非相干分布源，其中心 DOA 分别为$\theta_1=30°$和$\theta_2=50°$，角度分布均服从高斯分布，其角度扩展分别为$\sigma_1=0.5°$和$\sigma_2=1°$。如图 7.11（a）所示，为实现空间谱估计，ESPRIT-ID 算法必须将整个阵列分成两个不重叠的 8 阵元子阵（子阵的阵元间距为信号半波长），两个子阵对应阵元之间的距离差均为$\Delta d=\lambda/10$。如图 7.11（b）所示，一维搜索算法可将阵列分成两个可重叠的 15 阵元子阵。二维搜索算法不需要将阵列分成子阵即可实现空间谱估计。

图 7.12 和图 7.13 展示了一维搜索算法、ESPRIT-ID 算法和二维搜索算法的 RMSE 随 SNR 的变化图。同时画出了 CRB 作为比较的基准。如图 7.12 和图 7.13 所示，一维搜索算法无论是中心 DOA 估计性能还是角度扩展估计性能都优于 ESPRIT-ID 算法。正如前文的分析，一维搜索算法的性能提升一方面归因于其避免了子阵近似转移关系带来的性能损失；另一方面归因于所利用的子阵阵列孔径大于 ESPRIT-ID 算法中的子阵阵列

孔径。多项式求根算法的性能略好于一维搜索算法，这是因为一维搜索算法的估计精度依赖于搜索格点的密度，而多项式求根算法相当于得到了搜索格点无穷密集时的估计值，这使其获得了一定的性能提升。同时，与二维搜索算法相比，一维搜索算法的中心 DOA 估计精度略低，而角度扩展估计精度更高。然而值得强调的是，一维搜索算法的复杂度远低于二维搜索算法。

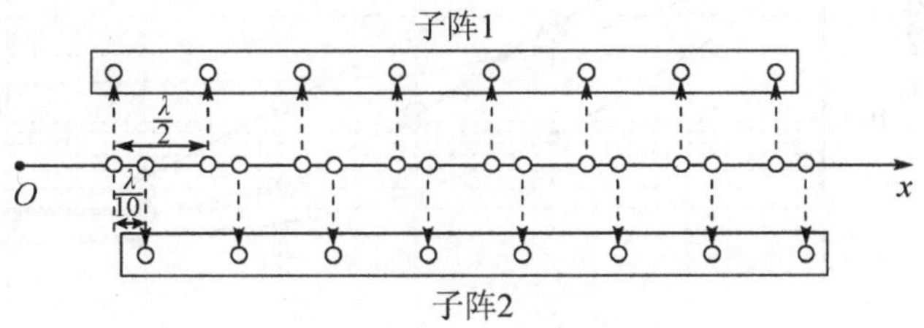

（a）ESPRIT-ID 算法

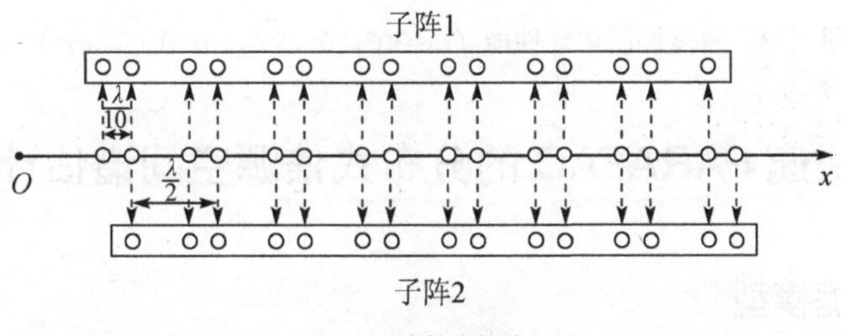

（b）一维搜索算法

图 7.11　ESPRIT-ID 算法和一维搜索算法中的子阵划分

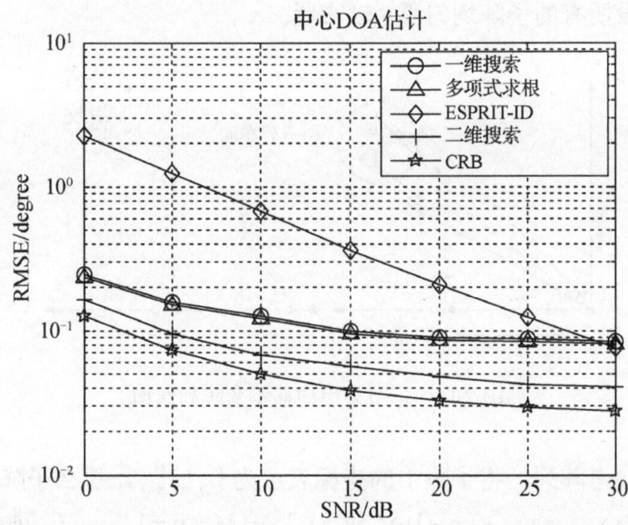

图 7.12　中心 DOA 估计性能（θ_1=30°，θ_2=50°，σ_1=0.5°，σ_2=1°）

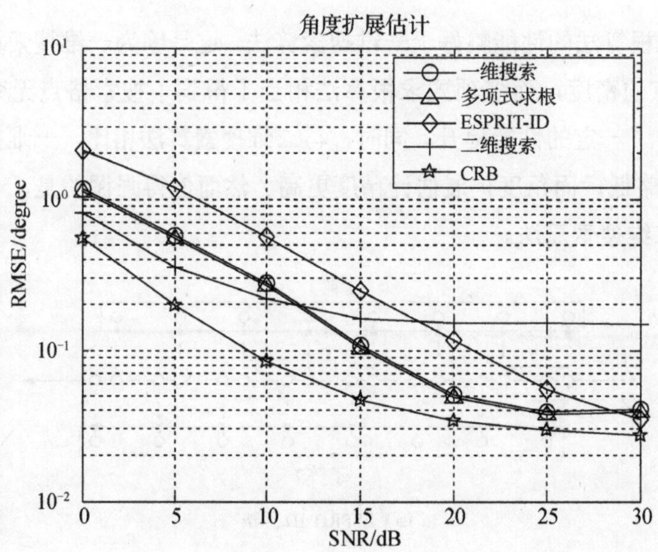

图 7.13　角度扩展估计性能（θ_1=30°，θ_2=50°，σ_1=0.5°，σ_2=1°）

7.6　基于快速 PARAFAC 的分布式信源空间谱估计算法

7.6.1　数据模型

本节采用的移不变阵列[40]结构如图 7.14 所示。该阵列由 P 个均匀线阵构成，其中每个子阵由 M 个阵元构成，阵元间距为 d，且任意两个相邻子阵的间距均为 δ。为了便于说明，我们假设所有的子阵均匀沿 x 轴布置。

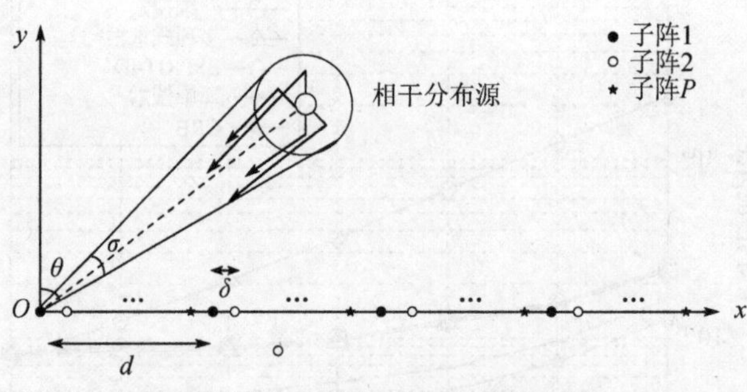

图 7.14　本节采用的移不变阵列结构

令子阵 1 为参考阵列，将子阵 1 的坐标表示为 $\{x_{1,m}\}_{m=1}^{M}$，那么子阵 p 的第 m 个阵元的坐标可以表示为 $x_{p,m} = x_{1,m} + (p-1)\delta$，$m = 1,2,\cdots,M$，$p = 1,2,\cdots,P$。假设空间中有 K 个远场窄带相干分布源信号入射到该阵列上，且满足 $K \leqslant M$，那么子阵 1 的输出信号可以用连续积分的形式表示为[13]

$$\tilde{\boldsymbol{x}}_1(t)=\sum_{i=1}^{K}\int_{-\pi/2}^{\pi/2}\boldsymbol{a}(\theta)s_i(\theta,t;\boldsymbol{\psi}_i)\mathrm{d}\theta+\boldsymbol{n}_1(t) \tag{7.130}$$

式中，$\boldsymbol{a}(\theta)=\left[\mathrm{e}^{\mathrm{j}2\pi x_{1,1}/\lambda\sin\theta},\cdots,\mathrm{e}^{\mathrm{j}2\pi x_{1,M}/\lambda\sin\theta}\right]^{\mathrm{T}}$ 表示方向向量；$s_i(\theta,t;\boldsymbol{\psi}_i)$ 表示 t 时刻第 i 个信源的角信号密度函数，其描述了第 i 个信源的空间分布特征；$\boldsymbol{\psi}_i=\left[\theta_i,\sigma_i\right]$ 为对应的第 i 个信源的位置向量；$\boldsymbol{n}_1(t)$ 为方差为 σ_n^2 的加性高斯白噪声。

根据 7.2 节的基本假设，可以将角信号密度函数表示为[13]

$$s_i(\theta,t;\boldsymbol{\psi}_i)=s_i(t)\rho_i(\theta;\boldsymbol{\psi}_i) \tag{7.131}$$

式中，$s_i(t)$ 表示 t 时刻第 i 个信源的随机复包络；$\rho_i(\theta;\boldsymbol{\psi}_i)$ 表示第 i 个信号的确定性角信号密度函数[13]。

将式（7.130）改写成矩阵的形式，即

$$\tilde{\boldsymbol{x}}_1(t)=\boldsymbol{B}_1(\boldsymbol{\psi})\boldsymbol{s}(t)+\boldsymbol{n}_1(t) \tag{7.132}$$

式中，

$$\boldsymbol{B}_1(\boldsymbol{\psi})=\left[\boldsymbol{b}(\boldsymbol{\psi}_1),\boldsymbol{b}(\boldsymbol{\psi}_2),\cdots,\boldsymbol{b}(\boldsymbol{\psi}_K)\right] \tag{7.133}$$

$$\boldsymbol{s}(t)=\left[s_1(t),s_2(t),\cdots,s_K(t)\right]^{\mathrm{T}} \tag{7.134}$$

$$\boldsymbol{\psi}=\left[\boldsymbol{\psi}_1,\boldsymbol{\psi}_2,\cdots,\boldsymbol{\psi}_K\right] \tag{7.135}$$

$$\boldsymbol{b}(\boldsymbol{\psi}_i)=\int_{-\pi/2}^{\pi/2}\boldsymbol{a}(\theta)\rho_i(\theta;\boldsymbol{\psi}_i)\mathrm{d}\theta \tag{7.136}$$

定义一个 $P\times K$ 矩阵 $\boldsymbol{G}$ 为

$$\boldsymbol{G}=\left[\boldsymbol{G}_1,\boldsymbol{G}_2,\cdots,\boldsymbol{G}_P\right]^{\mathrm{T}} \tag{7.137}$$

式中，$\boldsymbol{G}_p=\left[\mathrm{e}^{\mathrm{j}2\pi\delta(p-1)\sin\theta_1/\lambda},\cdots,\mathrm{e}^{\mathrm{j}2\pi\delta(p-1)\sin\theta_K/\lambda}\right]$。

正如文献[15]证明的，当 $Pd\ll\lambda$ 且角信号密度函数具有对称性时，所有子阵的阵列流形均满足一种近似的旋转不变性关系，即

$$\boldsymbol{B}_p(\boldsymbol{\psi})\approx\boldsymbol{B}_1(\boldsymbol{\psi})D_p(\boldsymbol{G}) \tag{7.138}$$

式中，$\boldsymbol{B}_p$ 表示第 p 个子阵的方向向量；$D_p(\bullet)$ 表示对角矩阵，其主对角线上的元素是括号内矩阵的第 p 行。

因此，当 $Pd\ll\lambda$ 时，整个阵列的接收信号可以用矩阵的形式表示为

$$\tilde{\boldsymbol{x}}=\begin{bmatrix}\tilde{\boldsymbol{x}}_1\\ \tilde{\boldsymbol{x}}_2\\ \vdots\\ \tilde{\boldsymbol{x}}_P\end{bmatrix}=\begin{bmatrix}\boldsymbol{B}_1D_1(\boldsymbol{G})\\ \boldsymbol{B}_1D_2(\boldsymbol{G})\\ \vdots\\ \boldsymbol{B}_1D_P(\boldsymbol{G})\end{bmatrix}\boldsymbol{s}+\begin{bmatrix}\boldsymbol{n}_1\\ \boldsymbol{n}_2\\ \vdots\\ \boldsymbol{n}_P\end{bmatrix}=\left[\boldsymbol{G}\odot\boldsymbol{B}_1\right]\boldsymbol{s}+\boldsymbol{n} \tag{7.139}$$

式中，$\tilde{\boldsymbol{x}}_p$ $(p=1,2,\cdots,P)$ 表示第 p 个子阵的输出信号；$\boldsymbol{n}=\left[\boldsymbol{n}_1^{\mathrm{T}},\boldsymbol{n}_2^{\mathrm{T}},\cdots,\boldsymbol{n}_P^{\mathrm{T}}\right]^{\mathrm{T}}$ 表示噪声向量。

假设快拍数为 L，则可以构造一个 $MP\times L$ 矩阵，即

$$\tilde{\boldsymbol{X}}=\left[\tilde{\boldsymbol{X}}_1^{\mathrm{T}},\tilde{\boldsymbol{X}}_2^{\mathrm{T}},\cdots,\tilde{\boldsymbol{X}}_P^{\mathrm{T}}\right]^{\mathrm{T}}=\left[\boldsymbol{G}\odot\boldsymbol{B}_1\right]\boldsymbol{S}+\boldsymbol{N} \tag{7.140}$$

式中，$\boldsymbol{S}$ 表示 $K\times L$ 信号矩阵；$\boldsymbol{N}$ 表示 $M\times L$ 噪声矩阵。将无噪声部分定义为 $\boldsymbol{X}$，即

$$\boldsymbol{X}=\left[\boldsymbol{X}_1^{\mathrm{T}},\boldsymbol{X}_2^{\mathrm{T}},\cdots,\boldsymbol{X}_P^{\mathrm{T}}\right]^{\mathrm{T}}=\left[\boldsymbol{G}\odot\boldsymbol{B}_1\right]\boldsymbol{S} \tag{7.141}$$

式中，$\boldsymbol{X}_p=\boldsymbol{B}_1D_p(\boldsymbol{G})\boldsymbol{S}$，$\boldsymbol{X}_p\in\mathbf{C}^{M\times L}$，$p=1,2,\cdots,P$。

7.6.2　算法描述

1. PARAFAC 模型

$\boldsymbol{X}_p$ 中的第 m 行第 p 列元素 $x_{m,l,p}$ 可以改写成 3 个矩阵乘积之和的形式[41]，即

$$x_{m,l,p}=\sum_{k=1}^{K}\left[\boldsymbol{B}_1\right]_{m,k}\left[\boldsymbol{G}\right]_{p,k}\left[\boldsymbol{S}\right]_{k,l} \tag{7.142}$$

式中，$\left[\boldsymbol{B}_1\right]_{m,k}$ 代表矩阵 $\boldsymbol{B}_1$ 的第 m 行第 k 列元素；$\left[\boldsymbol{G}\right]_{p,k}$ 代表矩阵 $\boldsymbol{G}$ 的第 p 行第 k 列元素；$\left[\boldsymbol{S}\right]_{k,l}$ 代表矩阵 $\boldsymbol{S}$ 的第 k 行第 l 列元素。式（7.142）可以理解为 $x_{m,l,p}$ 的 PARAFAC 模型。因此，可以用 $x_{m,l,p}$ 定义一个三维矩阵 $\boldsymbol{X}$。

如图 7.15 所示，在矩阵 $\boldsymbol{X}$ 中，无噪观测信号被分解在一个三维分层空间中[41]。$\boldsymbol{X}$ 可视作该模型在某个方向的切片，其余两个方向的切片可写为

$$\boldsymbol{Y}=\left[\boldsymbol{Y}_1^{\mathrm{T}},\boldsymbol{Y}_2^{\mathrm{T}},\cdots,\boldsymbol{Y}_M^{\mathrm{T}}\right]=\left[\boldsymbol{B}_1\odot\boldsymbol{S}^{\mathrm{T}}\right]\boldsymbol{G}^{\mathrm{T}} \tag{7.143}$$

$$\boldsymbol{Z}=\left[\boldsymbol{Z}_1^{\mathrm{T}},\boldsymbol{Z}_2^{\mathrm{T}},\cdots,\boldsymbol{Z}_L^{\mathrm{T}}\right]^{\mathrm{T}}=\left[\boldsymbol{S}^{\mathrm{T}}\odot\boldsymbol{G}\right]\boldsymbol{B}_1^{\mathrm{T}} \tag{7.144}$$

式中，$\boldsymbol{Y}_m=\boldsymbol{S}^{\mathrm{T}}D_M(\boldsymbol{B}_1)\boldsymbol{G}^{\mathrm{T}}$，$m=1,2,\cdots,M$；$\boldsymbol{Z}_l=\boldsymbol{G}D_l(\boldsymbol{S}^{\mathrm{T}})\boldsymbol{B}_1^{\mathrm{T}}$，$l=1,2,\cdots,L$。传统的 PARAFAC 算法使用收敛速度较慢的随机初始化方式。

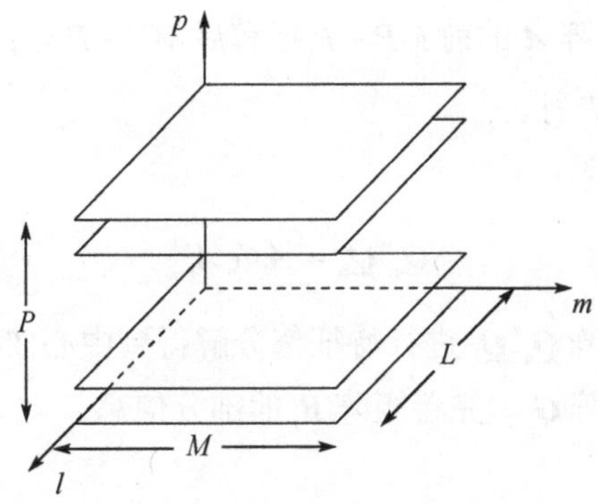

图 7.15 PARAFAC 模型

2. 基于传播算子算法的初始化

本节利用传播算子算法来初始化矩阵 $\boldsymbol{B}_1$ 和 $\boldsymbol{G}$，从而得到中心 DOA 估计值。首先假设 $\boldsymbol{G}\odot\boldsymbol{B}_1$ 的前 K 行线性独立，并令 $\boldsymbol{A}=\boldsymbol{G}\odot\boldsymbol{B}_1$，对矩阵 $\boldsymbol{A}$ 进行分块可得

$$\boldsymbol{A}=\begin{bmatrix}\boldsymbol{A}_1\\ \boldsymbol{A}_2\end{bmatrix} \tag{7.145}$$

式中，非奇异矩阵 $\boldsymbol{A}_1$ 表示矩阵 $\boldsymbol{A}$ 的前 K 行；$\boldsymbol{A}_2$ 表示矩阵 $\boldsymbol{A}$ 的后 $MP-K$ 行。

存在一个线性算子使 $\boldsymbol{A}_1$ 和 $\boldsymbol{A}_2$ 满足如下关系：

$$\boldsymbol{A}_2=\boldsymbol{P}_{\rm c}\boldsymbol{A}_1 \tag{7.146}$$

该算子 $\boldsymbol{P}_{\rm c}$ 可被估计为

$$\boldsymbol{P}_{\rm c}=(\tilde{\boldsymbol{X}}_1\tilde{\boldsymbol{X}}_1^{\rm H})^{-1}\tilde{\boldsymbol{X}}_1\tilde{\boldsymbol{X}}_2^{\rm H} \tag{7.147}$$

式中，$\tilde{\boldsymbol{X}}_1$ 和 $\tilde{\boldsymbol{X}}_2$ 分别表示矩阵 $\tilde{\boldsymbol{X}}$ 的前 K 行和剩余行。

定义一个 $MP\times K$ 矩阵 $\boldsymbol{Q}_{\rm c}$，即

$$\boldsymbol{Q}_{\rm c}=\begin{bmatrix}\boldsymbol{I}_K\\ \boldsymbol{P}_{\rm c}\end{bmatrix} \tag{7.148}$$

式中，$\boldsymbol{I}_K$ 表示 $K\times K$ 单位矩阵。根据式（7.146）和式（7.147）易得

$$\boldsymbol{Q}_{\rm c}\boldsymbol{A}_1=\begin{bmatrix}\boldsymbol{I}_K\\ \boldsymbol{P}_{\rm c}\end{bmatrix}\boldsymbol{A}_1=\boldsymbol{A} \tag{7.149}$$

令

$$\begin{bmatrix}\boldsymbol{Q}_{\rm a}\\ \boldsymbol{Q}_{\rm b}\end{bmatrix}\boldsymbol{A}_1=\begin{bmatrix}\boldsymbol{A}_{\rm a}\\ \boldsymbol{A}_{\rm b}\end{bmatrix}=\begin{bmatrix}\boldsymbol{A}_{\rm a}\\ \boldsymbol{A}_{\rm a}\boldsymbol{\Phi}_{\rm r}\end{bmatrix} \tag{7.150}$$

式中，$\boldsymbol{A}_{\mathrm{a}}$ 和 $\boldsymbol{A}_{\mathrm{b}}$ 分别表示矩阵 $\boldsymbol{A}$ 的前 $MP-P$ 行和后 $MP-P$ 行；$\boldsymbol{Q}_{\mathrm{a}}$ 和 $\boldsymbol{Q}_{\mathrm{b}}$ 分别表示矩阵 $\boldsymbol{Q}_{\mathrm{c}}$ 的前 $MP-P$ 行和后 $MP-P$ 行。

由此可推导出如下关系：

$$\boldsymbol{Q}_{\mathrm{a}}{}^{+}\boldsymbol{Q}_{\mathrm{b}} = \boldsymbol{A}_1\boldsymbol{\Phi}_{\mathrm{r}}\boldsymbol{A}_1^{-1} \tag{7.151}$$

因此，可以通过对矩阵 $\boldsymbol{Q}_{\mathrm{a}}{}^{+}\boldsymbol{Q}_{\mathrm{b}}$ 进行特征值分解得到中心 DOA 初始估计值，并利用该初始估计值重新构造矩阵 $\boldsymbol{G}$，完善矩阵 $\boldsymbol{B}_1$ 的部分信息。

3. PARAFAC 分解

文献[42]研究了 PARAFAC 分解的唯一性，其中引入了 k-秩的概念，其定义如下。

对于给定的矩阵 $\boldsymbol{P}\in\mathbf{C}^{U\times V}$，若 $\boldsymbol{P}$ 的任意 k 列独立，则 $\boldsymbol{P}$ 的 k-秩 $k_{\boldsymbol{P}}=k$，且有 $k_{\boldsymbol{P}}\leqslant r_{\boldsymbol{P}}\leqslant\min(U,V)$，其中 $r_{\boldsymbol{P}}=\mathrm{rank}\{\boldsymbol{P}\}$ 为矩阵 $\boldsymbol{P}$ 的秩。

当矩阵 $\boldsymbol{P}$ 满秩时，其 k-秩与秩相等。根据文献[42]，对于三维矩阵 $\boldsymbol{X}_p$ 沿某个方向的 P 个切面 $\boldsymbol{X}_p=\boldsymbol{B}_1D_p(\boldsymbol{G})\boldsymbol{S}$，$p=1,2,\cdots,P$，$\boldsymbol{B}_1\in\mathbf{C}^{M\times K}$，$\boldsymbol{G}\in\mathbf{C}^{P\times K}$，$\boldsymbol{S}\in\mathbf{C}^{K\times L}$，若

$$k_{\boldsymbol{B}_1}+k_{\boldsymbol{G}}+k_{\boldsymbol{S}}\geqslant 2K+2 \tag{7.152}$$

则 $\boldsymbol{B}_1$、$\boldsymbol{G}$、$\boldsymbol{S}$ 是唯一的（列交换和尺度变换除外），即 $\boldsymbol{B}_1$、$\boldsymbol{G}$、$\boldsymbol{S}$ 可唯一确定。$\boldsymbol{B}_1$ 和 $\boldsymbol{G}$ 均为列满秩矩阵，有 $k_{\boldsymbol{B}_1}=k_{\boldsymbol{G}}=K$，而 $k_{\boldsymbol{S}}=\min(L,K)$。一般来说，$K<L$，只要 $K\geqslant 2$ 即可保证 PARAFAC 分解具备唯一性。

本节采用 TALS 算法，其详细流程如下。

对于式（7.140），其 LS 拟合为

$$\min_{\boldsymbol{B}_1,\boldsymbol{G},\boldsymbol{S}}\left\|\tilde{\boldsymbol{X}}-[\boldsymbol{G}\odot\boldsymbol{B}_1]\boldsymbol{S}\right\|_F^2 \tag{7.153}$$

式中，$\|\bullet\|_F$ 表示 Frobenius 范数。由此可得，$\boldsymbol{S}$ 的 LS 更新为

$$\hat{\boldsymbol{S}}=\left[\hat{\boldsymbol{G}}\odot\hat{\boldsymbol{B}}_1\right]^{+}\tilde{\boldsymbol{X}} \tag{7.154}$$

式中，$\hat{\boldsymbol{B}}_1$ 和 $\hat{\boldsymbol{G}}$ 分别表示对 $\boldsymbol{B}_1$ 和 $\boldsymbol{G}$ 的前次估计结果；$[\bullet]^{+}$ 表示伪逆。

类似地，对于式（7.143），其 LS 拟合为

$$\min_{\boldsymbol{B}_1,\boldsymbol{G},\boldsymbol{S}}\left\|\tilde{\boldsymbol{Y}}-\left[\hat{\boldsymbol{B}}_1\odot\hat{\boldsymbol{S}}\right]\hat{\boldsymbol{G}}^{\mathrm{T}}\right\|_F^2 \tag{7.155}$$

式中，$\tilde{\boldsymbol{Y}}=\left[\tilde{\boldsymbol{Y}}_1^{\mathrm{T}},\tilde{\boldsymbol{Y}}_2^{\mathrm{T}},\cdots,\tilde{\boldsymbol{Y}}_M^{\mathrm{T}}\right]^{\mathrm{T}}$ 表示有噪信号。由此可得，$\boldsymbol{G}$ 的 LS 更新为

$$\hat{\boldsymbol{G}}^{\mathrm{T}}=\left[\hat{\boldsymbol{B}}_1\odot\hat{\boldsymbol{S}}^{\mathrm{T}}\right]^{+}\tilde{\boldsymbol{Y}} \tag{7.156}$$

同样地，对于式（7.144），其 LS 拟合为

$$\min_{B_1,G,S}\left\|\tilde{Z}-\left[\hat{S}^{\mathrm{T}}\odot\hat{G}\right]\hat{B}_1\right\|_F^2 \tag{7.157}$$

式中，$\tilde{Z}=\left[\tilde{Z}_1^{\mathrm{T}},\tilde{Z}_2^{\mathrm{T}},\cdots,\tilde{Z}_M^{\mathrm{T}}\right]^{\mathrm{T}}$ 表示有噪信号。可得 B_1 的 LS 更新为

$$\hat{B}_1^{\mathrm{T}}=\left[\hat{S}^{\mathrm{T}}\odot\hat{G}\right]^{+}\tilde{Z} \tag{7.158}$$

根据 TALS 算法和 PARAFAC 分解的唯一性定理，可从有噪信号中得到对于 B_1、G、S 的估计[42]，即

$$\hat{B}_1=B_1\Pi\Omega_1+E_1 \tag{7.159}$$

$$\hat{G}=G\Pi\Omega_2+E_2 \tag{7.160}$$

$$\hat{S}=S\Pi\Omega_3+E_3 \tag{7.161}$$

式中，Π 为列模糊矩阵；尺度模糊矩阵 Ω_1、Ω_2、Ω_3 均为对角矩阵，且满足 $\Omega_1\Omega_2\Omega_3=I$；$E_1$、$E_2$、$E_3$ 为对应的估计误差矩阵。在所得的估计结果 $\hat{B}_1$、$\hat{G}$ 和 $\hat{S}$ 中，列模糊对估计精度无影响，而尺度模糊可通过归一化消除。

4．DOA 估计

对 G 的估计 $\hat{G}$ 进行归一化以消除尺度模糊，随后取其第 k 列的相位得到 $\hat{h}_k$。令 h_k 表示矩阵 G 第 k 列的相位，即

$$h_k=\begin{bmatrix}0\\2\pi d\sin\theta_k/\lambda\\\vdots\\2\pi(P-1)d\sin\theta_k/\lambda\end{bmatrix}^{\mathrm{T}} \tag{7.162}$$

由此，利用 LS 准则估计中心 DOA，可得

$$Uw=\hat{h}_k \tag{7.163}$$

式中，$w\in\mathbf{C}^{2\times K}$ 且

$$U=\begin{bmatrix}1 & 0\\1 & 2\pi d/\lambda\\\vdots & \vdots\\1 & 2\pi(P-1)d/\lambda\end{bmatrix} \tag{7.164}$$

$\boldsymbol{w}$ 的 LS 解为

$$\boldsymbol{w}=\left(\boldsymbol{U}^{\mathrm{T}}\boldsymbol{U}\right)^{-1}\boldsymbol{U}^{\mathrm{T}}\hat{\boldsymbol{h}} \tag{7.165}$$

则 K 个分布源的中心 DOA 估计为

$$\hat{\theta}_k=\arcsin(\boldsymbol{w}_{2,:}),\ \ k=1,2,\cdots,K \tag{7.166}$$

式中，$\boldsymbol{w}_{2,:}$ 表示 $\boldsymbol{w}$ 的第 2 个元素。

基于快速 PARAFAC 的分布式信源空间谱估计算法的步骤总结如下。

算法 7.4：基于快速 PARAFAC 的分布式信源空间谱估计算法。

步骤 1：对接收信号矩阵进行分块，得到传播算子。

步骤 2：构造矩阵 $\boldsymbol{Q}_{\mathrm{c}}$，并对其进行分块，利用旋转不变性进行参数估计，并得到参数矩阵的初始估计。

步骤 3：构建 PARAFAC 模型，对 PARAFAC 模型进行分解，根据式（7.154）、式（7.156）、式（7.158）进行迭代直至收敛。

步骤 4：利用 LS 得到中心 DOA 估计值。

7.6.3 性能分析

下面对算法的复杂度进行讨论与分析。利用传播算子算法完成初始估计的复杂度是 $O(2K^2L+KL(MP-K)+3K^2(MP-M)+3K^3)$。利用 TALS 算法完成 PARAFAC 分解时每次迭代的复杂度为 $O(5K^2(MP+ML+PL)+3K^3+3MPL)$。

这里假设 $K=2$ 个远场分布源信号入射到如图 7.14 所示的阵列结构上，阵列由 $P=5$ 个均匀线阵构成，快拍数 $L=500$。图 7.16 描述了不同阵元数下传播算子算法和 PARAFAC 算法每次迭代的运算复杂度对比，两者的复杂度均随阵元数的增加而升高。相比 PARAFAC 算法，利用传播算子算法进行初始化具有更低的复杂度，本节提出的快速 PARAFAC 算法通过减少迭代次数从而大幅度降低了复杂度。快速 PARAFAC 算法与 PARAFAC 算法在不同阵元数下的复杂度对比如图 7.17 所示，快速 PARAFAC 算法的收敛速度较快，因此具有更低的复杂度。通过仿真实验，我们对快速 PARAFAC 算法和 PARAFAC 算法的收敛速度进行对比，得出以下结论：快速 PARAFAC 算法的收敛次数平均约为 50，而 PARAFAC 算法的收敛次数平均约为 225。对比分析结果将在 7.6.4 节中详细分析与讨论。

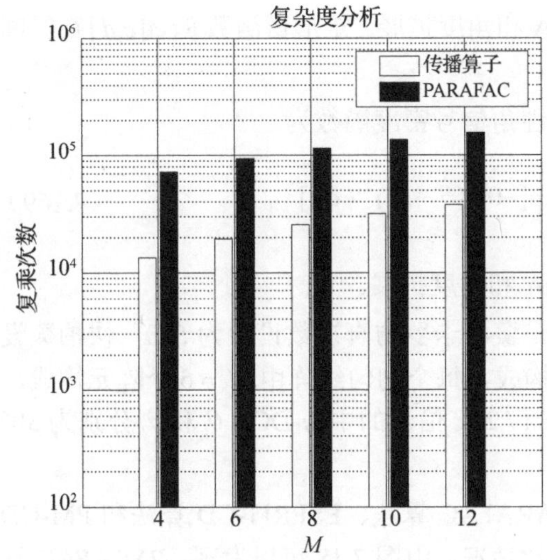

图 7.16 每次迭代过程中运算复杂度对比

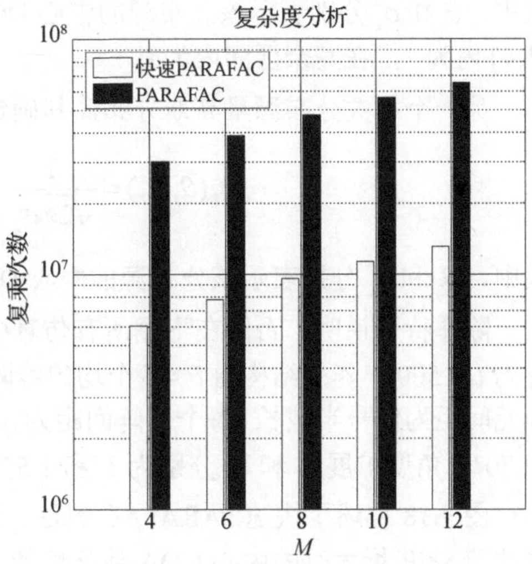

图 7.17 快速 PARAFAC 算法和 PARAFAC 算法复杂度对比

快速 PARAFAC 算法的优点总结如下。

（1）快速 PARAFAC 算法通过利用传播算子算法初始化来代替随机初始化，相比 PARAFAC 算法显著降低了复杂度，且具有完全相同的中心 DOA 估计性能。

（2）快速 PARAFAC 算法的中心 DOA 估计性能优于 ESPRIT-CD 算法和 PM-CD 算法。

（3）快速 PARAFAC 算法适用于多种分布方式并存的分布源场景，该论述将在 7.6.4 节予以验证。

7.6.4 仿真结果

本节通过若干仿真实验证提出快速 PARAFAC 算法的估计性能。同时使用 RMSE 作为衡量算法估计精度的标准，其计算公式为

$$\mathrm{RMSE}=\frac{1}{K}\sum_{i=1}^{K}\sqrt{\frac{1}{N}\sum_{n=1}^{N}(\hat{\theta}_{i,n}-\theta_i)^2} \tag{7.167}$$

式中，N 表示蒙特卡罗仿真次数；$\hat{\theta}_{i,n}$ 表示第 n 次蒙特卡罗仿真中第 i 个信源的中心 DOA 估计值；θ_i 表示对应的中心 DOA 理论值。

假设有两个相干分布源，其中一个相干分布源为均匀分布源，其确定性角信号密度函数为

$$\rho_1(\theta;\psi_1)=\frac{1}{2\sqrt{3}\sigma_1}\mathrm{Rect}[\theta_1-\sqrt{3}\sigma_1,\theta_1+\sqrt{3}\sigma_1] \tag{7.168}$$

式中，θ_1 和 σ_1 分别表示该分布源的中心 DOA 和角度扩展。矩形窗函数 Rect$[c,d]$ 在区间 $[c,d]$ 内为 1，在其余区间内为 0。

另一个相关分布源呈高斯分布，其确定性角信号密度函数为

$$\rho_2(\theta;\psi_2)=\frac{1}{\sqrt{2\pi}\sigma_2}\exp[-0.5(\theta-\theta_2)^2/\sigma_2^2] \tag{7.169}$$

式中，θ_2 和 σ_2 分别表示该分布源的中心 DOA 和角度扩展。

除非特别说明，否则在下述所有仿真中，蒙特卡罗仿真次数设置为 500，快拍数设置为 $L=500$，阵列结构由 $P=5$ 个均匀线阵构成，每个均匀线阵由 $M=6$ 个阵元构成，阵元间距为信号半波长，每个子阵间距为 $\delta=\lambda/20$。信源的中心 DOA θ_1 和 θ_2 分别为 30° 和 70°；角度扩展 σ_1 和 σ_2 分别为 1°和 1.5°。

图 7.18 描述了快速 PARAFAC 算法、PARAFAC 算法、ESPRIT-CD 算法和 PM-CD 算法随 SNR 增大时的中心 DOA 估计性能对比情况。由图 7.18 可以发现，PARAFAC 算法的中心 DOA 估计性能明显优于 PARAFAC 算法、ESPRIT-CD 算法和 PM-CD 算法。图 7.19 比较了快速 PARAFAC 算法在不同快拍数下的中心 DOA 估计性能。随着快拍数的增加，快速 PARAFAC 算法的估计性能变好。

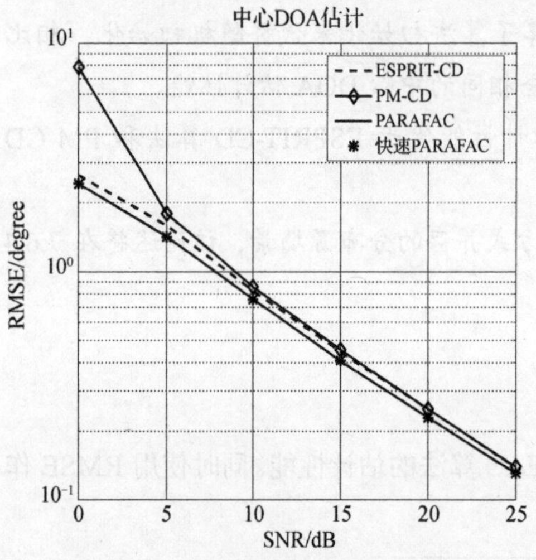

图 7.18　不同算法随 SNR 增大时中心 DOA 估计性能

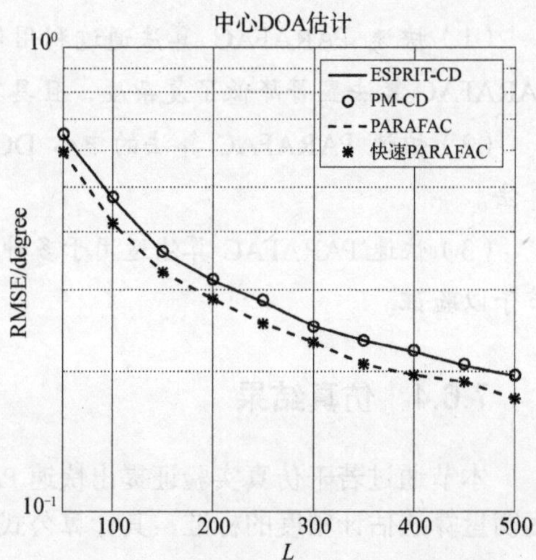

图 7.19　不同算法中心 DOA 估计性能

7.7　本章小结

本章研究了线阵下基于 ESPRIT 的分布式信源空间谱估计算法，该算法利用了信号子空间的旋转不变性，无须进行二维谱峰搜索。还研究了移不变阵列下一种基于快速 PARAFAC 的分布式信源空间谱估计算法，该算法无须进行谱峰搜索，角度参数可实现自动

配对。与PARAFAC算法相比，快速PARAFAC算法降低了复杂度和存储空间要求。快速PARAFAC算法的角度参数估计性能明显优于ESPRIT-CD算法和PM-CD算法，与PARAFAC算法的性能几乎完全一致。

本章提出了线阵下的基于级联DSPE的分布式信源空间谱估计算法。该算法利用级联的思想，将传统的谱峰搜索类算法的二维谱峰搜索转化为多次一维谱峰搜索，角度参数可实现自动配对，角度参数估计性能明显优于ESPRIT-CD算法和PM-CD算法，与传统DSPE算法相比，该算法复杂度均大幅度降低。

本章提出了可适用于任意构型阵列的基于广义ESPRIT的分布式信源空间谱估计算法。该算法利用GAM模型完成对非相干分布源接收信号的建模，推导出了基于秩亏缺准则的代价函数，通过对该函数进行一维谱峰搜索估计中心DOA，继而得到对角度扩展的闭式解估计。当阵列构型满足一定条件时，可用多项式求根算法得到对中心DOA的估计，进一步降低复杂度。该算法适用于小角度扩展场景，且可处理类型不同且未知的多信源场景，可应用于任意构型阵列，具有良好的可适用性。部分相应研究成果见文献[43-56]。

参考文献

[1] 张小飞. 阵列信号处理及MATLAB实现[M]. 北京：电子工业出版社，2015.

[2] SCHMIDT R O. A signal subspace approach to multiple estimator location and spectral estimation[D]. Stanford：Stanford University，1981.

[3] ROY R，KAILATH T. ESPRIT-estimation of signal parameters via rotational invariance techniques[J]. IEEE Transactions on Acoustics，Speech，and Signal Processing，2002，37（7）：984-995.

[4] JANTTI T P. The influence of extended sources on the theoretical performance of the MUSIC and ESPRIT methods: narrow[C]//IEEE International Conference on Acoustics，1992：429-432.

[5] ASZTELY D，OTTERSTEN B，SWINDLEHURST A L. Generalised array manifold model for wireless communication channels with local scattering[J]. IEE Proceedings - Radar，Sonar and Navigation，2007，145（1）：51-57.

[6] ASTELY D，OTTERSTEN B. The effects of local scattering on direction of arrival estimation with MUSIC[J]. IEEE Transactions on Signal Processing，2002，47（12）：3220-3234.

[7] KIKUCHI S，TSUJI H，SANO A. Direction-of-arrival estimation for spatially non-symmetric distributed sources[C]//IEEE Sensor Array and Multichannel Signal Processing Workshop Proceedings，2004：589-593.

[8] MONAKOV A，BESSON O. Direction finding for an extended target with possibly non-symmetric spatial spectrum[J]. IEEE Transactions on Signal Processing，2004，52（1）：283-287.

[9] LEE S R，SONG I，YONG U L，et al. Estimation of distributed elevation and azimuth angles using linear arrays[C]//IEEE Military Communications Conference，1996：868-872

[10] LEE S R，SONG I，LEE Y U，et al. Estimation of Two-Dimensional DOA under a Distributed Source Model and Some Simulation Results[J]. IEICE Transactions on Fundamentals of Electronics Communications and Computer Sciences，1996，79（9）：1475-1485.

[11] GHOGHO M，DURRANI T S. Broadband direction of arrival estimation in presence of angular spread[J]. Electronics Letters，2001，37（15）：986-987.

[12] 熊维族，叶中付. 极化分布源模型及角度估计[J]. 数据采集与处理，2003，18（3）：243- 248.

[13] VALAEE S，CHAMPAGNE B，KABAL P. Parametric localization of distributed sources[J]. IEEE Transactions on Signal Processing，1995，43（9）：2144-2153.

[14] CHENG Q L，LIU W T，YANG D G，et al. Angular Parameter Estimation of Coherently Distributed Noncircular Source Using ESPRIT Algorithm[C]//International Coference on Computer，Electronics and Communication Eigineering，2017.

[15] SHAHBAZPANAHI S，VALAEE S，BASTANI M H. Distributed source localization using ESPRIT algorithm[J]. IEEE Transactions on Signal Processing，2001，49（10）：2169-2178.

[16] ZHENG Z，LI G，TENG Y. 2D DOA Estimator for Multiple Coherently Distributed Sources Using Modified Propagator[J]. Circuits Systems and Signal Processing，2012，31（1）：255-270.

[17] GUO X S，WAN Q，WU B，et al. Parameters localisation of coherently distributed sources based on sparse signal representation[J]. IET Radar Sonar and Navigation，2007，1（4）：261-265.

[18] ZOUBIR A，WANG Y. Performance analysis of the generalized beamforming estimators in the case of coherently distributed sources[J]. Signal Processing，2008，88（2）：428-435.

[19] BAE E H，KIM J S，CHOI B W，et al. Decoupled parameter estimation of multiple distributed sources for uniform linear array with low complexity[J]. Electronics Letters，2008，44（10）：649-650.

[20] YANG X，ZHENG Z，ZHONG L，et al. Low-complexity 2D central DOA estimation of coherently distributed noncircular sources using an L-shaped antenna array[C]//IEEE International Conference on Communication Problem-Solving（ICCP），2014：262-265.

[21] LEE J，SONG I，KWON H，et al. Low-complexity estimation of 2D DOA for coherently distributed sources[J]. Signal processing，2003，83（8）：1789-1802.

[22] NAM J G，LEE S H，LEE K K. 2-D Nominal Angle Estimation of Multiple Coherently Distributed Sources in a Uniform Circular Array[J]. IEEE Antennas and Wireless Propagation Letters，2014，13：415-418.

[23] TABRIKIAN J，MESSER H. Robust localization of scattered sources[C]//Proceedings of the Tenth IEEE Workshop on Statistical Signal and Array Processing，2000：453-457.

[24] 万群，杨万麟. 基于子空间的后险稀疏约束迭代 DOA 估计方法[J]. 系统工程与电子技术，2000，22（9）：13-15.

[25] 万群，杨万麟. 相干分布式目标一维波达方向估计方法[J]. 信号处理，2001，17（2）：115-119.

[26] 万群，杨万麟. 一种分布式目标波达方向估计方法[J]. 通信学报，2001，22（2）：65-70.

[27] 万群，袁静，刘申建，等. 基于角信号子空间的波达方向估计方法[J]. 清华大学学报（自然科学版），2003，43（7）：950-952.

[28] STOICA P，ARYE N. MUSIC，maximum likelihood，and Cramer-Rao bound[J]. IEEE Transactions on Acoustics，Speech，and Signal Processing，1989，37（5）：720-741.

[29] MENG Y，STOICA P，WONG K M. Estimation of the directions of arrival of spatially dispersed signals in array processing[J]. IEE Proceedings-Radar，Sonar and Navigation，1996，143（1）：1-9.

[30] ZOUBIR A，WANG Y，CHARGÉ P. Efficient subspace-based estimator for localization of multiple incoherently distributed sources[J]. IEEE Transactions on Signal Processing，2008，56（2）：532-542.

[31] BENGTSSON M，OTTERSTEN B. Rooting techniques for estimation of angular spread with an antenna array[C]//IEEE 47th Vehicular Technology Conference，1997：1158-1162.

[32] BENGTSSON M，OTTERSTEN B. Low-complexity estimators for distributed sources[J]. IEEE Transactions on Signal Processing，2000，48（8）：2185-2194.

[33] HU A，LV T，GAO H，et al. An ESPRIT-based approach for 2-D localization of incoherently distributed sources in massive MIMO systems[J]. IEEE Journal of Selected Topics in Signal Processing，2014，8（5）：996-1011.

[34] 田达，黄克骥，陈天麒. 一种小运算量的宽带线性调频信号 DOA 估计算法[J]. 信号处理，2003，19（1）：48-50.

[35] 郑植. 分布式信源低复杂度参数估计算法研究[D]. 成都：电子科技大学，2011.

[36] PEDERSEN K I，MOGENSEN P E，FLEURY B H. Spatial channel characteristics in outdoor environments and their impact on BS antenna system performance[C]//IEEE Vehicular Technology Conference，2002（2）：719-723.

[37] ADACHI F，FEENEY M T，PARSONS J D，et al. Crosscorrelation between the envelopes of 900 MHz signals received at a mobile radio base station site[J]. IEE Proceedings F - Communications，Radar and Signal Processing，2008，133(6)：506-512.

[38] PEDERSEN K I，MOGENSEN P E，FLEURY B H，et al. Analysis of Time，Azimuth and Doppler Dispersion in Outdoor Radio Channels[Z]. Proc Acts，1997.

[39] GAO F，GERSHMAN A B. A generalized ESPRIT approach to direction-of-arrival estimation[J]. IEEE Signal Processing Letters，2005，12（3）：254-257.

[40] MIRON S，SONG Y，BRIE D，et al. Multilinear direction finding for sensor-array with multiple scales of invariance[J]. IEEE Transactions on Aerospace and Electronic Systems，2015，51（3）：2057-2070.

[41] SIDIROPOULOS N D，BRO R，GIANNAKIS G B. Parallel factor analysis in sensor array processing[J]. IEEE Transactions on Signal Processing，2000，48（8）：2377-2388.

[42] KRUSKAL J B. Three-way arrays：rank and uniqueness of trilinear decompositions，with application to arithmetic complexity and statistics[J]. Linear Algebra and Its Applications，1977，18（2）：95-138.

[43] CAO R，GAO F，ZHANG X. An Angular Parameter Estimation Method for Incoherently Distributed Sources via Generalized Shift Invariance[J]. IEEE Transactions on Signal Processing，2016，64（17）：4493-4503.

[44] CAO R，GAO F，ZHANG X. A Novel Angular Parameters Estimator for Incoherently Distributed Sources[C]//2016 24th European Signal Processing Conference，2016.

[45] CAO R，ZHANG X，GAO F. Propagator-based Algorithm for Localization of Coherently Distributed Sources[C]//2016 8th International Conference on Wireless Communications and Signal Processing，2016.

[46] CHENG Q L，ZHANG X F，CAO R Z. Fast Parallel Factor Decomposition Technique for Coherently Distributed Source Localization[J]. Journal of Systems Engineering and Electronics，2018，29（5）：667-675.

第 8 章
阵列近场信源定位

本章研究阵列近场信源定位问题，其中信源定位需要角度和距离参数。本章主要介绍基于二阶统计量、降秩 MUSIC、降维 MUSIC 的近场信源定位算法。

8.1 引言

8.1.1 研究背景

在现代信号处理领域中，阵列信号处理是一项重要的技术，它充分利用空间资源，将传感器排列在空间中，充分利用空间不同位置上的接收信号，增强信号中所需要的分量，抑制信号中的干扰和噪声[1]。与单个传感器相比，传感器阵列具有信号增益更大、抑制干扰和噪声的能力更强、空间分辨能力更高[2-4]等多种优点，在声呐、雷达、电子对抗、生物医学等领域有广泛的应用。

空间信源定位根据空间中信源到阵列的距离不同可分为远场信源定位和近场信源定位。远场信源是指信源位于阵列的远场区域，$r \gg 2D^2/\lambda$，其中 r 为信源到参考阵元的距离，D 为阵列孔径，λ 为信号波长。由电波传播理论可知，信源的波前曲率可忽略不计，信源信号在空间中传播时可以看作平行波，因此远场信源定位即信源的 DOA 估计。对于近场信源而言，当信源到阵列的距离满足 $0.62\left(D^3/\lambda\right)^{1/2} \leqslant r \leqslant 2D^2/\lambda$ 时，信源位于阵列的 Fresnel 区域，信源信号到达阵列的波前时呈现球面式波形，不能再近似为平面波，故将其称为近场信源。远场信源与近场信源模型对比图如图 8.1 所示。当信源处于阵列的 Fresnel 区域，即近场区域时，空间信源的定位问题不仅与信源的角度有关，还与信源到阵列的距离有关[5]。由于近场信源模型既包括信源的角度信息又包

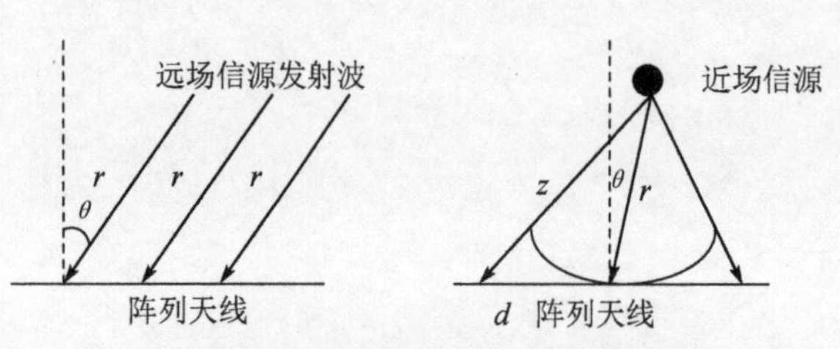

图 8.1　远场信源与近场信源模型对比图

括距离信息，能够更加准确地描述信源在空间中的具体位置，因此研究阵列近场信源定位也是十分有必要的。

8.1.2 研究现状

与远场信源参数估计相比，近场信源参数估计起步稍晚，目前近场信源参数估计问题大多采用参数化估计模型。对信源信号到达阵列各个阵元的时延差进行 Fresnel 近似处理，由于信源信号到达阵列各个阵元的时延差是关于阵元位置的二次非线性函数，因此很多成熟的基于远场信源参数估计的方法不能直接应用于近场信源参数估计。对近场信源参数估计，国内外学者做了大量的研究工作，提出了很多近场信源参数估计算法。

1988 年，Swindlehurst 和 Kailath 首先提出了基于最大似然的近场信源参数估计方法[6]，该方法具有优异的统计特性，参数估计精度高，但该方法需要对一个高度非线性的代价函数进行高维搜索，因此计算量巨大。1991 年，Huang 和 Barkat 证明了信号子空间和噪声子空间的正交性在近场信源定位问题中依然成立[7]，并且将远场的 MUSIC 算法推广至近场，提出了近场信源参数估计中的二维 MUSIC 算法，该算法需要在角度和距离两个维度中对全局空域进行搜索，从而可以得到近场信源的角度和距离参数估计，参数估计精度高，但由于需要对二维全局空域进行搜索，因此计算量巨大。近年来，很多近场信源参数估计算法被提出，如 Root-MUISC 算法[8]、路径跟踪算法[9]、加权线性预测法[10]，Lee 等提出的改进型路径跟踪算法[11]，对路径搜索方法进行了进一步优化，利用已知的代数路径来替代路径搜索，进一步减小了计算量。

近年来，很多基于二阶统计量的算法[12-13]被提出，此类算法复杂度低，但通常需要进行多次矩阵分解操作，因此一般需要进行参数配对处理。PARAFAC 技术可以分析多维数据[14]，近年来在阵列信号处理领域得到了广泛的应用。由于 PARAFAC 分解的唯一性，基于 PARAFAC 分解的参数估计算法具有参数自动配对和无须进行谱峰搜索的特点，因此 PARAFAC 技术的应用具有降低算法复杂度和参数自动配对的优点。Liang 等将 PARAFAC 分析理论引入近场信源参数估计[15]，提出了基于 PARAFAC 分析的近场信源参数估计算法，该算法不需要进行谱峰搜索且可实现参数自动配对。

综上所述，空间信源定位参数估计的基本理论和基本算法已经比较成熟，尤其是近年来，阵列近场信源定位和参数估计在很多领域中越来越受到关注，但由于很多算法需要进行多维空域搜索或需要进行高复杂度运算，限制了其在实际中的应用，因此研究降低算法复杂度、实现参数自动配对、提高参数估计性能等的方法具有一定的现实意义。

8.2 基于二阶统计量的近场信源定位算法

8.2.1 数据模型

阵列为由 $M=2N$ 个阵元均匀分布组成的均匀线阵，$d\leqslant\lambda/4$，如图 8.2 所示，阵元 $m\in[-N+1,\cdots,0,\cdots,N]$，选取阵元 0 作为阵列的参考阵元。

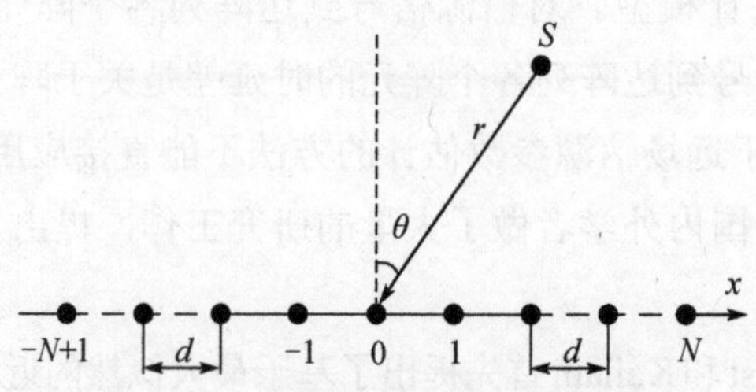

图 8.2 均匀线阵近场信源数据模型

如图 8.2 所示，考虑一个阵元个数为 $2N$、阵元间距为 d 的均匀线阵，如果入射到阵列上的 K 个窄带近场信源信号非相干，并记与第 k 个信源对应的角度和距离为 θ_k 和 r_k，则接收信号矩阵可以表示为

$$\begin{aligned}\boldsymbol{x}(t)&=\begin{bmatrix}x_{-N+1}(t)\\x_{-N+2}(t)\\\vdots\\x_N(t)\end{bmatrix}\\&=[\boldsymbol{a}(\theta_1,r_1),\boldsymbol{a}(\theta_2,r_2),\cdots,\boldsymbol{a}(\theta_K,r_K)]\boldsymbol{s}(t)+\boldsymbol{n}(t)\\&=\boldsymbol{A}(\theta,r)\boldsymbol{s}(t)+\boldsymbol{n}(t)\end{aligned}\tag{8.1}$$

式中，$\boldsymbol{n}(t)=[n_{-N+1}(t),n_{-N+2}(t),\cdots,n_N(t)]\in\mathbf{C}^{2N\times L}$ 表示接收噪声矩阵；$\boldsymbol{s}(t)\in\mathbf{R}^{K\times L}$ 为信源矩阵；$\boldsymbol{A}\in\mathbf{C}^{2N\times K}$ 为方向矩阵，其第 k 个信源方向向量可表示为

$$\boldsymbol{a}(\theta_i,r_i)=[\mathrm{e}^{\mathrm{j}(\gamma_i(-N+1)+\phi_i(-N+1)^2)},\mathrm{e}^{\mathrm{j}(\gamma_i(-N+2)+\phi_i(-N+2)^2)},\mathrm{e}^{\mathrm{j}(\gamma_iN+\phi_iN^2)}]^{\mathrm{T}}\in\mathbf{C}^{2N\times1}\tag{8.2}$$

γ_k 和 ϕ_k 可表示为

$$\gamma_k=-2\pi\frac{d}{\lambda}\sin\theta_k,\quad \phi_k=\pi\frac{d^2}{\lambda r_k}\cos^2\theta_k\tag{8.3}$$

8.2.2 算法描述

定义二阶统计量矩阵 $\boldsymbol{R}_1$ 和 $\boldsymbol{R}_2$，其第 m 行第 n 列可表示为

$$\begin{aligned}\boldsymbol{R}_1(m,n) &\overset{\text{def}}{=} E\{\boldsymbol{x}_{m-n+1}(t)\boldsymbol{x}_{m-n}^*(t)\} \\ &= \sum_{k=1}^{K} r_{sk}\mathrm{e}^{\mathrm{j}(\gamma_k+\phi_k)}\mathrm{e}^{\mathrm{j}2(m-n)\phi_k}\end{aligned}, \quad 1 \leqslant m,n \leqslant N \tag{8.4}$$

$$\begin{aligned}\boldsymbol{R}_2(m,n) &\overset{\text{def}}{=} E\{\boldsymbol{x}_{n-m}(t)\boldsymbol{x}_{n-m+1}^*(t)\} \\ &= \sum_{k=1}^{K} r_{sk}\mathrm{e}^{-\mathrm{j}(\gamma_k+\phi_k)}\mathrm{e}^{\mathrm{j}2(m-n)\phi_k}\end{aligned}, \quad 1 \leqslant m,n \leqslant N \tag{8.5}$$

式中，$r_{sk} = E\{s_i(k)s_i^*(k)\}$ 为第 k 个信源的功率。令

$$\boldsymbol{\varGamma} = \mathrm{diag}(r_{s1}, r_{s2}, \cdots, r_{sK}) \tag{8.6}$$

$$\boldsymbol{\varOmega} = \mathrm{diag}(\mathrm{e}^{\mathrm{j}\gamma_1}, \mathrm{e}^{\mathrm{j}\gamma_2}, \cdots, \mathrm{e}^{\mathrm{j}\gamma_K}) \tag{8.7}$$

$$\boldsymbol{\varLambda} = \mathrm{diag}(\mathrm{e}^{\mathrm{j}\phi_1}, \mathrm{e}^{\mathrm{j}\phi_2}, \cdots, \mathrm{e}^{\mathrm{j}\phi_K}) \tag{8.8}$$

$$\boldsymbol{A} = [\boldsymbol{a}_1, \boldsymbol{a}_2, \cdots, \boldsymbol{a}_K] \tag{8.9}$$

$$\boldsymbol{a}_k = [1, \mathrm{e}^{\mathrm{j}2\phi_k}, \cdots, \mathrm{e}^{\mathrm{j}2(n-1)\phi_k}]^{\mathrm{T}} \tag{8.10}$$

则矩阵 $\boldsymbol{R}_1$ 和 $\boldsymbol{R}_2$ 可以表示为

$$\boldsymbol{R}_1 = \boldsymbol{A\varOmega\varLambda\varGamma A}^{\mathrm{H}} \tag{8.11}$$

$$\boldsymbol{R}_2 = \boldsymbol{A\varOmega}^{-1}\boldsymbol{\varLambda}^{-1}\boldsymbol{\varGamma A}^{\mathrm{H}} \tag{8.12}$$

由于所有信源具有非零功率，因此矩阵 $\boldsymbol{\varGamma}$ 为可逆对角矩阵。此外，由于信源的参数 ϕ_k 及 $\gamma_k+\phi_k$ 各不相同且 $K \leqslant N$，因此矩阵 $\boldsymbol{A}$ 列满秩，矩阵 $\boldsymbol{R}_1$ 和 $\boldsymbol{R}_2$ 是秩为 K 的 $N\times N$ 矩阵。根据文献[9，11]易得

$$\boldsymbol{R}_2\boldsymbol{R}_1^{+}\boldsymbol{A} = \boldsymbol{A\varLambda}^{-2}\boldsymbol{\varOmega}^{-2} \tag{8.13}$$

式中，$(\bullet)^{+}$ 表示伪逆；$\boldsymbol{A}$ 为 $\boldsymbol{R}_2\boldsymbol{R}_1^{+}$ 的特征向量对应的矩阵，此外 $\boldsymbol{R}_2\boldsymbol{R}_1^{+}$ 矩阵中与特征向量相对应的特征值为 $\mathrm{e}^{-2\mathrm{j}(\gamma_k+\phi_k)}$，$k=1,2,\cdots,K$。对矩阵 $\boldsymbol{R}_2\boldsymbol{R}_1^{+}$ 进行特征值分解，由特征值和特征向量的对应关系可得

$$\boldsymbol{\zeta}_{1,i} = [1, \mathrm{e}^{\mathrm{j}2\phi_i}, \cdots, \mathrm{e}^{\mathrm{j}2(n-1)\phi_i}]^{\mathrm{T}}, \quad i=1,2,\cdots,K \tag{8.14}$$

$$\zeta_2(i) = \mathrm{e}^{-2\mathrm{j}(\gamma_i+\phi_i)}, \quad i=1,2,\cdots,K \tag{8.15}$$

利用上述参数之间的对应关系，可得到包含信源的角度和距离信息的时延参数估计值 $\hat{\phi}_i$ 和 $\hat{\gamma}_i$，即

$$\hat{\phi}_i = \frac{1}{2(N-1)}\sum_{k=1}^{N-1}\left\{\text{angle}\left(\frac{\zeta_{1,i}(i+1)}{\zeta_{1,i}(i)}\right)\right\},\ i=1,2,\cdots,K \tag{8.16}$$

$$\hat{\gamma}_i = -\text{angle}(\zeta_2(i)\mathrm{e}^{\mathrm{j}2\hat{\phi}_i})/2,\ i=1,2,\cdots,K \tag{8.17}$$

因此，信源的角度和距离分别为

$$\hat{\theta}_i = -\arcsin\left(\frac{\hat{\gamma}_i\lambda}{2\pi d}\right),\ i=1,2,\cdots,K \tag{8.18}$$

$$\hat{r}_i = \frac{\pi d^2}{\lambda\hat{\phi}_i}\cos^2\hat{\theta}_i,\ i=1,2,\cdots,K \tag{8.19}$$

综上所述，可以将基于二阶统计量的近场信源定位算法的步骤总结如下。

算法 8.1：基于二阶统计量的近场信源定位算法。

步骤 1：按式（8.4）、式（8.5）计算矩阵 $\boldsymbol{R}_1$ 和 $\boldsymbol{R}_2$。

步骤 2：按式（8.13）计算矩阵 $\boldsymbol{R}_2\boldsymbol{R}_1^+$。

步骤 3：对 $\boldsymbol{R}_2\boldsymbol{R}_1^+$ 进行特征值分解，并按特征值和特征向量的对应关系，获得配对的 K 组参数，即 $\boldsymbol{\zeta}_{1,i}=[1,\mathrm{e}^{\mathrm{j}2\phi_i},\cdots,\mathrm{e}^{\mathrm{j}2(n-1)\phi_i}]^{\mathrm{T}}$，$\zeta_2(i)=\mathrm{e}^{-2\mathrm{j}(\gamma_i+\phi_i)}$，$i=1,2,\cdots,K$。

步骤 4：利用式（8.18）和式（8.19）得到角度和距离参数估计。

8.2.3 性能分析

本节算法除使用了 $\boldsymbol{R}_2\boldsymbol{R}_1^+$ 的特征值信息以外，还利用了 $\boldsymbol{R}_1$ 的特征值信息，因此需要计算两个二阶统计量矩阵且需要进行两次特征值分解，因此本节算法的总复杂度为 $O(2N^2L+3N^3)$，其中 L 为快拍数。

本节算法具有如下优点。

（1）参数能够自动配对。

（2）算法复杂度较低，计算速度快。

8.2.4 仿真结果

考虑两个不相干的信源信号入射到阵元间距 $d=\lambda/4$ 的均匀线阵上，两个信源的角度和距离分别为 $(10^\circ,0.2\lambda)$ 和 $(30^\circ,0.6\lambda)$。阵元噪声为加性高斯白噪声。图 8.3 给出了当 $N=12$、$L=500$、$\text{SNR}=25\text{dB}$ 时本节算法的1000 次蒙特卡罗仿真结果。由图 8.3 可以看出，本节算法在大 SNR 情况下能够精确估计出信源的角度和距离。

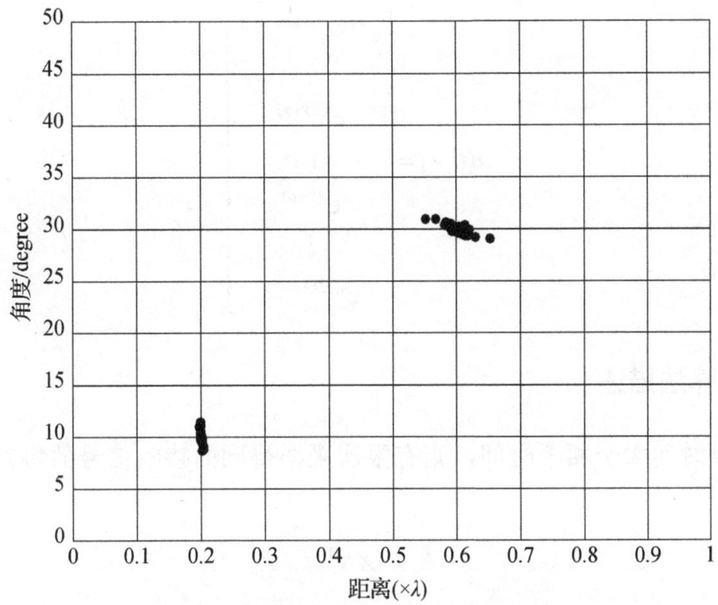

图 8.3　角度和距离参数估计（SNR=25dB）

8.3　基于二维 MUSIC 的近场信源定位算法

8.3.1　数据模型

如图 8.2 所示，阵列为由 M 个阵元均匀分布组成的均匀线阵，M=2N+1，阵元间距 $d \leqslant \lambda/4$。选取位于中心位置的阵元 0 作为参考阵元，则阵列接收信号可以表示为[7]

$$x_m(t)=\sum_{k=1}^{K} s_k(t)\mathrm{e}^{\mathrm{j}(\gamma_k m+\phi_k m^2)}+n_m(t) \tag{8.20}$$

式中，$\gamma_k=-2\pi d\sin\theta_k/\lambda_k$；$\phi_k=\pi d^2\cos^2\theta_k/\lambda_k r_k$；$s_k(t)$ 表示第 k 个信源发出的信号被第 m 个阵元接收并解调后的基带信号；$n_m(t)$ 表示第 m 个阵元上的加性噪声。将式(8.20)写成矩阵的形式，即

$$\boldsymbol{x}(t)=\boldsymbol{A}\boldsymbol{s}(t)+\boldsymbol{n}(t) \tag{8.21}$$

式中，$\boldsymbol{x}(t)$ 为接收信号矩阵；$\boldsymbol{A}$ 为方向矩阵；$\boldsymbol{s}(t)$ 为信源矩阵；$\boldsymbol{n}(t)$ 为接收噪声矩阵。方向矩阵 $\boldsymbol{A}$ 中的列向量 $\boldsymbol{a}(\theta,r)$ 为导向向量，其可表示为

$$\boldsymbol{a}(\theta,r)=\begin{bmatrix}\mathrm{e}^{\mathrm{j}[\gamma(-N)+\phi(-N)^2]}\\ \vdots \\ \mathrm{e}^{\mathrm{j}(-\gamma+\phi)}\\ 1 \\ \mathrm{e}^{\mathrm{j}(\gamma+\phi)}\\ \vdots \\ \mathrm{e}^{\mathrm{j}(\gamma N+\phi N^2)}\end{bmatrix} \tag{8.22}$$

8.3.2 算法描述

假设采样时间大于相干时间，则有限次采样得到的接收信号的协方差矩阵可表示为

$$\hat{\boldsymbol{R}}_x=\boldsymbol{X}\boldsymbol{X}^{\mathrm{H}}/J \tag{8.23}$$

式中，$\boldsymbol{X}$ 为接收信号矩阵；J 表示快拍数。式（8.23）可以看作对实际阵列接收信号协方差矩阵 $\boldsymbol{R}_x(\theta,r)=\boldsymbol{A}(\theta,r)\boldsymbol{R}_{\mathrm{s}}\boldsymbol{A}^{\mathrm{H}}(\theta,r)+\sigma^2\boldsymbol{I}$ 的估计。对其进行特征值分解可得

$$\hat{\boldsymbol{R}}_x=\boldsymbol{E}_{\mathrm{s}}\mathrm{diag}(\lambda_1,\lambda_2,\cdots,\lambda_K)\boldsymbol{E}_{\mathrm{s}}^{\mathrm{H}}+\boldsymbol{E}_{\mathrm{n}}\mathrm{diag}(\lambda_{K+1},\lambda_{K+2},\cdots,\lambda_{2N+1})\boldsymbol{E}_{\mathrm{n}}^{\mathrm{H}} \tag{8.24}$$

式中，$\lambda_{K+1},\lambda_{K+2},\cdots,\lambda_{2N+1}$ 表示 $2N+1-K$ 个较小特征值，与其对应的特征向量构成的矩阵 $\boldsymbol{E}_{\mathrm{n}}$ 表示噪声子空间。在搜索区间 $r\in[0.62\left(D^3/\lambda\right)^{1/2},(2D^2/\lambda)]$、$\theta\in[-\pi/2,\pi/2]$ 内构造谱峰搜索函数[7]，即

$$P(\theta,r)=\frac{1}{\boldsymbol{a}^{\mathrm{H}}(\theta,r)\boldsymbol{E}_{\mathrm{n}}\boldsymbol{E}_{\mathrm{n}}^{\mathrm{H}}\boldsymbol{a}(\theta,r)} \tag{8.25}$$

得到的对应峰值的下标就是信源对应的角度与距离，即

$$\begin{aligned}\hat{\theta}&=[\hat{\theta}_1,\hat{\theta}_2,\cdots,\hat{\theta}_K]\\ \hat{r}&=[\hat{r}_1,\hat{r}_2,\cdots,\hat{r}_K]\end{aligned} \tag{8.26}$$

式中，$\hat{\theta}$ 与 $\hat{r}$ 分别代表 K 个信源相对参考阵元的角度和距离。

综上所述，可以将基于二维 MUSIC 的近场信源定位算法的步骤总结如下。

算法 8.2：基于二维 MUSIC 的近场信源定位算法。

步骤 1：根据采样得到的信号矩阵构造接收信号的协方差矩阵的估计值。

步骤 2：对接收信号的协方差矩阵进行特征值分解，并按照特征值的大小顺序，把与信号个数相等的较大特征值和对应的特征向量看成信号子空间，把剩下的对应部分看成噪声子空间。

步骤 3：根据噪声特征向量和信号向量的正交性，由式（8.25）构造谱峰搜索函数，对其进行谱峰搜索可以得到 K 组配对的信源角度与距离参数的估计结果。

8.3.3 仿真结果

假设空间中有 2 个不相关的信源位于对称均匀线阵接收阵列的近场区域，信号入射到接收阵列上，信源的角度和距离分别为 $(20^\circ, 0.3\lambda)$ 和 $(40^\circ, 0.8\lambda)$，均匀线阵的阵元间距为 $\lambda/4$。角度和距离参数的二维谱图如图 8.4 所示。

考虑 M=9、K=2、J=200，角度和距离参数估计结果的散点图如图 8.5 所示。由图 8.5 可以看出，本节算法可以有效估计出信源的角度和距离参数，且参数自动配对。

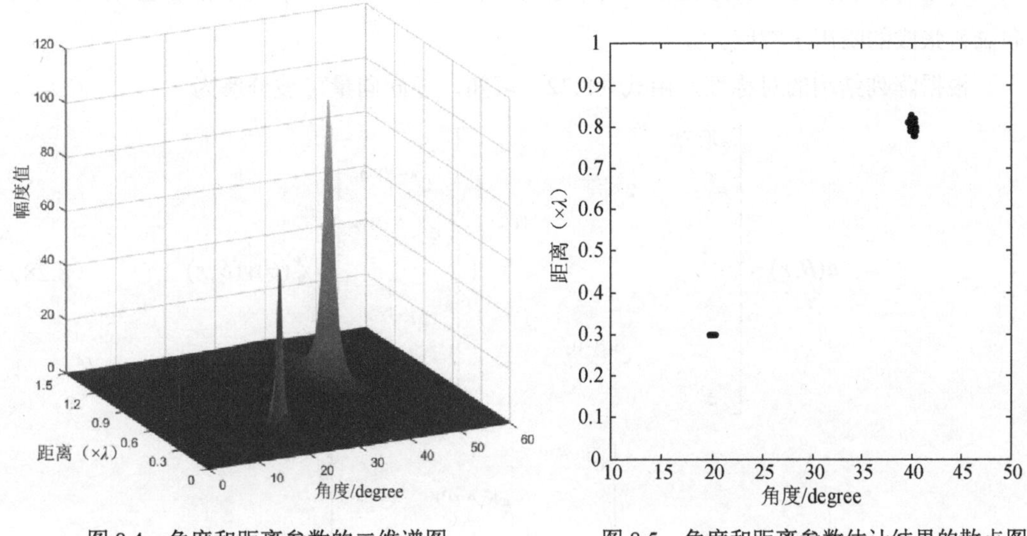

图 8.4 角度和距离参数的二维谱图

图 8.5 角度和距离参数估计结果的散点图（SNR=10dB）

近场的二维 MUSIC 算法，将远场中基于子空间理论的 MUSIC 算法拓展到了近场信源定位中，是一种经典的信源参数估计算法，参数估计精度高，但由于需要进行二维谱峰搜索，因此复杂度是比较高的。

8.4 基于降秩 MUSIC 的近场信源定位算法

本节提出的基于降秩 MUSIC 的近场信源定位算法利用了矩阵降秩的思想，能够将二维 MUSIC 算法中的二维搜索过程转化为若干次一维搜索过程，与二维 MUSIC 算法相比，参数估计精度基本一致，但大大降低了复杂度。

8.4.1 数据模型

本节算法数据模型与 8.3.1 节相同。

8.4.2 算法描述

根据子空间理论，信号子空间与噪声子空间的正交性在阵列的近场中依然成立，当信源的参数(θ,r)取到信源的实际位置时，在二维 MUSIC 算法中有[7]

$$f_{\text{2D-MUSIC}}(\theta,r)=\frac{1}{\boldsymbol{a}^{\mathrm{H}}(\theta,r)\boldsymbol{U}_{\mathrm{n}}\boldsymbol{U}_{\mathrm{n}}^{\mathrm{H}}\boldsymbol{a}(\theta,r)} \tag{8.27}$$

式中，$\boldsymbol{U}_{\mathrm{n}}$ 为接收信号的协方差矩阵特征值分解后的 $2N+1-K$ 个较小特征值对应的特征向量所张成的噪声子空间。

根据阵列结构的对称性，由式（8.22）可知，导向向量可被分解为

$$\boldsymbol{a}(\theta,r)=\begin{bmatrix} \mathrm{e}^{\mathrm{j}(-N)\gamma} & & & \\ & \mathrm{e}^{\mathrm{j}(-N+1)\gamma} & & \\ & & \ddots & \\ & & & 1 \\ & & \mathrm{⋰} & \\ & \mathrm{e}^{\mathrm{j}(N-1)\gamma} & & \\ \mathrm{e}^{\mathrm{j}N\gamma} & & & \end{bmatrix}\begin{bmatrix} \mathrm{e}^{\mathrm{j}(-N)^2\phi} \\ \mathrm{e}^{\mathrm{j}(-N+1)^2\phi} \\ \vdots \\ \mathrm{e}^{\mathrm{j}(-1)^2\phi} \\ 1 \end{bmatrix}=\boldsymbol{\zeta}(\theta)\boldsymbol{v}(\theta,r) \tag{8.28}$$

$$\boldsymbol{\zeta}(\theta)=\begin{bmatrix} \mathrm{e}^{\mathrm{j}(-N)\gamma} & & & \\ & \mathrm{e}^{\mathrm{j}(-N+1)\gamma} & & \\ & & \ddots & \\ & & & 1 \\ & & \mathrm{⋰} & \\ & \mathrm{e}^{\mathrm{j}(N-1)\gamma} & & \\ \mathrm{e}^{\mathrm{j}N\gamma} & & & \end{bmatrix} \tag{8.29}$$

$$\boldsymbol{v}(\theta,r)=\begin{bmatrix} \mathrm{e}^{\mathrm{j}(-N)^2\phi} \\ \mathrm{e}^{\mathrm{j}(-N+1)^2\phi} \\ \vdots \\ \mathrm{e}^{\mathrm{j}(-1)^2\phi} \\ 1 \end{bmatrix} \tag{8.30}$$

式中，$\boldsymbol{\zeta}(\theta)\in\mathbf{C}^{(2N+1)\times(N+1)}$，仅包含信源的角度信息；$\boldsymbol{v}(\theta,r)\in\mathbf{C}^{(N+1)\times 1}$，同时包含信源的角度与距离信息，且由其形式可知$\boldsymbol{v}(\theta,r)\neq\boldsymbol{O}$。将式（8.28）代入式（8.27），则有

$$
\begin{aligned}
f(\theta,r) &= \frac{1}{\boldsymbol{v}^{\mathrm{H}}(\theta,r)\boldsymbol{\zeta}^{\mathrm{H}}(\theta)\boldsymbol{U}_{\mathrm{n}}\boldsymbol{U}_{\mathrm{n}}^{\mathrm{H}}\boldsymbol{\zeta}(\theta)\boldsymbol{v}(\theta,r)} \\
&= \frac{1}{\boldsymbol{v}^{\mathrm{H}}(\theta,r)\boldsymbol{C}(\theta)\boldsymbol{v}(\theta,r)}
\end{aligned}
\tag{8.31}
$$

式中，$\boldsymbol{C}(\theta)=\boldsymbol{\zeta}^{\mathrm{H}}(\theta)\boldsymbol{U}_{\mathrm{n}}\boldsymbol{U}_{\mathrm{n}}^{\mathrm{H}}\zeta(\theta)$，只包含信源的角度信息。由 $\boldsymbol{v}(\theta,r)\neq\boldsymbol{O}$ 可知，$\boldsymbol{C}(\theta)$ 为非负定的共轭对称矩阵，因此 $\boldsymbol{v}^{\mathrm{H}}(\theta,r)\boldsymbol{C}(\theta)\boldsymbol{v}(\theta,r)=\boldsymbol{O}$ 成立的充要条件为当且仅当 $\boldsymbol{C}(\theta)$ 为奇异矩阵。由假设条件可知，当 $K\leqslant N$ 时，噪声子空间 $\boldsymbol{U}_{\mathrm{n}}$ 的列向量秩不小于 $N+1$，$\boldsymbol{C}(\theta)$ 为满秩矩阵，只有当方位角取到信源的实际位置时，矩阵降秩，即 $\mathrm{rank}\{\boldsymbol{C}(\theta)\}<N+1$，此时 $\boldsymbol{C}(\theta)$ 变成奇异矩阵，正交性成立。因此，可以通过式（8.32）进行一维谱峰搜索得到信源的角度参数的估计值：

$$
\hat{\theta}_k=\arg\max_{\theta}\frac{1}{\det[\boldsymbol{C}(\theta)]}
\tag{8.32}
$$

式中，$\mathrm{argmax}(\bullet)$ 表示取最大值；$\det(\bullet)$ 表示取行列式。

由此得到信源的角度参数的估计值之后，将 $\hat{\theta}_k$ 逐个代入二维 MUSIC 空间谱函数，构造如下的距离搜索空间谱函数，在距离上进行一维谱峰搜索，可得到距离参数的估计值：

$$
\hat{r}_k=\arg\max_{r} f(\hat{\theta}_k,r)=\frac{1}{\boldsymbol{a}^{\mathrm{H}}(\hat{\theta}_k,r)\boldsymbol{U}_{\mathrm{n}}\boldsymbol{U}_{\mathrm{n}}^{\mathrm{H}}\boldsymbol{a}(\hat{\theta}_k,r)}
\tag{8.33}
$$

式中，距离 r 的搜索范围为 $0.62\left(D^3/\lambda\right)^{1/2}<r<2D^2/\lambda$，$k=1,2,\cdots,K$。由此可知，需要进行 K 次一维搜索，且 $\hat{r}_k$ 与 $\hat{\theta}_k$ 自动配对。

综上所述，可以将基于降秩 MUSIC 的近场信源定位算法的步骤总结如下。

算法 8.3：基于降秩 MUSIC 的近场信源定位算法。

步骤 1：计算接收信号的协方差矩阵 $\hat{\boldsymbol{R}}_x$，并对其进行特征值分解，得到噪声子空间 $\boldsymbol{U}_{\mathrm{n}}$。

步骤 2：将导向向量 $\boldsymbol{a}(\theta,r)$ 分解为 $\boldsymbol{a}(\theta,r)=\boldsymbol{\zeta}(\theta)\boldsymbol{v}(\theta,r)$，并构造 $\boldsymbol{C}(\theta)=\boldsymbol{\zeta}^{\mathrm{H}}(\theta)\boldsymbol{U}_{\mathrm{n}}\boldsymbol{U}_{\mathrm{n}}^{\mathrm{H}}\boldsymbol{\zeta}(\theta)$。

步骤 3：由式（8.31）构造 DOA 空间谱函数，通过一维谱峰搜索得到信源的角度参数的估计值。

步骤 4：将信源的 K 个角度参数的估计值逐个代入二维 MUSIC 空间谱函数，构造距离搜索空间谱函数，由式（8.33）进行一维谱峰搜索得到信源的距离参数的估计值。

8.4.3 性能分析

将本节算法的复杂度同二维 MUSIC 算法的复杂度进行比较，本节算法的复杂度主要包括：计算接收信号的协方差矩阵的复杂度 $O\{M^2J\}$，特征值分解的复杂度 $O\{M^3\}$，角度搜索的复杂度 $O\{n_g(M-K)(N+1)(M+N+1)\}$，$K$ 次距离搜索的复杂度 $O\{n_lK(M-K)(M+1)\}$。因此，本节算法总的复杂度为 $O\{M^3+M^2J+(M-K)[n_g(N+1)(M+N+1)+n_lK(M+1)]\}$，对比二维 MUSIC 算法的复杂度为 $O\{M^3+M^2J+n_gn_l(M-K)(N+1)(M+N+1)\}$，其中 M 为阵元个数，J 为快拍数，K 为信源个数，n_g 为在角度空间内的谱峰搜索次数，$n_g=[90°-(-90°)]/\varDelta$，$n_l$ 为在距离区间内的谱峰搜索次数，$n_l=[2D^2/\lambda-0.62(D^3/\lambda)^{1/2}]/\varDelta$，$\varDelta$ 为搜索步长，本节中取 $\varDelta=0.001$。

本节算法与二维 MUSIC 算法和二阶统计量算法的复杂度对比情况如图 8.6 和图 8.7 所示。由图 8.6 和图 8.7 可以看出，降秩 MUSIC 算法的复杂度高于二阶统计量算法，但相比二维 MUSIC 算法，降秩 MUSIC 算法大大降低了复杂度。

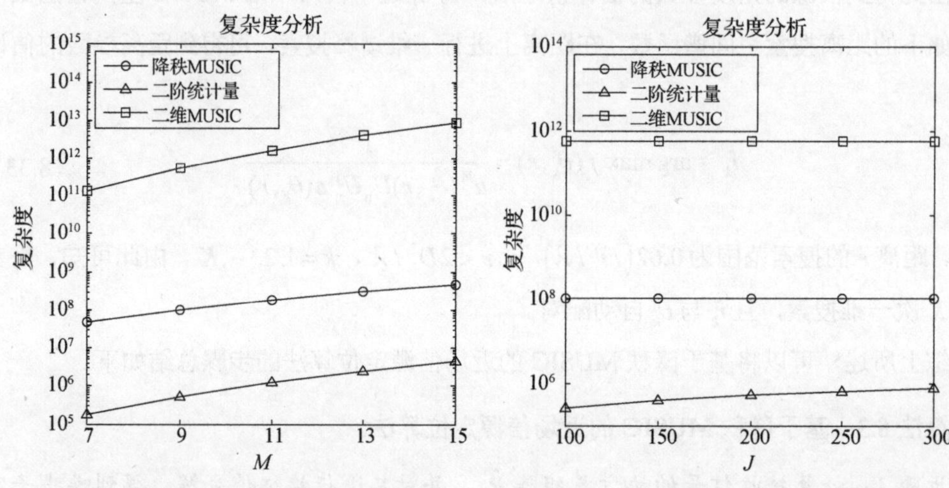

图 8.6　不同阵元数下复杂度的对比情况　　图 8.7　不同快拍数下复杂度的对比情况

本节算法具有如下优点。

（1）本节算法能够实现近场信源角度与距离参数的联合估计，且参数自动配对。

（2）本节算法相比二维 MUSIC 算法，大大降低了复杂度。

（3）本节算法的参数估计性能非常接近二维 MUSIC 算法，具有较高的参数估计精度。

8.4.4 仿真结果

假设空间中有 2 个不相关的窄带信源位于对称均匀线阵接收阵列的近场区域，信号入射到接收阵列上，信源的角度和距离分别为$(10^\circ,0.3\lambda)$和$(30^\circ,0.6\lambda)$，均匀线阵的阵元间距为$\lambda/4$。考虑M=9、K=2、J=200，图 8.8 和图 8.9 分别给出了本节算法与二维 MUSIC 算法及二阶统计量算法参数估计性能的对比情况。由图 8.8 和图 8.9 可以看出，本节算法与二维 MUSIC 算法的参数估计性能非常接近，且其参数估计性能远远好于二阶统计量算法。

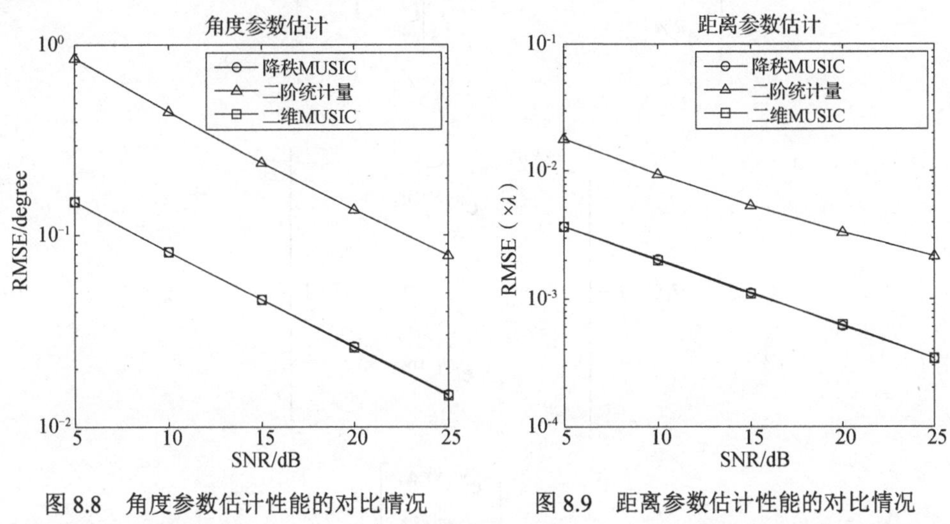

图 8.8 角度参数估计性能的对比情况　　图 8.9 距离参数估计性能的对比情况

8.5 基于降维 MUSIC 的近场信源定位算法

8.5.1 数据模型

本节算法数据模型与 8.3.1 节相同。

8.5.2 算法描述

在二维 MUSIC 算法[7]中，信源的参数(θ,r)可通过式（8.34）在空域中进行二维谱峰搜索得到：

$$f_{\text{2D-MUSIC}}(\theta,r)=\frac{1}{\boldsymbol{a}^{\mathrm{H}}(\theta,r)\boldsymbol{U}_{\mathrm{n}}\boldsymbol{U}_{\mathrm{n}}^{\mathrm{H}}\boldsymbol{a}(\theta,r)} \tag{8.34}$$

式中，$\boldsymbol{U}_{\mathrm{n}}$为接收信号的协方差矩阵特征值分解后的$2N+1-K$个较小特征值对应的特征向量所张成的噪声子空间。

根据阵列结构的对称性，由式（8.22）可知，导向向量可以被分解为

$$\boldsymbol{a}(\theta_k,r_k)=\begin{bmatrix} \mathrm{e}^{\mathrm{j}(-N)\gamma_k} & & & & \\ & \mathrm{e}^{\mathrm{j}(-N+1)\gamma_k} & & & \\ & & \ddots & & \\ & & & 1 & \\ & & \cdot^{\cdot^{\cdot}} & & \\ & \mathrm{e}^{\mathrm{j}(N-1)\gamma_k} & & & \\ \mathrm{e}^{\mathrm{j}N\gamma_k} & & & & \end{bmatrix}\begin{bmatrix} \mathrm{e}^{\mathrm{j}(-N)^2\phi_k} \\ \mathrm{e}^{\mathrm{j}(-N+1)^2\phi_k} \\ \vdots \\ \mathrm{e}^{\mathrm{j}(-1)^2\phi_k} \\ 1 \end{bmatrix}=\boldsymbol{a}_1(\gamma_k)\boldsymbol{a}_2(\phi_k) \tag{8.35}$$

式中，

$$\boldsymbol{a}_1(\gamma_k)=\begin{bmatrix} \mathrm{e}^{\mathrm{j}(-N)\gamma_k} & & & & \\ & \mathrm{e}^{\mathrm{j}(-N+1)\gamma_k} & & & \\ & & \ddots & & \\ & & & 1 & \\ & & \cdot^{\cdot^{\cdot}} & & \\ & \mathrm{e}^{\mathrm{j}(N-1)\gamma_k} & & & \\ \mathrm{e}^{\mathrm{j}N\gamma_k} & & & & \end{bmatrix}$$

$$\boldsymbol{a}_2(\phi_k)=\begin{bmatrix} \mathrm{e}^{\mathrm{j}(-N)^2\phi_k} \\ \mathrm{e}^{\mathrm{j}(-N+1)^2\phi_k} \\ \vdots \\ \mathrm{e}^{\mathrm{j}(-1)^2\phi_k} \\ 1 \end{bmatrix}$$

$\boldsymbol{a}_1(\gamma_k)\in\mathbf{C}^{(2N+1)\times(N+1)}$，仅包含信源的角度信息；$\boldsymbol{a}_2(\phi_k)\in\mathbf{C}^{(N+1)\times 1}$，同时包含信源的角度与距离信息。将式（8.35）代入式（8.34），则有

$$\begin{aligned} f_{\text{2D-MUSIC}}(\theta,r)&=\frac{1}{\boldsymbol{a}_2^{\mathrm{H}}(\phi)\boldsymbol{a}_1^{\mathrm{H}}(\gamma)\boldsymbol{U}_{\mathrm{n}}\boldsymbol{U}_{\mathrm{n}}^{\mathrm{H}}\boldsymbol{a}_1(\gamma)\boldsymbol{a}_2(\phi)} \\ &=\frac{1}{\boldsymbol{a}_2^{\mathrm{H}}(\phi)\boldsymbol{Q}(\gamma)\boldsymbol{a}_2(\phi)} \end{aligned} \tag{8.36}$$

式中，$\boldsymbol{Q}(\gamma)=\boldsymbol{a}_1^{\mathrm{H}}(\gamma)\boldsymbol{U}_{\mathrm{n}}\boldsymbol{U}_{\mathrm{n}}^{\mathrm{H}}\boldsymbol{a}_1(\gamma)$。因此，式（8.36）是一个二次优化问题，考虑到 $\boldsymbol{e}_1^{\mathrm{H}}\boldsymbol{a}_2(\phi)=1$，其中 $\boldsymbol{e}_1=[0,\cdots,0,1]^{\mathrm{T}}\in\mathbf{R}^{M\times 1}$，因此这个二次优化问题可以重构为

$$\begin{aligned} &V(\theta,r)_{\min}=\min_{\gamma,\phi}\boldsymbol{a}_2^{\mathrm{H}}(\phi)\boldsymbol{Q}(\gamma)\boldsymbol{a}_2(\phi) \\ &\text{s.t.}\quad \boldsymbol{e}_1^{\mathrm{H}}\boldsymbol{a}_2(\phi)=1 \end{aligned} \tag{8.37}$$

构造如下的代价函数：

$$L(\gamma,\phi)=\boldsymbol{a}_2^{\mathrm{H}}(\phi)\boldsymbol{Q}(\gamma)\boldsymbol{a}_2(\phi)-\omega(\boldsymbol{e}_1^{\mathrm{H}}\boldsymbol{a}_2(\phi)-1) \tag{8.38}$$

式中，ω 为一个常量。对式（8.38）中的 $\boldsymbol{a}_2(\phi)$ 求偏导，即

$$\frac{\partial L(\gamma,\phi)}{\partial \boldsymbol{a}_2(\phi)}=2\boldsymbol{Q}(\gamma)\boldsymbol{a}_2(\phi)+\omega\boldsymbol{e}_1=0 \tag{8.39}$$

可得

$$\boldsymbol{a}_2(\phi)=\mu\boldsymbol{Q}^{-1}(\gamma)\boldsymbol{e}_1 \tag{8.40}$$

式中，μ 同样为一个常量。由于 $\boldsymbol{e}_1^{\mathrm{H}}\boldsymbol{a}_2(\phi)=1$，因此可得

$$\mu=1/\boldsymbol{e}_1^{\mathrm{H}}\boldsymbol{Q}^{-1}(\gamma)\boldsymbol{e}_1 \tag{8.41}$$

将式（8.41）代入式（8.40）可得

$$\boldsymbol{a}_2(\phi)=\frac{\boldsymbol{Q}^{-1}(\gamma)\boldsymbol{e}_1}{\boldsymbol{e}_1^{\mathrm{H}}\boldsymbol{Q}^{-1}(\gamma)\boldsymbol{e}_1} \tag{8.42}$$

结合式（8.38）和式（8.36）可得，γ_k 的估计为

$$\hat{\gamma}_k=\arg\min_{\gamma}\frac{1}{\boldsymbol{e}_1^{\mathrm{H}}\boldsymbol{Q}(\gamma_k)^{-1}\boldsymbol{e}_1}=\arg\max_{\gamma}\boldsymbol{e}_1^{\mathrm{H}}\boldsymbol{Q}(\gamma_k)^{-1}\boldsymbol{e}_1 \tag{8.43}$$

式中，$\mathrm{argmax}(\bullet)$ 表示取最大值；$k=1,2,\cdots,K$。由于 $\gamma_k=-2\pi d\sin\theta_k/\lambda_k$，将信号波长归一化后可知，$\gamma_k$ 的取值范围为 $-\pi/2\leqslant\gamma_k\leqslant\pi/2$，因此在此区间中进行一维谱峰搜索可以得到峰值对应的参数估计 $\hat{\gamma}_k$。

将以上得到的 K 个 $\hat{\gamma}_k$ 代入式（8.42），即可得到 K 个 $\hat{\boldsymbol{a}}_2(\phi_k)$ 的值，又由式（8.35）可知：

$$\boldsymbol{a}_2(\phi_k)=\begin{bmatrix}\mathrm{e}^{\mathrm{j}(-N)^2\phi_k}\\ \mathrm{e}^{\mathrm{j}(-N+1)^2\phi_k}\\ \vdots\\ \mathrm{e}^{\mathrm{j}(-1)^2\phi_k}\\ 1\end{bmatrix}$$

可对其进行如下变换：

$$\boldsymbol{a}_2'(\phi_k)=\begin{bmatrix}1\\ \mathrm{e}^{\mathrm{j}(-1)^2\phi_k}\\ \vdots\\ \mathrm{e}^{\mathrm{j}(-N+1)^2\phi_k}\\ \mathrm{e}^{\mathrm{j}(-N)^2\phi_k}\end{bmatrix} \tag{8.44}$$

$$\hat{\boldsymbol{g}}_k = \text{angle}(\boldsymbol{a}_2'(\phi_k)) \tag{8.45}$$

式中，angle(•) 表示取相角。因此，式（8.45）可表示为

$$\hat{\boldsymbol{g}}_k = \begin{bmatrix} 0 \\ \phi_k \\ 4\phi_k \\ \vdots \\ (N-1)^2\phi_k \\ N^2\phi_k \end{bmatrix} = \begin{bmatrix} 0 \\ 1 \\ 4 \\ \vdots \\ (N-1)^2 \\ N^2 \end{bmatrix} \phi_k = \boldsymbol{q}\phi_k \tag{8.46}$$

由 LS 准则可求出 $\hat{\phi}_k$，LS 准则为

$$\min_{c_k} \|\boldsymbol{p}\boldsymbol{c}_k - \hat{g}_k\|_F^2 \tag{8.47}$$

式中，$\hat{g}_k = \text{angle}(\boldsymbol{a}_2'(\phi_k))$；$\boldsymbol{p} = [\boldsymbol{I}_{N+1}, \boldsymbol{q}]$；$\boldsymbol{c}_k = [c_{k0}, \hat{\phi}_k]^{\mathrm{T}} \in \mathbf{R}^{2\times1}$ 为未知的待估计参数向量，其中 c_{k0} 为参数误差估计值。$\boldsymbol{c}_k$ 的解为

$$\boldsymbol{c}_k = (\boldsymbol{p}^{\mathrm{T}}\boldsymbol{p})^{-1}\boldsymbol{p}^{\mathrm{T}}\hat{\boldsymbol{g}}_k \tag{8.48}$$

由此可知，$\hat{\phi}_k$ 和 $\hat{\gamma}_k$ 是配对的，可以得到配对的信源角度和距离参数的估计值，即

$$\hat{\theta}_k = -\arcsin\left(\frac{\hat{\gamma}_k\lambda_k}{2\pi d}\right) \tag{8.49}$$

$$\hat{r}_k = \frac{\pi d^2}{\lambda_k\hat{\phi}_k}\cos^2\hat{\theta}_k \tag{8.50}$$

式中，arcsin(•) 表示反正弦函数。

综上所述，可以将基于降维 MUSIC 的近场信源定位算法的步骤总结如下。

算法 8.4：基于降维 MUSIC 的近场信源定位算法

步骤 1：计算接收信号的协方差矩阵 $\hat{\boldsymbol{R}}_x$，对其进行特征值分解，得到噪声子空间 $\boldsymbol{U}_{\mathrm{n}}$。

步骤 2：将导向向量 $\boldsymbol{a}(\theta,r)$ 分解为 $\boldsymbol{a}_1(\gamma_k)$ 与 $\boldsymbol{a}_2(\phi_k)$ 乘积的形式，由信号子空间与噪声子空间的正交性构造 $V(\theta,r) = \boldsymbol{a}_2^{\mathrm{H}}(\phi)\boldsymbol{Q}(\gamma)\boldsymbol{a}_2(\phi)$，并对其进行二次优化，由一维搜索得到估计值 $\hat{\gamma}_k$。

步骤 3：由式（8.42）计算 $\boldsymbol{a}_2(\phi_k)$，并使用 LS 准则得到与 $\hat{\gamma}_k$ 配对的估计值 $\hat{\phi}_k$。

步骤 4：由式（8.49）和式（8.50）计算得到信源的角度和距离参数估计值 $\hat{\theta}_k$ 和 $\hat{r}_k$。

8.5.3 性能分析

本节算法的复杂度远低于二维 MUSIC 算法，本节算法的复杂度主要包括：计算接收信号的协方差矩阵的复杂度$O\{M^2J\}$，特征值分解的复杂度$O\{M^3\}$，一维谱峰搜索的复杂度$O\{n_g(N+1)[(M-K)(2M+N+1)+(N+1)^2]\}$。因此，本节算法总的复杂度为$O\{M^3+M^2J+n_g[(M-K)(N+1)(2M+N+1)+(N+1)^3]\}$。与之相比，二维 MUSIC 算法的复杂度为$O\{M^3+M^2J+n_g n_l(M-K)(N+1)(2M+N+1)\}$，其中$n_g$为在角度空间内的搜索次数，$n_g=[\pi/2-(-\pi/2)]/\varDelta$，$n_l$为在距离区间内的谱峰搜索次数，$n_l=[2D^2/\lambda-0.62(D^3/\lambda)^{1/2}]/\varDelta$，$\varDelta$为搜索步长。本节中$M$为阵元个数，$N=(M-1)/2$，$K$为信源个数，$J$为快拍数，$D$为均匀线阵的阵列孔径。

本节算法与二维 MUSIC 算法、二阶统计量算法、降维 MUSIC 算法的复杂度对比情况如图 8.10 和图 8.11 所示。由图 8.10 和图 8.11 可以看出，相比二维 MUSIC 算法，降维 MUSIC 算法大大降低了复杂度，相比降秩 MUSIC 算法，降维 MUSIC 算法同样降低了复杂度。

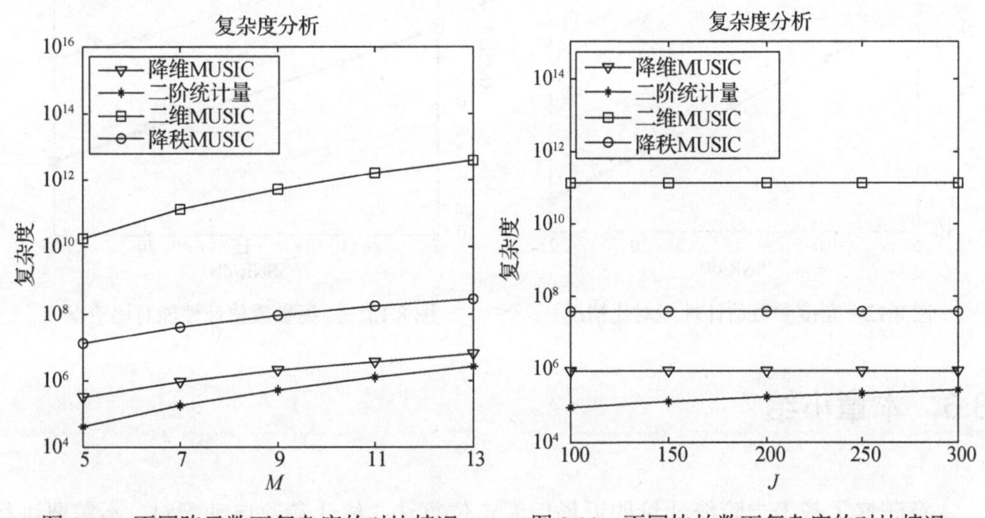

图 8.10 不同阵元数下复杂度的对比情况　　图 8.11 不同快拍数下复杂度的对比情况

本节算法具有如下优点。

（1）本节算法能够实现近场信源角度与距离参数的联合估计，且参数自动配对。

（2）本节算法相比二维 MUSIC 算法大大降低了复杂度。

（3）本节算法的参数估计性能非常接近二维 MUSIC 算法，具有较高的参数估计精度。

8.5.4 仿真结果

假设空间中有 2 个不相关的信源位于对称均匀线阵接收阵列的近场区域，信号入射到接收阵列上，信源的角度和距离分别为$(5^\circ,0.3\lambda)$和$(10^\circ,0.5\lambda)$，均匀线阵的阵元间距为$\lambda/4$。在以下的仿真中，M表示阵元个数，K表示信源个数，J表示快拍数，SNR 表示信噪比。

考虑M=9、K=2、J=200，图 8.12 和图 8.13 分别给出了本节算法与二维 MUSIC 算法、二阶统计量算法和降秩 MUSIC 算法参数估计性能的对比情况。由图 8.12 和图 8.13 可以看出，降维 MUSIC 算法与二维 MUSIC 算法和降秩 MUSIC 算法的参数估计性能非常接近，远远好于二阶统计量算法。

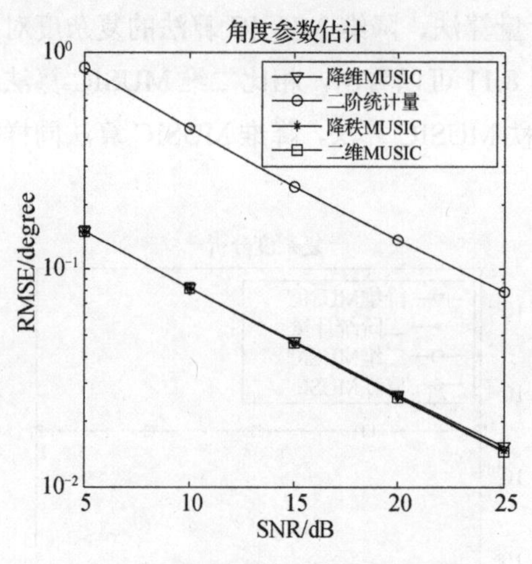

图 8.12 角度参数估计性能对比情况

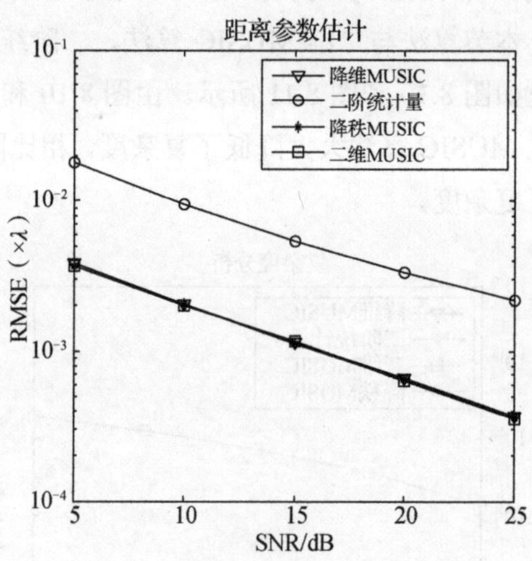

图 8.13 距离参数估计性能对比情况

8.6 本章小结

本章研究了基于二阶统计量的近场信源定位算法，估计参数自动配对，不需要进行谱峰搜索，因此复杂度很低，能够得到参数估计的闭式解，但阵元利用率不高，阵列孔径有损失，参数估计精度不高。

本章提出了基于降秩 MUSIC 的近场信源定位算法，能够将二维 MUSIC 算法中的二维搜索转化为多次一维搜索，因此大大降低了复杂度，且参数估计性能与二维 MUSIC 算法基本一致，具有较高的参数估计精度。

本章提出了基于降维 MUSIC 的近场信源定位算法，将二维搜索转化为一维局部搜索，进一步降低了复杂度，且参数估计性能与二维 MUSIC 算法非常接近。

部分相应研究成果见文献[16-20]。

参考文献

[1] 张贤达，保铮. 通信信号处理[M]. 北京：国防工业出版社，2000.

[2] SCHMIDT R. Multiple emitter location and signal parameter estimation[J]. IEEE Transactions on Antennas and Propagation，1986，34（3）：276-280.

[3] ROY R，KAILATH T. ESPRIT-Estimation of signal parameters via rotational invariance techniques[J]. IEEE Transactions on Acoustics，Speech，and Signal Processing，1989，37（7）：984-995.

[4] RAO B D，HARI K V S. Performance analysis of root-MUSIC[J]. IEEE Transactions on Acoustics，Speech，and Signal Processing，1989，37（12）：1939-1949.

[5] JOHNSON R C. Antenna Engineering Handbook[M]. New York：McGraw-Hill，1993：9-12.

[6] SWINDLEHURST A L，KAILATH T. Passive direction-of-arrival and range estimation for near-field sources[C]//The Workshop on Spectrum Estimation and Modeling，1988：123-128.

[7] HUANG Y D，BARKAT M. Near-field multiple source localization by passive sensor array[J]. IEEE Transactions on Antennas and Propagation，1991，39（7）：968-975.

[8] WEISS A J，FRIEDLANDER B. Range and bearing estimation using polynomial rooting[J]. IEEE Journal of Oceanic Engineering，1993，18（2）：130-137.

[9] STARER D，NEHORAI A. Passive localization of near-field sources by path following[J]. IEEE Transactions on Signal Processing，1994，42：677-680.

[10] GROSICKI E，ABED-MERAIM K，HUA Y. A weighted linear pre- diction method for near-field source localization[J]. IEEE Transactions on Signal Processing，2005，53：3651-3660.

[11] LEE J H，LEE C M，LEE K K. A modified path-following algorithm using a known algebraic path[J]. IEEE Transactions on Signal Processing，1999，47（5）：1407-1409.

[12] ABED-MERAIM K，HUA Y，BELOUCHRANI A. Second-Order Near-Field Source Localization：Algorithm And Performance Analysis[C]//11th Asilomar Conference on Circuits，Systems and Computers，1996：723-727.

[13] ABED-MERAIM K，HUA Y. 3-D near field source localization using second order statistics[C]//11th Asilomar Conference on Circuits，Systems and Computers，1997，2：1307-1311.

[14] PHAM T D，MOCKS J. Beyond principal component analysis：A trilinear decomposition model and least square estimation[J]. Psychometrika，1992，57（2）：203-215

[15] LIANG J L，WANG S J，LI G，et al. A Novel Near-Field Source Localization Algorithm Without Pairing Parameters[J]. Acta Electronica Sinica，2007，35（6）：1122-1127.

[16] XIA Z X，YANG H Y，LIU W T，et al. 3D Near-field Source Localization for Cross Array via Fourth-order Cumulant[C]//International Conference on Electronics，Electrical Engineering and Information Science，2017.

[17] XIA Z X，ZHANG X F，LIU W T，et al. Mixed Near-field and Far-field Sources Localization via Second-order Statistics[C]//International Conference on Machinery，Electronics and Control Simulation，2017.

[18] Zhang X F，CHEN W Y，ZHENG W，et al. Localization of Near-Field Sources：A Reduced Dimension MUSIC Algorithm[J]. IEEE Communications Letters，2018，22（7）：1422-1425.

[19] YANG H Y，XIA Z X，ZHANG X F. Near field Parameter Estimation Using Successive Music Algorithm[R]. CSIS2016，2016.

[20] LI Z，SHEN J，ZHAI H，et al. 3-D Localization for Near-Field and Strictly Noncircular Sources via Centro-Symmetric Cross Array[J]. IEEE Sensors Journal，2021，21（6）：8432-844.

第9章 互质阵列信号处理

稀疏阵列相比传统阵列能够获得更大的阵列孔径及更大的DOF,从而在谱估计精度和分辨率上更有优势。本章介绍互质线阵结构与信号模型，为了解决大阵元间距导致的相位模糊问题，分别介绍基于互质子阵分解思想和基于虚拟阵元扩展思想的DOA估计算法，并提出多种互质阵列结构和相应的DOA估计算法。

9.1 引言

经典的超分辨DOA估计算法主要有MUSIC算法[1]、ESPRIT算法[2]，它们都是基于特征结构的子空间类算法。子空间类算法最初是针对传统阵列提出的，并且要求阵元间距小于信号半波长，以避免出现角度模糊问题。子空间类算法的DOA估计分辨率与传感器阵列有效孔径成正比，即在相同阵元数目的情况下，随着阵元间距的增大，DOA估计算法可以获得更高的参数估计精度和分辨率[3-5]。早期的DOA估计研究均基于均匀线阵[6-8]，即各阵元等间距地排列在同一直线上的一维阵列。均匀线阵具有结构简单的优点，但由于各阵元均位于同一直线上，因此只能进行一维DOA估计。然而在实际应用中，信号与阵列通常不位于同一直线上，所以学者们提出了一些可实现二维DOA估计的阵列，如L型阵列[9]、均匀圆阵[10]、平面阵列[11]等，这些阵列可同时对信号的仰角和方向角进行估计。

稀疏阵列[12-16]是近些年提出的一种新型阵列，其中包括最小冗余阵[17]、互质阵列[18-20]和嵌套阵列[21]。相比传统的均匀线阵，稀疏阵列能够增大DOF，同时提高算法的DOA估计性能，并且能够解决欠定情况下的信源DOA估计问题[22]。在几种稀疏阵列中，最小冗余阵拥有较大的DOF，但其阵元位置没有一个固定的闭式解。嵌套阵列在能够得到阵元位置的固定闭式解的同时，还拥有比互质阵列更大的连续DOF，这些优点使得嵌套阵列在非均匀阵列的信号参数估计中有着较大优势。

关于互质阵列，国内外的学者们提出了多种适用于互质阵列的DOA估计算法，可将其大致分为解模糊方法[23]和虚拟化方法[19]两大类。解模糊方法分别对两个子阵进行DOA估计，并利用子阵阵元数的互质特性对比估计结果，从而得到唯一的DOA估计值。

解模糊方法虽易于实现，但对两个子阵分别进行 DOA 估计的方法使得 DOF 大幅度减小。相比之下，虚拟化方法则通过对接收信号的协方差矩阵进行数据重构，获得一个由虚拟阵列接收到的单快拍信号，该虚拟阵列的长度远大于实际阵列的长度，因此虚拟化方法能获得较大的 DOF。由于获得的虚拟信号是完全相关的，因此虚拟化后还需要对信号进行一定的处理。文献[24]中根据压缩感知理论对稀疏信号进行重构，以实现空间谱估计。互质阵列的思想和嵌套阵列类似，也是将一个阵列划分为多个子阵，不过子阵之间需要满足互质的关系。互质线阵由阵元数分别为 M 和 N 的两个均匀线阵组成，其中，M 和 N 为互质数，子阵的阵元间距分别为 $N\lambda/2$ 和 $M\lambda/2$，λ 为信号波长。特别地，Vaidyanathan 和 Pal[25]提出了一种稀疏采样的互质阵列，其可以通过 $M+N-1$ 个阵元获得 $O(MN)$ 的 DOF，因此可以提供更高的分辨率。文献[26]中提出一种基于互质阵列且无须进行谱峰搜索的算法，其主要思想是通过子空间投影来消除角度模糊，具有较低的复杂度。文献[27]提出了一种交叉互质稀疏阵列，用来进行 DOA 估计。目前常见的处理算法有空间平滑算法[19]、压缩感知算法[28-29]、离散傅里叶变换算法[30]等，将这些算法与虚拟化方法相结合，即可获得互质阵列的 DOA 估计。

9.2 互质线阵结构与信号模型及两种 DOA 估计算法

本节介绍互质线阵结构与信号模型，并重点介绍针对互质阵列提出的两种 DOA 估计算法，即基于互质子阵分解思想的 DOA 估计算法和基于虚拟阵元扩展思想的 DOA 估计算法。

9.2.1 互质线阵结构与信号模型

1. 互质线阵结构

文献[31]提出的互质线阵由两个阵元数分别为 M 和 N 的稀疏均匀子阵构成，分别记为子阵 1 和子阵 2，阵元间距分别为 Nd 和 Md，其中 M 和 N 为互质整数，$d\leqslant\lambda/2$ 为单位阵元间距，λ 为信号波长。图 9.1 所示为互质线阵结构示例，其中 $M=4$，$N=5$。需要指出的是，由于两个互质子阵在原点处有一个阵元重合，因此互质线阵阵元总数 $T=M+N-1$，阵元位置集合记为

$$\begin{aligned}\mathbb{L}_{\mathrm{CA}}&=\mathbb{L}_{\mathrm{CA}}^{(1)}\cup\mathbb{L}_{\mathrm{CA}}^{(2)}\\&=\left\{mNd,m\in\langle 0,M-1\rangle\right\}\cup\left\{nMd,n\in\langle 0,N-1\rangle\right\}\end{aligned}\tag{9.1}$$

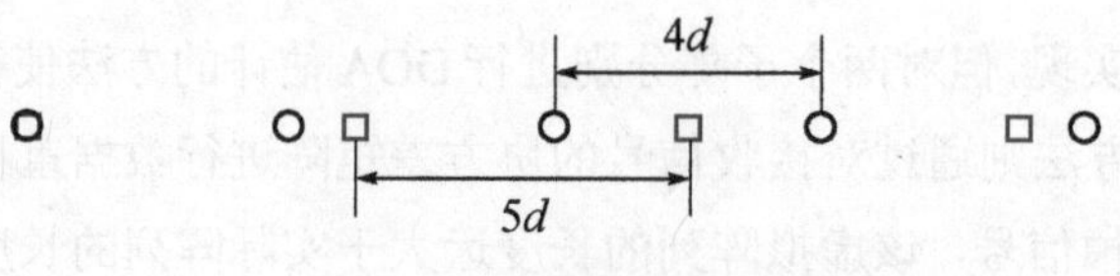

图 9.1　互质线阵结构示例

2. 信号模型

假设 K 个远场信源窄带信号入射到上述互质子阵上，两个互质子阵的接收信号可以表示为

$$\begin{cases} \boldsymbol{x}_1(l) = \boldsymbol{A}_1\boldsymbol{s}(l) + \boldsymbol{n}_1(l) \\ \boldsymbol{x}_2(l) = \boldsymbol{A}_2\boldsymbol{s}(l) + \boldsymbol{n}_2(l) \end{cases} \tag{9.2}$$

式中，$\boldsymbol{s}(l) = [s_1(l), s_2(l), \cdots, s_K(l)]^{\mathrm{T}} \in \mathbf{C}^{K\times 1}$ 为信号向量；$\boldsymbol{A}_1$ 和 $\boldsymbol{A}_2$ 为两个互质子阵的方向矩阵；$\boldsymbol{n}_1(l)$ 和 $\boldsymbol{n}_2(l)$ 为加性噪声，$l \in \langle 1, L \rangle$ 为快拍变量，L 为总快拍数。在本节中，$\boldsymbol{n}_i(l)$ 被建模为均值是 0、协方差矩阵是 $\sigma_n^2\boldsymbol{I}$ 的高斯白噪声，其中 σ_n^2 为噪声功率，$i = 1,2$。特别地，本节中的 $\boldsymbol{I}$ 均为对应维度的单位矩阵，下文中不做具体维度标注。

互质线阵的两个子阵的方向矩阵为 $\boldsymbol{A}_i = [\boldsymbol{a}_i(\theta_1), \boldsymbol{a}_i(\theta_2), \cdots, \boldsymbol{a}_i(\theta_K)]$，其中 $\boldsymbol{a}_i(\theta_k)$ 为导向向量，即

$$\begin{cases} \boldsymbol{a}_1(\theta_k) = [1, \mathrm{e}^{\mathrm{j}\pi N \sin\theta_k}, \mathrm{e}^{\mathrm{j}2\pi N \sin\theta_k}, \cdots, \mathrm{e}^{\mathrm{j}(M-1)\pi N \sin\theta_k}]^{\mathrm{T}} \\ \boldsymbol{a}_2(\theta_k) = [1, \mathrm{e}^{\mathrm{j}\pi M \sin\theta_k}, \mathrm{e}^{\mathrm{j}2\pi M \sin\theta_k}, \cdots, \mathrm{e}^{\mathrm{j}(N-1)\pi M \sin\theta_k}]^{\mathrm{T}} \end{cases} \tag{9.3}$$

式中，θ_k 为第 k 个信源的仰角，$k \in \langle 1, K \rangle$。

由于本节只考虑非相关信源，因此 $\boldsymbol{\Lambda} = E\left\{\boldsymbol{s}(l)\boldsymbol{s}^{\mathrm{H}}(l)\right\} = \mathrm{diag}\{\sigma_1^2, \sigma_2^2, \cdots, \sigma_K^2\}$，其中 σ_k^2 为第 k 个信源的功率。

9.2.2　基于互质子阵分解思想的 DOA 估计算法

1. 互质子阵分解思想基本原理

互质子阵阵元间距的扩大虽然扩展了阵列孔径，但是也引入了角度模糊问题，给 DOA 估计的准确性和唯一性带来了挑战。文献[23]利用互质线阵提出了一种联合 MUSIC 算法，该算法的核心思想是利用互质特性消除模糊 DOA 估计值，从而获得高精度真实 DOA 估计值。

首先，计算互质子阵接收信号的协方差矩阵，即

$$\boldsymbol{R}_{x,1} = E\left\{\boldsymbol{x}_1(l)\boldsymbol{x}_1^{\mathrm{H}}(l)\right\} \tag{9.4}$$

$$\boldsymbol{R}_{x,2} = E\left\{\boldsymbol{x}_2(l)\boldsymbol{x}_2^{\mathrm{H}}(l)\right\} \tag{9.5}$$

式中，$\boldsymbol{x}_1(l)$ 和 $\boldsymbol{x}_2(l)$ 分别为子阵 1 和子阵 2 的接收信号。通过计算互质子阵接收信号的协方差矩阵并对其进行特征值分解，获得子阵噪声子空间 $\boldsymbol{U}_{\mathrm{n},1}$ 和 $\boldsymbol{U}_{\mathrm{n},2}$。其次，根据信号子空间与噪声子空间的正交性，构建互质子阵的 MUSIC 空间谱，即

$$f_1(\theta)=\frac{1}{\boldsymbol{a}_1^{\mathrm{H}}(\theta)\boldsymbol{U}_{\mathrm{n},1}\boldsymbol{U}_{\mathrm{n},1}^{\mathrm{H}}\boldsymbol{a}_1(\theta)} \tag{9.6}$$

$$f_2(\theta)=\frac{1}{\boldsymbol{a}_2^{\mathrm{H}}(\theta)\boldsymbol{U}_{\mathrm{n},2}\boldsymbol{U}_{\mathrm{n},2}^{\mathrm{H}}\boldsymbol{a}_2(\theta)} \tag{9.7}$$

式中，$\theta\in\left(-90^\circ,90^\circ\right)$；$\boldsymbol{a}_1(\theta)$ 和 $\boldsymbol{a}_2(\theta)$ 分别可以表示为

$$\begin{cases}\boldsymbol{a}_1(\theta)=[1,\mathrm{e}^{\mathrm{j}\pi N\sin\theta},\mathrm{e}^{\mathrm{j}2\pi N\sin\theta},\cdots,\mathrm{e}^{\mathrm{j}(M-1)\pi N\sin\theta}]^{\mathrm{T}}\\ \boldsymbol{a}_2(\theta)=[1,\mathrm{e}^{\mathrm{j}\pi M\sin\theta},\mathrm{e}^{\mathrm{j}2\pi M\sin\theta},\cdots,\mathrm{e}^{\mathrm{j}(N-1)\pi M\sin\theta}]^{\mathrm{T}}\end{cases} \tag{9.8}$$

通过对互质子阵的 MUSIC 空间谱［见式（9.6）、式（9.7）］在全角度域 $\theta\in\left(-90^\circ,90^\circ\right)$ 进行谱峰搜索，可以获得对应于真实信源的两组 DOA 估计值。但是由于角度模糊问题的存在，对应于同一个信源会出现多个 DOA 估计值，即模糊 DOA 估计值。文献[23]基于角度模糊问题的形成原理进行分析，利用互质特性证明了同一个信源在两个互质子阵的 MUSIC 空间谱中只会有一个共同峰值，且该峰值对应的 DOA 估计值就是信源的真实 DOA 估计值。具体过程如下。

假设对应于 DOA 角度为 θ_i 的信源在两个互质子阵的 MUSIC 空间谱中存在两个共同峰值，对应的角度估计值分别为 $\theta_{a,1}$ 和 $\theta_{a,2}$，由此可以得到 $\boldsymbol{a}_1(\theta_{a,1})=\boldsymbol{a}_1(\theta_{a,2})$，$\boldsymbol{a}_2(\theta_{a,1})=\boldsymbol{a}_2(\theta_{a,2})$，从而可得

$$\begin{cases}\sin\theta_{a,1}-\sin\theta_{a,2}=\dfrac{2k_1}{N}\\ \sin\theta_{a,1}-\sin\theta_{a,2}=\dfrac{2k_2}{M}\end{cases} \tag{9.9}$$

式中，$k_1\in\langle -N+1,N-1\rangle$；$k_2\in\langle -M+1,M-1\rangle$。根据式（9.9）可得

$$\frac{2k_1}{N}=\frac{2k_2}{M} \tag{9.10}$$

但是，由于 M 和 N 为互质整数，以及 $k_1\in\langle -N+1,N-1\rangle$ 和 $k_2\in\langle -M+1,M-1\rangle$，所以要使式（9.10）成立，$k_1$ 与 k_2 只能取 0，即 $\theta_{a,1}=\theta_{a,2}$，这也证实了同一个信源在两个互质子阵的 MUSIC 空间谱中只会有一个共同峰值，且该峰值对应的 DOA 估计值就是信源的真实 DOA 估计值。

因此，通过搜索互质子阵得到的两组 DOA 估计值中相同的 K 个值，可以获得准确

的信源 DOA 估计值。但是在实际中，由于有噪声、干扰等因素导致的估计误差，各信源在互质子阵的 MUSIC 空间谱中响应的峰值不会完全重合，因此可以通过搜索最接近的 K 组估计值作为 DOA 估计值。

互质阵列中解模糊的 MUSIC 算法步骤归纳如下。

算法 9.1：互质阵列中解模糊的 MUSIC 算法。

步骤 1：根据接收信号快拍分别构造互质子阵接收信号的协方差矩阵。

步骤 2：先对协方差矩阵进行特征值分解，然后按特征值的大小顺序，将 K 个较大特征值对应的特征向量看作信号子空间，将剩下的较小特征值对应的特征向量看作噪声子空间。

步骤 3：对子阵分别使角度变化，搜索空间谱函数，并根据峰值对应的角度得到每个子阵的模糊角度估计值。

步骤 4：对比子阵 1 和子阵 2 的所有峰值，找到共同峰值对应的 DOA 估计值，即可得到信源的真实 DOA 估计值。

2. 基于互质子阵分解思想的低复杂度 DOA 估计算法

根据上述介绍，文献[23]提出的联合 MUSIC 算法需要对两个互质子阵的 MUSIC 空间谱分别进行一次全角度域谱峰搜索，从而导致了很高的复杂度。由式（9.9）可以发现，真实信源角度与其模糊角度的正弦值之间存在一个线性关系。基于此，文献[32]提出了一种低复杂度联合 MUSIC 算法，该算法将 MUSIC 空间谱的搜索参数重构为 $\sin\theta$，因此文献[23]对应的搜索域变为 $(-1,1)$。文献[32]提出的算法只需要先对子阵 1 得到的 MUSIC 空间谱在区间 $(0,2/N)$ 内进行谱峰搜索，然后对子阵 2 得到的 MUSIC 空间谱在区间 $(0,2/M)$ 内进行谱峰搜索，再根据式（9.9）中的线性关系直接计算得到全部的模糊角度值，最后通过搜索最接近的角度估计值作为信源的 DOA 估计值。仿真结果表明，文献[32]提出的算法通过缩减搜索区间，大大降低了算法的复杂度，并且能够获得与文献[23]提出的算法相近的 DOA 估计性能。

需要指出的是，基于互质子阵分解思想的低复杂度 DOA 估计算法可以有效地消除由大阵元间距导致的角度模糊问题，并且可以充分利用互质阵列扩展的孔径，实现 DOA 估计性能的提高。然而，由于该类算法只利用了子阵接收信号的自相关信息，因此不仅导致了 DOF 的减小，即可识别信源数受限于阵元数较少的子阵的阵元数，还导致了 DOA 估计性能的降低。另外，在非理想条件下，如 SNR 较小或快拍数较少的条件下，该类算法的稳健性降低，出现的子阵估计值失配问题甚至会导致 DOA 估计失败。

9.2.3 基于虚拟阵元扩展思想的 DOA 估计算法

1. 虚拟阵元扩展思想基本原理

基于虚拟阵元扩展思想的 DOA 估计算法，其核心在于向量化接收信号的协方差矩阵，可以得到一组虚拟阵列，即差联合阵列接收到的等效观测信号，从而增大 DOF 并提高 DOA 估计性能。

互质阵列的总接收信号可以表示为

$$\boldsymbol{x}(l)=\boldsymbol{A}\boldsymbol{s}(l)+\boldsymbol{n}(l) \tag{9.11}$$

式中，$\boldsymbol{A}=[\boldsymbol{a}(\theta_1),\boldsymbol{a}(\theta_2),\cdots,\boldsymbol{a}(\theta_K)]$ 为互质阵列的总方向矩阵，其中 $\boldsymbol{a}(\theta_k)$ 为导向向量，可以表示为

$$\boldsymbol{a}(\theta_k)=[\mathrm{e}^{\mathrm{j}2\pi d_1\sin\theta_k/\lambda},\mathrm{e}^{\mathrm{j}2\pi d_2\sin\theta_k/\lambda},\cdots,\mathrm{e}^{\mathrm{j}2\pi d_T\sin\theta_k/\lambda}]^{\mathrm{T}} \tag{9.12}$$

式中，$d_t\in\mathbb{L}_{\mathrm{CA}}$，$t\in\langle 1,T\rangle$。互质阵列的总接收信号的协方差矩阵为

$$\boldsymbol{R}_x=E\{\boldsymbol{x}(l)\boldsymbol{x}^{\mathrm{H}}(l)\}=\boldsymbol{A}\boldsymbol{\Lambda}\boldsymbol{A}^{\mathrm{H}}+\sigma_n^2\boldsymbol{I} \tag{9.13}$$

在实际中，$\boldsymbol{R}_x$ 一般是通过 L 次快拍采样数据近似求解获得的，即

$$\hat{\boldsymbol{R}}_x=\sum_{l=1}^{L}\boldsymbol{x}(l)\boldsymbol{x}^{\mathrm{H}}(l) \tag{9.14}$$

虚拟阵元扩展思想的关键在于对协方差矩阵的向量化计算，即

$$\begin{aligned}\boldsymbol{z}_0&=\mathrm{vec}\{\boldsymbol{R}_x\}\\&=(\boldsymbol{A}^*\odot\boldsymbol{A})\boldsymbol{p}+\sigma_n^2\mathrm{vec}\{\boldsymbol{I}\}\\&=\boldsymbol{B}_0\boldsymbol{p}+\sigma_n^2\mathrm{vec}\{\boldsymbol{I}\}\end{aligned} \tag{9.15}$$

式中，$\boldsymbol{B}_0=\boldsymbol{A}^*\odot\boldsymbol{A}=[\boldsymbol{b}_0(\theta_1),\boldsymbol{b}_0(\theta_2),\cdots,\boldsymbol{b}_0(\theta_K)]$，$\boldsymbol{b}_0(\theta_k)=\boldsymbol{a}^*(\theta_k)\otimes\boldsymbol{a}(\theta_k)$ 中的元素是以 $\mathrm{e}^{\mathrm{j}2\pi(d_t-d_t')\sin\theta_k/\lambda}$ 的形式构成的，其中 $d_t,d_t'\in\mathbb{L}_{\mathrm{CA}}$；$\boldsymbol{p}=[\sigma_1^2,\sigma_2^2,\cdots,\sigma_K^2]^{\mathrm{T}}$。因此，$\boldsymbol{z}_0$ 可以看作由一个差联合阵列观测到的等效接收信号。差联合阵列的定义如下。

定义 9.2.1（差联合阵列） 对于一个阵元位置集合为 $\mathbb{L}$ 的物理阵列，对其进行重构得到的差联合阵列的位置集合 $\mathbb{D}$ 可以定义为

$$\mathbb{D}=\{d_c\mid d_c=d_c'-d_c'';d_c',d_c''\in\mathbb{L}\} \tag{9.16}$$

连续差联合阵列定义为差联合阵列中最大孔径的连续子阵，其位置集合可以表示为 $\mathbb{U}\subseteq\mathbb{D}$。另外需要强调的是，一个差联合阵列可以拥有超过一个连续差联合阵列。

定义 9.2.2（DOF 和 uDOF） 对于一个物理阵列，DOF 被定义为差联合阵列的位置集合 $\mathbb{D}$ 中基的数量，uDOF 被定义为连续差联合阵列的位置集合 $\mathbb{U}\subseteq\mathbb{D}$ 中基的数量。

图 9.2 所示为互质阵列及其差联合阵列结构示例，其中 $M = 5$，$N = 6$，阵元总数为 10。该互质阵列可以通过差联合阵列获得的 DOF 个数为 39，由于孔洞（hole）的存在，基于空间平滑方法的子空间类 DOA 估计算法只能利用位于 $\langle -10,10 \rangle$ 的连续差联合阵列，这意味着最多只能识别 10 个信源。

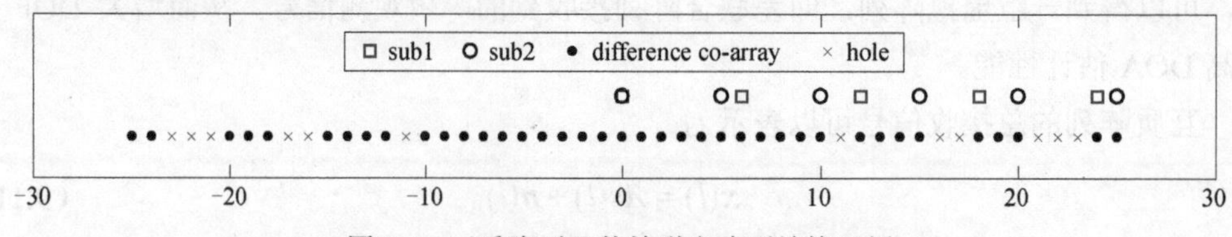

图 9.2　互质阵列及其差联合阵列结构示例

2．空间平滑方法和 Toeplitz 矩阵法

由于 z_0 在统计意义上相当于一个单秩接收信号，因此由该单秩接收信号无法直接获得多信源的 DOA 估计值。为此，文献[19]利用空间平滑方法构造了一个满秩的空间平滑协方差矩阵，该矩阵可以用于传统的子空间类 DOA 估计算法，如 MUSIC 算法和 ESPRIT 算法，以获得信源的 DOA 估计值。特别地，因为空间平滑方法要求接收信号的阵列具有均匀特性，所以该方法只能利用差联合阵列中的连续虚拟阵元。然而，从图 9.2 中可以看出，互质阵列的差联合阵列中存在大量的孔洞。文献[19]通过增加一个阵元数较少的子阵，提出了可以增加差联合阵列中的连续虚拟阵元的增广互质阵列（Augmented Coprime Array，ACA）结构，其阵元位置集合为

$$
\begin{aligned}
\mathbb{L}_{\text{ACA}} &= \mathbb{L}_{\text{ACA}}^{(1)} \cup \mathbb{L}_{\text{ACA}}^{(2)} \\
&= \left\{ mNd, m \in \langle 0, 2M-1 \rangle \right\} \cup \left\{ nMd, n \in \langle 0, N-1 \rangle \right\}
\end{aligned} \tag{9.17}
$$

假设 $M < N$，ACA 阵元总数为 $T = 2M + N - 1$。由式（9.17）给出的 ACA 可以构造出一个位于 $\langle -\tilde{T}, \tilde{T} \rangle d$ 的连续差联合阵列，其中 $\tilde{T} = MN + M - 1$。图 9.3 所示为 ACA 及其差联合阵列结构示例，其中 $M = 3$，$N = 5$，阵元总数为 10。在阵元总数为 10 时，图 9.2 中的互质阵列只能获得一个位于 $\langle -10,10 \rangle d$ 的连续差联合阵列，而 ACA 可以获得一个位于 $\langle -17,17 \rangle d$ 的连续差联合阵列，可以为基于空间平滑方法的子空间类 DOA 估计算法提供更多的 DOF。

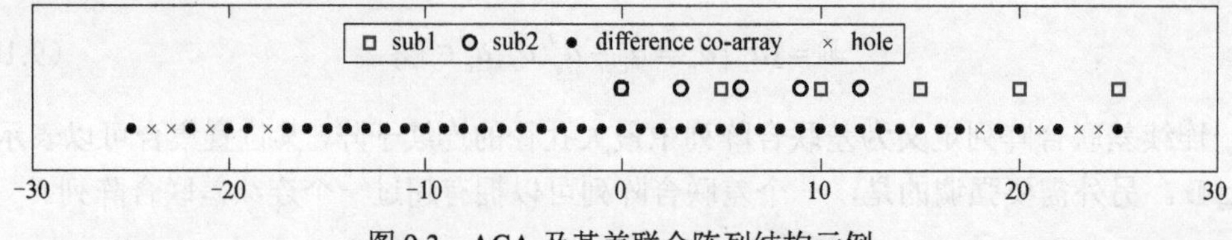

图 9.3　ACA 及其差联合阵列结构示例

为了获得空间平滑协方差矩阵，首先需要从 z_0 中筛选出对应于连续差联合阵列的等

效接收信号 $\boldsymbol{z}$，即

$$\boldsymbol{z} = \boldsymbol{B}\boldsymbol{p} + \boldsymbol{v} \tag{9.18}$$

式中，$\boldsymbol{v}$ 为等效噪声分量；$\boldsymbol{B} = [\boldsymbol{b}(\theta_1), \boldsymbol{b}(\theta_2), \cdots, \boldsymbol{b}(\theta_K)]$ 为连续差联合阵列的方向矩阵；$\boldsymbol{b}(\theta_k)$ 为对应的导向向量，即

$$\boldsymbol{b}(\theta_k) = [\mathrm{e}^{\mathrm{j}2\pi(-\tilde{T})d\sin\theta_k/\lambda}, \cdots, 1, \cdots, \mathrm{e}^{\mathrm{j}2\pi\tilde{T}d\sin\theta_k/\lambda}]^{\mathrm{T}} \tag{9.19}$$

引入空间平滑方法，将连续差联合阵列分成 $\tilde{T}+1$ 个均匀子阵，每个均匀子阵的虚拟阵元数为 $\tilde{T}+1$，其中第 $r \in \langle 1, \tilde{T}+1 \rangle$ 个均匀子阵的虚拟阵元位置集合可以表示为 $\left\{(-r+1+\tilde{t})d, \tilde{t} \in \langle 0, \tilde{T} \rangle\right\}$。此处以第一个均匀子阵为基础，其他均匀子阵的等效接收信号可以表示为

$$\boldsymbol{z}_r = \boldsymbol{B}_1 \boldsymbol{\Phi}^{r-1} \boldsymbol{p} + \boldsymbol{v}_r \tag{9.20}$$

$$\boldsymbol{B}_1 = \begin{bmatrix} 1 & \gamma_1 & \cdots & \gamma_1^{\tilde{T}} \\ 1 & \gamma_2 & \cdots & \gamma_2^{\tilde{T}} \\ \vdots & \vdots & & \vdots \\ 1 & \gamma_K & \cdots & \gamma_K^{\tilde{T}} \end{bmatrix}^{\mathrm{H}} \tag{9.21}$$

$$\boldsymbol{\Phi} = \begin{bmatrix} \gamma_1 & & & \\ & \gamma_2 & & \\ & & \ddots & \\ & & & \gamma_K \end{bmatrix} \tag{9.22}$$

式中，$\boldsymbol{v}_r$ 为第 r 个噪声分量；$\gamma_k = \mathrm{e}^{\mathrm{j}2\pi d\sin\theta_k/\lambda}$。

利用上述 $\tilde{T}+1$ 个均匀子阵的等效接收信号可以计算空间平滑协方差矩阵，即

$$\tilde{\boldsymbol{R}}_{\mathrm{s}} = \frac{1}{\tilde{T}+1}\sum_{r=1}^{\tilde{T}+1} \boldsymbol{z}_r \boldsymbol{z}_r^{\mathrm{H}} \tag{9.23}$$

文献[19]给出了如下定理，构建了四阶统计量 $\tilde{\boldsymbol{R}}_{\mathrm{s}}$ 与连续差联合阵列协方差矩阵之间的关系。

定理 9.2.1 式（9.23）定义的空间平滑协方差矩阵还可以表示为 $\tilde{\boldsymbol{R}}_{\mathrm{s}} = \boldsymbol{R}_{\mathrm{s}}^2$，其中 $\boldsymbol{R}_{\mathrm{s}}$ 可以表示为

$$\boldsymbol{R}_{\mathrm{s}} = \frac{1}{\sqrt{\tilde{T}+1}} \boldsymbol{B}_1 \boldsymbol{\Lambda} \boldsymbol{B}_1^{\mathrm{H}} + \sigma_n^2 \boldsymbol{I} \tag{9.24}$$

利用 $\boldsymbol{R}_{\mathrm{s}}$ 开展经典的子空间类 DOA 估计，如利用 MUSIC 算法和 ESPRIT 算法，最多

可以识别$\tilde{T}=MN+M-1$个信源。相比基于传统均匀线阵的子空间类 DOA 估计算法最多只能识别$T-1=2M+N-2$个信源，基于虚拟阵元扩展思想的 DOA 估计算法的 DOF 得到了显著的增大。

根据上述分析，利用连续差联合阵列的等效接收信号，基于空间平滑的子空间类 DOA 估计算法的关键在于构建空间平滑协方差矩阵，从而进一步得到$\boldsymbol{R}_{\text{s}}$。考虑到构建过程中引入了如式（9.23）所示的复乘运算，文献[33]证明了可以利用连续差联合阵列的等效接收信号直接构造可用于子空间类 DOA 估计算法的类平滑协方差矩阵$\boldsymbol{R}_{\text{s}}'$，即

$$\boldsymbol{R}_{\text{s}}'=\begin{bmatrix} [z]_{\tilde{T}+1} & \cdots & [z]_2 & [z]_1 \\ [z]_{\tilde{T}+2} & \cdots & [z]_3 & [z]_2 \\ \vdots & & \vdots & \vdots \\ [z]_{2\tilde{T}+1} & \cdots & [z]_{\tilde{T}+2} & [z]_{\tilde{T}+1} \end{bmatrix} \tag{9.25}$$

式中，$\boldsymbol{R}_{\text{s}}'=\boldsymbol{R}_{\text{s}}'^{\text{H}}$。$\tilde{\boldsymbol{R}}_{\text{s}}=\boldsymbol{R}_{\text{s}}'^2/(\tilde{T}+1)$。由式（9.25）可以看出，相比$\boldsymbol{R}_{\text{s}}$的构造过程，$\boldsymbol{R}_{\text{s}}'$的构造过程更加直接，计算复杂度相对较低，并且根据文献[33]可知，基于$\boldsymbol{R}_{\text{s}}'$的子空间类 DOA 估计算法的 DOA 估计性能与基于$\boldsymbol{R}_{\text{s}}$的子空间类 DOA 估计算法相近。

互质阵列中虚拟域空间平滑 MUSIC 算法步骤归纳如下。

算法 9.2：互质阵列中虚拟域空间平滑 MUSIC 算法。

步骤 1：根据接收信号快拍构造接收信号的协方差矩阵。

步骤 2：先对协方差矩阵进行向量化，然后排序去冗余得到虚拟阵列。

步骤 3：根据空间平滑技术，构造空间平滑协方差矩阵。

步骤 4：对空间平滑协方差矩阵进行特征值分解，可以得到噪声子空间。

步骤 5：构造 MUSIC 空间谱函数，并通过搜索该谱函数的峰值得到信源的 DOA 估计值。

3. 基于虚拟阵列信号稀疏重建的方法

空间平滑方法和 Toeplitz 矩阵法不仅有 DOF 损失的问题，而且由于舍弃了互质阵列的差联合阵列中的非连续部分，因此会有 DOA 估计性能损失。基于虚拟阵列的另一类方法是基于虚拟阵列信号稀疏重建的方法，其核心在于拟合理论虚拟阵列信号与其估计值，在稀疏性约束条件下，优化重建使用过完备字典表示的空间功率谱。

根据式（9.15），可以构建一个优化函数，即

$$\begin{aligned} &\hat{\boldsymbol{p}}=\arg\min_{\boldsymbol{p}}\|\boldsymbol{p}\|_0 \\ &\text{s.t.}\ \ \left\|z_0-\boldsymbol{B}_0\boldsymbol{p}-\sigma_n^2\text{vec}\{\boldsymbol{I}\}\right\|_2<\varepsilon \end{aligned} \tag{9.26}$$

式中，$\hat{\boldsymbol{p}}$为$\boldsymbol{p}$的估计值；ε为用于约束拟合误差的阈值；$\|\cdot\|_0$与$\|\cdot\|_2$分别为向量范数ℓ_0和

ℓ_2（也称为 Euclidean 范数）。

文献[34]提出了最小绝对收敛和选择算子（Least Absolute Shrinkage and Selection Operator，LASSO），用于求解上述优化问题，其核心思想是将非凸优化的 ℓ_0 范数重构为 ℓ_1 范数。LASSO 的目标函数为

$$\hat{\boldsymbol{p}}' = \arg\min_{\boldsymbol{p}'}\left(\frac{1}{2}\left\|\boldsymbol{z}_0 - \boldsymbol{B}_0'\boldsymbol{p}' - \sigma_n^2 \mathrm{vec}\{\boldsymbol{I}\}\right\|_2 + \xi\left\|\boldsymbol{p}'\right\|_1\right) \tag{9.27}$$

式中，$\boldsymbol{B}_0' \in \mathbf{C}^{T^2 \times \tilde{K}}$ 为过完备字典 $\left\{\tilde{\theta}_1, \tilde{\theta}_2, \tilde{\theta}_3, \cdots, \tilde{\theta}_{\tilde{K}}\right\}$ 的增广方向矩阵，$\tilde{K} \gg K$；ξ 为稀疏度与拟合误差之间的正则化参数。

不同于只能利用差联合阵列中的连续虚拟阵元的空间平滑子空间类方法，基于虚拟阵列信号稀疏重建的方法可以综合利用互质阵列的差联合阵列，不仅可以完整利用互质阵列提供的全部 DOF，还可以实现 DOA 估计性能的提升。但是该类方法通常也具有更高的复杂度且存在字典失配等问题，如字典中的角度间距设置得过大会大大降低该类方法的 DOA 估计性能。

9.3 基于孔洞填充思想的嵌型子阵互质阵列

本节主要开展基于虚拟阵元扩展思想的互质阵列结构优化设计的研究，主要研究基于孔洞填充思想的嵌型子阵互质阵列（PCA）。首先解析 CADiS 差联合阵列中的完整孔洞位置集合，并揭示中间孔洞的形成机理及位置的对称性；其次通过在裁剪 CADiS（tailored CADiS, tCADiS）中增加一个嵌型子阵，提出 PCA 结构。

9.3.1 互耦条件下的接收信号模型

文献[35-41]揭示了两个天线单元之间的互耦系数 c_d 和它们之间的距离是负相关的，并且一个线阵的互耦矩阵可以建模为一个具有 Toeplitz 性质的 B 带互耦模型矩阵，即

$$[\boldsymbol{C}]_{p,q} = \begin{cases} 0, & \left|d_p - d_q\right| > B \\ c_{\left|d_p - d_q\right|}, & \left|d_p - d_q\right| \leqslant B \end{cases} \tag{9.28}$$

式中，$[\boldsymbol{C}]_{p,q}$ 表示互耦矩阵 $\boldsymbol{C}$ 的第 p 行第 q 列元素；d_p 和 d_q 为归一化后的天线单元位置，单位长度为 $d = \lambda/2$；$c_0 = 1 > |c_1| > |c_2| > \cdots > |c_B| > 0$。当两个天线单元之间的距离大于 Bd 时，互耦效应可以忽略。具体地，互耦系数可以通过 $c_s = c_1 \mathrm{e}^{-\mathrm{j}(s-1)/8}/s$，$s \in \langle 1, B\rangle$ 计算得到[39]。当考虑互耦因素时，互质阵列的接收信号可以重构为

$$\tilde{\boldsymbol{x}}(l)=\boldsymbol{CAs}(l)+\boldsymbol{n}(l) \tag{9.29}$$

本节首先引入一些基础概念以衡量物理阵列中的互耦特性。定义一个由阵元间距为 s 的全部阵元对构成的集合 $\mathbb{M}(s)$，即

$$\mathbb{M}(s)=\{(n_1,n_2)\mid n_1-n_2=s;n_1,n_2\in\mathbb{L}\} \tag{9.30}$$

式中，$\mathbb{L}$ 为物理阵列归一化的阵元位置集合，单位长度设置为 $d=\lambda/2$。对于阵元位置集合为 $\mathbb{L}$ 的物理阵列，权函数定义为

$$w(s)=\mathrm{Card}\{\mathbb{M}(s)\} \tag{9.31}$$

式中，$w(s)$ 表示阵元间距为 s 的阵元对的数量；$\mathrm{Card}\{\bullet\}$ 表示集合中基的数量。另外，物理阵列的耦合率定义为

$$\gamma=\frac{\|\boldsymbol{C}-\mathrm{diag}(\boldsymbol{C})\|_F}{\|\boldsymbol{C}\|_F} \tag{9.32}$$

考虑到天线单元之间的互耦系数和它们之间的距离具有相关性，互质阵列结构优化设计的目标一方面是均匀化由互质阵列构造的差联合阵列，即减少其中的孔洞以提供更多的 uDOF；另一方面是减少阵元间距较小的阵元对数量以减弱阵列互耦效应，特别是阵元间距为 d、$2d$、$3d$ 的阵元对数量。下文首先分析一种 tCADiS 差联合阵列中的孔洞位置完整表达式，其次将孔洞分成两部分，通过不同的孔洞填充方案获得更大的连续差联合阵列，并减少阵元间距较小的阵元对数量。

首先给出 tCADiS 的阵元位置集合，即

$$\mathbb{L}_{\mathrm{tCADiS}}=\mathbb{L}_{\mathrm{tCADiS}}^{(1)}\cup\mathbb{L}_{\mathrm{tCADiS}}^{(2)} \tag{9.33}$$

式中，$\mathbb{L}_{\mathrm{tCADiS}}^{(1)}=\{l_1\mid l_1=nM,n\in\langle 0,N-1\rangle\}$，$\mathbb{L}_{\mathrm{tCADiS}}^{(2)}=\{l_2\mid l_2=mN+M(N-1)+(N+M),m\in\langle 0,2M-2-\lfloor M/2\rfloor\rangle\}$，分别表示两个子阵的位置集合。

特别地，文献[20]证明了将 CADiS 的两个子阵之间的距离拉长为 $H=N+M$ 个单位长度，可以产生最大的两个相同的连续差联合阵列。但这个结论不能直接应用于 tCADiS 以产生最大的连续差联合阵列，上述给出的 tCADiS 中两个子阵的位移为 $H=N+M$，其差联合阵列中孔洞的位置存在对称性，这给本节的互质阵列结构优化设计提供了重要的基础。

性质 9.3.1 阵元位置集合为式（9.33）的 tCADiS 具有如下性质。

（1）*tCADiS 差联合阵列中存在两个连续差联合阵列，其中的虚拟阵元位置集合分别为 $\langle (M-1)(N-1),2MN+M-1-\lfloor M/2\rfloor N\rangle$ 和 $\langle -2MN-M+1+\lfloor M/2\rfloor N,-(M-1)(N-1)\rangle$。*

（2）tCADiS 可以提供的 DOF 个数为 $4MN+2M-1-2\lfloor M/2\rfloor N$，uDOF 个数为 $MN+2M+N-1-\lfloor M/2\rfloor N$。

（3）由两个子阵位置之差得到的差联合阵列中的孔洞位置为 $\pm[M(N-1)-(\tilde{a}M+\tilde{b}N)+(N+M)]$，其中 $\tilde{a}\geqslant 0$ 和 $\tilde{b}\geqslant 1$ 为整数。

由于 tCADiS 是直接将 CADiS 最右边的 $\lfloor M/2\rfloor$ 个阵元删除后得到的，上述性质的证明可以从文献[20]中引理 3.c 和引理 4.b 的证明直接得到，所以此处略去证明过程。为了更直观地展示上述性质中的内容，图 9.4 给出了 tCADiS 的物理阵列及其差联合阵列结构示例，其中 $M=5$，$N=6$，$T=13$，$H=11$。另外，图 9.4 中 sub1 和 sub2 表示 tCADiS 中的两个子阵，difference co-array 表示 tCADiS 差联合阵列，hole 表示差联合阵列中的孔洞。该 tCADiS 差联合阵列中存在位于 $\{\pm1,\pm2,\pm3,\pm4,\pm7,\pm8,\pm9,\pm13,\pm14,\pm19\}$ 的孔洞和两个分别位于 $\langle 20,52\rangle$、$\langle -52,-20\rangle$ 的连续差联合阵列。因此，使用基于空间平滑方法或者 Toeplitz 矩阵法的子空间类 DOA 估计算法，只能获得 33 个 uDOF，即最多只能识别 16 个信源。当使用基于虚拟阵列信号稀疏重建的方法时，tCADiS 差联合阵列提供的 105 个 DOF 可以完整地被利用，但是这类方法通常具有很高的计算复杂度和字典失配等问题。为此，本节研究孔洞填充方案以获得更大的连续差联合阵列，其不仅可以用于基于空间平滑方法或者 Toeplitz 矩阵法的子空间类 DOA 估计算法，还可以用于基于虚拟阵列信号稀疏重建的方法。

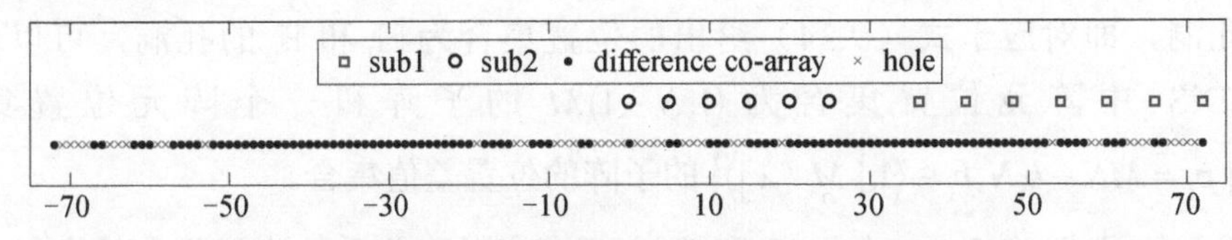

图 9.4　tCADiS 的物理阵列及其差联合阵列结构示例

9.3.2　孔洞填充方案及嵌型子阵互质阵列

文献[20]只给出了 CADiS 差联合阵列中部分孔洞的位置表达式，本节推广了文献[20]中引理 3 和引理 4，并给出了 tCADiS 差联合阵列中孔洞的完整位置表达式：

$$\begin{aligned}
&\mathbb{H}=\mathbb{H}_1\cup\mathbb{H}_2\cup\mathbb{H}_3\cup\mathbb{H}_4\\
&\mathbb{H}_1=\{h_1\mid h_1=MN-aM-bN\}\cap\langle 0,(N-1)(M-1)\rangle\\
&\mathbb{H}_2=\{h_2\mid h_2=I-h_1,h_1\in\mathbb{H}_1\}\\
&\mathbb{H}_3=-\mathbb{H}_1\\
&\mathbb{H}_4=-\mathbb{H}_2
\end{aligned}\tag{9.34}$$

式中，$a\in\langle 1,N-2\rangle$、$b\in\langle 1,M-1\rangle$ 和 $I=M(N-1)+(M+N)+(2M-2-\lfloor M/2\rfloor)N$ 为物理阵列的孔径。

为了连接 tCADiS 差联合阵列中两个分置的连续差联合阵列，一个直接的孔洞填充方案是，在 tCADiS 中增加一个阵元数为 $\text{Card}\{\mathbb{H}_1\}=(N-1)(M-1)/2$ 的子阵，阵元位置集合为 $\mathbb{H}_1$。然而，上述方案的改进互质阵列只能有限地扩展差联合阵列，导致阵元利用率很低，即差联合阵列中存在大量冗余虚拟阵元。

由式（9.34）可以推断出，tCADiS 差联合阵列中的孔洞位置存在对称性，即完整的孔洞表达式可以通过 $\mathbb{H}_1$ 构造出来。作为一个例子，图 9.4 中的 tCADiS 差联合阵列中完整的孔洞位置集合可以由如下 4 个子集构成，即

$$\mathbb{H}_1=\{1,2,3,4,7,8,9,13,14,19\}$$

$$\mathbb{H}_2=\{53,58,59,63,64,65,68,69,70,71\}=72-\mathbb{H}_1$$

$$\mathbb{H}_3=\{-1,-2,-3,-4,-7,-8,-9,-13,-14,-19\}=-\mathbb{H}_1$$

$$\mathbb{H}_4=\{-53,-58,-59,-63,-64,-65,-68,-69,-70,-71\}=-\mathbb{H}_2=\mathbb{H}_1-72$$

式中，72 为阵列孔径。下面给出位于 tCADiS 差联合阵列中间的孔洞，即位置集合为 $\mathbb{H}_1$ 和 $\mathbb{H}_3$ 的两种重构表示法，以及对应的可以扩展差联合阵列连续虚拟阵元的 PCA 结构。

定理 9.3.1（I 型-孔洞表示法）：对于式（9.33）给出的 tCADiS，其差联合阵列中间的孔洞，即对应于式（9.34）给出的位置集合为 $\mathbb{H}_1$ 和 $\mathbb{H}_3$ 的孔洞，可以表示为由 tCADiS 中阵元位置集合为 $\langle 1,N-1\rangle M$ 的子阵和一个阵元位置集合为 $\mathbb{P}_1=\left\{p_1 \mid p_1=MN-b_1N, b_1\in\langle 1,\lfloor M/2\rfloor\rangle\right\}$ 的子阵的位置差值集合。

证明：基于式（9.34），由于 $\mathbb{H}_1$ 和 $\mathbb{H}_3$ 之间存在对称关系，该部分主要从 $\mathbb{H}_1$ 入手并给出 I 型-孔洞表示法。定义 $b=b_1\in\langle 1,\lfloor M/2\rfloor\rangle$，此时 h_1 可以表示为

$$h_1=MN-aM-b_1N=(MN-b_1N)-aM \tag{9.35}$$

式中，$a\in\langle 1,N-2\rangle$。相似地，定义 $b=b_2=M-b_1\in\langle M-\lfloor M/2\rfloor, M-1\rangle$，此时 h_1 可以表示为

$$h_1=MN-aM-b_2N=(N-a)M-(MN-b_1N) \tag{9.36}$$

式中，$N-a\in\langle 2,N-1\rangle$。

需要指出的是，式（9.35）中的 aM 和式（9.36）中的 $(N-a)M$ 可以看作 tCADiS 位于 $\mathbb{L}_{\text{tCADiS}}^{(1)}$ 的阵元位置。也就是说，$\mathbb{H}_1$ 和 $\mathbb{H}_3$ 中对应于 $b=b_1$ 和 $b=b_2$ 的孔洞可以看作 tCADiS 中的阵元与一个位于 $MN-b_1N$ 的阵元的位置差值。因此，位于 $\mathbb{H}_1$ 和 $\mathbb{H}_3$ 的孔洞可以根据 b 值分成 $\lfloor M/2\rfloor$ 组。进一步，由所有导致 tCADiS 差联合阵列中间孔洞的缺失

阵元构成的子阵，即嵌型子阵的位置集合为$\mathbb{P}_1=\left\{p_1 \mid p_1=MN-b_1N, b_1\in\left\langle 1,\lfloor M/2\rfloor\right\rangle\right\}$。

基于 I 型-孔洞表示法，通过在 tCADiS 中增加一个位于$\mathbb{P}_1$的稀疏子阵提出了 I 型-嵌型子阵互质阵列（Padded Coprime Array-type I，PCA-I）。PCA-I 的位置集合可以表示为

$$\mathbb{L}_{\text{PCA-I}}=\mathbb{L}_{\text{tCADiS}}\cup\mathbb{P}_1 \tag{9.37}$$

PCA-I 的阵元总数为$T=2M+N-1$，其中N、M为互质数，且$N>M\geqslant 2$。

性质 9.3.2 阵元位置集合为$\mathbb{L}_{\text{PCA-I}}$的 PCA-I 具有如下性质。

（1）PCA-I 的实际物理阵列孔径为$3MN-N-\lfloor M/2\rfloor N$，其差联合阵列所提供的 DOF 个数为$5MN+M-(2\lfloor M/2\rfloor+1)N$。

（2）PCA-I 的连续差联合阵列的位置集合为$\left\langle-(2MN+M-1-\lfloor M/2\rfloor N),(2MN+M-1-\lfloor M/2\rfloor N)\right\rangle$，其所能提供的 uDOF 个数为$4MN+2M-2\lfloor M/2\rfloor N-1$。

（3）PCA-I 的差联合阵列中依然存在位于$\mathbb{H}_2$和$\mathbb{H}_4$的孔洞。

图 9.5 所示为 PCA-I 及其差联合阵列结构示例，其中$N=6$，$M=5$，$T=15$，padded sub 表示嵌型子阵。从图 9.5 中可以清楚地看出，由于加入了只有 2 个阵元、位于$\mathbb{P}_1=\{24,18\}$的嵌型子阵，因此图 9.4 中存在于 tCADiS 差联合阵列中间的孔洞被准确地填充，从而得到了一个位于$\langle-52,52\rangle$的扩展的连续差联合阵列，其可提供的 uDOF 个数为 105。

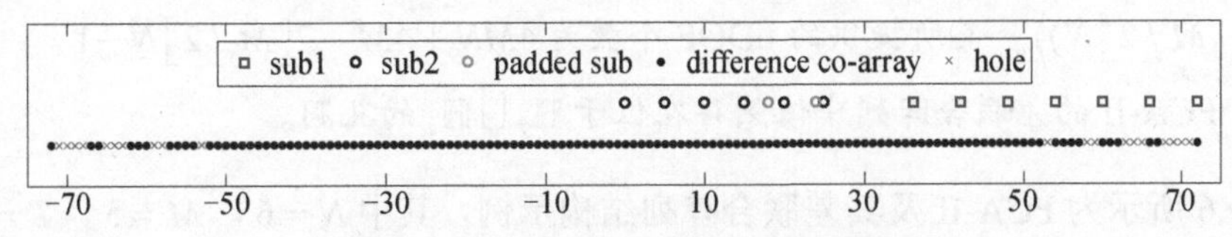

图 9.5 PCA-I 及其差联合阵列结构示例

根据式（9.35）和式（9.36），tCADiS 中位于$\mathbb{L}_{\text{tCADiS}}^{(1)}$的子阵只有右边的$N-1$个阵元参与了孔洞填充过程。因此，下面将考虑用左边的$N-1$个阵元填充位于$\mathbb{H}_1$和$\mathbb{H}_3$的孔洞。

定理 9.3.2（II 型-孔洞表示法） 对于式（9.33）给出的 tCADiS，其差联合阵列中间的孔洞，即对应于式（9.34）给出的位置集合为$\mathbb{H}_1$和$\mathbb{H}_3$的孔洞，可以表示为由 tCADiS 中阵元位置集合为$\langle 0,N-2\rangle M$的子阵和一个阵元位置集合为$\mathbb{P}_2=\left\{p_2 \mid p_2=MN-b_1N-M, b_1\in\left\langle 1,\lfloor M/2\rfloor\right\rangle\right\}$的子阵的位置差值集合。

证明：在 II 型-孔洞表示法中，定义$b=b_1\in\left\langle 1,\lfloor M/2\rfloor\right\rangle$，此时$h_1$可以表示为

$$h_1=MN-aM-b_1N=(MN-b_1N-M)-(a-1)M \tag{9.38}$$

式中，$a-1\in\langle 0,N-3\rangle$。相似地，定义$b=b_2=M-b_1\in\left\langle M-\lfloor M/2\rfloor,M-1\right\rangle$，此时$h_1$可以表示为

$$h_1 = MN - aM - b_2N = (N-a-1)M - (MN - b_1N - M) \tag{9.39}$$

式中，$N-a-1 \in \langle 1, N-2 \rangle$。

同样地，式（9.38）中的 $(a-1)M$ 和式（9.39）中的 $(N-a-1)M$ 可以看作 tCADiS 位于 $\mathbb{L}_{\text{tCADiS}}^{(1)}$ 的阵元位置。也就是说，$\mathbb{H}_1$ 和 $\mathbb{H}_3$ 中对应于 $b=b_1$ 和 $b=b_2$ 的孔洞可以看作 tCADiS 中的阵元与一个位于 $MN-b_1N-M$ 的阵元的位置差值。因此，位于 $\mathbb{H}_1$ 和 $\mathbb{H}_3$ 的孔洞可以根据 b 值分成 $\lfloor M/2 \rfloor$ 组。进一步，由所有导致 tCADiS 差联合阵列中间孔洞的缺失阵元构成的子阵位置集合可以表示为 $\mathbb{P}_2 = \left\{ p_2 \mid p_2 = MN - b_1N - M, b_1 \in \langle 1, \lfloor M/2 \rfloor \rangle \right\}$。

基于 II 型-孔洞表示法，通过在 tCADiS 中增加一个位于 $\mathbb{P}_2$ 的子阵提出了 II 型-嵌型子阵互质阵列（Padded Coprime Array-type II，PCA-II）。PCA-II 的位置集合可以表示为

$$\mathbb{L}_{\text{PCA-II}} = \mathbb{L}_{\text{tCADiS}} \cup \mathbb{P}_2 \tag{9.40}$$

PCA-II 的阵元总数为 $T = 2M + N - 1$，其中 N、M 为互质数，且 $N > M \geqslant 3$。

性质 9.3.3 阵元位置集合为 $\mathbb{L}_{\text{PCA-II}}$ 的 PCA-II 具有如下性质。

（1）PCA-II 的实际物理阵列孔径为 $3MN - N - \lfloor M/2 \rfloor N$，其差联合阵列所提供的 DOF 个数为 $5MN + 3M - (2\lfloor M/2 \rfloor + 1)N - 2$。

（2）PCA-II 的连续差联合阵列的位置集合为 $\langle -(2MN + 2M - 1 - \lfloor M/2 \rfloor N), (2MN + 2M - 1 - \lfloor M/2 \rfloor N) \rangle$，其所提供的 uDOF 个数为 $4MN + 4M - 2\lfloor M/2 \rfloor N - 1$。

（3）PCA-II 的差联合阵列中依然存在位于 $\mathbb{H}_2 \cup \mathbb{H}_4$ 的孔洞。

图 9.6 所示为 PCA-II 及其差联合阵列结构示例，其中 $N=6$，$M=5$，$T=15$。从图 9.6 中可以清楚地看出，由于加入了只有 2 个阵元、位于 $\mathbb{P}_2 = \{19,13\}$ 的嵌型子阵，因此图 9.4 中存在于 tCADiS 差联合阵列中间的孔洞被准确地填充。和 PCA-I 相比，PCA-II 可以得到一个位于 $\langle -57, 57 \rangle$ 的更大的连续差联合阵列，其可提供的 uDOF 个数为 115，而 PCA-I 只可提供 105 个 uDOF。特别地，从图 9.6 中可以看出，tCADiS 差联合阵列中位于 $\mathbb{H}_2 \cup \mathbb{H}_4$ 的部分孔洞由于位于 $\mathbb{P}_2$ 的嵌型子阵的加入也被填充了，这也促使研究者进一步研究 tCADiS 中位于 $\mathbb{L}_{\text{tCADiS}}^{(2)}$ 的子阵和嵌型子阵对于差联合阵列中孔洞的填充问题。

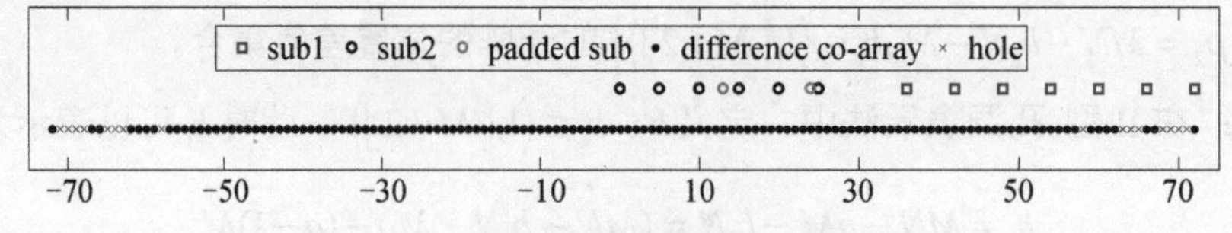

图 9.6 PCA-II 及其差联合阵列结构示例

基于式（9.39），位于 $\mathbb{H}_2$ 的孔洞位置表达式可以重构为

$$
\begin{aligned}
h_2 &= I - h_1 \\
&= 2MN - N - \lfloor M/2 \rfloor N + aM + b_1 N \\
&= [N(M+1) + (2M - 2 - \lfloor M/2 \rfloor)N + (a-1)M] \\
&\quad - (MN - b_1 N - M)
\end{aligned} \tag{9.41}
$$

式中，当 $a=1$ 时，$I = N(M+1) + (2M - 2 - \lfloor M/2 \rfloor)N$，表示 tCADiS 的阵列孔径，也可以将其看作 tCADiS 中最右边的阵元位置；$b_1 \in \langle 1, \lfloor M/2 \rfloor \rangle$；$MN - b_1 N - M$ 为位于 $\mathbb{P}_2$ 的嵌型子阵中的阵元位置。因此，由于位于 $\mathbb{P}_2$ 的嵌型子阵的增加，tCADiS 差联合阵列中对应于 $a=1$ 的孔洞也被填充了，这也解释了为什么 PCA-II 可以获得比 PCA-I 更大的连续差联合阵列和更多的 uDOF。

备注：实际上，根据式（9.35）、式（9.36）、式（9.38）和式（9.39），为了填充对应于 $b = b_1$ 和 $b = b_2$ 的孔洞，有两个分别位于 $MN - b_1 N$ 和 $MN - b_1 N - M$ 的阵元可供选择。这也意味着，为了填充 tCADiS 差联合阵列中间的孔洞，嵌型子阵可以有 $\lfloor M/2 \rfloor^2$ 个位置集合，$\mathbb{P}_1$ 和 $\mathbb{P}_2$ 只是其中的两个特殊解。需要指出的是，当嵌型子阵中有一个阵元位于 $MN - b_1 N - M$ 时，由得到的 PCA 结构就可以获得和 PCA-II 相同大小的连续差联合阵列。

特别地，此处给出一种扩展 PCA（extended PCA, ePCA），该阵列可以获得更多的 uDOF 和更大的阵列孔径。根据文献[20]中的引理 3.c，如果将 tCADiS 中右边位于 $\mathbb{L}_{\text{tCADiS}}^{(2)}$ 的子阵向右移动 M 个单位，则会导致差联合阵列中产生额外的位于 $\mathbb{H}_5 = \{h_5 \mid h_5 = m_1 N + M, m \in \langle 1, 2M - 1 - \lfloor M/2 \rfloor \rangle\}$ 和 $-\mathbb{H}_5$ 的孔洞。同时，上述的位移操作还会导致 $\mathbb{H}_2$ 中的孔洞移动到 $\mathbb{H}_2' = \{h_2' \mid h_2' = I - h_1 + M, h_1 \in \mathbb{H}_1\}$，但这不是该部分的填充目标。具体地，对于位于 $\mathbb{P}_3 = \mathbb{P}_{31} \cup \mathbb{P}_{32} = \{p_3 \mid p_3 = MN - b_1 N, b_1 \in \langle 1, \lfloor M/2 \rfloor - 1 \rangle\} \cup \{MN - M - \lfloor M/2 \rfloor N\}$ 的嵌型子阵，计算可得出 $p_3 \in \mathbb{P}_{31}$ 和 $MN - M - \lfloor M/2 \rfloor N \in \mathbb{P}_{32}$ 的差为

$$
\begin{aligned}
p' &= p_3 - (MN - M - \lfloor M/2 \rfloor N) \\
&= (\lfloor M/2 \rfloor - b_1) N + M
\end{aligned} \tag{9.42}
$$

式中，$\lfloor M/2 \rfloor - b_1 \in \langle 1, \lfloor M/2 \rfloor - 1 \rangle$。从式（9.42）中可以看出，在 tCADiS 中加入嵌型子阵可以产生部分虚拟阵元以填充位于 $\mathbb{H}_5$ 的孔洞，这为 ePCA 的构建提供了基础。

具体地，ePCA 的阵元位置集合可以表示为

$$
\mathbb{L}_{\text{ePCA}} = \mathbb{L}_{\text{tCADiS}}^{(1)} \cup \mathbb{L}_{\text{tCADiS}}^{(21)} \cup \mathbb{P}_3 \tag{9.43}
$$

式中，$\mathbb{L}_{\text{tCADiS}}^{(21)} = \{l_{21} \mid l_{21} = mN + M(N-1) + (N+2M), m \in \langle 0, 2M - 2 - \lfloor M/2 \rfloor \rangle\}$，其中 $M \geqslant 4$。

接下来，为了简化运算，基于 tCADiS 差联合阵列中孔洞位置的对称性，只给出 ePCA

差联合阵列中非负部分的孔洞填充过程。由上述分析可以看出，位移操作可能导致的孔洞是位于 $\mathbb{L}_{\text{tCADiS}}^{(2)}$ 的子阵和另外两个子阵之间的作用的结果。例如，位于 $\mathbb{H}_5$ 和 $\mathbb{H}_2'$ 的孔洞，是位于 $\mathbb{L}_{\text{tCADiS}}^{(1)}$ 和 $\mathbb{L}_{\text{tCADiS}}^{(2)}$ 的两个子阵位移之后的结果。具体地，对于位于 $\mathbb{L}_{\text{tCADiS}}^{(2)}$ 和 $\mathbb{P}_3$ 的子阵，有

$$\begin{cases} l_2 - p_{31} = (m + b_1 + 1)N \\ l_2 - p_{32} = (m + \lfloor M/2 \rfloor + 1)N + M \end{cases} \tag{9.44}$$

式中，$l_2 \in \mathbb{L}_{\text{tCADiS}}^{(2)}$；$m + b_1 + 1 \in \langle 2, 2M-2 \rangle$；$m + \lfloor M/2 \rfloor + 1 \in \langle \lfloor M/2 \rfloor + 1, 2M-1 \rangle$；$p_{31}, p_{32} \in \mathbb{P}_3$。回顾 $\mathbb{H}_5$ 的定义，由位移操作导致的孔洞的完整位置集合可以表示为

$$\begin{aligned} \mathbb{H}_{\text{III}} &= \mathbb{H}_{\text{III}}^{(1)} \cup \mathbb{H}_{\text{III}}^{(2)} \\ &= \left\{ h_{\text{III}}^{(1)} \mid h_{\text{III}}^{(1)} = m_2 N, m_2 \in \langle 2, 2M-2 \rangle \right\} \cup \left\{ h_{\text{III}}^{(2)} \mid h_{\text{III}}^{(2)} = m_3 N + M, m_3 \in \langle 1, 2M-1 \rangle \right\} \end{aligned}$$

为了给出 ePCA 中的孔洞填充过程，计算 $\mathbb{L}_{\text{tCADiS}}^{(21)}$ 和 $\mathbb{P}_3$ 中的元素差值，即

$$\begin{cases} l_{21} - p_{31} = (m + b_1 + 1)N + M \\ l_{21} - p_{32} = (m + \lfloor M/2 \rfloor + 1)N + 2M \end{cases} \tag{9.45}$$

式中，$l_{21} \in \mathbb{L}_{\text{tCADiS}}^{(21)}$；$m + b_1 + 1 \in \langle 2, 2M-2 \rangle$；$m + \lfloor M/2 \rfloor + 1 \in \langle \lfloor M/2 \rfloor + 1, 2M-1 \rangle$。具体地，位于 $\mathbb{H}_{\text{III}}^{(1)}$ 的部分孔洞可以直接由位于 $\mathbb{L}_{\text{tCADiS}}^{(21)}$ 的子阵填充，即 $\{m_4 N, m_4 \in \langle 0, 2M-2-\lfloor M/2 \rfloor \rangle\}$。对于剩下的孔洞，考虑由位于 $\{M\}$ 的阵元和位于 $\mathbb{L}_{\text{tCADiS}}^{(21)}$ 的子阵填充，差值集合为 $\{(m+M+1)N, m \in \langle 0, 2M-2-\lfloor M/2 \rfloor \rangle\}$，并且 $2M-2-\lfloor M/2 \rfloor \geqslant (M+1)-1$，即 $M \geqslant 3$。对于位于 $\mathbb{H}_{\text{III}}^{(2)}$ 的孔洞，根据式（9.44）和式（9.45），只有位于 $\mathbb{H}_{\text{III}}^{(2')} = \{h_{\text{III}}^{(2')} \mid h_{\text{III}}^{(2')} = m_3' N + M,\ m_3' \in \langle 1, 2M-2 \rangle\}$ 的孔洞可以被填充，其中 $\lfloor M/2 \rfloor - 1 \geqslant 2 - 1$，即 $M \geqslant 4$。特别地，剩下的一个位于 $(2M-1)N + M$ 的孔洞可以重构为 $(M-2)N + (N-1)M + (2M+N)$，这也是 ePCA 中位于 $\mathbb{L}_{\text{tCADiS}}^{(21)}$ 的子阵中的第 $M-2$ 个物理阵元的位置。至此，ePCA 差联合阵列将 tCADiS 差联合阵列中的孔洞填充，并且可以获得一个扩展的连续差联合阵列。ePCA 的性质可以归纳如下。

性质 9.3.4 阵元位置集合为 $\mathbb{L}_{\text{ePCA}}$ 的 ePCA 具有如下性质。

（1）ePCA 的实际物理阵列孔径为 $3MN - N - \lfloor M/2 \rfloor N + M$，其差联合阵列所提供的 DOF 个数为 $5MN + 3M - (2\lfloor M/2 \rfloor + 1)N + 2\lfloor M/2 \rfloor$。

（2）ePCA 的连续差联合阵列的位置集合为 $\langle -(2MN + 3M - 1 - \lfloor M/2 \rfloor N), (2MN + 3M - 1 - \lfloor M/2 \rfloor N) \rangle$，其所提供的连续 DOF 个数为 $4MN + 6M - 2\lfloor M/2 \rfloor N - 1$。

（3）ePCA 的差联合阵列中依然存在位于 $\mathbb{H}_e^+ = \{h_e \mid h_e = I_e - (MN - aM - bN)\}$ 和 $\mathbb{H}_e^- = -\mathbb{H}_e^+$ 的孔洞，其中 $I_e = M(N-1) + (2M+N) + (2M - 2 - \lfloor M/2 \rfloor)N$，$a \in \langle 2, N-2 \rangle$，

$b \in \langle 1, M-1 \rangle$。

图 9.7 所示为 ePCA 及其差联合阵列结构示例，其中 $N=6$，$M=5$，$T=15$。从图 9.7 中可以清楚地看到，与 PCA-I 和 PCA-II 相比，ePCA 可以得到一个位于 $\langle -62, 62 \rangle$ 的更大的连续差联合阵列，从而可以额外获得更多的 uDOF。

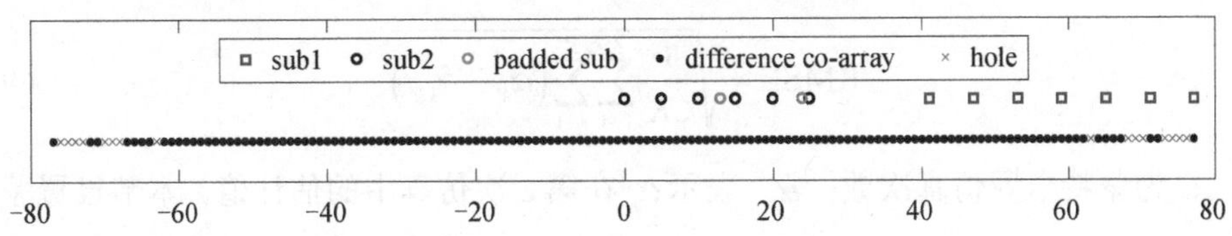

图 9.7　ePCA 及其差联合阵列结构示例

阵元间距很小的阵元对是导致互耦效应的主要原因。特别地，权值 $w(1)$、$w(2)$ 和 $w(3)$ 对于物理阵列中的互耦效应有着重要的影响[39]。PCA，包括 PCA-I、PCA-II 和 ePCA，拥有相同的权函数，可以表示为

$$w(s)=1,\ M \text{为奇数} \tag{9.46}$$

$$w(s)=\begin{cases} 1, & s \neq \dfrac{M}{2} \\ 2, & s = \dfrac{M}{2} \end{cases},\ M \text{为偶数} \tag{9.47}$$

式中，$s \in \langle 1, M-1 \rangle$。

表 9.1 所示为 PCA 及已有稀疏阵列的相关特性参数对比，其中各阵列阵元总数为 17。表 9.1 中给出的结构参数都是使稀疏阵列获得最大连续差联合阵列的参数，其中 $B=100$，$c_1=0.2\mathrm{e}^{\mathrm{j}\pi/3}$。从表 9.1 中可以清楚地看出，PCA 可以大大增加 uDOF，且小阵元间距的阵元对数量减少显著减弱了互耦效应。

表 9.1　PCA 及已有稀疏阵列的相关特性参数对比

阵列	结构参数	uDOF	$w(1)$	$w(2)$	$w(3)$	γ
PCA-I	$M=5,\ N=8$	137	1	1	1	0.099
PCA-II	$M=5,\ N=8$	147	1	1	1	0.098
ePCA	$M=5,\ N=8$	157	1	1	1	0.098
TCA	$M=7,\ N=8$	125	1	1	1	0.095
kECA	$M=5,\ N=8,\ k=2$	89	2	2	2	0.131
CCA	$M=3,\ N=10,\ k=2$	101	4	3	10	0.176
NA	$N_1=8,\ N_2=9$	161	8	7	6	0.224
SNA3	$N_1=8,\ N_2=9$	161	2	5	4	0.143
ANA-I1	$T=17$	169	8	6	4	0.216
ANA-I2	$T=17$	173	2	7	2	0.147

9.3.3 仿真结果

本节探究 PCA 相对于已有稀疏阵列在 DOA 估计方面的优势，其中阵元总数为 17，相关结构参数由表 9.1 给出。需要说明的是，仿真中使用的算法均为 SS-ESPRIT 算法[41]。RMSE 被用作 DOA 估计性能衡量准则，其计算公式为

$$\text{RMSE} = \sqrt{\frac{1}{CK}\sum_{c=1}^{C}\sum_{k=1}^{K}\left(\alpha_k - \hat{\alpha}_{k,c}\right)^2} \tag{9.48}$$

式中，C 为蒙特卡罗仿真次数；$\hat{\alpha}_{k,c}$ 表示 α_k 在第 c 次仿真中的估计值。本节设置蒙特卡罗仿真次数 $C = 400$。

首先给出不同阵列在无互耦效应情况下的 RMSE 结果，其中 $K = 25$ 个信源的 DOA 值为 $\theta_k = -60 + 120(k-1)/24$，$k \in \langle 1,25 \rangle$，此时的互耦矩阵为一个单位矩阵。具体地，图 9.8 给出了无互耦效应时 PCA 与已有稀疏阵列随着 SNR 变化的 RMSE 结果，快拍数 $L = 1000$，可以清楚地看出，PCA 可以获得比 kECA、CCA 和 TCA 更小的 RMSE 值。进一步，ePCA 可以获得比 PCA-I 和 PCA-II 更精确的 DOA 估计值，这也验证了扩展阵列的有效性。但是，由于嵌套阵列及其改进结构可以构建更大的均匀差联合阵列，因此它们在无互耦效应时可以获得比互质阵列更精确的 DOA 估计值。另外，图 9.9 给出了无互耦效应时 PCA 与已有稀疏阵列随着快拍数变化的 RMSE 结果，其中 $\text{SNR} = 0\text{dB}$。从图 9.9 中可以看出，每种阵列得到的 RMSE 值都随着快拍数的增加而减小，其中 ePCA 可以获得相对其他互质阵列更高的 DOA 估计精度。

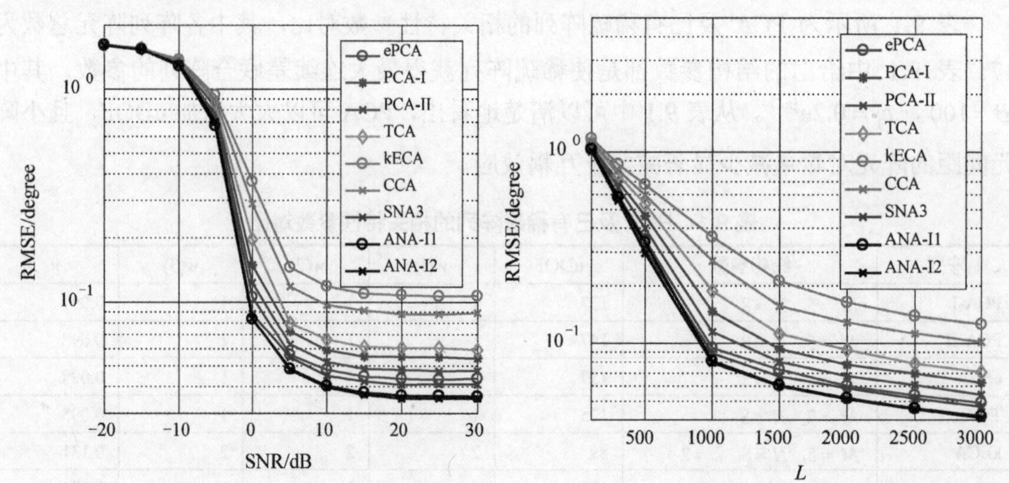

图 9.8　无互耦效应时 PCA 与已有稀疏阵列随着 SNR 变化的 RMSE 结果

图 9.9　无互耦效应时 PCA 与已有稀疏阵列随着快拍数变化的 RMSE 结果

图 9.10 和图 9.11 研究了互耦效应存在时不同阵列获得的 RMSE 结果，其中

$c_1 = 0.2e^{j\pi/3}$，$B = 100$，$K = 17$，DOA 值为$\theta_k = -60 + 120(k-1)/16$，$k \in \langle 1,17 \rangle$。具体地，图 9.10 给出了不同阵列随着 SNR 变化的 RMSE 结果，其中快拍数$L = 1500$。从图 9.10 中可以明显看出，PCA 可以获得很好的 DOA 估计性能。特别地，除了具有更大连续差联合阵列的 ANA-I2，ePCA 可以获得相对其他阵列更精确的 DOA 估计值。虽然 SNA3 和 ANA-I1 也具有比 ePCA 更大的连续差联合阵列，但是由于受到更加严重的互耦效应影响，因此它们并不能获得和 ePCA 相同精度的 DOA 估计值。另外，图 9.11 给出了不同阵列随着快拍数变化的 RMSE 结果，其中$\text{SNR} = 10\text{dB}$。同样地，从图 9.11 中可以看出，ePCA 可以大大地抑制互耦效应，并且可以在大快拍数时获得和 ANA-I2 相似的 DOA 估计性能。

另外，本节还给出了不同阵列随着c_1幅值，即$|c_1|$变化的 RMSE 结果，如图 9.12 所示，其中$\text{SNR} = 0\text{dB}$，其他条件和图 9.10 中的条件相同。从图 9.12 中可以看出，由于嵌套阵列的均匀差联合阵列可以提供更大的虚拟阵列孔径，因此当$|c_1|$较小时，它们可以获得更加精确的 DOA 估计值。特别地，当$|c_1| < 0.25$时，ANA-I2 可以获得比 PCA 更精确的 DOA 估计值，但是嵌套阵列中大量小阵元间距的阵元对的存在会导致严重的互耦效应，其 DOA 估计性能会随着$|c_1|$增大迅速降低。需要指出的是，当$|c_1| > 0.65$时，具有最小的连续差联合阵列的 kECA 可以获得比嵌套阵列更好的 DOA 估计性能，这也进一步证实了在抑制互耦效应方面，互质阵列比嵌套阵列更加有吸引力。当$|c_1| > 0.25$时，ePCA 可以获得最精确的 DOA 估计值。实际上，ePCA 可以大大增多可获得的 uDOF，同时减少小阵元间距的阵元对数目，从而抑制互耦效应对 DOA 估计精度的影响。

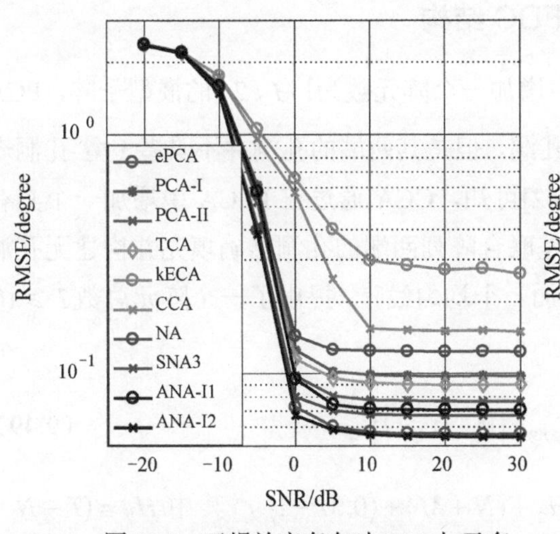

图 9.10　互耦效应存在时 PCA 与已有稀疏阵列随着 SNR 变化的 RMSE 结果

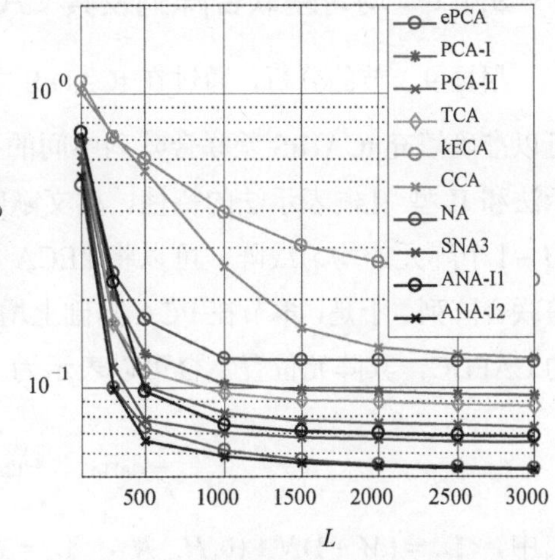

图 9.11　互耦效应存在时 PCA 与已有稀疏阵列随着快拍数变化的 RMSE 结果

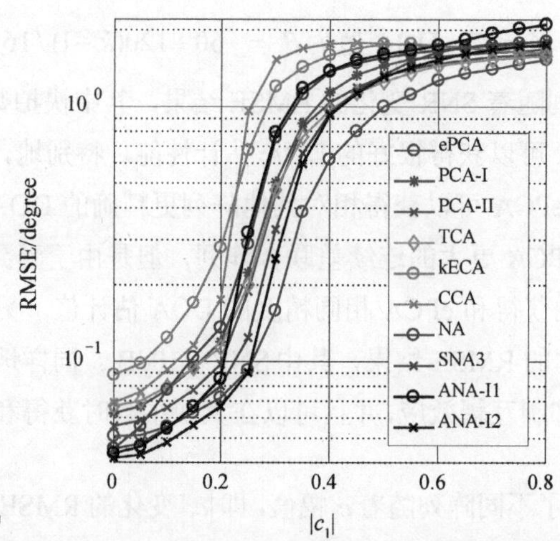

图 9.12 PCA 与已有稀疏阵列随着 $|c_1|$ 变化的 RMSE 结果

9.4 基于嵌套思想的均匀 tCADiS 差联合阵列

本节继续开展基于虚拟阵元扩展思想的互质阵列结构优化设计的研究，针对 9.3 节中提出的 PCA 结构，进一步研究 PCA 差联合阵列两端的孔洞问题，引入嵌套概念并提出了可以构建完整的均匀差联合阵列的互质阵列（Coprime Array with a Filled Difference Co-array，CAFDC）结构。

9.4.1 均匀差联合阵列及其 CAFDC 结构

根据 9.3 节的分析，通过在 tCADiS 中增加一个阵元数为 $\lfloor M/2 \rfloor$ 的嵌型子阵，PCA 可以准确填充 tCADiS 差联合阵列中间的孔洞，但是其两端的孔洞并不具备 I 型-孔洞表示法和 II 型-孔洞表示法的特性。由文献[42]可知，CCA 通过在 kECA 中增加一个具有 $M-1$ 个阵元的均匀线阵，可以将 kECA 差联合阵列两端的孔洞准确填充并构建无孔洞差联合阵列。于是，本节在 PCA 基础上增加一个均匀线阵，提出了一个阵元总数 $T \geqslant 10$ 的 CAFDC，其阵元位置集合可以表示为

$$\mathbb{L}_{\text{CAFDC}} = \mathbb{L}_{\text{tCADiS}}^{(1)} \cup \mathbb{P}_3 \cup \mathbb{L}_3 \cup \mathbb{L}_4 \tag{9.49}$$

式中，$\mathbb{L}_3 = (M+1)N + \langle 0, H_1 \rangle N$，$\mathbb{L}_4 = H_2 + (N+M) + \langle 0, M-1 \rangle$，其中 $H_2 = (T-N-\lfloor M/2 \rfloor)N$，$H_1 = T-N-M-\lfloor M/2 \rfloor - 1$，$N > M \geqslant 3$。在式（9.49）中，$\mathbb{L}_{\text{tCADiS}}^{(1)} \cup \mathbb{P}_3 \cup \mathbb{L}_3$ 给出的结构为 PCA 结构的一种特殊形式，其差联合阵列中只有两端存在孔洞，且孔洞的起始位置分别为 $\pm[H_1 N + 2(N+M)]$。

特别地，位于$\mathbb{L}_{\text{tCADiS}}^{(1)}$和$\mathbb{L}_4$的两个子阵可以看作一个子阵间距拉大的嵌套阵列，并且可以准确地将 PCA 差联合阵列两端的孔洞填满。根据文献[21]中的嵌套概念和文献[20]中对于 CADiS 差联合阵列的分析，可以直接得出一个结论，即由$\mathbb{L}_{\text{tCADiS}}^{(1)}$和$\mathbb{L}_4$的两个子阵组合构造出的差联合阵列中存在一个位于$\langle H_1N+2(N+M), H_2+2M+N-1\rangle$的连续差联合阵列。综上，CAFDC 可以构造出一个位于$\langle -H_2-2M-N+1, H_2+2M+N-1\rangle$的均匀差联合阵列，可提供$2H_2+4M+2N-1$个 uDOF（DOF）。

下面推导在给定阵元总数情况下具有最大均匀差联合阵列的最优 CAFDC。具体地，当阵元总数T固定时，有

$$\begin{aligned}\text{DOF}&=2H_2+2N+4M-1\\&=-2\left(N-\frac{T-\lfloor M/2\rfloor+1}{2}\right)^2+\frac{(T-\lfloor M/2\rfloor+1)^2}{2}+4M-1\end{aligned}\tag{9.50}$$

此时可以通过选取$N=(T-\lfloor M/2\rfloor+1)/2$获得具有最大均匀差联合阵列的最优 CAFDC。在$N=(T-\lfloor M/2\rfloor+1)/2$时，有如下两种情况。

（1）当M为偶数时，有

$$\begin{aligned}\text{DOF}'&=\frac{(T-\lfloor M/2\rfloor+1)^2}{2}+4M-1\\&=\frac{[M-(2T-14)]^2+64T-200}{8}\end{aligned}\tag{9.51}$$

但是，由于对$N,M,T\geqslant 10$的限制，可以通过矛盾证明$M<4T-32$。假设$M\geqslant 4T-32$，即$M\geqslant 8$，而$N\leqslant(17-T)/2$，即$N\leqslant 3$，这与$N>M\geqslant 8$矛盾。因此，当阵元总数T固定、M为偶数时，设置$M=4$，CAFDC 可以获得最多的 DOF。

（2）当M为奇数时，有

$$\begin{aligned}\text{DOF}'&=\frac{(T-\lfloor M/2\rfloor+1)^2}{2}+4M-1\\&=\frac{[M-(2T-13)]^2+64T-168}{8}\end{aligned}\tag{9.52}$$

式中，$M<4T-29$。同样地，假设$M\geqslant 4T-29$，即$M\geqslant 11$，可以得到$N\leqslant(16-T)/2$，即$N\leqslant 3$，这与$N>M\geqslant 11$矛盾。因此，当阵元总数T固定、M为奇数时，设置$M=3$，CAFDC 可以获得最多的 DOF。

通过计算$M=4$和$M=3$的 DOF 可知，当阵元总数T固定时，想获得具有最大均匀

差联合阵列的最优 CAFDC 可以设置 $M=3$。图 9.13 给出了最优 CAFDC 结构及其相关特性参数，其中 $T=17$，$M=3$，$N=8$，extra sub 表示额外增加的均匀线阵。从图 9.13 中可以清楚地看出，该结构可以获得一个位于 $\langle -77,77\rangle$ 的均匀差联合阵列，并且可以提供 155 个 DOF（uDOF）。此处最优 CAFDC 的耦合率是基于 $B=3$ 和 $c_1=0.4\mathrm{e}^{\mathrm{j}\pi/3}$ 计算得到的。

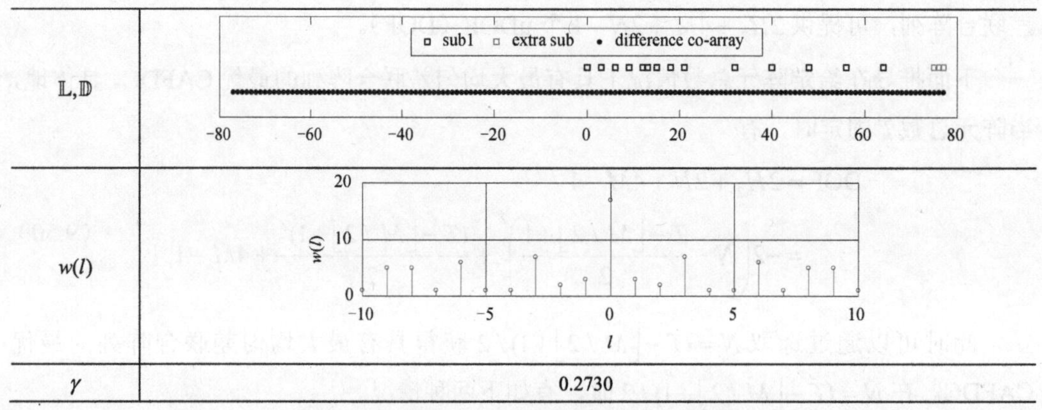

图 9.13　最优 CAFDC 结构及其相关特性参数

9.4.2　特殊双孔洞差联合阵列及其 CATHDC 结构

虽然 CAFDC 可以获得一个均匀差联合阵列，但是 CAFDC 中位于 $\mathbb{L}_4$ 的密集子阵可能导致较严重的互耦效应，特别是当 M 值变大时。特别地，为使最优 CAFDC 获得最大均匀差联合阵列需要设置 $M=3$，这个条件对于减弱阵列互耦效应更加可取。为了减弱 CAFDC 的互耦效应，本节基于最优 CAFDC 结构给出了一种特殊双孔洞差联合阵列的互质阵列（Coprime Array with a Two-Hole Difference Co-array，CATHDC）结构，该结构将最优 CAFDC 结构中的密集均匀线阵的阵元间距直接扩大 2 倍，其阵元位置集合为

$$\mathbb{L}_{\text{CATHDC}}=\mathbb{L}_{\text{tCADiS}}^{(1)}\cup\mathbb{P}_3\cup\mathbb{L}_3\cup\mathbb{L}_4' \tag{9.53}$$

式中，$\mathbb{L}_4'=H_2+(N+M)+2\langle 0,M-1\rangle$。该结构只有一组阵元间距为 $\lambda/2$ 的阵元对，且可以获得与最优 CAFDC 相同大小的均匀差联合阵列，如图 9.14 所示。CATHDC 可以获得一个位于 $\langle -77,77\rangle$ 的连续差联合阵列，并且可以提供与最优 CAFDC 的均匀差联合阵列相同的 155 个 uDOF，而只有两个位于 $\{\pm 78\}$ 的孔洞。另外，CATHDC 的耦合率也比最优 CAFDC 要小，即 $0.2131<0.2730$，其中 $B=3$，$c_1=0.4\mathrm{e}^{\mathrm{j}\pi/3}$，这意味着 CATHDC 的互耦效应更弱。

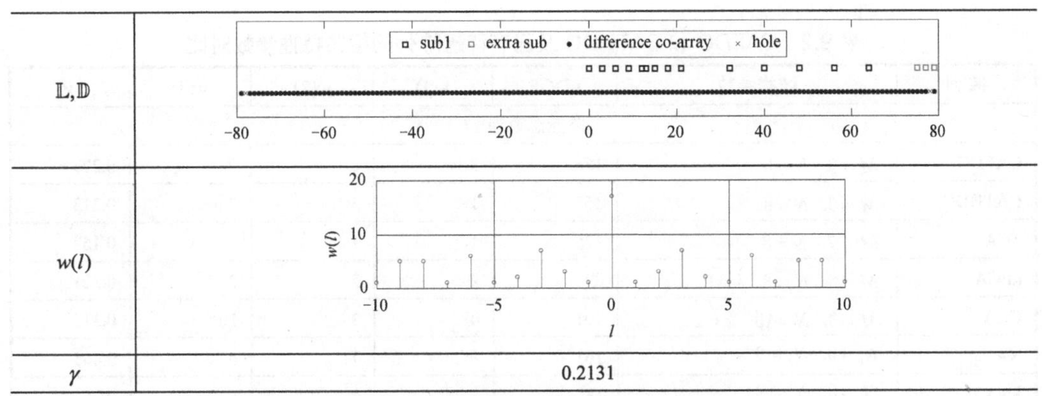

图 9.14　CATHDC 结构及其相关特性参数

由于最优 CAFDC 和 CATHDC 都要求$M=3$，因此下面对于 CAFDC 和 CATHDC 两个结构，主要研究其权函数的前 3 个值。其中，CAFDC 的权函数为

$$w(1)=M \tag{9.54a}$$

$$w(2)=\begin{cases}4, & M=4\\ M-1, & M\neq 4\end{cases} \tag{9.54b}$$

$$w(3)=\begin{cases}N-1, & M=3\\ 5, & M=6\\ M-2, & M\neq 3,6\end{cases} \tag{9.54c}$$

从式（9.54）中可以看出，CAFDC 在M值变大的情况下更易受互耦效应影响。特别地，当阵元总数固定时，具有最大均匀差联合阵列的最优 CAFDC（$M=3$）展现出了相对于其他M值的 CAFDC 具有的另一个优势，即更弱的互耦效应，其权函数分别为$w(1)=3$、$w(2)=2$和$w(3)=N-1$。可以进一步减弱最优 CAFDC 中的互耦效应，并且可以获得相同 uDOF 的 CATHDC，其权函数为

$$w(1)=1,\ \ w(2)=3,\ \ w(3)=N-1 \tag{9.55}$$

与 CAFDC 相比，CATHDC 只有一对阵元的阵元间距为$\lambda/2$，这对于减弱互耦效应相当有吸引力，后面的仿真结果验证了 CATHDC 相对于 CAFDC 的这一优势。

表 9.2 给出了阵元总数分别为 17 和 30 时不同阵列的相关特性参数对比，其中$B=3$，$c_1=0.4\mathrm{e}^{\mathrm{j}\pi/3}$。从表 9.2 中可以看出，由于 PCA 将更多的小阵元间距的阵元对数量减少为 1 或 2，因此其相对于 CAFDC 和 CATHDC 在减弱互耦效应方面更有优势。当阵元总数较多时，CAFDC 和 CATHDC 相对于其他互质阵列可以提供更多的 uDOF。嵌套阵列虽然能够获得更多的 uDOF，但是该类阵列互耦效应更严重，导致 DOA 估计精度损失较为严重。

表 9.2 CAFDC 和 CATHDC 及已有稀疏阵列的相关特性参数对比

阵列	结构参数	uDOF	$w(1)$	$w(2)$	$w(3)$	γ
阵元总数为 17						
CAFDC	$M=3$，$N=8$	155	3	2	7	0.273
CATHDC	$M=3$，$N=8$	155	1	3	7	0.213
TCA	$M=7$，$N=8$	125	1	1	1	0.158
kECA	$M=5$，$N=8$，$k=2$	89	2	2	2	0.221
CCA	$M=3$，$N=10$，$k=2$	101	4	3	10	0.315
NA	$N_1=8$，$N_2=9$	161	8	7	6	0.405
SNA2	$N_1=8$，$N_2=9$	161	2	5	4	0.255
ANA-I1	$T=17$	169	8	6	4	0.397
ANA-I2	$T=17$	173	2	7	2	0.264
阵元总数为 30						
CAFDC	$M=3$，$N=14$	459	3	2	13	0.229
CATHDC	$M=3$，$N=14$	459	1	3	13	0.188
TCA	$M=11$，$N=15$	351	1	1	1	0.120
kECA	$M=4$，$N=15$，$k=4$	367	2	2	2	0.168
CCA	$M=3$，$N=14$，$k=5$	393	4	3	14	0.251
NA	$N_1=15$，$N_2=15$	479	15	14	13	0.419
SNA2	$N_1=15$，$N_2=15$	479	1	14	1	0.217
ANA-I1	$T=30$	495	14	12	10	0.402
ANA-I2	$T=30$	505	2	13	2	0.235

9.4.3 仿真结果

本节探究了 CAFDC 和 CATHDC 相对于已有稀疏阵列在 DOA 估计方面的优势，其中阵元总数为 17，相关结构参数由表 9.2 给出，$K=16$，$\theta_k=-60+120(k-1)/15$，$k\in\langle 1,16\rangle$，蒙特卡罗仿真次数为 2000。需要说明的是，仿真中使用的算法均为 SS-ESPRIT 算法[41]。

图 9.15 给出了互耦效应存在时 CAFDC 和 CATHDC 与已有稀疏阵列随着 SNR 变化的 RMSE 结果，其中 $B=3$，$L=1500$。另外，图 9.16 给出了互耦效应存在时 CAFDC 和 CATHDC 与已有稀疏阵列随着快拍数变化的 RMSE 结果，其中 $B=3$，$\text{SNR}=5\text{dB}$。由此可以看出，当互耦阈值取 $B=3$ 时，CATHDC 可以获得最好的 DOA 估计性能。然而，相较 CATHDC，CAFDC 由于存在冗余的小阵元间距的阵元对，因此具有较强的互耦效应，从而降低了 DOA 估计精度。

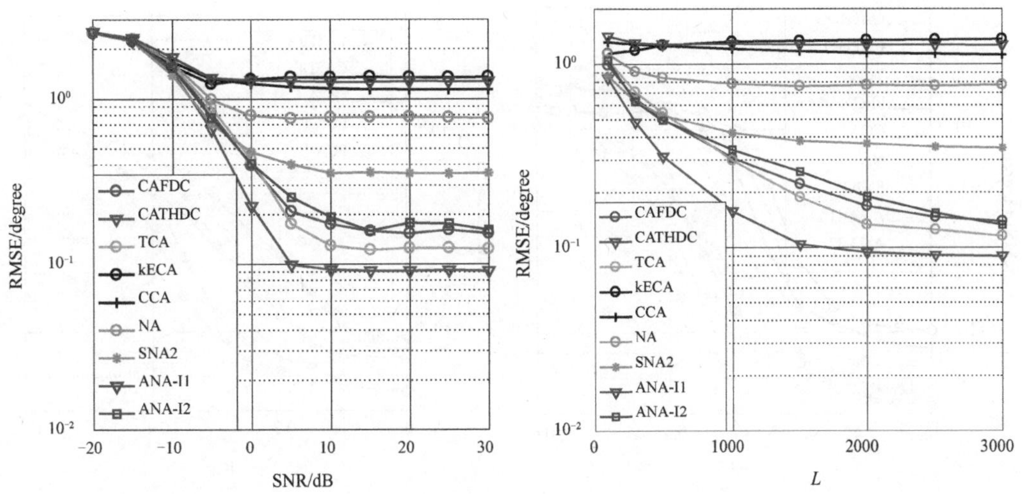

图 9.15 互耦效应存在时 CAFDC 和 CATHDC 与已有稀疏阵列随着 SNR 变化的 RMSE 结果

图 9.16 互耦效应存在时 CAFDC 和 CATHDC 与已有稀疏阵列随着快拍数变化的 RMSE 结果

图 9.17 研究了不同阵列 DOA 估计值性能与 c_1 幅值，即 $|c_1|$ 之间的关系，其中 $B=3$，$\mathrm{SNR}=0\mathrm{dB}$，$L=500$。由于嵌套阵列，包括 NA、SNA2、ANA-I1 和 ANA-I2 等可以产生一个很大的均匀差联合阵列，因此它们在小 $|c_1|$，即 $|c_1|<0.15$ 时，可以获得更加精确的 DOA 估计值。但是嵌套阵列更易受到互耦效应影响。随着 $|c_1|$ 的增大，NA 和 ANA-I1 的 DOA 估计性能衰落得更快。同时，由于 SNA2 和 ANA-I2 可以有效地将阵元间距为 $\lambda/2$ 的阵元对数量减少到 2，因此它们可以获得更加精确的 DOA 估计值。虽然 CATHDC 获得的均匀差联合阵列要小于嵌套阵列，但是它可以在 $|c_1|>0.3$ 时获得比嵌套阵列更加精确的 DOA 估计值，这也证明了减少小阵元间距（如 $\lambda/2$）的阵元对数量在减弱互耦效应方面的有效性。另外，TCA 在差联合阵列中存在很多孔洞，导致可利用的连续差联合阵列很小，但是其在减弱互耦效应方面的优势使得其可以获得与 CAFDC、SNA2 和 ANA-I2 相近的 RMSE 值。

图 9.18 给出了 CAFDC 和 CATHDC 与 PCA 随着 $|c_1|$ 变化的 RMSE 结果（B=3），其仿真条件与图 9.17 相同。从图 9.18 中可以看出，当 $B=3$ 时，由于 CAFDC 和 CATHDC 可以获得更大的连续差联合阵列，并且可以减少部分小阵元间距的阵元对数量，因此在 $|c_1|<0.4$ 时，这两个阵列可以获优于 PCA 的 DOA 估计性能。随着 $|c_1|$ 增大，ePCA 受益于更少的小阵元间距的阵元对，可以获得更高的 DOA 估计精度。

特别地，图 9.19 给出了 CAFDC 和 CATHDC 与 PCA 随着 $|c_1|$ 变化的 RMSE 结果（B=100），其中信源和阵列结构参数均和图 9.12 相同。从图 9.19 中可以看出，当互耦阈值 $B=100$ 时，由于 PCA 可以减少更多小阵元间距的阵元对数量，当互耦效应增强时，PCA 可以得到精度更高的 DOA 估计值。但是当互耦效应较弱时，CAFDC 和 CATHDC 可以获得更大的连续差联合阵列，从而可以获得更好的 DOA 估计性能。

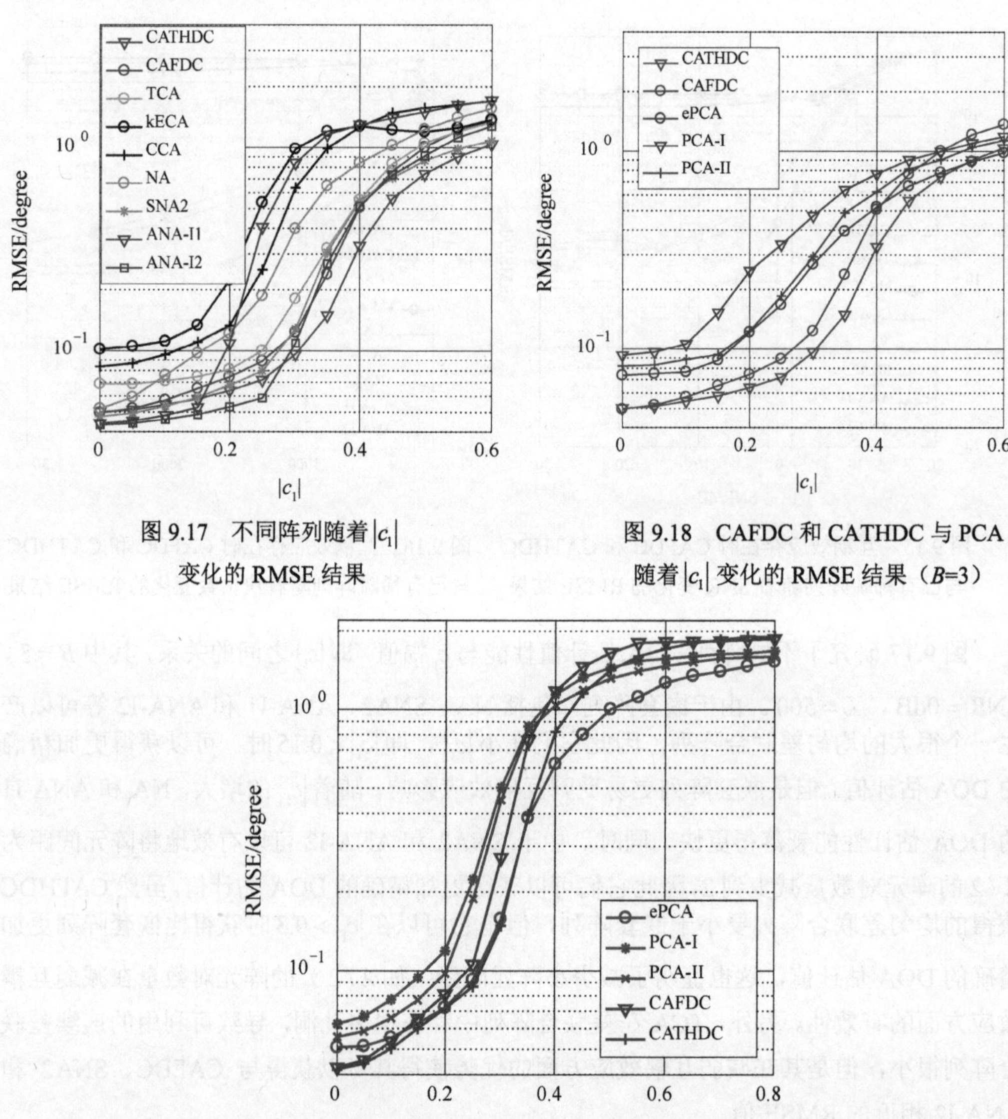

图 9.17　不同阵列随着 $|c_1|$ 变化的 RMSE 结果

图 9.18　CAFDC 和 CATHDC 与 PCA 随着 $|c_1|$ 变化的 RMSE 结果（B=3）

图 9.19　CAFDC 和 CATHDC 与 PCA 随着 $|c_1|$ 变化的 RMSE 结果（B=100）

9.5　互质面阵广义化设计及二维解模糊算法

本节主要研究互质面阵广义化设计及二维解模糊算法，通过解析互质面阵子阵阵元数及阵元间距之间的互质机理，提出广义互质面阵（GCPA）结构，并通过构建互质特性与降维方案融合的一维局部谱峰搜索模型，提出低复杂度降维局部谱峰搜索（Reduced-Dimensional PSS，RD-PSS）算法。另外，本节提出了二维解模糊 MUSIC（Ambiguity-Free MUSIC，AF-MUSIC）算法以提高基于互质子阵分解思想的算法信息利用率及稳健性，利用子阵接收信号融合与互质特性证明消除角度模糊问题的基本原理，并通过分置 GCPA 的两个子阵构建展开互质面阵（UCPA）结构，进一步扩展阵列孔径和减弱互耦效应。

9.5.1　基于 GCPA 的低复杂度二维 DOA 估计算法

文献[43]研究了互质阵列在二维 DOA 估计中的应用，并提出了一种由两个阵元数分别为 $P_1 \times P_1$ 和 $P_2 \times P_2$ 的方形稀疏均匀子阵构成的 CPA，其中 P_1 和 P_2 为互质数，两个子阵的阵元间距分别为 $P_2 d$ 和 $P_1 d$，$d = \lambda / 2$。图 9.20 所示为 CPA 结构示例，其中 $P_1 = 3$，$P_2 = 4$。文献[43]利用上述 CPA 结构，基于互质子阵分解思想提出了 TSS 算法，并利用互质特性消除模糊 DOA 估计值，获得了高精度的二维 DOA 估计值。为了降低 TSS 算法复杂度，文献[43]利用对应同一信源的模糊 DOA 估计值之间存在线性关系，将搜索区间大大缩小，从而提出了一种 PSS 算法，以较低的复杂度获得了与 TSS 算法接近的二维 DOA 估计性能。但是由于基于互质子阵分解思想的 DOA 估计算法的固有缺点，CPA 能够识别的信源数取决于阵元数较少的子阵阵元数，且损失了部分阵列孔径。另外，PSS 算法仍然须进行二维谱峰搜索，其复杂度依然很高。

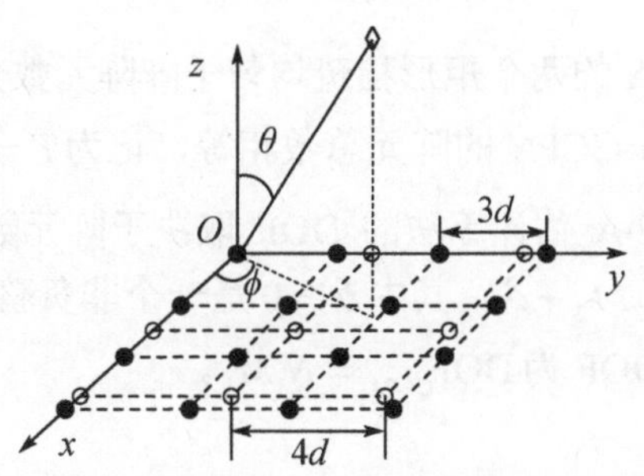

图 9.20　CPA 结构示例

1. GCPA 结构

为了解决文献[43]中的 DOF 和复杂度问题，本节设计了一种 GCPA 结构，该结构由两个矩形稀疏均匀子阵构成，阵元数分别为 $N_1 \times M_1$ 和 $N_2 \times M_2$，其中 N_1、N_2 和 M_1、M_2 为两组互质数，N_1、N_2 为两个子阵在 x 轴方向上的阵元数，M_1、M_2 为两个子阵在 y 轴方向上的阵元数。阵元数为 $N_1 \times M_1$ 的子阵在 x 轴、y 轴方向的阵元间距分别为 $d_{x,1} = N_2 d$ 和 $d_{y,1} = M_2 d$，阵元数为 $N_2 \times M_2$ 的子阵在 x 轴、y 轴方向的阵元间距分别为 $d_{x,2} = N_1 d$ 和 $d_{y,2} = M_1 d$。因为 GCPA 的两个子阵只有在原点处有阵元重合，所以 GCPA 的阵元总数为 $T_{\mathrm{GCPA}} = N_1 M_1 + N_2 M_2 - 1$。图 9.21 所示为GCPA 结构示例，其中 $N_1 = 3$，$M_1 = 5$，$N_2 = 5$，$M_2 = 2$。

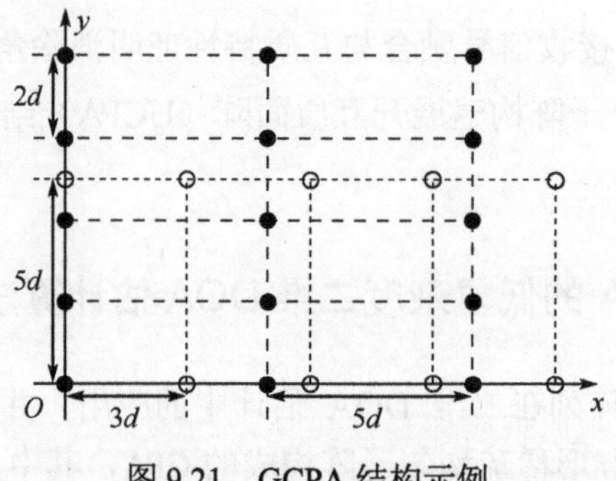

图 9.21　GCPA 结构示例

根据图 9.20 和图 9.21 给出的例子可知，CPA 最多只能识别 8 个信源，而 GCPA 最多可以识别 9 个信源。下面给出定理 9.5.1 以说明 GCPA 相对于 CPA 在基于互质子阵分解思想的 DOA 估计算法中在 DOF 方面的优势。

定理 9.5.1　假设 CPA 由两个阵元数分别为 $P_1 \times P_1$ 和 $P_2 \times P_2$ 的方形稀疏均匀子阵构成，其中 P_1 和 P_2 为互质数，阵元总数为 $T = P_1P_1 + P_2P_2 - 1$。不失一般性地，我们假设 $P_1 < P_2$，GCPA 和 CPA 的阵元总数相等。理论上，GCPA 最多可以比 CPA 多 $\lfloor (P_1P_1 + P_2P_2)/2 \rfloor - P_1P_1$ 个 DOF，其中 GCPA 的两个子阵阵元数分别为 $\lfloor (T+1)/2 \rfloor$ 和 $T+1-\lfloor (T+1)/2 \rfloor$。

证明：假设构成 GCPA 的两个矩形稀疏均匀子阵阵元数分别为 $N_1 \times M_1$ 和 $N_2 \times M_2$。为了公平对比，令 CPA 和 GCPA 的阵元总数相等，记为 $T = N_1M_1 + N_2M_2 - 1$。由于基于互质子阵分解思想的 DOA 估计算法的 DOF 取决于阵元数较少的子阵阵元数，假设 $N_1M_1 \leqslant N_2M_2$，$N_1M_1 = N_2M_2 + \delta$，其中 $\delta \geqslant 0$ 是一个非负整数，那么 CPA 的 DOF 为 $\text{DOF}_{\text{CPA}} = P_1P_1$，GCPA 的 DOF 为 $\text{DOF}_{\text{GCPA}} = N_1M_1$。

根据假设可得

$$T = N_1M_1 + N_2M_2 - 1 = 2N_1M_1 + \delta - 1 \tag{9.56}$$

$$\begin{aligned} \text{DOF}_{\text{GCPA}} &= N_1M_1 \\ &= \lfloor (T+1-\delta)/2 \rfloor \\ &\leqslant \lfloor (T+1)/2 \rfloor \end{aligned} \tag{9.57}$$

因此，当 $\delta = 0$ 时，$N_2M_2 = T+1-\lfloor (T+1)/2 \rfloor$，$N_1M_1 = \lfloor (T+1)/2 \rfloor$，GCPA 的最大 DOF 为 $\lfloor (T+1)/2 \rfloor$。

$$\begin{aligned} \text{DOF}_{\text{GCPA}} - \text{DOF}_{\text{CPA}} &= \lfloor (T+1)/2 \rfloor - P_1P_1 \\ &= \lfloor (P_1P_1 + P_2P_2)/2 \rfloor - P_1P_1 \\ &= \begin{cases} (P_2P_2 - P_1P_1)/2, & T = 2m+1 \\ (P_2P_2 - P_1P_1 - 1)/2, & T = 2m \end{cases} \end{aligned} \tag{9.58}$$

式中，$m\in\mathbb{Z}^+$ 为正整数。根据假设 $P_1P_1<P_2P_2$，可以得到结论 $\mathrm{DOF_{GCPA}}>\mathrm{DOF_{CPA}}$，即 GCPA 最多可以比 CPA 多 $\lfloor(P_1P_1+P_2P_2)/2\rfloor-P_1P_1$ 个 DOF。

此处以 GCPA 为例，给出 CRB 的相关定义[44]。定义 GCPA 的方向矩阵为

$$\boldsymbol{A}=\begin{bmatrix}\boldsymbol{A}_{x,1}D_1(\boldsymbol{A}_{y,1})\\ \vdots\\ \boldsymbol{A}_{x,1}D_{M_1}(\boldsymbol{A}_{y,1})\\ \boldsymbol{A}'_{x,2}D_1(\boldsymbol{A}_{y,2})\\ \boldsymbol{A}_{x,2}D_2(\boldsymbol{A}_{y,2})\\ \vdots\\ \boldsymbol{A}_{x,2}D_{M_2}(\boldsymbol{A}_{y,2})\end{bmatrix}\tag{9.59}$$

式中，$\boldsymbol{A}'_{x,2}$ 由 $\boldsymbol{A}_{x,2}$ 的第二行到最后一行组成；$D_m(\bullet)$ 表示用矩阵的第 m 行元素构造的对角矩阵。根据文献[45]，GCPA 的 CRB 为

$$\mathrm{CRB}=\frac{\sigma^2}{2L}\left\{\mathrm{Re}\left[\boldsymbol{D}^{\mathrm{H}}\boldsymbol{\Pi}_A^{\perp}\boldsymbol{D}\oplus\hat{\boldsymbol{\Lambda}}_s^{\mathrm{T}}\right]\right\}^{-1}\tag{9.60}$$

式中，$\boldsymbol{\Pi}_A^{\perp}=\boldsymbol{I}_{N_1M_1+N_2M_2-1}-\boldsymbol{A}(\boldsymbol{A}^{\mathrm{H}}\boldsymbol{A})^{-1}\boldsymbol{A}^{\mathrm{H}}$；$\boldsymbol{D}=\left[\dfrac{\partial\boldsymbol{a}_1}{\partial\theta_1},\cdots,\dfrac{\partial\boldsymbol{a}_K}{\partial\theta_K},\dfrac{\partial\boldsymbol{a}_1}{\partial\phi_1},\cdots,\dfrac{\partial\boldsymbol{a}_K}{\partial\phi_K}\right]$，其中 $\boldsymbol{a}_k$ 为方向矩阵 $\boldsymbol{A}$ 的第 k 列（$k=1,2,\cdots,K$）；$\hat{\boldsymbol{\Lambda}}_s=\begin{bmatrix}\hat{\boldsymbol{\Lambda}} & \boldsymbol{O}\\ \boldsymbol{O} & \hat{\boldsymbol{\Lambda}}\end{bmatrix}$，其中 $\hat{\boldsymbol{\Lambda}}=\dfrac{1}{L}\sum_{l=1}^{L}\boldsymbol{s}(l)\boldsymbol{s}^{\mathrm{H}}(l)$ 为通过 L 个快拍计算得到的信源矩阵，$\boldsymbol{O}\in\mathbf{R}^{K\times K}$ 为全零矩阵。

2. 基于 GCPA 的 RD-PSS 算法

针对文献[43]中的 PSS 算法依然需要进行复杂度较高的局部二维谱峰搜索，本节先通过降维方法将二维 MUSIC 空间谱函数重构为只需要进行一维全局搜索的一维 MUSIC 空间谱函数，再利用对应于同一信源的模糊 DOA 估计值之间存在的线性关系，将一维全局搜索区间缩小为一个很小的局部搜索区间。相对于需要进行局部二维谱峰搜索的 PSS 算法，基于 GCPA 的 RD-PSS 算法不仅可以增加可识别信源数，还可以通过局部一维谱峰搜索获得与 TSS 算法、PSS 算法相近的二维 DOA 估计性能。

首先，给出利用 GCPA 子阵接收信号构建的二维 MUSIC 空间谱函数，即

$$f_i(u,v)=\frac{1}{\left(\boldsymbol{a}_{x,i}(u)\otimes\boldsymbol{a}_{y,i}(v)\right)^{\mathrm{H}}\boldsymbol{U}_{\mathrm{n},i}\boldsymbol{U}_{\mathrm{n},i}^{\mathrm{H}}\left(\boldsymbol{a}_{x,i}(u)\otimes\boldsymbol{a}_{y,i}(v)\right)}\tag{9.61}$$

式中，$\boldsymbol{U}_{\mathrm{n},i}$ 为由第 i 个子阵接收信号得到的噪声子空间，$i=1,2$。

定义函数$\boldsymbol{V}_i(u,v)$为

$$\begin{aligned}\boldsymbol{V}_i(u,v)&=\left(\boldsymbol{a}_{x,i}(u)\otimes\boldsymbol{a}_{y,i}(v)\right)^{\mathrm{H}}\boldsymbol{U}_{\mathrm{n},i}\boldsymbol{U}_{\mathrm{n},i}^{\mathrm{H}}\left(\boldsymbol{a}_{x,i}(u)\otimes\boldsymbol{a}_{y,i}(v)\right)\\&=\boldsymbol{a}_{y,i}^{\mathrm{H}}(v)\left(\boldsymbol{a}_{x,i}(u)\otimes\boldsymbol{I}\right)^{\mathrm{H}}\boldsymbol{U}_{\mathrm{n},i}\boldsymbol{U}_{\mathrm{n},i}^{\mathrm{H}}\left(\boldsymbol{a}_{x,i}(u)\otimes\boldsymbol{I}\right)\boldsymbol{a}_{y,i}(v)\\&=\boldsymbol{a}_{y,i}^{\mathrm{H}}(v)\boldsymbol{Q}_i(u)\boldsymbol{a}_{y,i}(v)\end{aligned}\tag{9.62}$$

式中，$\boldsymbol{Q}_i(u)=\left(\boldsymbol{a}_{x,i}(u)\otimes\boldsymbol{I}\right)^{\mathrm{H}}\boldsymbol{U}_{\mathrm{n},i}\boldsymbol{U}_{\mathrm{n},i}^{\mathrm{H}}\left(\boldsymbol{a}_{x,i}(u)\otimes\boldsymbol{I}\right)$。需要指出的是，式（9.62）中的问题其实为二次优化问题，并且可以利用$\boldsymbol{e}_i^{\mathrm{H}}\boldsymbol{a}_{y,i}=1$来消除平凡解$\boldsymbol{a}_{y,i}=\boldsymbol{O}_{N_i}$，其中$\boldsymbol{e}_i=[1,0,0,\cdots,0]^{\mathrm{T}}\in\mathbf{R}^{N_i\times 1}$。式（9.62）可以重构为

$$\begin{aligned}&\min_{u,v}\ \boldsymbol{a}_{y,i}^{\mathrm{H}}(v)\boldsymbol{Q}_i(u)\boldsymbol{a}_{y,i}(v)\\&\text{s.t.}\ \ \boldsymbol{e}_i^{\mathrm{H}}\boldsymbol{a}_{y,i}=1\end{aligned}\tag{9.63}$$

构造代价函数$\boldsymbol{V}_i(u,v)$，即

$$\boldsymbol{V}_i(u,v)=\boldsymbol{a}_{y,i}^{\mathrm{H}}(v)\boldsymbol{Q}_i(u)\boldsymbol{a}_{y,i}(v)-\varsigma(\boldsymbol{e}_1^{\mathrm{H}}\boldsymbol{a}_{y,i}(v)-1)\tag{9.64}$$

式中，ς为一个常数。

计算代价函数的偏导可得

$$\frac{\partial}{\partial\boldsymbol{a}_{y,i}(v)}\boldsymbol{V}_i(u,v)=2\boldsymbol{Q}_i(u)\boldsymbol{a}_{y,i}(v)+\varsigma\boldsymbol{e}_i\tag{9.65}$$

进一步可以得到$\boldsymbol{a}_{y,i}(v)=\mu\boldsymbol{Q}_i^{-1}(u)\boldsymbol{e}_i$，其中$\mu=1/\left(\boldsymbol{e}_i^{\mathrm{H}}\boldsymbol{Q}_i^{-1}(u)\boldsymbol{e}_i\right)$。

$$\hat{\boldsymbol{a}}_{y,i}(v)=\frac{\boldsymbol{Q}_i^{-1}(u)\boldsymbol{e}_i}{\boldsymbol{e}_i^{\mathrm{H}}\boldsymbol{Q}_i^{-1}(u)\boldsymbol{e}_i}\tag{9.66}$$

同时，可以得到u_k的估计值（$k=1,2,\cdots,K$），即

$$\hat{u}_k=\arg\min_u\frac{1}{\boldsymbol{e}_i^{\mathrm{H}}\boldsymbol{Q}_i^{-1}(u)\boldsymbol{e}_i}=\arg\max_u\boldsymbol{e}_i^{\mathrm{H}}\boldsymbol{Q}_i^{-1}(u)\boldsymbol{e}_i\tag{9.67}$$

对式（9.67）在$u\in(0,1)$区间内进行谱峰搜索可以获得u_k的全部模糊估计值，根据式（9.66）可以计算得到与之匹配的v_k的模糊估计值。利用对应于同一信源的模糊 DOA 估计值之间存在的线性关系，可以大大缩小谱峰搜索区间。

接下来首先揭示角度模糊问题的形成原理，其次给出对应于同一信源的模糊 DOA 估计值之间存在的线性关系，最后利用互质特性消除模糊 DOA 估计值以获得高精度的二维 DOA 估计值。

假设一个来自(θ_p,ϕ_p)方向的信源信号入射到阵元数为$N_i\times M_i$的子阵上，(θ_a,ϕ_a)是

对应于该信源的一个模糊 DOA 估计值。由于阵元间距大于信号波长，因此真实 DOA 估计值和模糊 DOA 估计值的关系[23, 43]为

$$\begin{cases} 2\pi d_{x,i}(u_p - u_a)/\lambda = 2k_{u,i}\pi \\ 2\pi d_{y,i}(v_p - v_a)/\lambda = 2k_{v,i}\pi \end{cases} \tag{9.68}$$

式中，$u_p = \sin\theta_p \cos\phi_p$；$v_p = \sin\theta_p \sin\phi_p$；$u_a = \sin\theta_a \cos\phi_a$；$v_a = \sin\theta_a \sin\phi_a$；$d_{x,i} = N_j d$，$d_{y,i} = M_j d$（$i, j = \{1,2\}$，$i \neq j$）；$k_{u,i}, k_{v,i} \in \mathbb{Z}$。根据假设，$u_a \in (-1,1)$，$v_a \in (0,1)$。这两个条件不仅需要单独满足，还需要考虑 $0 < u_a^2 + v_a^2 < 1$，即使除去上述条件限制的 $k_{u,i}$ 和 $k_{v,i}$ 取值，依然存在少于 $N_j \times \lceil M_j / 2 \rceil$ 组取值可以使式（9.68）成立，但是其中只有一组取值对应于真实 DOA 估计值。

进一步由式（9.68）可得

$$u_p - u_a = \frac{2k_{u,i}}{N_j}, \quad v_p - v_a = \frac{2k_{v,i}}{M_j} \tag{9.69}$$

式中，$k_{u,i} \in \langle -N_j + 1, N_j - 1 \rangle$；$k_{v,i} \in \langle -M_j / 2 + 1, M_j / 2 - 1 \rangle$。由式（9.69）可以发现，在转换域，真实 DOA 估计值和其对应的模糊 DOA 估计值之间存在一个线性关系，差值为 $2/N_j$ 或 $2/M_j$ 的整数倍。基于上述线性关系，文献[43]中提出的 PSS 算法只需要先在 $(2/N_j)\times(2/M_j)$ 区域中通过局部二维谱峰搜索获得每个信源对应的一个模糊 DOA 估计值，再根据式（9.69）计算出全部模糊 DOA 估计值，最后便可以利用互质特性消除模糊 DOA 估计值并获得真实 DOA 估计值。具体的，有

$$\begin{cases} \dfrac{k_{u,1}}{N_2} = \dfrac{k_{u,2}}{N_1} \\ \dfrac{k_{v,1}}{M_2} = \dfrac{k_{v,2}}{M_1} \end{cases} \tag{9.70}$$

由于 N_1、N_2 和 M_1、M_2 为两组互质整数，因此除了 $k_{u,1} = k_{u,2} = 0$ 和 $k_{v,1} = k_{v,2} = 0$，不存在 $\{k_{u,1}, k_{u,2}\}$ 和 $\{k_{v,1}, k_{v,2}\}$ 使式（9.70）成立，这意味着只有对应目标的真实 DOA 估计值能够同时在两个子阵的接收信号构造的 MUSIC 空间谱函数中产生对应的峰值。由于噪声和干扰的存在，完全相等的 DOA 估计值几乎不存在，因此可以通过搜寻 K 组误差最小的 DOA 估计值得到真实 DOA 估计值。

特别地，由于降维方法的引入，因此本节提出的 RD-PSS 空间谱函数只需要先在任意一个长度为 $2/M_j$ 的区间内对构造的代价函数进行一维局部谱峰搜索得到 $\{u_1, u_2, \cdots, u_K\}$ 的一个模糊 DOA 估计值，再获得与上述模糊 DOA 估计值配对的 $\{v_1, v_2, \cdots, v_K\}$ 的一个模糊 DOA 估计值，最后便可以得到全部的模糊 DOA 估计值。同样

地，利用互质特性可以获得信源的真实 DOA 估计值。

需要指出的是，$\{v_1,v_2,\cdots,v_K\}$ 的 DOA 估计值是基于 LS 准则计算获得的。不失一般性地，本节为第 i 个谱峰搜索函数选择搜索区间为 $u\in(0,2/M_j)$，并对式（9.67）进行一维局部谱峰搜索以获得 K 个最大的 $[\boldsymbol{Q}^{-1}]_{1,1}$ 值，其中 $[\boldsymbol{Q}^{-1}]_{1,1}$ 表示 $\boldsymbol{Q}^{-1}$ 的第 1 行第 1 列的元素。由一维局部谱峰搜索得到的 K 个峰值对应的 $\{\hat{u}_1^a,\hat{u}_2^a,\cdots,\hat{u}_K^a\}$，分别为 K 个目标的 $\sin\theta_k\cos\phi_k$ 对应的模糊 DOA 估计值之一。同时，根据式（9.66）可以构造方向向量 $\left\{\hat{\boldsymbol{a}}_{y,i}^a(\hat{v}_1^a),\hat{\boldsymbol{a}}_{y,i}^a(\hat{v}_2^a),\cdots,\hat{\boldsymbol{a}}_{y,i}^a(\hat{v}_K^a)\right\}$。

$$\begin{aligned}\boldsymbol{g}_k&=\text{angle}\left\{\hat{\boldsymbol{a}}_{y,i}^a(\hat{v}_k^a)\right\}=\hat{v}_k^a\boldsymbol{q}\\&=\left[0,2\pi d_{y,i}\hat{v}_k^a/\lambda,\cdots,2\pi d_{y,i}(M_i-1)\hat{v}_k^a/\lambda\right]^{\mathrm{T}}\end{aligned} \tag{9.71}$$

式中，$\boldsymbol{q}=\left[0,2\pi d_{y,i}/\lambda,\cdots,2\pi d_{y,i}(M_i-1)/\lambda\right]^{\mathrm{T}}$。

根据 LS 准则，有

$$\min_{c_k}\left\|\boldsymbol{H}\boldsymbol{c}_k-\boldsymbol{g}_k\right\|_F^2 \tag{9.72}$$

式中，$\|\bullet\|_F$ 表示 Frobenius 范数；$\boldsymbol{H}=[\boldsymbol{I}_{M_i\times 1},\boldsymbol{q}]$；$\boldsymbol{c}_k=[c_{k,0},c_{k,1}]^{\mathrm{T}}\in\mathbf{R}^{2\times 1}$。

$$[c_{k,0},c_{k,1}]^{\mathrm{T}}=(\boldsymbol{H}^{\mathrm{T}}\boldsymbol{H})^{-1}\boldsymbol{H}^{\mathrm{T}}\boldsymbol{g}_k \tag{9.73}$$

式中，$c_{k,1}$ 为第 k 个目标的 $\sin\theta_k\sin\phi_k$ 存在模糊的 DOA 估计值 $\hat{v}_k^a$。

根据上述推导过程，对应于第 k 个目标的存在模糊的两类 DOA 估计值 $\hat{u}_k^a$ 和 $\hat{v}_k^a$ 是自动配对的，此处定义计算第 k 个目标的真实 DOA 估计值的误差函数 d_c^k 为

$$d_c^k=\sqrt{(\hat{u}_{k,m}^{a,1}-\hat{u}_{k,n}^{a,2})^2+(\hat{v}_{k,m}^{a,1}-\hat{v}_{k,n}^{a,2})^2} \tag{9.74}$$

式中，$\{\hat{u}_{k,m}^{a,1},\hat{v}_{k,m}^{a,1}\}$、$\{\hat{u}_{k,n}^{a,2},\hat{v}_{k,n}^{a,2}\}$ 分别为根据两个子阵接收信号计算得到的对应于第 k 个目标的第 m 组、第 n 组模糊 DOA 估计值。具体地，最小 d_c^k 值所对应的第 $\tilde{m}$ 组和第 $\tilde{n}$ 组模糊 DOA 估计值就是真实 DOA 估计值，即

$$\hat{u}_k=\frac{\hat{u}_{k,\tilde{m}}^{a,1}+\hat{u}_{k,\tilde{n}}^{a,2}}{2},\quad \hat{v}_k=\frac{\hat{v}_{k,\tilde{m}}^{a,1}+\hat{v}_{k,\tilde{n}}^{a,2}}{2} \tag{9.75}$$

进一步可以获得对应于第 k 个目标的真实 DOA 估计值，即

$$\hat{\theta}_k=\arcsin\left\{\left|\hat{u}_k+\mathrm{j}\hat{v}_k\right|\right\},\quad \hat{\phi}_k=\text{angle}\{\hat{u}_k+\mathrm{j}\hat{v}_k\} \tag{9.76}$$

式中，$k=1,2,\cdots,K$。

互质面阵中二维 DOA 估计 RD-PSS 算法步骤归纳如下。

算法 9.3：互质面阵下二维 DOA 估计 RD-PSS 算法。

步骤 1：计算互质子阵接收信号的协方差矩阵 $\hat{\boldsymbol{R}}_{x,i}$（$i=1,2$）。

步骤 2：对 $\hat{\boldsymbol{R}}_{x,i}$ 进行特征分解，得到噪声子空间 $\boldsymbol{U}_{\mathrm{n},i}$。

步骤 3：根据式（9.62）构造 $\boldsymbol{Q}_i(u)$，并根据式（9.67）构造谱峰搜索函数。

步骤 4：先通过在 $u\in(0,M_j/2)$ 区间内进行一维局部谱峰搜索，搜索 K 个峰值，得到对应 u 的模糊 DOA 估计值，再根据式（9.66）得到对应于 v 的模糊 DOA 估计值。

步骤 5：根据式（9.74）得到误差函数值较小的 K 组模糊 DOA 估计值，根据式（9.75）得到真实 DOA 估计值，即 $\hat{u}_k$ 和 $\hat{v}_k$，$k=1,2,\cdots,K$。

步骤 6：根据式（9.76）得到真实 DOA 估计值 $(\hat{\theta}_k,\hat{\phi}_k)$。

9.5.2　基于子阵分置互质面阵的二维解模糊算法

9.5.1 节提出的基于 GCPA 的 RD-PSS 算法相对于文献[43]中提出的 TSS 算法、PSS 算法，不仅降低了复杂度，还通过对 CPA 结构的广义化设计增加了可识别信源数。然而，由于上述算法都是基于互质子阵分解思想的，因此可获得的最大 DOF 只有 GCPA 中一半的阵元总数。另外，CPA 和 GCPA 的子阵交错叠放，导致了较强的互耦效应。本节提出了一种减弱互耦效应的子阵分置的 UCPA，并综合利用两个子阵的接收信号，提出了二维 AF-MUSIC 算法，证明了二维 AF-MUSIC 算法可以完整利用二维互质阵列，包括 CPA、GCPA 和 UCPA 提供的 DOF。另外，为了降低算法复杂度，本节还介绍了适用于 AF-MUSIC 算法的粗搜索与局部精搜索相结合的方案。

为了减弱互耦效应并扩展阵列孔径，本节将 GCPA 的两个子阵分置提出了 UCPA 结构。具体地，将阵元数为 $N_1\times M_1$ 的子阵固定在第一象限中，将另一个阵元数为 $N_2\times M_2$ 的子阵分别放置在第二、第三和第四象限中，这三种 UCPA 分别表示为 UCPA-2、UCPA-3 和 UCPA-4。图 9.22 所示为三种 UCPA 结构示例，其中 $N_1=3$，$M_1=5$，$N_2=5$，$M_2=2$。特别地，GCPA 也可以表示为 UCPA-1。

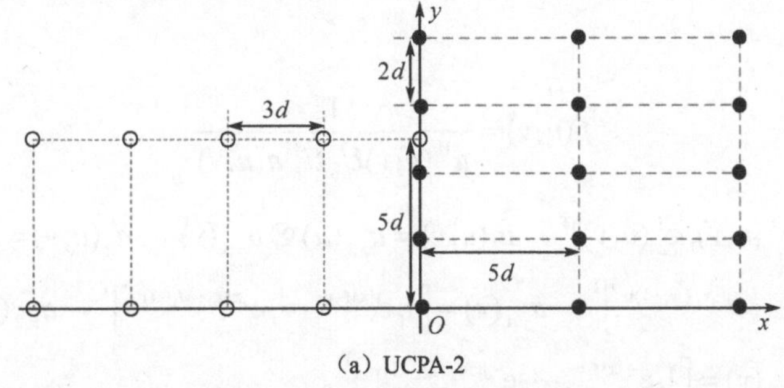

（a）UCPA-2

图 9.22　三种 UCPA 结构示例

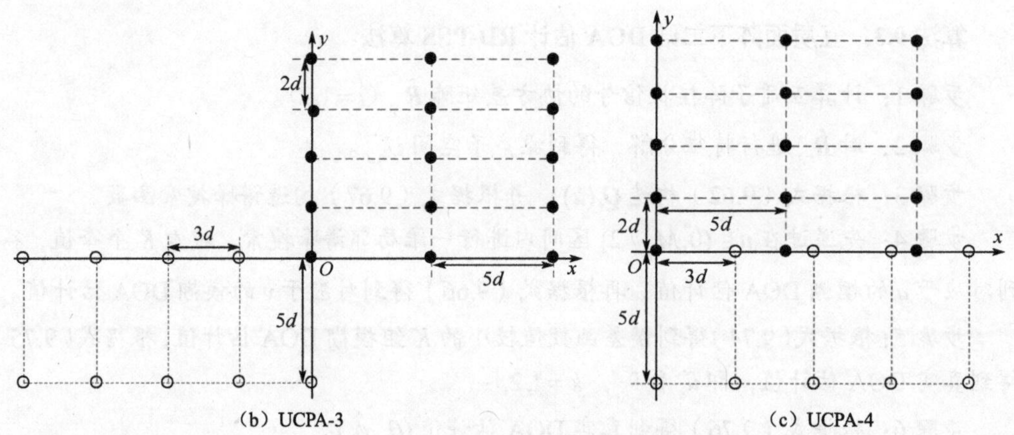

图 9.22 三种 UCPA 结构示例（续）

下面基于 UCPA-3 详细推导二维 AF-MUSIC 算法。需要指出的是，本节参考文献[46]，引入$\{(\alpha_k,\beta_k)\,|\,k=1,2,\cdots,K\}$表示信源的方向，其中$\alpha_k\in(0,\pi)$和$\beta_k\in(0,\pi)$分别为第$k$个信源关于$x$轴和$y$轴的角度，因此$u_k=\cos\alpha_k\in(-1,1)$，$v_k=\cos\beta_k\in(-1,1)$。

不同于基于互质子阵分解思想的 DOA 估计算法只利用子阵接收信号单独求解二维 DOA 估计值，二维 AF-MUSIC 算法综合利用两个子阵接收信号并构建总接收信号，即

$$\boldsymbol{x}(l)=\begin{bmatrix}\boldsymbol{x}_1(l)\\\boldsymbol{x}_2(l)\end{bmatrix}=\begin{bmatrix}\boldsymbol{A}_1\\\boldsymbol{A}_2\end{bmatrix}\boldsymbol{s}(l)+\begin{bmatrix}\boldsymbol{n}_1(l)\\\boldsymbol{n}_2(l)\end{bmatrix}=\boldsymbol{A}_{\mathrm{s}}\boldsymbol{s}(l)+\boldsymbol{n}(l) \tag{9.77}$$

式中，$\boldsymbol{x}_1(l)$和$\boldsymbol{x}_2(l)$为 UCPA-3 两个子阵接收信号；$\boldsymbol{A}_{\mathrm{s}}=[\boldsymbol{A}_1^{\mathrm{T}},\boldsymbol{A}_2^{\mathrm{T}}]^{\mathrm{T}}$为总方向矩阵；$\boldsymbol{A}_1$和$\boldsymbol{A}_2$为子阵方向矩阵；$\boldsymbol{n}(l)=[\boldsymbol{n}_1^{\mathrm{T}}(l),\boldsymbol{n}_2^{\mathrm{T}}(l)]^{\mathrm{T}}$。

对应的总协方差矩阵也可以利用L次快拍计算得到，即

$$\hat{\boldsymbol{R}}=\frac{1}{L}\sum_{l=1}^{L}\boldsymbol{x}(l)\boldsymbol{x}^{\mathrm{H}}(l) \tag{9.78}$$

由$\hat{\boldsymbol{R}}$计算总噪声矩阵$\hat{\boldsymbol{U}}_{\mathrm{n}}$，根据噪声子空间和信号子空间的正交性，二维 AF-MUSIC 空间谱函数为

$$f(u,v)=\frac{1}{\boldsymbol{a}^{\mathrm{H}}(u,v)\hat{\boldsymbol{U}}_{\mathrm{n}}\hat{\boldsymbol{U}}_{\mathrm{n}}^{\mathrm{H}}\boldsymbol{a}(u,v)} \tag{9.79}$$

式中，$\boldsymbol{a}(u,v)=[\boldsymbol{a}_1^{\mathrm{T}}(u,v),\boldsymbol{a}_2^{\mathrm{T}}(u,v)]^{\mathrm{T}}$，$\boldsymbol{a}_1(u,v)=\boldsymbol{a}_{x,1}(u)\otimes\boldsymbol{a}_{y,1}(v)$，$\boldsymbol{a}_2(u,v)=\boldsymbol{a}_{x,2}(u)\otimes\boldsymbol{a}_{y,2}(v)$，$\boldsymbol{a}_{x,1}(u)=\left[1,\mathrm{e}^{\mathrm{j}\pi N_2u},\cdots,\mathrm{e}^{\mathrm{j}\pi N_2(N_1-1)u}\right]^{\mathrm{T}}$，$\boldsymbol{a}_{y,1}(v)=\left[1,\mathrm{e}^{\mathrm{j}\pi M_2v},\cdots,\mathrm{e}^{\mathrm{j}\pi M_2(M_1-1)v}\right]^{\mathrm{T}}$，$\boldsymbol{a}_{x,2}(u)=\left[1,\mathrm{e}^{-\mathrm{j}\pi N_1u},\cdots,\mathrm{e}^{-\mathrm{j}\pi N_1(N_2-1)u}\right]^{\mathrm{T}}$，$\boldsymbol{a}_{y,2}(v)=\left[1,\mathrm{e}^{-\mathrm{j}\pi M_1v},\cdots,\mathrm{e}^{-\mathrm{j}\pi M_1(M_2-1)v}\right]^{\mathrm{T}}$。

通过在区间$u\in(-1,1)$和$v\in(-1,1)$内进行二维谱峰搜索，二维 AF-MUSIC 空间谱可

以有效消除伪峰，直接得到对应于真实目标的谱峰，此处特别给出定理 9.5.2 进行说明。

定理 9.5.2 假设 (u_k,v_k) 为第 k 个信源的真实二维 DOA 相关值，则有且只有一个估计值 $(\hat{u}_k,\hat{v}_k)$ 在二维 AF-MUSIC 空间谱中产生一个谱峰，并且 $(\hat{u}_k,\hat{v}_k)$ 为 (u_k,v_k) 的估计值。

证明：假设 $(\hat{u}_k^a,\hat{v}_k^a)$ 为真实值 (u_k,v_k) 的不同于估计值 $(\hat{u}_k,\hat{v}_k)$ 的另一个估计值，并且可以在二维 AF-MUSIC 空间谱中产生一个峰值，即

$$\boldsymbol{a}^{\mathrm{H}}(\hat{u}_k,\hat{v}_k)\hat{\boldsymbol{U}}_{\mathrm{n}}=\boldsymbol{a}^{\mathrm{H}}(\hat{u}_k^a,\hat{v}_k^a)\hat{\boldsymbol{U}}_{\mathrm{n}} \tag{9.80}$$

$$\boldsymbol{a}^{\mathrm{H}}(\hat{u}_k,\hat{v}_k)=\boldsymbol{a}^{\mathrm{H}}(\hat{u}_k^a,\hat{v}_k^a) \tag{9.81}$$

式中，$\boldsymbol{a}(\hat{u}_k,\hat{v}_k)=[\boldsymbol{a}_1^{\mathrm{T}}(\hat{u}_k,\hat{v}_k),\boldsymbol{a}_2^{\mathrm{T}}(\hat{u}_k,\hat{v}_k)]^{\mathrm{T}}$；$\boldsymbol{a}(\hat{u}_k^a,\hat{v}_k^a)=[\boldsymbol{a}_1^{\mathrm{T}}(\hat{u}_k^a,\hat{v}_k^a),\boldsymbol{a}_2^{\mathrm{T}}(\hat{u}_k^a,\hat{v}_k^a)]^{\mathrm{T}}$；$\boldsymbol{a}_i(\hat{u}_k,\hat{v}_k)=\boldsymbol{a}_{x,i}(\hat{u}_k)\otimes\boldsymbol{a}_{y,i}(\hat{v}_k)$；$\boldsymbol{a}_i(\hat{u}_k^a,\hat{v}_k^a)=\boldsymbol{a}_{x,i}(\hat{u}_k^a)\otimes\boldsymbol{a}_{y,i}(\hat{v}_k^a)$。需要指出的是，此处的导向向量均已经进行了归一化处理。于是可得

$$\boldsymbol{a}_{x,i}(\hat{u}_k)=\boldsymbol{a}_{x,i}(\hat{u}_k^a)\text{，}\ \boldsymbol{a}_{y,i}(\hat{v}_k)=\boldsymbol{a}_{y,i}(\hat{v}_k^a) \tag{9.82}$$

进一步计算可得

$$\hat{u}_k-\hat{u}_k^a=\frac{2q_{x,1}}{N_2}\text{，}\ \hat{u}_k-\hat{u}_k^a=\frac{2q_{x,2}}{N_1} \tag{9.83}$$

$$\hat{v}_k-\hat{v}_k^a=\frac{2q_{y,1}}{M_2}\text{，}\ \hat{v}_k-\hat{v}_k^a=\frac{2q_{y,2}}{M_1} \tag{9.84}$$

式中，$q_{x,1}\in\langle -N_2+1,N_2-1\rangle$；$q_{x,2}\in\langle -N_1+1,N_1-1\rangle$；$q_{y,1}\in\langle -M_2+1,M_2-1\rangle$；$q_{y,2}\in\langle -M_1+1,M_1-1\rangle$。根据式（9.83）和式（9.84），可得

$$\frac{2q_{x,1}}{N_2}=\frac{2q_{x,2}}{N_1}\text{，}\ \frac{2q_{y,1}}{M_2}=\frac{2q_{y,2}}{M_1} \tag{9.85}$$

根据文献[43]中的证明，由于 N_1 和 N_2、M_1 和 M_2 的互质关系，除了 $q_{x,1}=q_{x,2}=0$ 和 $q_{y,1}=q_{y,2}=0$，不存在其他 $\{q_{x,1},q_{x,2}\}$ 和 $\{q_{y,1},q_{y,2}\}$ 使式（9.85）成立。也就是说，$(\hat{u}_k^a,\hat{v}_k^a)$ 与 $(\hat{u}_k,\hat{v}_k)$ 为同一个估计值，这意味着来自 (u_k,v_k) 的信源在二维 AF-MUSIC 空间谱中除估计值 $(\hat{u}_k,\hat{v}_k)$ 对应的峰值以外不存在伪峰。

需要指出的是，二维 AF-MUSIC 算法与二维 MUSIC 算法相同，都需要进行复杂度很高的全局二维谱峰搜索。由于 UCPA-3 结构的非均匀特性，二维 ESPRIT 等低复杂度算法无法直接应用。为了降低复杂度，可以将文献[23]中提出的粗搜索与局部精搜索相结合的方案引入，以便在不损失 DOF 的情况下获得精度相近的 DOA 估计值。

对应于信源的二维 DOA 估计值可以通过式（9.86）计算得到：

$$\begin{cases}\hat{\alpha}_k = \arccos(\hat{u}_k) \\ \hat{\beta}_k = \arccos(\hat{v}_k)\end{cases} \tag{9.86}$$

9.5.3 仿真结果

本节给出仿真结果，具体说明 9.5.1 节和 9.5.2 节的算法在二维 DOA 估计中的性能优势。用来评价 DOA 估计性能的 RMSE 定义为

$$\text{RMSE} = \sqrt{\frac{1}{CK}\left(\sum_{c=1}^{C}\sum_{k=1}^{K}\left((\alpha_k - \hat{\alpha}_{k,c})^2 + (\beta_k - \hat{\beta}_{k,c})^2\right)\right)} \tag{9.87}$$

式中，α_k 和 β_k 为第 k 个信源的真实角度；$\hat{\alpha}_{k,c}$ 和 $\hat{\beta}_{k,c}$ 分别为对应第 c 次仿真的估计值；C 表示蒙特卡罗仿真的总次数，本节设置为 $C=1000$。

1. RD-PSS 算法的二维 DOA 估计性能说明

本节通过仿真结果说明 RD-PSS 算法在 CPA 中的二维 DOA 估计性能，其中 CPA 的两个子阵阵元数分别为 4×4 和 5×5，阵元间距分别为 $5\lambda/2$ 和 $4\lambda/2$，阵元总数为 40。本节还将基于阵元间距为 $\lambda/2$ 的 UPA 的二维 MUSIC 算法和降维 MUSIC 算法纳入对比，该 UPA 的阵元数为 5×8。谱峰搜索的步长设置为 0.0002。假设 $K=2$ 个信源来波方向为 $(\theta_1,\phi_1)=(20^\circ,30^\circ)$ 和 $(\theta_2,\phi_2)=(50^\circ,40^\circ)$。

图 9.23 对比了基于 CPA 的 RD-PSS 算法（RD-PSS-CPA 线）和 PSS 算法（PSS-CPA 线），基于 UPA 的二维 MUSIC 算法（MUSIC-UPA 线）和 RD-MUSIC 算法（RD-MUSIC-UPA 线），以及 CRB 随着 SNR 变化的二维 DOA 估计性能，其中快拍数设置为 200。从图 9.23 中可以看出，RD-PSS 算法可以获得与 PSS 算法几乎相同的二维 DOA 估计性能，但是由于只需要进行一维局部谱峰搜索，因此大大降低了复杂度，对于工程实现更具有吸引力。由于 CPA 的阵元间距的增大可以获得更大的阵列孔径，因此基于 CPA 的 RD-PSS 算法、PSS 算法都可以获得明显高于基于 UPA 的二维 MUSIC 算法、RD-MUSIC 算法的二维 DOA 估计精度。特别地，图 9.24 对比了基于 CPA 的 RD-PSS 算法在不同子阵阵元数下的二维 DOA 估计性能，其中子阵 1 的阵元数固定为 5×5，子阵 2 的阵元数为 $P_2\times P_2$。从图 9.24 中可以看出，随着子阵阵元数的增加，RD-PSS 算法可以获得更高的二维 DOA 估计精度。

图 9.25 对比了图 9.23 中的算法随着快拍数变化的二维 DOA 估计性能，其中 SNR 设置为 0dB。与图 9.23 的结果相同，基于 CPA 的 RD-PSS 算法、PSS 算法都可以获得比基于 UPA 的二维 MUSIC 算法、RD-MUSIC 算法更高的二维 DOA 估计精度，其中 RD-PSS 算法能以较低的复杂度获得与 PSS 算法相近的二维 DOA 估计精度。

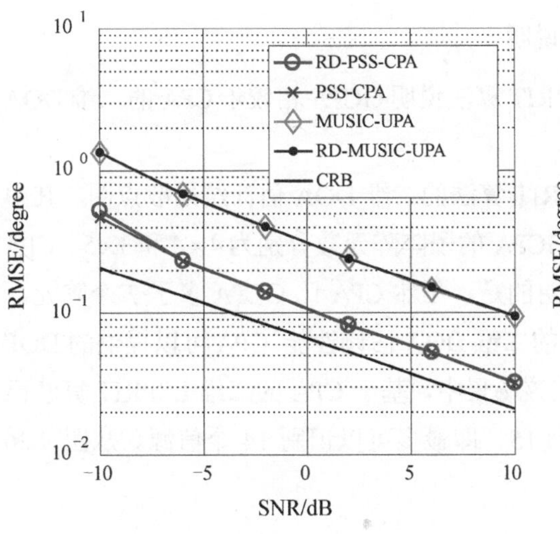

图 9.23 不同算法随着 SNR 变化的二维 DOA 估计性能

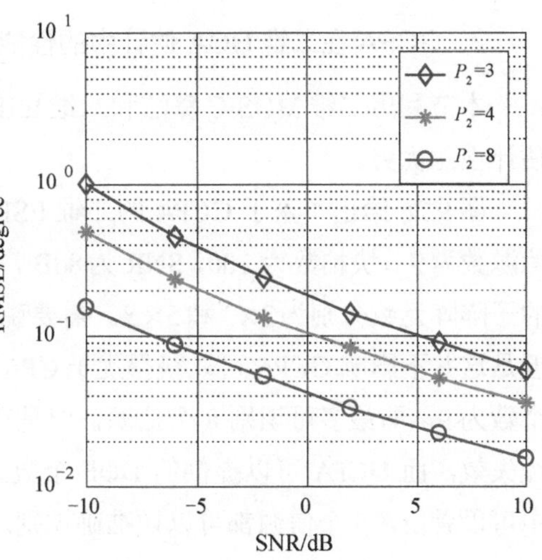

图 9.24 基于 CPA 的 RD-PSS 算法在不同子阵阵元数下的二维 DOA 估计性能

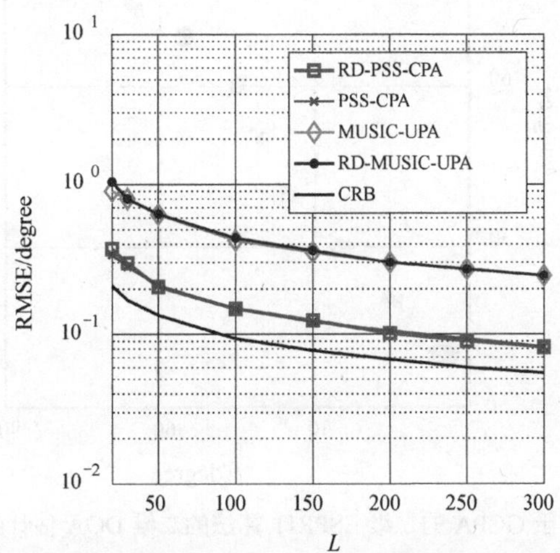

图 9.25 不同算法随着快拍数变化的二维 DOA 估计性能

表 9.3 给出了不同算法的复乘次数及真实计算时间，其中使用的软件为 MATLAB R2015b，计算机的 CPU 为 Intel Core i3-6100@3.70GHz，内存为 4GB，快拍数为 100。从表 9.3 中可以清晰地看出，基于 CPA 的 RD-PSS 算法需要的计算时间最短，且根据下文的仿真结果可知，其可以获得与 PSS 算法相近的 DOA 估计精度。

表 9.3 不同算法的复乘次数及真实计算时间

算法名称	复乘次数	真实计算时间/s
RD-PSS-CPA	8.51×10^{6}	0.37
PSS-CPA	4.49×10^{9}	385.39
MUSIC-UPA	7.60×10^{10}	4766.98
RD-MUSIC-UPA	3.89×10^{7}	0.50

2. GCPA 在二维 DOA 估计中的性能说明

本节利用二维 MUSIC 算法和二维 ESPRIT 算法说明 GCPA 相较于 CPA 的二维 DOA 估计性能优势。

图 9.26 给出了基于 GCPA 的二维 ESPRIT 算法的二维 DOA 估计结果散点图，其中信源数为 9，快拍数为 100，SNR 为 8dB，GCPA 的子阵阵元数分别为 4×4 和 3×5，CPA 的子阵阵元数分别为 3×3 和 5×5。需要说明的是，虽然 CPA 比 GCPA 多了 3 个阵元，但是这并不影响 GCPA 可以获得优于 CPA 的二维 DOA 估计性能。CPA 可以提供的 DOF 个数为 9，即最多可识别 8 个信源，但是在该场景中，基于 CPA 的二维 ESPRIT 算法已经失效，而 GCPA 可以提供的 DOF 个数为 15，即最多可以识别 14 个信源。从图 9.26 中可以看出，9 个信源都可以被准确识别。

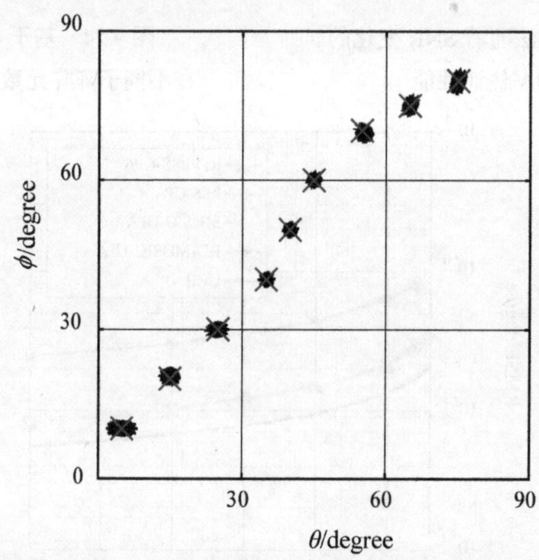

图 9.26　基于 GCPA 的二维 ESPRIT 算法的二维 DOA 估计结果散点图

图 9.27、图 9.28 对比了不同算法在不同阵列结构中随着 SNR 和快拍数变化的二维 DOA 估计性能，其中阵元总数均为 88，GCPA 的子阵阵元数分别为 5×9 和 4×11，CPA 的子阵阵元数分别为 8×8 和 5×5。假设 $K=2$ 个信源的 DOA 分别为 $(\theta_1,\phi_1)=(20^\circ,20^\circ)$ 和 $(\theta_2,\phi_2)=(40^\circ,40^\circ)$。具体地，图 9.27 给出了不同算法在不同阵列结构中随着 SNR 变化的二维 DOA 估计性能，其中快拍数设置为 100。从图 9.27 中可以看出，基于 GCPA 的两种算法都可以获得比基于 CPA 的两种算法更好的二维 DOA 估计性能。从给出的 CRB 结果也可以看出，在二维 DOA 估计性能方面，GCPA 优于 CPA。另外，图 9.28 给出了不同算法在不同阵列结构中随着快拍数变化的二维 DOA 估计性能，其中 SNR 设置为 0dB。从图 9.28 中可以获得与图 9.27 相同的结论，即 GCPA 在二维 DOA 估计性能方面要优于 CPA。

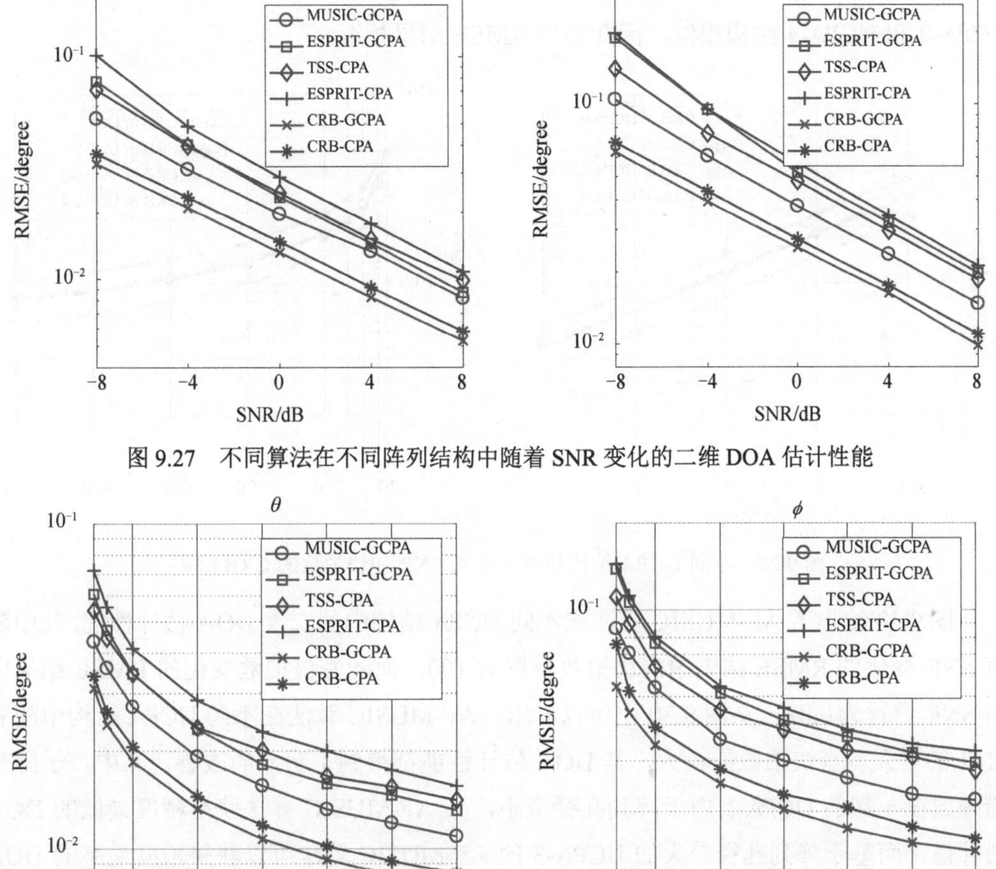

图 9.27　不同算法在不同阵列结构中随着 SNR 变化的二维 DOA 估计性能

图 9.28　不同算法在不同阵列结构中随着快拍数变化的二维 DOA 估计性能

3. 基于 UCPA 的二维 AF-MUSIC 算法的 DOA 估计性能说明

本节给出了基于 UCPA 的二维 AF-MUSIC 算法的仿真结果，以比较 UCPA 和 CPA，以及 AF-MUSIC 算法和文献[43，47]中的算法的二维 DOA 估计性能。CPA 和 UCPA 的子阵阵元数分别为4×4和3×3，阵元间距分别为 $d_{x,1}=d_{y,1}=3\lambda/2$ 和 $d_{x,2}=d_{y,2}=4\lambda/2$。假设 $K=2$ 个信源的 DOA 分别为 $(\alpha_1,\beta_1)=(40^\circ,45^\circ)$ 和 $(\alpha_2,\beta_2)=(50^\circ,55^\circ)$，因此 $(u_1,v_1)=(0.766,0.707)$，$(u_2,v_2)=(0.643,0.574)$，u,v 设置为搜索变量，搜索步长设置为0.0005。

图 9.29 给出了不同 UCPA 结构相对于不同 SNR（快拍数设置为 100）和快拍数（SNR 设置为0dB）的 CRB 结果，以研究其理论 DOA 估计性能。从图 9.29 中可以清楚地看出，UCPA-3 可以获得最小的理论 RMSE 结果，这说明其在二维 DOA 估计中可以获得

更准确的 DOA 估计值，而两个子阵交错叠放在一起的 UCPA-1 的 RMSE 结果最大。UCPA-2 和 UCPA-4 结构相似，因此理论 RMSE 结果相近。

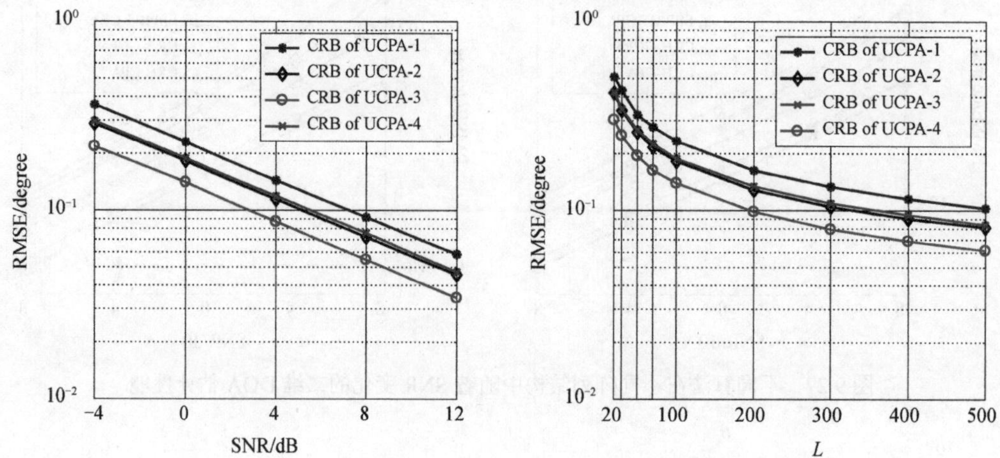

图 9.29　不同 UCPA 结构相对于不同 SNR 和快拍数的 CRB 结果

图 9.30 给出了 AF-MUSIC 算法在不同 UCPA 结构中的二维 DOA 估计性能，其中随着 SNR 变化的 RMSE 结果中的快拍数设置为 100，而随着快拍数变化的 RMSE 结果中的 SNR 设置为 0dB。从图 9.30 中可以看出，AF-MUSIC 算法在不同 UCPA 结构中随着 SNR 的增大或者快拍数的增大，其 DOA 估计性能都得到了明显的改善。其中，子阵交错叠放在一起的 UCPA-1 由于阵列孔径最小，其 AF-MUSIC 算法获得精度最低的 DOA 估计值，而基于阵列孔径最大的 UCPA-3 的 AF-MUSIC 算法可以获得精度最高的 DOA 估计值，这与图 9.29 给出的结果一致。

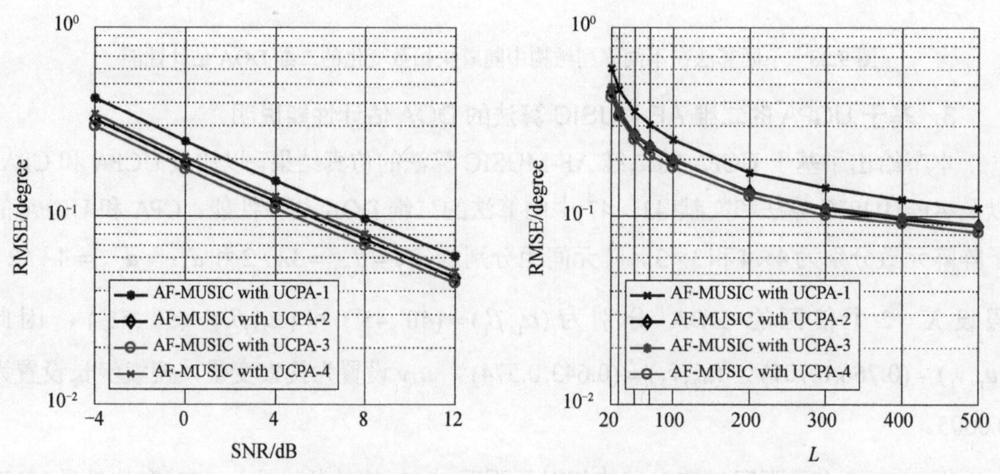

图 9.30　AF-MUSIC 算法在不同 UCPA 结构中的二维 DOA 估计性能

图 9.31 给出了基于 UCPA-3 的不同二维 DOA 估计算法的 RMSE 结果，算法包括

AF-MUSIC 算法、级联 AF-MUSIC 算法（Successive scheme 线）、PSS 算法和 RD-PSS 算法，其中随着 SNR 变化的 RMSE 结果中的快拍数设置为 100，而随着快拍数变化的 RMSE 结果中的 SNR 设置为0dB。此外还给出了级联 AF-MUSIC 算法的初始化结果（Initialization 线），用以说明级联 AF-MUSIC 算法在 DOA 估计性能提升方面的有效性。从图 9.31 中可以看出，AF-MUSIC 算法由于利用了总体信息，所以可以获得精度最高的二维 DOA 估计值。相较于基于互质子阵分解思想的 PSS 算法和 RD-PSS 算法，级联 AF-MUSIC 算法可以获得更多的 DOF，并且能以低于 AF-MUSIC 算法的复杂度获得更好的二维 DOA 估计性能。

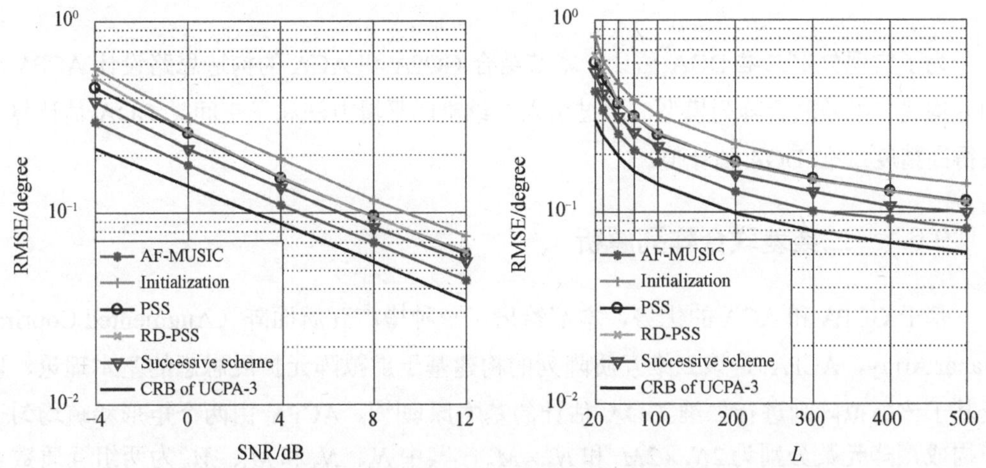

图 9.31　基于 UCPA-3 的不同二维 DOA 估计算法的 RMSE 结果

另外，本节还研究了 AF-MUSIC 算法在不同 UCPA 结构下的分辨率，即分辨两个靠得很近的信源的能力。图 9.32 给出了 AF-MUSIC 算法在不同 UCPA 结构下的谱峰图，其中 SNR 为12dB，快拍数为 500，$K=2$ 个信源的来波角度参数分别为 $(\alpha_1,\beta_1)=(51^\circ,56^\circ)$ 和 $(\alpha_2,\beta_2)=(50^\circ,55^\circ)$，因此 $(u_1,v_1)=(0.629,0.559)$，$(u_2,v_2)=(0.643,0.574)$。从图 9.32 中可以清楚地看出，UCPA-3 可以获得最明显且尖锐的谱峰。另外，UCPA-2 和 UCPA-4 也可以分辨出这两个信源，但是估计结果出现了明显偏差，而 UCPA-1 在该情况中已经无法分辨这两个信源。

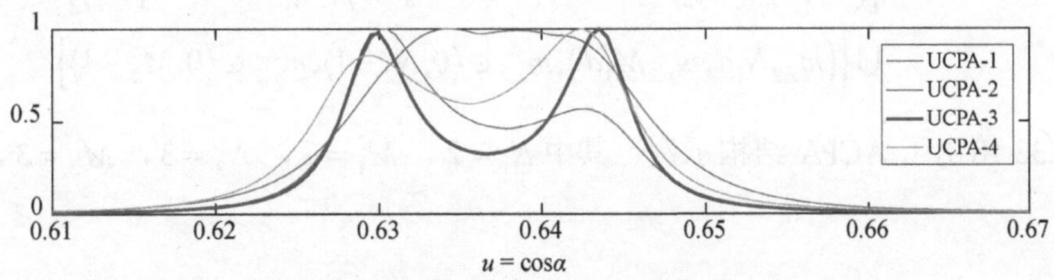

图 9.32　AF-MUSIC 算法在不同 UCPA 结构下的谱峰图

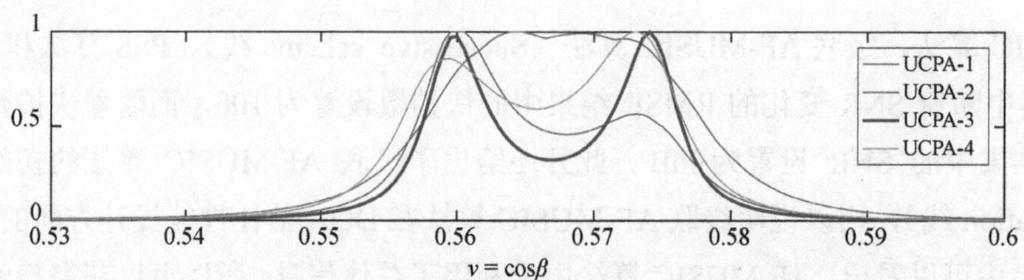

图 9.32　AF-MUSIC 算法在不同 UCPA 结构下的谱峰图（续）

9.6　基于二维差联合阵列的互质面阵二维 DOA 估计算法

为了实现欠定二维 DOA 估计，本节结合 GCPA 和 ACA 的构造思路设计 ACPA 结构并构建二维差联合阵列模型，通过引入二维空间平滑方法和子空间类 DOA 估计算法获得高精度二维 DOA 估计值。

9.6.1　二维差联合阵列解析

基于 GCPA 和 ACA 的优势，本节给出了一种增广互质面阵（Augmented Coprime Planar Array，ACPA），该二维互质阵列的构建基于虚拟阵元扩展思想的基本理论，以及基于该虚拟阵列进行二维 DOA 估计的基本原理[48]。ACPA 由两个矩形稀疏均匀子阵构成，阵元数分别为 $2N_1\times 2M_1$ 和 $N_2\times M_2$，其中 N_1、N_2 和 M_1、M_2 为两组互质数。不失一般性地，假设 $N_1<N_2$，$M_1<M_2$，N_1、N_2 是两个子阵在 x 轴方向上的阵元数，M_1、M_2 是两个子阵在 y 轴方向上的阵元数。阵元数为 $2N_1\times 2M_1$ 的子阵在 x 轴和 y 轴方向的阵元间距分别为 $d_{x,1}=N_2d$、$d_{y,1}=M_2d$，而阵元数为 $N_2\times M_2$ 的子阵的阵元间距分别为 $d_{x,2}=N_1d$、$d_{y,2}=M_1d$。同样地，因为 ACPA 的两个子阵只有在原点处有阵元重合，所以 ACPA 的阵元总数为 $T_{\text{ACPA}}=4N_1M_1+N_2M_2-1$。ACPA 中阵元位置集合可以表示为

$$\begin{aligned}\mathbb{L}_{\text{ACPA}}&=\mathbb{L}_{\text{ACPA}}^{(1)}\cup\mathbb{L}_{\text{ACPA}}^{(2)}\\&=\left\{\left(m_{x,1}N_2d,m_{y,1}M_2d\right),m_{x,1}\in\left\langle 0,2N_1-1\right\rangle,m_{y,1}\in\left\langle 0,2M_1-1\right\rangle\right\}\\&\quad\cup\left\{\left(m_{x,2}N_1d,m_{y,2}M_1d\right),m_{x,2}\in\left\langle 0,N_2-1\right\rangle,m_{y,2}\in\left\langle 0,M_2-1\right\rangle\right\}\end{aligned}\tag{9.88}$$

图 9.33 给出了 ACPA 结构示例，其中 $N_1=2$，$M_1=2$，$N_2=3$，$M_2=3$，阵元总数为 24。

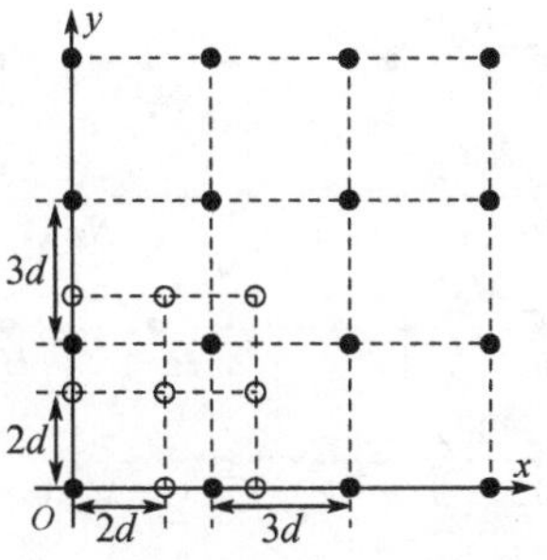

图 9.33　ACPA 结构示例

根据 9.2 节中的信号模型，ACPA 的子阵导向向量$\boldsymbol{a}_i(u_k,v_k)=\boldsymbol{a}_{x,i}(u_k)\otimes\boldsymbol{a}_{y,i}(v_k)$可以详细表示为

$$\begin{cases}\boldsymbol{a}_{x,1}(u_k)=[1,\mathrm{e}^{\mathrm{j}2\pi d_{x,1}u_k/\lambda},\cdots,\mathrm{e}^{\mathrm{j}2\pi(2N_1-1)d_{x,1}u_k/\lambda}]^{\mathrm{T}}\\ \boldsymbol{a}_{y,1}(v_k)=[1,\mathrm{e}^{\mathrm{j}2\pi d_{y,1}v_k/\lambda},\cdots,\mathrm{e}^{\mathrm{j}2\pi(2M_1-1)d_{y,1}v_k/\lambda}]^{\mathrm{T}}\end{cases}\tag{9.89}$$

$$\begin{cases}\boldsymbol{a}_{x,2}(u_k)=[1,\mathrm{e}^{\mathrm{j}2\pi d_{x,2}u_k/\lambda},\cdots,\mathrm{e}^{\mathrm{j}2\pi(N_2-1)d_{x,2}u_k/\lambda}]^{\mathrm{T}}\\ \boldsymbol{a}_{y,2}(v_k)=[1,\mathrm{e}^{\mathrm{j}2\pi d_{y,2}v_k/\lambda},\cdots,\mathrm{e}^{\mathrm{j}2\pi(M_2-1)d_{y,2}v_k/\lambda}]^{\mathrm{T}}\end{cases}\tag{9.90}$$

9.3 节和 9.4 节主要研究了利用互质阵列中的虚拟阵列，即差联合阵列进行信源的 DOA 估计值求解。同样地，本节基于 ACPA 说明互质面阵中的二维差联合阵列，并利用二维空间平滑方法将其应用于二维 DOA 估计问题。

具体地，利用 ACPA 构建的虚拟阵列可以定义为二维差联合阵列，其虚拟阵元位置集合可以表示为

$$\begin{aligned}\mathbb{D}^{(2+)}&=\left\{d_c^{(2+)}d\mid d_c^{(2+)}=\left(m_{x,1}N_2\boldsymbol{u}+m_{y,1}M_2\boldsymbol{v}\right)-\left(m_{x,2}N_1\boldsymbol{u}+m_{y,2}M_1\boldsymbol{v}\right)\right\}\\&=\left\{d_c^{(2+)}d\mid d_c^{(2+)}=\left(m_{x,1}N_2-m_{x,2}N_1\right)\boldsymbol{u}+\left(m_{y,1}M_2-m_{y,2}M_1\right)\boldsymbol{v}\right\}\end{aligned}\tag{9.91}$$

式中，$m_{x,1}\in\langle 0,2N_1-1\rangle$；$m_{y,1}\in\langle 0,2M_1-1\rangle$；$m_{x,2}\in\langle 0,N_2-1\rangle$；$m_{y,2}\in\langle 0,M_2-1\rangle$。由式（9.91）可知，利用 ACPA 构建的虚拟阵列其实可以看作一个二维差联合阵列，即$\left(m_{x,1}N_2-m_{x,2}N_1\right)\boldsymbol{u}$和$\left(m_{y,1}M_2-m_{y,2}M_1\right)\boldsymbol{v}$。图 9.34 给出了 ACPA 的二维差联合阵列的构成说明。以二维差联合阵列中的$d_{c,1}^{(2+)}=\left(m_{x,1}N_2-m_{x,2}N_1\right)\boldsymbol{u}$为例，根据互质阵列中差联合阵列的结论，$d_{c,1}^{(2+)}$包含一组位于$\langle -N_2+1,N_1N_2+N_1-1\rangle$的连续虚拟阵元，即对应于$\boldsymbol{u}$维度可以提供的 uDOF 个数可表示为$N_1N_2+N_1+N_2-1$。同理，$d_{c,2}^{(2+)}=\left(m_{y,1}M_2-m_{y,2}M_1\right)\boldsymbol{v}$也可以构建一个位于$\langle -M_2+1,M_1M_2+M_1-1\rangle$的连续差联合阵列。因此，利用 ACPA 构建的二维差联合阵列可以赋予基于二维差联合阵列的 DOA 估计算法的 uDOF 个数为

$$\mathrm{DOF}_{\mathrm{ACPA}}^{+}=(N_1N_2+N_1+N_2-1)(M_1M_2+M_1+M_2-1)\tag{9.92}$$

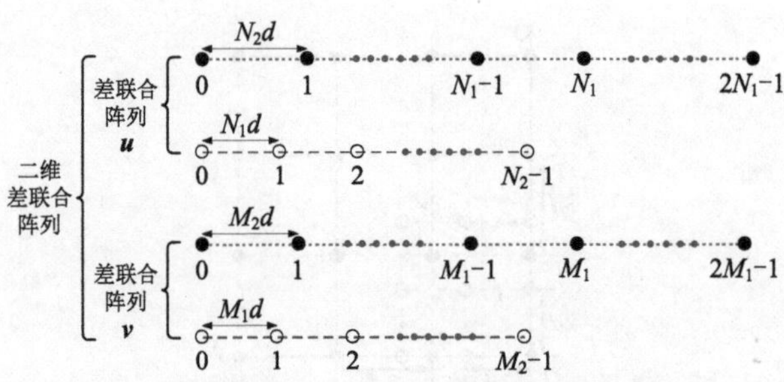

图 9.34　ACPA 的二维差联合阵列的构成说明

需要指出的是，根据互质阵列针对差联合阵列的分析，即差联合阵列的对称性，式（9.91）的对称部分同样可以构建为

$$\begin{aligned}\mathbb{D}^{(2-)} &= -\mathbb{D}^{(2)} \\ &= \left\{d_c^{(2-)}d \mid d_c^{(2-)} = \left(m_{x,2}N_1\boldsymbol{u} + m_{y,2}M_1\boldsymbol{v}\right) - \left(m_{x,1}N_2\boldsymbol{u} + m_{y,1}M_2\boldsymbol{v}\right)\right\} \\ &= \left\{d_c^{(2-)}d \mid d_c^{(2-)} = \left(m_{x,2}N_1 - m_{x,1}N_2\right)\boldsymbol{u} + \left(m_{y,2}M_1 - m_{y,1}M_2\right)\boldsymbol{v}\right\}\end{aligned} \tag{9.93}$$

图 9.35 给出了利用 ACPA 构建的二维差联合阵列中的虚拟阵元分布图，其中实线方框表示位于 $\mathbb{D}^{(2+)}$ 的二维差联合阵列，而虚线方框表示位于 $\mathbb{D}^{(2-)}$ 的对称二维差联合阵列，阴影部分为两个二维差联合阵列的重合部分，其包含 $(2N_2-1)(2M_2-1)$ 个虚拟阵元。因此，该二维差联合阵列可以提供的 DOF 个数为

$$\begin{aligned}\text{DOF}_{\text{ACPA}} &= 2\text{DOF}^{+}_{\text{ACPA}} - (2N_2-1)(2M_2-1) \\ &= 2(N_1N_2+N_1+N_2-1)(M_1M_2+M_1+M_2-1) - (2N_2-1)(2M_2-1)\end{aligned} \tag{9.94}$$

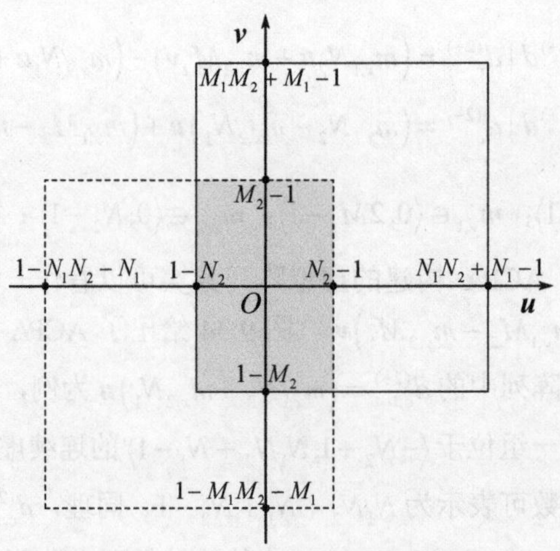

图 9.35　利用 ACPA 构建的二维差联合阵列中的虚拟阵元分布图

特别地，图 9.36 给出了图 9.33 中的 ACPA 的二维差联合阵列示例。从图 9.36 中可以发现，利用 24 个阵元得到的 ACPA 可以通过构建二维差联合阵列提供 175 个 DOF。

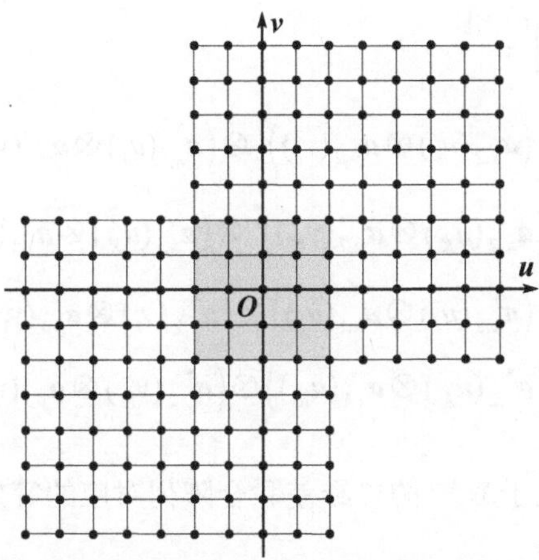

图 9.36　图 9.33 中的 ACPA 的二维差联合阵列示例

由式（9.94）可以看出，相对实际物理阵列只能提供$4N_1M_1+N_2M_2-1$个 DOF，ACPA 的二维差联合阵列可以大大增加 DOA 估计算法可识别的信源数。另外，该二维差联合阵列所能提供的最大 DOF 个数取决于N_1、M_1、N_2和M_2的取值。当阵元总数T_{ACPA}给定时，二维差联合阵列可以提供的最大 DOF 个数可以通过构建如下优化模型得到：

$$\begin{aligned}&\max_{N_1,N_2,M_1,M_2}\quad \text{DOF}_{\text{ACPA}}\\&\text{s.t.}\quad T_{\text{ACPA}}=4N_1M_1+N_2M_2-1\end{aligned}\tag{9.95}$$

式（9.95）的 Lagrange 函数可以表示为

$$\ell=\text{DOF}_{\text{ACPA}}+\xi(4N_1M_1+N_2M_2-1-T_{\text{ACPA}})\tag{9.96}$$

式中，ξ为 Lagrange 乘子。通过求解变量N_1、N_2、M_1、M_2和ξ的偏导数，可得$N_1=M_1=T_1$，$N_2=M_2=T_2$ [47]。由于T_1和T_2为互质整数，因此上述结论并不能直接作为最优阵列结构参数，还需要在此基础上进行微调，即$T_2=2T_1\pm1,2T_1\pm3,2T_1\pm5,\cdots$。当阵元总数为$T_{\text{ACPA}}=24$时，可以取$N_1=M_1=2$，$N_2=M_2=3$，此时的 ACPA 可以获得的最大 DOF 个数为175。

为了构建如上所述的二维差联合阵列，计算 ACPA 子阵接收信号的互协方差矩阵，即

$$\boldsymbol{R}_{12}=E\left\{\boldsymbol{x}_1(l)\boldsymbol{x}_2^{\text{H}}(l)\right\}=\boldsymbol{A}_1\boldsymbol{\varLambda}\boldsymbol{A}_2^{\text{H}}+\boldsymbol{Z}_{12}\tag{9.97}$$

式中，$\boldsymbol{A}_1$和$\boldsymbol{A}_2$分别为 ACPA 子阵的方向矩阵；$\boldsymbol{\varLambda}=E\left\{\boldsymbol{s}(l)\boldsymbol{s}^{\text{H}}(l)\right\}=\text{diag}\{\sigma_1^2,\sigma_2^2,\cdots,\sigma_K^2\}$；$\boldsymbol{Z}_{12}$为剩余项。同样地，对$\boldsymbol{R}_{12}$进行向量化操作可得

$$\boldsymbol{r}_{12}=\text{vec}\{\boldsymbol{R}_{12}\}=\boldsymbol{B}_{12}\boldsymbol{p}+\boldsymbol{z}_{12}\tag{9.98}$$

式中，$\boldsymbol{p}=\left[\sigma_1^2,\sigma_2^2,\cdots,\sigma_K^2\right]^{\mathrm{T}}$；

$$\begin{aligned}\boldsymbol{B}_{12}&=\Big[\big(\boldsymbol{a}_{x,2}(u_1)\otimes\boldsymbol{a}_{y,2}(v_1)\big)^*\otimes\big(\boldsymbol{a}_{x,1}(u_1)\otimes\boldsymbol{a}_{y,1}(v_1)\big),\cdots,\\&\quad\big(\boldsymbol{a}_{x,2}(u_K)\otimes\boldsymbol{a}_{y,2}(v_K)\big)^*\otimes\big(\boldsymbol{a}_{x,1}(u_K)\otimes\boldsymbol{a}_{y,1}(v_K)\big)\Big]\\&=\Big[\big(\boldsymbol{a}_{x,2}^*(u_1)\otimes\boldsymbol{a}_{x,1}(u_1)\big)\otimes\big(\boldsymbol{a}_{y,2}^*(v_1)\otimes\boldsymbol{a}_{y,1}(v_1)\big),\cdots,\\&\quad\big(\boldsymbol{a}_{x,2}^*(u_K)\otimes\boldsymbol{a}_{x,1}(u_K)\big)\otimes\big(\boldsymbol{a}_{y,2}^*(v_K)\otimes\boldsymbol{a}_{y,1}(v_K)\big)\Big]\end{aligned}\tag{9.99}$$

从 $\boldsymbol{r}_{12}$ 中可以筛选出位于 $\mathbb{D}^{(2+)}$ 的二维差联合阵列对应的等效接收信号为

$$\boldsymbol{r}_0=\boldsymbol{B}_0(\boldsymbol{u},\boldsymbol{v})\boldsymbol{p}\tag{9.100}$$

此处为了简化表述，忽略了筛选过程中 $\boldsymbol{z}_{12}$ 对接收信号的影响，其中

$$\boldsymbol{B}_0=\begin{bmatrix}\mathrm{e}^{-\mathrm{j}\pi[(N_1N_2+N_1-1)u_1+(M_1M_2+M_1-1)v_1]}&\cdots&\mathrm{e}^{-\mathrm{j}\pi[(N_1N_2+N_1-1)u_K+(M_1M_2+M_1-1)v_K]}\\\vdots&&\vdots\\1&\cdots&1\\\vdots&&\vdots\\\mathrm{e}^{\mathrm{j}\pi[(N_2-1)u_1+(M_2-1)v_1]}&\cdots&\mathrm{e}^{\mathrm{j}\pi[(N_2-1)u_K+(M_2-1)v_K]}\end{bmatrix}\tag{9.101}$$

由式（9.91）和式（9.93）可知，$\mathbb{D}^{(2+)}$ 与 $\mathbb{D}^{(2-)}$ 存在对称关系，因此可以根据式（9.101）构造位于 $\mathbb{D}^{(2-)}$ 的二维差联合阵列的等效接收信号，即

$$\boldsymbol{r}_0^{(-)}=\boldsymbol{J}\boldsymbol{r}_0^*=\boldsymbol{J}\boldsymbol{B}_0^*(\boldsymbol{u},\boldsymbol{v})\boldsymbol{p}\tag{9.102}$$

式中，$\boldsymbol{J}$ 为反向置换单位矩阵。对于有限快拍数的观测数据，$\boldsymbol{R}_{12}$ 一般可近似为

$$\boldsymbol{R}_{12}=\sum_{l=1}^{L}\boldsymbol{x}_1(l)\boldsymbol{x}_2^{\mathrm{H}}(l)\tag{9.103}$$

9.6.2 基于二维差联合阵列与二维空间平滑方法的DOA估计算法

根据文献[19]中给出的ACA差联合阵列的结果，图9.35和图9.36只给出了ACPA的二维差联合阵列中的连续虚拟阵元部分，为了简化说明，没有给出非连续部分的少量虚拟阵元。实际上，二维差联合阵列的等效接收信号也存在相干特性，与基于虚拟阵元扩展思想的DOA估计算法类似，考虑引入二维空间平滑方法[49-51]计算二维空间平滑协方差矩阵，并利用子空间类DOA估计算法获取二维DOA估计值。

根据9.6.1节中的分析，利用ACPA构建的位于 $\mathbb{D}^{(2+)}$ 的二维差联合阵列中具有 $\widehat{N}\times\widehat{M}$ 个虚拟阵元，其中 $\widehat{N}=N_1N_2+N_1+N_2-1$，$\widehat{M}=M_1M_2+M_1+M_2-1$。根据二维

空间平滑方法，该虚拟阵列可以分成 $(\hat{N}-\bar{N}+1)\times(\hat{M}-\bar{M}+1)$ 个阵元数为 $\bar{N}\times\bar{M}$ 的均匀子阵，如图 9.37 所示。图 9.36 中的二维差联合阵列可以分成 50 个阵元数为 6×6 的均匀子阵，接着利用对应的等效接收信号计算二维空间平滑协方差矩阵，并利用子空间类 DOA 估计算法，如二维 MUSIC 算法、二维 ESPRIT 算法，获得二维 DOA 估计值。

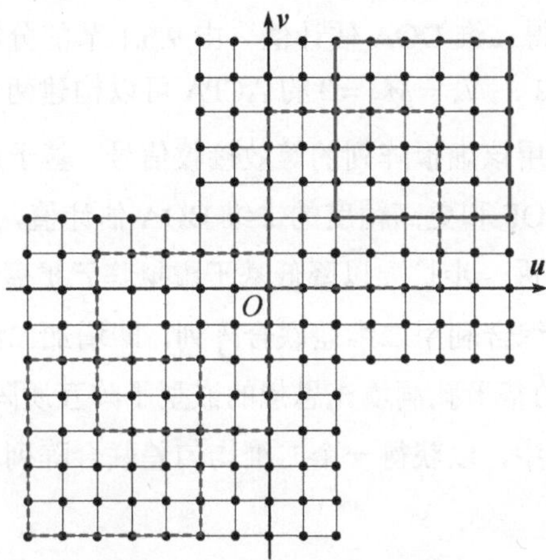

图 9.37　二维差联合阵列中二维空间平滑方法技术方案说明

第 $(\breve{n},\breve{m})$ 个子阵的等效接收信号可以表示为

$$\boldsymbol{r}_{0,\breve{n},\breve{m}}=\boldsymbol{B}_{0,1,1}(u,v)\boldsymbol{\Phi}_u^{\breve{n}-1}\boldsymbol{\Phi}_v^{\breve{m}-1}\boldsymbol{p} \tag{9.104}$$

式中，

$$\boldsymbol{B}_{0,1,1}=\begin{bmatrix} \mathrm{e}^{-\mathrm{j}\pi[(N_1N_2+N_1-1)u_1+(M_1M_2+M_1-1)v_1]} & \cdots & \mathrm{e}^{-\mathrm{j}\pi[(N_1N_2+N_1-1)u_K+(M_1M_2+M_1-1)v_K]} \\ \mathrm{e}^{-\mathrm{j}\pi[(N_1N_2+N_1-2)u_1+(M_1M_2+M_1-2)v_1]} & \cdots & \mathrm{e}^{-\mathrm{j}\pi[(N_1N_2+N_1-2)u_K+(M_1M_2+M_1-2)v_K]} \\ \vdots & & \vdots \\ \mathrm{e}^{-\mathrm{j}\pi[(N_1N_2+N_1-\bar{N})u_1+(M_1M_2+M_1-\bar{M})v_1]} & \cdots & \mathrm{e}^{-\mathrm{j}\pi[(N_1N_2+N_1-\bar{N})u_K+(M_1M_2+M_1-\bar{M})v_K]} \end{bmatrix} \tag{9.105}$$

$$\boldsymbol{\Phi}_u=\begin{bmatrix} \mathrm{e}^{\mathrm{j}\pi u_1} & & & \\ & \mathrm{e}^{\mathrm{j}\pi u_2} & & \\ & & \ddots & \\ & & & \mathrm{e}^{\mathrm{j}\pi u_K} \end{bmatrix} \tag{9.106}$$

$$\boldsymbol{\Phi}_v=\begin{bmatrix} \mathrm{e}^{\mathrm{j}\pi v_1} & & & \\ & \mathrm{e}^{\mathrm{j}\pi v_2} & & \\ & & \ddots & \\ & & & \mathrm{e}^{\mathrm{j}\pi v_K} \end{bmatrix} \tag{9.107}$$

二维空间平滑协方差矩阵为

$$\boldsymbol{R}_{\mathrm{s}}^{(2)}=\frac{\sum_{\tilde{n}=1}^{\hat{N}-\bar{N}+1}\sum_{\tilde{m}=1}^{\hat{M}-\bar{M}+1}\boldsymbol{r}_{0,\tilde{n},\tilde{m}}\boldsymbol{r}_{0,\tilde{n},\tilde{m}}^{\mathrm{H}}}{(\hat{N}-\bar{N}+1)(\hat{M}-\bar{M}+1)} \tag{9.108}$$

对 $\boldsymbol{R}_{\mathrm{s}}^{(2)}$ 进行特征值分解获得其信号子空间或噪声子空间，利用二维 ESPRIT 算法或二维 MUSIC 算法即可获得二维 DOA 估计值。由 9.6.1 节的分析可以知道，当阵元总数为24时，利用 $N_1=M_1=2$、$N_2=M_2=3$ 的 ACPA 可以构建两个虚拟阵元数为 10×10 的二维连续差联合阵列。利用该虚拟阵列的等效接收信号，基于虚拟阵元扩展思想的子空间算法可以获得更大的 DOF 和更高精度的二维 DOA 估计值，但是其复杂度也很高，而已有的低复杂度算法可以进一步扩展以降低基于虚拟阵元扩展思想的二维 DOA 估计算法的复杂度。另外，为了综合利用二维差联合阵列，即增加二维连续差联合阵列中的虚拟阵元数，9.4 节中提出的基于孔洞填充思想的嵌型子阵互质阵列，如 CAFDC，均可以直接扩展到二维互质阵列中，以获得一个二维均匀差联合阵列，从而进一步提高阵元利用率和增大 uDOF。

9.6.3 仿真结果

本节研究了基于 ACPA 的虚拟阵元扩展思想的二维 DOA 估计算法性能，其中 $K=2$，$(\phi_1,\theta_1)=(10^\circ,15^\circ)$，$(\phi_2,\theta_2)=(20^\circ,25^\circ)$，$N_1=M_1=2$，$N_2=M_2=3$，阵元总数为 24。由于二维差联合阵列的等效接收信号存在单快拍问题，因此先利用二维空间平滑方法获得二维空间平滑协方差矩阵，然后通过二维 ESPRIT 算法获得方位角和仰角的估计值，其中平滑子阵的阵元数取 6×6。特别地，本节将基于 UPA 的传统二维 ESPRIT 算法的 RMSE 结果列入对比，以说明利用 ACPA 构建的基于二维空间平滑方法的 ESPRIT 算法在方位角和仰角联合估计性能方面的优势，其中 UPA 的阵元数为 4×6。图 9.38 给出了基于 UPA 的二维 ESPRIT 算法和利用 ACPA 构建的基于二维空间平滑方法的二维 ESPRIT 算法随着 SNR 变化的 RMSE 结果，其中快拍数设置为 300。

图 9.39 给出了基于 UPA 的二维 ESPRIT 算法和利用 ACPA 构建的基于二维空间平滑方法的二维 ESPRIT 算法随着快拍数变化的 RMSE 结果图，其中 SNR 设置为 5dB。从图 9.38 和图 9.39 中可以清晰地看出，由于利用 ACPA 可以构建一个二维差联合阵列，显著增大阵列孔径和 DOF，因此基于虚拟阵元扩展思想的二维 ESPRIT 算法可以获得优于基于 UPA 的二维 ESPRIT 算法的方位角和仰角联合估计性能。

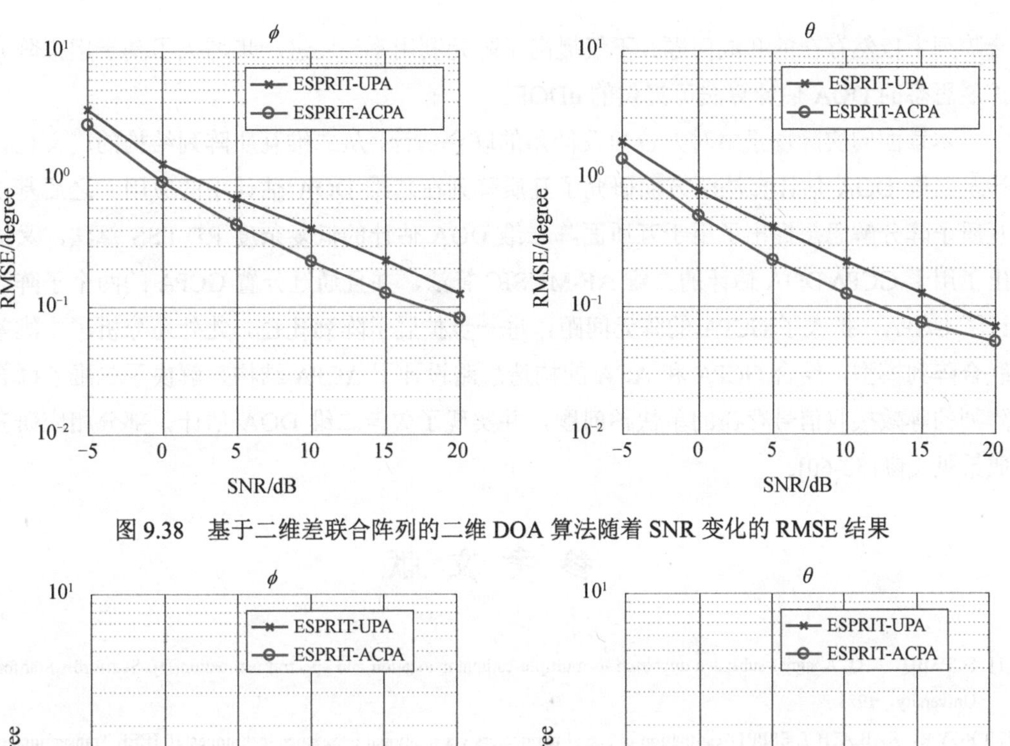

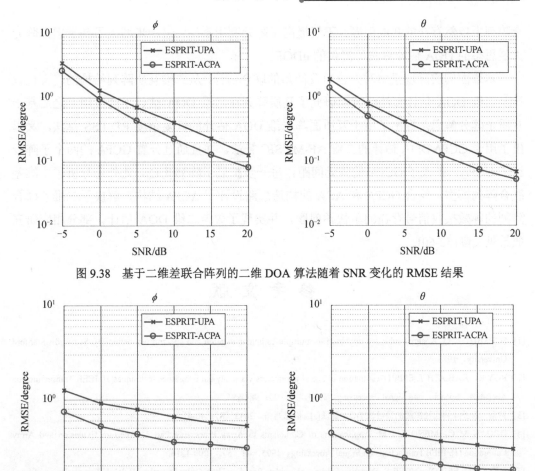

图 9.38　基于二维差联合阵列的二维 DOA 算法随着 SNR 变化的 RMSE 结果

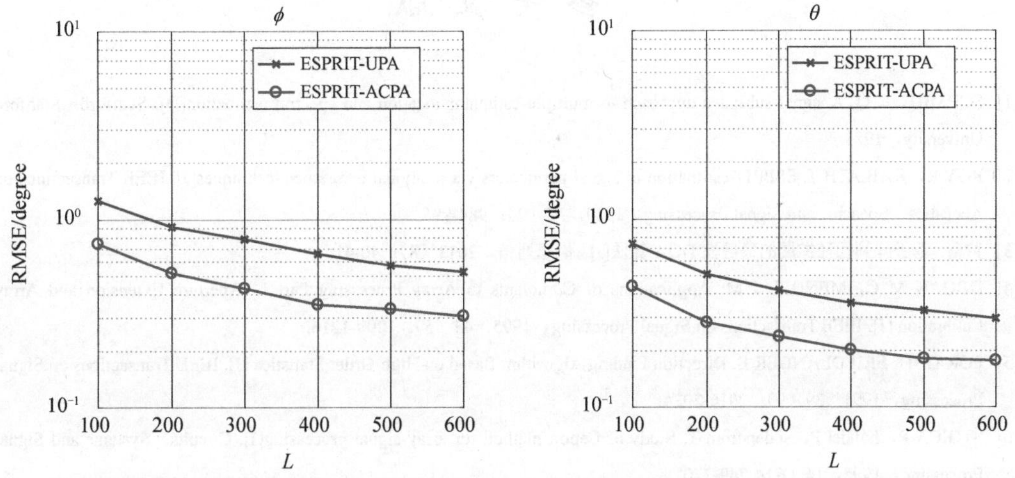

图 9.39　基于二维差联合阵列的二维 DOA 算法随着快拍数变化的 RMSE 结果

9.7　本章小结

本章介绍了互质线阵结构及信号模型，为了解决大阵元间距导致的相位模糊问题，分别介绍了基于互质子阵分解思想和基于虚拟阵元扩展思想的 DOA 估计算法。

针对互质线阵差联合阵列中的孔洞导致的 DOF 损失的问题，本章分别基于孔洞填充思想和嵌套思想，从阵列结构优化方向进一步完善了基于虚拟阵元扩展思想的互质阵列信号处理基础理论。其中，基于孔洞填充思想提出了 PCA 结构，可以准确填充 tCADiS 差联合阵列中的位于中间的孔洞，不仅增大了 uDOF，还减少了小阵元间距的阵元对数量，从而有效减弱了互耦效应。基于嵌套思想提出了 CAFDC 结构，用以解决 PCA 差联合阵列中依然存在的孔洞问题，不仅提高了阵元利用率，还进一步增大了基于虚拟阵元扩展思想的 DOA 估计算法可提供的 uDOF。

本章面向实际场景中对方位角及仰角的联合估计，从二维互质阵列结构的广义化设计及二维 DOA 估计算法两方面研究了互质阵列在二维 DOA 估计中的应用。之后基于互质子阵分解思想提出了用于互质面阵二维 DOA 估计的低复杂度 RD-PSS 算法，又提出了用于 GCPA DOA 估计的二维 AF-MUSIC 算法，并且通过分置 GCPA 的两个子阵设计了 UCPA，扩大了 GCPA 的阵元间距，进一步扩展了阵列孔径。此外还分析了二维差联合阵列模型，结合 GCPA 和 ACA 的构造思路设计了 ACPA 结构，解决了二维差联合阵列的等效接收信号存在的单快拍问题，并实现了欠定二维 DOA 估计。部分相应研究成果见文献[52-60]。

参 考 文 献

[1] SCHMIDT R O. A signal subspace approach to multiple estimator location and spectral estimation[D]. Stanford：Stanford University，1981.

[2] ROY R，KAILATH T. ESPRIT-estimation of signal parameters via rotational invariance techniques[J]. IEEE Transactions on Acoustics，Speech，and Signal Processing，1989，37（7）：984-995.

[3] 黄蕾. 基于阵列孔径扩展的稳健性 DOA 算法[J]. 信息通信，2013（8）：40-41.

[4] DOGAN M C，MENDEL J M. Applications of Cumulants to Array Processing Part I：Aperture Extension and Array Calibration [J]. IEEE Transactions on Signal Processing，1995，43（5）：1200-1216.

[5] PORAT B，FRIEDLANDER B. Direction Finding Algorithm Based on High-Order Statistics [J]. IEEE Transactions on Signal Processing，1991，39（9）：2016-2024.

[6] STOICA P，händel P，söderström T. Study of Capon method for array signal processing[J]. Circuits，Systems and Signal Processing，1995，14（6）：749-770.

[7] MARCOS S，MARSAL A，BENIDIR M. The propagator method for source bearing estimation[J]. Signal Processing，1995，42（2）：121-138.

[8] ROY R，KAILATH T. ESPRIT-estimation of signal parameters via rotational invariance techniques[J]. IEEE Transactions on Acoustics，Speech，and Signal Processing，1989，37（7）：984-995.

[9] HUA Y，SARKAR T K，WEINER D D. An L-shaped array for estimation 2-D directions of wave arrival[J]. IEEE Transactions on Antennas and Propagation，1991，39（2）：143-146.

[10] 王鼎，吴瑛. 基于均匀圆阵的二维 ESPRIT 算法研究[J]. 通信学报，2006（9）：89-95.

[11] ZOLTOWSKI M D，HAARDT M，MATHEWS C P. Closed-form 2-D angle estimation with rectangular arrays in element space or beamspace via unitary ESPRIT[J]. IEEE Transactions on Signal Processing，1996，44（2）：316-328.

[12] PAL P，VAIDYANATHAN P P. Multiple level nested array：an efficient geometry for 2qth order cumulant based array processing [J]. IEEE Transactions on Signal Processing，2012，6（3）：1253-1269.

[13] PAL P，VAIDYANATHAN P P. Nested arrays in two dimensions，part I：geometrical considerations[J]. IEEE Transactions on Signal Processing，2012，9（60）：4694-4705.

[14] SHAKERI S，ARIANANDA D D，LEUS G. Direction of arrival estimation using sparse ruler array design[C]//IEEE 13th International Workshop on Signal Processing Advances in Wireless Communications，2012：525-529.

[15] VAIDYANATHAN P P，PAL P. Direct-MUSIC on sparse arrays[C]//International Conference on Signal Processing and Communications，2012：1-5.

[16] RUBSAMEN M，GERSHMAN A B. Sparse array design for azimuthal direction-of-arrival estimation [J]. IEEE Transactions on Signal Processing，2011，59（12）：5957-5969.

[17] MOFFET A T. Minimum-redundancy linear arrays[J]. IEEE Transactions on Antennas and Propagation，1968，16（2）：172-175.

[18] VAIDYANATHAN P P，PAL P. Sparse sensing with co-prime samplers and arrays[J]. IEEE Transactions on Signal Processing，2011，59（2）：573-586.

[19] PAL P，VAIDYANATHAN P P. Coprime sampling and the MUSIC algorithm[A]//Digital Signal Processing Workshop and IEEE Signal Processing Education Workshop，2011：289-294.

[20] QIN S，ZHANG Y D，AMIN M G. Generalized coprime array configurations for direction-of-arrival estimation[J]. IEEE Transactions on Signal Processing，2015，63（6）：1377-1390.

[21] PAL P，VAIDYANATHAN P P. Nested arrays：a novel approach to array processing with enhanced degrees of freedom[J]. IEEE Transactions on Signal Processing，2010，58（8）：4167-4181.

[22] MA W K，HSIEH T H，CHI C Y . DOA Estimation of Quasi-Stationary Signals With Less Sensors Than Sources and Unknown Spatial Noise Covariance：A Khatri－Rao Subspace Approach[J]. IEEE Transactions on Signal Processing，2010，58（4）：2168-2180.

[23] ZHOU C，SHI Z，GU Y，et al. DECOM：DOA estimation with combined MUSIC for coprime array[A]//International Conference on Wireless Communication and Signal Processing，2013：1-5.

[24] HU N，YE Z F，XU X，et a1. DOA estimation for sparse array via sparse signal reconstruction[J]. IEEE Transactions on Aerospace and Electronic Systems，2013，49（2）：760-773.

[25] VAIDYANATHAN P P，PAL P. Theory of sparse coprime sensing in multiple dimensions[J]. IEEE Transactions on Signal Processing，2011，6（59）：3592-3608.

[26] WENG Z，DJURIĆ P M. A search-free doa estimation algorithm for coprime arrays[J]. Digital Signal Processing，2014，24（1），27-33.

[27] LIU S，YANG L S，WU D C，et al. Two-dimensional doa estimation using a co-prime symmetric cross array[J]. Progress in Electromagnetics Research C，2014，54：67-74.

[28] 贺亚鹏，李洪涛，王克让，等. 基于压缩感知的高分辨 DOA 估计[J]. 宇航学报，2011，32（6）：1344-1349.

[29] ZHANG Y D，AMIN M G，HIMED B. Sparsity-based DOA estimation using co-prime arrays[A]//International Conference on Acoustics，Speech and Signal Processing，2013，32（3）：3967-3971.

[30] CAO R，LIU B，GAO F，et al. A low-complex one-snapshot DOA estimation algorithm with massive ULA[J]. IEEE Communications Letters，2017，21（5）：1071-1074.

[31] VAIDYANATHAN P P，PAL P. Sparse sensing with coprime arrays[C]//IEEE Conference Record of the Forty Fourth Asilomar Conference on Signals，Systems and Computers，Pacific Grove，2010：1405-1409.

[32] SUN F G，LAN P，GAO B. Partial spectral search-based DOA estimation method for co-prime linear arrays[J]. Electronics Letters，2015，51（24）：2053-2055.

[33] LIU C L，VAIDYANATHAN P P. Remarks on the spatial smoothing step in coarray MUSIC[J]. IEEE Signal Processing Letters，2015，22（9）：1438-1442.

[34] TIBSHIRANI R. Regression shrinkage and selection via the LASSO[J]. Journal of the Royal Statistical Society：Series B（Statistical Methodology），1996，58（1）：267-288.

[35] FRIEDLANDER B，WEISS A J. Direction finding in the presence of mutual coupling[J]. IEEE Transactions on Antennas and Propagation，1991，39（3）：273-284.

[36] SELLONE F，SERRA A. A novel online mutual coupling compensation algorithm for uniform and linear arrays[J]. IEEE Transactions on Signal Processing，2007，55（2）：560-573.

[37] SVANTESSON T. Direction finding in the presence of mutual coupling[D]. Gothenburg：Chalmers University of Technology，1999.

[38] SVANTESSON T. Mutual coupling compensation using subspace fitting[C]//Proceedings of the 2000 IEEE Sensor Array and Multichannel Signal Processing Workshop，2000.

[39] LIU C L，VAIDYANATHAN P P. Super nested arrays：linear sparse arrays with reduced mutual coupling - part I：Fundamentals[J]. IEEE Transactions on Signal Processing，2016，64（15）：3997- 4012.

[40] LIU C L，VAIDYANATHAN P P. Super nested arrays：linear sparse arrays with reduced mutual coupling - part II：High-order extensions[J]. IEEE Transactions on Signal Processing，2016，64（16）：4203-4217.

[41] LIU J，ZHANG Y，LU Y，et al. Augmented nested arrays with enhanced DOF and reduced mutual coupling[J]. IEEE Transactions on Signal Processing，2017，65（21）：5549-5563.

[42] WANG X M，WANG X. Hole identification and filling in k-times extended co-prime arrays for highly-efficient DOA estimation[J]. IEEE Transactions on Signal Processing，2019，67（10）：2693-2706.

[43] WU Q H，SUN F G，LAN P，et al. Two-dimensional direction-of-arrival estimation for co-prime planar arrays：A partial spectral search approach[J]. IEEE Sensors Journal，2016，16（14）：5660-5670.

[44] VU D T，RENAUX A，BOYER R，et al. A Cramér-Rao bounds based analysis of 3D antenna array geometries made from ULA branches[J]. Multidimensional System and Signal Processing，2013，24：121-155.

[45] KRIM H，VIBERG M. Two decades of array signal processing research：the parametric approach[J]. IEEE Signal Process Magazine，1996，13（4）：67-94.

[46] YIN Q Y，NEWCOMB R W，ZOU L H. Estimating 2-D angles of arrival via two parallel linear arrays[C]//International Conference on Acoustics，Speech，and Signal Processing，1989.

[47] ZHANG D，ZHANG Y，ZHENG G，et al. Two-dimensional direction of arrival estimation for coprime planar arrays via polynomial root finding technique[J]. IEEE Access，2018，6：19540-19549.

[48] SHI J P，HU G P，ZHANG X F，et al. Sparsity-based two-dimensional DOA estimation for coprime array：from sum-difference coarray viewpoint[J]. IEEE Transactions on Signal Processing，2017，65（21）：5591-5604.

[49] YEH C C，LEE J H. Estimating two-dimensional angles of arrival in coherent source environment[J]. IEEE Transactions on Acoustics，Speech，and Signal Processing，1989，37（1）：153- 155.

[50] CHEN Y M. On spatial smoothing for two-dimensional direction-of-arrival estimation of coherent signals[J]. IEEE Transactions on Signal Processing，1997，45（7）：1689-1696.

[51] GU J F，WEI P，TAI H M. 2-D direction-of-arrival estimation of coherent signals using cross-correlation matrix[J]. Signal Processing，2008，88（1）：75-85.

[52] ZHENG W，ZHANG X F，WANG Y F，et al. Padded coprime arrays for improved DOA estimation：Exploiting hole representation and filling strategies[J]. IEEE Transactions on Signal Processing，2020，68：4597-4611.

[53] ZHENG W，ZHANG X F，WANG Y F，et al. Extended coprime array configuration generating large-scale antenna co-array in massive MIMO system[J]. IEEE Transactions on Vehicular Technology，2019，68（8）：7841-7853.

[54] ZHENG W，ZHANG X F，LI J F，et al. Extensions of co-prime array for improved DOA estimation with hole filling strategy[J]. IEEE Sensors Journal，2021，21（24）：27928-27937.

[55] ZHENG W，ZHANG X F，ZHAI H. Generalized coprime planar array geometry for 2-D DOA estimation[J]. IEEE Communications Letters，2017，21（5）：1075-1078.

[56] ZHENG W，ZHANG X F，GONG P，et al. DOA estimation for coprime linear arrays：an ambiguity-free method involving full DOFs[J]. IEEE Communications Letters，2017，22（3）：562-565.

[57] ZHENG W，ZHANG X F，SHI J P. Sparse extension array geometry for DOA estimation with nested MIMO radar[J]. IEEE Access，2017，5：9580-9586.

[58] ZHENG W，ZHANG X F，XU L，et al. Unfolded coprime planar array for 2D direction of arrival estimation：An aperture-augmented perspective[J]. IEEE Access，2018，6：22744-22753.

[59] ZHENG W，ZHANG X F，SHI Z. Two-dimensional direction of arrival estimation for coprime planar arrays via a computationally efficient one-dimensional partial spectral search approach[J]. IET Radar Sonar and Navigation，2017，11（10）：1581-1588.

[60] SHI J P，HU G P，ZHANG X F. Sparsity-based two-dimensional DOA estimation for co-prime array：From sum-difference co-array viewpoint [J]. IEEE Transactions on Signal Processing，2017，65（21）：5591-5604

第 10 章
嵌套阵列信号处理

相比传统的均匀阵列，嵌套阵列具有更加灵活的布阵方式、更低的阵元互耦、更大的阵列孔径及更大的空间自由度。采用嵌套阵列能实现对信源的高性能和高分辨率定位。本章研究嵌套阵列中阵列结构设计及相应的 DOA 估计算法。

10.1 引言

近年来，稀疏阵列，如最小冗余阵列（Minimum Redundant Array，MRA）[1]、嵌套阵列[2]和互质阵列[3]被提出并被广泛研究。稀疏阵列是一种非均匀阵列，一般而言，其阵元间距远大于信号半波长，因此在一定阵元总数情况下，稀疏阵列能获得比均匀阵列更大的阵列孔径和更低的阵元互耦。此外，稀疏阵列布阵方式更加灵活，空间自由度较大，能实现欠定 DOA 估计，相比均匀阵列，稀疏阵列在测向精度和目标分辨率方面的性能提升都是显著的。

Pal 和 Vaidyanathan[2]提出了嵌套阵列的概念，嵌套阵列一经提出便在阵列信号处理领域得到关注。相比均匀阵列，嵌套阵列的空间自由度更大、阵列孔径更大，阵元互耦更低，因此能够获得更优的 DOA 估计性能和更高的目标分辨率。经典的嵌套线阵[2]由二级子阵嵌套而成，它包含一个阵元间距为信号半波长的紧凑子阵和一个阵元间距远大于信号半波长的稀疏子阵。嵌套线阵通过对接收信号协方差矩阵进行向量化的方法，可以获得一个单快拍虚拟信号，此虚拟信号可以看作由一个虚拟均匀线阵（差分线阵）产生，且该虚拟均匀线阵阵元数远大于物理线阵阵元数。因此，应用此虚拟信号进行 DOA 估计，能够获得比均匀线阵更好的信源测向性能。然而，不同于均匀线阵的是，嵌套线阵虚拟化后的接收信号不能直接利用超分辨率的 DOA 估计算法（如 MUSIC 算法和 ESPRIT 算法）进行估计，因为由虚拟信号构造的协方差矩阵不具有满秩特性。文献[2]中提出，为了使子空间类 DOA 估计算法能应用于嵌套线阵，可利用空间平滑方法恢复虚拟信号协方差矩阵的满秩特性，并设计空间平滑 MUSIC（Spatial Smoothing MUSIC，SS-MUSIC）算法。

文献[4]从降低二级嵌套线阵阵元互耦的角度出发，提出了一种超级嵌套阵列，其设计思想是，继承二级嵌套线阵的良好特性（保持阵列孔径不变且差分阵完全连续），通过减少阵元间距为信号半波长和信号波长的传感器对的数量，来降低阵元互耦。文献[5]提出了一种广义嵌套阵列（Generalized Nested Array，GNA），它通过引入两个互质因子分别扩大嵌套子阵的阵元间距，以获得极低的阵元互耦。文献[6]提出了一种改进型嵌套阵列，它与二级嵌套阵列的区别在于，通过调整稀疏子阵阵元间距与增加一个额外传感器，来达到增大空间自由度的目的。文献[7]提出了一种增强嵌套阵列，类似于改进型嵌套阵列，增强嵌套阵列也包含一个额外传感器，只不过它是通过抽取紧凑均匀子阵中的一个阵元构成的，因此增强嵌套阵列的阵元互耦比改进型嵌套阵列低。文献[8]从增大二级嵌套阵列空间自由度与降低阵元互耦双重角度出发，提出了一种增广嵌套阵列，它的设计思想是，分解二级嵌套阵列的紧凑子阵，并将它们重置于稀疏子阵两侧。文献[9]提出了一种新的嵌套阵列设计思路，称为最大间距限制（Maximum Inter-element Spacing Constraint，MISC）准则，MISC 阵列从差分阵角度出发，通过求解满足差分阵完全连续条件的子阵最大间距闭式解，来设计稀疏阵列满足大空间自由度和低阵元互耦的要求。

在实际中，进行目标定位常常需要获得二维 DOA 估计。文献[10]提出了一种 L 型嵌套阵列结构，设计了一种迭代的 DOA 估计算法来利用全部的空间自由度。文献[11]提出了一种嵌套双平行阵列，它将二级嵌套线阵的子阵分开且平行放置，利用向量化子阵接收信号协方差矩阵的方法，可以将二维 DOA 估计问题转化为一维 DOA 估计问题。文献[12]通过晶格思想提出了嵌套面阵的设计思路，相比 L 型嵌套阵列，嵌套面阵能够产生一个庞大的虚拟面阵，且阵元间完全连续，因此嵌套面阵能够应用基于空间平滑的 DOA 估计算法，如二维 SS-MUSIC 算法。文献[13]提出了一种开口型嵌套面阵结构，相比文献[12]提出的嵌套面阵，开口型嵌套面阵具有更大的空间自由度和更低的阵元互耦。

10.2　阵列结构

本节主要介绍稀疏阵列结构中的 Nested 阵。对 Nested 阵的介绍主要包括二级嵌套线阵、二级嵌套面阵的结构，以及二级嵌套线阵优化阵列，即展宽嵌套线阵（Widened Nested Array，WNA），并将展宽嵌套线阵扩展为二维结构，介绍增强嵌套面阵。

10.2.1　二级嵌套线阵

嵌套线阵是一种非均匀阵列，可以看作是由多个均匀子阵构成的。本节介绍经典的二级嵌套线阵。如图 10.1 所示，二级嵌套线阵由两个均匀子阵构成，其中子阵 1 阵元数为N_1，阵元间距为$d_1=\lambda/2$，子阵 2 阵元数为N_2，阵元间距为$d_2=(N_1+1)d_1$，λ表示信号波长。两个子阵间的距离为d_1。二级嵌套线阵阵元总数为$N=N_1+N_2$。

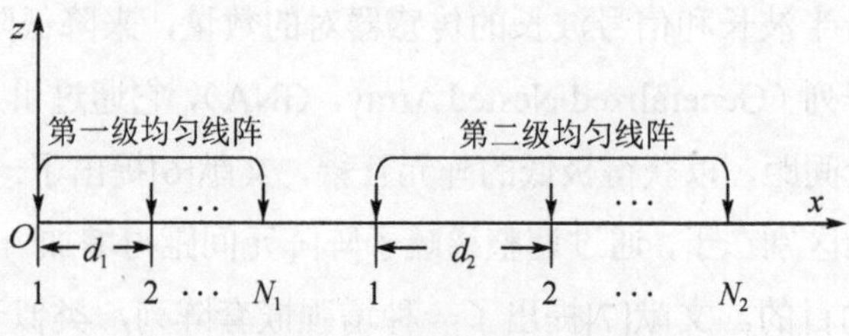

图 10.1　二级嵌套线阵结构

二级嵌套线阵的阵元位置可以用集合表示为

$$\mathbb{D}=\{md_1,m=0,1,\cdots,N_1-1\}\cup\{N_1d_1+nd_2,n=0,1,\cdots,N_2-1\} \tag{10.1}$$

根据文献[2]，考虑二级嵌套线阵的空间自由度最大时为最优化结构，即当N为偶数时，令$N_1=N_2=N/2$；当N为奇数时，令$N_1=(N-1)/2$，$N_2=(N+1)/2$。

二级嵌套线阵的阵列流形与均匀线阵类似，唯一不同的地方是其方向向量为

$$\boldsymbol{a}(\theta_k)=\left[1,\mathrm{e}^{\mathrm{j}2\pi D_2\sin\theta_k/\lambda},\cdots,\mathrm{e}^{\mathrm{j}2\pi D_N\sin\theta_k/\lambda}\right]^{\mathrm{T}}\in\mathbf{C}^{N\times1} \tag{10.2}$$

式中，D_n表示第n个阵元的位置，$D_n\in\mathbb{D}$，$n=1,2,\cdots,N$。

10.2.2　二级嵌套面阵

如图 10.2 所示，二级嵌套面阵可以看作二级嵌套线阵的二维拓展。二级嵌套面阵阵元数为$N\times N$，可用于二维 DOA 估计，设K个信源信号以仰角θ_k和方位角ϕ_k入射，$k=1,2,\cdots,K$，则x轴上N个阵元对应的阵列流形为

$$\boldsymbol{A}_x=\begin{bmatrix} 1 & 1 & \cdots & 1 \\ \mathrm{e}^{\mathrm{j}2\pi(N_1+1)d\sin\theta_1\cos\phi_1/\lambda} & \mathrm{e}^{\mathrm{j}2\pi(N_1+1)d\sin\theta_2\cos\phi_2/\lambda} & \cdots & \mathrm{e}^{\mathrm{j}2\pi(N_1+1)d\sin\theta_K\cos\phi_K/\lambda} \\ \vdots & \vdots & & \vdots \\ \mathrm{e}^{\mathrm{j}2\pi(N_1+1)(N_2-1)d\sin\theta_1\cos\phi_1/\lambda} & \mathrm{e}^{\mathrm{j}2\pi(N_1+1)(N_2-1)d\sin\theta_2\cos\phi_2/\lambda} & \cdots & \mathrm{e}^{\mathrm{j}2\pi(N_1+1)(N_2-1)d\sin\theta_K\cos\phi_K/\lambda} \\ \mathrm{e}^{\mathrm{j}2\pi((N_1+1)(N_2-1)+1)d\sin\theta_1\cos\phi_1/\lambda} & \mathrm{e}^{\mathrm{j}2\pi((N_1+1)(N_2-1)+1)d\sin\theta_2\cos\phi_2/\lambda} & \cdots & \mathrm{e}^{\mathrm{j}2\pi((N_1+1)(N_2-1)+1)d\sin\theta_K\cos\phi_K/\lambda} \\ \vdots & \vdots & & \vdots \\ \mathrm{e}^{\mathrm{j}2\pi((N_1+1)N_2-1)d\sin\theta_1\cos\phi_1/\lambda} & \mathrm{e}^{\mathrm{j}2\pi((N_1+1)N_2-1)d\sin\theta_2\cos\phi_2/\lambda} & \cdots & \mathrm{e}^{\mathrm{j}2\pi((N_1+1)N_2-1)d\sin\theta_K\cos\phi_K/\lambda} \end{bmatrix} \tag{10.3}$$

y轴上N个阵元对应的阵列流形为

$$
\boldsymbol{A}_y = \begin{bmatrix}
1 & 1 & \cdots & 1 \\
\mathrm{e}^{\mathrm{j}2\pi(N_1+1)d\sin\theta_1\sin\phi_1/\lambda} & \mathrm{e}^{\mathrm{j}2\pi(N_1+1)d\sin\theta_2\sin\phi_2/\lambda} & \cdots & \mathrm{e}^{\mathrm{j}2\pi(N_1+1)d\sin\theta_K\sin\phi_K/\lambda} \\
\vdots & \vdots & & \vdots \\
\mathrm{e}^{\mathrm{j}2\pi(N_1+1)(N_2-1)d\sin\theta_1\sin\phi_1/\lambda} & \mathrm{e}^{\mathrm{j}2\pi(N_1+1)(N_2-1)d\sin\theta_2\sin\phi_2/\lambda} & \cdots & \mathrm{e}^{\mathrm{j}2\pi(N_1+1)(N_2-1)d\sin\theta_K\sin\phi_K/\lambda} \\
\mathrm{e}^{\mathrm{j}2\pi((N_1+1)(N_2-1)+1)d\sin\theta_1\sin\phi_1/\lambda} & \mathrm{e}^{\mathrm{j}2\pi((N_1+1)(N_2-1)+1)d\sin\theta_2\sin\phi_2/\lambda} & \cdots & \mathrm{e}^{\mathrm{j}2\pi((N_1+1)(N_2-1)+1)d\sin\theta_K\sin\phi_K/\lambda} \\
\vdots & \vdots & & \vdots \\
\mathrm{e}^{\mathrm{j}2\pi((N_1+1)N_2-1)d\sin\theta_1\sin\phi_1/\lambda} & \mathrm{e}^{\mathrm{j}2\pi((N_1+1)N_2-1)d\sin\theta_2\sin\phi_2/\lambda} & \cdots & \mathrm{e}^{\mathrm{j}2\pi((N_1+1)N_2-1)d\sin\theta_K\sin\phi_K/\lambda}
\end{bmatrix} \tag{10.4}
$$

二级嵌套面阵的接收信号可以表示为

$$
\boldsymbol{x}(t) = (\boldsymbol{A}_x \odot \boldsymbol{A}_y)\boldsymbol{s}(t) + \boldsymbol{n}(t) \tag{10.5}
$$

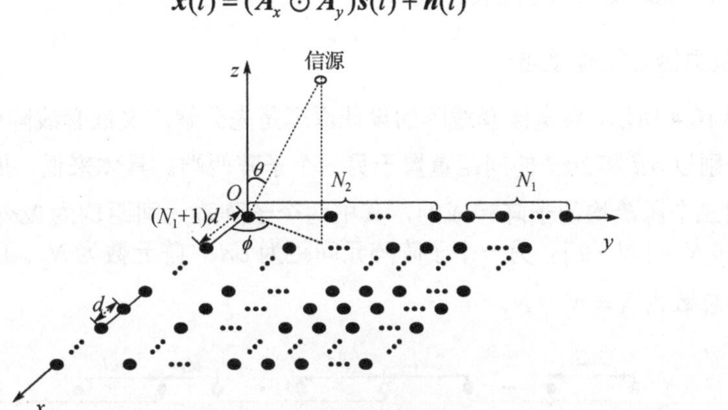

图 10.2 二级嵌套面阵结构

10.2.3 展宽嵌套线阵

展宽嵌套线阵的设计原理基于分解广义嵌套线阵中的一个子阵。因此，本节先简单回顾一下广义嵌套线阵基础结构模型，并给出其差分阵（虚拟阵列）的一些特性。随后证明展宽嵌套线阵能获得广义嵌套线阵的所有良好特性，并且具有更大的空间自由度和更低的阵元互耦。

1. 广义嵌套线阵

图 10.3 给出了广义嵌套线阵结构，它由两个相连的稀疏均匀子阵构成[5]。

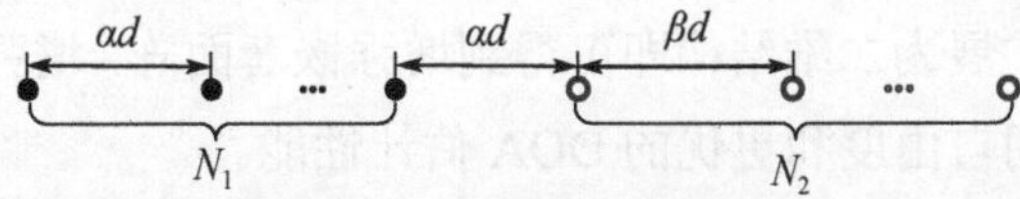

图 10.3 广义嵌套线阵结构

广义嵌套线阵的子阵 1 包含 N_1 个传感器，子阵 2 包含 N_2 个传感器，它们的阵元间距分别为αd和βd，其中α和β是两个互为质数的因子，$d=\lambda/2$，λ表示信号波长。两个子阵间的距离为αd，广义嵌套线阵的阵元总数为$N=N_1+N_2$，以左边第一个阵元为参考阵元，其阵元位置可以表示为

$$\mathbb{S}_{\text{GNA}}=\{0,\alpha d,\cdots,N_1\alpha d,N_1\alpha d+\beta d,\cdots,N_1\alpha d+(N_2-1)\beta d\} \tag{10.6}$$

广义嵌套线阵产生的虚拟阵列的阵元位置可以通过$\mathbb{S}_{\text{GNA}}$得到，表示成$\mathbb{D}_{\text{GNA}}$、$\mathbb{D}_{\text{GNA}}^{+}$和$\mathbb{D}_{\text{GNA}}^{-}$。根据文献[5]，广义嵌套线阵产生的虚拟阵列阵元位置具有如下特性：①当$1\leqslant\alpha\leqslant N_2$，$1\leqslant\beta\leqslant N_1+1$时，$\mathbb{D}_{\text{GNA}}^{+}$中连续阵元位于$(\alpha-1)(\beta-1)d$到$(\alpha N_1+\beta N_2-\alpha\beta+\alpha-1)d$之间。②当$1\leqslant\alpha\leqslant N_2$，$1\leqslant\beta\leqslant N_1+1$时，$\mathbb{D}_{\text{GNA}}^{+}$中共有$\alpha N_1+\beta N_2-\alpha\beta+\alpha$个不重复的元素。

2．展宽嵌套线阵概述

如图 10.4 所示，展宽嵌套线阵的设计原理是先分解广义嵌套线阵中的一个子阵，再把它们分别以αd和$2\alpha d$的间距重置于另一个子阵两端。具体来说，展宽嵌套线阵可以看作是由三个稀疏均匀子阵构成的，其中两个子阵阵元间距均为$2\alpha d$，阵元数分别为$\lfloor N_1/2\rfloor$和$N_1-\lfloor N_1/2\rfloor$，另一个子阵阵元间距为βd，阵元数为N_2。因此，展宽嵌套线阵的阵元总数为$N=N_1+N_2$

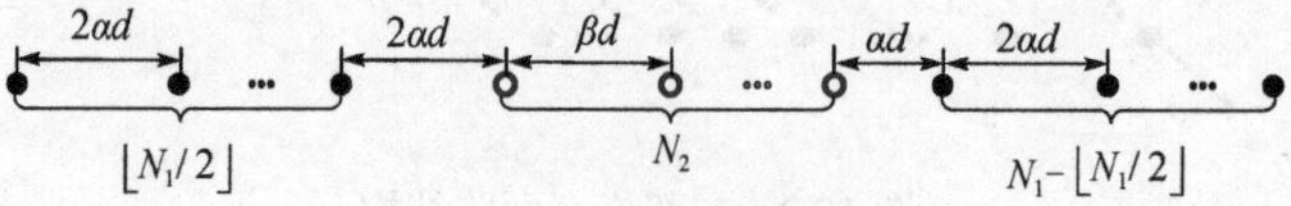

图 10.4　展宽嵌套线阵结构

展宽嵌套线阵的阵元位置可以表示为

$$\mathbb{S}_{\text{WNA}}=\mathbb{S}_1\cup\mathbb{S}_2\cup\mathbb{S}_3 \tag{10.7}$$

式中，$\mathbb{S}_1=\{0,2\alpha d,\cdots,(\lfloor N_1/2\rfloor-1)2\alpha d\}$；$\mathbb{S}_2=\{0,\beta d,\cdots,(N_2-1)\beta d\}+\lfloor N_1/2\rfloor 2\alpha d$；$\mathbb{S}_3=\{0,2\alpha d,\cdots,(N_1-\lfloor N_1/2\rfloor-1)2\alpha d\}+(N_2-1)\beta d+\lfloor N_1/2\rfloor 2\alpha d+\alpha d$。可以通过$\mathbb{S}_{\text{WNA}}$获得展宽嵌套线阵产生的虚拟阵列的阵元位置集合$\mathbb{D}_{\text{WNA}}$、$\mathbb{D}_{\text{WNA}}^{+}$和$\mathbb{D}_{\text{WNA}}^{-}$。

10.2.4　增强嵌套面阵

将展宽嵌套线阵扩展为二维结构即可得到增强嵌套面阵，增强嵌套面阵具有比经典的嵌套面阵更大的空间自由度和更优的 DOA 估计性能。

从图 10.5 中可以看出，增强嵌套面阵的一维线阵结构包含两个均匀子阵和一个额外传感器。从右边算起，第一个子阵含有一个阵元孔洞，阵元数为N_1（$N_1\geqslant 2$），阵元间距为$d=\lambda/2$，第二个子阵阵元数为N_2（$N_2\geqslant 2$），阵元间距为$d_2=(N_1+2)d$，其中λ

表示信号波长，符号“×”表示阵元孔洞。两个子阵间的距离为d，额外传感器与第二个子阵间的距离为$N_1 d$。因此，一维线阵结构的阵元总数为$N = N_1 + N_2 + 1$。

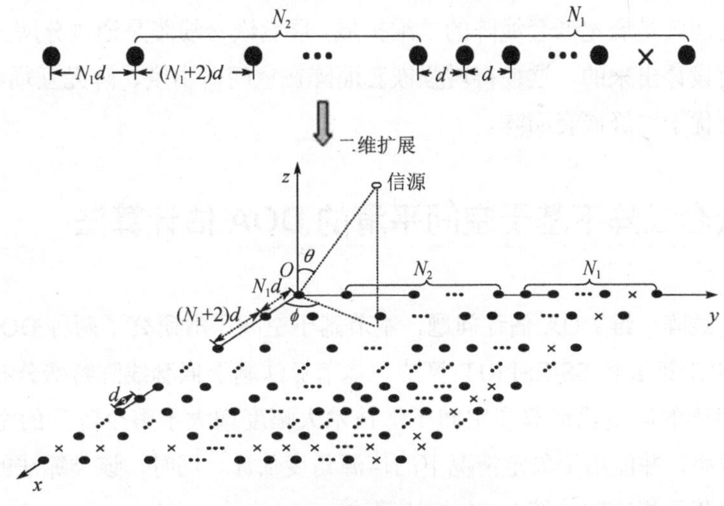

图 10.5 增强嵌套面阵结构

以增强嵌套面阵的一维线阵的额外传感器为参考阵元，可以将此一维线阵阵元位置表示为

$$
\begin{aligned}
\boldsymbol{L} = &\{0, N_1 d, (2N_1+2)d, \cdots, (N_1 N_2 + 2N_2 - 2)d\} \\
&\cup \{(0, 1d, \cdots, (N_1-2)d, (N_1-1)d) + (N_1 N_2 + 2N_2 - 1)d\}
\end{aligned} \tag{10.8}
$$

增强嵌套面阵是由N个平行的一维线阵构成的。具体来说，展宽嵌套线阵在x轴和y轴上的每一行都可以看作上述一维线阵。因此，增强嵌套面阵阵元总数为N^2。增强嵌套面阵阵元位置在xOy平面上可以表示为

$$
\boldsymbol{L}' = \{(x, y) \mid x, y \in \boldsymbol{L}\} \tag{10.9}
$$

假设有K个远场窄带不相干信号以角度$\boldsymbol{\theta} = [\theta_1, \theta_2, \cdots, \theta_K]$和$\boldsymbol{\phi} = [\phi_1, \phi_2, \cdots, \phi_K]$入射到增强嵌套面阵上，其中$\theta_k$和$\phi_k$分别表示仰角和方位角。定义$u_k = \sin\theta_k \cos\phi_k$，$v_k = \sin\theta_k \sin\phi_k$，则增强嵌套面阵的接收信号可表示为[13]

$$
\boldsymbol{x}(t) = \boldsymbol{A}\boldsymbol{s}(t) + \boldsymbol{n}(t) \tag{10.10}
$$

式中，$\boldsymbol{A} = [\boldsymbol{a}_1(u_1, v_1), \boldsymbol{a}_2(u_2, v_2), \cdots, \boldsymbol{a}_K(u_K, v_K)]$为方向矩阵，$\boldsymbol{a}_k(u_k, v_k) = \boldsymbol{a}_{k,x}(u_k) \otimes \boldsymbol{a}_{k,y}(v_k)$表示方向向量，$k = 1, 2, \cdots, K$；$\boldsymbol{s}(t) = [s_1(t), s_2(t), \cdots, s_K(t)]^{\mathrm{T}}$为信号向量；$\boldsymbol{n}(t)$表示均值为 0 的加性高斯白噪声向量；$t = 1, 2, \cdots, J$，其中$J$表示总快拍数。

$$
\boldsymbol{a}_{k,x}(u_k) = [\mathrm{e}^{\mathrm{j}2\pi l_1 u_k/\lambda}, \mathrm{e}^{\mathrm{j}2\pi l_2 u_k/\lambda}, \cdots, \mathrm{e}^{\mathrm{j}2\pi l_N u_k/\lambda}]^{\mathrm{T}} \tag{10.11}
$$

$$\boldsymbol{a}_{k,y}\left(v_k\right)=[\mathrm{e}^{\mathrm{j}2\pi l_1 v_k/\lambda},\mathrm{e}^{\mathrm{j}2\pi l_2 v_k/\lambda},\cdots,\mathrm{e}^{\mathrm{j}2\pi c l_N v_k/\lambda}]^{\mathrm{T}} \tag{10.12}$$

式中，l_n（$n=1,2,\cdots,N$）表示 $\boldsymbol{L}$ 中的第 n 个元素。

增强嵌套面阵是展宽嵌套线阵的二维扩展，展宽嵌套线阵是通过分解二级嵌套线阵的紧凑子阵而设计出来的，这使得增强嵌套面阵在空间自由度、阵元互耦和 DOA 估计性能方面都要优于二级嵌套面阵。

10.3 嵌套线阵下基于空间平滑的 DOA 估计算法

针对嵌套线阵一维 DOA 估计问题，本节基于空间平滑研究了两种 DOA 估计算法，包括 SS-MUSIC 算法和 SS-ESPRIT 算法。本节算法基于嵌套线阵特殊分布方式，通过信号协方差矩阵的向量化运算和空间平滑技术大幅度增大了整个阵列的空间自由度且提高了其分辨率，并能用于欠定情况下的信源角度估计。同时，该类算法的角度估计性能优于均匀线阵下相应的传统 DOA 估计算法。

10.3.1 数据模型

如图 10.1 所示，信号接收阵列为两个均匀线阵串联而成的二级嵌套线阵。其中，子阵 1 阵元数为 N_1，阵元间距为 $d_1=\lambda/2$，子阵 2 阵元数为 N_2，阵元间距为 $d_2=\left(N_1+1\right)d$，λ 表示信号波长。两个子阵间的距离为 d_1。二级嵌套线阵阵元总数为 $N=N_1+N_2$。其各个阵元位置可以用集合 $\mathbb{D}$ 表示，具体介绍见 10.2.1 节。不失一般性地，假设 N 为偶数，则最优二级嵌套线阵的两个子阵的阵元数均为 $N_1=N_2=N/2$。假设空间中有 K 个远场窄带信号入射到该二级嵌套线阵上，其入射角为 θ_k（$k=1,2,\cdots,K$），则接收数据可表示为[14]

$$\boldsymbol{x}(t)=\boldsymbol{A}\boldsymbol{s}(t)+\boldsymbol{n}(t) \tag{10.13}$$

式中，$\boldsymbol{A}=\left[\boldsymbol{a}(\theta_1),\boldsymbol{a}(\theta_2),\cdots,\boldsymbol{a}(\theta_K)\right]\in\mathbf{C}^{M\times K}$ 表示方向矩阵；$\boldsymbol{s}(t)=[s_1(t),s_2(t),\cdots,s_K(t)]^{\mathrm{T}}$ 表示信号向量；$\boldsymbol{n}(t)$ 表示均值为 0、方差为 σ^2 的加性高斯白噪声。方向矩阵可以表示为

$$\boldsymbol{A}=\begin{pmatrix}
\mathrm{e}^{\mathrm{j}\frac{2\pi}{\lambda}d_1\sin\theta_1} & \mathrm{e}^{\mathrm{j}\frac{2\pi}{\lambda}d_1\sin\theta_2} & \cdots & \mathrm{e}^{\mathrm{j}\frac{2\pi}{\lambda}d_1\sin\theta_K}\\
\vdots & \vdots & & \vdots\\
\mathrm{e}^{\mathrm{j}\frac{2\pi}{\lambda}M_1 d_1\sin\theta_1} & \mathrm{e}^{\mathrm{j}\frac{2\pi}{\lambda}M_1 d_1\sin\theta_2} & \cdots & \mathrm{e}^{\mathrm{j}\frac{2\pi}{\lambda}M_1 d_1\sin\theta_K}\\
\mathrm{e}^{\mathrm{j}\frac{2\pi}{\lambda}(M_1+1)d_1\sin\theta_1} & \mathrm{e}^{\mathrm{j}\frac{2\pi}{\lambda}(M_1+1)d_1\sin\theta_2} & \cdots & \mathrm{e}^{\mathrm{j}\frac{2\pi}{\lambda}(M_1+1)d_1\sin\theta_K}\\
\vdots & \vdots & & \vdots\\
\mathrm{e}^{\mathrm{j}\frac{2\pi}{\lambda}M_2(M_1+1)d_1\sin\theta_1} & \mathrm{e}^{\mathrm{j}\frac{2\pi}{\lambda}M_2(M_1+1)d_1\sin\theta_2} & \cdots & \mathrm{e}^{\mathrm{j}\frac{2\pi}{\lambda}M_2(M_1+1)d_1\sin\theta_K}
\end{pmatrix} \tag{10.14}$$

接收信号协方差矩阵可以表示为

$$\begin{aligned}
\boldsymbol{R}_{xx} &= E[\boldsymbol{x}(t)\boldsymbol{x}^{\mathrm{H}}(t)] \\
&= \sum_{k=1}^{K}\sigma_k^2\boldsymbol{a}(\theta_k)\boldsymbol{a}^{\mathrm{H}}(\theta_k)+\sigma^2\boldsymbol{I} \\
&= \boldsymbol{A}\begin{pmatrix}\sigma_1^2 & & & \\ & \sigma_2^2 & & \\ & & \ddots & \\ & & & \sigma_K^2\end{pmatrix}\boldsymbol{A}^{\mathrm{H}}+\sigma^2\boldsymbol{I} \\
&= \boldsymbol{A}\boldsymbol{R}_{\mathrm{s}}\boldsymbol{A}^{\mathrm{H}}+\sigma^2\boldsymbol{I}
\end{aligned} \tag{10.15}$$

式中，σ_k^2（$k=1,2,\cdots,K$）表示第 k 个信源的功率；$\boldsymbol{R}_{\mathrm{s}}=\mathrm{diag}(\sigma_1^2,\sigma_2^2,\cdots,\sigma_K^2)$ 表示信号协方差矩阵。

在实际应用过程中，考虑有限次快拍数的情况，接收信号协方差矩阵可以被估计为[15]

$$\hat{\boldsymbol{R}}_{xx}=\frac{1}{L}\sum_{t=1}^{L}\boldsymbol{x}(t)\boldsymbol{x}^{\mathrm{H}}(t) \tag{10.16}$$

式中，L 表示快拍数。

对协方差矩阵 $\boldsymbol{R}_{xx}$ 进行向量化运算可得[16]

$$\boldsymbol{z}=\mathrm{vec}(\boldsymbol{R}_{xx})=\mathrm{vec}\left[\sum_{k=1}^{K}\sigma_k^2\boldsymbol{a}(\theta_k)\boldsymbol{a}^{\mathrm{H}}(\theta_k)\right]+\sigma^2\boldsymbol{I}_n=(\boldsymbol{A}^*\odot\boldsymbol{A})\boldsymbol{p}+\sigma^2\boldsymbol{I}_n \tag{10.17}$$

式中，$\boldsymbol{p}=[\sigma_1^2,\sigma_2^2,\cdots,\sigma_K^2]^{\mathrm{T}}$；$\boldsymbol{I}_n=[\boldsymbol{e}_1^{\mathrm{T}},\boldsymbol{e}_2^{\mathrm{T}},\cdots,\boldsymbol{e}_N^{\mathrm{T}}]^{\mathrm{T}}$，且 $\boldsymbol{e}_i^{\mathrm{T}}$ 是除第 i 个元素为 1 以外其余元素均为 0 的列向量。向量化后得到的 $\boldsymbol{z}$ 可以视为一个虚拟阵列的接收信号向量[2]，此时虚拟阵列的方向矩阵变成了 $\boldsymbol{A}^*\odot\boldsymbol{A}$ 的形式，但其阵元位置具有重复项，需要对其进行处理。

对 $\boldsymbol{z}$ 进行排序去冗余可得

$$\boldsymbol{z}_1=\boldsymbol{A}_1\boldsymbol{p}+\sigma_n^2\boldsymbol{I}_n' \tag{10.18}$$

此时，$\boldsymbol{A}_1$ 是 $\boldsymbol{A}^*\odot\boldsymbol{A}$ 删除重复行并排好序得到的 $(N^2+2N-2)/2\times K$ 的新方向矩阵，阵元位置分布为 $(-N^2/4-N/2+1)d_1$ 到 $(N^2/4+N/2-1)d_1$，虚拟阵列的阵元总数为 $M=(N^2+2N-2)/2$。$\boldsymbol{I}_n'$ 表示除第 $N^2/4+N/2$ 个元素为 1 以外其余全部元素均为 0 的 $M\times 1$ 维列向量。由此可知，虚拟阵列的方向矩阵 $\boldsymbol{A}_1$ 为

$$
\boldsymbol{A}_1=[\boldsymbol{a}_1(\theta_1),\boldsymbol{a}_1(\theta_2),\cdots,\boldsymbol{a}_1(\theta_K)]=\begin{pmatrix}
\mathrm{e}^{-\mathrm{j}\frac{2\pi}{\lambda}\left(\frac{M-1}{2}\right)d_1\sin\theta_1} & \mathrm{e}^{-\mathrm{j}\frac{2\pi}{\lambda}\left(\frac{M-1}{2}\right)d_1\sin\theta_2} & \cdots & \mathrm{e}^{-\mathrm{j}\frac{2\pi}{\lambda}\left(\frac{M-1}{2}\right)d_1\sin\theta_K}\\
\vdots & \vdots & & \vdots\\
1 & 1 & & 1\\
\vdots & \vdots & & \vdots\\
\mathrm{e}^{\mathrm{j}\frac{2\pi}{\lambda}\left(\frac{M-1}{2}\right)d_1\sin\theta_1} & \mathrm{e}^{\mathrm{j}\frac{2\pi}{\lambda}\left(\frac{M-1}{2}\right)d_1\sin\theta_2} & \cdots & \mathrm{e}^{\mathrm{j}\frac{2\pi}{\lambda}\left(\frac{M-1}{2}\right)d_1\sin\theta_K}
\end{pmatrix}
\tag{10.19}
$$

因此，矩阵 $\boldsymbol{z}_1$ 可以看作差分阵的接收信号向量。

10.3.2 基于 SS-MUSIC 的 DOA 估计算法

1. 算法描述

本节首先对上述接收信号模型进行空间平滑处理，其次通过 MUSIC 算法得到接收信号的 DOA 估计值。

为了恢复虚拟信号协方差矩阵的满秩特性，将虚拟均匀线阵分为 $(M+1)/2$ 个子阵，每个子阵包含 $(M+1)/2$ 个阵元，则第 i 个子阵的阵元位置可以表示为

$$D_{ui}=\left\{(-i+1+m)d_1,\ m=0,1,\cdots,(M-1)/2\right\} \tag{10.20}$$

第 i 个子阵的接收信号向量可以表示为

$$\boldsymbol{z}_{1i}=\boldsymbol{A}_{1i}\boldsymbol{p}+\sigma^2\boldsymbol{I}_i' \tag{10.21}$$

式中，$\boldsymbol{A}_{1i}$ 为矩阵 $\boldsymbol{A}_1$ 第 $(M+1)/2-i+1$ 行到第 $M+1-i$ 行构成的新阵列；$\boldsymbol{I}_i'$ 为除第 i 个元素为 1 以外其余元素均为 0 的列向量。根据空间平滑技术可以得到下列关系[2]：

$$\boldsymbol{z}_{1i}=\boldsymbol{A}_{11}\boldsymbol{\psi}^{i-1}\boldsymbol{p}+\sigma^2\boldsymbol{I}' \tag{10.22}$$

式中，$\boldsymbol{A}_{11}$ 为 $\boldsymbol{A}_1$ 的第 1 个子阵；

$$\boldsymbol{\Psi}=\operatorname{diag}\left(\mathrm{e}^{\mathrm{j}(2\pi/\lambda)d_1\sin\theta_1},\mathrm{e}^{\mathrm{j}(2\pi/\lambda)d_1\sin\theta_2},\cdots,\mathrm{e}^{\mathrm{j}(2\pi/\lambda)d_1\sin\theta_K}\right) \tag{10.23}$$

定义空间平滑协方差矩阵为[2]

$$\boldsymbol{R}_{ss}=\frac{2}{M+1}\sum_{i=1}^{(M+1)/2}\boldsymbol{z}_{1i}\boldsymbol{z}_{1i}^{\mathrm{H}} \tag{10.24}$$

化简式（10.24）得

$$\hat{\boldsymbol{R}}_{ss}=\sqrt{\mu}\left(\boldsymbol{A}_{11}\boldsymbol{R}_{\mathrm{s}}\boldsymbol{A}_{11}^{\mathrm{H}}+\sigma^2\boldsymbol{I}\right) \tag{10.25}$$

式中，$\mu = 2/(M+1)$是一个常数；

$$\boldsymbol{R}_{\mathrm{s}} = \mathrm{diag}\left(\sigma_1^2, \sigma_2^2, \cdots, \sigma_K^2\right) \tag{10.26}$$

根据式（10.25）可以看出，$\hat{\boldsymbol{R}}_{ss}$和基于子空间分解类算法的协方差矩阵具有相同的形式，式（10.25）类似于一个方向矩阵为$\boldsymbol{A}_{11}$的$(M+1)/2$元均匀线阵的接收信号协方差矩阵。方向矩阵$\boldsymbol{A}_{11}$包含空间K个信源的 DOA 信息，并且$\hat{\boldsymbol{R}}_{ss}$和$\boldsymbol{R}_{ss}$的特征向量集相同，$\hat{\boldsymbol{R}}_{ss}$的特征值是$\boldsymbol{R}_{ss}$特征值的平方根。因此，通过对$\boldsymbol{R}_{ss}$进行特征值分解，可以得到$\hat{\boldsymbol{R}}_{ss}$对应的特征向量集，之后利用 MUSIC 算法、ESPRIT 算法等便可以对$K \leqslant (M-1)/2$个信源进行 DOA 估计。

对$\boldsymbol{R}_{ss}$进行特征值分解，可以得到信号子空间和噪声子空间，即

$$\boldsymbol{R}_{ss} = \boldsymbol{E}_{\mathrm{s}}\boldsymbol{\Sigma}_{\mathrm{s}}\boldsymbol{E}_{\mathrm{s}}^{\mathrm{H}} + \boldsymbol{E}_{\mathrm{n}}\boldsymbol{\Sigma}_{\mathrm{n}}\boldsymbol{E}_{\mathrm{n}}^{\mathrm{H}} \tag{10.27}$$

按照特征值的大小顺序，K个较大特征值对应的特征向量构成信号子空间$\boldsymbol{E}_{\mathrm{s}}$，剩下的较小特征值对应的特征向量构成噪声子空间$\boldsymbol{E}_{\mathrm{n}}$。

由之前的讨论可知，$\hat{\boldsymbol{R}}_{ss}$和$\boldsymbol{R}_{ss}$具有相同的特征向量集，也就是说，它们的信号子空间和噪声子空间相同，因此有

$$\hat{\boldsymbol{R}}_{ss}\boldsymbol{U}_{\mathrm{n}} = \sqrt{\mu}\left(\boldsymbol{A}_{11}(\theta)\boldsymbol{R}_{\mathrm{s}}\boldsymbol{A}_{11}^{\mathrm{H}}(\theta)\boldsymbol{E}_{\mathrm{n}} + \sigma^2\boldsymbol{E}_{\mathrm{n}}\right) = \sqrt{\mu}\sigma^2\boldsymbol{E}_{\mathrm{n}} \tag{10.28}$$

根据噪声特征向量和信号方向向量的正交关系，可以得到角度估计的空间谱函数，即

$$P_{\mathrm{MUSIC}}(\theta) = \frac{1}{\boldsymbol{a}_{11}^{\mathrm{H}}(\theta)\boldsymbol{E}_{\mathrm{n}}\boldsymbol{E}_{\mathrm{n}}^{\mathrm{H}}\boldsymbol{a}_{11}(\theta)} \tag{10.29}$$

式中，$\boldsymbol{a}_{11}(\theta) = [\mathrm{e}^{-\mathrm{j}2\pi((N-1)/2)d_1\sin\theta/\lambda}, \mathrm{e}^{-\mathrm{j}2\pi((N-2)/2)d_1\sin\theta/\lambda}, \cdots, 1]^{\mathrm{T}}$。通过式（10.29），使角度$\theta$变化，寻找空间谱函数的$K$个波峰，其所对应的角度就是接收信号的 DOA 估计值。

2. 算法步骤

算法 10.1：嵌套线阵下基于 SS-MUSIC 的 DOA 估计算法。

步骤 1：通过式（10.16）得到接收信号协方差矩阵$\hat{\boldsymbol{R}}_{xx}$。

步骤 2：对$\hat{\boldsymbol{R}}_{xx}$进行向量化，经排序去冗余后得到$\hat{z}_1$。

步骤 3：根据空间平滑技术，构造空间平滑协方差矩阵$\hat{\boldsymbol{R}}_{ss}$。

步骤 4：对$\hat{\boldsymbol{R}}_{ss}$进行特征值分解，得到噪声子空间$\hat{\boldsymbol{E}}_{\mathrm{n}}$。

步骤 5：通过式（10.29）构造空间谱函数$P_{\mathrm{MUSIC}}(\theta) = 1/\boldsymbol{a}_{11}^{\mathrm{H}}(\theta)\hat{\boldsymbol{E}}_{\mathrm{n}}\hat{\boldsymbol{E}}_{\mathrm{n}}^{\mathrm{H}}\boldsymbol{a}_{11}(\theta)$，并通过搜索该空间谱函数的峰值得到信号的 DOA 估计值。

3. 算法复杂度和特点

本节算法的复杂度为$O\{N^2L+2\left((M+1)/2\right)^3+G\left(M+2\right)\left((M+1)/2-K\right)/2\}$。其中，$N$ 表示阵元数，L 表示快拍数，K 表示信源数，G 表示角度空间搜索次数，$M=\left(N^2+2N-2\right)/2$ 表示嵌套线阵虚拟阵列阵元数。

本节算法具有如下优点。

（1）本节算法能够用于欠定情况下的 DOA 估计。

（2）在相同物理阵元情况下，本节算法的可用空间自由度大于传统均匀线阵的 MUSIC 算法。

（3）在相同物理阵元情况下，本节算法的角度估计性能优于传统均匀线阵的 MUSIC 算法。

10.3.3 基于 SS-ESPRIT 的 DOA 估计算法

1. 算法描述

本节首先利用 10.3.2 节描述的空间平滑技术对接收信号进行处理，其次利用 ESPRIT 算法得到信号的 DOA 估计值。

对 $\boldsymbol{R}_{ss}$ 进行特征值分解可以得到信号子空间 $\boldsymbol{E}_{\mathrm{s}}$，存在一个唯一非奇异的矩阵 $\boldsymbol{T}$ 满足[17]：

$$\boldsymbol{E}_{\mathrm{s}}=\boldsymbol{A}_{11}\boldsymbol{T} \tag{10.30}$$

根据阵列的移不变性特征，可以将信号子空间 $\boldsymbol{E}_{\mathrm{s}}$ 分块为 $\boldsymbol{E}_1$ 和 $\boldsymbol{E}_2$，即

$$\begin{bmatrix}\boldsymbol{E}_1\\\boldsymbol{E}_2\end{bmatrix}=\begin{bmatrix}\boldsymbol{A}_{\mathrm{a}}\\\boldsymbol{A}_{\mathrm{b}}\end{bmatrix}\boldsymbol{T}=\begin{bmatrix}\boldsymbol{A}_{\mathrm{a}}\\\boldsymbol{A}_{\mathrm{a}}\boldsymbol{\Psi}\end{bmatrix}\boldsymbol{T} \tag{10.31}$$

式中，$\boldsymbol{E}_1$ 和 $\boldsymbol{E}_2$ 分别由 $\boldsymbol{E}_{\mathrm{s}}$ 的前 $(M-1)/2$ 行和后 $(M-1)/2$ 行构成；$\boldsymbol{\Psi}=\mathrm{diag}\left(\mathrm{e}^{\mathrm{j}(2\pi/\lambda)d_1\sin\theta_1},\mathrm{e}^{\mathrm{j}(2\pi/\lambda)d_1\sin\theta_2},\cdots,\mathrm{e}^{\mathrm{j}(2\pi/\lambda)d_1\sin\theta_K}\right)$ 表示旋转算子；$\boldsymbol{A}_{\mathrm{a}}$、$\boldsymbol{A}_{\mathrm{b}}$ 分别由 $\boldsymbol{A}_{11}$ 前 $(M-1)/2$ 行、后 $(M-1)/2$ 行构成。在不考虑噪声的情况下，根据式（10.31）得到以下关系式：

$$\boldsymbol{T}^{-1}\boldsymbol{\Psi}\boldsymbol{T}=\boldsymbol{E}_1^{+}\boldsymbol{E}_2 \tag{10.32}$$

令 $\boldsymbol{\Phi}=\boldsymbol{T}^{-1}\boldsymbol{\Psi}\boldsymbol{T}$，则 $\boldsymbol{\Psi}$ 的对角线元素就是 $\boldsymbol{\Phi}$ 的特征值。对 $\boldsymbol{\Phi}$ 进行特征值分解，可以得到信号角度估计值为

$$\hat{\theta}_k=\arcsin(\mathrm{angle}\left(\lambda_k\right))/\pi,\ \ k=1,2,\cdots,K \tag{10.33}$$

式中，λ_k 表示 $\boldsymbol{\Phi}$ 的第 k 个特征值。

2. 算法步骤

算法 10.2：嵌套线阵下基于 SS-ESPRIT 的 DOA 估计算法。

步骤 1：通过式（10.16）得到接收信号协方差矩阵 $\hat{\boldsymbol{R}}_{xx}$。

步骤 2：对 $\hat{\boldsymbol{R}}_{xx}$ 进行向量化，经排序去冗余后得到 $\hat{z}_1$。

步骤 3：根据空间平滑技术，构造空间平滑协方差矩阵 $\hat{\boldsymbol{R}}_{ss}$。

步骤 4：对 $\hat{\boldsymbol{R}}_{ss}$ 进行特征值分解，得到噪声子空间 $\hat{\boldsymbol{E}}_{\mathrm{n}}$。

步骤 5：根据式（10.31）将 $\hat{\boldsymbol{E}}_{\mathrm{s}}$ 分解为 $\hat{\boldsymbol{E}}_1$ 和 $\hat{\boldsymbol{E}}_2$，通过式（10.32），并利用 LS 准则，即 $\hat{\boldsymbol{E}}_1^{+}\hat{\boldsymbol{E}}_2$ 求得 $\hat{\boldsymbol{\Phi}}$。

步骤 6：对 $\hat{\boldsymbol{\Phi}}$ 进行特征值分解，通过式（10.33）得到信号角度估计值 $\hat{\theta}_k$（$k=1,2,\cdots,K$）。

3. 算法复杂度和特点

本节算法的复杂度为 $O\{2K^3+2\left(\left(M+1\right)/2\right)^3+N^2L+3K^2\left(\left(M-1\right)/2\right)\}$。其中，$N$ 表示阵元数，L 表示快拍数，K 表示信源数，$M=\left(N^2+2N-2\right)/2$ 表示嵌套线阵虚拟阵列阵元数。

本节算法具有如下优点。

（1）本节算法能够用于欠定情况下的 DOA 估计。

（2）在相同物理阵元情况下，本节算法的可用空间自由度大于传统均匀线阵的 ESPRIT 算法。

（3）相比 SS-MUSIC 算法，本节算法无须进行谱峰搜索，并且复杂度较低。

（4）在相同物理阵元情况下，本节算法的角度估计性能明显优于传统均匀线阵的 ESPRIT 算法。

10.3.4 仿真结果

为了能够准确评估算法的角度估计性能，本节采用多次蒙特卡罗仿真对算法进行仿真验证。定义角度估计的 RMSE 为

$$\mathrm{RMSE}=\frac{1}{K}\sum_{k=1}^{K}\sqrt{\frac{1}{J}\sum_{j=1}^{J}\left[\left(\hat{\theta}_{k,j}-\theta_k\right)^2\right]} \tag{10.34}$$

式中，K 为信源个数；$\hat{\theta}_{k,j}$ 为第 j 次仿真时得到的第 k 个信源的角度估计值；θ_k 为第 k 个信源的实际角度值；J 为仿真次数，本节取 $J=500$。

假设远场空间中有 K 个不相关的信源信号入射到嵌套线阵上，且入射角为 θ_k（$k=1,2,\cdots,K$）。M 为阵元数，L 为快拍数。

仿真 1：图 10.6 所示为 SS-MUSIC 算法在正定（$K<M$）情况下的一维 DOA 估计散布图。在仿真中，$\theta_1=15^\circ$，$\theta_2=30^\circ$，$\theta_3=45^\circ$，SNR=−5dB，$M=8$，$L=600$。从图 10.6 中可以看出，SS-MUSIC 算法可以准确地估计出信号角度。

仿真 2：图 10.7 所示为 SS-MUSIC 算法在欠定（$K>M$）情况下的一维 DOA 估计散布图。在仿真中，$\boldsymbol{\theta}=\left[-50^\circ,-35^\circ,-10^\circ,0^\circ,15^\circ,30^\circ,45^\circ,55^\circ,70^\circ\right]$，$K=9$，SNR=−5dB，$M=8$，$L=600$。从图 10.7 中可以看出，在信源数大于阵元数的情况下，SS-MUSIC 算法可以准确地估计出信号角度。

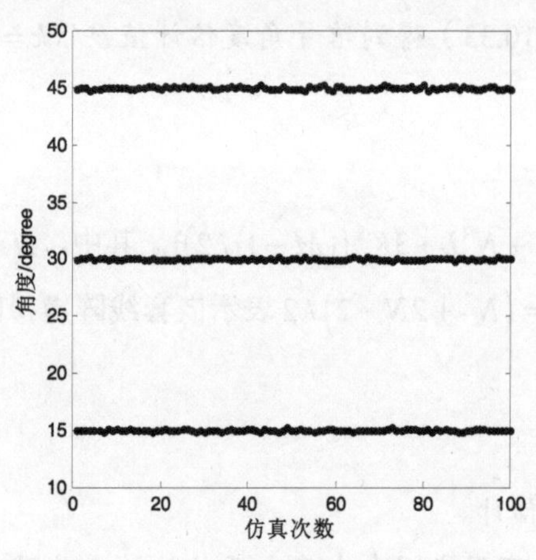

图 10.6　SS-MUSIC 算法在正定（$K<M$）情况下的一维 DOA 估计散布图

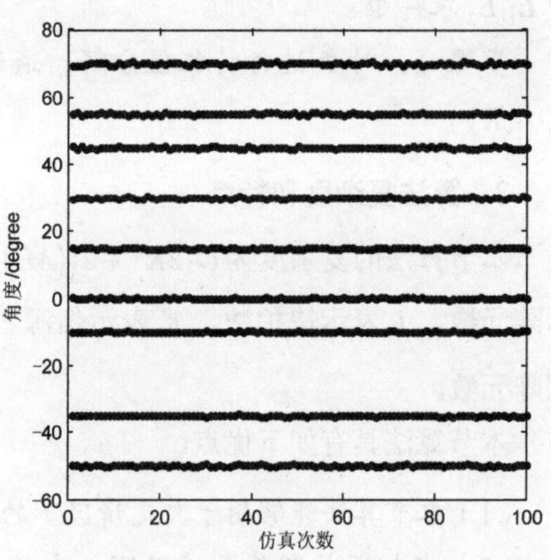

图 10.7　SS-MUSIC 算法在欠定（$K>M$）情况下的一维 DOA 估计散布图

仿真 3：图 10.8 所示为 SS-MUSIC 算法在不同快拍数下的一维 DOA 估计性能对比。在仿真中，$\theta_1=15^\circ$，$\theta_2=30^\circ$，$\theta_3=45^\circ$，$M=8$。从图 10.8 中可以看出，当快拍数增加时，SS-MUSIC 算法的 DOA 估计性能变好。

仿真 4：图 10.9 所示为 SS-MUSIC 算法在不同阵元数下的一维 DOA 估计性能对比。在仿真中，$\theta_1=15^\circ$，$\theta_2=30^\circ$，$\theta_3=45^\circ$，$L=600$。从图 10.9 中可以看出，当阵元数增加时，SS-MUSIC 算法的 DOA 估计性能变好。

仿真 5：图 10.10 所示为 SS-ESPRIT 算法在正定（$K<M$）情况下的一维 DOA 估计散布图。在仿真中，$\theta_1=15^\circ$，$\theta_2=30^\circ$，$\theta_3=45^\circ$，SNR=−5dB，$M=8$，$L=600$。从图 10.10 中可以看出，SS-ESPRIT 算法可以准确地估计出信号角度。

仿真 6：图 10.11 所示为 SS-ESPRIT 算法在欠定（$K>M$）情况下的一维 DOA 估计散布图。在仿真中，$\boldsymbol{\theta}=\left[-50^\circ,-35^\circ,-10^\circ,0^\circ,15^\circ,30^\circ,45^\circ,55^\circ,70^\circ\right]$，$K=9$，SNR=−5dB，

$M = 8$，$L = 600$。从图 10.11 中可以看出，在信源数大于阵元数的情况下，SS-ESPRIT 算法可以准确地估计出信号角度。

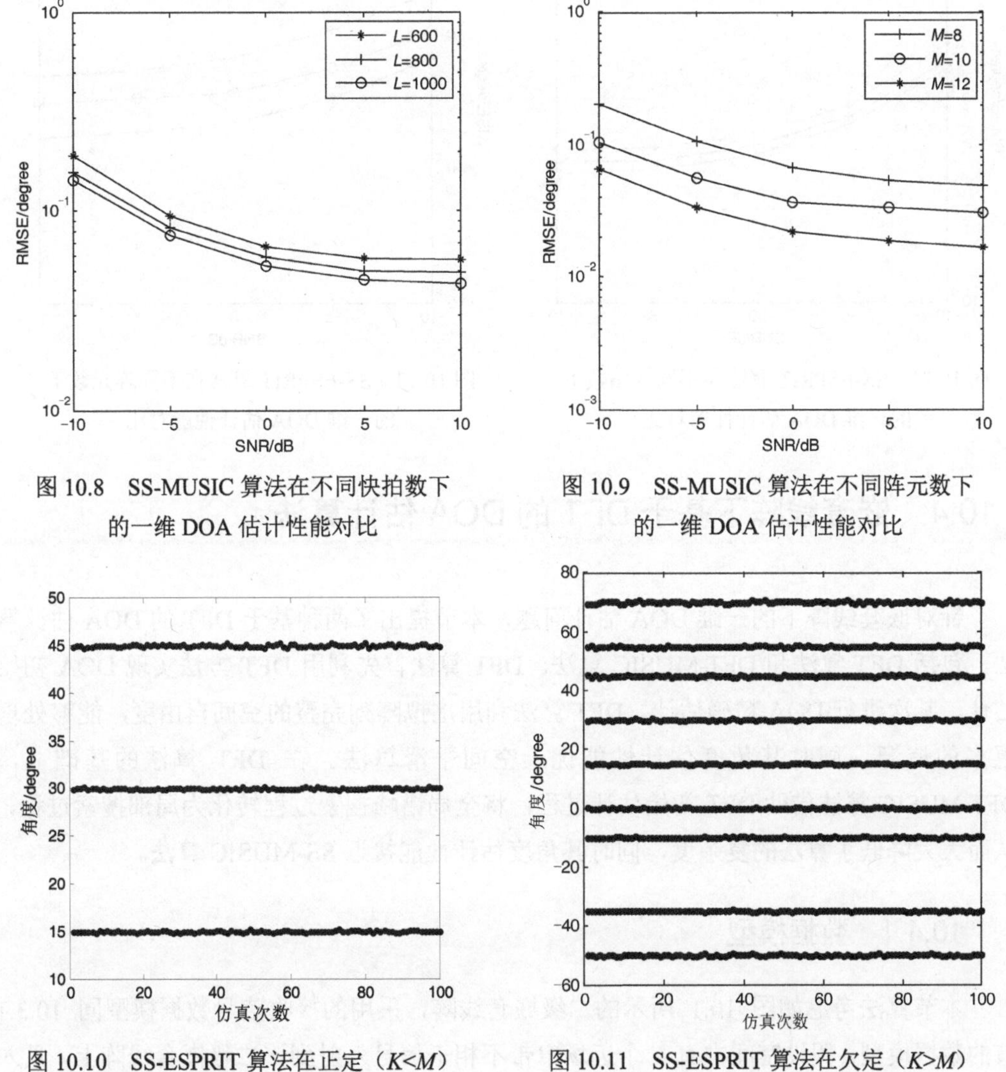

图 10.8 SS-MUSIC 算法在不同快拍数下的一维 DOA 估计性能对比

图 10.9 SS-MUSIC 算法在不同阵元数下的一维 DOA 估计性能对比

图 10.10 SS-ESPRIT 算法在正定（$K<M$）情况下的一维 DOA 估计散布图

图 10.11 SS-ESPRIT 算法在欠定（$K>M$）情况下的一维 DOA 估计散布图

仿真 7：图 10.12 所示为 SS-ESPRIT 算法在不同快拍数下的一维 DOA 估计性能对比。在仿真中，$\theta_1 = 15^\circ$，$\theta_2 = 30^\circ$，$\theta_3 = 45^\circ$，$M = 8$。从图 10.12 中可以看出，当快拍数增加时，SS-ESPRIT 算法的 DOA 估计性能变好。

仿真 8：图 10.13 所示为 SS-ESPRIT 算法在不同阵元数下的一维 DOA 估计性能对比。在仿真中，$\theta_1 = 15^\circ$，$\theta_2 = 30^\circ$，$\theta_3 = 45^\circ$，$L = 600$。从图 10.13 中可以看出，当阵元数增加时，SS-ESPRIT 算法的 DOA 估计性能变好。

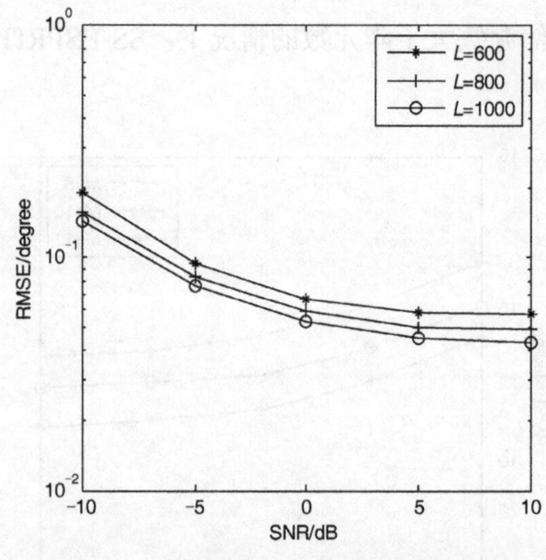

图 10.12　SS-ESPRIT 算法在不同快拍数下的一维 DOA 估计性能对比

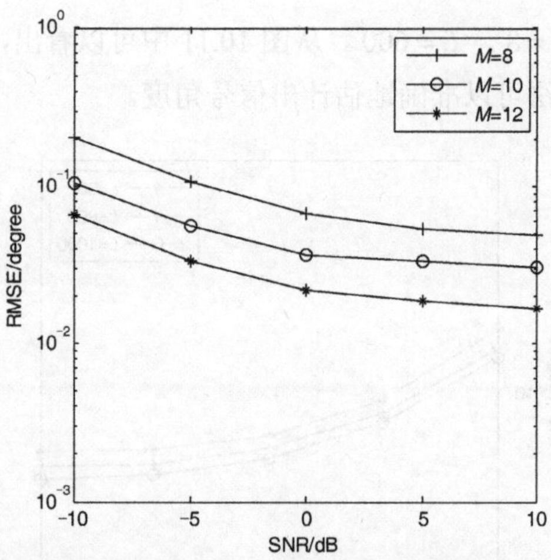

图 10.13　SS-ESPRIT 算法在不同阵元数下的一维 DOA 估计性能对比

10.4　嵌套线阵下基于 DFT 的 DOA 估计算法

针对嵌套线阵下的一维 DOA 估计问题，本节提出了两种基于 DFT 的 DOA 估计算法，包括 DFT 算法和 DFT-MUSIC 算法。DFT 算法首先利用 DFT 方法实现 DOA 初始估计，其次进行 DOA 精确估计。DFT 算法利用虚拟阵列完整的空间自由度，能够处理更多的信源，同时其角度估计性能优于空间平滑算法。在 DFT 算法的基础上，DFT-MUSIC 算法借助 DFT 初始估计过程，将全局谱峰搜索过程转化为局部搜索过程，从而大大降低了算法的复杂度，同时其角度估计性能接近 SS-MUSIC 算法。

10.4.1　数据模型

本节算法考虑如图 10.1 所示的二级嵌套线阵，采用的接收信号数据模型同 10.3.1 节的数据模型。假设空间中有 K 个远场窄带不相干信号入射到该二级嵌套线阵上，且入射角为 θ_k（$k=1,2,\cdots,K$），则接收信号可表示为[14]

$$\boldsymbol{x}(t)=\boldsymbol{A}\boldsymbol{s}(t)+\boldsymbol{n}(t) \tag{10.35}$$

式中，$\boldsymbol{n}(t)$表示均值为 0、方差为σ^2的加性高斯白噪声；$\boldsymbol{A}=\left[\boldsymbol{a}(\theta_1),\boldsymbol{a}(\theta_2),\cdots,\boldsymbol{a}(\theta_K)\right]\in\mathbf{C}^{N\times K}$，$\boldsymbol{a}(\theta_k)=[\mathrm{e}^{\mathrm{j}2\pi d_1\sin\theta_1/\lambda},\cdots,\mathrm{e}^{\mathrm{j}2\pi N_1 d_1\sin\theta_1/\lambda},\mathrm{e}^{\mathrm{j}2\pi(N_1+1)d_1\sin\theta_1/\lambda},\cdots,\mathrm{e}^{\mathrm{j}2\pi N_2(N_1+1)d_1\sin\theta_1/\lambda}]^{\mathrm{T}}$；$\boldsymbol{s}(t)=[s_1(t),s_2(t),\cdots,s_K(t)]^{\mathrm{T}}$。

对接收信号协方差矩阵 $\boldsymbol{R}_{xx}=E\left[\boldsymbol{x}(t)\boldsymbol{x}^{\mathrm{H}}(t)\right]=\boldsymbol{A}\boldsymbol{R}_{\mathrm{s}}\boldsymbol{A}^{\mathrm{H}}+\sigma^2\boldsymbol{I}$ 进行向量化运算可得

$$z = \mathrm{vec}\left(\boldsymbol{R}_{xx}\right) = \left(\boldsymbol{A}^* \odot \boldsymbol{A}\right)\boldsymbol{p} + \sigma^2 \boldsymbol{I}_m \tag{10.36}$$

式中，$\boldsymbol{R}_\mathrm{s} = \mathrm{diag}\left(\sigma_1^2, \sigma_2^2, \cdots, \sigma_K^2\right)$；$\boldsymbol{p} = [\sigma_1^2, \sigma_2^2, \cdots, \sigma_K^2]^\mathrm{T}$；$\boldsymbol{I}_m = [\boldsymbol{e}_1^\mathrm{T}, \boldsymbol{e}_2^\mathrm{T}, \cdots, \boldsymbol{e}_M^\mathrm{T}]^\mathrm{T}$。

对 z 进行排序去冗余可得

$$z_1 = \boldsymbol{A}_1 \boldsymbol{p} + \sigma_m^2 \boldsymbol{I}_m' \tag{10.37}$$

此时，z_1 可以视为差分阵的虚拟阵列接收信号向量，虚拟阵列的阵元总数为 $M = \left(N^2 + 2N - 2\right)/2$，阵元位置分布为 $\left(-N^2/4 - N/2 + 1\right)d_1$ 到 $\left(N^2/4 + N/2 - 1\right)d_1$，新导向向量为 $\boldsymbol{a}_1\left(\theta_k\right) = [\mathrm{e}^{-\mathrm{j}2\pi l d_1 \sin\theta_1/\lambda}, \cdots, 1, \cdots, \mathrm{e}^{\mathrm{j}2\pi l d_1 \sin\theta_1/\lambda}]^\mathrm{T}$，$l = \left(M-1\right)/2$。

10.4.2　基于 DFT 方法的 DOA 估计算法

1．算法描述

定义归一化 DFT 矩阵 $\boldsymbol{F} \in \mathbf{C}^{M\times M}$ 的第 (p,q) 个元素为

$$[\boldsymbol{F}]_{p,q} = \frac{1}{\sqrt{M}} \mathrm{e}^{-\mathrm{j}\frac{2\pi}{M}pq} \tag{10.38}$$

对虚拟阵列的导向向量进行 DFT 处理得到的虚拟导向向量为

$$\tilde{\boldsymbol{a}}_1\left(\theta_k\right) = \boldsymbol{F}\boldsymbol{a}_1\left(\theta_k\right) \tag{10.39}$$

其第 p 个元素为[18]

$$[\tilde{\boldsymbol{a}}_1\left(\theta_k\right)]_p = \frac{1}{\sqrt{M}} \frac{\sin\left[\dfrac{M}{2}\left(\dfrac{2\pi}{M}p - \pi\sin\theta_k\right)\right]}{\sin\left[\dfrac{1}{2}\left(\dfrac{2\pi}{M}p - \pi\sin\theta_k\right)\right]} \mathrm{e}^{-\mathrm{j}\frac{M-1}{2}\left[\frac{M}{2}\left(\frac{2\pi}{M}p - \pi\sin\theta_k\right)\right]} \tag{10.40}$$

根据式（10.40）可以看出，当虚拟阵列阵元数 M 趋于无穷大时，总存在一个整数 $p_k = M\sin\theta_k/2$ 使得 $[\tilde{\boldsymbol{a}}_1\left(\theta_k\right)]_{p_k} = \sqrt{M}$ 且其他元素均为 0。因此，θ_k（$k = 1, 2, \cdots, K$）可以根据 $\tilde{\boldsymbol{a}}_1\left(\theta_k\right)$ 获得。在实际应用中，由于虚拟阵列阵元数 M 是有限的，因此第 $\mathrm{round}\{M\sin\theta_k/2\}$ 个点不再是一条谱线，而会扩散到邻近点中，其中 $\mathrm{round}\{\bullet\}$ 表示取四舍五入值。这种扩散效应会降低分辨率，但是其仍然可以用于初始估计。

因此，对虚拟接收信号向量进行 DFT 处理，可以表示为

$$\boldsymbol{y} = \boldsymbol{F}z_1 \tag{10.41}$$

其第 p 个元素可以表示为

$$[\boldsymbol{y}]_p=\sum_{k=1}^{K}[\tilde{\boldsymbol{a}}_1(\theta_k)]_p\sigma_k^2+\sigma^2[\boldsymbol{F}\boldsymbol{I}'_m] \tag{10.42}$$

对空间谱函数进行搜索，将 K 个较大谱峰对应的索引记为 p_k^{ini}（$k=1,2,\cdots,K$），则初始估计值为

$$\theta_k^{\text{ini}}=\arcsin(2p_k^{\text{ini}}/M) \tag{10.43}$$

定义相位旋转矩阵 $\boldsymbol{\Phi}(\eta)$ 为[18]

$$\boldsymbol{\Phi}(\eta)=\begin{bmatrix}1 & & & \\ & \mathrm{e}^{\mathrm{j}\eta} & & \\ & & \ddots & \\ & & & \mathrm{e}^{\mathrm{j}(M-1)\eta}\end{bmatrix} \tag{10.44}$$

式中，$\eta\in(-\pi/M,\pi/M)$ 为偏移相位。

旋转导向向量表示为

$$\tilde{\boldsymbol{a}}_v^{\text{ro}}(\theta_k)=\boldsymbol{F}\boldsymbol{\Phi}(\eta)\tilde{\boldsymbol{a}}_v(\theta_k) \tag{10.45}$$

其第 p 个元素可以表示为

$$[\tilde{\boldsymbol{a}}_v^{\text{ro}}(\theta_k)]_p=\frac{1}{\sqrt{M}}\frac{\sin\left[\dfrac{M}{2}\left(\dfrac{2\pi}{M}p-\pi\sin\theta_k\right)\right]}{\sin\left[\dfrac{1}{2}\left(\dfrac{2\pi}{M}p-\pi\sin\theta_k\right)\right]}\mathrm{e}^{-\mathrm{j}\frac{M-1}{2}\left[\frac{M}{2}\left(\frac{2\pi}{M}p-\eta-\pi\sin\theta_k\right)\right]} \tag{10.46}$$

因此，在得到角度的初始估计值对应的索引 p_k^{ini}（$k=1,2,\cdots,K$）的情况下，对 η 在 $(-\pi/M,\pi/M)$ 范围内进行搜索，可以得到峰值对应的旋转因子 η_k，即最佳偏移相位，使得

$$\frac{2\pi}{M}p_k^{\text{ini}}-\eta_k=\pi\sin\theta_k \tag{10.47}$$

这样，角度的精确估计值为

$$\theta_k^{\text{fine}}=\arcsin\left(\frac{2p_k^{\text{ini}}}{M}-\frac{\eta_k}{\pi}\right),\ k=1,2,\cdots,K \tag{10.48}$$

我们可以构造如下的代价函数[18]：

$$\eta_k=\arg\max_{\eta\in\left(-\frac{\pi}{M},\frac{\pi}{M}\right)}\left\|\boldsymbol{f}_{p_k^{\text{ini}}}^{\mathrm{H}}\boldsymbol{\Phi}(\eta)\boldsymbol{z}_1\right\|^2 \tag{10.49}$$

式中，$\boldsymbol{f}_{p_k^{\text{ini}}}$ 表示 DFT 矩阵 $\boldsymbol{F}$ 的第 p_k^{ini} 列。通过对 η 在 $(-\pi/M,\pi/M)$ 范围内进行搜索，可以得到最佳偏移相位 η_k，使得 $\boldsymbol{z}^{\text{ro}}=\boldsymbol{F}\boldsymbol{\Phi}\boldsymbol{z}_1$ 取得峰值。通过精确搜索过程，角度估计的

准确性能够有效得到提高。

2. 算法步骤

算法 10.3：嵌套线阵下基于 DFT 方法的 DOA 估计算法。

步骤 1：通过式（10.16）可以得到接收信号协方差矩阵 $\hat{\boldsymbol{R}}_{xx}$。

步骤 2：对 $\hat{\boldsymbol{R}}_{xx}$ 进行向量化，经排序去冗余后得到 $\hat{z}_1$。

步骤 3：根据式（10.38）构造 DFT 矩阵 $\boldsymbol{F}$，搜索 $\hat{y}=\boldsymbol{F}\hat{z}_1$ 的 K 个峰值的位置 $\hat{p}_k^{\text{ini}}$（$k=1,2,\cdots,K$）。

步骤 4：根据式（10.44）构造相位旋转矩阵 $\boldsymbol{\Phi}(\eta)$，通过式（10.49）在 $(-\pi/M,\pi/M)$ 范围内得到最佳偏移相位 $\hat{\eta}_k$（$k=1,2,\cdots,K$）。

步骤 5：通过式（10.48）计算精确的 DOA 估计值。

3. 算法复杂度和特点

下面比较本节算法与 SS-ESPRIT 算法、SS-MUSIC 算法的复杂度。本节算法的复杂度为 $O\left\{N^2L+2\left((M+1)/2\right)^3+M^2+GMK\right\}$，SS-ESPRIT 算法的复杂度为 $O\left\{2K^3+2\left((M+1)/2\right)^3+N^2L+3K^2\left((M-1)/2\right)\right\}$，SS-MUSIC 算法的复杂度为 $O\left\{N^2L+2\left((M+1)/2\right)^3+G(M+2)\left((M+1)/2-K\right)/2\right\}$。其中，$N$ 表示阵元数，L 表示快拍数，K 表示信源数，G 表示角度空间搜索次数，$M=\left(N^2+2N-2\right)/2$ 表示嵌套线阵虚拟阵列阵元数。

本节算法具有如下优点。

（1）本节算法可以利用 DFT 方法的初始估计过程直接获取信源数。

（2）在相同物理阵元情况下，相比嵌套线阵下的空间平滑算法只利用虚拟线阵近一半的空间自由度，本节算法利用了虚拟阵列的全部空间自由度，因此能够应用于更多的信源估计情况。

（3）在相同物理阵元情况下，相比嵌套线阵下的 SS-MUSIC 算法和 SS-ESPRIT 算法，本节算法的 DOA 估计性能更好。

（4）在相同物理阵元情况下，相比嵌套线阵下的 SS-MUSIC 算法和 SS-ESPRIT 算法，本节算法的复杂度和 SS-ESPRIT 算法接近，同时低于 SS-MUSIC 算法。

10.4.3 基于 DFT-MUSIC 的 DOA 估计算法

1. 算法描述

本节首先利用 10.4.2 节描述的 DFT 方法对上述接收信号进行处理得到初始估计值，

其次通过 SS-MUSIC 算法在初始估计值附近进行局部搜索以提高角度估计的准确性。

为了恢复 10.4.1 节中的虚拟信号协方差矩阵的满秩特性，将虚拟均匀阵列分为 $(M+1)/2$ 个子阵，每个子阵包含 $(M+1)/2$ 个阵元，第 i 个子阵的接收信号向量为

$$\boldsymbol{z}_{1i} = \boldsymbol{A}_{1i}\boldsymbol{p} + \sigma_m^2 \boldsymbol{I}_i' = \boldsymbol{A}_{11}\boldsymbol{\psi}^{i-1}\boldsymbol{p} + \sigma_m^2 \boldsymbol{I}' \tag{10.50}$$

式中，$\boldsymbol{A}_{1i}$ 为矩阵 $\boldsymbol{A}_1$ 的第 $(M+1)/2-i+1$ 行到第 $M+1-i$ 行构成的新阵列；$\boldsymbol{I}_i'$ 为除第 i 个元素为 1 以外其余元素均为 0 的列向量；$\boldsymbol{A}_{11}$ 为 $\boldsymbol{A}_1$ 的第 1 个子阵，$\boldsymbol{A}_1$ 的表达式见式（10.19）；$\boldsymbol{\Psi} = \mathrm{diag}\left(\mathrm{e}^{\mathrm{j}(2\pi/\lambda)d_1\sin\theta_1}, \mathrm{e}^{\mathrm{j}(2\pi/\lambda)d_1\sin\theta_2}, \cdots, \mathrm{e}^{\mathrm{j}(2\pi/\lambda)d_1\sin\theta_K}\right)$。

利用空间平滑方法得到空间平滑协方差矩阵，即

$$\boldsymbol{R}_{ss} = \mu\left(\boldsymbol{A}_{11}\boldsymbol{R}_{\mathrm{s}}\boldsymbol{A}_{11}^{\mathrm{H}} + \sigma^2\boldsymbol{I}\right)^2 \tag{10.51}$$

式中，$\boldsymbol{R}_{\mathrm{s}} = \mathrm{diag}\left(\sigma_1^2, \sigma_2^2, \cdots, \sigma_K^2\right)$ 为正对角矩阵；$\mu = 2/(M+1)$ 为一个常数。

利用信号子空间与噪声子空间的正交性来构造空间谱函数。对 $\boldsymbol{R}_{ss}$ 进行特征值分解得到噪声子空间 $\boldsymbol{E}_{\mathrm{n}}$，构造空间谱函数，通过方向向量的局部搜索得到 DOA 估计值。

根据噪声特征向量和信号方向向量的正交关系，得到 MUSIC 空间谱函数[19]，即

$$P_{\mathrm{MUSIC}}(\theta) = \frac{1}{\boldsymbol{a}_{11}^{\mathrm{H}}(\theta)\boldsymbol{E}_{\mathrm{n}}\boldsymbol{E}_{\mathrm{n}}^{\mathrm{H}}\boldsymbol{a}_{11}(\theta)} \tag{10.52}$$

式中，$\boldsymbol{a}_{11}(\theta) = [\mathrm{e}^{-\mathrm{j}2\pi((M-1)/2)d_1\sin\theta/\lambda}, \mathrm{e}^{-\mathrm{j}2\pi((M-2)/2)d_1\sin\theta/\lambda}, \cdots, 1]^{\mathrm{T}}$。通过式（10.52），使角度 θ 在 θ_k^{ini}（$k=1,2,\cdots,K$）附近值域内变化，通过寻找空间谱函数的峰值得到 DOA 精确估计值。

2．算法步骤

算法 10.4：嵌套线阵下基于 DFT-MUSIC 的 DOA 估计算法。

步骤 1：通过式（10.16）可以得到接收信号协方差矩阵 $\hat{\boldsymbol{R}}_{xx}$。

步骤 2：对 $\hat{\boldsymbol{R}}_{xx}$ 进行向量化，经排序去冗余后得到 $\hat{z}_1$。

步骤 3：构造 DFT 矩阵 $\boldsymbol{F}$，搜索 $\hat{\boldsymbol{y}} = \boldsymbol{F}\hat{z}_1$ 的 K 个峰值的位置 $\hat{p}_k^{\mathrm{ini}}$（$k=1,2,\cdots,K$）。

步骤 4：通过式（10.43）计算 DOA 初始估计值 $\hat{\theta}_k^{\mathrm{ini}}$（$k=1,2,\cdots,K$）。

步骤 5：利用 SS-MUSIC 算法，通过式（10.52）搜索 $\hat{\theta}_k^{\mathrm{ini}}$（$k=1,2,\cdots,K$）附近值域内的峰值得到 DOA 精确估计值。

3．算法复杂度和特点

下面比较本节算法与 SS-MUSIC 算法的计算复杂度。本节算法的复杂度为 $O\left\{N^2L + 2\left((M+1)/2\right)^3 + M^2 + G_1(M+2)\left((M+1)/2-K\right)\right\}$，SS-MUSIC 算法的复杂度为

$O\left\{N^2L+2\left((M+1)/2\right)^3+G(M+2)\left((M+1)/2-K\right)/2\right\}$。在仿真中，SS-MUSIC 算法搜索的区域远远大于本节算法搜索的区域，即 $G_1 \ll G$。其中，N 表示阵元数，L 表示快拍数，K 表示信源数，G_1 表示角度空间搜索次数，$M=\left(N^2+2N-2\right)/2$ 表示嵌套线阵虚拟阵列阵元数。

本节算法具有如下优点。

（1）本节算法可以利用 DFT 方法的初始估计过程直接获取信源数。

（2）利用 DFT 方法得到初始估计值，并通过 SS-MUSIC 算法在小范围内进行局部搜索，因此本节算法的复杂度大大降低。

10.4.4　仿真结果

为验证算法的有效性及描述算法的 DOA 估计性能，本节采用蒙特卡罗仿真对算法进行仿真验证，仿真次数均为 500。RMSE 的定义同式（10.34）。

假设远场空间中有 3 个不相关的信源信号入射到嵌套线阵上，且入射角分别为 $\theta_1=10^\circ$，$\theta_2=30^\circ$，$\theta_3=50^\circ$。该嵌套线阵采用阵元数 $N=16$ 的二级最优嵌套线阵，其中 $N_1=N_2=8$，$d_1=\lambda/2$，$d_2=9\lambda/2$，虚拟阵列阵元数为 $M=143$，L 表示快拍数。

仿真 1. 图 10.14 给出了 DFT 算法与 SS-ESPRIT 算法、SS-MUSIC 算法的 DOA 估计性能对比。在仿真中，本节算法搜索步长为 $0.02\pi/M$，SS-MUSIC 算法搜索步长为 0.01，$M=16$，$L=200$。从图 10.14 中可以看出，本节算法的 DOA 估计性能明显优于其他两种算法。

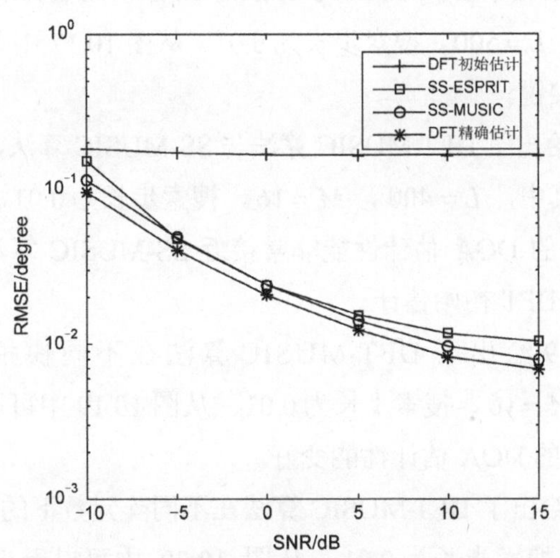

图 10.14　不同算法的 DOA 估计性能对比

仿真 2. 图 10.15 给出了 DFT 算法与 SS-ESPRIT 算法、SS-MUSIC 算法在不同快拍数下的 DOA 估计性能对比。在仿真中，DFT 算法搜索步长为 $0.02\pi/N$，SS-MUSIC 算法搜索步长为 0.01，$\text{SNR}=10$，$M=16$。从图 10.15 中可以看出，当快拍数增加时，DFT 算法的 DOA 估计性能变好，且优于 SS-MUSIC 算法和 SS-ESPRIT 算法。

仿真 3. 图 10.16 给出了 DFT 算法在不同阵元数下的 DOA 估计性能对比。在仿真中，DFT 算法搜索步长为 $0.02\pi/N$，$L=200$。从图 10.16 中可以看出，当阵元数增加时，DFT 算法的 DOA 估计性能变好。

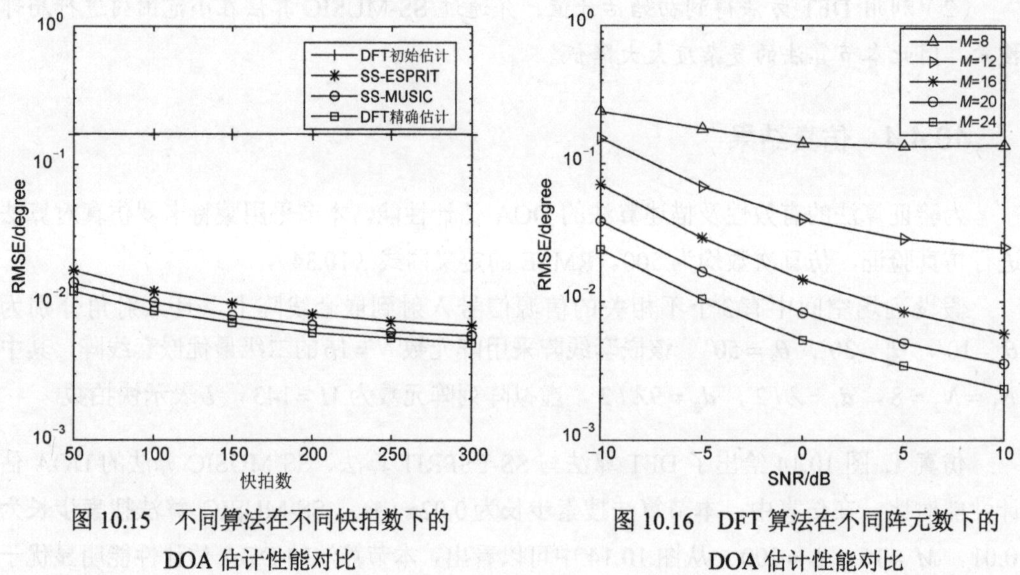

图 10.15　不同算法在不同快拍数下的 DOA 估计性能对比

图 10.16　DFT 算法在不同阵元数下的 DOA 估计性能对比

仿真 4. 图 10.17 给出了 DFT-MUSIC 算法与 DFT 初始估计的频谱对比。在仿真中，$\text{SNR}=0\text{dB}$，$M=16$，$L=500$，搜索步长为 0.01。从图 10.17 中可以看出，DFT-MUSIC 算法的频谱的谱峰较尖锐。

仿真 5. 图 10.18 给出了 DFT-MUSIC 算法与 SS-MUSIC 算法、DFT 初始估计的 DOA 估计性能对比。在仿真中，$L=400$，$M=16$，搜索步长为 0.01。从图 10.18 中可以看出，DFT-MUSIC 算法的 DOA 估计性能非常接近 SS-MUSIC 算法，同时这两种算法的 DOA 估计性能都优于 DFT 初始估计。

仿真 6. 图 10.19 给出了 DFT-MUSIC 算法在不同快拍数下的 DOA 估计性能对比。在仿真中，$M=16$，搜索步长为 0.01。从图 10.19 中可以看出，当快拍数增加时，DFT-MUSIC 算法的 DOA 估计性能变好。

仿真 7. 图 10.20 给出了 DFT-MUSIC 算法在不同阵元数下的 DOA 估计性能对比。在仿真中，$L=400$，搜索步长为 0.01。从图 10.20 中可以看出，当阵元数增加时，DFT-MUSIC 算法的 DOA 估计性能变好。

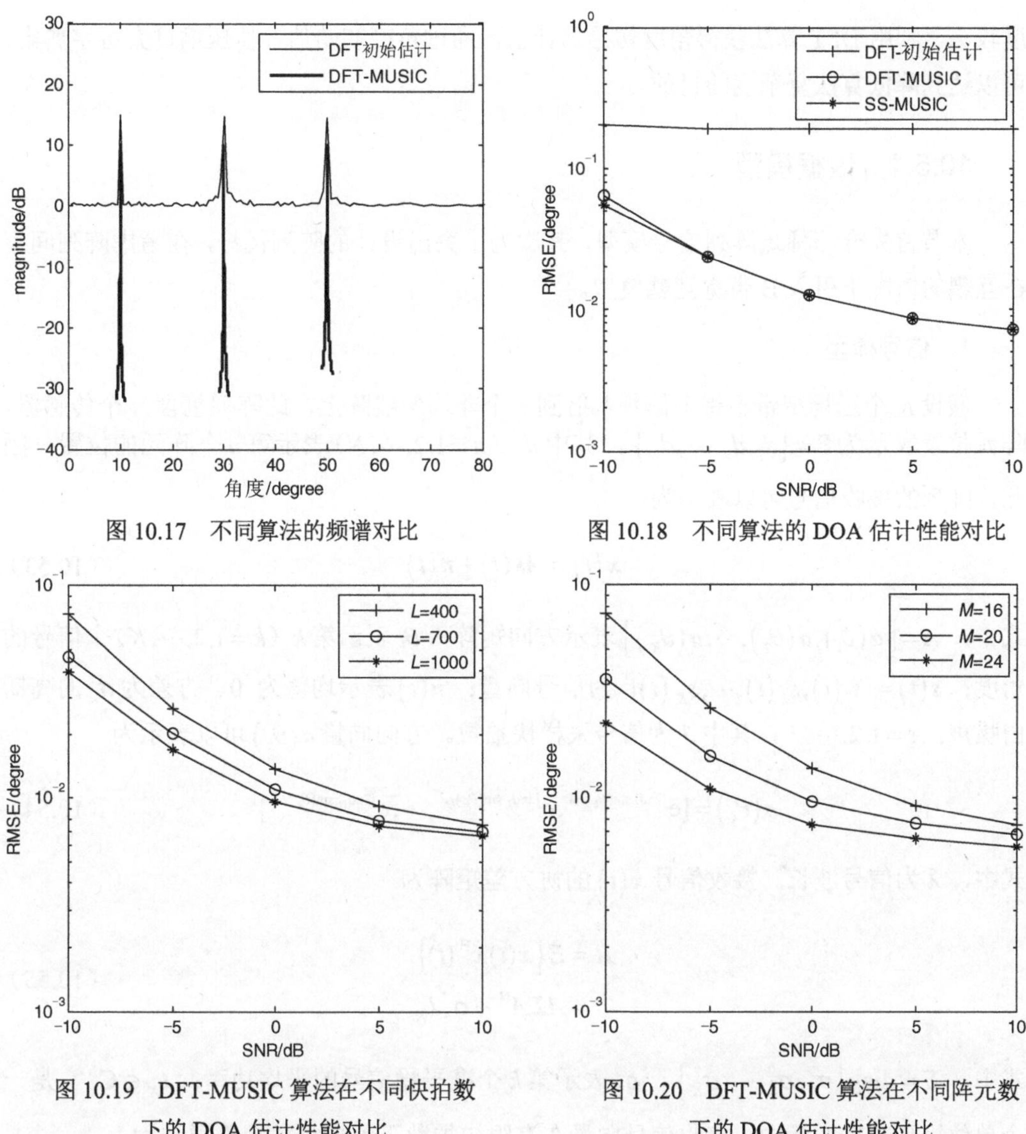

图 10.17 不同算法的频谱对比

图 10.18 不同算法的 DOA 估计性能对比

图 10.19 DFT-MUSIC 算法在不同快拍数下的 DOA 估计性能对比

图 10.20 DFT-MUSIC 算法在不同阵元数下的 DOA 估计性能对比

10.5 展宽嵌套线阵和 DOA 估计算法

本节设计了一种展宽嵌套线阵并提出了对应的基于压缩过完备字典集的稀疏表示算法。本节考虑互耦接收信号数据模型，以突出阵列设计优势。展宽嵌套线阵通过分解并重置广义嵌套线阵（阵元互耦、阵列孔径及 DOA 估计性能优于二级嵌套线阵）中的一个子阵，从而获得更大的空间自由度和更低的阵元互耦。展宽嵌套线阵可以利用稀疏表示算法获得 DOA 估计值。但是稀疏表示算法的过完备字典集包含全局谱，算法复杂度较高。利用 DFT 算法获得角度初始估计值，通过角度初始估计值压缩过完备字典集，可以达到降低算法复杂度的目的。

10.5.1 数据模型

本节首先介绍稀疏阵列信号模型，其次为了突出设计的阵列优势，在考虑阵列间存在互耦的情况下引入 B 带宽互耦模型。

1. 信号模型

假设 K 个远场窄带不相干信号入射到一个非均匀线阵上，此阵列包含 N 个传感器，阵元位置表示为 $\mathbb{S}=\{d_1,d_2,\cdots,d_N\}$，其中 d_n（$n=1,2,\cdots,N$）表示第 n 个阵元的位置。因此，阵列的接收信号可以表示为

$$\boldsymbol{x}(t)=\boldsymbol{A}\boldsymbol{s}(t)+\boldsymbol{n}(t) \tag{10.53}$$

式中，$\boldsymbol{A}=\left[\boldsymbol{a}(\theta_1),\boldsymbol{a}(\theta_2),\cdots,\boldsymbol{a}(\theta_K)\right]$ 表示方向矩阵，θ_k 表示第 k（$k=1,2,\cdots,K$）个信号的角度；$\boldsymbol{s}(t)=[s_1(t),s_2(t),\cdots,s_K(t)]^{\mathrm{T}}$ 为信号向量；$\boldsymbol{n}(t)$ 表示均值为 0、方差为 σ_n^2 的高斯白噪声；$t=1,2,\cdots,J$，其中 J 为信号采样快拍数。方向向量 $\boldsymbol{a}(\theta_k)$ 可以表示为

$$\boldsymbol{a}(\theta_k)=[\mathrm{e}^{\mathrm{j}2\pi d_1\sin(\theta_k)/\lambda},\mathrm{e}^{\mathrm{j}2\pi d_2\sin(\theta_k)/\lambda},\cdots,\mathrm{e}^{\mathrm{j}2\pi d_N\sin(\theta_k)/\lambda}]^{\mathrm{T}} \tag{10.54}$$

式中，λ 为信号波长。接收信号 $\boldsymbol{x}(t)$ 的协方差矩阵为

$$\begin{aligned}\boldsymbol{R}&=E\left\{\boldsymbol{x}(t)\boldsymbol{x}^{\mathrm{H}}(t)\right\}\\&=\boldsymbol{A\Sigma A}^{\mathrm{H}}+\sigma_n^2\boldsymbol{I}_N\end{aligned} \tag{10.55}$$

式中，$\boldsymbol{\Sigma}=\mathrm{diag}\left\{\sigma_1^2,\sigma_2^2,\cdots,\sigma_K^2\right\}$，$\sigma_k^2$ 表示第 k 个准平稳信号的平均功率；$\boldsymbol{I}_N\in\mathbf{C}^{N\times N}$ 是一个单位矩阵。在实际中，接收信号向量在有限快拍数下的自相关矩阵通常为

$$\hat{\boldsymbol{R}}=1/J\sum_{t=1}^{J}\boldsymbol{x}(t)\boldsymbol{x}^{\mathrm{H}}(t) \tag{10.56}$$

对于一个阵元位置为 $\mathbb{S}$ 的物理阵列，它的差分阵阵元位置定义为

$$\mathbb{D}=\mathbb{D}^{+}\cup\mathbb{D}^{-}=\{n_1-n_2,\ n_1,n_2\in\mathbb{S}\} \tag{10.57}$$

式中，$\mathbb{D}^{+}=\{n_1-n_2,\ n_1\geqslant n_2,\ n_1,n_2\in\mathbb{S}\}$、$\mathbb{D}^{-}=\{n_1-n_2,\ n_1<n_2,\ n_1,n_2\in\mathbb{S}\}$ 分别表示 $\mathbb{D}$ 中值为正数、负数的部分。

为了构造虚拟阵列的接收信号向量，我们可以将 $\hat{\boldsymbol{R}}$ 向量化，即

$$
\begin{aligned}
\boldsymbol{y} &= \mathrm{vec}\left(\hat{\boldsymbol{R}}\right) = (\boldsymbol{A}^* \odot \boldsymbol{A})\boldsymbol{p} + \sigma_n^2 \mathrm{vec}(\boldsymbol{I}_N) \\
&= \boldsymbol{A}_\mathrm{e}\boldsymbol{p} + \sigma_n^2 \mathrm{vec}(\boldsymbol{I}_N)
\end{aligned} \tag{10.58}
$$

式中，$\boldsymbol{A}_\mathrm{e} = \left[\boldsymbol{a}_\mathrm{e}(\theta_1), \boldsymbol{a}_\mathrm{e}(\theta_2), \cdots, \boldsymbol{a}_\mathrm{e}(\theta_K)\right]$，$\boldsymbol{a}_\mathrm{e}(\theta_k) = \boldsymbol{a}^*(\theta_k) \otimes \boldsymbol{a}(\theta_k)$，$k = 1,2,\cdots,K$；$\boldsymbol{p} = [\sigma_1^2, \sigma_2^2, \cdots, \sigma_K^2]^\mathrm{T}$。注意到 $\boldsymbol{a}_\mathrm{e}(\theta_k)$ 中的元素可以表示成 $\mathrm{e}^{-\mathrm{j}2\pi(d_i - d_j)\sin(\theta_k)/\lambda}$，其中 $d_i, d_j \in \mathbb{S}$。因此，$\boldsymbol{a}_\mathrm{e}(\theta_k)$ 中非重复行可以看作一个差分阵的方向向量，此差分阵是由阵元位置为 $\mathbb{S}$ 的物理阵列产生的。此外，差分阵的接收信号向量可以从 $\boldsymbol{y}$ 中获得。

2. 互耦模型

式（10.53）中表示的是在无互耦情况下的接收信号模型，在实际中，应该考虑物理阵列中相距较近的传感器对带来的互耦影响。目前，稀疏阵列信号处理中应用最为广泛的是 B 带宽互耦模型。通过引入互耦矩阵 $\boldsymbol{C}$，式（10.53）中的接收信号重构为[4]

$$
\tilde{\boldsymbol{x}}(t) = \boldsymbol{C}\boldsymbol{A}\boldsymbol{s}(t) + \boldsymbol{n}(t) \tag{10.59}
$$

根据文献[4]，在 B 带宽互耦模型中，对于一维线阵，互耦矩阵 $\boldsymbol{C}$ 可以近似表示为

$$
\boldsymbol{C}_{i,j} = \begin{cases} 0, & |d_i - d_j| > B \\ c_{|d_i - d_j|}, & |d_i - d_j| \leqslant B \end{cases} \tag{10.60}
$$

式中，$d_i, d_j \in \mathbb{S}$；$1 = c_0 > |c_1| > \cdots > |c_B| > |c_{B+1}| = 0$，对于任意的 $l \in [2, B]$，$c_l = c_0 \mathrm{e}^{-\mathrm{j}(l-1)\pi/8} / l$；$B$ 表示设定的会产生互耦的传感器间的距离最大值。根据文献[4]，一般情况下取 $c_1 = |c_1|\mathrm{e}^{\mathrm{j}\pi/3}$，$|c_1| = 0.3$，$B = 100$。此外，对于一个具体的线阵而言，总的互耦影响可以用耦合泄露 $L(\boldsymbol{M})$ 来衡量，$L(\boldsymbol{M})$ 可表示为

$$
L(\boldsymbol{M}) = \frac{\left\|\boldsymbol{C} - \mathrm{diag}\{\boldsymbol{C}\}\right\|_F}{\|\boldsymbol{C}\|_F} \tag{10.61}
$$

具体而言，某个线阵的 $L(\boldsymbol{M})$ 值越小，其阵元互耦越低。使用互耦模型，式（10.58）的虚拟阵列接收信号向量可以重构为[5]

$$
\tilde{\boldsymbol{y}} = \boldsymbol{C}_\mathrm{e}\boldsymbol{A}_\mathrm{e}\boldsymbol{p} + \sigma_n^2 \mathrm{vec}(\boldsymbol{I}_N) \tag{10.62}
$$

式中，$\boldsymbol{C}_\mathrm{e} = \boldsymbol{C}^* \otimes \boldsymbol{C}$。

3. 阵列模型

本节算法考虑如图 10.4 所示的展宽嵌套线阵。

10.5.2 基于压缩过完备字典集的稀疏表示算法

1. 用 DFT 方法获得粗 DOA 估计值

DFT 方法是一种非参量的谱分析方法，它的分辨率由阵列传感器数量决定。

为方便表示，定义转换式 $W=\alpha N_1+\beta N_2-\alpha\beta+\alpha-1$，$Q=(\alpha-1)(\beta-1)$。由文献[5]推广得知，展宽嵌套线阵的虚拟阵列连续阵元位置为 $[Qd,Wd]$ 和 $[-Wd,-Qd]$。定义方向向量 $\bar{\boldsymbol{a}}(\theta_k)\in\mathbf{C}^{(2W+1)\times 1}$ 为

$$\bar{\boldsymbol{a}}(\theta_k)=[\mathrm{e}^{-\mathrm{j}W\pi\sin(\theta_k)},\cdots,\mathrm{e}^{-\mathrm{j}Q\pi\sin(\theta_k)},0,\cdots,0,\mathrm{e}^{\mathrm{j}Q\pi\sin(\theta_k)},\cdots,\mathrm{e}^{\mathrm{j}W\pi\sin(\theta_k)}]^{\mathrm{T}} \tag{10.63}$$

同时，定义归一化 DFT 矩阵 $\boldsymbol{F}\in\mathbf{C}^{(2W+1)\times(2W+1)}$，$\boldsymbol{F}$ 的第 (p,q) 个元素表示为[18]

$$[\boldsymbol{F}]_{p,q}=\frac{1}{\sqrt{2W+1}}\mathrm{e}^{-\mathrm{j}\frac{2\pi}{2W+1}pq} \tag{10.64}$$

因此，向量 $\bar{\boldsymbol{a}}(\theta_k)$ 的归一化 DFT 形式为 $\ddot{\boldsymbol{a}}(\theta_k)=\boldsymbol{F}\bar{\boldsymbol{a}}(\theta_k)$，$\ddot{\boldsymbol{a}}(\theta_k)\in\mathbf{C}^{(2W+1)\times 1}$ 的第 p_k 个元素可以表示为

$$[\ddot{\boldsymbol{a}}(\theta_k)]_{p_k}=\frac{1}{\sqrt{2W+1}}\mathrm{e}^{-\mathrm{j}W\left[\frac{2\pi}{2W+1}p_k-\pi\sin\theta_k\right]} \times\left(\frac{\sin\left[\frac{2W+1}{2}\left(\frac{2\pi}{2W+1}p_k-\pi\sin\theta_k\right)\right]}{\sin\left[\frac{1}{2}\left(\frac{2\pi}{2W+1}p_k-\pi\sin\theta_k\right)\right]}-\frac{\sin\left[\frac{2Q-1}{2}\left(\frac{2\pi}{2W+1}p_k-\pi\sin\theta_k\right)\right]}{\sin\left[\frac{1}{2}\left(\frac{2\pi}{2W+1}p_k-\pi\sin\theta_k\right)\right]}\right) \tag{10.65}$$

通过确定 $\ddot{\boldsymbol{a}}(\theta_k)$ 的非零元素位置，即可获得 p_k，$k=1,2,\cdots,K$。从而可根据 $p_k=(2W+1)\sin\theta_k/2$ 获得 θ_k 的估计值。但在实际中，阵列阵元数是有限的，即使是稀疏阵列，产生的虚拟阵列阵元数也是有限的，也就是说，$2W+1$ 是一个有限值。这会导致 $(2W+1)\sin\theta_k/2$ 点的 DFT 功率值会泄露至其相邻点（见图 10.21），这虽然会影响 DFT 方法的 DOA 估计精度，但是不影响其粗 DOA 估计。

从式（10.62）的 $\tilde{\boldsymbol{y}}$ 中抽取展宽嵌套线阵产生的连续虚拟阵元的接收信号向量 $\tilde{\boldsymbol{y}}_1\in\mathbf{C}^{(W-Q+1)\times 1}$ 和 $\tilde{\boldsymbol{y}}_2\in\mathbf{C}^{(W-Q+1)\times 1}$，其中 $\tilde{\boldsymbol{y}}_1$ 表示虚拟阵元位置为 $[-Wd,-Qd]$ 的接收信号向量，$\tilde{\boldsymbol{y}}_2$ 表示虚拟阵元位置为 $[Qd,Wd]$ 的接收信号向量，构造

$$\bar{\boldsymbol{y}}=[\tilde{\boldsymbol{y}}_1^{\mathrm{T}},\boldsymbol{O}_{1\times(2Q-1)},\tilde{\boldsymbol{y}}_2^{\mathrm{T}}]^{\mathrm{T}} \tag{10.66}$$

显而易见，$\bar{\boldsymbol{a}}(\theta_k)$ 可以看作信号向量 $\bar{\boldsymbol{y}}$ 的方向向量。$\bar{\boldsymbol{y}}$ 的 DFT 形式为 $\ddot{\boldsymbol{y}}=\boldsymbol{F}\bar{\boldsymbol{y}}$，$\ddot{\boldsymbol{y}}\in\mathbf{C}^{(2W+1)\times 1}$。根据前文的结论，通过锁定 $\ddot{\boldsymbol{y}}$ 的较大的 K 个峰值的位置，记 $\ddot{\boldsymbol{y}}$ 的峰值位置

在第 $\hat{p}_k$（$k=1,2,\cdots,K$）行，那么粗 DOA 估计值 $\hat{\theta}_k^{\text{ini}}$ 可以表示为 $\hat{\theta}_k^{\text{ini}}=\arcsin(2\hat{p}_k/(2W+1))$（$k=1,2,\cdots,K$）。

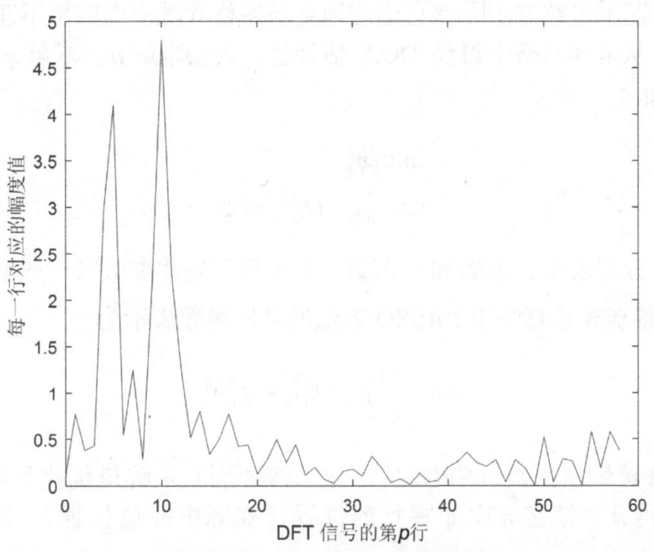

图 10.21 DFT 信号 $\ddot{\boldsymbol{y}}$ 的谱实例

［参数为 $N=10$，$\alpha=5$，$\beta=4$（等同于 $2W+1=59$），$J=200$，$\text{SNR}=0\text{dB}$，$\theta=[10^\circ,20^\circ]$］

图 10.21 所示为DFT 信号 $\ddot{\boldsymbol{y}}$ 的谱实例，其中横轴代表DFT 信号的第 p 行，$p=1,2,\cdots,2W+1$，纵轴代表每一行对应的幅度值。由此可知，峰值靠近第 5 行和第 10 行，粗 DOA 估计值表示为 $\hat{\theta}_1^{\text{ini}}=\arcsin(2\hat{p}_k/(2W+1))$，$k=1,2,\cdots,K$。因此，根据图 10.21 可以得出 $\hat{\theta}_1^{\text{ini}}=\arcsin(2\times5/59)\approx9.76^\circ$，$\hat{\theta}_2^{\text{ini}}=\arcsin(2\times10/59)\approx19.81^\circ$，估计值接近真实角度值 $\theta=[10^\circ,20^\circ]$。

2. 用 COCD-SR 算法获得精 DOA 估计值

在这里稀疏表示算法，即 COCD-SR 算法用来获得精 DOA 估计值 $\hat{\theta}_k$，$k=1,2,\cdots,K$。此外，稀疏表示算法的过完备字典集通过粗 DOA 估计值 $\hat{\theta}_k^{\text{ini}}$ 来进行压缩，使算法具有低复杂度。因为 $\hat{p}_k$ 是一个整数，因此 DFT 方法的 DOA 分辨率为 $\arcsin(2/(2W+1))$。

构造采样网格 $\theta_1,\theta_2,\cdots,\theta_D$（$D\gg K$），其包含所有可能的 DOA 估计值 $\hat{\theta}_k$，且 $\theta_1,\theta_2,\cdots,\theta_D\in\mathbb{U}$，$\mathbb{U}=\{\mathbb{U}_1\cup\mathbb{U}_2\cup\cdots\cup\mathbb{U}_K\,|\,\mathbb{U}_k=(\hat{\theta}_k^{\text{ini}}-\arcsin(1/(2W+1)),\ \hat{\theta}_k^{\text{ini}}+\arcsin(1/(2W+1)))\}$。传统稀疏表示算法中 $\mathbb{U}\in(-90^\circ,90^\circ)$，因此利用粗 DOA 估计值可以明显缩小过完备字典集范围。

将稀疏表示算法应用至式（10.66）中的虚拟阵列接收信号向量 $\tilde{\boldsymbol{y}}=\boldsymbol{C}_\text{e}\boldsymbol{A}_\text{e}\boldsymbol{p}+\sigma_n^2\text{vec}(\boldsymbol{I}_N)$。通过采样网格 $\theta_1,\theta_2,\cdots,\theta_D$ 将 $\boldsymbol{A}_\text{e}$ 拓展为一个更大的稀疏矩阵 $\boldsymbol{\Theta}$，其中 $\boldsymbol{\Theta}$ 包含 $\boldsymbol{A}_\text{e}$ 的所有列，行数维度相同。同样地，将 $\boldsymbol{p}$ 拓展为一个行数维度更大的稀

疏向量$\boldsymbol{\eta}$，$\boldsymbol{\eta}$中对应于 DOA 估计值$\hat{\theta}_k$的元素值与$\boldsymbol{p}$保持一致，其余元素值为 0。在本节，我们假设真正的 DOA 估计值都在离散采样网格上。对于这种离散网格问题[20-21]，可以采用自适应匹配追踪方法[22]来自适应地更新网格并减小由网格不匹配引起的误差。

因此，为了从采样网格中得到 DOA 估计值，需要求解$\boldsymbol{\eta}$，求解$\boldsymbol{\eta}$可以转化为求解以下最优化问题[23]：

$$\begin{aligned}&\min\|\hat{\boldsymbol{\eta}}\|_1\\&\text{s.t.}\ \ \|\tilde{\boldsymbol{y}}-\boldsymbol{\Theta}\hat{\boldsymbol{\eta}}\|_2\leqslant\xi\end{aligned}\tag{10.67}$$

式中，$\|\bullet\|_1$和$\|\bullet\|_2$分别表示ℓ_1范数和ℓ_2范数；ξ表示正则化参数（一般取值为 1 左右）。根据文献[23]，稀疏表示算法中 LASSO 方法的目标函数表示为

$$\min\left[\frac{1}{2}\|\tilde{\boldsymbol{y}}-\boldsymbol{\Theta}\hat{\boldsymbol{\eta}}\|_2+\xi\|\hat{\boldsymbol{\eta}}\|_1\right]\tag{10.68}$$

通过利用稀疏恢复工具（SPGL1[24] 或 CVX[25]）求解最优化目标函数，可以由式（10.68）获得$\hat{\boldsymbol{\eta}}$。锁定$\hat{\boldsymbol{\eta}}$中非零行的位置（实际中峰值位置），对应于采样网格$\theta_1,\theta_2,\cdots,\theta_D$，即可获得 DOA 估计值$\hat{\theta}_k$（$k=1,2,\cdots,K$）。

3．算法步骤

算法 10.5：展宽嵌套线阵基于 COCD-SR 的 DOA 估计算法。

步骤 1：考虑接收信号互耦模型，得到物理阵列接收信号$\tilde{\boldsymbol{x}}(t)$，$t=1,2,\cdots,J$，其中$J$表示接收信号总快拍数。

步骤 2：由式（10.62）构造虚拟阵列接收信号向量$\tilde{\boldsymbol{y}}$。

步骤 3：从$\tilde{\boldsymbol{y}}$中抽取虚拟阵列连续阵元的信号向量$\tilde{\boldsymbol{y}}_1$和$\tilde{\boldsymbol{y}}_2$。根据式（10.66）构造信号向量$\bar{\boldsymbol{y}}=[\tilde{\boldsymbol{y}}_1^{\mathrm{T}},\boldsymbol{O}_{1\times(2Q-1)},\tilde{\boldsymbol{y}}_2^{\mathrm{T}}]^{\mathrm{T}}$并获得$\bar{\boldsymbol{y}}$的 DFT 形式，表示为$\ddot{\boldsymbol{y}}=\boldsymbol{F}\bar{\boldsymbol{y}}$。

步骤 4：通过锁定$\ddot{\boldsymbol{y}}$的较大的K个峰值的位置求得粗 DOA 估计值$\hat{\theta}_k^{\text{ini}}$，$k=1,2,\cdots,K$。

步骤 5：根据$\hat{\theta}_k^{\text{ini}}$构造压缩的过完备字典集，并利用式（10.67）和式（10.68）通过稀疏表示算法和 CVX 工具从采样网格$\theta_1,\theta_2,\cdots,\theta_D$中恢复精 DOA 估计值$\hat{\theta}_k$，$k=1,2,\cdots,K$。

4．算法复杂度和特点

本节提出了低复杂度 COCD-SR 算法。由于稀疏表示算法要用到 CVX 工具，很难利用矩阵复乘次数界定复杂度，因此这里我们利用 MATLAB 仿真时间评估不同算法的复杂度。表 10.1 所示为不同算法的复杂度比较，仿真条件设置为信源数$K=2$，$\theta=\left[10^\circ,20^\circ\right]$，展宽嵌套线阵阵元数$N=2N_1=2N_2=10$，快拍数$J=200$，信噪比$\text{SNR}=0\text{dB}$，$\alpha=5$，$\beta=4$。采样网格步进值$\varDelta=0.01$。根据前文讨论，COCD-SR 算法和 SR 算法的过完备字典集范围分别是$\left(\hat{\theta}_1^{\text{ini}}-0.94^\circ,\hat{\theta}_1^{\text{ini}}+0.94^\circ\right)\cup\left(\hat{\theta}_2^{\text{ini}}-0.94^\circ,\hat{\theta}_2^{\text{ini}}+0.94^\circ\right)$和$\left(-90^\circ,90^\circ\right)$。

表 10.1 不同算法的复杂度比较

算法	仿真时间/s
SR 算法	165.3421
COCD-SR 算法	15.1040

因为 COCD-SR 算法的过完备字典集更小，所以其仿真时间更短，也就是说，COCD-SR 算法的复杂度更低。

展宽嵌套线阵和 COCD-SR 算法具有如下优点。

（1）通过分解广义嵌套线阵的一个子阵并重新构造子阵结构，展宽嵌套线阵能够获得比广义嵌套线阵更大的空间自由度和阵列孔径。

（2）相比其他的稀疏阵列，展宽嵌套线阵具有更低的阵元互耦。

（3）相比 SR 算法，COCD-SR 算法具有更低的复杂度。因为 COCD-SR 算法先利用 DFT 方法得到粗 DOA 估计值，并利用粗 DOA 估计值压缩了 SR 算法的过完备字典集。

10.5.3 仿真结果

本节假设接收信号模型为互耦模型，采用大量的仿真结果来评估展宽嵌套线阵和稀疏线阵，以及 COCD-SR 算法和 SR 算法的性能。假设有 K 个远场窄带不相干信号入射到传感器阵列上。角度估计性能用 RMSE 来衡量，RMSE 定义为

$$\text{RMSE}=\sum_{k=1}^{K}\sqrt{\frac{1}{M}\sum_{m=1}^{M}(\hat{\theta}_{k,m}-\theta_k)^2} \tag{10.69}$$

式中，M 表示蒙特卡罗仿真次数；$\hat{\theta}_{k,m}$ 表示理论值 θ_k 在第 m 次仿真中的估计值。在本节中，我们设定 $M=500$，稀疏阵列传感器阵元数设置为 $N=10$，稀疏阵列子阵阵元数设置满足最大空间自由度的条件。此外，对于展宽嵌套线阵和 COCD-SR 算法，$\alpha=5$，$\beta=4$，过完备字典集网格间隔为 $\varDelta=0.01$。互耦系数设置：当 $l\in[2,B]$ 时，$c_l=c_0\mathrm{e}^{-\mathrm{j}(l-1)\pi/8}/l$，$c_1=|c_1|\mathrm{e}^{\mathrm{j}\pi/3}$，$|c_1|=0.3$，$B=100$。

仿真 1. 考虑不同阵列间的角度估计性能，其中阵列包括 NA[2]、WNA、ANAI-1[8]、ANAI-2[8]、SNA[4]、CADiS 和 GNA[5]，各阵列传感器位置设置见 10.5.1 节。图 10.22 和图 10.23 给出了不同阵列随着 SNR 变化的角度估计性能和 CRB 性能，其中快拍数 $J=200$，$\theta=\left[10^\circ,15^\circ\right]$。

从图 10.22 和图 10.23 中可以看出，随着 SNR 的增大，各稀疏阵列的角度估计性能和 CRB 性能变优。此外，相比 NA、SNA、CADiS 和 GNA，WNA 因为阵元互耦更低、空间自由度更大、阵列孔径更大，所以具有更优的角度估计性能。尽管 WNA、CADiS 和 GNA 在空间自由度上略大于 ANAI-1、ANAI-2，但是这些阵列在阵元互耦上优势明

显，因此它们具有更好的角度估计性能。

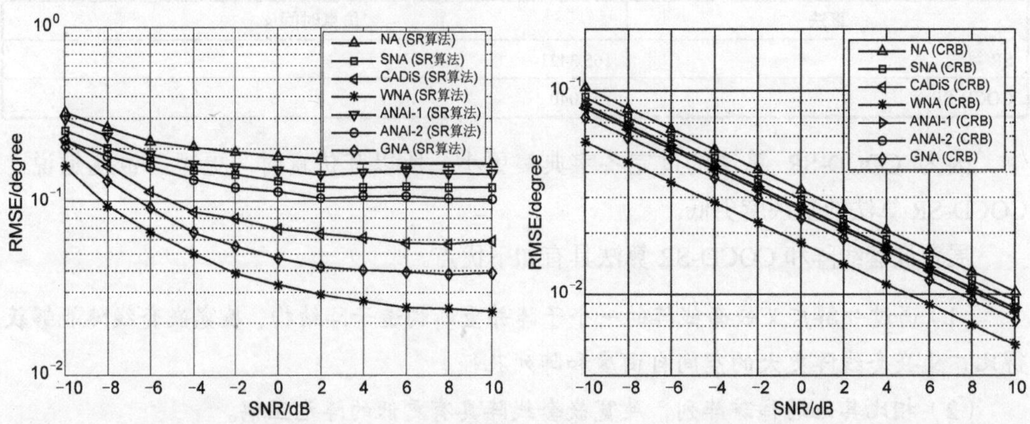

图 10.22 不同阵列随着 SNR 变化的角度估计性能　图 10.23 不同阵列随着 SNR 变化的 CRB 性能

仿真 2. 图 10.24 和图 10.25 给出了不同阵列随着快拍数变化的角度估计性能和 CRB 性能，其中 SNR = 0dB，$\theta=\left[10^{\circ},15^{\circ}\right]$。

从图 10.24 和图 10.25 中可以看出，随着快拍数的增大，各稀疏阵列的角度估计性能和 CRB 性能变优。此外，相比其他稀疏阵列，WNA 因为阵元互耦最低，阵列孔径最大，所以角度估计性能最优。尽管 ANAI-1、ANAI-2 的空间自由度比 WNA 大，但是同样具有高互耦，因此其角度估计性能不如 WNA。

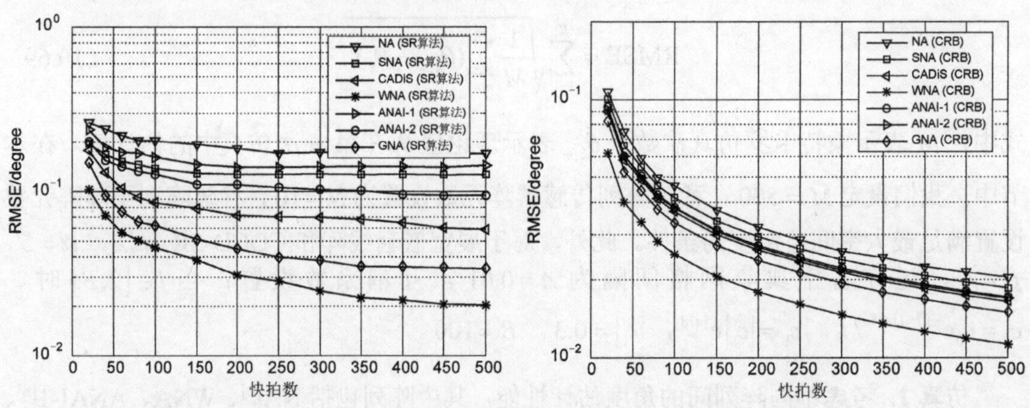

图 10.24 不同阵列随着快拍数变化的角度估计性能　图 10.25 不同阵列随着快拍数变化的 CRB 性能

10.6 增强嵌套面阵和 DOA 估计算法

本节将展宽嵌套线阵扩展为二维结构，设计了一种增强嵌套面阵，并提出了对应的二维局部谱峰搜索 SS-MUSIC 算法。本节可以看作 10.5 节的二维扩展。增强嵌套面阵具有比经典的嵌套面阵更大的空间自由度和更优的 DOA 估计性能。通过二维 DFT 方法可以得到增强嵌套面阵虚拟接收信号的初始角度估计值，根据初始角度估计值构造二维局部 MUSIC 空间谱。本节算法避免了二维全局谱峰搜索，复杂度较低。

10.6.1 数据模型

本节算法考虑如图 10.5 所示的增强嵌套面阵。接收信号 $\boldsymbol{x}(t)$ 的协方差矩阵可以表示为[26]

$$\boldsymbol{R}=E\left[\boldsymbol{x}(t)\boldsymbol{x}^{\mathrm{H}}(t)\right]=\boldsymbol{A}\boldsymbol{R}_{\mathrm{s}}\boldsymbol{A}+\sigma_n^2\boldsymbol{I}_N \tag{10.70}$$

式中，$\boldsymbol{I}_N\in\mathbf{R}^{N\times N}$ 为一个单位矩阵；$\boldsymbol{R}_{\mathrm{s}}=\mathrm{diag}\left(\sigma_1^2,\sigma_2^2,\cdots,\sigma_K^2\right)$，$\sigma_k^2$ 表示第 k 个信号的平均功率，$k=1,2,\cdots,K$。在实际中，在有限快拍数 J 条件下，信号协方差矩阵表示为

$$\hat{\boldsymbol{R}}=\frac{1}{J}\sum_{t=1}^{J}\boldsymbol{x}(t)\boldsymbol{x}^{\mathrm{H}}(t) \tag{10.71}$$

根据文献[16]，信号协方差矩阵可以被向量化为

$$\begin{aligned}\boldsymbol{y}&=\mathrm{vec}\left(\hat{\boldsymbol{R}}\right)=\left(\boldsymbol{A}^*\odot\boldsymbol{A}\right)\boldsymbol{p}+\sigma_n^2\boldsymbol{U}\\&=\ddot{\boldsymbol{A}}\boldsymbol{p}+\sigma_n^2\boldsymbol{U}\end{aligned} \tag{10.72}$$

式中，$\boldsymbol{p}=[\sigma_1^2,\sigma_2^2,\cdots,\sigma_K^2]^{\mathrm{T}}$；$\boldsymbol{U}=\mathrm{vec}\{\boldsymbol{I}_N\}$；$\ddot{\boldsymbol{A}}=\boldsymbol{A}^*\odot\boldsymbol{A}$，$\ddot{\boldsymbol{A}}$ 的第 k 列记为 $\ddot{\boldsymbol{a}}_k(u_k,v_k)=\boldsymbol{a}_{k,x}^*(u_k)\otimes\boldsymbol{a}_{k,y}^*(v_k)\otimes\boldsymbol{a}_{k,x}(u_k)\otimes\boldsymbol{a}_{k,y}(v_k)$。根据文献[12]，式（10.72）中的向量 $\boldsymbol{y}$ 可以看作一个虚拟面阵的信号观测向量。此外，$\ddot{\boldsymbol{A}}$ 可以看作虚拟面阵的方向矩阵，向量 $\boldsymbol{p}$ 可以看作单快拍的入射信号向量。

根据文献[3]，差分阵与和共阵的定义如下。

定义 10.6.1（差分阵） 考虑一个阵元位置为 $\boldsymbol{S}=[s_1,s_2,\cdots,s_N]d$ 的 N 元线性稀疏阵列，它的差分阵阵元位置表示为

$$\boldsymbol{D}_{\mathrm{c}}=\left\{\left(s_i-s_j\right)d,\ i,j=1,2,\cdots,N\right\} \tag{10.73}$$

定义 10.6.2（和共阵） 定义 10.6.1 中提及的稀疏阵列的和共阵阵元位置表示为

$$\boldsymbol{D}_{\mathrm{s}}=\left\{\left(s_i+s_j\right)d,\ i,j=1,2,\cdots,N\right\} \tag{10.74}$$

虚拟面阵的方向向量为 $\ddot{\boldsymbol{a}}_k(u_k,v_k)=\boldsymbol{a}_{k,x}^*(u_k)\otimes\boldsymbol{a}_{k,y}^*(v_k)\otimes\boldsymbol{a}_{k,x}(u_k)\otimes\boldsymbol{a}_{k,y}(v_k)$，$\ddot{\boldsymbol{a}}_k(u_k,v_k)$ 可以看作由两部分组成，即 $\boldsymbol{a}_{k,x}^*(u_k)\otimes\boldsymbol{a}_{k,x}(u_k)$ 和 $\boldsymbol{a}_{k,y}^*(v_k)\otimes\boldsymbol{a}_{k,y}(v_k)$，这两部分可以分别看作位于 x 轴和 y 轴方向上的差分阵的方向向量。此外，从总体上看，$\ddot{\boldsymbol{a}}_k(u_k,v_k)$

可以看作这两个差分阵的和共阵的方向向量。因此，此虚拟面阵可以记为增强嵌套面阵的和差共阵（Sum-Difference Co-Array，SDCA）。

不失一般性地，本节增强嵌套面阵的 SDCA 阵元位置可以表示为

$$\boldsymbol{D}_{\text{sc}}=\left\{\left(l_i-l_j\right)u_k+\left(l_i-l_j\right)v_k,\ \ i,j=1,2,\cdots,N\right\} \tag{10.75}$$

式中，l_i 和 l_j 分别表示 $\boldsymbol{L}$ 中的第 i 个和第 j 个元素。

图 10.26 所示为 SDCA 结构示例，其中 $M=N_1N_2+2N_2+N_1-3$。

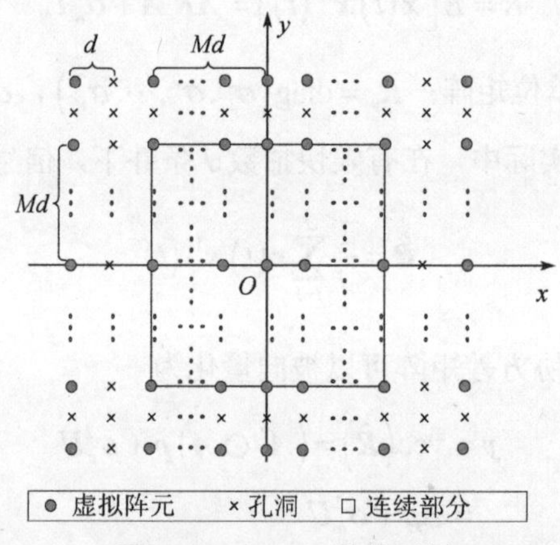

图 10.26　SDCA 结构示例

从图 10.26 中可以看出，在 xOy 平面上，SDCA 连续部分位于 $(-Md,-Md)$ 到 (Md,Md) 之间，这一部分可用于基于空间平滑的 DOA 估计算法，如二维 SS-MUSIC 算法[12]。

10.6.2　基于 SS-MUSIC 的 DOA 估计算法

本节提出了一种二维局部谱峰搜索 SS-MUSIC 算法。具体地，该算法先利用二维 DFT 方法获得粗 DOA 估计值，然后利用二维 SS-MUSIC 算法获得精 DOA 估计值。其中，粗 DOA 估计值被用来缩小二维 SS-MUSIC 算法的空间谱范围。如前文所述，向量 $\boldsymbol{y}$ 可以看作 SDCA 的接收信号观测值，但是对于基于空间平滑的 DOA 估计算法而言，只有 SDCA 连续部分的观测值是可使用的，因此需要先选出 SDCA 连续部分的虚拟接收信号向量。

1．虚拟接收信号向量

根据文献[27]，在删除式（10.72）中 $\ddot{\boldsymbol{A}}$ 的重复行及选取其对应连续行并排序后，可以从 $\ddot{\boldsymbol{A}}$ 中抽取出一个新的方向矩阵，表示为

$$\overline{\boldsymbol{A}}=\left[\overline{\boldsymbol{a}}_1\left(u_1,v_1\right),\overline{\boldsymbol{a}}_2\left(u_2,v_2\right),\cdots,\overline{\boldsymbol{a}}_K\left(u_K,v_K\right)\right] \tag{10.76}$$

式中，$\bar{\boldsymbol{a}}_k(u_k,v_k)=\bar{\boldsymbol{a}}_{k,x}(u_k)\otimes\bar{\boldsymbol{a}}_{k,y}(v_k)$，$\bar{\boldsymbol{a}}_{k,x}(u_k)=[\mathrm{e}^{-\mathrm{j}2\pi Mdu_k/\lambda},\cdots,1,\cdots,\mathrm{e}^{\mathrm{j}2\pi Mdu_k/\lambda}]^{\mathrm{T}}\in\mathbf{C}^{(2M+1)\times1}$，$\bar{\boldsymbol{a}}_{k,y}(v_k)=[\mathrm{e}^{-\mathrm{j}2\pi Mdv_k/\lambda},\cdots,1,\cdots,\mathrm{e}^{\mathrm{j}2\pi Mdv_k/\lambda}]^{\mathrm{T}}\in\mathbf{C}^{(2M+1)\times1}$；$\bar{\boldsymbol{A}}$ 可以看作 SDCA 连续部分接收信号的方向矩阵，对应的阵元在 xOy 平面上的位置为 $(-Md,-Md)$ 到 (Md,Md) 之间。同理可以从向量 $\boldsymbol{y}$ 中获取 SDCA 连续部分的接收信号向量，表示为

$$\bar{\boldsymbol{y}}=\bar{\boldsymbol{A}}\boldsymbol{p}+\sigma_n^2\boldsymbol{e}_v \tag{10.77}$$

式中，$\boldsymbol{e}_v\in\mathbf{R}^{(2M+1)^2\times1}$ 表示一个向量，它的第 $2M^2+2M+1$ 个元素为 1，其他元素均为 0。

2. 二维粗 DOA 估计

DFT 方法是一种非参量的谱分析方法，它的分辨率是由阵列传感器数量决定的。根据方向向量 $\bar{\boldsymbol{a}}_k(u_k,v_k)$，可以定义向量 $\bar{\boldsymbol{a}}_k^{\mathrm{r}}(u_k,v_k)$ 为

$$\begin{aligned}\bar{\boldsymbol{a}}_k^{\mathrm{r}}(u_k,v_k)&=[\bar{\boldsymbol{a}}_{k,1}(u_k,v_k),\bar{\boldsymbol{a}}_{k,2}(u_k,v_k),\cdots,\bar{\boldsymbol{a}}_{k,2M+1}(u_k,v_k)]\\&=\begin{bmatrix}\mathrm{e}^{\mathrm{j}2\pi(-Mu_k-Mv_k)d/\lambda}&\cdots&\mathrm{e}^{\mathrm{j}2\pi(Mu_k-Mv_k)d/\lambda}\\\vdots&&\vdots\\\mathrm{e}^{\mathrm{j}2\pi(-Mu_k+Mv_k)d/\lambda}&\cdots&\mathrm{e}^{\mathrm{j}2\pi(Mu_k+Mv_k)d/\lambda}\end{bmatrix}_{(2M+1)\times(2M+1)}\end{aligned} \tag{10.78}$$

式中，$\bar{\boldsymbol{a}}_{k,t}(u_k,v_k)$ 表示向量 $\bar{\boldsymbol{a}}_k(u_k,v_k)$ 的第 $(t-1)(2M+1)+1$ 行到第 $t(2M+1)$ 行，$t=1,2\cdots,2M+1$。

同时，定义一个二维归一化 DFT 矩阵 $\boldsymbol{F}\in\mathbf{C}^{(2M+1)\times(2M+1)}$，它的第 (p,q) 个元素可以表示为[28]

$$[\boldsymbol{F}]_{p,q}=\frac{1}{\sqrt{2M+1}}\mathrm{e}^{-\mathrm{j}\frac{2\pi}{2M+1}pq} \tag{10.79}$$

因此，向量 $\bar{\boldsymbol{a}}_k^{\mathrm{r}}(u_k,v_k)$ 的归一化 DFT 形式可以表示为 $\tilde{\boldsymbol{a}}_k^{\mathrm{r}}(u_k,v_k)=\boldsymbol{F}\bar{\boldsymbol{a}}_k^{\mathrm{r}}(u_k,v_k)\boldsymbol{F}$，其中 $\tilde{\boldsymbol{a}}_k^{\mathrm{r}}(u_k,v_k)\in\mathbf{C}^{(2M+1)\times(2M+1)}$，它的第 (p_k,q_k) 个元素（$p_k=1,2,\cdots,2M+1$，$q_k=1,2,\cdots,2M+1$）可以表示为[28]

$$\begin{aligned}[\tilde{\boldsymbol{a}}_k^{\mathrm{r}}(u_k,v_k)]_{p_k,q_k}&=\frac{1}{2M+1}\mathrm{e}^{-\mathrm{j}M\left[\frac{2\pi}{2M+1}p_k-\pi u_k\right]}\mathrm{e}^{-\mathrm{j}M\left[\frac{2\pi}{2M+1}q_k-\pi v_k\right]}\\&\quad\times\frac{\sin\left[\frac{2M+1}{2}\left(\frac{2\pi}{2M+1}p_k-\pi u_k\right)\right]}{\sin\left[\frac{1}{2}\left(\frac{2\pi}{2M+1}p_k-\pi u_k\right)\right]}\frac{\sin\left[\frac{2M+1}{2}\left(\frac{2\pi}{2M+1}q_k-\pi v_k\right)\right]}{\sin\left[\frac{1}{2}\left(\frac{2\pi}{2M+1}q_k-\pi v_k\right)\right]}\end{aligned} \tag{10.80}$$

根据文献[28]，如果 SDCA 连续部分的阵元数为无穷大，也就是说，$2M+1\to\infty$，

那么总会存在整数值 $p_k=(2M+1)u_k/2$ 和 $q_k=(2M+1)v_k/2$，使得 $[\tilde{\boldsymbol{a}}_k^{\mathrm{r}}(u_k,v_k)]_{p_k,q_k}=2M+1$，其他元素均为 0。因此，可以通过搜索 $\tilde{\boldsymbol{a}}_k^{\mathrm{r}}(u_k,v_k)$ 的非零元素的位置确定 p_k 和 q_k 的值，其中 $k=1,2,\cdots,K$。但是在实际情况下，阵元数是有限的，即使是嵌套面阵，产生的虚拟阵元数也是有限的。因此，如图 10.27 所示，$\left[\tilde{\boldsymbol{a}}_k^{\mathrm{r}}(u_k,v_k)\right]$ 的 DFT 谱在 $\lfloor(2M+1)u_k/2,(2M+1)v_k/2\rfloor$ 点的功率值会泄露至其相邻点，虽然这会影响 DFT 方法的 DOA 估计精度，但并不影响其粗 DOA 估计。

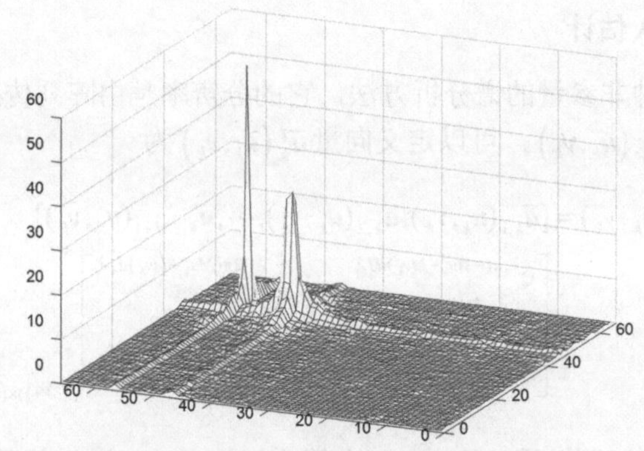

图 10.27　存在两个信源的 DFT 谱示例

（$N=10$，即 $2M+1=63$，快拍数 $J=1000$，SNR = 0dB，$\theta=\left[35°,60°\right]$，$\phi=\left[55°,45°\right]$）

因此，重构式（10.77）中的 $\bar{\boldsymbol{y}}$ 为

$$\bar{\boldsymbol{y}}^{\mathrm{r}}=\left[\bar{\boldsymbol{y}}_1,\bar{\boldsymbol{y}}_2,\cdots,\bar{\boldsymbol{y}}_{2M+1}\right] \tag{10.81}$$

式中，$\bar{\boldsymbol{y}}^{\mathrm{r}}\in\mathbf{C}^{(2M+1)\times(2M+1)}$；$\bar{\boldsymbol{y}}_t$ 表示向量 $\bar{\boldsymbol{y}}_t$ 的第 $(t-1)(2M+1)+1$ 行到第 $t(2M+1)$ 行，$t=1,2\cdots,2M+1$。虚拟信号向量 $\bar{\boldsymbol{y}}^{\mathrm{r}}$ 的 DFT 形式为 $\tilde{\boldsymbol{y}}^{\mathrm{r}}=\boldsymbol{F}\bar{\boldsymbol{y}}^{\mathrm{r}}\boldsymbol{F}$。

通过锁定 $\tilde{\boldsymbol{y}}^{\mathrm{r}}$ 的较大的 K 个峰值的位置，记为 $\tilde{\boldsymbol{y}}^{\mathrm{r}}$ 的第 (p_k,q_k) 个位置有峰值，$k=1,2,\cdots,K$，那么粗 DOA 估计值可表示为 $\hat{u}_k^{\mathrm{c}}=2p_k/(2M+1)$，$\hat{v}_k^{\mathrm{c}}=2q_k/(2M+1)$。

3. 二维 DOA 精估计

空间平滑技术用来恢复接收信号向量 $\bar{\boldsymbol{y}}$ 的协方差矩阵的秩，$\bar{\boldsymbol{y}}$ 的虚拟接收阵列为图 10.26 中的 SDCA 连续部分，阵元在 xOy 平面上的位置为 $(-Md,-Md)$ 到 (Md,Md) 之间。因此，根据文献[27]，将此连续虚拟阵列拆分成 $(M+1)^2$ 个不重叠子阵，其 (i,j) 个子阵包含 $(M+1)^2$ 个虚拟阵元，且阵元在 xOy 平面上的位置为

$$\{((i-1-n)d,(j-1-n)d)\mid n=0,1,\cdots,M\} \tag{10.82}$$

式中，$i,j=1,2,\cdots,M+1$。

为了确定第(i,j)个子阵的虚拟接收信号向量（记为$\boldsymbol{z}_{i,j}$），需要先定义以下两个信号选取矩阵：

$$\boldsymbol{E}_i=\left[\boldsymbol{O}_{(M+1)(2M+1)\times(i-1)(2M+1)},\boldsymbol{I}_{(M+1)(2M+1)},\boldsymbol{O}_{(M+1)(2M+1)\times(M-i+1)(2M+1)}\right] \tag{10.83}$$

$$\boldsymbol{E}_j=\boldsymbol{I}_{(M+1)}\otimes\left[\boldsymbol{O}_{(M+1)\times(j-1)},\boldsymbol{I}_{(M+1)},\boldsymbol{O}_{(M+1)\times(M-j+1)}\right] \tag{10.84}$$

$\boldsymbol{z}_{i,j}$ 可以表示为

$$\begin{aligned}\boldsymbol{z}_{i,j}&=\boldsymbol{E}_j\boldsymbol{E}_i\overline{\boldsymbol{y}}\\&=\overline{\boldsymbol{A}}_{i,j}\boldsymbol{p}+\sigma_n^2\boldsymbol{e}_{i,j}\end{aligned} \tag{10.85}$$

式中，$\overline{\boldsymbol{A}}_{i,j}$表示第$(i,j)$个子阵的方向矩阵；$\boldsymbol{e}_{i,j}$表示一个$(M+1)^2\times1$维向量，$\boldsymbol{e}_{i,j}$的第$\left((M+1)^2+(M+1)i-j\right)$个元素为 1，其他元素均为 0。根据文献[27]，构造如下空间平滑协方差矩阵：

$$\begin{aligned}\boldsymbol{R}_{ss}&=\frac{1}{(M+1)^2}\sum_{i=1}^{M+1}\sum_{j=1}^{M+1}\boldsymbol{z}_{i,j}\boldsymbol{z}_{i,j}^{\mathrm{H}}\\&=\frac{1}{(M+1)^2}(\overline{\boldsymbol{A}}_{1,1}\boldsymbol{\Lambda}\overline{\boldsymbol{A}}_{1,1}^{\mathrm{H}}+\sigma_n^2\boldsymbol{I}_{(M+1)^2})^2\end{aligned} \tag{10.86}$$

式中，$\boldsymbol{\Lambda}=\mathrm{diag}\left(\sigma_1^2,\sigma_2^2,\cdots,\sigma_K^2\right)$；$\overline{\boldsymbol{A}}_{1,1}\in\mathbf{C}^{(M+1)^2\times K}$为第$(1,1)$个子阵的方向矩阵。$\overline{\boldsymbol{A}}_{1,1}$的第$k$列可表示为

$$\overline{\boldsymbol{a}}_{k,(1,1)}\left(u_k,v_k\right)=\overline{\boldsymbol{a}}_{k,x,1}\left(u_k\right)\otimes\overline{\boldsymbol{a}}_{k,y,1}\left(v_k\right) \tag{10.87}$$

式中，$\overline{\boldsymbol{a}}_{k,x,1}\left(u_k\right)=[\mathrm{e}^{-\mathrm{j}2\pi Mdu_k/\lambda},\cdots,1]^{\mathrm{T}}$；$\overline{\boldsymbol{a}}_{k,y,1}\left(v_k\right)=[\mathrm{e}^{-\mathrm{j}2\pi Mdv_k/\lambda},\cdots,1]^{\mathrm{T}}$。

$\boldsymbol{R}_{ss}$可以看作一个均匀面阵的接收信号协方差矩阵，对$\boldsymbol{R}_{ss}$进行特征值分解后可以将 MUSIC 算法用于 DOA 估计。$\boldsymbol{R}_{ss}$可分解为[29]

$$\boldsymbol{R}_{ss}=\boldsymbol{E}_{\mathrm{s}}\boldsymbol{D}_{\mathrm{s}}\boldsymbol{E}_{\mathrm{s}}^{\mathrm{H}}+\boldsymbol{E}_{\mathrm{n}}\boldsymbol{D}_{\mathrm{n}}\boldsymbol{E}_{\mathrm{n}}^{\mathrm{H}} \tag{10.88}$$

式中，$\boldsymbol{E}_{\mathrm{s}}$和$\boldsymbol{E}_{\mathrm{n}}$分别表示信号子空间和噪声子空间；$\boldsymbol{D}_{\mathrm{s}}$和$\boldsymbol{D}_{\mathrm{n}}$包含对应的特征值。

因此，二维 SS-MUSIC 算法的空间谱函数可以表示为[30]

$$f(u,v)=\frac{1}{\overline{\boldsymbol{a}}_{(1,1)}^{\mathrm{H}}(u,v)\boldsymbol{E}_{\mathrm{n}}\boldsymbol{E}_{\mathrm{n}}^{\mathrm{H}}\overline{\boldsymbol{a}}_{(1,1)}(u,v)} \tag{10.89}$$

注意到根据二维 DFT 方法，已经获得了粗 DOA 估计值$\hat{u}_k^{\mathrm{c}}=2p_k/(2M+1)$和$\hat{v}_k^{\mathrm{c}}=2q_k/(2M+1)$。因为$p_k$和$q_k$均为整数，所以$\hat{u}_k^{\mathrm{c}}$和$\hat{v}_k^{\mathrm{c}}$的最低分辨率为$2/(2M+1)$。

通过构造空间谱范围 $u \in \{(\hat{u}_k^c - 1/(2M+1), \hat{u}_k^c + 1/(2M+1)) \mid k = 1,2,\cdots,K\}$，$v \in \{(\hat{v}_k^c - 1/(2M+1),\ \hat{v}_k^c + 1/(2M+1)) \mid k = 1,2,\cdots,K\}$，根据式（10.89），可以得到精 DOA 估计值 $\hat{u}_k^f$ 和 $\hat{v}_k^f$。传统的二维 SS-MUSIC 算法需要构造空间谱范围 $u \in (-1,1)$ 和 $v \in (-1,1)$，这远大于局部谱，因此本节算法复杂度相对较低。

根据 $\hat{u}_k^f$ 和 $\hat{v}_k^f$，计算信号角度，即

$$\hat{\theta}_k = \arcsin\left(\sqrt{(\hat{u}_k^f)^2 + (\hat{v}_k^f)^2}\right) \tag{10.90}$$

$$\hat{\phi}_k = \arctan\left(\hat{v}_k^f / \hat{u}_k^f\right) \tag{10.91}$$

4. 算法步骤

本节通过设计增强嵌套面阵增大了二级嵌套面阵的空间自由度，并提出了二维局部谱峰搜索 SS-MUSIC 算法，用于得到角度估计值。

算法 10.6：增强嵌套面阵二维局部谱峰搜索 SS-MUSIC 算法。

步骤 1：获得接收信号 $\boldsymbol{x}(t)$ 的协方差矩阵 $\boldsymbol{R}$，向量化 $\boldsymbol{R}$。

步骤 2：得到协方差矩阵 $\boldsymbol{R}$ 向量化后的虚拟信号 $\boldsymbol{y}$，从 $\boldsymbol{y}$ 中选取出连续部分 $\overline{\boldsymbol{y}}$，通过 $\overline{\boldsymbol{y}}$ 构造向量 $\overline{\boldsymbol{y}}^r$。

步骤 3：计算向量 $\overline{\boldsymbol{y}}^r$ 的 DFT 形式并获得粗 DOA 估计值 $\hat{u}_k^c$ 和 $\hat{v}_k^c$，$k = 1,2,\cdots,K$。

步骤 4：对协方差矩阵 $\boldsymbol{R}_{ss}$ 进行特征值分解。

步骤 5：根据式（10.89）构造空间谱函数，在粗 DOA 估计值 $\hat{u}_k^c$ 和 $\hat{v}_k^c$ 附近搜索 SS-MUSIC 峰值，得到精 DOA 估计值 $\hat{u}_k^f$ 和 $\hat{v}_k^f$，根据式（10.90）、式（10.91）得到 $\hat{\theta}_k$ 和 $\hat{\phi}_k$。

5. 算法复杂度和特点

下面利用矩阵复乘次数来评估不同算法的复杂度。表 10.2 给出了二维局部谱峰搜索 SS-MUSIC 算法和二维 SS-MUSIC 算法的复杂度比较，其中 G_p 和 G_t 分别表示不同算法的谱峰搜索次数。根据前文可知，G_p 远小于 G_t。假设有两个空间信源，它们的入射角分别为 $\theta = [10°, 50°]$ 和 $\phi = [15°, 55°]$，使得 $u = [0.1677, 0.4393]$，$v = [0.0449, 0.6275]$。

表 10.2　复杂度比较

算法	复杂度
二维局部谱峰搜索 SS-MUSIC 算法	$O\{(N_1+N_2+1)^4 J + 2(2N_1N_2+4N_2+2N_1-5)^3 + 2(N_1N_2+2N_2+N_1-2)^6 + G_p(2(N_1N_2+2N_2+N_1-2)^2+1)((N_1N_2+2N_2+N_1-2)^2-K)\}$
二维 SS-MUSIC 算法	$O\{(N_1+N_2+1)^4 J + 2(N_1N_2+2N_2+N_1-2)^6 + G_t(2(N_1N_2+2N_2+N_1-2)^2+1)((N_1N_2+2N_2+N_1-2)^2-K)\}$

图 10.28 给出了两种算法随着阵元数和快拍数变化的复杂度对比，其中图 10.28（a）

的仿真参数设置为快拍数 $J=100$，阵元数 $N=10,12,14,16$，图 10.28（b）的仿真参数设置为阵元数 $N=10$，快拍数 $J=300,900,1500,2100$，搜索间隔均设置为 $\Delta=0.0001$。

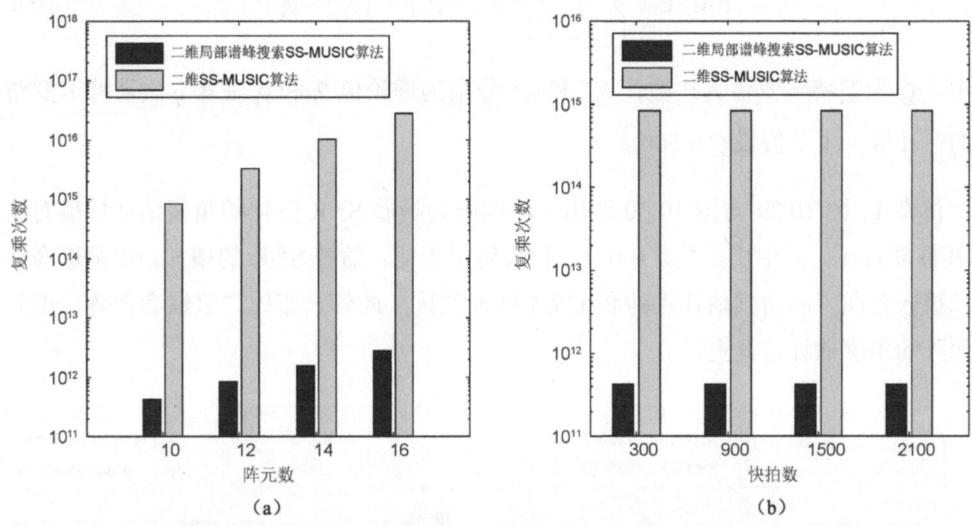

图 10.28　两种算法随着阵元数和快拍数变化的复杂度对比

从图 10.28 中可以看出，归功于缩小的空间谱范围，二维局部谱峰搜索 SS-MUSIC 算法的复杂度低于二维 SS-MUSIC 算法。此外，从两种算法的复杂度对比中可以得出一个结论，对于增强嵌套面阵，阵元数的增加相比快拍数的增加对算法复杂度的影响更大。

相比二级嵌套面阵和二维 SS-MUSIC 算法，增强嵌套面阵和二维局部谱峰搜索 SS-MUSIC 算法具有如下优点。

（1）与二级嵌套面阵相比，增强嵌套面阵具有更大的空间自由度和更优的 DOA 估计性能。

（2）与二维 SS-MUSIC 算法相比，二维局部谱峰搜索 SS-MUSIC 算法的复杂度更低。

（3）通过使用 DFT 方法，本节 DOA 估计过程不需要利用其他方法提前估计信源数。

10.6.3　仿真结果

本节采用大量的仿真来评估增强嵌套面阵、二维局部谱峰搜索 SS-MUSIC 算法相比二级嵌套面阵、二维 SS-MUSIC 算法的性能。嵌套面阵总物理阵元数设定为 $N\times N=9\times 9$，增强嵌套面阵和二级嵌套面阵的 N_1、N_2 则应根据表 10.2 及文献[27]中的公式使得两种阵列的空间自由度最大。假设有 $K=3$ 个远场窄带不相干信号入射到嵌套面阵上，入射角为 $(\theta_1,\phi_1)=(30^\circ,15^\circ)$，$(\theta_2,\phi_2)=(50^\circ,35^\circ)$，$(\theta_3,\phi_3)=(70^\circ,55^\circ)$，使得 $(u_1,v_1)=(0.4830,0.1294)$，$(u_2,v_2)=(0.6275,0.4394)$，$(u_3,v_3)=(0.5390,0.7698)$，其中 u 和 v 为二维 SS-MUSIC 算法的搜索变量且步进值设为 0.001。参数估计性能用 RMSE 来

衡量，RMSE 定义为

$$\mathrm{RMSE}=\sum_{k=1}^{K}\sqrt{\frac{1}{Q}\sum_{q=1}^{Q}((\theta_{k,q}^{\mathrm{est}}-\theta_k)^2+\left(\phi_{k,q}^{\mathrm{est}}-\phi_k\right)^2)} \tag{10.92}$$

式中，Q为蒙特卡罗仿真次数；$\theta_{k,q}^{\mathrm{est}}$和$\phi_{k,q}^{\mathrm{est}}$分别为理论值$\theta_k$和$\phi_k$在第$q$次蒙特卡罗仿真中的估计值。本节假设$Q=500$。

仿真 1. 图 10.29 与图 10.30 给出了不同阵列随着 SNR 变化的角度估计性能对比和 CRB 性能对比，其中快拍数$J=100$。仿真结果表明，随着 SNR 的增大，增强嵌套面阵与二级嵌套面阵的角度估计性能和 CRB 性能变优。此外，相比二级嵌套面阵，增强嵌套面阵的角度估计性能更优。

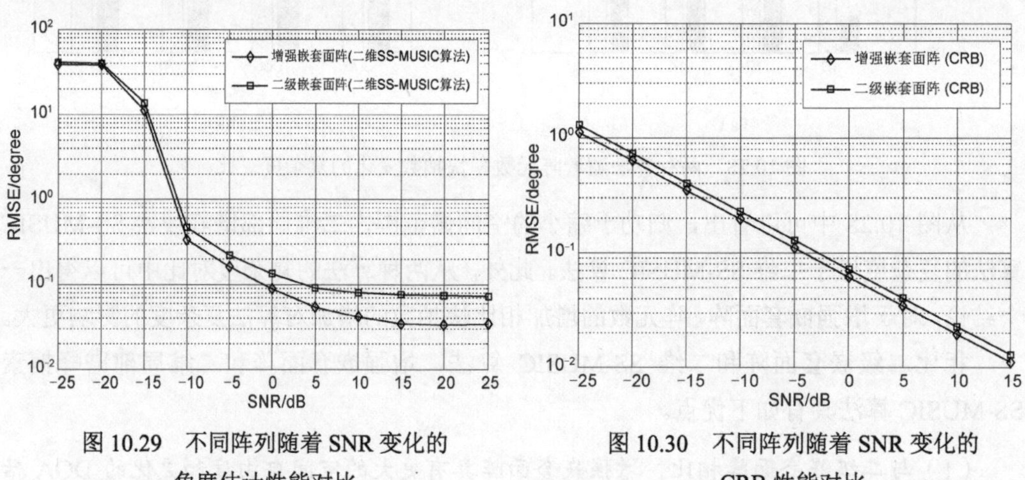

图 10.29　不同阵列随着 SNR 变化的角度估计性能对比

图 10.30　不同阵列随着 SNR 变化的 CRB 性能对比

仿真 2. 图 10.31 与图 10.32 给出了不同算法随着 SNR 和快拍数变化的角度估计性能对比，阵列结构均采用增强嵌套面阵，算法包括获得粗 DOA 估计值的 DFT 方法、二维局部谱峰搜索 SS-MUSIC 算法和二维 SS-MUSIC 算法。具体地，图 10.31 给出了不同算法随着 SNR 变化的角度估计性能对比，其中快拍数$J=100$。图 10.32 给出了不同算法随着快拍数变化的角度估计性能对比，其中信噪比$\mathrm{SNR}=0\mathrm{dB}$。此外，还提供了 CRB 的曲线作为估计精度的基准。

从图 10.31 与图 10.32 中可以看出，随着 SNR 和快拍数的增大，不同算法的角度估计性能均变优。此外，当 SNR 大于或等于 −10dB 时，可以看出二维 SS-MUSIC 算法和二维局部谱峰搜索 SS-MUSIC 算法基本有着一致的角度估计性能，且优于获得粗 DOA 估计值的 DFT 方法。

注意到因为存在阈值效应的影响，在小 SNR 情况下，不同算法的角度估计性能均急剧下降。具体地，对于图 10.31 而言，如果 SNR 小于或等于 −15dB，则二维局部谱峰

搜索 SS-MUSIC 算法基本失效。

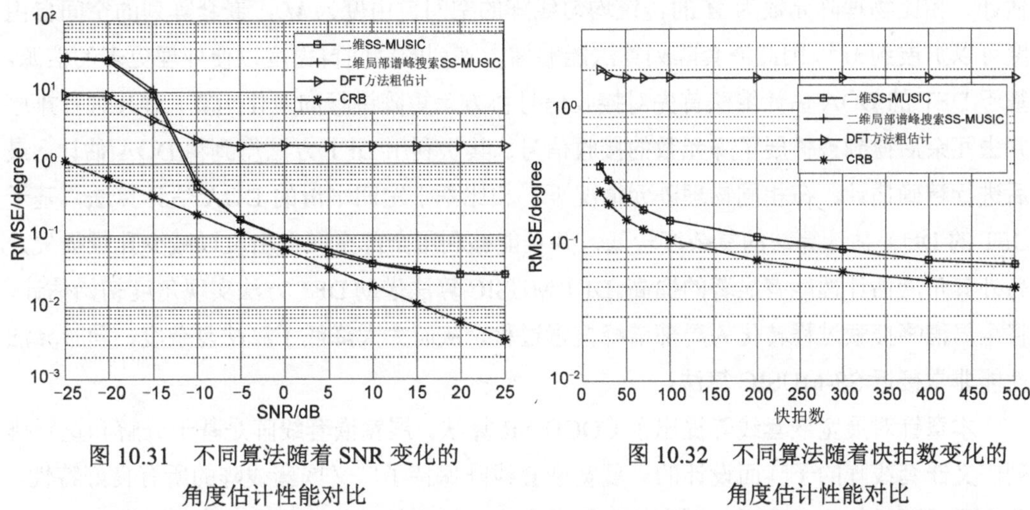

图 10.31　不同算法随着 SNR 变化的角度估计性能对比

图 10.32　不同算法随着快拍数变化的角度估计性能对比

仿真 3. 图 10.33 给出了二维局部谱峰搜索 SS-MUSIC 算法在不同参数下的角度估计性能对比。从图 10.33 中可以看出，随着 SNR 与快拍数的增大，二维局部谱峰搜索 SS-MUSIC 算法角度估计性能变优。

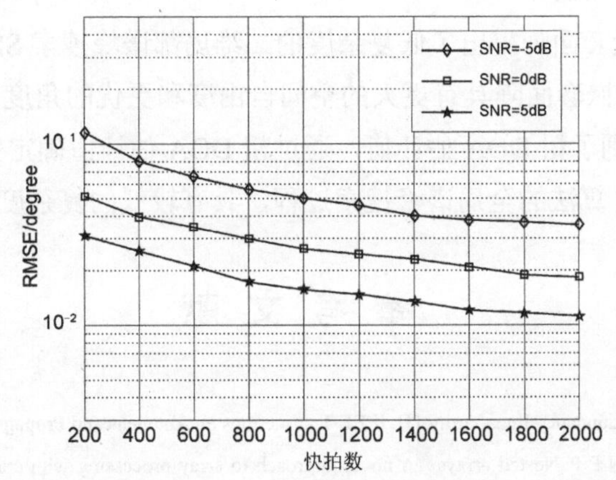

图 10.33　二维局部谱峰搜索 SS-MUSIC 算法在不同参数下的角度估计性能对比

10.7　本章小结

本章主要介绍了嵌套阵列信号处理，部分相应成果见文献[31-33]。

本章对二级嵌套线阵提出了两种算法：一是基于空间平滑的 DOA 估计算法，二是基于 DFT 的 DOA 估计算法。其中，基于空间平滑的 DOA 估计算法首先利用二级嵌套阵列的协方差矩阵生成较大的虚拟阵列，对其进行向量化并去冗余后得到一个新的虚拟阵列。其次通过空间平滑技术得到新的协方差矩阵。最后利用子空间特性进行一维 DOA 估计。相比物理阵元数为 M 的传统均匀线阵的空间自由度为 M，嵌套阵列的空间自由度可以扩展到 M^2，因此嵌套阵列算法能够增大阵列的空间自由度以便处理更多的信源。基于 DFT 的 DOA 估计算法首先对接收信号协方差矩阵进行向量化运算，对其进行排序并去冗余后得到被扩展了阵元数的接收信号。其次利用 DFT 方法得到粗 DOA 估计。最后进行精确估计。在相同物理阵元情况下，相比基于空间平滑的 DOA 估计算法，基于 DFT 的 DOA 估计算法的复杂度较低，并且能够利用全部空间自由度以减少孔径损失，另外其角度估计性能有显著的提高。DFT-MUSIC 算法借助 DFT 方法实现角度初始估计，将全局谱峰搜索过程转化为局部谱峰搜索过程，从而大大降低了算法复杂度，同时算法性能非常接近 SS-MUSIC 算法。

本章针对展宽嵌套线阵提出了 COCD-SR 算法。展宽嵌套线阵是基于分解和重新排列广义嵌套线阵的子阵而设计的。展宽嵌套线阵保持了广义嵌套线阵的所有良好特性，并实现了更低的阵元互耦、更大的空间自由度，以及扩展的阵列孔径和改进的 DOA 估计性能。具体而言，DFT 方法被用于获得粗 DOA 估计。随后，利用粗 DOA 估计来压缩 SR 算法的过完备字典集。COCD-SR 算法因为避免了烦琐的过完备字典集的稀疏恢复过程，所以复杂度较低。

本章针对增强嵌套面阵提出了低复杂度的二维局部谱峰搜索 SS-MUSIC 算法，相比二级嵌套面阵，增强嵌套面阵具有更大的空间自由度和更优的角度估计性能。该算法利用二维 DFT 方法得到了粗 DOA 估计值，通过粗 DOA 估计值确定空间谱范围，从而避免了二维 SS-MUSIC 算法的全局谱峰搜索过程，具有较低的复杂度。

参 考 文 献

[1] MOFFET A. Minimum-redundancy linear arrays[J]. IEEE Transactions on Antennas and Propagation，2003，16（2）：172-175.

[2] PAL P. VAIDYANATHAN P P. Nested arrays：A novel approach to array processing with enhanced degrees of freedom[J]. IEEE Transactions on Signal Processing，2010，58（8）：4167-4181.

[3] VAIDYANATHAN P P. Sparse Sensing With Co-Prime Samplers and Arrays[J]. IEEE Transactions on Signal Processing，2011，59（2）：573-586.

[4] LIU C L，VAIDYANATHAN P P. Super Nested Arrays：Linear Sparse Arrays with Reduced Mutual Coupling—Part I：Fundamentals[J]. IEEE Transactions on Signal Processing，2016，64（15）：3997-4012.

[5] SHI J，HU G，ZHANG X，et al. Generalized Nested Array：Optimization for Degrees of Freedom and Mutual Coupling[J]. IEEE Communications Letters，2018，22（6）：1208-1211.

[6] YANG M，SUN L，YUAN X，et al. Improved nested array with hole-free DCA and more degrees of freedom [J]. Electronics Letters，2016，52（25）：2068-2070.

[7] LIN X，ZHOU M，ZHANG X. Computationally Efficient Direction of Arrival Estimation for Improved Nested Linear Array[J]. Transactions of Nanjing University of Aeronautics and Astronautics，2019，36（6）：1018-1025.

[8] LIU J，ZHANG Y，LU Y，et al. Augmented Nested Arrays with Enhanced DOF and Reduced Mutual Coupling[J]. IEEE Transactions on Signal Processing，2017，65（21）：5549-5563.

[9] ZHENG Z，WANG W Q，KONG Y，et al. MISC Array：A New Sparse Array Design Achieving Increased Degrees of Freedom and Reduced Mutual Coupling Effect[J]. IEEE Transactions on Signal Processing，2019，67（7）：1728-1741.

[10] NIU C，ZHANG Y，GUO J. Interlaced Double-Precision 2-D Angle Estimation Algorithm using L-shaped Nested Arrays[J]. IEEE Signal Processing Letters，2016，23（4）：522-526.

[11] 李建峰，蒋德富，沈明威. 基于平行嵌套阵互协方差的二维波达角联合估计算法[J]. 电子与信息学报，2017，12（3）：214-224.

[12] PAL P，VAIDYANATHAN P P. Nested Arrays in Two Dimensions，Part I：Geometrical Considerations[J]. IEEE Transactions on Signal Processing，2012，60（9）：4694-4705.

[13] LIU C L，VAIDYANATHAN P P. Hourglass Arrays and Other Novel 2-D Sparse Arrays with Reduced Mutual Coupling[J]. IEEE Transactions on Signal Processing，2017，65（13）：3369-3383.

[14] STOICA P，NEHORAI A. MUSIC，maximum likelihood，and Cramer-Rao bound[J]. IEEE Transactions on Acoustics，Speech，and Signal Processing，1989，37（5）：720-741.

[15] ZHANG X，XU L，XU L，et al. Direction of Departure（DOD） and Direction of Arrival（DOA） Estimation in MIMO Radar with Reduced-Dimension MUSIC[J]. IEEE Communications Letters，2010，14（12）：1161-1163.

[16] MA W K，HSIEH T H，CHI C Y. DOA estimation of quasi-stationary signals via Khatri-Rao subspace[C]//IEEE International Conference on Acoustics，Speech and Signal Processing，2009：2165-2168.

[17] ROY R，KAILATH T. ESPRIT-estimation of signal parameters via rotational invariance techniques[J]. IEEE Transactions on Acoustics，Speech，and Signal Processing，1989，37（7）：984-995.

[18] CAO R，LIU B，GAO F，et al. A Low-Complex One-Snapshot DOA Estimation Algorithm with Massive ULA[J]. IEEE Communications Letters，2017，21（5）：1071-1074.

[19] SCHMIDT R O. A signal subspace approach to multiple estimator location and spectral estimation[D]. Stanford：Stanford University，1981.

[20] YANG Z，XIE L，ZHANG C. Off-Grid Direction of Arrival Estimation Using Sparse Bayesian Inference[J]. IEEE Transactions on Signal Processing，2013，61（1）：38-43.

[21] ZHANG Y，YE Z，XU X，et al. Off-grid DOA estimation using array covariance matrix and block-sparse Bayesian learning[J]. Signal Processing，2014，98（2）：197-201.

[22] HUANG T，LIU Y，MENG H，et al. Adaptive matching pursuit for off-grid compressed sensing[J]. Statistics，2014，37（5）：728-741.

[23] ZHANG Y D，AMIN M G，HIMED B. Sparsity-based DOA estimation using co-prime arrays[C]//IEEE International Conference on Acoustics，Speech and Signal Processing，2013：3967-3971.

[24] EWOUT V D B，FRIEDLANDER M P. Probing the Pareto Frontier for Basis Pursuit Solutions[J]. SIAM Journal on Scientific Computing，2009，31（2）：890-912.

[25] LI Y，AU O C，XU L，et al. A convex-optimization approach to dense stereo matching[C]//IEEE International Conference on Image Processing，2011：1005-1008.

[26] LI F，VACCARO R J. Sensitivity analysis of DOA estimation algorithms to sensor errors[J]. IEEE Transactions on Aerospace and Electronic Systems，1992，28（3）：708-717.

[27] PAL P，VAIDYANATHAN P P. Nested Arrays in Two Dimensions，Part II：Application in Two Dimensional Array Processing[J]. IEEE Transactions on Signal Processing，2012，60（9）：4706-4718.

[28] FAN D，GAO F，WANG G，et al. Angle Domain Signal Processing aided Channel Estimation for Indoor 60GHz TDD/FDD Massive MIMO Systems[J]. IEEE Journal on Selected Areas in Communications，2017，37（5）：728-741.

[29] VALLET P，MESTRE X，LOUBATON P. Performance analysis of an improved MUSIC DOA estimator[J]. IEEE Transactions on Signal Processing，2015，63（23）：233-242.

[30] LI J，ZHANG X. Improved Joint DOD and DOA Estimation for MIMO Array With Velocity Receive Sensors[J]. IEEE Signal Processing Letters，2011，18（7）：399-402.

[31] LIN X P，ZHANG X F，ZHOU M J. Nested Planar Array：Configuration Design，Optimal Array and DOA Estimation[J]. International Journal of Electronics，2019，106（12）：1885-1903.

[32] LIN X P，ZHANG X F，HE L，et al. Multiple Emitters Localization for UAV with Nested Linear Array：System Scheme and 2D-DOA Estimation Algorithm[J]. China Communications，2020，17（3）：117-130.

[33] LIN X P，GONG P，HE L，et al. Widened Nested Array：Configuration Design，Optimal Array and DOA Estimation Algorithm[J]. IET Microwaves，Antennas and Propagation. 2020，14（5）：440-447.

第 11 章 阵列信号处理的 MATLAB 编程

本章给出阵列信号处理的 MATLAB 编程，介绍阵列信号处理中涉及的常用函数[1-3]，以及一些波束形成算法、DOA 估计算法、二维 DOA 估计算法、信源数估计算法、宽带信号 DOA 估计的 ISM 算法、互质阵列下基于解模糊 MUSIC 的 DOA 估计算法和嵌套阵列下基于虚拟化 SS-MUSIC 的 DOA 估计算法的 MATLAB 程序。

11.1 常用函数介绍

11.1.1 创建矩阵

【函数说明】

- 直接输入矩阵数值，分号代表行分隔，创建数值矩阵。

例 11.1 创建矩阵 $\boldsymbol{A}$，MATLAB 运行结果如下。

```
>> A=[1 3 5; 2 4 6; 7 8 9];
>> A
A =
     1     3     5
     2     4     6
     7     8     9
```

11.1.2 zeros 函数：创建全 0 矩阵

【函数说明】

- $\boldsymbol{A}=\text{zeros}(n)$：创建 $n\times n$ 的全 0 矩阵。
- $\boldsymbol{A}=\text{zeros}(n,m)$：创建 $n\times m$ 的全 0 矩阵。
- $\boldsymbol{A}=\text{zeros}(\text{size}(\boldsymbol{B}))$：创建与矩阵 $\boldsymbol{B}$ 相同大小的全 0 矩阵。

例 11.2 创建全 0 矩阵 $\boldsymbol{A}$，MATLAB 运行结果如下。

```
>> A=zeros(3);
>> A
```

```
A =
     0     0     0
     0     0     0
     0     0     0

>> A=zeros(2,3);
>> A
A =
     0     0     0
     0     0     0
```

11.1.3 eye 函数：创建单位矩阵

【函数说明】

- **A** = eye(*n*)：创建 *n*×*n* 的单位矩阵。
- **A** = eye(*n*,*m*)：创建 *n*×*m* 的单位矩阵。
- **A** = eye(size(**B**))：创建与矩阵 **B** 相同大小的单位矩阵。

例 11.3 创建单位矩阵 ***A***，MATLAB 运行结果如下。

```
>> A=eye(3,4);
>> A
A =
     1     0     0     0
     0     1     0     0
     0     0     1     0
```

11.1.4 ones 函数：创建全 1 矩阵

【函数说明】

- **A** = ones(*n*)：创建 *n*×*n* 的全 1 矩阵。
- **A** = ones(*n*,*m*)：创建 *n*×*m* 的全 1 矩阵。
- **A** = ones(size(**B**))：创建与矩阵 **B** 相同大小的全 1 矩阵。

例 11.4 创建全 1 矩阵 ***A***，MATLAB 运行结果如下。

```
>> A=ones(3);
>> A
A =
     1     1     1
     1     1     1
     1     1     1
```

```
>> A=ones(2,4);
>> A
A =
     1     1     1     1
     1     1     1     1
```

11.1.5　rand 函数：创建均匀分布随机矩阵

【函数说明】

- $A = \text{rand}(n)$：创建 n 维均匀分布随机矩阵，其元素在(0,1)范围内。
- $A = \text{rand}(n,m)$：创建 $n\times m$ 的均匀分布随机矩阵。
- $A = \text{rand}(\text{size}(\boldsymbol{B}))$：创建与矩阵 $\boldsymbol{B}$ 相同大小的均匀分布随机矩阵。

例 11.5　创建均匀分布随机矩阵 $\boldsymbol{A}$，MATLAB 运行结果如下。

```
>> A=rand(3,5)
>> A
A =
    0.4984    0.5853    0.2551    0.8909    0.1386
    0.9597    0.2238    0.5060    0.9593    0.1493
    0.3404    0.7513    0.6991    0.5472    0.2575
```

11.1.6　randn 函数：创建正态分布随机矩阵

【函数说明】

- $A = \text{randn}(n)$：创建 $n\times n$ 的正态分布随机矩阵。
- $A = \text{randn}(n,m)$：创建 $n\times m$ 的正态分布随机矩阵。
- $A = \text{randn}(\text{size}(\boldsymbol{B}))$：创建与矩阵 $\boldsymbol{B}$ 相同大小的正态分布随机矩阵。

例 11.6　创建正态分布随机矩阵 $\boldsymbol{A}$，MATLAB 运行结果如下。

```
>>   A=randn(3,5);
>> A
A =
   -1.7115    0.3192   -0.0301    1.0933    0.0774
   -0.1022    0.3129   -0.1649    1.1093   -1.2141
   -0.2414   -0.8649    0.6277   -0.8637   -1.1135
```

11.1.7　hankel 函数：创建 Hankel 矩阵

【函数说明】

- $A = \text{hankel}(\boldsymbol{n})$：第一列元素为 $\boldsymbol{n}$，反三角以下元素为 0。

- ***A*** = hankel(***n***,***m***)：第一列元素为 ***n***，最后一行元素为 ***m***，如果 ***n*** 的最后一个元素与 ***m*** 的第一个元素不同，则交叉位置元素取 ***n*** 的最后一个元素。

例 11.7 创建 Hankel 矩阵 ***A***，MATLAB 运行结果如下。

```
>> n=[3 2 1];
>> m=[1 5 9];
>> A=hankel(n,m);
>> A
A =
     3     2     1
     2     1     5
     1     5     9

>> A=hankel(n);
>> A
A =
     3     2     1
     2     1     0
     1     0     0
```

11.1.8 toeplitz 函数：创建 Toeplitz 矩阵

【函数说明】

- ***A*** = toeplitz(***n***)：用向量 ***n*** 创建一个对称 Toeplitz 矩阵。
- ***A*** = toeplitz(***n***,***m***)：第一列元素为 ***n***，第一行元素为 ***m***，如果 ***n*** 的第一个元素与 ***m*** 的第一个元素不同，则交叉位置元素取 ***n*** 的第一个元素。

例 11.8 创建 Toeplitz 矩阵 ***A***，MATLAB 运行结果如下。

```
>> n=[1 2 3];
>> m=[1 5 9];
>> A=toeplitz(n);
>> A
A =
     1     2     3
     2     1     2
     3     2     1

>> A=toeplitz(n,m);
>> A
A =
     1     5     9
     2     1     5
     3     2     1
```

11.1.9 det 函数：求方阵的行列式

【函数说明】

- det(A)：求方阵 A 的行列式。

例 11.9 求方阵 A 的行列式，MATLAB 运行结果如下。

```
>> A=[1 3 6; 2 4 5; 1 2 3]
A =
      1      3      6
      2      4      5
      1      2      3
>> det(A)
ans =
    -1
```

11.1.10 inv 函数：求方阵的逆矩阵

【函数说明】

- inv(A)：求方阵 A 的逆矩阵 A^{-1}。

例 11.10 求方阵 A 的逆矩阵 A^{-1}，MATLAB 运行结果如下。

```
>> A=[1 3 6; 2 4 5; 1 2 3];
>> inv(A)
ans =
    -2     -3      9
     1      3     -7
     0     -1      2
```

11.1.11 pinv 函数：求矩阵的伪逆矩阵

【函数说明】

- pinv(A)：求矩阵 A 的伪逆矩阵 A^{+}。

例 11.11 求矩阵 A 的伪逆矩阵 A^{+}，MATLAB 运行结果如下。

```
>> A=[1 3 6; 2 4 5; 1 2 3; 1 1 1];
>> pinv(A)
ans =
    0.1579   -0.8421    0.3684    2.1579
   -0.6842    1.3158   -0.2632   -1.6842
    0.4737   -0.5263    0.1053    0.4737
```

11.1.12 rank 函数：求矩阵的秩

【函数说明】

- rank(***A***)：求矩阵 ***A*** 的秩。

例 11.12 求矩阵 ***A*** 的秩，MATLAB 运行结果如下。

```
>>  A=[1 3 6; 2 4 5; 1 2 3];
>> rank(A)
ans =
     3
```

11.1.13 diag 函数：抽取矩阵对角线元素

【函数说明】

- ***A*** = diag(***m***)：以 ***m*** 为主对角线元素，其余元素均为 0。
- ***m*** = diag(***A***)：取矩阵 ***A*** 的主对角线元素构造向量 ***m***。

例 11.13 演示 diag 函数，MATLAB 运行结果如下。

```
>>  A=[1 3 6; 2 4 5; 1 2 3];
>> m=diag(A);
>> m
m =
     1
     4
     3

>> m=[1 2 3];
>> A=diag(m);
>> A
A =
     1     0     0
     0     2     0
     0     0     3
```

11.1.14 fliplr 函数：矩阵左右翻转

【函数说明】

- fliplr(***A***)：将矩阵 ***A*** 左右翻转。

例 11.14 演示 fliplr 函数，MATLAB 运行结果如下。

```
>>  A=[1 3 6; 2 4 5; 1 2 3]
```

```
A =
     1     3     6
     2     4     5
     1     2     3

>> fliplr(A)
ans =
     6     3     1
     5     4     2
     3     2     1
```

11.1.15　eig 函数：矩阵特征值分解

【函数说明】

- $\boldsymbol{d}=\mathrm{eig}(\boldsymbol{A})$：计算 $\boldsymbol{A}$ 的特征值。
- $\boldsymbol{d}=\mathrm{eig}(\boldsymbol{A},\boldsymbol{B})$：计算 $\boldsymbol{A}$ 的广义特征值。
- $[\boldsymbol{V},\boldsymbol{D}]=\mathrm{eig}(\boldsymbol{A})$：计算 $\boldsymbol{A}$ 的特征值对角矩阵 $\boldsymbol{D}$ 及其特征向量构成的矩阵 $\boldsymbol{V}$。
- $[\boldsymbol{V},\boldsymbol{D}]=\mathrm{eig}(\boldsymbol{A},\boldsymbol{B})$：计算 $\boldsymbol{A}$ 的广义特征值对角矩阵 $\boldsymbol{D}$ 及其广义特征向量构成的矩阵 $\boldsymbol{V}$。

例 11.15　演示 eig 函数，MATLAB 运行结果如下。

```
>> A=[1 3 6; 2 4 5; 1 2 3];
>> [V,D]=eig(A);
>> V
V =
   -0.5970   -0.9433    0.6669
   -0.7083    0.3209   -0.6977
   -0.3767    0.0847    0.2615

>> D
D =
    8.3451         0         0
         0   -0.5594         0
         0         0    0.2142
```

11.1.16　svd 函数：矩阵奇异值分解

【函数说明】

- $\boldsymbol{s}=\mathrm{svd}(\boldsymbol{A})$：计算 $\boldsymbol{A}$ 的奇异值向量。

- $[\boldsymbol{U},\boldsymbol{S},\boldsymbol{V}]=\text{svd}(\boldsymbol{A})$：计算 $\boldsymbol{A}$ 的奇异值对角矩阵 $\boldsymbol{S}$ 及两个酉矩阵 $\boldsymbol{U}$ 和 $\boldsymbol{V}$。

例 11.16 演示 svd 函数，MATLAB 运行结果如下。

```
>> A=[1 3 6; 2 4 5; 1 2 3];
>> [U,S,V]=svd(A);
>> U
U =
   -0.6608    0.7306   -0.1718
   -0.6544   -0.6730   -0.3447
   -0.3675   -0.1154    0.9228

>> S
S =
   12.1722         0         0
         0    1.2331         0
         0         0    0.0797

>> V
V =
   -0.2298   -0.5926    0.7720
   -0.5245   -0.5928   -0.6112
   -0.8198    0.5453    0.1746
```

11.1.17 矩阵转置和共轭转置

【函数说明】

- $\boldsymbol{A}.'$：计算 $\boldsymbol{A}$ 的转置矩阵。
- $\boldsymbol{A}'$：计算 $\boldsymbol{A}$ 的共轭转置矩阵。

例 11.17 演示矩阵转置和共轭转置，MATLAB 运行结果如下。

```
>> A=randn(2,3)+j*randn(2,3);                    %创建一个复矩阵
>> A
A =
   0.6715 + 0.7269i    0.7172 + 0.2939i    0.4889 + 0.8884i
  -1.2075 - 0.3034i    1.6302 - 0.7873i    1.0347 - 1.1471i

>> A'
ans =
   0.6715 - 0.7269i  -1.2075 + 0.3034i
   0.7172 - 0.2939i   1.6302 + 0.7873i
   0.4889 - 0.8884i   1.0347 + 1.1471i
```

```
>> A.'
ans =
    0.6715 + 0.7269i   -1.2075 - 0.3034i
    0.7172 + 0.2939i    1.6302 - 0.7873i
    0.4889 + 0.8884i    1.0347 - 1.1471i
```

11.1.18　awgn 函数：添加高斯白噪声

【函数说明】

- $Y = \text{awgn}(X, \text{snr})$：向信号 X 添加高斯白噪声，信噪比 snr 的单位为 dB，信号 X 的功率假定为 0dBW。
- $Y = \text{awgn}(X, \text{snr}, \text{sigpower})$：向信号 X 添加高斯白噪声，信噪比 snr 的单位为 dB，信号 X 的功率为 sigpower（dBW）。
- $Y = \text{awgn}(X, \text{snr}, \text{'measured'})$：向信号 X 添加高斯白噪声，信噪比 snr 的单位为 dB，在添加噪声前计算信号 X 的功率（dBW）。

例 11.18　演示 awgn 函数，MATLAB 运行结果如下。

```
>> X=randn(2,5);                                    %产生一个随机信号 X
>> X
X =
    0.5377   -2.2588    0.3188   -0.4336    3.5784
    1.8339    0.8622   -1.3077    0.3426    2.7694

>> Y=awgn(X,10,'measured');                         %添加高斯白噪声，信噪比为 10dB
>> Y
Y =

   -0.2270   -1.8479    0.7237   -0.5039    4.3766
    3.5531    0.8265   -1.4238    1.1865    3.5722
```

11.1.19　sin 函数：正弦函数

【函数说明】

- $y = \sin(x)$：返回 x 中各元素的正弦值，x 的单位为弧度（rad）。

例 11.19　演示 sin 函数，MATLAB 运行结果如下。

```
>> sin(45*pi/180)                                   %计算 sin(45°)
ans =
    0.7071
```

11.1.20 cos 函数：余弦函数

【函数说明】

- $y = \cos(x)$：返回 x 中各元素的余弦值，x 的单位为弧度（rad）。

例 11.20 演示 cos 函数，MATLAB 运行结果如下。

```
>> cos(45*pi/180)                              %计算cos(45°)
ans =
    0.7071
```

11.1.21 tan 函数：正切函数

【函数说明】

- $y = \tan(x)$：返回 x 中各元素的正切值，x 的单位为弧度（rad）。

例 11.21 演示 tan 函数，MATLAB 运行结果如下。

```
>> tan(45*pi/180)                              %计算tan(45°)
ans =
    1.0000
```

11.1.22 asin 函数：反正弦函数

【函数说明】

- $y = \mathrm{asin}(x)$：返回 x 中各元素的反正弦值，y 的单位为弧度（rad）。

例 11.22 演示 asin 函数，MATLAB 运行结果如下。

```
>> asin(0.7071)
ans =
    0.7854
```

11.1.23 acos 函数：反余弦函数

【函数说明】

- $y = \mathrm{acos}(x)$：返回 x 中各元素的反余弦值，y 的单位为弧度（rad）。

例 11.23 演示 acos 函数，MATLAB 运行结果如下。

```
>> acos(0.7071)
ans =
    0.7854
```

11.1.24　atan 函数：反正切函数

【函数说明】

- $y = \text{atan}(x)$：返回 x 中各元素的反正切值，y 的单位为弧度（rad）。

例 11.24　演示 atan 函数，MATLAB 运行结果如下。

```
>> atan(1)
ans =
    0.7854
```

11.1.25　abs 函数：求复数的模

【函数说明】

- $y = \text{abs}(x)$：如果 x 是实数，则返回 x 的绝对值；如果 x 是复数，则返回 x 的模。

例 11.25　演示 abs 函数，MATLAB 运行结果如下。

```
>> a=-1;
>> b=1+1j;
>> abs(a)
ans =
     1
>> abs(b)
ans =
    1.4142
```

11.1.26　angle 函数：求复数的相位角

【函数说明】

- $y = \text{angle}(x)$：返回复数 x 的相位角，y 的单位为弧度（rad）。

例 11.26　演示 angle 函数，MATLAB 运行结果如下。

```
>> a=1+1j
a =
   1.0000 + 1.0000i

>> angle(a)
ans =
    0.7854
```

11.1.27 real 函数：求复数的实部

【函数说明】

- $y = \text{real}(x)$：返回复数 x 的实部。

例 11.27 演示 real 函数，MATLAB 运行结果如下。

```
>> a=1+1j
a =
   1.0000 + 1.0000i

>> real(a)
ans =
     1
```

11.1.28 imag 函数：求复数的虚部

【函数说明】

- $y = \text{imag}(x)$：返回复数 x 的虚部。

例 11.28 演示 imag 函数，MATLAB 运行结果如下。

```
>> a=1+1j
a =
   1.0000 + 1.0000i

>> imag(a)
ans =
     1
```

11.1.29 sum 函数：求和函数

【函数说明】

- $\boldsymbol{B} = \text{sum}(\boldsymbol{A})$：如果 $\boldsymbol{A}$ 为向量，则返回各元素之和；如果 $\boldsymbol{A}$ 为矩阵，则返回各列元素之和构成的一个行向量。
- $\boldsymbol{B} = \text{sum}(\boldsymbol{A},\text{dim})$：沿着 dim 指定的维数求和，其中 $\text{dim} \in [1, N]$，N 为矩阵维数。当 dim 取 1 时，返回列向量之和构成的行向量；当 dim 取 2 时，返回行向量之和构成的列向量。

例 11.29 演示 sum 函数，MATLAB 运行结果如下。

```
>> A=[1 3 6; 2 4 5; 1 2 3; 1 1 1];
```

```
>> sum(A,1)
ans =
     5    10    15

>> sum(A,2)
ans =
    10
    11
     6
     3
>> sum(A)
ans =
     5    10    15
```

11.1.30 max 函数：求最大值函数

【函数说明】

- $\boldsymbol{B}=\max(\boldsymbol{A})$：如果 $\boldsymbol{A}$ 为向量，则返回各元素中的最大值；如果 $\boldsymbol{A}$ 为矩阵，则返回各列元素中的最大值构成的一个行向量。
- $\boldsymbol{B}=\max(\boldsymbol{A},[],\mathrm{dim})$：沿着 dim 指定的维数求最大值，其中 $\mathrm{dim}\in[1,N]$，N 为矩阵维数。当 dim 取 1 时，返回列向量各元素中的最大值构成的行向量；当 dim 取 2 时，返回行向量各元素中的最大值构成的列向量。

例 11.30 演示 max 函数，MATLAB 运行结果如下。

```
>> A=[1 3 6; 2 4 5; 1 2 3; 1 1 1];
>> max(A,[],1)
ans =
     2     4     6

>> max(A,[],2)
ans =
     6
     5
     3
     1

>> max(A)
ans =
     2     4     6
```

11.1.31 min 函数：求最小值函数

【函数说明】

- $\boldsymbol{B}=\min(\boldsymbol{A})$：如果 $\boldsymbol{A}$ 为向量，则返回各元素中的最小值；如果 $\boldsymbol{A}$ 为矩阵，则返回各列元素中的最小值构成的一个行向量。
- $\boldsymbol{B}=\min(\boldsymbol{A},[],\mathrm{dim})$：沿着 dim 指定的维数求最小值，其中 $\mathrm{dim}\in[1,N]$，N 为矩阵维数。当 dim 取 1 时，返回列向量各元素中的最小值构成的行向量；当 dim 取 2 时，返回行向量各元素中的最小值构成的列向量。

例 11.31 演示 min 函数，MATLAB 运行结果如下。

```
>> A=[1 3 6; 2 4 5; 1 2 3; 1 1 1];
>> min(A)
ans =
     1     1     1

>> min(A,[],1)
ans =
     1     1     1

>> min(A,[],2)
ans =
     1
     2
     1
     1
```

11.1.32 sort 函数：排序函数

【函数说明】

- $\boldsymbol{B}=\mathrm{sort}(\boldsymbol{A})$：如果 $\boldsymbol{A}$ 为向量，则将 $\boldsymbol{A}$ 中各元素按从小到大排序；如果 $\boldsymbol{A}$ 为矩阵，则将 $\boldsymbol{A}$ 中各列元素按从小到大排序。
- $\boldsymbol{B}=\mathrm{sort}(\boldsymbol{A},\mathrm{dim})$：沿着 dim 指定的维数排序，当 dim 取 1 时，将 $\boldsymbol{A}$ 中各列元素按从小到大排序；当 dim 取 2 时，将 $\boldsymbol{A}$ 中各行元素按从小到大排序。
- $\boldsymbol{B}=\mathrm{sort}(\cdots,\mathrm{mode})$：将矩阵中各元素按指定模式排序，当 mode = 'ascend' 时，按从小到大排序；当 mode = 'descend' 时，按从大到小排序。
- $[\boldsymbol{B},\boldsymbol{V}]=\mathrm{sort}(\boldsymbol{A})$：将 $\boldsymbol{A}$ 排序，并返回一个与 $\boldsymbol{A}$ 同形的矩阵 $\boldsymbol{V}$，指定 $\boldsymbol{B}$ 矩阵中各元素在 $\boldsymbol{A}$ 中的位置。

例 11.32　演示 sort 函数，MATLAB 运行结果如下。

```
>> A=[1 10 3; 5 2 6; 3 4 8]
A =
     1    10     3
     5     2     6
     3     4     8

>> sort(A)
ans =
     1     2     3
     3     4     6
     5    10     8

>> sort(A,1)
ans =
     1     2     3
     3     4     6
     5    10     8

>> sort(A,2)
ans =
     1     3    10
     2     5     6
     3     4     8

>> sort(A,'descend')
ans =
     5    10     8
     3     4     6
     1     2     3
>> [B,V]=sort(A)
B =
     1     2     3
     3     4     6
     5    10     8
V =
     1     2     1
     3     3     2
     2     1     3
```

11.1.33 poly2sym 函数：创建多项式

【函数说明】

- y = poly2sym(c)：返回一个符号多项式。其中，参数 c 为保存多项式的系数的向量。
- y = poly2sym(c,'t')：返回一个符号多项式。其中，参数 c 为保存多项式的系数的向量，t 为符号变量。

例 11.33 演示 poly2sym 函数，MATLAB 运行结果如下。

```
>> c=[1 2 5 7];
>> y=poly2sym(c);
>>y
y =
 x^3 + 2*x^2 + 5*x + 7
```

11.1.34 sym2poly 函数：符号多项式转换为数值多项式

【函数说明】

- c = sym2poly(y)：返回符号多项式 y 的系数构成的行向量。

例 11.34 演示 sym2poly 函数，MATLAB 运行结果如下。

```
>> syms x;
>> y =x^3 + 2*x^2 + 5*x + 7;
>> c=sym2poly(y);
>> c
c =
     1     2     5     7
```

11.1.35 roots 函数：多项式求根

【函数说明】

- r = roots(c)：返回一个由多项式根构成的列向量。

例 11.35 演示 roots 函数，MATLAB 运行结果如下。

```
>> c=[1,2,5,7];
>> r=roots(c);
>> r
r =
  -0.1981 + 2.0797i
```

```
-0.1981 - 2.0797i
-1.6038
```

11.1.36　size 函数：求矩阵大小

【函数说明】

- $[m,n]=\text{size}(\boldsymbol{A})$：分别返回矩阵的行数和列数。

例 11.36　演示 size 函数，MATLAB 运行结果如下。

```
>> A=[1 2 3 4; 5 6 7 8];
>> A
A =
     1     2     3     4
     5     6     7     8

>> [m,n]=size(A);
>> m
m =
     2

>> n
n =
     4
```

11.2　波束形成算法 MATLAB 程序

11.2.1　LCMV 算法 MATLAB 程序

LCMV 准则是指在有用信号形式和信号来向完全已知的情况下，在某种约束条件下使阵列输出的方差最小。

LCMV 算法的代价函数可以表示为 $J(\boldsymbol{w})=\boldsymbol{w}^{\mathrm{H}}\boldsymbol{R}\boldsymbol{w}$，约束条件为 $\boldsymbol{w}^{\mathrm{H}}\boldsymbol{a}(\theta)=f$。取 f=1，可得最佳解为 $\boldsymbol{w}=\boldsymbol{R}^{-1}\boldsymbol{c}[\boldsymbol{c}^{\mathrm{H}}\boldsymbol{R}^{-1}\boldsymbol{c}]^{-1}$。

【MATLAB 程序】

```
clc;
close all
clear all;
M=18 ;                                        %阵元数
L=100;                                        %快拍数
thetas=10 ;                                   %信号入射角度
```

```
thetai=[-30 30] ;                                        %干扰入射角度
n=[0:M-1]';

vs=exp(-j*pi*n*sin(thetas/180*pi));                      %信号方向向量
vi=exp(-j*pi*n*sin(thetai/180*pi));                      %干扰方向向量
f=16000;                                                 %信号频率
t=[0:1:L-1]/200;
snr=10;                                                  %信噪比
inr=10;                                                  %信干噪比
xs=sqrt(10^(snr/10))*vs*exp(j*2*pi*f*t);                 %构造有用信号
xi=sqrt(10^(inr/10)/2)*vi*[randn(length(thetai),L)+j*randn(length(thetai),L)];
%构造干扰信号
noise=[randn(M,L)+j*randn(M,L)]/sqrt(2);                 %噪声
X=xi+noise;                                              %含噪信号
R=X*X'/L;                                                %构造协方差矩阵
wop1=inv(R)*vs/(vs'*inv(R)*vs);                          %波束形成
sita=48*[-1:0.001:1];                                    %扫描方向范围
v=exp(-j*pi*n*sin(sita/180*pi));                         %扫描方向向量
B=abs(wop1'*v);
plot(sita,20*log10(B/max(B)),'k');
title('波束图');
xlabel('角度/degree');
ylabel('波束幅度/dB');
grid on
axis([-48 48 -50 0]);
hold off
```

【运行结果】LCMV 算法仿真运行结果如图 11.1 所示。

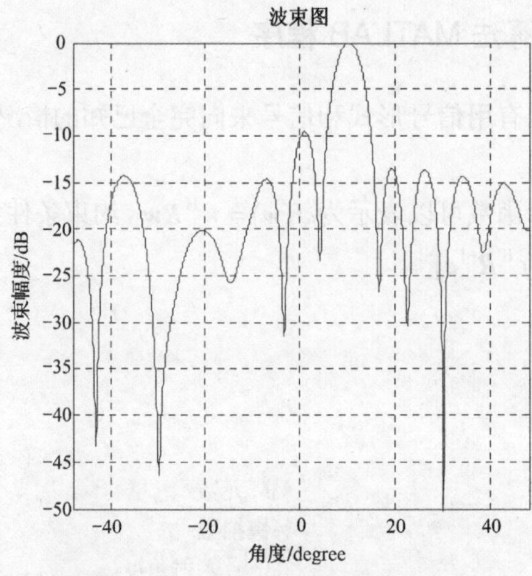

图 11.1　LCMV 算法仿真运行结果

11.2.2 LMS 算法 MATLAB 程序

LMS 算法采用迭代模式，为每个迭代步骤 n 时刻的权向量加上一个校正量后，即可组成 n+1 时刻的权向量，用它逼近最优权向量，如表 11.1 所示。

表 11.1 LMS 算法

算法	初始化	更新公式	收敛因子
LMS 算法	$\hat{w}_0 = 0$	$y(k) = \boldsymbol{w}^{\mathrm{H}}(k)\boldsymbol{x}(k)$ $e(k) = d(k) - y(k)$ $\hat{\boldsymbol{w}}(k+1) = \hat{\boldsymbol{w}}(k) + \mu\boldsymbol{x}(k)e^*(k)$	步长参数 $0 < \mu < \mathrm{tr}(\boldsymbol{R})$

【MATLAB 程序】

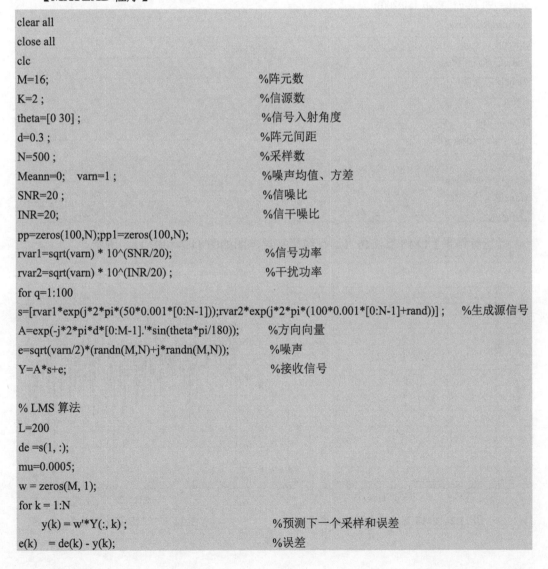

```
clear all
close all
clc
M=16;                                          %阵元数
K=2 ;                                          %信源数
theta=[0 30] ;                                 %信号入射角度
d=0.3 ;                                        %阵元间距
N=500 ;                                        %采样数
Meann=0;   varn=1 ;                            %噪声均值、方差
SNR=20 ;                                       %信噪比
INR=20;                                        %信干噪比
pp=zeros(100,N);pp1=zeros(100,N);
rvar1=sqrt(varn) * 10^(SNR/20);                %信号功率
rvar2=sqrt(varn) * 10^(INR/20) ;               %干扰功率
for q=1:100
s=[rvar1*exp(j*2*pi*(50*0.001*[0:N-1]));rvar2*exp(j*2*pi*(100*0.001*[0:N-1]+rand))] ;    %生成源信号
A=exp(-j*2*pi*d*[0:M-1].'*sin(theta*pi/180));  %方向向量
e=sqrt(varn/2)*(randn(M,N)+j*randn(M,N));      %噪声
Y=A*s+e;                                       %接收信号

% LMS 算法
L=200
de =s(1, :);
mu=0.0005;
w = zeros(M, 1);
for k = 1:N
    y(k) = w'*Y(:, k) ;                        %预测下一个采样和误差
e(k)   = de(k) - y(k);                         %误差
```

```
w = w + mu * Y(:,k)*conj(e(k));                              %调整权向量
end
end
%波束形成
beam=zeros(1,L);
for i = 1 : L
    a=exp(-j*2*pi*d*[0:M-1].'*sin(-pi/2 + pi*(i-1)/L));
    beam(i)=20*log10(abs(w'*a));
end
%作图
figure
angle=-90:180/200:(90-180/200);
plot(angle,beam);
grid on
xlabel('方向角/degree');
ylabel('幅度响应/dB');
figure
for k = 1:N
      en(k)=(abs(e(k))).^2;
end
semilogy(en); hold on
xlabel('迭代次数');
ylabel('MSE');
```

【运行结果】LMS 算法仿真运行结果和误差图如图 11.2 和图 11.3 所示。

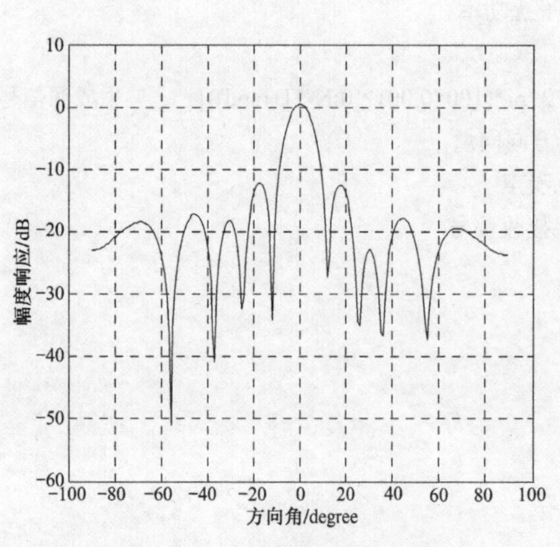

图 11.2　LMS 算法仿真运行结果

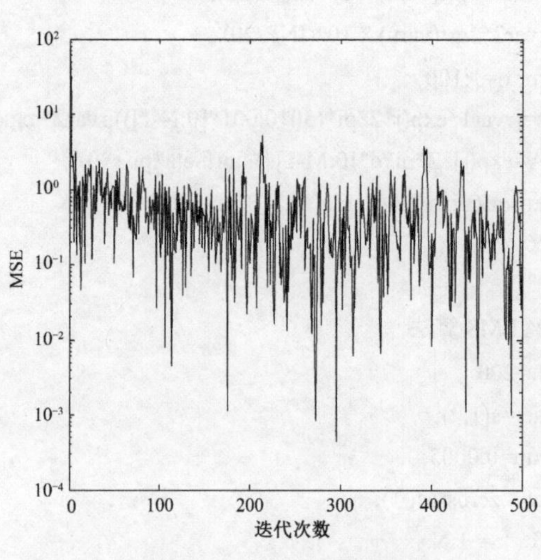

图 11.3　LMS 算法误差图

11.3　DOA 估计算法 MATLAB 程序

11.3.1　MUSIC 算法 MATLAB 程序

基于特征值分解的 MUSIC 算法在空域内进行一维谱峰搜索得到 DOA 估计值。MUSIC 算法的基本思想是利用噪声子空间和信号方向向量的正交关系构造空间谱函数。MUSIC 算法的主要步骤如下。

（1）根据接收信号构造协方差矩阵 $\boldsymbol{R}$，并对协方差矩阵进行特征值分解。

（2）按特征值大小顺序，将 K 个较大特征值对应的特征向量构成信号子空间 $\boldsymbol{U}_{\mathrm{s}}$，将剩下的较小特征值对应的特征向量构成噪声子空间 $\boldsymbol{U}_{\mathrm{n}}$。

（3）使 θ 变化，按照 $P_{\mathrm{MUSIC}}(\theta)=1/(\boldsymbol{a}^{\mathrm{H}}(\theta)\boldsymbol{U}_{\mathrm{n}}\boldsymbol{U}_{\mathrm{n}}^{\mathrm{H}}\boldsymbol{a}(\theta))$ 计算空间谱函数，通过寻找峰值得到 DOA 估计值。

【MATLAB 程序】

```
clear all
close all
derad = pi/180;                              %角度→弧度
radeg = 180/pi;                              %弧度→角度
twpi = 2*pi;
kelm = 8;                                    %阵元数
dd = 0.5 ;                                   %阵元间距
d=0:dd:(kelm-1)*dd;
iwave = 3 ;                                  %信源数
theta = [10 30 60];                          %波达方向
snr = 10;                                    %信噪比
n = 500 ;                                    %采样数
A=exp(-j*twpi*d.'*sin(theta*derad)) ;        %方向向量
S=randn(iwave,n) ;                           %信源信号
X=A*S;                                       %接收信号
X1=awgn(X,snr,'measured');                   %添加噪声
Rxx=X1*X1'/n;                                %计算协方差矩阵
InvS=inv(Rxx);
[EV,D]=eig(Rxx);                             %特征值分解
EVA=diag(D)';
[EVA,I]=sort(EVA);                           %特征值从小到大排序
EVA=fliplr(EVA);                             %左右翻转，从大到小排序
EV=fliplr(EV(:,I));                          %对应特征向量排序

% 构造 MUSIC 空间谱函数
```

```
for iang = 1:361
        angle(iang)=(iang-181)/2;
        phim=derad*angle(iang);
        a=exp(-j*twpi*d*sin(phim)).';
        L=iwave;
        En=EV(:,L+1:kelm);                                  %得到噪声子空间
        SP(iang)=(a'*a)/(a'*En*En'*a);
end

%作图
SP=abs(SP);
SPmax=max(SP);
SP=10*log10(SP/SPmax);
h=plot(angle,SP);
set(h,'Linewidth',2)
xlabel('angle/degree')
ylabel('magnitude/dB')
axis([-90 90 -60 0])
set(gca, 'XTick',[-90:30:90])
grid on
```

【运行结果】MUSIC 算法仿真运行结果如图 11.4 所示。

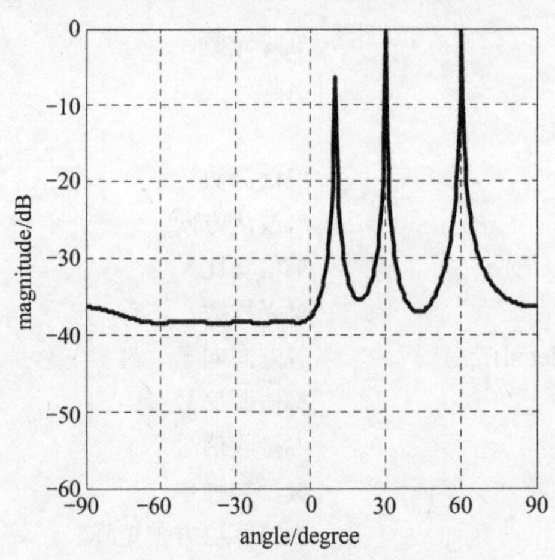

图 11.4　MUSIC 算法仿真运行结果

11.3.2　ESPRIT 算法 MATLAB 程序

ESPRIT 算法最早由 Roy 等提出，其基本思想是利用信号子空间的旋转不变性估计信号参数。本节主要介绍 ESPRIT 算法的 MATLAB 实现。ESPRIT 算法的步骤见第 4 章。

【MATLAB 程序】

① 主程序：

```
clear all
close all
derad = pi/180;                                  %角度→弧度
radeg = 180/pi;                                  %弧度→角度
twpi = 2*pi;
kelm = 8;                                        %阵元数
dd = 0.5 ;                                       %阵元间距
d=0:dd:(kelm-1)*dd;
iwave = 3 ;                                      %信源数
theta = [10 20 30];                              %波达方向
snr = 10;                                        %信噪比
n = 500 ;                                        %采样数
A=exp(-j*twpi*d.'*sin(theta*derad)) ;            %方向向量
S=randn(iwave,n );                               %信源信号
snr0=0:3:100 ;                                   %信噪比

for isnr=1:10
X0=A*S;                                          %接收信号
X=awgn(X0,snr0(isnr),'measured') ;               %添加噪声
Rxx=X1*X1'/n;                                    %计算协方差矩阵
[EV,D]=eig(Rxx) ;                                %特征值分解
EVA=diag(D)';
[EVA,I]=sort(EVA);                               %特征值从小到大排序
EVA=fliplr(EVA) ;                                %左右翻转，从大到小排序
EV=fliplr(EV(:,I));                              %对应特征向量排序
estimates=(tls_esprit(dd,Rxx,iwave));            %调用子程序
doaes(isnr,:)=sort(estimates(1,:));
end
```

② 子程序：

```
function estimate =    tls_esprit(dd,cr,Le)
twpi = 2.0*pi;
derad = pi / 180.0;
radeg = 180.0 / pi;

%对接收信号协方差矩阵进行特征值分解
[K,KK] = size(cr);
[V,D]=eig(cr);
EVA = real(diag(D)');
```

```
[EVA,I] = sort(EVA);
EVA=fliplr(EVA);
EV=fliplr(V(:,I));

%构造 E_{xy}和 E_xys =E_{xy}^H E_{xy}
Exy = [EV(1:K-1,1:Le) EV(2:K,1:Le)];
E_xys = Exy'*Exy;

%对 E_xys 进行特征值分解
[V,D]=eig(E_xys);
EVA_xys = real(diag(D)');
[EVA_xys,I] = sort(EVA_xys);
EVA_xys=fliplr(EVA_xys);
EV_xys=fliplr(V(:,I));

%将 EV_xys 分解
Gx = EV_xys(1:Le,Le+1:Le*2);
Gy = EV_xys(Le+1:Le*2,Le+1:Le*2);

%计算 Psi = - Gx [Gy]^{-1}
Psi = - Gx/Gy;
%对 Psi 进行特征值分解
[V,D]=eig(Psi);
EGS = diag(D).';
[EGS,I] = sort(EGS);
EGS=fliplr(EGS);
EVS=fliplr(V(:,I));

%估计 DOA
ephi = atan2(imag(EGS), real(EGS));
ange = - asin( ephi / twpi / dd ) * radeg;
estimate(1,:)=ange;

%功率估计
T = inv(EVS);
powe = T*diag(EVA(1:Le) - EVA(K))*T';
powe = abs(diag(powe).')/K;
estimate(2,:)=powe;
```

【运行结果】ESPRIT 算法仿真运行结果如表 11.2 所示。

表 11.2　ESPRIT 算法仿真运行结果

SNR/dB	角度 1	角度 2	角度 3
0	10.5764	22.2341	33.8001
6	9.5365	20.5721	29.2731
12	9.8881	19.9767	29.8327
18	9.8821	19.9220	30.1735
24	10.1249	19.9140	29.9875
27	10.0137	20.0012	29.9703

11.3.3　Root-MUSIC 算法 MATLAB 程序

Root-MUSIC，即求根 MUSIC 算法是 MUSIC 算法的一种多项式求根形式，它是由 Barabell 提出的，其基本思想是 Pisarenko 分解。相比 MUSIC 算法，Root-MUSIC 算法无须进行谱峰搜索，降低了复杂度。

【MATLAB 程序】

```
clear all
close all
derad = pi/180;                          %角度→弧度
radeg = 180/pi;                          %弧度→角度
twpi = 2*pi;
kelm = 8;                                %阵元数
dd = 0.5 ;                               %阵元间距
d=0:dd:(kelm-1)*dd;
iwave = 3 ;                              %信源数
theta = [10 20 30];                      %波达方向
snr = 10;                                %信噪比
n = 200 ;                                %采样数
A=exp(-j*twpi*d.'*sin(theta*derad)) ;    %方向向量
S=randn(iwave,n) ;                       %信源信号
X0=A*S ;                                 %接收信号
X=awgn(X0,snr,'measured') ;              %添加噪声
Rxx=X*X ;                                %计算协方差矩阵
InvS=inv(Rxx);
[EVx,Dx]=eig(Rxx);                       %特征值分解
EVAx=diag(Dx)';
[EVAx,Ix]=sort(EVAx) ;                   %特征值从小到大排序
EVAx=fliplr(EVAx) ;                      %左右翻转，从大到小排序
EVx=fliplr(EVx(:,Ix) );                  %对应特征向量排序
```

```
% Root-MUSIC
Unx=EVx(:,iwave+1:kelm);                        %噪声子空间
syms z
pz = z.^([0:kelm-1]');
pz1 = (z^(-1)).^([0:kelm-1]);
fz = z.^(kelm-1)*pz1*Unx*Unx'*pz;               %构造多项式
a = sym2poly(fz)                                %符号多项式→数值多项式
zx = roots(a)                                   %求根
rx=zx.';
[as,ad]=(sort(abs((abs(rx)-1))));
DOAest=asin(sort(-angle(rx(ad([1,3,5])))/pi))*180/pi
```

【运行结果】

```
DOAest =
    9.9925    20.1515    29.9966
```

11.3.4　谱峰搜索传播算子算法 MATLAB 程序

谱峰搜索传播算子算法利用方向向量和 $\boldsymbol{Q}$ 矩阵的正交性构造空间谱函数，通过一维谱峰搜索得到 DOA 估计值。相比 MUSIC 算法，它无须对接收信号协方差矩阵进行特征值分解，降低了复杂度。谱峰搜索传播算子算法的主要步骤如下。

（1）根据接收信号构造协方差矩阵 $\boldsymbol{R}$。

（2）对协方差矩阵进行分块，计算传播算子 $\boldsymbol{P}$。

（3）构造 $\boldsymbol{Q}$ 矩阵。

（4）使 θ 变化，按照 $P_{\mathrm{PM}}(\theta)=1/(\boldsymbol{a}^{\mathrm{H}}(\theta)\boldsymbol{Q}\boldsymbol{Q}^{\mathrm{H}}\boldsymbol{a}(\theta))$ 计算空间谱函数，通过寻找峰值来得到 DOA 估计值。

【MATLAB 程序】

```
clear all
close all
derad = pi/180;
radeg = 180/pi;
twpi = 2*pi;
kelm = 16;                              %阵元数
dd = 0.5 ;                              %阵元间距
d=0:dd:(kelm-1)*dd;
iwave = 3;                              %信源数
theta = [10 20 30 ];                    % DOA
pw= [1 0.8 0.7 ]';                      %信号功率
nv=ones(1,kelm);                        %归一化噪声方差
```

```
snr=20;                                          %信噪比
snr0= 10^(snr/10);
n = 200;                                         %样本数量
A=exp(-j*twpi*d.'*sin(theta*derad)) ;            %方向矩阵
K=length(d);
cr=zeros(K,K);
L=length(theta);
data=randn(L,n);
data=sign(data);
twpi = 2.0 * pi;
derad = pi / 180.0;
s = diag(pw)*data;
A1=exp(-j*twpi*d.'*sin([0:0.2:90]*derad));
received_signal = A*s;
cx = received_signal + diag(sqrt(nv/snr0/2))*(randn(K,n)+j*randn(K,n));
Rxx=cx*cx'/n;

%传播算子算法
G=Rxx(:,1:iwave);
H=Rxx(:,iwave+1:end);
P=inv(G'*G)*G'*H;                                %传播算子矩阵
Q=[P',-diag(ones(1,kelm-iwave))] ;               %Q 矩阵

for iang = 1:361
        angle(iang)=(iang-181)/2;
        phim=derad*angle(iang);
        a=exp(-j*twpi*d*sin(phim)).';
        SP(iang)=1/(a'*Q'*Q*a);
end
SP=abs(SP);
SPmax=max(SP);
SP=10*log10(SP/SPmax);
%作图
figure
h=plot(angle,SP,'-k');
set(h,'Linewidth',2)
xlabel('angle/degree')
ylabel('magnitude/dB')
axis([0 60 -60 0])
set(gca, 'XTick',[0:10:60])
grid on
hold on
legend('Propagator Method ')
```

【运行结果】谱峰搜索传播算子算法仿真运行结果如图 11.5 所示。

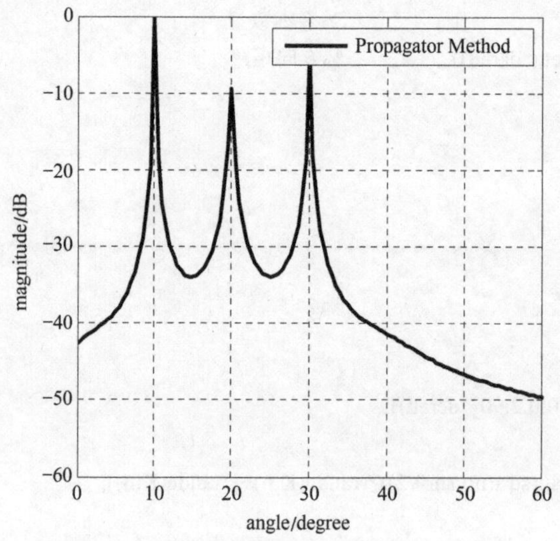

图 11.5　谱峰搜索传播算子算法仿真运行结果

11.3.5　SS-MUSIC 算法 MATLAB 程序

空间平滑方法是对付相干或强相干信号的有效方法，其基本思想是将等距线阵分成若干个相互重叠的子阵，若各子阵的阵列流形相同，则子阵协方差矩阵可以相加后平均取代原来意义上的协方差矩阵。按子阵的排列顺序，SS-MUSIC 算法可以分为前向平滑算法和后向平滑算法。

【MATLAB 程序】

① 主程序：

```
clear all
close all
derad = pi/180;
radeg = 180/pi;
twpi = 2*pi;
Melm = 7;
kelm = 6;
dd = 0.5;
d=0:dd:(Melm-1)*dd;
iwave = 3;
theta = [0 30 60];
n = 200
A=exp(-j*twpi*d.'*sin(theta*derad));
```

```
%构造相干信源
S0=randn(iwave-1,n);
S=[S0(1,:);S0];
X0=A*S;
X=awgn(X0,10,'measured');
Rxxm=X*X'/n;
issp = 1 ;                                              %设置平滑算法模式

%空间平滑
if issp == 1
  Rxx = ssp(Rxxm,kelm);                                 %平滑算法
elseif issp == 2
  Rxx = mssp(Rxxm,kelm);                                %改进的平滑算法
else
  Rxx = Rxxm;
  kelm = Melm;
end
[EV,D]=eig(Rxx);
EVA=diag(D)'; [EVA,I]=sort(EVA);
EVA=fliplr(EVA), EV=fliplr(EV(:,I));

for iang = 1:361
        angle(iang)=(iang-181)/2;
        phim=derad*angle(iang);
        a=exp(-j*twpi*d(1:kelm)*sin(phim)).';
        L=iwave;
        En=EV(:,L+1:kelm);
        SP(iang)=(a'*a)/(a'*En*En'*a);
end
SP=abs(SP);
SPmax=max(SP);
SP=10*log10(SP/SPmax);
figure
h=plot(angle,SP);
set(h,'Linewidth',2)
xlabel('angle/degree')
ylabel('magnitude/dB')
axis([-90 90 -60 0])
set(gca, 'XTick',[-90:30:90], 'YTick',[-60:10:0])
grid on
hold on
legend('空间平滑 MUSIC')
```

② 平滑算法：

```
function crs = ssp(cr, K)
[M,MM]=size(cr);
N=M-K+1;
crs = zeros(K,K);
for   in =1:N
          crs = crs + cr(in:in+K-1,in:in+K-1)
end
crs = crs / N;
```

③ 改进的平滑算法：

```
function crs = mssp(cr, K)
[M,MM]=size(cr);
N=M-K+1;
J = fliplr(eye(M));
crfb = (cr + J*cr.'*J)/2;
crs = zeros(K,K);
for   in =1:N
   crs = crs + crfb(in:in+K-1,in:in+K-1)
end
crs = crs / N;
```

【运行结果】SS-MUSIC 算法仿真运行结果如图 11.6 和图 11.7 所示。

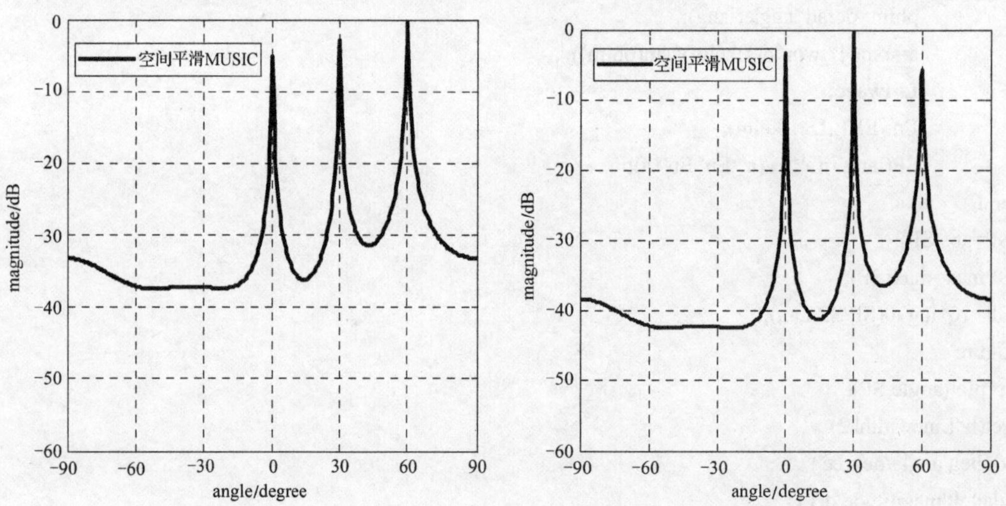

图 11.6 SS-MUSIC 算法仿真运行结果（issp=1） 图 11.7 SS-MUSIC 算法仿真运行结果（issp=2）

11.4　二维 DOA 估计算法 MATLAB 程序

11.4.1　L 型阵列下基于二维 MUSIC 的二维 DOA 估计算法

二维 MUSIC 算法的实质是对一维 MUSIC 算法的扩展，构造关于仰角和方位角联合信息的空间谱函数，通过多空间谱函数进行二维搜索，找到谱峰来确定二维 DOA，该算法复杂度高，但性能非常优越。L 型阵列下基于二维 MUSIC 的二维 DOA 估计算法的具体流程如下。

【MATLAB 程序】

```
clear all
close all
clc
twpi = 2*pi;
rad = pi/180;
deg = 180/pi;
kelm = 8;                                              % x 轴、y 轴各自的阵列数量
snr   = 10;                                            % 信噪比
iwave = 3;                                             % 目标数
theta = [10 30 50];
fe = [15 25 35];
n = 100;                                               % 快拍数
dd = 0.5;                                              % 均匀阵列阵元间距
d = 0:dd:(kelm-1)*dd;                                  % x 轴阵元分布
d1 = dd:dd:(kelm-1)*dd;                                % y 轴阵元分布
Ax = exp(-j*twpi*d.'*(sin(theta*rad).*cos(fe*rad)));   % x 轴上阵元对应的方向矩阵
Ay = exp(-j*twpi*d1.'*(sin(theta*rad).*sin(fe*rad)));  % y 轴上阵元对应的方向矩阵
A = [Ax;Ay];
S = randn(iwave,n);
X = A*S;                                               % 接收信号
X1 = awgn(X,snr,'measured');                           % 加入高斯白噪声
Rxx = X1*X1'/n;                                        % 自相关函数
[EV,D] = eig(Rxx);                                     % 求矩阵的特征向量和特征值
[EVA,I] = sort(diag(D).');                             % 特征值按升序排列
EV = fliplr(EV(:,I));                                  % 左右翻转，特征值按降序排列
Un = EV(:,iwave+1:end);                                % 噪声子空间
%按照方位角，仰角在 0~89° 范围内（取步长为 1）构造空间谱函数
for ang1 = 1:90
    for ang2 = 1:90
        thet(ang1) = ang1-1;
```

```
        phim1 = thet(ang1)*rad;
        f(ang2) = ang2-1;
        phim2 = f(ang2)*rad;
        a1 = exp(-j*twpi*d.'*sin(phim1)*cos(phim2));
        a2 = exp(-j*twpi*d1.'*sin(phim1)*sin(phim2));
        a = [a1;a2];
        SP(ang1,ang2) = 1/(a'*Un*Un'*a);
    end
end
SP=abs(SP);
SPmax=max(max(SP));
SP=SP/SPmax;
h = mesh(thet,f,SP);                    %绘制空间谱图
set(h,'Linewidth',2)
xlabel('elevation/degree')
ylabel('azimuth/degree')
zlabel('magnitude/dB')
```

【运行结果】 L 型阵列下基于二维 MUSIC 的二维 DOA 估计算法的空间谱图如图 11.8 所示。图 11.8 中出现的三个谱峰所对应的两个坐标即所估计出的仰角和方位角。

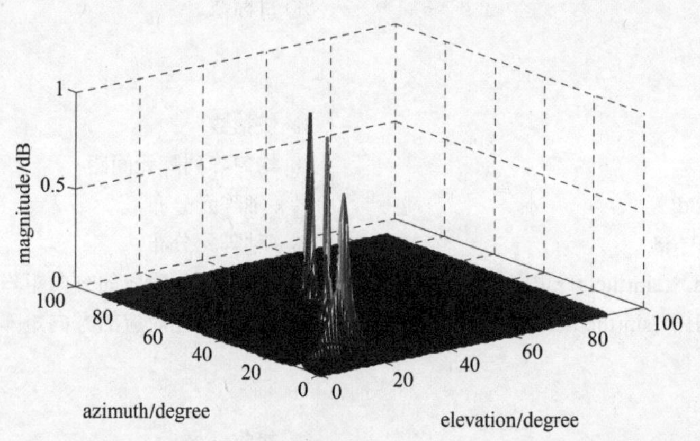

图 11.8　L 型阵列下基于二维 MUSIC 的二维 DOA 估计算法的空间谱图

11.4.2　均匀圆阵下基于 UCA-ESPRIT 的二维 DOA 估计算法

UCA-ESPRIT 算法是一种闭环算法，并且能够实现方位角和仰角的自动配对，不需要进行二维谱峰搜索，由于 UCA 不满足 Vandermonde 矩阵形式，没有旋转不变性，所以 UCA-ESPRIT 算法需要对 ESPRIT 算法进行进一步的改进。均匀圆阵下基于 UCA-ESPRIT 的二维 DOA 估计算法的具体流程如下。

【MATLAB 程序】

① 主程序：

```
clc;
close all;
clear all;
N=16;
M=floor(N/4);
m=-M:1:M;m1=-1:-1:-M;
cv=diag([(j).^(m(1:M+1)),(j).^(m1(1:M))]);
v=[];
for in=1:2*M+1
    v=[v,WW(in-5,N)'];
end
v=4*v;
fe=v*cv';
a1=2*pi*m/(2*M+1);
W1=[];
for in=1:2*M+1
    W1=[W1,VV(a1(in)).'];
end
W1=(1/3)*W1;
Fr=fe*W1;
x=[1,-1,1,-1,1,1,1,1,1];
c0=diag(x);
x2=c0*W1;
%%%%% 构造信号 %%%%%
snap=500;                    %快拍数
fs=1000;                     %采样频率
t=[0:snap-1]/fs;
M1=16;                       %阵元数
N1=2;                        %目标数
f=30e3;
R=1/(4*sin(pi/M1));
snr=10;
alpha=[10,20];               %波达方向
theta=[15,35];               %波达方向
uu=sin(alpha*pi/180).*exp(j*theta*pi/180);
a1=[0:(M1-1)]';
for ii=1:N1
    rand('state',ii)
    s(ii,:)=exp(j*2*pi*(f*t+0.5*5*2^(ii-1)*t.^2));
```

```
end
for in=1:N1
      A11(:,in)=exp(j*2*pi*cos(2*pi*a1/M1-theta(in)*pi/180)*sin(alpha(in)*pi/180));
End
%%%%%%%%%%%%%%%%
S=s;
  X0=A11*S;
   Y=awgn(X0,snr,'measured');
   RR=Y*Y'/snap;
   RRR=Fr'*RR*Fr;
   [EV,D]=eig(real(RRR));
EVA=diag(D)';
[EVA,I]=sort(EVA);          %升序排列
EVA=fliplr(EVA);            %左右翻转
EV=fliplr(EV(:,I));
E=EV(:,1:N1);
C0=[1,-1,1,-1,1,1,1,1,1];
C00=diag(C0);
Z1=C00*W1*E;
Z11=Z1(1:7,:);
Z12=Z1(2:8,:);
Z13=Z1(3:9,:);
E1=[Z11,Z13];
T1=[-3,-2,-1,0,1,2,3];
T=1/pi*diag(T1);
B=pinv(E1)*T*Z12;
B1=B(1:2,:);
[p,w]=eig(B1);
asin(abs(diag(w)))*180/pi
angle(diag(w))*180/pi
```

② 子程序：

```
function v=VV(b)
m=-4:1:4;
v=exp(j*m*b);

function w=WW(a,n)
for i=0:1:n-1
      w(i+1)=(1/16)*exp(j*2*pi*a*i/n);
end
```

【运行结果】

```
ans =
   10.2133
   19.7899
ans =
   15.3981
   34.4146
```

11.4.3　基于增广矩阵束的 L 型阵列的二维 DOA 估计算法

增广矩阵束（MEMP）方法的实质是利用接收信号协方差矩阵来构造增广矩阵，这种方法只需要少量的采样数据且计算速度快、计算精度高。基于增广矩阵束的 L 型阵列的二维 DOA 估计算法的具体流程如下。

【MATLAB 程序】

① 主程序：

```
clear all
close all
derad = pi/180;
radeg = 180/pi;
twpi = 2*pi;
kelmx = 8;
kelmy = 10;
dd = 0.5;                                                     %阵元间距
dx=0:dd:(kelmx-1)*dd;                                         %x 轴阵元分布
dy=0:dd:(kelmy-1)*dd;                                         %y 轴阵元分布
iwave = 3;                                                    %目标数
L=iwave;
theta1 = [10 30 50];                                          %波达方向
theta2 = [15 35 55];                                          %波达方向
snr = 20;                                                     %信噪比（dB）
n = 200;                                                      %快拍数
Ax=exp(-i*twpi*dx.'*(sin(theta1*derad).*cos(theta2*derad)));  %x 轴上阵元对应的方向矩阵
Ay=exp(-i*twpi*dy.'*(sin(theta1*derad).*sin(theta2*derad)));  %y 轴上阵元对应的方向矩阵
S=randn(iwave,n);
X0=Ax*S;                            %接收信号
X=awgn(X0,snr,'measured');          %加入高斯白噪声
Y0=Ay*S;
Y=awgn(Y0,snr,'measured');
Rxy=X*Y';                           %协方差矩阵
```

```
P=5;
Q=6;
                        -------------------------------%构造增广矩阵%-------------------------------
Re=[];
for kk=1:kelmx-P+1
     Rx=[];
for k=1:P
     Rx=[Rx;R_hankel(k+kk-1,Rxy,kelmy,Q)];
end
     Re=[Re,Rx];
End
                        -------------------------%估计出 u_k 和 v_k %------------------------------------
[Ue,Se,Ve] = svd(Re);
Uesx=Ue(:,1:L);
Uesx1=Uesx(1:(P-1)*Q,:);
Uesx2=Uesx(Q+1:P*Q,:);
Fx=pinv(Uesx1)*Uesx2;
[EVx,Dx]=eig(Fx);
EVAx=diag(Dx).';
for im=1:Q
        Uesy(((im-1)*P+1):P*im,:)=Uesx(im:Q:(im+Q*(P-1)),:);
end
Uesy1=Uesy(1:(Q-1)*P,:);
Uesy2=Uesy(P+1:P*Q,:);
Fy=pinv(Uesy1)*Uesy2;
[EVy,Dy]=eig(Fy);
EVAy=diag(Dy)';
F=0.5*Fx+0.5*Fy;
[EV,D]=eig(F);
P1=EV\EVx;
P2=EV\EVy;
P1=abs(P1);
P2=abs(P2);
P11=P1';
P21=P2';
[c,Px]=max(P11);
[cc,Py]=max(P21);
EVAx=EVAx(:,Px);                    %估计出 u_k
EVAy=EVAy(:,Py);                    %估计出 v_k
                              ------------------%估计出 DOA%----------------------
theta10=asin(sqrt((angle(EVAx)/pi).^2+(angle(EVAy)/pi).^2))*radeg
theta20=atan(angle(EVAy)./angle(EVAx))*radeg
```

② 子程序：

```
%构造 Hankel 矩阵
function R=R_hankel(m,Rxy,N,Q)
R1=[];
R2=[];
for mm=1:Q
     R1=[R1;Rxy(m,mm)];
end
for i=1:N-Q+1
  R2=[R2,Rxy(m,i+Q-1)];
end
R=hankel(R1,R2);
```

【运行结果】

```
theta10 =
     9.8659     30.1429     50.0421
theta20 =
   14.9820     35.0641     54.9627
```

由上述运行结果可以看出，该算法可以较好地估计出 3 个信源的二维 DOA。

11.4.4　面阵中二维角度估计：Unitary-ESPRIT 算法

Unitary-ESPRIT 算法将方向矩阵、协方差矩阵等都转换成实数（没有虚部），从而降低了复杂度，而且可得到配对好的仰角和方位角信息。面阵中使用 Unitary-ESPRIT 算法估计二维 DOA 的具体流程如下。

【MATLAB 程序】

① 主程序：

```
clear all
close all
derad = pi/180;
radeg = 180/pi;
twpi = 2*pi;
kelm = 8;
dd = 0.5;                                              %阵元间距
d=-(kelm-1)/2*dd:dd:(kelm-1)/2*dd;                     %阵元分布
iwave = 3;                                             %目标数
theta1 = [10 20 30];
theta2 = [20 25 15];
snr = 20;                                              %信噪比（dB）
```

```
n = 200;                                                              %快拍数
A0=exp(j*twpi*d.'*(sin(theta1*derad).*cos(theta2*derad)))/sqrt(kelm);    %方向矩阵
A1=exp(j*twpi*d.'*(sin(theta1*derad).*sin(theta2*derad)))/sqrt(kelm);           %方向矩阵
S=randn(iwave,n)
X0=[];
for im=1:kelm
        X0=[X0;A0*diag(A1(im,:))*S];
end
X=awgn(X0,snr,'measured');
L=iwave;
J1=eye(kelm-1,kelm);
J2=flipud(fliplr(J1));
Q=qq(kelm);
Y=kron(Q',Q')*X;
Q0=qq(kelm-1);
K1=real(Q0'*J2*Q);
K2=imag(Q0'*J2*Q);
I=eye(kelm);
Ku1=kron(I,K1);
Ku2=kron(I,K2);
Kv1=kron(K1,I);
Kv2=kron(K2,I);
E=[real(Y),imag(Y)];
Ey=E*E'/n;
[V,D]=eig(Ey);
EVAs =diag(D).';
[EVAs,I0] = sort(EVAs);
EVAs=fliplr(EVAs);
EVs=fliplr(V(:,I0));
Es=EVs(:,1:L);
fiu=pinv(Ku1*Es)*Ku2*Es;
fiv=pinv(Kv1*Es)*Kv2*Es;
F=fiu+j*fiv;
[VV,DD]=eig(F);
EVA = diag(DD).';
u=2*atan(real(EVA))/pi;                   %估计出 u
v=2*atan(imag(EVA))/pi;                   %估计出 v
                              -------------%估计出 DOA %-------------
theta10=asin(sqrt(u.^2+v.^2))*radeg
theta20=atan(v./u)*radeg
```

② 子程序：

```
%构造 Q 矩阵
function p=qq(N)
k=fix(N/2);
I=eye(k);
II=fliplr(I);
if mod(N,2)==0
    p=[I,j*I;II,-j*II]/sqrt(2);
else
    p=[I,zeros(k,1),j*I;zeros(1,k),sqrt(2),zeros(1,k);II,zeros(k,1),-j*II]/sqrt(2);
end
```

【运行结果】

```
theta10 =
   10.0349    20.0220    29.9551
theta20 =
   20.0992    25.0336    15.0337
```

由上述运行结果可以看出，该算法可以较好地估计出 3 个信源的二维 DOA。

11.5 信源数估计算法 MATLAB 程序

MDL 准则是信息论方法中的一种，信息论方法有一个统一的表达形式，即

$$J(k)=L(k)+P(k)$$

式中，$L(k)$ 为对数似然函数；$P(k)$ 为罚函数。MDL 准则为

$$\mathrm{MDL}(k)=L(M-k)\ln \Lambda(k)+\frac{1}{2}k(2M-k)\ln L$$

式中，k 为带估计的信源数（空间自由度）；L 为采样数；$\Lambda(k)$ 为似然函数，且

$$\Lambda(k)=\frac{\frac{1}{M-k}\sum_{i=k+1}^{M}\lambda_i}{\left(\prod_{i=k+1}^{M}\lambda_i\right)^{\frac{1}{M-k}}}$$

因此，MDL 准则信源数估计算法的具体流程如下。

【MATLAB 程序】

```
clear all
close all
```

```
K = 6;                                                          %天线数
snr = -2;                                                       %信噪比
theta =[10,16,20];                                              %DOA
Sample = [10 20 30 40 60 80 100 120 150 200 300 400 600 900 1200]';  %快拍数
C = 2;
Ntrial   = 200;
jj = sqrt(-1);
Ndoa = size(theta,2);
Nsample = length(Sample);
pdf_MDL = zeros(Nsample,Ndoa+2);
proposedMethod = zeros(Nsample,Ndoa+2);
Num_ref = [0:Ndoa+1]';

for nNsample =1:Nsample
number_dEVD = zeros(Ndoa+2,1);
    SNR = ones(size(theta',1),1) * snr;
    T = Sample(nNsample);
    for nTrial = 1:Ntrial
%==================
        source_power = (10.^(SNR./10));
        source_amplitude = sqrt(source_power)*ones(1,T);            %信源标准差
        source_wave = sqrt(0.5)*(randn(T,Ndoa) + jj*randn(T,Ndoa));
        st = source_amplitude.*source_wave.';
        d0 = st(1,:).';
        nt = sqrt(0.5)*(randn(K,T)+jj*randn(K,T));
        A = exp(jj*pi*[0:K-1]'*sin(theta));
        xt = A*st + nt;                                             %接收信号
        %================= MDL 准则 ===================
        [Ke,N]=size(xt);
        Rx = (xt*xt')./T;
        [u,s,v] = svd(Rx);
        sd = diag(s);
        a = zeros(1,K);
        for m = 0:K-1
            negv = sd(m+1:K);
            Tsph = mean(negv)/((prod(negv))^(1/(Ke-m)));
            a(m+1) = T*(K-m)*log(Tsph) + m*(2*K-m)*log(T)/2;
        end
        [y,b] = min(a);
        dEVD = b - 1;
        p_dEVD = find(dEVD - Num_ref == 0);
        number_dEVD(p_dEVD) = number_dEVD(p_dEVD) + 1;
    end         %for nTrial
```

```
    pdf_MDL(nNsample,1:end) = number_dEVD'/nTrial;
end %================================================
figure
semilogx(Sample,pdf_MDL(:,Ndoa+1),'b:*')                    %绘制概率曲线
legend('MDL')
ylabel('Probability of Detection')
xlabel('Number of Snapshots')
axis([Sample(1),Sample(length(Sample)),0,1])
```

【运行结果】MDL 准则信源数估计算法概率与快拍数关系图如图 11.9 所示。从图 11.9 中可以看出，当快拍数达到 100 或更高的数量级时，信源数可以准确地估计出来。

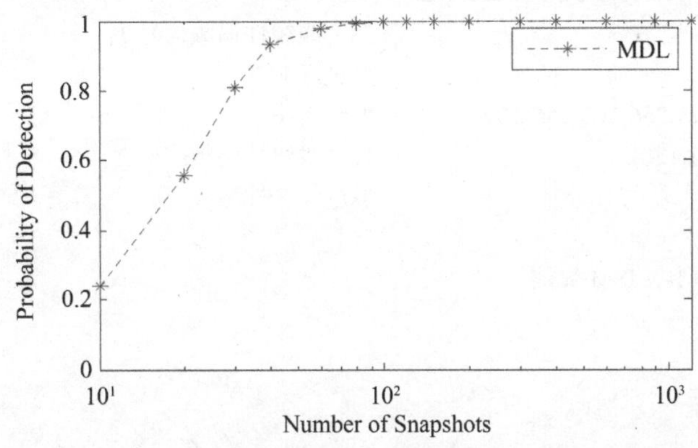

图 11.9　MDL 准则信源数估计算法概率与快拍数关系图

11.6　宽带信号 DOA 估计的 ISM 算法 MATLAB 程序

宽带信号 DOA 估计的 ISM 算法首先将宽带信号在频谱分解为 J 个窄带分量。其次在每个子带上直接进行窄带处理，即对每个子带的谱密度矩阵进行特征值分解，根据信号子空间和噪声子空间的正交性构造空间谱，对所有子带的空间谱进行平均。最后得到宽带信号空间谱估计，为了估计各个窄带上的谱密度矩阵，需要把时域观测信号转换到频域。宽带信号 DOA 估计的 ISM 算法的具体流程如下。

【MATLAB 程序】

```
clc
clear all
close all
M=12;                              %阵元数
N=200;                             %快拍数
ts=0.01;                           %时域采样间隔
f0=100;                            %入射信号中心频率
```

```
f1=80;                                          %入射信号最低频率
f2=120;                                         %入射信号最高频率
c=1500;                                         %声速
lambda=c/f0;                                    %波长
d=lambda/2;                                     %阵元间距
SNR=15;                                         %信噪比
b=pi/180;
theat1=30*b;                                    %入射信号波束角 1
theat2=0*b;                                     %入射信号波束角 2
n=ts:ts:N*ts;
theat=[theat1 theat2]';
%%%%%%%%%%%%%%%%%%% produce signal
s1=chirp(n,80,1,120);                           %生成线性调频信号 1；
sa=fft(s1,2048);                                %进行 FFT
%figure, %specgram(s1,256,1E3,256,250);         %频谱图
s2=chirp(n+0.100,80,1,120);                     %生成线性调频信号 2
sb=fft(s2,2048);                                %进行 FFT

%%%%%%%%%%%%%%% ISM 算法
P=1:2;
a=zeros(M,2);
sump=zeros(1,181);
for i=1:N
    f=80+(i-1)*1.0;
    s=[sa(i) sb(i)]';
    for m=1:M
        a(m,P)=exp(-j*2*pi*f*d/c*sin(theat(P))*(m-1))';
    end
    R=a*(s*s')*a';
    [em,zm]=eig(R);
    [zm1,pos1]=max(zm);
    for l=1:2
        [zm2,pos2]=max(zm1);
        zm1(:,pos2)=[];
        em(:,pos2)=[];
    end
    k=1;
    for ii= -90:1:90
        arfa=sin(ii*b)*d/c;
        for iii=1:M
            tao(1,iii)=(iii-1)*arfa;
        end
        A=[exp(-j*2*pi*f*tao)]';
```

```
        p(k)=A'*em*em'*A;
        k=k+1;
    end
    sump=sump+abs(p);
end
pmusic=1/33*sump;
pm=1./pmusic;
thetaesti=-90:1:90;
plot(thetaesti,20*log(abs(pm)));                    %绘制空间谱
xlabel('入射角/degree');
ylabel('空间谱/dB');
grid on
```

【运行结果】宽带信号 DOA 估计的 ISM 算法的空间谱图如图 11.10 所示。

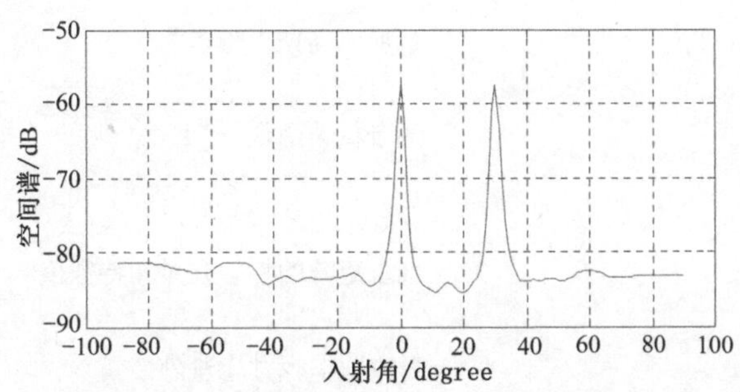

图 11.10　宽带信号 DOA 估计的 ISM 算法的空间谱图

11.7　互质阵列下基于解模糊 MUSIC 的 DOA 估计算法 MATLAB 程序

互质阵列下基于解模糊 MUSIC 的 DOA 估计算法的实质是将互质阵列分解成两个均匀线阵，分别对两个子阵运用传统 MUSIC 算法，构造空间谱函数。通过空间谱函数进行搜索，找到两个空间谱函数对应的谱峰，对比两个子阵的谱峰，找到相同谱峰，即可得到 DOA 估计值。该算法复杂度低，分辨率高。互质阵列下基于解模糊 MUSIC 的 DOA 估计算法的具体流程如下。

【MATLAB 程序】

```
clear all
close all
clc
derad=pi/180;
radeg=180/pi;
```

```
twpi=2*pi;
kelm1=5;                                    %子阵 1 阵元数
kelm2=3;                                    %子阵 2 阵元数
dd=0.5;                                     %阵元间距
n=100;                                      %快拍数
snr=10;                                     %信噪比
d1=0:kelm1*dd:(2*kelm2-1)*kelm1*dd;         %子阵 1 阵元分布（这里是 2×kelm2 个阵元）
d2=0:kelm2*dd:(kelm1-1)*kelm2*dd;           %子阵 2 阵元分布
theta=[10 20 30];
iwave=length(theta);                        %目标数
A1=exp(-j*twpi*d1.'*sin(theta*derad));      %子阵 1 阵元对应的方向矩阵
A2=exp(-j*twpi*d2.'*sin(theta*derad));      %子阵 2 阵元对应的方向矩阵
S=randn(iwave,n);
X01=A1*S;                                   %接收信号
X02=A2*S;
X1=awgn(X01,snr,'measured');                %加入高斯白噪声
X2=awgn(X02,snr,'measured');
Rxx1=X1*X1'/n;                              %自相关函数
Rxx2=X2*X2'/n;
InvS=inv(Rxx1);
[EV,D]=eig(Rxx1);                           %求矩阵的特征向量和特征值
EVA=diag(D)';
[EVA,I]=sort(EVA);                          %特征值按升序排列
EVA=fliplr(EVA);                            %左右翻转，特征值按降序排列
EV=fliplr(EV(:,I));
InvS1=inv(Rxx2);
[EV1,D1]=eig(Rxx2);
EVA1=diag(D1)';
[EVA1,I1]=sort(EVA1);
EVA1=fliplr(EVA1);
EV1=fliplr(EV1(:,I1));
step = 0.01;                                %步长
Angle = -90:step:90;                        %搜索范围
%子阵 1 谱函数
for iang=1:length(Angle)
    phim=derad*Angle(iang);
    a=exp(-j*twpi*d1*sin(phim)).';
    L=iwave;
    En=EV(:,L+1:end);                       %噪声子空间
    SP1(iang)=(a'*a)/(a'*En*En'*a);
end
SP1=abs(SP1);
SPmax1=max(SP1);
```

```
SP1=10*log10(SP1/SPmax1);
%子阵 2 谱函数
for iang=1:length(Angle)
    phim=derad*Angle(iang);
    a=exp(-j*twpi*d2*sin(phim)).';
    L=iwave;
    En1=EV1(:,L+1:end);
    SP2(iang)=(a'*a)/(a'*En1*En1'*a);
end
SP2=abs(SP2);
SPmax2=max(SP2);
SP2=10*log10(SP2/SPmax2);
SP=SP1+SP2;
h1=plot(Angle,SP1);                              %绘制空间谱函图
set(h1,'Linewidth',2)
hold on
h2=plot(Angle,SP2);
set(h2,'Linewidth',2)
xlabel('angle/degree')
ylabel('magnitude/dB')
axis([0 60 -40 10])
set(gca, 'XTick',[-90:10:90])
grid on
```

【运行结果】互质阵列下基于解模糊 MUSIC 的 DOA 估计算法的空间谱图如图 11.11 所示。图 11.11 中出现的三个相同谱峰所对应的坐标即所估计出的方位角。

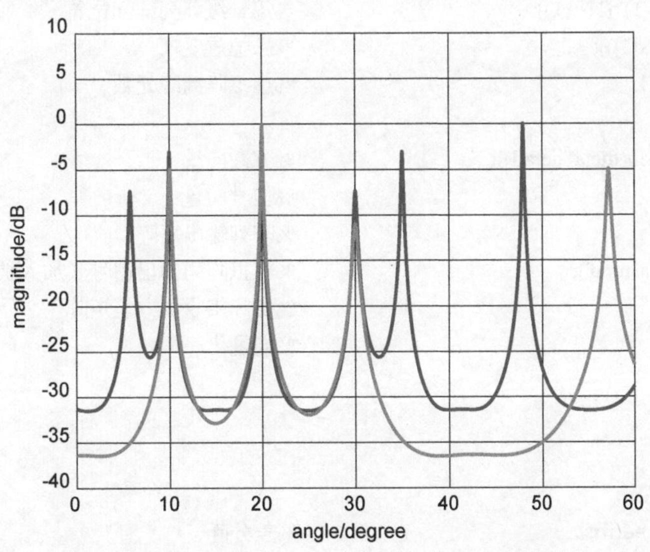

图 11.11 互质阵列下基于解模糊 MUSIC 的 DOA 估计算法的空间谱图

11.8 嵌套阵列下基于虚拟化 SS-MUSIC 的 DOA 估计算法 MATLAB 程序

嵌套阵列下基于虚拟化 SS-MUSIC 的 DOA 估计算法首先利用二级嵌套阵列的协方差生成较大的虚拟阵列，对其进行向量化并去冗余得到一个新的虚拟阵列。其次通过空间平滑技术可以得到新的协方差矩阵。最后利用子空间特性进行一维 DOA 估计。嵌套阵列下基于虚拟化 SS-MUSIC 的 DOA 估计算法的具体流程如下。

【MATLAB 程序】

```
clear all
close all
clc
%嵌套阵列 SS-MUSIC 算法 DOA 估计
derad=pi/180;
twpi=2*pi;
theta=[10 20 30];                                   %目标角度
snr=20;                                             %信噪比
n=500;                                              %快拍数
iwave=length(theta);                                %目标数

 dd=0.5;                                            %阵元间距
 N1=3;                                              %第一级阵列阵元数
 N2=3;                                              %第二级阵列阵元数
 d1=dd*(0:N1-1);                                    %第一级阵列阵元位置
 d2=dd*(N1+(0:N2-1)*(N1+1));                        %第一级阵列阵元位置
 d= sort(unique([d1,d2]));                          %去掉重复项
 DOF=N2*(N1+1)-1;                                   %虚拟阵列阵元数

A=exp(-j*2*pi*d.'*sin(theta*derad));                %方向向量
S=randn(iwave,n);                                   %信号向量
X0=A*S;                                             %阵列输出矩阵
X=awgn(X0,snr,'measured');                          %模拟阵列输出信号（加入噪声）
Rxx=X*X'/n;                                         %实际接收协方差矩阵
z=vec(Rxx);                                         %向量化
D=[];

for i=1:length(d)
    for ii=1:length(d)
        D(i,ii)=d(i)-d(ii);                         %差分阵
    end
```

```
end
Dv=vec(D);
Dv1=sort(unique(Dv));                              %去掉相同项
for i=1:length(Dv1)
    dat=Dv1(i);
    pos=find(Dv==dat);
    zt(i,1)=mean(z(pos));
end

Rz=zeros(DOF+1,DOF+1);                             %构造空间平滑矩阵
for i=1:DOF+1
    zt1=zt(i:DOF+i);
    Rz=Rz+zt1*zt1';
end
Rz=Rz/(DOF+1);                                     %得到差分阵的协方差矩阵
Rz=sqrtm(Rz);

%MUSIC 算法
[Enf,~]=eigs(Rz,DOF+1-iwave,'sm');                 %返回 M-K 个小特征值作为噪声特征值
En=fliplr(Enf);
d0=0:DOF;
for iang=1:9000
    angle(iang)=iang/100;
    phim=derad*angle(iang);
    a=exp(-j*twpi*d0*0.5*sin(phim)).';
    SP(iang)=(a'*a)/(a'*En*En'*a);
end
SP=abs(SP);
SP=SP/max(SP);
SP=10*log10(SP);
[peak,ad]=findpeaks(SP);                           %找出谱峰对应角度
[peaks,ads]=sort(peak,'descend');                  %降序排列
anglen=(ad(:,ads));
angle1=anglen/100;
angle1=angle1([1,2,3]);
angle1=sort(angle1);

h=plot(angle,SP,'-black');                         %得到空间谱图
set(h,'Linewidth');
axis([0 40 -60 0])
xlabel('angle/degree');
ylabel('magnitude/dB');
```

【运行结果】嵌套阵列下基于虚拟化 SS-MUSIC 的 DOA 估计算法的空间谱图如图 11.12 所示。图 11.12 中出现的 3 个谱峰即对应 3 个角度估计值。

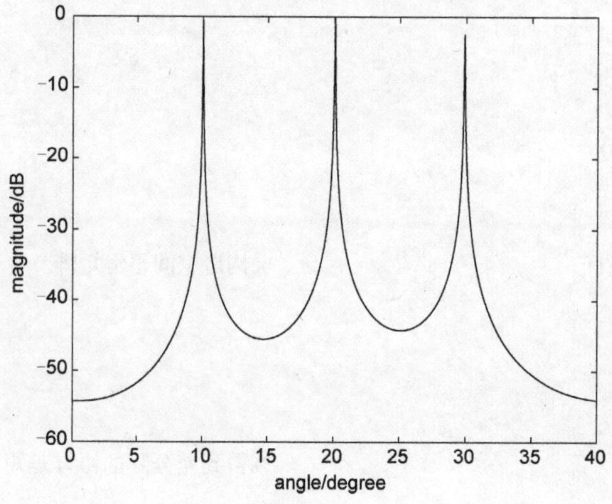

图 11.12　嵌套阵列下基于虚拟化 SS-MUSIC 的 DOA 估计算法的空间谱图

11.9　本章小结

本章给出了阵列信号处理的 MATLAB 编程，介绍了阵列信号处理中涉及的常用函数，以及一些波束形成算法、DOA 估计算法、二维 DOA 估计算法、信源数估计算法、宽带信号 DOA 估计的 ISM 算法、互质阵列下基于解模糊 MUSIC 的 DOA 估计算法和嵌套阵列下基于虚拟化 SS-MUSIC 的 DOA 估计算法的 MATLAB 程序。

参考文献

[1] 刘保柱，苏彦华，张宏林. MATLAB 7.0 从入门到精通（修订版）[M]. 北京：人民邮电出版社，2009.

[2] 张小飞，汪飞，徐大专. 阵列信号处理的理论和应用[M]. 北京：国防工业出版社，2010.

[3] 张小飞，陈华伟，汪飞，等. 阵列信号处理和 MATLAB 实现[M]. 北京：电子工业出版社，2015.

注释表

符号	含义	符号	含义
$\otimes$	Kronecker 积	$\mathrm{Im}\{\bullet\}$	取虚部
$\oplus$	Hadamard 积	$\mathrm{trace}\{\bullet\}$	取矩阵迹
$\odot$	Khatri-Rao 积	$E\{\bullet\}$	求期望
$(\bullet)^*$	共轭	$\mathrm{rank}\{\bullet\}$	求矩阵的秩
$(\bullet)^{\mathrm{T}}$	转置	$\det\{\bullet\}$	取行列式值
$(\bullet)^{\mathrm{H}}$	共轭转置	$\mathrm{angle}\{\bullet\}$	取相位
$(\bullet)^+$	广义逆	$\mathrm{vec}\{\bullet\}$	矩阵向量化
$(\bullet)^{-1}$	矩阵求逆	$\exp\{a\}$	e^a
$(\bullet)^{1/2}$	矩阵的均方根	$\mathrm{sinc}(a)$	$\sin(\pi a)/\pi a$
$(\bullet)^{-1/2}$	矩阵均方根的逆	$\mathrm{blkdiag}\{\bullet\}$	构造块对角矩阵
$\mathrm{j}=\sqrt{-1}$	虚数单位	$\mathbf{R}$	实数域
$\lvert\bullet\rvert$	取绝对值	$\mathbf{C}$	复数域
$\lceil\bullet\rceil$	向上取整	$\hat{E}$	E 的估计
$\lfloor\bullet\rfloor$	向下取整	$D_n(A)$	取 A 的第 n 行构造对角矩阵
$\langle\bullet\rangle$	取最接近的整数	$\lVert\bullet\rVert_F$	Frobenius 范数
$[\boldsymbol{a}]_m$	向量 $\boldsymbol{a}$ 的第 m 个元素	$\lVert\bullet\rVert_p$	ℓ_p 范数
$[A]_{m,n}$	矩阵 A 的第 (m,n) 个元素	$\partial(a)/\partial(b)$	a 关于 b 的导数
$[A](:,m)$	矩阵 A 的第 m 列	$\mathcal{L}\{\bullet\}$	求行列式的最大阶数
$\mathrm{diag}\{\bullet\}$	构造对角矩阵	$\boldsymbol{I}_L$	$L\times L$ 单位矩阵
$\mathrm{Re}\{\bullet\}$	取实部	$O(a)$	计算复杂度与 a 线性相关，a 为正实数

缩略词

缩略词	英文全称	中文全称
AP	Alternating Projection	交替投影
COMFAC	COMplex parallel FACtor	复平行因子
CRB	Cramér-Rao Bound	克拉美-罗界
CS	Compressed Sensing	压缩感知
DOA	Direction of Arrival	到达方向
DOF	Degree of Freedom	自由度
DFT	Discrete Fourier Transform	离散傅里叶变换
DSPE	Distributed Signal Parameter Estimator	分布信号参数估计器
ESPRIT	Estimating of Signal Parameters via Rotational Invariance Techniques	基于旋转不变性技术的信号参数估计
FFT	Fast Fourier Transform	快速傅里叶变换
FIM	Fisher Information Matrix	费舍尔信息矩阵
GAM	Generalized Array Manifold	广义阵列流形
GESPRIT	Generalized ESPRIT	广义 ESPRIT
LP	Linear Prediction	线性预测
LS	Least Square	最小二乘
MIMO	Multiple Input Multiple Output	多输入多输出
ML	Maximum Likelihood	最大似然
MSE	Mean Squared Error	均方误差
MUSIC	MUltiple SIgnal Classification	多重信号分类
NC	Non Circular	非圆
NSF	Noise Subspace Fitting	噪声子空间拟合
PARAFAC	PARAllel FACtor	平行因子
PM	Propagator Method	传播算子
RD	Reduced Dimension	降维
RMSE	Root Mean Squared Error	求根均方误差
SSF	Signal Subspace Fitting	信号子空间拟合
SOS	Second-Order Statistics	二阶统计量
SNR	Signal to Noise Ratio	信噪比
SSR	Sum of Squared Residuals	平方冗余和
TALS	Trilinear Alternating Least Squares	三线性交替最小二乘
TLS	Total Least Square	总体最小二乘
WSF	Weight Subspace Fitting	加权子空间拟合
UCA	Uniform Circular Array	均匀圆阵
ULA	Uniform Linear Array	均匀线阵